.NET 开发经典名著

ASP.NET 入门经典

（第 9 版）

基于 Visual Studio 2015

[美] William Penberthy 著

李晓峰 高巍巍 译

U0288488

清华大学出版社

北　京

William Penberthy

Beginning ASP.NET for Visual Studio 2015

EISBN: 978-1-119-07742-8

Copyright © 2016 by John Wiley & Sons, Inc., Indianapolis, Indiana

All Rights Reserved. This translation published under license.

图书在版编目(CIP)数据

ASP.NET 入门经典：第 9 版：基于 Visual Studio 2015 / (美)威廉·彭伯西(William Penberthy) 著；李晓峰，高巍巍 译. —北京：清华大学出版社，2016 (2018.10重印)

(.NET 开发经典名著)

书名原文：Beginning ASP.NET for Visual Studio 2015

ISBN 978-7-302-45294-2

Ⅰ. ①A… Ⅱ. ①威… ②李… ③高… Ⅲ. ①网页制作工具—程序设计 Ⅳ. ①TP393.092

中国版本图书馆 CIP 数据核字(2016)第 246894 号

责任编辑：王　军　李维杰
装帧设计：孔祥峰
责任校对：成凤进
责任印制：沈　露

出版发行：清华大学出版社
　　　　网　　　址：http://www.tup.com.cn，http://www.wqbook.com
　　　　地　　　址：北京清华大学学研大厦 A 座　　　邮　　编：100084
　　　　社 总 机：010-62770175　　　　　　　　　　邮　　购：010-62786544
　　　　投稿与读者服务：010-62776969，c-service@tup.tsinghua.edu.cn
　　　　质 量 反 馈：010-62772015，zhiliang@tup.tsinghua.edu.cn
印 装 者：三河市铭诚印务有限公司
经　　销：全国新华书店
开　　本：185mm×260mm　　　印　　张：39　　　字　　数：973 千字
版　　次：2016 年 11 月第 1 版　　　印　　次：2018 年 10 月第 3 次印刷
定　　价：98.00 元

产品编号：067856-01

译 者 序

ASP.NET 是.NET Framework 的一部分，是微软公司的一项技术，是服务器端应用程序的热门开发工具。ASP .NET 的主要特点是：

(1) 首选语言：开发的首选语言是 C#及 VB .NET，同时也支持多种语言的开发。

(2) 跨平台性：因为 ASP.NET 是基于通用语言的编译运行的程序，其实现完全依赖于虚拟机，所以它拥有跨平台性，用 ASP.NET 构建的应用程序可以运行在几乎所有平台上。

(3) 简单易学：很容易完成一些很平常的任务，如表单的提交、客户端的身份验证、分布系统和网站配置。

(4) 可管理性：ASP.NET 使用一种基于字符的分级配置系统，虚拟服务器环境和应用程序的设置更加简单。因为配置信息都保存在简单文本中，新的设置可能不需要启动本地的管理员工具就可以实现。使 ASP.NET 的基于应用的开发更加具体和快捷。

本书基于最新的 ASP.NET 6.0 for VS2015 版本，为入门读者提供一本最实用的 ASP.NET 开发入门教材。本书通过一个示例应用程序，使用 ASP.NET MVC 和 ASP.NET Web Forms 方法建立一个完整的站点，以理解、熟悉功能全面的 Web 应用程序的各种组件。希望本书能为初学者带来一个技术上的飞跃。本书的特点如下：

(1) 全面而丰富的内容：全书分 19 章，采用从易到难、循序渐进的方式进行讲解。内容几乎涉及 ASP.NET 程序开发的各个方面。

(2) 统一而规范的示例讲解方式：书中每个示例都采用了分步骤实现方法。这样可以使读者很清晰地知道每个技术的具体实现步骤，从而提高学习的效率。

(3) 较高的实用价值：本书的主要教学方法是用一组详细的实践步骤带领读者构建一个完整的应用程序。其中，"试一试"练习展示了所讨论的主题，之后的"示例说明"部分解释了每一步实现的功能。每个"试一试"部分都建立在之前的工作上，所以应按顺序完成。在这个真实的付费图书馆应用程序中，包含了大量的经典代码片段，这些代码都在.NET 平台上调试成功。还给出了代码的详细注释与分析，读者只需对某些代码稍加修改，便可应用于实际开发中。

(4) 清晰透彻的讲解：本书主要读者对象为初中级程序开发人员，在知识点的讲解过程中尽量做到通俗易懂，简洁明了。在保证阐述严谨的同时，力求做到容易理解，不钻牛角尖，不使用过于专业的、晦涩艰深的术语，不使用有歧义的表达方式，使读者能够在阅读时迅速掌握关键知识点。

本书适合希望进入 Web 开发领域的新手、 ASP.NET 入门者、从其他 ASP 或者 JSP

转过来的 Web 开发人员、想自学制作网站的网络爱好者，以及大中专院校的学生。

在这里要感谢清华大学出版社的编辑，她们为本书的翻译投入了巨大的热情并付出了很多心血。没有你们的帮助和鼓励，本书不可能顺利付梓。

对于这本经典之作，译者本着忠于原文的态度，在翻译过程中力求"信、达、雅"，但是鉴于译者水平有限，错误和失误在所难免，如有任何意见和建议，请不吝指正。本书全部章节由李晓峰和高巍巍翻译，参与翻译的还有孔祥亮、陈跃华、杜思明、熊晓磊、曹汉鸣、陶晓云、王通、方峻、李小凤、曹晓松、蒋晓冬、邱培强、洪妍、李亮辉、高娟妮、曹小震、陈笑。

译　者

作 者 简 介

 William Penberthy 自从.NET 初次部署以来就从事微软软件开发工作，使用 C#和 VB.NET 进行客户端、服务和 Web 开发。他直接参与了 135 个应用程序的开发，包括记录保留管理软件、电子商务店面、地理信息系统、销售点系统以及介于它们之间的许多应用程序。

技术编辑简介

David Luke 毕业于罗格斯大学，是一名适应性强的软件/产品开发人员，他拥有超过 23 年的完整生命周期的开发经验。他在大公司任职，同时是一名连续创业人员。David 目前是一家新成立的旅游公司 TravelZork 的首席技术官。

致　　谢

读者决定学习新东西是非常值得称道的。进行软件开发工作时，你会发现几乎每天都在学习新知识，这是人的本性，也是一次非常有益的实践。

把 MVC 和 Web Forms 合并成一个项目很简单，这也是新版 Visual Studio 的特性之一。然而，将它们合并到一本入门书籍中却很难；限于篇幅，本书无法以富有逻辑的方式全面详细地介绍 ASP.NET、MVC 和 Web Forms。尽管如此，本书也以足够的深度讨论了它们，以便你可以在必要时进一步深入研究这些技术。

我还想利用这个机会感谢 Ami Frank Sullivan 和 Luann Rouff，他们帮助我把折磨人的文字变成有意义的文章，我从来没有听过以如此礼貌的方式说"这是一派胡言!"。多谢技术编辑 David Luke，他耗费了很多精力来验证各个步骤和代码片段，使文章变得浅显易懂。

最后，妻子 Jeanine 允许我挤出大量的空闲时间用在这个项目上，没有她的支持，所有这一切都不可能实现。

前　　言

据估计，截至 2015 年 6 月，世界人口的 45%访问过互联网。互联网用户超过 30 亿，而且这个数字还在不断增加。这是一个巨大的互联市场，可以得到我们需要的任何内容：可能是一个简单的 Web 页面，也可能是一个复杂的 Web 应用程序。

使简单的 Web 页面在线有很多方法，但构建 Web 应用程序的方法就少很多。其中一种 Web 应用程序技术是 Microsoft 的 ASP.NET。

ASP.NET 是一个框架，支持构建健壮、高效的 Web 应用程序。可以把它看成汽车的结构支撑。可在这个结构上添加两种不同的设计：ASP.NET Web Forms 和 ASP.NET MVC。这两种设计都建立在 ASP.NET 的基础上，依赖通过 ASP.NET 使用的公共功能。

Visual Studio 2015 是创建和维护 ASP.NET Web 应用程序的主要工具。它有助于轻松地处理 Web 应用程序从应用程序的"外观和操作方式"一直到部署的各个方面，并跳过之间的所有步骤。此外，因为 Microsoft 致力于支持 ASP.NET 开发人员，所以它是功能全面的免费版！

本书研究的是 ASP.NET Web Forms 和 MVC。通过本书可以熟悉功能全面的 Web 应用程序的各种组件，在学习开发流程的不同部分时，创建一个示例应用程序。我们将学习这两个框架如何工作，其中一些方法非常相似，而另一些则完全不同。然而要清楚，无论方法如何，它们都建立在相同的框架上。

0.1　本书读者对象

本书面向希望建立健壮的、高性能、可伸缩的 Web 应用程序的读者。虽然开发工具运行在 Microsoft Windows 下，但可以把应用程序自由地部署到当前几乎任何操作系统上。因此，甚至没有 Microsoft 服务器的公司，现在也能运行 ASP.NET Web 应用程序。

软件开发新手学习本书也应该不成问题，因为本书的结构很适合初学者。经验丰富、但不了解 Web 开发的人员，也会在本书中找到许多不同领域的兴趣点和用法，尤其是当前不使用 C#作为编程语言的人员。

最后，有经验的 ASP.NET 开发人员也可在本书中找到很多感兴趣的话题，特别是只有 Web Forms 或 MVC 经验(而不是两者兼有)的开发人员。本书提供了这两种方法的说明，还演示了如何将这两种方法集成到一个应用程序中。

0.2 本书内容

本书讲授如何构建功能齐全的 Web 应用程序。读者将使用 ASP.NET MVC 和 ASP.NET Web Forms 方法建立一个完整站点，以理解、熟悉 ASP.NET 的全部功能。每一章都将开发过程推进一步：

- 第 1 章"ASP.NET 6.0 入门"： 介绍 ASP.NET 通用框架，具体论述 Web Forms 和 MVC，还要下载并安装 Visual Studio 2015。
- 第 2 章"建立最初的 ASP.NET 应用程序"：该章创建初始项目，包括进行配置，以支持 Web Forms 和 MVC。
- 第 3 章"设计 Web 页面"：该章介绍 HTML 和 CSS，以便建立有吸引力的、可以理解的网站。
- 第 4 章"使用 C#和 VB.NET 编程"：ASP.NET 是一个开发框架，在其中可以使用不同的编程语言，包括 C#和 VB.NET。该章介绍如何使用它们。
- 第 5 章"ASP.NET Web Forms 服务器控件"：ASP.NET Web Forms 以服务器控件的方式提供了许多不同形式的内置功能。这些控件允许用很少的代码创建复杂、功能丰富的网站。该章包括了最常见的 Web Forms 服务器控件。
- 第 6 章"ASP.NET MVC 辅助程序和扩展"：ASP.NET Web Forms 通过服务器控件提供功能，而 ASP.NET MVC 使用辅助程序和扩展提供了另一种支持，该章描述这种支持。
- 第 7 章"创建外观一致的网站"：该章将学习 ASP.NET 如何使用母版页和布局页面，创建外观和操作方式一致的 Web 应用程序。
- 第 8 章"导航"：该章学习创建菜单和其他导航结构的不同方式，并了解可以在 Web Forms 和 MVC 中构建的不同类型的链接。
- 第 9 章"显示和更新数据"：希望在 ASP.NET 中使用数据库时,最好选择 SQL Server。该章将安装 SQL Server，创建初始数据库模式，并在应用程序中创建和显示数据。
- 第 10 章"处理数据"：本章介绍处理数据的高级主题，包括分页、排序和使用高级数据库元素，例如存储过程等，从数据库中检索特定的信息集。还将学习如何将数据存储在不同位置，缩短响应时间。
- 第 11 章"用户控件和局部视图"：ASP.NET 通过服务器控件和辅助程序来提供内置功能。该章学习如何创建自己的项，来提供跨多个页面的公共功能。
- 第 12 章"验证用户输入"：Web 站点功能的主要部分是由用户输入到应用程序中的数据定义的。该章介绍如何使用 Web Forms 和 MVC 提供的工具，来接受、验证和处理用户输入。
- 第 13 章"ASP.NET AJAX"：AJAX 是一种技术，它允许更新页面的一部分，而无须向服务器调用整个页面。该章学习 Web Forms 和 MVC 是如何做到这一点的。

- 第 14 章 "jQuery"：前面的所有内容都基于服务器上的工作。该章介绍如何使用 jQuery 在客户端工作，而不必回调服务器。
- 第 15 章 "ASP.NET 网站的安全性"：该章增加了用户的概念，演示了如何要求访问者登录应用程序，以识别他们。
- 第 16 章 "个性化网站"：该章将学习如何定制用户信息，确保用户在我们的网站上感到受欢迎。捕获用户的访问信息还可以帮助更好地理解他们访问网站时需要什么。
- 第 17 章 "异常处理、调试和跟踪"：可惜，很难编写出完全没有问题的代码。该章学习如何处理这些问题，包括查找和修改它们，确保出问题时，给用户提供为什么他们的操作没有成功的相关信息。
- 第 18 章 "使用源代码控制"：在团队中工作是成为专业开发人员的一个重要方面。源代码控制提供了一种在用户之间共享代码的方法。它也负责用保存好的版本备份源代码的工作。
- 第 19 章 "部署网站"：完成构建应用程序的所有工作后，最后一步是把它放在用户可以访问它的 Web 上!

0.3　本书结构

本书的主要教学方法是用一组详细的实践步骤带领读者构建一个完整的应用程序。这些 "试一试" 练习展示了所讨论的主题，之后的 "示例说明" 部分解释了每一步实现的功能。每个 "试一试" 部分都建立在之前的工作基础上，所以应按顺序完成。

章后的练习题测试读者对相应章节内容的理解程度，答案在附录中。一些练习题比较具体，其他练习题则一般化。它们旨在帮助读者巩固本章的内容。

本书包含大量内容，涵盖了有时似乎完全不同的两种技术方法。如果希望更详细地了解某个方法或产品，可参阅章节中的额外信息源。

0.4　使用本书的条件

为了学习各章及其练习，需要：
- Windows 7、8 或 10，或者 Windows Server 2008 或 2012
- 安装 Visual Studio 2015 的最低要求，包括 RAM 和硬盘空间

0.5　源代码

在读者学习书中的示例时，可以手工输入所有代码，也可以使用本书附带的源代码文件。本书使用的所有源代码都可以从 www.wrox.com/go/beginningaspnetforvisualstudio 下载。

源代码片段都附带一个下载图标和表示程序名的注释，这说明该代码可以下载，而且很容易在下载文件中找到。登录到站点，使用 Search 工具或使用书名列表就可以找到本书。接着单击本书细目页面上的 Download Code 链接，就可以获得所有的源代码。读者还可访问 www.tupwk.com.cn/downpage 来下载源代码。

提示：

由于许多图书的标题都很类似，所以按 ISBN 搜索是最简单的，本书英文版的 ISBN 是 978-1-119-07742-8。

下载代码后，只需要用自己喜欢的解压缩软件对它进行解压缩即可。另外，也可以进入 http://www.wrox.com/dynamic/books/download.aspx 上的 Wrox 代码下载主页，查看本书和其他 Wrox 图书的所有代码。

0.6　勘误表

尽管我们已经尽了各种努力来保证文章或代码中不出现错误，但错误总是难免的，如果你在书中找到了错误，例如拼写错误或代码错误，请告诉我们，我们将非常感激。通过勘误表，可以让其他读者避免受挫，当然，这还有助于提供更高质量的信息。

要在网站上找到本书英文版的勘误表，可以登录 http://www.wrox.com，通过 Search 工具或书名列表查找本书，然后在本书的细目页面上，单击 Book Errata 链接。在这个页面上可以查看到 Wrox 编辑已提交和粘贴的所有勘误项。完整的图书列表还包括每本书的勘误表，网址是 www.wrox.com/misc-pages/booklist.shtml。

如果在 Book Errata 页面上找不到自己找出的"错误"，可以进入 www.wrox.com/contact/ techsupport.shtml，完成表单，给我们发送你找到的错误。我们就会检查你的反馈信息，如果正确，就在本书的勘误表中发送一条消息，并在本书的后续版本中更正错误。

0.7　p2p.wrox.com

要与作者和同行讨论，请加入 p2p.wrox.com 上的 P2P 论坛。这个论坛是一个基于 Web 的系统，便于你张贴与 Wrox 图书相关的消息和相关技术，与其他读者和技术用户交流心得。该论坛提供了订阅功能，当论坛上有新的消息时，它可以给你传送感兴趣的论题。Wrox 作者、编辑和其他业界专家和读者都会到这个论坛上来探讨问题。

在 http://p2p.wrox.com 上，有许多不同的论坛，它们不仅有助于阅读本书，还有助于开发自己的应用程序。要加入论坛，可以遵循下面的步骤：

(1) 进入 p2p.wrox.com，单击 Register 链接。

(2) 阅读使用协议，并单击 Agree 按钮。

(3) 填写加入该论坛所需要的信息和自己希望提供的其他信息，单击 Submit 按钮。

(4) 你会收到一封电子邮件，其中的信息描述了如何验证账户，完成加入过程。

提示：

不加入 P2P 也可以阅读论坛上的消息，但要张贴自己的消息，就必须加入该论坛。

加入论坛后，就可以张贴新消息，响应其他用户张贴的消息。可以随时在 Web 上阅读消息。如果要让该网站给自己发送特定论坛中的消息，可以单击论坛列表中该论坛名旁边的 Subscribe to this Forum 图标。

关于使用 Wrox P2P 的更多信息，可阅读 P2P FAQ，了解论坛软件的工作情况以及 P2P 和 Wrox 图书的许多常见问题。要阅读 FAQ，可以在任意 P2P 页面上单击 FAQ 链接。

目　录

第 **1** 章

ASP.NET 6.0 入门

本章要点

- ASP.NET 简史及其同时支持 Web Forms 和 MVC 的原因
- 两个框架：Web Forms 和 MVC
- 如何安装和使用 Visual Studio 2015
- 本书一直使用的示例应用程序

本章源代码下载：

本章源代码的下载网址为 www.wrox.com/go/beginningaspnetforvisualstudio。从该网页的 Download Code 选项卡中下载 Chapter 01 Code 后，可以找到与本章示例对应的单独文件。

互联网已经成为世界各地数十亿人的生活的一个重要部分。自 20 世纪 90 年代以来，互联网的使用就一直在加速增长，并随着技术和访问的更趋实惠而继续加速。互联网已经成为购物、休闲、学习和交流的重要信息来源。它帮助建立新的企业，并给创新人员提供将其信息传播到世界其他地方的能力。

这种增长意味着，人们将长期需要建立和维护下一代 Web 应用程序的技能。全球业务通过 Web 应用程序实现的百分比不断增加，所以学习如何在这些应用程序上工作是一个很明智的职业选择。

1.1 ASP.NET vNEXT 简介

互联网刚开始时是一组密封的私人网络，美国的研究机构通过它共享信息。这个系统的主要用户是在这些实验室从事研究的科学家。然而，这种信息共享的方法很明显具有实用性和灵活性，人们对它的兴趣也呈指数增长。越来越多的机构参与进来，导致标准和协议的不断演化来支持其他类型信息的共享。当商业实体也参与进来时，最初的网络就迅速扩张。很快，就出现了互联网服务提供者，使人们能时刻访问和共享互联网上蓬勃发展的内容。

在互联网的早期，大部分内容都以静态方式创建和存储。每个 HTTP 请求都请求的是具体的页面或存储内容，响应只会提供该内容。早期的应用程序框架改变了这种模式，允许基于一组特定的标准动态生成内容，并作为请求的一部分发送。于是，内容从数据库和其他来源中建立，成倍增加网络的有效性。就在这个时候，公众(而不是只有科学家)真正开始利用互联网增强的可用性。

ASP.NET 是早期的 Web 应用程序框架之一，.NET Framework 的第一版在 2002 年发布。名字中的 ASP 部分代表"活动服务器页面"，这是 Microsoft 最初的 Web 应用程序框架，它使用服务器端过程创建浏览器可读的 HTML 页面。最初的 ASP 现在称为"经典 ASP"，允许开发人员使用 VBScript 给 HTML 添加脚本代码。然而，代码和 HTML 都混在一个文件中。

ASP.NET 在当时是一个重要的改进，因为与当时的任何其他框架相比，它允许更清晰地分隔代码隐藏(处理过程的代码)和标记(建立显示界面的代码)。.NET Framework 的每一个新版本都改进了这个最初的 ASP.NET 框架。

Microsoft 在 2008 年推出了一个新的框架来支持内容创建和导航的另一种方法:ASP.NET MVC。MVC 表示模型-视图-控制器，是指一种软件设计模式，实现了用户界面和处理代码之间更彻底的分离。最初的框架称为 Web Forms。互联网以创造内容为主的技术不断发展，但互联网运行的方式保持不变。信息从服务器到客户端的移动遵循一个很简单的协议，该协议自互联网出现以来几乎没有改变。

1.1.1 超文本传输协议

超文本传输协议(Hypertext Transfer Protocol，HTTP)是一个应用协议，是互联网上的通信基础。它把客户端和服务器之间的交互定义成如下形式:一种请求-响应模式，客户端请求(或要求)具体的资源，服务器做出响应或者在适当时发送回复信息。

这个请求可以非常简单，例如"给我显示这张照片"，也可以非常复杂，例如银行转账。图 1-1 显示了请求的结果:对于第一个简单的请求，结果是展示图片;对于第二个更复杂的要求，结果是显示银行转账的收据。

图 1-1　请求和响应

HTTP 协议也定义了请求和响应的样式，包括方法(也称为动词，描述对所请求的项应执行什么动作)。这些动词在 ASP.NET Web Forms 中使用并不多，但它们在 ASP.NET MVC 中特别重要，因为 MVC 使用这些方法来识别在所请求的对象上执行的动作。表 1-1 列出了主要的动词。

表 1-1　最常用的 HTTP 动词

名称	说明
GET	GET 请求一个资源。它应该检索该资源，执行该操作不会产生其他任何影响。应该能够多次得到一个资源
POST	POST 表明请求中包含某些信息，应该创建资源的一个新版本。按照定义，所传送的任何项都应创建一个新版本，这样多次传送相同的信息时，就应该创建该对象的多个实例
PUT	PUT 表明包含在请求中的信息应改变现有的项。如果希望改变的项尚未创建，该定义还允许服务器创建一个新项，这不同于 POST 动词，因为只有当请求包括新信息时才创建新项
DELETE	DELETE 动词表示应该删除指定的资源，这意味着删除后 GET 或 PUT 该资源的操作会失败

HTTP 请求包括：

- 请求行。例如，GET/images/RockMyWroxLogo.png HTTP/1.1 请求服务器上的资源 /images/RockMyWroxLogo.png。
- 请求标题字段，如 Accept-Language:en。
- 空行。
- 可选的消息体；当使用 POST 或 PUT 动词时，创建对象需要的信息通常放在这个消息体中。

HTTP 响应包含：

- 状态栏，包括状态代码和原因信息(例如，HTTP/1.1 200 OK 表示请求成功)。
- 响应标题字段，如 Content-Type: text/html。
- 空行。
- 可选的消息体。

下面的示例是一个典型的响应：

```
HTTP/1.1 200 OK
Date: Thur, 21 May 2015 22:38:34 GMT
Server: Apache/1.3.3.7 (Unix) (Red-Hat/Linux)
Last-Modified: Wed, 08 Jan 2015 23:11:55 GMT
ETag: "xxxxxxxxxxxxxxxx"
Content-Type: text/html; charset=UTF-8
Content-Length: 131
Accept-Ranges: bytes
Connection: close

<!DOCTYPE html>
<html>
  <head>
    <title>I'm a useful title to this page</title>
  </head>
  <body>
    <p>I'm some interesting content that people can't wait to consume.</p>
  </body>
```

```
</html>
```

状态码，如前面示例中的 200 OK，提供了请求的详细信息。状态码的最常见类型是 4xx 和 5xx 编码。4xx 编码用于客户端错误，最常见的是 404，表示所请求的资源不存在。5xx 编码用于服务器代码或内部服务器错误，最常见的是 500。进行大量 Web 开发的任何人员都不想看到可怕的 500 错误。

需要这些动词，是因为按照定义，HTTP 是无状态的协议。这就是一个请求不会识别任何先前请求的原因；相反，每个请求-响应都应是完全独立的。

这种通信大都发生在幕后，由用户的浏览器和 Web 服务器处理。然而，所收发的信息会影响 Web 应用程序。继续提升 ASP.NET 的相关知识和技能，你会发现在请求或响应中更深入地挖掘不同的值是非常重要的。可能需要设置请求和/或响应头，以确保一些上下文信息(如授权令牌或客户的首选语言)设置正常。

微软 IIS

微软 IIS(Microsoft Internet Information Services，互联网信息服务)是 Microsoft Windows 附带的、旨在支持 HTTP 的一种应用程序(称为 Web 服务器)，包含在 Windows 的所有当前版本中，但默认情况下不安装。开发一个 ASP.NET 应用程序时，无论是 Web Forms 还是 MVC 应用程序，IIS 都会完成处理和创建内容的工作，并返回给客户端。

1.1.2 HTML5

HTTP 提供客户端和服务器之间进行通信的场所，而 HTML 是互联网的核心标记语言。HTML 用于构建和展示 Web 上的内容，是一个来自 W3C(World Wide Web)联盟的标准。HTML5 在 2014 年 10 月制订完成，是这个标准的最新版本。之前的版本是 HTML4，在 1997 年制订完成。

可以想象，网络在 HTML4 和 HTML5 之间的 17 年间经历了引人注目的进化，这种进化提供了一些优势，尤其是对用户而言，但它也给网站开发人员带来了一些问题。其中的一个主要问题是，Web 浏览器厂商试图提供一组与浏览器相关的改进，尤其是与多媒体相关的改进，以区分他们的产品。这样，开发互动网站就会出问题，因为每个浏览器都有不同的特定开发需求。

HTML5 用于帮助解决这种碎片化造成的问题，改进包括：
- 对多媒体的额外支持，包括布局、视频和音频标签
- 支持额外的图形格式
- 添加可访问性特性，帮助残疾人士访问 Web 页面的内容
- 明显改善 API 的脚本编写难度，允许 HTML 元素与 JavaScript 交互(详见第 14 章)

1. HTML 标记

HTML 文档是人类可读的文件，它使用 HTML 元素给信息提供结构。该结构用于给要显示的信息提供上下文。网络浏览器需要考虑上下文和内容，并相应地显示信息。这些元素是可以嵌套的，这意味着一个元素可以完全包含在另一个元素中，使整个页面基本上由一组嵌

套的元素构成，如下所示：

```
<!DOCTYPE html>
<html>
  <head>
    <title>I'm a useful title to this page</title>
  </head>
  <body>
    <p>I'm some interesting content that people can't wait to consume.</p>
  </body>
</html>
```

每一层元素都对相关内容进行分组。每个元素都由浏览器解析，评估每个元素在逻辑结构的哪个地方。这种结构允许浏览器根据元素与结构中其他元素的距离和关系，把各个内容关联起来。在前面的示例中，title 元素是 head 元素的一个子元素。

还要注意，需要开始和关闭标签。这与如下概念契合：一个元素可以包含在其他元素中。只有不能包含其他元素的元素才不需要关闭标签。开始标签是包围元素的一对<>，而关闭标签是包围同一个元素的</>，里面有一个斜杠/。这样，浏览器就能正确地识别每个部分。有些浏览器可能支持没有正确关闭的一些标签，但这种行为是不一致的，因此应该小心地关闭所有元素。唯一不遵循这个标准的项是< !DOCTYPE html >声明，它表示接下来的内容应该如何定义。这种情况下，内容定义为 html，这样浏览器就知道应该把内容解析为 HTML5。

HTML5 中一些更有用的元素在表 1-2 中列出。这不是一个完整的列表，访问 W3C 网站 http://www.w3.org/TR/html5/index.html，可以找到 HTML 元素的完整列表及其用途的完整描述。

表 1-2　常用的 HTML 元素

元素名	说明
html	把内容表示为 HTML 代码
head	把内容定义为页面的标题部分，这是一个高级的部分，包含的信息用于控制内容的显示
title	head 部分中的一项，该元素包含通常显示在浏览器标题栏中的内容
body	把内容定义为页面体的部分，本部分包含了显示在浏览器窗口中的内容
a	锚标记，作为到其他内容的导航链接。它可以把用户重定向到同一页面的另一个位置，或者重定向到一个完全不同的页面
img	这个元素把一个图像放到页面中，它是为数不多的没有关闭标签的几个元素之一
form	form 元素把所包含的内容表示为作为整体一起提交的一组信息，通常用来把信息从用户传递到服务器
input	这个元素在表单中有很多作用。根据类型(参见后面的内容)，它可以是文本框、单选按钮甚至按钮
span	界定在线内容的一种方法。这样就可以给句子中的一个或多个单词提供特殊的格式，而不影响这些单词的间距

(续表)

元素名	说明
div	与 span 元素一样，这个元素用作内容的容器。然而，它是一个块元素，区别是内容的前后有换行符
audio	HTML5 特性，允许将音频文件嵌入页面，支持的音频文件类型根据浏览器可能有所不同
video	HTML5 特性，允许将视频文件嵌入页面，这样浏览器会在线播放内容
section	HTML5 添加的特性，把一组内容标识为归属在一起。把它看成一本书中的一章或者单个 Web 页面的区域，例如引言和新闻
article	HTML5 添加的另一个特性，比 section 元素定义了更完整、自包含的一组内容
p	段落元素，把内容分解到相关的、可管理的块中
header	为另一个元素(通常是最近的元素)提供了介绍性内容，这可能包括内容体，意味着内容是整个页面的标题
h1, h2, h3	这种元素允许把内容指定为标题文本。数字越小，在层次结构中的级别就越高。h1 元素类似于书名，h2 类似于章标题，h3 类似于小节标题，等等
ul	允许创建无序的项目列表
ol	允许创建有序的一般编号列表
li	列表项元素，告诉浏览器内容是应该包含在列表中的一项

2. HTML 中的特性

特性是放在开始标签的尖括号内的附加信息。它提供了细节，这样浏览器就知道呈现元素或与在元素交互时该怎么做。一个示例是锚元素，它提供了一个到其他内容的导航链接：

```
<a href='http://www.wrox.com'>Awesome books here!</a>
```

href 特性告诉浏览器，用户单击 "Awesome books here!" 链接后，把用户导航到哪里去。

所有元素都支持某些特性。元素是否隐含，需要指定锚标记中的 href 特性或可选标记，如 name、style 或 class，这些标记可用于控制带特性的元素的识别和外观。

3. HTML 示例

代码清单 1-1 中的代码是一个示例 HTML 页面，它包含了表 1-2 中几乎所有的元素。

代码清单 1-1　HTML 页面示例

```
<!DOCTYPE html>
<html>
    <head>
        <title>Beginning ASP.NET Web Forms and MVC</title>
    </head>
    <body>
        <!-- This is an HTML comment.  The video and audio elements are not
displayed.-->
```

```
    <article>
      <header>
        <h1>ASP.NET from Wrox</h1>
        <p>Creating awesome output</p>
        <a href='http://www.wrox.com'>
          <img src='http://media.wiley.com/assets/253/59/wrox_logo.gif'
               width='338' height='79' border='0'>
        </a>
      </header>
      <section>
        <h2>ASP.NET Web Forms</h2>
        <p>More than a decade of experience and reliability.</p>
        <ol>
          <li>Lots of provided controls</li>
          <li>Thousands of examples available online</li>
        </ol>
      </section>
      <section>
        <h2>ASP.NET MVC</h2>
        A new framework that emphasizes a <div>stateless</div> approach.
        <ul>
          <li>Less page-centric</li>
          <li>More content centric</li>
        </ul>
      </section>
    </article>
    <form>
      <p>
        Enter your <span style='color: purple'>email</span> to sign up:
        <input type='text' name='emailaddress'>
      </p>
      <input type='submit' value='Save Email'>
    </form>
  </body>
</html>
```

Microsoft 的 Internet Explorer 能显示这些 HTML 内容，如图 1-2 所示。所有其他 HTML5
浏览器也会以非常相似的方式显示这样的结果。

可以看出，HTML 给内容提供了一些简单的布局。然而，在 Web 上查看各种网站时，可
能不会看到像前面示例那样的内容。这是因为 HTML 提供了布局，但还有另一种技术，它通
过改进设计，给用户体验(User eXperience，UX)提供了更多的控制。这种技术是级联样式表
(Cascading Style Sheets，CSS)。

引用：
CSS 详见第 3 章 "设计 Web 页面"。

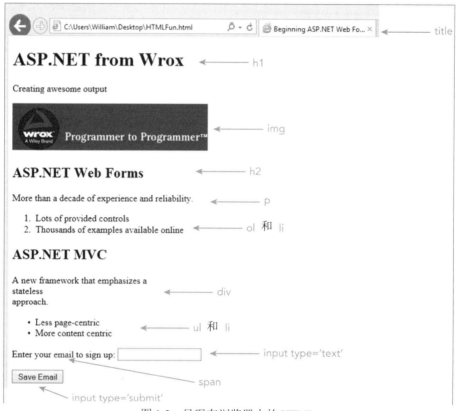

图 1-2　呈现在浏览器中的 HTML

1.1.3　ASP.NET Web Forms

自.NET 首次发布开始，ASP.NET Web Forms 就是.NET通用架构的一部分。Web Forms 通常采用基于页面的方法，其中，每个可能被请求的网页都是独特的实体。在开发过程中，文件系统中的两个物理页面组成了每个可视化页面：.aspx代码，其中包含可视化的标记；.aspx.cs或aspx.vb，其中包含进行实际处理的代码，例如创建初始内容或响应按钮的单击。这两个物理页面一起提供了必要的代码和标记，来创建发送到浏览器进行查看的HTML。

与请求/响应方法和创建发送给客户端的 HTML 相比，ASP.NET Web Forms 的主要优点是它提供的抽象层次。HTML 的详细知识不如 C#或 Visual Basic 的详细知识重要。该框架会自动生成 HTML，并且隐藏了很多自动生成的 HTML。

客户端和服务器之间的主要通信模型是回送方法，在该方法中，页面在浏览器中呈现，用户执行一些操作，该页面使用相同的资源名发送回服务器。这允许每个页面既负责页面内容的创建，又负责在需要时响应页面内容的变化。

1. 视图状态

对页面内容发生变化的响应是使用视图状态(ViewState)来增强的。因为 HTTP 是无状态的协议，任何需要状态的内容都需要用更便于定制的方法来管理。视图状态就是 ASP.NET Web Forms 采用此种定制方法，在浏览器和服务器之间传递状态信息的一种方式。视图状态是页面中包含的一个隐藏字段 <input type="hidden" name="_VIEWSTATE" value="blah blah">。实体的值包含人类不可读的散列信息。幸好,ASP.NET 能够解析该信息,理解页面上各个项的前一个版本。

一定要理解视图状态,因为它在 ASP.NET Web Forms 完成工作时起着重要的作用。假定当前处理的页面有几个回送。也许其中一个回送操作会更改标签的值。如果该标签在第一次显示时有一个默认值,那么在每次新的回送操作中,该控件的每次初始化都会把该值重置为默认值。然而,系统接着会分析视图状态,确定这个标签应显示另一个值。系统现在认识到,它处于另一个状态,于是覆盖默认设置,把标签设置为更新值,即文本的已改版本。

这是在多个回送操作中保存变更的一种强大方式。然而,改变的项越多,需要跟踪的项越多,视图状态信息集就越大,这可能出问题。这些信息是双向传递:从服务器传递到客户端,然后发送回服务器。某些情况下,作为视图状态的一部分传输的信息量可能增加下载/上传时间,尤其是在网速或带宽有限的情况下。

默认情况下,视图状态在每个控件上都启用了。然而,开发人员可以在需要时覆盖这些设置,例如在知道不需要了解控件以前的状态时。也可以通过编程方式使用视图状态。假定一个大的数据列表有分页和排序功能。如果要在分页前排序,则排序条件需要存储在某个地方,以便用于下一个回送操作。视图状态就是存储这些信息的一个地方。

2. ASP.NET Web Forms 事件和页面生命周期

Web Forms 的优点之一是它允许开发人员在页面的生命周期中插入各种事件。ASP.NET 生命周期允许开发人员在 HTML 创建阶段与各个点的信息交互。在这个过程中,开发人员还可以使用事件处理程序响应可能发生在客户端的事件,包括单击按钮或选择下拉列表中的一项。对于采用传统的事件驱动开发方法(如 Windows 窗体)的开发人员来说,这种方法非常容易掌握。生命周期过程给开发人员提供了许多功能,但这也增加了应用程序的复杂性——根据代码在生命周期中调用的时间,相同的代码会导致不同的结果。

生命周期中的阶段如表 1-3 所示。其中的一些项可能现在没有任何意义,但在创建交互式网站的过程中,你会看到所有这些是如何融合在一起的。

表 1-3 ASP.NET 页面生命周期中的阶段

阶段	说明
请求	这个阶段在页面调用过程开始前发生。此时,系统确定运行时编译是否必要,缓存的输出是否可以返回,或者是否需要运行编译过的页面。在 ASP.NET 页面中,没有关联到这个阶段的事件
开始	页面开始针对 HTTP 请求进行一些处理。初始化一些基础变量,如 Request、Response 和 UICulture。该页面还决定自身是否是回送
初始化	在此阶段,初始化页面上的控件,并分配唯一的 ID。在合适时应用母版页和主题。没有回送数据,视图状态中的信息尚未应用
加载	如果请求是一个回送,给控件加载从视图状态中恢复过来的信息
回送事件的处理	如果请求是一个回送,所有控件就根据需要触发其事件处理程序,验证也发生在这个阶段

(续表)

阶段	说明
显示	在呈现阶段开始之前，根据配置，给页面和所有控件保存视图状态。此时，页面输出被添加到响应中，以便信息可以流向客户端
卸载	这发生在内容创建和发送给客户端之后。对象从内存中卸载，进行清理

生命周期中的阶段是通过一组生命周期事件呈现的。开发人员可在需要时与生命周期事件交互。开发示例应用程序时，你将学习这种交互的更多内容。表 1-4 列出了这些事件。

表 1-4 ASP.NET 页面的生命周期事件

事件	说明和典型用法
Preinit	开始阶段完成后、初始化阶段之前触发。通常用于创建或重新创建动态控件，动态设置母版页或主题(后面详细讨论)。在这个阶段,信息尚未被视图状态信息取代,如前所述
Init	在所有控件初始化后触发这个事件。通常用于初始化控制属性，这些初始化不影响视图状态
InitComplete	Init 和 InitComplete 之间唯一发生的就是启用控件的视图状态。这个事件中和之后应用的变化将影响视图状态，所以可以用于回送
PreLoad	页面管理本身和所有控件的视图状态信息后触发，还处理回送的数据
Load	在页面上调用 OnLoad 方法，然后在每个控件上递归地调用同样的方法。这通常用于完成大多数创建工作、初始化数据库连接、设置控件值等
控件事件	这些都是基于控件的具体事件，例如按钮的 Click 或文本框的 TextChanged 事件
LoadComplete	处理所有事件后触发这个事件。在这里执行的任何操作，通常都需要加载完所有控件
PreRender	所有的控件都加载后，Page 对象会开始其 PreRender 阶段，这是修改内容或页面的最后一次机会
PreRenderComplete	绑定所有数据绑定控件后触发，这发生在单个控件的级别
SaveStateComplete	给页面和所有控件保存视图状态和控件状态后触发。此时对页面或控件的任何更改都会影响显示内容，但是在下一次回送时，不会检索变更
Render	这不是一个事件。相反，此时在这个过程中，Page 对象在每个控件上调用这个方法。所有的 ASP.NET Web 服务器控件都有 Render 方法，写出控件的标记，发送到浏览器
Unload	用于执行特定的清理活动，如关闭文件或数据库连接、日志等

要在样例应用程序中完成的工作只是利用一些事件。然而，理解了它们可能发生，就会明白 ASP.NET Web Forms 是如何在幕后工作的。Web Forms 允许根据需要在页面级别和控件级别利用这些事件。尽管可能会遇到整个应用程序项目都不需除 Load 和 Control Events 之外的任何事件的情况，但 Web Forms 提供了根据需要这样做的能力。

一些更强大的控件有自己的一组事件，开始处理示例应用程序时，你会学习这些内容。

3. 控件库

ASP.NET Web Forms 的一大优点是提供了一组强大的内置服务器控件，使开发人员提高了开发速度，改进了 RAD(Rapid Application Development，快速应用程序开发)。使用这些控件，开发过程就变成配置工作而不是开发工作，提供一流的体验，让需要最常见默认操作的许多开发人员感到满意。此外，由于这种方法非常成熟，因此有一组范围很广的第三方控件，在 Visual Studio 中获得广泛、强大的支持。

这些 ASP.NET 服务器控件是开发人员在 ASP.NET Web 页面上放置的项。它们在请求页面时运行，主要负责给浏览器创建和显示标记。许多这样的服务器控件类似于熟悉的 HTML 元素，如按钮和文本框。其他服务器控件允许执行更复杂的操作，例如日历控件以日历格式管理数据的显示，其他控件可用于连接到数据源和显示数据。

控件有 4 个主要类型：
- HTML 服务器控件
- Web 服务器控件
- 验证控件
- 用户控件

HTML 服务器控件

HTML 服务器控件通常是用于传统 HTML 元素的包装器。这些包装器允许开发人员在代码中设置值和使用事件，如文本框控件的文本显示值改变时，就触发一个事件。在处理应用程序的 Web Forms 部分时，会使用许多不同的 HTML 服务器控件。

Web 服务器控件

Web 服务器控件不仅仅是 HTML 元素的包装器，它们往往包含更多的功能，比 HTML 服务器控件更抽象，因为能完成更多的事情。日历控件就是 Web 服务器控件的一个好示例：它提供了一个按钮，允许用户访问一个网格形状的日历来选择适当的日期，增强了 UI 功能。日历控件还提供了其他功能；如限制可选日期的范围，格式化所显示的日期，按月或年在日历中移动。

验证控件

第三类控件是验证控件，这种控件可以确保输入其他控件的值满足特定的条件或者是有效的。例如，如果文本框希望仅捕获货币值，就应该只接受数字、逗号(,)和小数点(.)。还应该确保，如果输入的值包含小数点，小数点右边的数字就不应超过两个。验证器在客户端和服务器上提供了这种支持。它确保数据在发送到服务器之前是正确的，然后确保数据在到达服务器时也是正确的。

用户控件

最后一类控件是用户控件。这是用户自己建立的控件。如果一组功能需要在多个页面上可用，就应该把这组功能创建为一个用户控件。这允许在多处重用相同的控件，而不是把代码本身复制到多个页面上。

这些控件可以完成很多很有用的操作，但使用它们也是有代价的。使用这些控件，可能会对完成的 HTML 失去一些控制，这可能会导致输出过多或 HTML 不满足设计人员的要求。

1.1.4　ASP.NET MVC

前面学习了ASP.NET Web Forms采用一种基于页面的方式来设计Web应用程序。ASP.NET MVC是另一种构建方式，它强调关注点的分离。Web Forms通常由两部分组成——标记和代码，而MVC把关注点分为三部分——模型、视图和控制器。模型是要显示的数据，视图是数据显示给用户的方式，控制器是它们的中介，确保将适当的模型显示到正确的视图。图 1-3 演示了不同部分之间的交互。

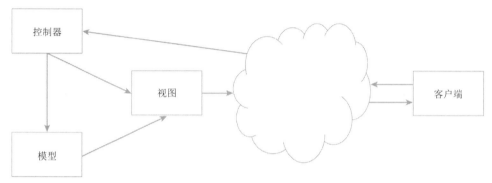

图 1-3　MVC(模型-视图-控制器)设计

ASP.NET Web Forms 和 MVC 之间一个的关键区别是，MVC 在客户端显示的是视图而不是页面。这不仅是简单的语义，还表明了方法的不同。Web Forms 采用文件系统方式来呈现内容；而 MVC 采用的方式是，使内容基于要对特定事件执行的"操作类型"，如图 1-4 所示。

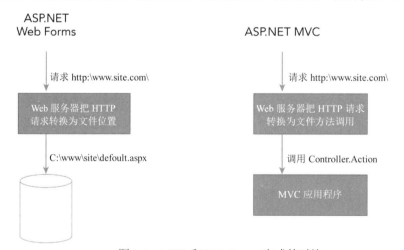

图 1-4　MVC 和 Web Forms 方式的对比

注意:

这种方式对具有事件驱动背景的开发人员来说可能不太直观。然而，用过其他 MVC 方式(例如 Ruby on Rails)的开发人员会发现 MVC 模式十分得心应手，非常契合他们以前的经验。

MVC 模式成功的关键原因是它有助于开发人员创建出在不同方面(输入逻辑、业务逻辑和 UI 逻辑)可以分离的应用程序，同时提供了这些元素之间的相对松散耦合。在松散耦合的系统中，每个组件对其他组件的了解都很少，甚至完全不了解。这便于修改其中一个组件，而不干扰其他组件。

在 MVC 应用程序中，视图只显示信息；控制器则处理、响应用户的输入，并进行交互操作。例如，控制器处理查询字符串值，把这些值传递给模型，模型则可能使用这些值来查询数据库。有了这种分离，就完全可以重新设计 UI，根本不会影响控制器或模型。因为它们是松散耦合的，相互依赖会少很多。它还允许把 HTML 创建工作从创建要显示数据的服务器中分离出来，让不同的人员在应用程序的开发过程中承担不同的角色。

MVC 模式指定每种类型的逻辑应该位于应用程序的什么地方。UI 专用逻辑属于视图，输入逻辑或处理客户端请求的逻辑则属于控制器，业务逻辑属于模型层。构建应用程序时，这种分离有助于管理复杂性，因为它允许一次只关注实现的一个方面。

1. 可测试性

使用 MVC 方式时，一个重要的考虑因素是它提供的可测试性有显著提高。单元测试是可重复运行的项，以验证功能的一个特定子集。在现代开发中这是很重要的，因为这些单元测试允许开发人员重构或改变现有的代码。单元测试允许开发人员运行已创建好的单元测试，来确定所做的变更是否有消极影响。ASP.NET Web Forms 应用程序很难进行准确的单元测试，而单元测试可以很好地应用于 RAD 方法，其原因完全相同：内置控件的功能和页面的生命周期。它们对于自己所在的页面而言是非常特殊的，所以试图测试功能的各个部分会变得非常复杂，因为它们依赖于页面上的其他项。

ASP.NET MVC 的方式和分离意味着，控制器和模型可以进行充分测试，这可以确保应用程序的行为可以更好地评估、理解和验证。构建非常简单的应用程序时，这可能不重要；但在大型企业级应用程序中，就是至关重要的。它给企业提供的功能可能是必不可少的，可能需要长期进行管理、维护、调整和修改；代码越复杂，一个区域的变更影响其他区域的风险就越大。在进行一组变更后运行单元测试，可以保证以前创建的功能继续像预期的那样工作。在新功能上建立单元测试，会验证代码是否按预期那样工作，并应对未来的变化。

在构建示例 Web 应用程序的过程中，不会特意构建单元测试。然而，可用的源代码有一个单元测试项目，在开发过程中，会创建一些测试，特别是使用 ASP.NET MVC 的地方。

2. 完全控制输出

ASP.NET MVC 不像 ASP.NET Web Forms 那样依赖控件，因此没有造成 HTML 输出内容过多的风险。相反，开发人员创建需要发送到客户端的特定 HTML。这允许完全访问 HTML 元素的所有特性，而不是仅访问 ASP.NET Web Forms 服务器控件允许访问的特性。它还使输出更容易预测、更便于理解。完全控制所显示的 HTML 的另一个优势是，包含 JavaScript 要容易得多。控件创建的 JavaScript 和开发人员创建的 JavaScript 没有潜在的冲突；因为开发人员控制呈现在页面上的一切，所以更容易使用元素名和可能被生成的 HTML 征用的其他特性。

当然，这个额外的灵活性有一些代价：与使用 Web Forms 控件相比，开发人员需要花费更多的时间构建 HTML。它还要求开发人员更了解 HTML 和客户端编码，如 JavaScript，而使用 Web Forms 就没有这个必要。

1.1.5 Web Forms 和 MVC 的类似性

一定要理解 Web Forms 和 MVC 不是对立的，只是方式不同而已，它们本质上有不同的优缺点。它们分别解决不同的问题，并不是相互排斥的。开发人员可以在 Web Forms 中创建单元测试，只是需要完成更多工作，需要开发人员在框架默认没有提供任何功能的地方添加抽象层次。就像任何其他开发问题一样，有多个可能的解决方案和方法。不论采取什么方法，设计良好的应用程序都会成功。

从根本上说，Web Forms 和 MVC 都用于满足相同的基本要求：创建 HTML 内容，提供给客户端用户，两者有很多相似之处。正确构建的应用程序是一样的，尤其是后台处理。无论采用什么方法，访问数据库、Web 服务或文件系统对象都是相同的。这就是为什么许多开发人员可以精通两者的原因。

1.1.6 选择最佳方法

如前所述，每个框架都有自己的优缺点。我们需要评估对这些框架的需求，确定哪个对项目而言是最重要的。这意味着没有正确答案，一些项目最好通过 Web Forms 来实现，而另一些项目采用 MVC 方法可能更好。

在确定适当的开发方法时，需要有额外的关注点，包括要承担工作的开发人员的背景和经验，在多个页面上有多少信息是相同的。

幸好，随着 Visual Studio 2015 和 ASP.NET 5.0 的发布，不再需要做出非此即彼的选择。用一点计谋，就可以创建一个项目，根据需要使用两种方法，在个案基础上确定使用哪种方法，而不是确定整个站点使用哪种方法。

在样例应用程序中就使用了这种个案方法，该程序使用 ASP.NET Web Forms 和 ASP.NET MVC 解决各种业务问题。

1.2 使用 Visual Studio 2015

Visual Studio 是用于创建 ASP.NET 站点和应用程序的主要集成开发环境。最新版本是 Visual Studio 2015，它包括相当多的改进。C#的新版本是 6.0，VB.NET 的新版本是 14。ASP.NET 5 也是一个重要版本，因为它现在可以运行在安装了 Mono 的 OS X 和 Linux 上。

Mono 是一种软件平台，它允许开发人员轻松地创建跨平台的应用程序。这是.NET Framework 的一个开源实现方案，运行在非 Windows 操作系统上。这是一个巨大转折，因为直到现在，每个 ASP.NET 应用程序(Web Forms 或 MVC 应用程序)都需要部署并运行在 Windows 服务器上。

1.2.1 版本

有几个不同版本的 Visual Studio 可用于 Web 开发人员：

- **Visual Studio Community Edition**：Visual Studio 的免费版本，用于帮助业余爱好者、学生和其他非专业软件开发人员构建基于 Microsoft 的应用程序。
- **Visual Studio Web Developer Express**：另一个免费版本的 Visual Studio，只支持 ASP.NET 应用程序的开发。
- **Visual Studio 专业版**：一个完整的 IDE，用于为 Web、桌面、服务器、云计算和手机创建解决方案。
- **Visual Studio 测试专业版**：包含专业版的所有功能，还可以管理测试计划、创建虚拟测试实验室。
- **Visual Studio 高级版**：包含专业版的所有功能，还添加了架构师级别的功能，用于分析代码、报告单元测试和其他高级功能。
- **Visual Studio 终极版**：最完整的 Visual Studio 版本，包括开发、分析和软件测试所需的所有功能。

示例应用程序将使用 Community Edition 版本，因为它提供了完整的 Visual Studio 体验。

1.2.2 下载和安装

下载和安装 Visual Studio 很简单。下面的练习将执行不同的步骤，下载正确的版本，选择合适的选项，完成安装。

试一试　安装 Visual Studio

(1) 访问 http://www.visualstudio.com/products/visual-studio-community-vs，显示一个如图 1-5 所示的网站。

图 1-5　下载 Visual Studio Community Edition 版本的网站

(2) 选择绿色的 Download 按钮，运行安装程序。进行下载，屏幕如图 1-6 所示。

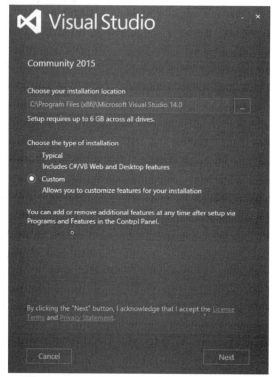

图 1-6　Community Edition 版本的安装屏幕

(3) 可以选中Custom单选按钮，屏幕如图 1-7 所示。也可以选中Typical，开始安装过程。

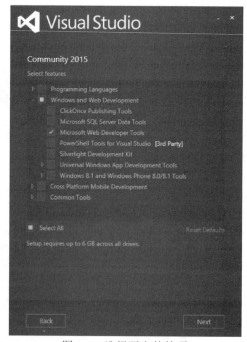

图 1-7　选择要安装的项

(4) 保留默认设置，然后单击 Install 按钮。此时可能会显示 User Account Control 接受框，在继续之前，必须同意，之后下载和安装过程就开始了。这可能需要一段时间。安装完成后，窗口如图 1-8 所示。一旦完成，可能需要重新启动计算机。

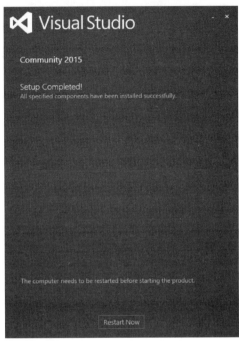

图 1-8　Setup Completed 窗口

(5) 为了启动应用程序，单击 Launch 按钮，这将打开如图 1-9 所示的登录屏幕。

图 1-9　Visual Studio 中的登录屏幕

(6) 现在,跳过登录。这将弹出 Development Settings and Color Theme 选择屏幕,如图 1-10 所示。

图 1-10 Visual Studio 的初始配置界面

(7) 选择 Web Development 选项和自己喜欢的颜色。配置了这些首选项后,打开应用程序,如图 1-11 所示。

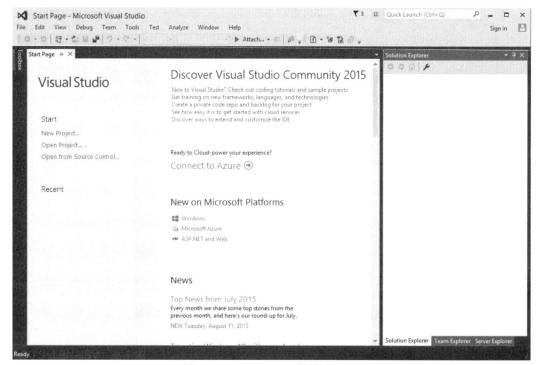

图 1-11 Visual Studio 的启动页面

示例说明

前面完成了 Visual Studio 的安装。这是一个相对简单的安装过程，唯一不寻常的方面是 Visual Studio 现在允许把安装链接到一个在线配置文件上。这样就能在 Visual Studio 不同安装之间分享源代码存储库信息和一些系统设置。

如果以前没有使用过 Visual Studio，不必担心，构建示例应用程序时，我们会花很多时间研究它。

1.3 示例应用程序

学习如何做某事(例如建立网络应用程序)的最好方法就是去建立该程序。所以在学习 ASP.NET 的每个功能区域时，我们都将构建一个真实的应用程序。我们将开发一个应用程序 RentMyWrox，用作出借图书馆。因为这个应用程序支持 ASP.NET Web Forms 和 ASP.NET MVC，所以会有一些重复代码和/或工作，来展示两个框架的关键特性。对于一些功能，可以在两个不同的页面上展示它们，但对于另外一些功能，需要双向复制相同的功能，基本上是把一个版本替换为另一个版本。

对这个应用程序的要求如下：

- 网站所有者(管理员)可以创建一个可用于出租或借贷的项列表。
- 项包含图片和文本。
- 用户可以在线创建并注册一个账户，以便安全地访问应用程序。
- 用户可以登录并选择要付款的一项或多项。
- 可以过滤项的清单。
- 用户可以通过一种结账过程完成预订。

这些需求可以让读者设计网站的外观和操作方式，在数据库中获取和保存信息，使用 ASP.NET Web Forms 和 MVC 方法处理用户账户的创建和身份验证。

1.4 小结

多年来，Microsoft 提供了许多不同的 Web 应用程序框架。在引入.NET Framework 之前，有一种方法提供了整合 HTML5 标记与业务处理的能力。这种方法现在称为"经典 ASP"，当时是一次创新，允许开发人员便捷地构建复杂的业务应用程序。

ASP.NET 循着这些脚步，向开发人员提供了一个框架来平衡所有的开发工作。在引入 ASP.NET 时，只支持一个开发框架：ASP.NET Web Forms。这个框架采用页面绑定方法，把特定的页面和所调用的资源名关联在一起。每个资源页面都有两个物理页面，一个页面包含返回给客户端的 HTML 标记，另一个页面提供所有的处理。这就解决了经典 ASP 没有解决的关注点分离问题。

然而，数年后，Microsoft 发布了另一个框架：ASP.NET MVC。这种方法允许更多地分离关注点，大大提高了自动测试业务处理的能力。这很重要，因为它极大地提升了代码的正确性。

　　所有这些框架都用于完成一件事: 把服务器的 HTML 提供给客户端。HTML 是互联网的语言, 包含了网站上所有内容的布局和标记。HTML 的创建是最基本的。显然, 其他处理都在后台进行, 但这些处理返回给请求客户端的每个表示都是 HTML。

1.5　练习

1. HTML 和 HTTP 的区别是什么?
2. 使用 ASP.NET Web Forms 时, 为什么视图状态很重要?
3. ASP.NET MVC 的三个不同的架构组件是什么?
4. 什么是 Visual Studio? 本书用它做什么?

1.6　本章要点回顾

特性	可以放在 HTML 元素中的额外信息, 可能会改变该元素与浏览器或用户的交互方式
元素	定义一组内容的一段 HTML。元素定义了内容, 因为在内容周围有一个开始标记< p >和一个结束标记</p >
HTML	超文本标记语言, 指定内容是如何在互联网上标识的, 以便浏览器知道如何处理和显示信息
HTTP	超文本传输协议, 处理请求/响应行为, 在客户端和服务器之间传递信息
IDE	集成开发环境, 一组工具和辅助程序, 帮助开发人员构建程序和应用
MVC	一种体系架构, 将网站的责任分成三个不同的部分: 模型、视图和控制器。每个部分负责构建用户界面过程的一部分
Web Forms	构建 Web 应用程序的一种基于页面的方法, 每组功能都在自己的页面上实现, 负责显示和业务逻辑

第 2 章

建立最初的 ASP.NET 应用程序

本章要点

- Visual Studio 中 Web 站点项目和 Web 应用程序项目之间的区别
- Visual Studio 中可用的项目类型和它们在样例应用程序中的含义
- 如何在 Visual Studio 中创建新的 ASP.NET 站点
- ASP.NET Web Forms 和 MVC 中的文件类型和目录结构
- ASP.NET Web Forms 和 MVC 之间的区别

本章源代码下载：

本章源代码的下载网址为 www.wrox.com/go/beginningaspnetforvisualstudio。从该网页的 Download Code 选项卡中下载 Chapter 02 Code 后，可以找到与本章示例对应的单独文件。

现在我们已经安装了 Visual Studio，了解了样例应用程序的需求，下面就开始建立它。如果使用 ASP.NET Web Forms 或 ASP.NET MVC，则通过 Visual Studio 很容易创建应用程序的骨架 (最初的目录结构和常用文件)。创建项目可以使用这两种不同的框架，如后面所述，这不是那么容易，因为它不是传统的方法。然而，最好同时使用它们来学习两种不同的方法。

本章涵盖了 ASP.NET Web Forms 和 MVC 的不同方面，包括文件类型和目录结构，并在使用这两种不同的框架时讨论其区别。最后，本章将详细解释如何使项目支持 ASP.NET Web Forms 和 ASP.NET MVC。

2.1 用 Visual Studio 2015 创建 Web 站点

Visual Studio 2015 是一个非常强大的集成开发环境。可以使用相同的工具、相同的设计接口和许多相同的开发方法，开发 Web 应用程序、Web 服务、移动应用程序和桌面应用程序。因此，确定设计、构建应用程序所需的方法时，很容易出错。幸好，再次开始只需要删除出问题的项目及其目录即可。

2.1.1 可用的项目类型

项目是 Visual Studio 用来标识构建应用程序的不同方法的方式。项目用作容器，组织源代码文件和其他资源。它允许管理应用程序的组织、构建、调试、测试、分析和部署。项目文件是.csproj 或.vbproj 文件，包含管理所有上述关系所需的所有信息。创建在线访问的 Web 站点时，可以使用两种类型的项目：Web 站点和 Web 应用程序。

在 Visual Studio 中，Web 站点项目的处理与 Web 应用程序项目不同。图 2-1 显示了它们的不同创建方式。

图 2-1　创建项目或 Web 站点

但是，有关这两种方法之间的差异的论述要比它们的创建方式更多，如下面几节所述。

1. 基于 Web 站点项目的方法

Web 站点项目并不是一个管理和部署 Web 站点的企业级方法。标记(.aspx)文件被复制到服务器上，在请求时调用。代码隐藏文件在服务器上编译，在服务器上第一次调用时保存为暂时性的.dll 文件。在这个过程中，编译是在程序执行期间(即运行期间)完成的，不需要在程序运行之前编译，所以这个过程称为即时编译。项目中并没有项目文件。相反，每个文件和目录都要单独处理。

可以想象，这样就很容易处理 Web 站点。要使 Web 站点运转起来，不需要在服务器上运行特定的安装程序，只需要把整个文件夹复制到运行 IIS 的机器上。在 Web 站点上添加和删除文件很简单，只需要从目录中删除它们即可，但一旦从服务器上删除，它们就无法使用了，因此重要的是，还必须编辑任何到页面的链接!

然而，这个非常灵活的方法有一定的局限性。对于这种项目而言，最影响我们的限制是不能创建 ASP.NET MVC 应用程序，因为 MVC 应用程序需要完整编译。只能创建 ASP.NET Web Forms 和其他不需要完整编译的项目。图 2-2 显示了 New Web Site 对话框，从菜单中选择 New | Web Site，就会显示它。

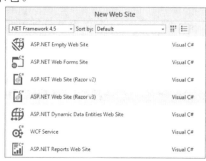

图 2-2　创建新 Web 站点的选项

创建 Web 站点时有很多不同的选择，但请注意，其中不包括 MVC 应用程序。

2. Web 应用程序项目

Web 应用程序采用与 Web 站点完全不同的应用程序创建方法。Web 应用程序将项目作为真正的应用程序而不是简单的文件分组，这意味着要对 Web 站点进行的所有操作，例如添加图像文件或其他支持项，都应该使用 IDE 完成。还必须在部署前编译应用程序。虽然这需要在部署阶段完成更多工作，但它允许避免把源代码部署到服务器上。此外，它缩短了应用程序的响应时间，因为用户在创建自己的内容前，不必等待即时编译的完成。

因为 ASP.NET Web 站点不允许创建 ASP.NET MVC Web 站点，而这是主要的需求之一，所以需要使用 Web 应用程序项目作为应用程序的构建方法。

2.1.2　创建新站点

创建示例应用程序的第一步是在 Visual Studio 中创建适当的项目。选择 File | New Project 会显示如图 2-3 所示的 New Project 对话框。

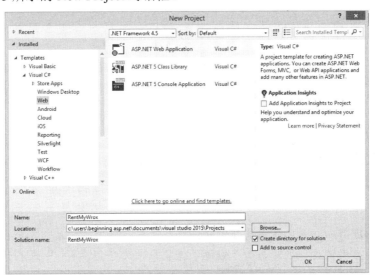

图 2-3　在 Visual Studio 中创建新项目

选择 ASP.NET Web Application 项目类型，指定需要的名称，并选择保存项目文件的首选位置。默认情况下，Visual Studio 配置为把文件保存在"我的文档"下的目录中。也可以选择要在应用程序中使用的.NET Framework 版本，如图 2-3 所示。一旦选择了 ASP.NET Web Application 项目并单击 OK 按钮，就进入如图 2-4 所示的对话框，显示可选的模板。这告诉 IDE 我们希望创建什么类型的 ASP.NET 项目。

选择其中一个模板，将为该模板创建适当的文件结构和最常用的文件。每个可用的模板都会在下面详细介绍。

1. 同时创建项目

New ASP.NET Project 窗口有其他几个需要了解的部分，因为它们会影响所创建的项目。

模板部分在窗口的左上区域，窗口的右上区域包含应用程序支持的身份验证类型选项，窗口的左下区域包含"文件夹和核心参考文件"设置和单元测试，窗口的右下区域允许管理项目部署到 Microsoft Azure 的方式。

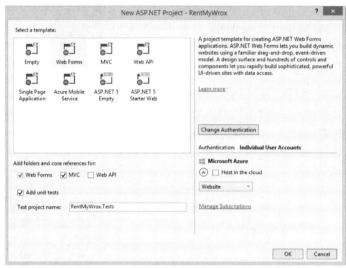

图 2-4　选择合适的 ASP.NET 模板

身份验证选项

对于建立的每个应用程序而言，身份验证是一个重要的考虑因素，所以它出现在项目的创建窗口中。身份验证就是评估应用程序的用户是否是他所宣称的那个人的过程。如果应用程序需要能够把用户识别为特定的人，就需要使用身份验证。验证一个人是否是他所宣称的那个人的最常见方式是使用用户名和密码。用户名标识用户，而密码确认这个人就是他所宣称的那个人。

注意:

你应该能够理解从一开始就需要身份验证。在开发过程中"插入"安全性可能会产生问题，因为在应用程序中这样很容易由于错过了改装而导致安全漏洞。如果在开发过程中确定不需要安全性，则总是很容易去除安全性，这要比在开发结束后再添加安全性更容易。

项目模板内置支持 4 种不同的身份验证设置，如图 2-5 所示:
- 不验证

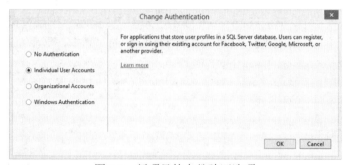

图 2-5　新项目的身份验证选项

- 组织账户
- 个人用户账户
- Windows 身份验证

"不验证"很简单，意味着应用程序不进行任何身份验证。这可以用于个人用户并不重要的 Web 站点，如信息 Web 站点或不支持在线订购的产品 Web 站点，也可以用于身份验证处理方式不同于内置的默认方法的 Web 站点。

"组织账户"身份验证选项意味着使用第三方系统来处理身份验证。这些第三方系统通常是基本的 Active Directory、云中的 Active Directory(例如 Microsoft Azure Active Directory)或 Office 365。如果其他方法遵循一些身份验证标准，就支持这些方法。

Windows 身份验证是一种特殊功能，只有 Internet Explorer 支持。在这种身份验证方法中，浏览器包括一个特殊的用户令牌，服务器可以用它来确定和识别正在发出请求的用户。这不需要用户名/密码。然而，它要求用户已经登录到 Active Directory 域，且该信息可用于浏览器。这不同于前面提及的组织账户方法，因为组织账户方法需要用户输入用户名和密码，然后通过网络进行身份验证；而 Windows 身份验证方法只发送一个标识符和一个确认用户已经通过身份验证的认可书。

"个人用户账户"是默认的身份验证设置，用于需要确定用户是谁且不想使用 Active Directory 或 Windows 身份验证方法的情形。使用这种方法时，可以使用 SQL Server 数据库来管理用户，也可以使用其他方法，例如让其他系统(如 Windows Live 或 Facebook)处理用户的身份验证。这里的项目将使用此设置。

参考：

为 Web 应用程序配置安全性和身份验证这一主题远超此处讨论的内容。第 15 章将介绍应用程序配置。用于驻留应用程序的服务器也需要配置，以确保支持与应用程序相同的身份验证方法，这方面详见第 19 章。

文件夹、核心引用文件和单元测试

New ASP.NET Project 窗口的左下部分提供了两种不同的配置设置。第一种配置是创建新项目的过程中希望添加的文件夹和核心引用选项：Web Forms、MVC 和 Web API。已选中的选项根据所选模板的不同而有所不同，因此，如果选择了 ASP.NET MVC 模板，MVC 复选框就已选中，这部分如图 2-6 所示。

添加额外的文件夹和核心引用文件也只是添加它们而已，虽然会创建文件夹结构和任何默认文件，但不会改变从模板中创建的应用程序。例如，如果使用 Web Forms 项目，但选择添加 MVC 文件夹，就会自动创建所有 MVC 文件夹，但是其中没有内容。

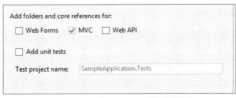

图 2-6　添加目录和单元测试

在这个区域完成的另一个选择，就是指定是否要创建单元测试项目。单元测试通常是一种以可重复的方式自动测试最小功能单元的方式——检查以确保特定的方法或函数是否按预期那样运行。单元测试是创建可重复运行的测试程序，来验证一个特定的功能子集的过程。单元测试项目是一个 Visual Studio 项目，管理单元测试的创建、维护和运行。它允许开发人员对应用程序运行之前创建的单元测试，以确保变更不对应用程序的其他部分产生负面影响。

如果创建的是真正的业务系列(line-of-business)应用程序，则创建单元测试项目势在必行。单元测试允许给应用程序的各个部分提供已知的数据集，然后比较应用程序的实际结果和以前认可的预期结果，以保证代码按预期执行。这样，就能够发现应用程序的某部分可能需要的一个变化何时会破坏应用程序的另一部分。

注意:

因为单元测试的正确设计和实现是一个需要用一本书来讨论的主题，所以构建示例应用程序时不解释如何创建单元测试。然而，可在线获得的已完成的示例应用程序包括单元测试，所以可以查看它们，理解或了解单元测试如何帮助提高应用程序的稳定性和正确性。

在 Microsoft Azure 中驻留项目

Microsoft Azure 允许将 Web 站点部署到云中，而不是直接部署到由我们控制的服务器上。这种情况下，Microsoft Azure 是一个云计算平台，用于通过 Microsoft 托管的数据中心全球网络来构建、部署和管理应用程序。Azure 允许应用程序使用许多不同的编程语言、工具和框架来构建，之后可以部署到云中。

在项目创建过程中，可指定是否将应用程序部署到 Azure 中，并配置部署的管理方式。因为我们不会把示例应用程序部署到 Azure 上，所以取消选中这个复选框，不必输入任何配置信息。

2. 空模板

与创建示例应用程序的其他模板相比，空模板基本上只创建一个空目录。其中会添加一些基本支持文件，以及在 Add folders and core references for 部分的左下区域选择的项。选择 Empty 模板时，默认不选择 Add Folders 选项。

不选择这些选项的结果很快会非常明显。图 2-7 显示了空模板会创建没有文件夹、只有一个配置文件 Web.config 的项目。

这是一个空模板，因为没有创建内容。尝试在浏览器中查看输出会出错，因为没有给用户展示任何东西。

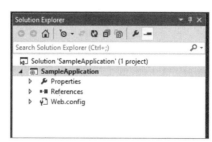

图 2-7　使用空模板创建项目

属性和引用

两个额外的项显示为从空模板创建的项目的一部分：属性和引用。这两项在项目中发挥着特殊的作用。属性都有一个扳手图标，用于维护项目的信息，例如.dll 的版本号。这不会成为示例应用程序的一部分。

引用部分有所不同，其中包含了应用程序使用的所有其他库。图 2-8 显示了这一项的扩展版本。

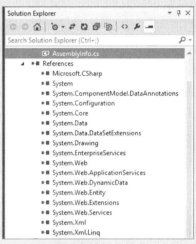

图 2-8　为空模板创建的引用

虽然在这个模板中没有创建任何工作文件，但有一些引用。这是因为所有的 ASP.NET 都基于.NET Framework 的不同区域。图 2-8 所示的每一项都引用了一个特定的功能子集，使项目假设需要构建最简单的 Web 应用程序。浏览列出的各个名称空间，这些假设就开始有意义了，例如 Microsoft.CSharp(用于 C#项目)或 System.Web 会在成功构建应用程序时发挥作用。

3. Web Forms 模板

Web Forms 模板创建了带几个示例文件的 Web 站点项目，这样项目有了最初的开端。通过这个模板添加的一些功能包括用户注册和登录到应用程序。这些都是 Web 应用程序的一些更复杂的部分，然而，用这个模板创建项目就已经有了这些功能。如图 2-9 所示，该应用程序包含使用 ASP.NET 的信息，还包含主页、默认页面、关于页面和联系人页面。

列为菜单项的页面都被创建为启动页面，这样就可以理解这种类型的应用程序是如何构建的，特别是当使用身份验证时，要涉及复杂的配置。

4. MVC 模板

MVC 模板使用与 Web Forms 模板相同的方法，创建一个小功能集，包括允许用户创建一个账户，然后登录到应用程序。它包含与 Web Forms 模板相同的主页、关于页面和一个基本的空的联系人页面。应用程序运行时的外观是相同的，但目录和文件结构是完全不同的。本章稍后将更多地讨论具体差异。但是，运行这个模板的输出时，你会看到与图 2-9 所示的应用程序大致相同的结果。

图 2-9　运行新建的默认 Web Forms 项目

5. Web API 模板

Web API 是一个开发基于 ASP.NET MVC 的 RESTful Web 服务的方法，最初的名字是 ASP.NET MVC Web API。它遵循的惯例和构建方式对 ASP.NET MVC 开发人员而言非常熟悉。一旦完成示例应用程序，你还将了解如何编写 Web API 应用程序。

Web 服务在互联网中变得更为重要，因为它们允许两台机器在线交流。它遵循 HTTP 方法，在该方法中，一台机器通过定义好的定位器或 URL 请求另一台机器上的资源。用户的浏览器很可能会请求并得到 HTML 文件，而 Web 服务会返回信息。向 Web 站点请求有关产品的信息，可能会返回一个格式良好的、带有图片的 HTML 文件，可能还有该产品的其他辅助信息，例如等级。然而，Web 服务只返回有关该产品的任何数据，格式化为 XML 或 json 文件。这两种格式类型在第 13 章会详细介绍。

RESTful Web 服务遵循 REST 构建风格，以便在网络上提供信息。这种风格是前述 HTTP 过程的高度概括——包括 HTTP 动词。在示例应用程序中使用服务的内容详见第 13 章。

尽管 RESTful 服务的概念意味着没有 HTML 文件支持它们，但这个模板会创建两个页面：主页和 API 帮助页面。API 帮助页面是文档的开始，该文档包含 Web 服务将理解和处理的信息类型。图 2-10 显示了默认的 API 帮助页面。

尽管不会直接使用 Web API 项目作为示例应用程序的一部分，但该项目和以后构建示例应用程序时使用服务完成的一些操作有很多相似之处。

6. 单页应用程序模板

与标准的 MVC 和 Web Forms 方法不同，单页应用程序模板采用另一种方法来构建 Web 应用程序。没有不同的视图和/或 Web 页面，而是只有一个 Web 页面，目标是提供与桌面应用程序类似的更流畅的用户体验。这意味着最初会下载 HTML 和 JavaScript 文件，然后应用程序运行在这个页面上，获取信息，重新显示数据或部分屏幕，需要时甚至重新显示整个可视化屏幕。

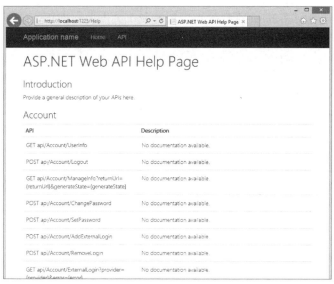

图 2-10　Web API 项目中的 API 帮助页面

　　单页方法意味着大部分工作都是在客户端完成的，其中数据从服务器获取，然后通过客户端模板进行解析，或在服务器上，把完整的 HTML 格式化片段返回给客户端，根据需要取代已加载页面的各个部分。关键的区别是，永远不会从服务器再次调用整个页面，只调用页面的各部分。这就消除了几个传统问题：不再有 Web 浏览器上的页面闪烁，因为已由内存中新下载的页面完全取代；整个页面在服务器和客户端之间来回传输的显著等待时间也没有了，不必双向传输所有数据，因此需要较低的带宽，提供了更高的性能。

　　这种方法利用 AJAX(Asynchronous JavaScript And XML，异步 JavaScript 和 XML)技术，使用客户端代码来调用 Web 服务，以获得信息。第 13 章介绍了在 Web 应用程序中使用 AJAX 的方式。创建单页应用程序是该方法的一个扩展。在大多数情况下，单页应用程序将使用 RESTful 服务来获得需要显示的数据。

7. Azure 移动服务模板

　　这个项目模板专用于为微软 Azure 移动服务创建基于 Web API 的后台程序。Azure 有许多不同的方面，其中之一是移动服务产品，这允许开发人员驻留.NET 或 node.js (服务器上的 JavaScript)后台文件，给移动消费者提供数据。尽管移动开发是一个快速增长的开发领域，但样例应用程序不使用该模板。

2.2　在应用程序中使用文件

　　就像 Windows 计算机上的所有其他工作一样，后面要完成的所有工作都会落实到单个文件，它们在整个构造中扮演的角色落实到 Web 应用程序上。因为这里采用 Web 应用程序的方法而不是 Web 站点的方法来建立 ASP.NET 应用程序，所以示例项目使用的每个文件都将编译到一个.dll 文件中，或作为一个单独的文件复制到 Web 站点上。

　　任何与服务器端的工作相关的代码都编译成.dll 文件。任何要发送到客户端的内容，如图像、JavaScript 和 CSS 文件，都保持不变，并复制到服务器的输出文件夹中。这就允许修改设计和客户端功能，而无须进行完整的 Web 站点部署。

因为 Web Forms 和 MVC 都有不同的实现形式，所以使用不同的文件类型，存储在不同的文件夹结构中。

2.2.1　ASP.NET MVC 应用程序的文件类型

ASP.NET MVC 应用程序是 MVC 模式的一个实现,这意味着项目中有三种不同类型的文件来支持这种方法：一个文件类型支持视图、一个文件类型支持模型，一个文件类型支持控制器。它还包含用于各种其他目的的支持文件，如配置和客户端支持。

基本 MVC 应用程序的主要文件类型如表 2-1 所示。

表 2-1　ASP.NET MVC 文件类型

文件类型	文件扩展名	说明
视图文件	.vbhtml .cshtml	用于创建构成 MVC 应用程序的视图部分的 HTML 输出
JavaScript 文件	.js	浏览器使用 JavaScript 文件管理在客户端执行的代码
代码文件	.vb .cs	编译、执行和运行的任何代码，模型和控制器都存储为项目中的代码文件
样式表	.css	给浏览器提供指令，指定 Web 页面外观的样式
配置文件	.config	包含应用程序使用的配置信息，例如数据库配置字符串，详见后面的内容
应用程序事件文件	.asax	由 IIS Web 服务器用来处理应用程序和会话级别的事件，例如创建路由
Web 文件	.html	静态 Web 文件，不进行任何服务器端处理，但给浏览器提供 HTML，用于显示

每个文件都有不同的内容。可以从文件的扩展名和内容中看出文件的类型。例如，视图文件的内容如代码清单 2-1 所示。

代码清单 2-1　Account/Register.cshtml 文件的内容示例

```
@model WebApplication3.Models.RegisterViewModel
@{
    ViewBag.Title = "Register";
}

<h2>@ViewBag.Title.</h2>

@using (Html.BeginForm("Register", "Account", FormMethod.Post,
        new { @class = "form- horizontal", role = "form" }))
{
    @Html.AntiForgeryToken()
```

```
<h4>Create a new account.</h4>
<hr />
@Html.ValidationSummary("", new { @class = "text-danger" })
<div class="form-group">
    @Html.LabelFor(m => m.Email, new { @class = "col-md-2 control-label" })
    <div class="col-md-10">
        @Html.TextBoxFor(m => m.Email, new { @class = "form-control" })
    </div>
</div>
```

第 1 章介绍的 HTML 元素，如< h4 >和< div >，读者应该比较熟悉。但其中有几个不同的元素不是 HTML。这些是 Razor 命令，后面将花大量的时间学习它们。

在 ASP.NET MVC 应用程序中创建的另一类文件是代码文件。代码清单 2-2 显示了一个控制器文件的 C#代码示例。文件中的上下文目前还比较陌生，但在示例应用程序的末尾处，会创建与这个示例非常相似的控制器。

代码清单 2-2 Controller/AccountController 中的代码示例

```
[HttpPost]
[AllowAnonymous]
[ValidateAntiForgeryToken]
public async Task<ActionResult> Register(RegisterViewModel model)
{
    if (ModelState.IsValid)
    {
        var user = new ApplicationUser { UserName = model.Email,
                                         Email = model.Email };
        var result = await UserManager.CreateAsync(user, model.Password);
        if (result.Succeeded)
        {
            await SignInManager.SignInAsync(user, isPersistent:false,
                                            rememberBrowser:false);

        // For more information on how to enable account confirmation and password
        // reset please visit http://go.microsoft.com/fwlink/?LinkID=320771
        // Send an email with this link
        // string code = await
        // UserManager.GenerateEmailConfirmationTokenAsync(user.Id);
        // var callbackUrl = Url.Action("ConfirmEmail", "Account",
        //     new { userId = user.Id, code = code }, protocol: Request.Url.Scheme);
        // await UserManager.SendEmailAsync(user.Id, "Confirm your account",
        //     "Please confirm your account by clicking <a href=\"" + callbackUrl +
        //     "\">here</a>");

            return RedirectToAction("Index", "Home");
        }
        AddErrors(result);
    }
```

```
        // If we got this far, something failed, redisplay form
        return View(model);
    }
```

其余的文件都有自己的特定内部设计,因为它们在 Web 应用程序的构建和运行过程中起着非常特殊的作用。这种特殊性意味着,大部分都作为单独的文件复制到服务器,这样就可以在需要时直接下载到用户的浏览器上。

2.2.2　ASP.NET MVC 应用程序的文件系统结构

创建 ASP.NET 应用程序时,会给 MVC 和 ASP.NET 应用程序创建一些文件夹。这些文件夹列在表 2-2 中。

表 2-2　ASP.NET 的通用文件夹

文件夹	说明
App_Data	用于数据存储的文件夹,一般包含在 Web 应用程序中可能使用的任何 SQL Server .mdf 文件中,详见第 10 章
App_Start	App_Start 文件夹包含应用程序使用的许多配置文件。本书将详细介绍不同的文件,因为它们与绑定 JavaScript 文件、身份验证、URL 构造或路由等行为相关
Content	Content 文件夹用于保存要发送到客户端的项。默认情况下,这里存储作为最初应用程序模板的一部分创建的层叠样式表(CSS)
Fonts	这个文件夹保存默认应用程序中使用的一些 glyph 字体。正常情况下可能不会使用这样的字体,但可以使用它们
Models	这个文件夹用来保存模板过程创建的模型,在项目创建过程中添加的模型都与身份验证相关
Scripts	这个文件夹用于存储要发送到客户端浏览器的 JavaScript 文件,用于执行客户端处理

从模板中创建 ASP.NET MVC 时,如图 2-11 所示的文件夹也创建为该过程的一部分。

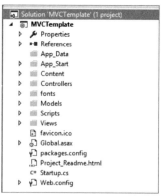

图 2-11　与 ASP.NET MVC 一起安装的文件夹

MVC 模板中额外添加的文件夹用于视图和控制器。前面简要介绍了视图和控制器如何整合到框架中,现在就先看看如何在模板应用程序中将这些都融合在一起。

　　图 2-12 显示了控制器和视图的扩展文件夹。两者之间有一些相似之处，主要是不同的控制器有对应的视图子文件夹，其命名与控制器文件一样，只是尾部没有文本 controller。控制器有一个 Views 文件夹而不是单个文件，这是因为每个视图文件夹通常包含多个文件。

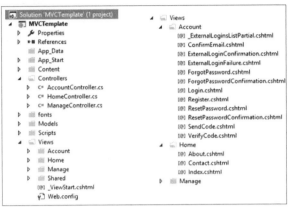

图 2-12　控制器和视图文件夹的细节

　　看看Account子文件夹中的文件名，就能识别模式，因为其中的每个文件都代表用户账户管理的一个方面，例如Register.cshtml用于注册，Login.cshtml用于登录，ForgotPassword.cshtml用于处理遗忘的密码，ResetPassword.cshtml用于重置密码，ResetPasswordConfirmation.cshtml用于确认密码重置。

　　前面介绍的所有文件夹都是在 ASP.NET MVC 模板中添加项目时默认创建的文件夹。看看 ASP.NET Web Forms 的结构，你会看到它匹配表 2-2 中列出的文件夹。最初看起来，这可能很奇怪，但用 Web Forms 构建 Web 应用程序时的方法是不同的，因为模板和处理文件放在一起，不像 MVC 应用程序那样分别放在不同的文件夹中。

2.2.3　ASP.NET Web Forms 应用程序的文件类型

　　ASP.NET MVC 和 Web Forms 项目有一些共享的文件类型。表 2-3 列出了 ASP.NET Web Forms 项目中的常见文件类型。

表 2-3　ASP.NET Web Forms 应用程序的文件类型

文件类型	文件扩展名	说明
Web Forms 页面	.aspx	由用户查看的单个页面
Web 用户控件	.ascx	一组文件，充当 UI 的一部分；用户控件是一组可重用的应用程序部分
后台编码文件	.aspx.cs/.vb 或 ascx.cd/.vb	包含处理代码的页面；.aspx 和.ascx 文件包含标记，对应.cs 或.vb 文件包含管理处理过程的代码
母版页	.master	允许创建用于多个页面的模板，如导航结构
样式表	.css	指定应用程序的样式，设计应用程序
HTML 文件	.html	应用程序中的 HTML 页面
配置文件	.config	包含应用程序用于执行其他工作的信息

(续表)

文件类型	文件扩展名	说明
站点地图	.sitemap	包含应用程序中文件的 XML 清单
JavaScript 文件	.js	包含可以在客户端计算机上运行的 JavaScript，与 MVC 应用程序中的 JavaScript 文件相同
皮肤文件	.skin	包含可能在应用程序中使用的一些 ASP.NET 控件的设计信息

唯一相同的文件类型是配置文件.config，发送给客户端的文件.html、.js 和.css。看看使用"空模板"创建项目时建立的结构，你会发现配置文件是默认的，包含在每一个 ASP.NET 应用程序中。这是因为 Web 服务器 IIS 使用配置文件来确定如何管理 Web 应用程序。

发送到客户端的文件都是一样的，因为这是客户期待它们的方式。HTML 页面告诉浏览器，根据不同的方面需要获取哪些文件，如样式或脚本，所以不需要给 JavaScript 文件使用.js 扩展名。然而，使用适当的扩展名是标准的方法，使文件的内容对其他开发人员而言更明显。扩展名.js 明确地把内容标识为 JavaScript。

正如通过扩展名和内容确定 MVC 文件的类型一样，也可以对 ASP.NET Web Forms 文件执行同样的推断。看看以下代码清单，找找它与前面代码清单之间的相似点和不同点，从代码清单 2-3 开始。

代码清单 2-3　Register.aspx 代码片段

```
<%@ Page Title="Register" Language="C#" MasterPageFile="~/Site.Master"
    AutoEventWireup="true" CodeBehind="Register.aspx.cs"
    Inherits="WebFormsTemplate.Account.Register" %>

<asp:Content runat="server" ID="BodyContent"
        ContentPlaceHolderID="MainContent">
<h2><%: Title %>.</h2>
<p class="text-danger">
    <asp:Literal runat="server" ID="ErrorMessage" />
</p>

<div class="form-horizontal">
    <h4>Create a new account</h4>
    <hr />
    <asp:ValidationSummary runat="server" CssClass="text-danger" />
    <div class="form-group">
        <asp:Label runat="server" AssociatedControlID="Email"
            CssClass="col-md-2 control-label">Email</asp:Label>
        <div class="col-md-10">
            <asp:TextBox runat="server" ID="Email"
                CssClass="form-control"
                TextMode="Email" />
            <asp:RequiredFieldValidator runat="server"
                ControlToValidate="Email" CssClass="text-danger"
                ErrorMessage="The email field is required."/>
```

```
            </div>
        </div>
        <div class="form-group">
            <asp:Label runat="server" AssociatedControlID="Password"
                    CssClass="col-md-2 control-label">
                Password
            </asp:Label>
            <div class="col-md-10">
                <asp:TextBox runat="server" ID="Password" TextMode="Password"
                        CssClass="form-control" />
                <asp:RequiredFieldValidator runat="server"
                        ControlToValidate="Password" CssClass="text-danger"
                        ErrorMessage="The password field is required." />
            </div>
        </div>
...
```

再次看到了这个文件中的 HTML 元素，它包含标记，是将要发送到用户浏览器的开始信息。代码清单 2-4 显示了一个代码隐藏文件的片段。

代码清单 2-4　Registration.aspx.cs 代码隐藏文件的片段

```
using System;
using System.Linq;
using System.Web;
using System.Web.UI;
using Microsoft.AspNet.Identity;
using Microsoft.AspNet.Identity.Owin;
using Owin;
using WebFormsTemplate.Models;

namespace WebFormsTemplate.Account
{
    public partial class Register : Page
    {
        protected void CreateUser_Click(object sender, EventArgs e)
        {
            var manager = Context.GetOwinContext()
                    .GetUserManager<ApplicationUserManager>();
            var signInManager = Context.GetOwinContext()
                    .Get<ApplicationSignInManager>();
            var user = new ApplicationUser()
            {
                UserName = Email.Text,
                Email = Email.Text
            };
            IdentityResult result = manager.Create(user, Password.Text);
            if (result.Succeeded)
            {
```

```
    // For more information on how to enable account confirmation and
    // password reset please visit
    // http://go.microsoft.com/fwlink/?LinkID=320771
    //string code = manager.GenerateEmailConfirmationToken(user.Id);
    //string callbackUrl = IdentityHelper
    //        .GetUserConfirmationRedirectUrl(code, user.Id, Request);
    // manager.SendEmail(user.Id, "Confirm your account",
    // "Please confirm your account by clicking
    // <a href=\"" + callbackUrl + "\">here</a>.");
    }
  }
}
```

代码清单 2-4 是纯 C#代码，没有 HTML，所以很明显，这是文件的处理部分。这些是不同的文件，起着完全不同的作用，但它们一起工作，创建一个从服务器返回给用户的 HTML 文件。

2.3 MVC 和 Web Forms 文件的区别

查看前面的代码清单，你会发现它们的相似之处比差异点更多。是的，每个文件的内容看起来有些不同，但最终每个方法都有两个示例：一个包含标记，另一个包含处理代码。因此从概念上讲，这两个方法非常相似。这两个方法之间的主要区别不是文件是如何建立的，而是它们是如何组装的。

ASP.NET Web Forms 在标记文件和适用的处理文件之间有非常紧密的联系。观察它们，可以看出它们是相关的，Visual Studio 甚至在 Solution Explorer 中把它们显示在一起。ASP.NET MVC 是不同的，它没有在文件之间自动建立一对一关系。相反，如图 2-13 所示，多个视图文件对应一个控制器文件。在本例中，有 12 个不同的视图文件都与一个文件 AccountController 相关。

图 2-13 ASP.NET MVC 应用程序中视图文件和控制器文件之间的关系

还未讨论的一个问题是，模型即 MVC 架构模式中的“M” 部分。因为这不是一个新概念。MVC 模式调用模型，作为独立实体，设计良好的 Web Forms 应用程序体现了相同的概

念。为 ASP.NET MVC 模板应用程序和 ASP.NET Web Forms 模板应用程序创建模型文件夹的
方式就可以证明这一点。

一个控制器文件有多个视图文件，这是这两种方法之间的主要区别。图 2-13 显示在
ASP.NET MVC 中，有 13 个文件是账户管理过程的一部分，其中有 12 个视图文件和 1 个控
制器文件。在 ASP.NET Web Forms 中查看相同的功能时，你会发现不同的东西，如图 2-14
所示。

图 2-14　Web Forms 中的账户管理功能

在这个示例中，Solution Explorer 中至少有 15 个文件。另外，因为每个文件实际上是.aspx
和. aspx.cs 文件的结合，所以目录中有 30 个文件管理同样的处理过程，而在 MVC 系统中，
它们由 13 个文件来支持。这展示了两者的主要区别——处理和视图之间的完全分离。是的，
ASP.NET Web Forms 提供了一些分离，但总希望有一个链接的处理文件。MVC 则采用更灵
活、更好的分离方法。

2.4　创建示例应用程序

前面介绍了创建新的应用程序时各种可用的模板，但没有介绍如何启动应用程序。现在
知道：

● 在相同的应用程序中，想同时支持 ASP.NET MVC 和 ASP.NET Web Forms。
● ASP.NET Web Forms 的目录列表是 ASP.NET MVC 模板创建的一个目录子集。
● ASP.NET Web Forms 没有创建单独文件夹的约定。

看着这些不同之处，使用 ASP.NET MVC 模板创建示例应用程序似乎最有意义，因为它
提供了我们需要的一切。使用 MVC 模板创建应用程序的初始骨架。也应该选择 Web Forms
附加目录复选框。进行这种修改，不会添加任何额外的文件夹或文件，但会为 ASP.NET MVC
和 Web Forms 添加必要的引用。以下练习将完成创建项目的步骤。

试一试　　**创建最初的项目**

(1) 打开 Visual Studio，选择 File | New | Project 菜单项。

(2) 在屏幕左边的模板部分,选择要使用的语言(Visual Basic 或 C#)。然后在 Web 列表中,选择 ASP.NET Web Application 项目模板。窗口应如图 2-15 所示。确保在窗口的底部给项目指定适当的名称。

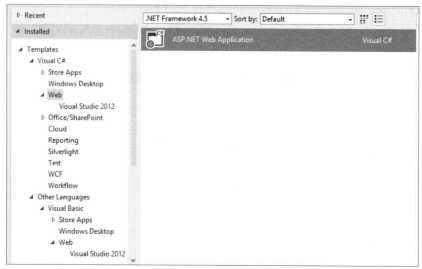

图 2-15   创建初始项目

(3) 选择 MVC 模板,也确保选中 Add folders and core references for:部分的 Web Forms 复选框。单击 OK 按钮,创建项目。

(4) 在 Visual Studio 工具栏中单击绿色箭头,编译这个初始模板,并在箭头旁边列出的浏览器中运行。显示的页面应如前面的图 2-9 所示。

示例说明

前面的过程使用了 Visual Studio 功能:ASP.NET 搭建功能。Visual Studio 使用一套模板来生成代码文件,建立新的内容。项目名称和文件夹结构的布局基于在简单的安装过程中输入的信息。

仔细查看所创建的文件夹,你会发现它们包括一组视图和控制器,以及一个模型。有许多这样的视图和控制器,以支持用户和账户管理过程,其中一些可用于应用程序。

另外一些视图只提供示例的信息。构建自己的应用程序时,其中许多视图会被自己的内容取代。这些最初构建的文件将会保留,改变它们只是为了更好地满足自己的需求而已。

单击绿色箭头,很容易在浏览器中打开站点。但是,我们没有执行任何操作来将应用程序"安装"到 Web 服务器上。这是因为 Visual Studio 安装了 Internet Information Services Express (IIS Express)的一个本地版本。IIS Express 是一个轻量级的小型 Web 服务器,适合运行应用程序,以便在运行时与之交互。因为 IIS Express 是在本地运行,所以可以执行一些非常有用的操作,如调试和跟踪。如果 Web 项目仍在运行,就应该能在 Windows 任务栏的通知区域看到 IIS Express 图标。

2.5　小结

Visual Studio 和 ASP.NET 提供了两种不同的方法来建立 ASP.NET 应用程序。第一种方法是使用 Web 站点。Web 站点方法允许创建容易管理和部署的应用程序。在部署 Web 站点的过程中，处理有所不同，因为文件只需要复制到服务器上，然后根据需要编译代码隐藏文件。这使部署过程非常简单。可惜，这种方法只能用于 ASP.NET Web Forms 应用程序。不能把 MVC 应用程序创建为 Web 站点。

Web 应用程序采用更传统的、基于应用程序的方法，因为它要求应用程序在复制到服务器之前编译。需要创建 ASP.NET Web 应用程序项目时，可以使用 Visual Studio 中的大量模板，这说明在微软开发社区 Web 开发非常流行。

示例应用程序使用的两个模板是 ASP.NET MVC 和 ASP.NET Web Forms 模板。两者都创建了初始应用程序，其外观和操作方式都相同，但它们的建立方式完全不同。Web Forms 文件成对使用，包括标记文件和处理文件，而 MVC 文件由视图和控制器文件组成。

2.6　练习

1. Visual Studio 有两种方法用于创建基于 Web 的应用程序。它们是什么？它们的主要区别是什么？

2. 什么是项目模板？

3. 与 ASP.NET Web Forms 项目相比，在 ASP.NET MVC 项目中创建了几个额外的文件夹。这些额外的文件夹是什么？有什么用处？

2.7　本章要点回顾

代码文件类型	在 ASP.NET MVC 项目的创建过程中创建的文件，扩展名是.vb 或.cs 的文件是代码文件。这些文件是控制器或模型文件；通过代码文件所在的文件过滤器可以确定文件类型
MVC 模板	MVC 模板用于创建 ASP.NET MVC 项目。根据在创建过程中做出的选择，模板可能会在项目中创建一些基础页面以及集成身份验证
项目类型	项目类型是 Visual Studio 定义创建项目时创建的输出类型的方式。然后，输出决定项目编译时的外观，例如 Web 应用程序、桌面应用程序、Web 服务或其他许多不同的类型
视图文件类型	ASP.NET MVC 应用程序中视图的文件扩展名是.vbhtml 和.cshtml，这些包含最终发送到客户端的 HTML
Web 应用程序	Web 应用程序项目是通过互联网访问的项目。代码文件被编译和部署到服务器上，IIS 服务器处理服务器请求调用，并创建 HTML 内容以响应用户

(续表)

Web Forms 模板	这个项目模板用于创建 ASP.NET Web Forms 应用程序。根据在创建过程中做出的选择,模板可能会在项目中创建一些基础页面以及集成身份验证
Web 站点	Web 站点项目方法会创建一组文件,可以将它们复制到 Web 服务器上,以提供互联网内容。源文件被复制到服务器上,IIS 在调用方法之前编译它们

第 **3** 章

设计 Web 页面

本章要点

- HTML 和 CSS 如何协同工作
- 使用 CSS 添加设计
- 在页面中添加和引用 CSS
- 如何最好地管理样式

本章源代码下载：

本章源代码的下载网址为 www.wrox.com/go/beginningaspnetforvisualstudio。从该网页的 Download Code 选项卡中下载 Chapter 03 Code 后，可以找到与本章示例对应的单独文件。

现代网站不管目的如何，在许多方面都非常相似。它们往往功能强大、响应迅速，很有吸引力。要获得和留住访问者，使网站看起来很美观和网站的功能一样重要。网站大都不能最小化设计元素，它们仍保持有效。然而，所有站点——无论内容、设计方法和商业需求如何，都给用户提供了相同类型的信息。用户都会下载一个或多个 HTML 文档、一些样式信息，甚至一些图像和视频。

本章介绍网站的所有这些方面是如何组织在一起的，特别是 HTML 和样式信息(称为 CSS)。阅读本章无法使你成为设计专家，但你会熟悉 CSS，学习如何利用 Visual Studio 工具简化 CSS 的使用。本章还要完成示例应用程序的总体设计，复习构建样式字典的可用策略。

3.1 HTML 和 CSS

第 1 章讨论了 HTML，解释了 HTML 是互联网的默认语言，用于为内容提供上下文，尤其是最新版本的 HTML5。HTML 的早期版本支持一些样式化专用元素，允许对屏幕上的显示进行一些控制。例如，元素 font 控制元素中包含的文本的大小、颜色和字体：

```
<font color="purple" face="verdana" size="4">
    I am large purple text
</font>
```

这些类型的标签允许对页面的外观和操作方式进行一些控制，但它们有如下主要限制：它们都嵌在 HTML 中，不灵活。例如，假设要把所有"大紫色文字"改为"中橙色文字"，就必须手动编辑使用它的每一页，修改每个实例。这意味着，即使是对设计进行较小的改动，也既耗时又危险，因为每个页面都需要修改。这就是出现 CSS 的原因，CSS 提供了一种更健壮、强大的设计管理方式。

3.1.1　同时使用 HTML 和 CSS 的原因

HTML 是一种标记语言，这就是它最擅长的。HTML 非常有助于识别、描述和标记内容，但它无法控制内容的外观。在图 3-1 中可确认这一点，该图显示了代码清单 3-1 中传统 HTML 的外观。

代码清单 3-1　一个简单 Web 页面的 HTML

```html
<!DOCTYPE html>
<html>
  <head>
    <title>Beginning ASP.NET Web Forms and MVC</title>
  </head>
  <body>
    <article>
      <header>
        <h1>ASP.NET from Wrox</h1>
      </header>
      <section>
        <h2>ASP.NET Web Forms</h2>
        <p>More than a decade of experience and reliability.</p>
        <ol>
          <li>Lots of provided controls</li>
          <li>Thousands of examples available online</li>
        </ol>
      </section>
    </article>
    <form>
      <p>
        Enter your email to sign up:
        <input type='text' name='emailaddress'>
      </p>
      <input type='submit' value='Save Email' class='button'>
    </form>
  </body>
</html>
```

如图 3-1 所示，内容几乎没有应用任何样式。选择了一些默认的字体，不同级别的标题显示不同的字体大小，但一切都显示为白底黑字。

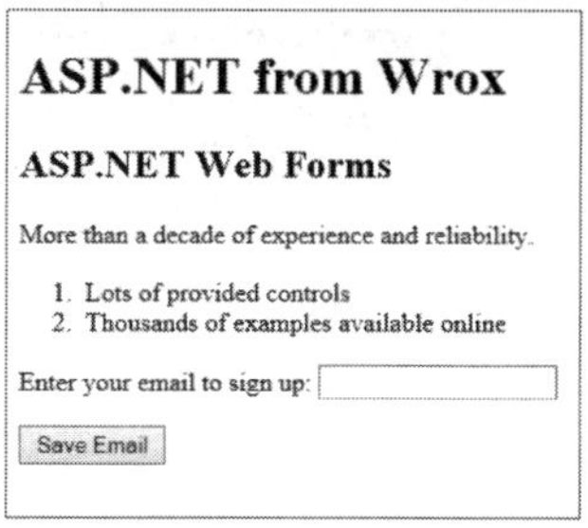

ASP.NET from Wrox

ASP.NET Web Forms

More than a decade of experience and reliability.

1. Lots of provided controls
2. Thousands of examples available online

Enter your email to sign up:

Save Email

图 3-1　没有 CSS 样式的 HTML

CSS 可以更好地控制内容的显示。简单地添加 21 行 CSS 代码(包括空格)，会得到显著不同的结果，但你在图 3-2 中看不到完整的效果，因为不显示所添加的颜色(本书非彩色印刷)。实现这一目标的 CSS 代码如代码清单 3-2 所示，将代码添加到起始<body>标记的下面。

代码清单 3-2　添加到 HTML 文件中的样式

```
<style type="text/css">
    header {
        background:gold;
    }
    body {
        background:#F5EAA6;
        margin-top:0px;
        font:1.2em Futura, sans-serif;
    }
    ul  {
        color: red;
    }
    ol  {
        color: green;
    }
    .button {
        border: 1px solid #006;
        background: Green;
color: white;
    }
</style>
```

当然，这个页面不可能吸引人，但它有效证明了：少量 CSS 可以改变页面的外观，以及这种样式化如何不同于旧的 HTML 样式化方法。

本章后面会给出更多的细节，但代码清单 3-2 中的样式代码完成了两个任务。首先，它设置页面上每个元素体、标题、<ul>和<ol>的默认外观。其次，它会寻找特定的名为 button 的样式。这个级别的样式控制了前面提到的<font>元素。不必查找并修改每个受影响的元素，可以更改一个实例，它会影响或级联每一个适用的元素。CSS 提供了一种优雅的方式，来抽象出网站外观和操作方式的控制。

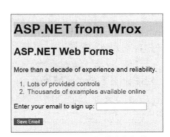

图 3-2　添加了一些简单样式的 HTML

抽象

抽象是一种允许控制更复杂系统的技术。它允许创建该系统的一个版本,通常更简单、更容易控制和维护。就像 VB.NET 或 C#中的所有内容都是在系统的更深层次完成的抽象工作一样(不必担心把一块内存的内容复制到另一块内存),CSS 也是一种抽象,它提供了对每个页面元素的控制,允许在一个地方做出改变,使之影响整个网站而没有额外的风险。

结合 HTML 和 CSS 允许把内容及其显示分开。正如 Web Forms 和 ASP.NET MVC 都在信息的显示和创建方面提供了一些分离,CSS 和 HTML 也允许把页面上内容的定义和显示分开;基本上在 UI 内部提供了另一层分离。换句话说,HTML 告诉浏览器应该显示什么,而 CSS 定义了显示的方式。

3.1.2　CSS 简介

如果把 CSS 看作一门独立的语言,就会发现它很容易学习;每个概念本身都非常简单、明确。然而,比较复杂的是语言元素可能相互作用,如何才能选择最适用的方法来解决具体的问题?

首先将一些样式添加到网站上。在接下来的示例中,给站点添加一个新页面,然后给该页面添加一些内容和样式。在这个过程中我们将了解这些操作的不同方面。

试一试　样式化第一个网页

这个示例要创建一个新页面,然后手动输入一些 CSS 代码,看看它们如何影响内容的外观。本章后面会介绍 Visual Studio 中的 CSS 工具。

(1) 打开在上一章创建的 Web 应用程序项目。在 Solution Explorer 窗口中选择项目。从顶部菜单选择 Project | Add New Item,添加一个新的 Web Forms 页面。选择 Web Forms,把文件命名为 IntroToCss.aspx。这个练习使用 Web Forms 页面,因为更容易立即看到结果。样式化内容的整个过程对 MVC 视图和 Web Forms 页面是相同的。创建这个页面,生成如图 3-3 所示的代码。

(2) 定位关闭 head 元素的标签< /head>,在它之前按 Enter 键,添加一个空行。如果首先给样式元素输入<st,Visual Studio 智能感知功能会自动提供一些帮助,弹出一个包含可用元素的下拉菜单。输入完"t"时,应该只有 style 可用。单击 Tab 键,智能感知功能会完成初始标签的文本。输入右括号>,智能感知功能会自动关闭元素。

```
IntroToCss.aspx* ⊞ ×
    <%@ Page Language="C#" AutoEventWireup="true" CodeBehind-
    <!DOCTYPE html>
⊟<html xmlns="http://www.w3.org/1999/xhtml">
⊟<head runat="server">
        <title></title>
    </head>
⊟<body>
⊟      <form id="form1" runat="server">
⊟      <div>

        </div>
        </form>
    </body>
    </html>
```

图 3-3　新的 ASP.NET Web Forms 文件

智能感知功能是你的朋友!

智能感知是一项提高生产率的 Visual Studio 功能。它的主要功能是自动完成，无论输入的是 Visual Basic、C#还是 HTML 代码，智能感知功能都会检查所输入内容的上下文，"猜出"我们想输入什么内容。虽然这可能会在没有智能感知功能的情况下对记住类、方法或参数名的能力产生负面影响，但它允许在编写代码时，快速访问开发环境所需的所有代码支持信息。

(3) 在刚才添加的样式元素之间输入如下代码:

```
body {
    color: orange;
    font-size: 20px;
    font-weight: 800;
}
```

(4) 确保在拆分(Split)模式下，此时可以看到 Visual Studio 的设计(Design)和源代码(Source)模式。目前很可能是在源代码模式下。单击窗口右边、页面底部的按钮，在窗口的多个模式之间切换，如图 3-4 所示。

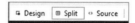

图 3-4　选择拆分模式，显示设计和源代码信息

Visual Studio 中 Web Forms 的 IDE 视图

当工作在.aspx 页面中时，有两种不同的视图可用:设计模式和源代码模式。在源代码模式中，可以查看和编辑页面上的代码。在这种情况下，处理的是 HTML 和 CSS 样式。设计模式会指出用户的浏览器是如何渲染和显示代码的。拆分模式可同时查看设计模式和源代码模式。在一个区域更改信息或内容时，可能会提示刷新，在另一个区域查看结果。以拆分模式运行，能够在源代码模式中进行修改的同时看到输出的变化。

(5) 处于拆分模式下，在<body>标记的下面输入一些文本，然后刷新设计模式，就可以看到代码和所输入文本的呈现版本，如图 3-5 所示。

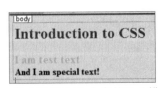

图 3-5　显示了文本的代码窗口

(6) 在步骤(2)中，给输入到 HTML body 标记中的所有文本添加一些默认设置。现在展开 <body>的样式部分，使其包括彩色背景。在所创建的样式区，添加以下代码行：

```
background-color: lightblue;
```

刷新设计模式视图，会显示已经变了的背景颜色。同时，注意智能感知功能帮助选择了适当的值！

(7) 在<body>样式部分的右括号的右边添加以下代码，创建另一个样式：

```
h1 {
    color: red;
    font-size: 26px;
}
.special {
    color: black;
    font-size: 16px;
}
```

(8) 把<body>文本改为：

```
<body>
    <h1>Introduction to CSS</h1>
    I am test text
    <div class="special">
        And I am special text!
    </div>
</body>
```

输出如图 3-6 所示。

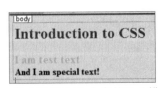

图 3-6　样式和 HTML 内容的设计模式视图

(9) 按下 Ctrl + F5 快捷键(运行但不调试)，在浏览器中查看输出。浏览器的输出与设计模式屏幕中的视图是相同的。

示例说明

本例完成的工作似乎相对简单，但所做的修改完全改变了页面的外观。首先是添加了<style/>标记。这告诉浏览器，在呈现页面的内容时，包含在这些元素中的所有内容都应该考虑。这也是为什么把它们放在 HTML 页面的<head/>部分的原因。浏览器先处理这一部分，再开始分析页面的内容。注意，像这样把样式放在标题中，并不是构建灵活站点的最好方法。采用这种方法可以很容易看出样式和元素是如何一起工作的。

识别样式有两种不同的方法。第一种方法是使用元素名，所以元素名不以任何特殊字符开头。只要用这种方式创建样式，就是为这种元素包含的所有项设置默认样式。在第二种方法中，这里定义的样式名以一个句点开头。这意味着只有用特定的类标记的项才采用这个样式。

请记住样式"代码"是如何组合在一起的。CSS 更混乱的一个方面是缺乏"="符号，各个项是用名字:值定义的，即名称/值的分隔符是冒号(:)。同样重要的是，每一个内部代码行的末尾都需要有一个分号(;)，表示该属性设置的结束。浏览器构建页面时，把样式标记中定义的样式链接到页面中的 HTML，并使用元素和样式之间的这种关系呈现内容。浏览器进行这种分析时，考虑必须在此背景下进行的处理。显然，应使样式化方法尽可能简单、一致。下一节将详细介绍浏览器呈现多种适用的样式时，各种样式是如何交互的。

3.2 CSS 的更多内容

前面介绍了样式会影响 HTML 代码的外观和操作方式。本节将检查样式部分，看看每个部分的含义，包括如何定义样式应该应用到哪些内容上，应该采用什么样式。选择器定义了要样式化的元素之间的关系和要引用的样式。

3.2.1 选择器

首先考虑前面添加的一个样式：

```
h1 {
    color: red;
    font-size: 26px;
}
```

前面的整个代码片段称为规则。h1 是选择器的规则，因为它定义了规则应该应用于什么情形。浏览器确定哪些元素应该把这个样式分配给该元素的内容。一个规则可以有多个选择器。规则可以包含的选择器的数量没有限制。如以下代码片段所示，改变规则会创建一组应用该规则的项：

```
h1, h2 {
    color: red;
    font-size: 26px;
```

```
}
```

因此，在多个选择器之间添加一个逗号意味着，浏览器将选择器组解释为 OR。在前面的示例中，如果元素创建了一个 h1 或 h2 元素，浏览器就应用这个规则。

也可以用空格隔开选择器，如下所示：

```
h1 .special {
    color: black;
    font-size: 16px;
}
```

这意味着这两个选择器之间的关系与使用逗号是不同的。逗号意味着选择器之间的 OR 关系，而空格表示 AND 关系。这说明，这些规则仅适用于实现列表中所有选择器的元素。同时，使用空格表明这些选择器是继承的——因此，h1 .special 意味着样式会应用到.special 类的元素内部的内容中，这个元素也包含在 h1 元素中。这是一个令人费解的概念，但本章后面的内容会提供更多的细节。可以使用空格联系在一起的、表示 AND 关系的选择器的数量没有限制。

还可以同时使用这两种方法，如下所示：

```
h1, h2 .special {
    color: black;
    font-size: 16px;
}
```

前面的代码片段会让浏览器将规则应用到匹配 h1 选择器的元素上，或匹配实现了 h2 和.special 选择器的元素上。

1. 类型选择器

如前所示，上一个示例中使用的规则适用于页面上所有的 HTML 元素"h1"，它会应用到页面上这种类型的每个元素上。这种类型的选择器称为类型选择器，因为它专用于 HTML 元素。此外，由于 HTML 元素不区分大小写，因此类型选择器也不区分大小写。

如果组合一个类型选择器与另一个选择器，浏览器会将该样式应用到匹配另一个选择器的这种类型的所有元素上。

2. 类选择器

前面的示例中有一个选择器的前缀是一个句点——.special。这种选择器是类选择器，它不同于类型选择器。无论元素的类型如何，它都应用于用这个类标记的每个元素上。

下面的规则集把每个选中的元素变成红色：

```
.special {
    color: red;
}
```

浏览器能确定适当的样式，因为 HTML 样式把 class 特性设置为与规则集的选择器相同的值。下面示例的第一行将句子的一部分变成红色：

```
I am not red text <span class='special'>but I am</span>.

<h1>I am not a red header</h1>
<h1 class='special'>But I am a red header</h1>
```

前面代码片段的第二部分显示了类选择器独立于元素的类型，因为第一部分的 span 和第二部分的标题匹配规则，所以内容在浏览器中会显示为红字。

类选择器不同于类型选择器，因为它区分大小写：在规则中输入为选择器的文本必须完全匹配元素的类值。

3. id 选择器

类型选择器引用 HTML 元素，类选择器链接到 HTML 元素的类特性，而 id 选择器引用 HTML 元素的 id 特性。id 选择器用散列符号(#)创建：

```
#mainArticle {
    color: red;
}
```

警告：
页面上的元素应该有互不相同的 id 值。这种在页面上不重用 id 的规则是 HTML 和 jQuery/JavaScript 的一个要求。所有主流浏览器仍然会显示所有页面元素，不管它们是否重用 id 值，并将该样式应用到所有匹配 id 的元素上。下面的 HTML 示例包括一个到样式的链接：

```
I am not red text <span id='mainArticle'>but I am</span>.
```

与类选择器一样，id 选择器也区分大小写，在规则集和元素的 id 特性中必须有相同的值，浏览器才能应用样式。

4. 通用选择器

前面描述的所有选择器都应用于 HTML 元素的特定方面。类型选择器引用的是 HTML 元素名称；类选择器是对 class 特性中值的引用；id 选择器引用元素的 id 特性值。下面示例中的通用选择器适用于页面上的每个元素，不管类型、类或 id 是什么：

```
* {
    color: red;
}
```

通用选择器是一个简单的星号*。通用选择器不需要文本，因为它适用于页面中的每个元素。

> **其他选择器**
>
> 在样式中可以使用许多其他的选择器，包括特性选择器，它允许使用 HTML 元素的其他特性作为选择器的一部分。这种方法还允许深入特性的内容，创建一个匹配部分特性值的选择器。这个主题超出了本书的范围，但请注意，需要额外地控制内容的外观时，可以选择很多其他的选择器。

5. 组合选择器的更多内容

本章前面讨论了如何使用空格或逗号，为规则集组合选择器。使用逗号的作用是 OR，所以匹配任何选择器的任何元素都会应用样式。使用空格意味着，元素必须匹配所包括的所有选择器。本节仔细讨论这是如何工作的，以及如何影响选择。

查看以下规则：

```
p .special {
    color: blue;
    font-size: 50px;
}
```

这里没有用逗号分隔两个选择器,这意味着元素必须在<p>元素中,同时必须包含在 class 特性设置为 special 的元素中。然而，这种方法是通过继承来管理的，而不是通过 class 特性设置为 special 的<p>类型的元素来管理的。因为空格意味着继承，所以下面的代码是不同的：

```
<p class="special">Hey, I am not styled.</p>
<p>But, <span class="special">I am</span> because I am inherited.</p>
```

相反，应用 p .special 时，结果如图 3-7 所示。

图 3-7　CSS 中的继承

可以看出，有空格就表示继承。此时，如果可以创建一个选择器，找到上一个代码片段中的第一个<p class="special">，这种选择器就会明白，要样式化的适当元素是< p >类型，且 class 特性是"special"。肯定有一种方法可以做到这一点。

如果省略了空格，会发生什么？如果多个选择器显示在一起，但没有空格，浏览器就会在同一个元素中寻找同时匹配两个条件的元素，而不考虑继承。因此，要样式化.special < p >元素，需要使用带如下选择器的规则：

```
p.special {
    color: purple;
    font-size: 45px;
}
```

这条规则适用于类型为<p>、class 特性为"special"的每个元素。可根据需要将多个选择器链接在一起，只要每种选择器都不超过一个。这意味着不应使用 p.special.extraspecial 等选择器，因为它意味着元素会给它分配多个类。选择器为 p.special#extraspecial 的规则更有意义，因为它会查找类型为<p>、class 特性是 special、id 特性是 extraspecial 的所有 HTML 元素。

3.2.2　属性

前面提到，规则集可以选择应该应用它的元素，本节更详细地描述可以如何处理样式信息本身。表 3-1 描述了 CSS 属性。

表 3-1　CSS 属性

属性	说明
background	这个属性设置元素的背景信息。因为这是一个父属性，可以把背景的所有不同的值放在同一行上。例如： `background: black url("smiley.gif") no-repeat fixed center;`
background-color	仅设置背景色。背景的其他部分可以单独设置，包括图像、位置、重复模式、来源和大小。例如： `background-color: rgb(255,0,255);`
border	创建元素的边框。与 background 一样，border 也是一个父属性，可以在一个命令中设置许多不同的子属性。例如： `Border: 5px solid red;`
border-bottom	"-bottom"表明这是一个子属性，用于设置边框的底部。其他选项包括 left、right 和 top，甚至可以用底部颜色为每一边设置不同的颜色。设置 border-bottom 的一个示例如下： `border-bottom: thick dotted #ff0000;`
display	定义用于 HTML 元素的边框的类型。display 可以使用多个值，最常见的是： Block：把元素显示为一个块，如\<p\>元素 Inline：默认值，把元素显示为内联元素，如\<span\>的默认行为 Inline-block：块的内部被格式化为一个块级的框，而整个元素本身被格式化为内联级的框 None：元素根本不显示。对布局没有影响；不保留空间
font	设置要应用到元素内容的字体。例如： `font: italic bold 12px/30px Georgia, serif;`
height	定义元素内容的高度，设置元素的内边距、边框和页边距内部的区域的高度。例如： `height: 100px;`
left	绝对定位一个元素时(稍后介绍)，left 属性把元素的左边缘设置为包含元素的左边缘右侧。否则，left 属性把元素的左边缘设置为其正常位置的左边。例如： `left: 5px;`
margin	设置元素周围的页边距，参见下面的内容
padding	设置元素周围的内边距，参见下面的内容
position	指定用于元素的定位方法的类型： static：默认值；元素按顺序呈现，与它们出现在文档流中的顺序一致 absolute：元素相对于其第一个定位的(非静态)祖先元素来定位 fixed：元素相对于浏览器窗口来定位 relative：元素相对于其正常位置来定位。例如，left: 25px 将元素定位到其正常位置左边的 25 像素

(续表)

属性	说明
text-align	指定元素中文本的水平对齐方式。例如： `text-align: center;`
text-decoration	none：定义元素是正常的文本，这是默认值 underline：定义文本的下面有一条线 overline：定义文本的上面有一条线 line-through：定义文本的中间有一条线
visibility	决定元素是否可见，如果不可见，浏览器就为它保留空间

上表中的几项需要一起检查。它们是 padding、border 和 margin 属性，它们一起互动来管理元素中内容的位置。

图 3-8 显示了所有属性如何协同工作。较暗的部分是元素，其周围的每一层展示了其他项。内边距是元素周围的区域。如果某项有内边距和边框，padding 就定义了元素外边缘和边框之间的距离。如果添加页边距，就定义了边框和周围元素之间的距离。换句话说，padding 延伸了元素的外部界限，而 margin 定义了元素的外部边界和相邻元素之间的空间。

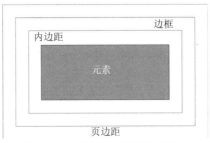

图 3-8　内边距、边框和页边距

为了解它在 HTML 中的作用，考虑以下带有一些样式代码和 HTML 的片段：

```
<style type="text/css">
    .innerelement {
        border: 5px solid black;
        background-color: yellow;
        width: 200px;
        padding: 50px;
        margin: 100px;
    }
    .outerelement {
        border: 5px solid red;
        background-color: green;
        width: 200px;
    }
</style>
<div class="outerelement">
    <div class="innerelement">
```

```
        content
    </div>
</div>
```

这段代码在浏览器中的效果如图 3-9 所示。但请记住，黑白图片不能真正体现屏幕上显示的彩色内容。

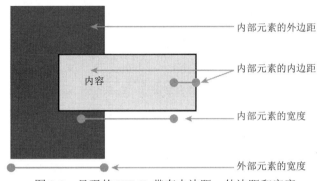

内部元素的外边距

内部元素的内边距

内容

内部元素的宽度

外部元素的宽度

图 3-9　呈现的 HTML 带有内边距、外边距和宽度

图 3-9 显示了关于样式的一些有趣的地方。"内容"和第一行之间的空间是内边距。第一行和左边、顶部、底部之间的空间是外边距，如图中左边的暗框所示。注意，外边距和内边距会影响元素的宽度。

两个元素(内部因素和外部元素)有相同的宽度。然而，内部元素显然更宽，这是因为 padding 属性。使用 padding 会把元素的宽度扩展到内容上，而 margin 会扩展到元素的外部。这就是为什么最左边的框会超出内部框的原因——margin 把它推到元素的外部。

图 3-9 也显示了样式化的另一个有趣的方面——一些属性的绝对性质。即使内部元素包含在外部元素中，外部元素的宽度仍是 200px，无论包含的元素的总宽度是多少。内部元素的总宽度是 510 像素，计算方法是把宽度 200px、内边距 50px、右内边距 50px、左边框 5px、右边框 5px、左外边距 100px 和右外边距 100px 加在一起。

3.2.3　样式的优先级

前面的一些示例说明样式是如何互相影响的。这是一个重要概念，因为嵌套元素和相邻元素的样式会相互影响，还可能影响其他元素的显示。这意味着，当元素看起来并不像预期的那样时，就可能是由于相邻元素、被包含元素或包含元素的样式化。因此，对优先级有一个基本的理解，可能会避免样式化带来的一些问题。

一般优先级考虑多个事项。其中之一是还没谈到的样式来源。样式有三个主要来源：

- 作者：网站作者提供的样式，如已经创建的样式。
- 用户：用户创建的样式，而默认样式是内置于浏览器的样式。
- 默认值：内置于浏览器的样式，没有添加其他样式时，就使用默认样式，这可能因浏览器而异。

创建用户样式表

我们可能没有意识到，作为用户，可以控制显示在浏览器中的样式。例如，微软的 IE

浏览器允许创建自己的样式表，并应用到访问的每个页面上。为此，可选择 Internet Options，然后单击 Accessibility 按钮，弹出如图 3-10 所示的对话框，在该对话框中可以更改字体设置，甚至添加用户定制的样式表。

图 3-10　给浏览器添加用户样式表

其他的主流浏览器都用自己的方式添加用户样式表。本章后面将学习样式表构成的更多内容。

当浏览器确定如何呈现内容时，用以下规则计算最初的特殊性：

(1) 找到所有应用于元素和要进行解析、用于显示的属性的样式。

(2) 按来源和权重排序。来源如前所述，权重是指声明的重要性。权重的计算顺序是相同的(作者、用户，然后默认值)，但要考虑一些可以添加到样式上的特殊标记。

(3) 然后浏览器计算特殊性。

(4) 如果任意两个规则对上述规则而言是等价的，最后声明的那个规则优先考虑。这意味着嵌入 HTML 的 CSS 总是遵循任何页面声明的样式(前面所示的包含在<head>元素中的样式)，之后是外部样式表(本章后面要完成的工作)。

第(3)步中的计算特殊性比看起来更复杂。在最简单的层面上，id 比类更具体，而类比元素更具体。然而，这不是很清晰。查看以下代码片段：

```
div p.special {color: red;}
#superspecial p {color: purple}

<div id="superspecial">
 <p class="special">Content</p>
</div>
```

内容是什么颜色的？查看第一个样式，你会看到它被应用于类是 special、包含在<div>

元素中的段落元素。这很好地描述了 HTML 代码，不是吗？第二个样式似乎也匹配 HTML 代码，因为它选择了包含在 id 为 superspecial 的一个元素中的段落元素。内容是红色的还是紫色的？答案可能会令人惊讶：内容是紫色的。

这似乎违反直觉，因为第一个样式只结合了元素匹配和类匹配，在适当类型的元素内嵌套似乎很简单。然而，由于第二个样式根据父元素的id来匹配，所以它优先于第一个样式。

如果把"p"从第二行中删除，会发生什么？包含元素的 id 的特殊性还会覆盖第一个样式吗？在这个示例中，会发现内容将显示为红色。这是因为移除段落引用后，第一个样式中具体元素的识别提供了比第二个样式更多的特殊性。但是，如果第一个样式完全移除，内容又会显示为紫色，因为它是从托管元素继承的。

应结合实践来理解优先级。理解优先级计算的最简单方法是查看输出。Visual Studio 允许同时查看设计和输出，应毫不犹豫地利用这个功能，查看样式与 HTML 的完整交互。

3.3 样式表

前面完成了样式的第一个工作，但这并不是样式化应用程序的方式。虽然这种方式比使用 HTML 样式更有效，因为可以把所有样式放在页面上的一个地方，让它们用于这个页面的任意地方。但这也意味着，如果希望不同的页面有相同的样式，就必须把样式复制到每个页面上。因此，如果想修改这些样式，就必须进入每个页面，更新它们。虽然这肯定好过修整页面上的每个元素，但仍然容易出错。

这就是 CSS 中"表"的作用。可以把所有的样式放在一个页面上，然后把这个包含样式的页面链接到要用它的每个页面上。那样意味着,站点中的所有页面(假定它们已经正确设置)就能使用相同的样式组。使用此功能，修改网站的整体样式就变得非常容易，因为只处理一个文件，而不是处理每个页面的一个区域。

3.3.1 在页面中添加 CSS

前面提到，使用<style>元素把 CSS 样式添加到页面上，该元素把其中的内容定义为一个样式。接下来学习如何添加一个包含样式的独立文件，然后让内容页面使用这些样式进行显示。

把页面链接到 CSS 样式表是很简单的。假设有一个样式表 styles.css，就在 HTML 页面的<head>部分添加以下代码行：

```
<link href="styles.css" rel="Stylesheet" type="text/css" media="screen" />
```

<link>元素告诉浏览器，特性中识别的信息应链接到页面上。href 特性告诉浏览器，哪个外部文件应该链接进来，这是至关重要的，因为使用<link>元素意味着附加一个外部引用。rel 特性定义了其关系，提供了文件的上下文。在这个示例中，外部文件是一个样式表。这个特性的其他值包括 help、icon、author、license 和许多更多的关系。

type 特性用于定义文件包含的内容类型。最后需要的一个特性是 media。这个特性定义了所查看文档上媒体的类型。其他媒体类型包括 mobile 和 print。

内容类型

内容类型允许提供文件内容的额外信息，以前称为 MIME 类型，现在已经进化到包括任何形式的其他内容的信息。此信息是必要的，因为浏览器真的没有其他方式来理解什么是外部文件、如何呈现页面以及外部文件需要如何交互。构建样例应用程序时，可能使用的其他内容类型包含：

- text/html：告诉接收器，内容是 HTML。
- text/plain：告诉接收器，内容是纯文本。
- audio/mpeg：把内容标识为音频文件，例如 MP3。
- video/mpeg：用于把内容标记为视频。
- image/png：用于标记图像文件，内置于<img>元素中。

下面的练习演示了如何使用 link 元素，以及如何创建外部样式表。

试一试　　转换页面内部的样式以使用外部样式表

这个练习会转换本章前面创建的页面和样式，以使用外部样式表。

(1) 创建要用于保存样式的样式表。为此，在 Solution Explorer 中右击 Content 目录，并选择 Add | Item | New Item，打开如图 3-11 所示的对话框。

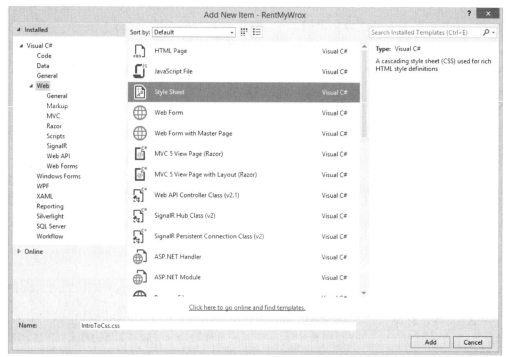

图 3-11　添加一个新的样式表

(2) 选择 Style Sheet，命名为 IntroToCss.css，单击 Add 按钮。这会将文件添加到解决方案中，并在 Visual Studio 工作区中打开它。

(3) 从 IntroToCss.aspx 页面中复制所有样式，并将它们粘贴到刚刚创建的样式表中。不需要覆盖<style>元素，只需要覆盖样式的定义。这是可能的，因为创建 link 标记时，会定义内容。一旦样式表有了样式，就从.aspx 页面中删除它们。

(4) 确保处于拆分模式，刷新设计模式，结果如图 3-12 所示，且使用默认样式。

图 3-12　删除样式后的页面

(5) 在<head>元素之间添加以下文本：

```
<link href="Content/IntroToCss.css" type="text/css" rel="stylesheet" />
```

(6) 刷新设计模式，就会看到样式回来了，但这次是从链接的样式表中回来的。

示例说明

在该练习中，创建了一个样式表，然后链接到页面上。从页面中删除样式时，样式就消失了；但在添加 link 元素后，样式就回来了。样式在被放入<head>元素中时，它们需要包含在<style>元素中。然而，把它们放进它们自己的文件中，再链接它们，就把关系定义为 link 元素的一部分，这样浏览器就知道链接文件的内容是如何样式化的。

可以把相同的链接行添加到该网站的所有页面中，确保它们都使用相同的样式表。还可以创建多个样式表，使用相同的代码链接它们，可以链接的表的数量没有限制。

在这个示例中，所有的样式都被移到一个表中。需要单独的样式表吗？如果公司有多个网站，每个站点都彼此类似，这种方法就是有意义的。网站的公共规则可以放入一个可用于所有站点的样式表，而站点的专用样式放在只有该网站的页面可用的另一个样式表中。

使用 Content 目录时你可能注意到，该目录已经有几个文件了。它们由创建默认应用程序的项目搭建器提供。这些文件在应用程序中负责完成不同的工作。要特别关注这么一群文件：它们包括 bootstrap 这个词。

引导功能是一组 JavaScript 和 CSS 工具，管理内容在 Web 浏览器中的显示。这些文件都很特殊，因为它们是设计方法的一部分，称为"响应"，这种设计方法试图构建网站，使它们可以支持不同大小的视图屏幕，包括使用桌面机器的用户、显示器很大的用户、笔记本电脑用户、平板电脑用户以及手机用户。

由 Visual Studio 项目搭建器创建的默认网站，默认使用引导功能。运行带有默认页面的应用程序，然后调整浏览器窗口的大小，就可以看到引导功能。当浏览器窗口缩小时，会看到 UI 也在变化。关于引导功能的更多信息，可以访问它们的网站 http://www.bootstrap.org。

3.3.2　创建嵌入式样式表和内联样式表

有三种类型的样式表：

● 外部样式表

● 嵌入式样式表

● 内联样式表

我们已经熟悉前两种样式表。刚才已经把嵌入式样式表(在嵌入式样式表中，样式放在页面的<head>部分)转换为外部样式表。最后一种类型还没有介绍，也就是内联样式。内联样式是与要显示的元素最接近的样式，因为它实际上是元素本身的一部分。

支持内容的所有 HTML 元素都有一个 style 特性，以添加样式。使用这个特性可以直接把任何 CSS 属性添加到元素中。下面是一个示例：

```
<div style="color:blue;margin:30px;">This is an inline style.</div>
```

分配规则与外部样式或嵌入式样式是一样的；每个样式都有属性名和用冒号隔开的值，分号表示该属性声明的结束。可以给一个 style 特性添加任意多个 CSS 属性。

这种方法像原始 HTML 样式元素一样很难维护，但可能遇到如下情形：最终要重写一个元素，而这是实现功能的唯一方法。

在前面学习的优先级规则中，样式越接近要呈现的元素，优先级就越高。这意味着，在元素的 style 特性中的任何内容都会自动应用，覆盖在继承链上更高位置设置的任何属性。下一个优先级是嵌入的样式，它们位于 HTML 页面的头部。最后应用的是在外部样式表中定义的样式。

3.4　应用样式

前面手工创建并应用样式，以帮你了解它们是如何工作的。然而，Visual Studio 旨在帮助加速开发，所以可以使用几个内置的工具帮助样式化应用程序。前面完成的所有工作都是在源代码窗口中进行的，之后在设计窗口中查看渲染输出。现在开始在设计窗口中完成更多工作，学习如何利用 Visual Studio 对使用 CSS 样式表的支持来构建样式。

试一试　**在 Visual Studio 中创建和应用样式**

在这个练习中，将使用 Visual Studio 的内置工具，在 CSS 测试页面中为文本创建一些样式。

(1) 在 Visual Studio 中，打开 CSS 测试文件 IntroToCss.aspx。

(2) 在完整的设计模式而不是源代码或拆分模式下查看文件。视图应该如图 3-13 所示。

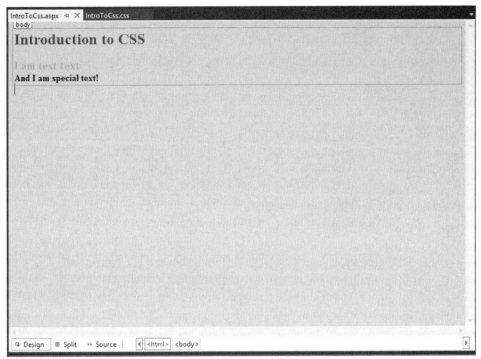

图 3-13　在设计模式下查看文件

(3) 现在位于设计模式中，在 Visual Studio 工具栏区域有一个新的工具栏——格式化工具栏，如图 3-14 所示。

图 3-14　格式化工具栏

(4) 在页面上单击各种元素，注意格式化工具栏的下拉框中的值是如何改变的。例如，选择已经样式化的元素(例如样式在下拉框中突出显示的元素)，注意下拉框会改变所选元素的类型。

(5) 双击 Introduction 单词的任何地方，整个词就会突出显示。在 Target Rule 下拉框中，选择 Apply New Style。这将打开如图 3-15 所示的 New Style 对话框。

(6) 在对话框的顶部，可以确定要使用的选择器，包括对类选择器命名。也可以选择在哪里保存新样式，可以是内联样式表、嵌入式样式表或位于样式表中。在选择器中输入一个新的名称.introduction。

(7) 选择 Define in Existing Style Sheet，单击 Browse 按钮，选择已经存在的 IntroToCss.css 文件。

(8) 选择 Arial, Helvetica, sans-serif 字体族、larger 字体大小和#800000 颜色，单击 OK。

(9) 查看 IntroToCss.aspx 源文件，看看页面是如何改变的。此源文件应该有如下部分：

```
<span class="introduction">Introduction </span>
```

图 3-15　New Style 对话框

(10) 检查样式表，会显示添加了一个新的样式。它应该如下所示(读者的选择可能会有所不同)：

```
.introduction {
    font-family: Arial, Helvetica, sans-serif;
    font-size: large;
    color: #800000;
}
```

(11) 完成了样式的创建和/或分配后，这个练习的剩余部分是在设计模式下工作时，查看 Visual Studio 提供的其他帮助。单击主菜单中的 View 菜单项。

(12) 顶部有三个只在设计模式下可用的选项：Ruler and Grid、Visual Aids 和 Formatting Marks。这些菜单项如图 3-16 所示，用于帮助可视化和控制页面的设计。

图 3-16　设计模式中可用的菜单选项

(13) 选择 Ruler and Grid 选项，会得到一个子菜单，其中包含两个额外的选项：Show Grid 和 Show Ruler。选择它们两个(两个都可以选中)，设计屏幕的变化如图 3-17 所示。

(14) 设计视图改为在背景上显示标尺和网格。网格的默认单位是像素，但选择 View｜Ruler and Grid｜Configure 选项，可以改变这两个显示效果。

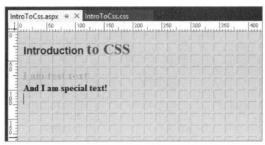

图 3-17　选择标尺和网格后屏幕的变化

(15) 图 3-18 显示了启用所有选项的结果。单击 And I am special text!选项卡，可以看到负责样式化内容的完整选择器。注意带文本的小标签。

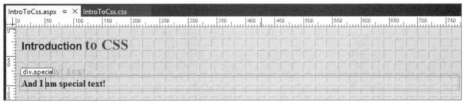

图 3-18　启用了所有视觉辅助工具的设计模式

(16) 单击选项卡，就会显示 Windows Move 图标。这样就能在页面上拖动内容，把元素定位到不同位置。

(17) 确保启用 View｜Visual Aids｜Margins and Padding 视觉辅助工具。可以设置所选元素的外边距和内边距，这也有助于查看外边距和内边距如何管理各种元素之间的交互。

(18) 确保选中 View｜Formatting Marks｜Show 选项，并且确保选中 Tag Marks 项。一旦选中 Tag Marks 项标，就应该在设计模式下看到标签信息，如图 3-19 所示。

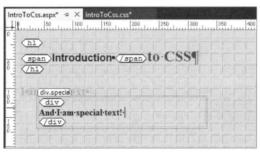

图 3-19　在设计模式下显示 Tag Marks

(19) 进入 View 菜单项，选择 CSS Properties。在工作区中打开一个新窗口。

(20) 突出显示 And I am special text!，刚才打开的 CSS Properties 窗口应如图 3-20 所示。

(21) 检查 CSS Properties 窗口。顶部的 Applied Rules 提供了已设置所有的样式属性信息。在这个示例中，它表示被 body 样式和类样式.special 应用于选定的文本。把颜色改为紫色，把字体大小改为 xx-large。在窗口中进行修改时，可视化显示也会改变。

(22) 打开 IntroToCss.css 文件，会看到进行修改时样式也在发生变化。还要注意，退出设计模式时，CSS Properties 窗口也会变化，因为 CSS Properties 窗口的内容直接绑定到在设计模式下选中的内容。

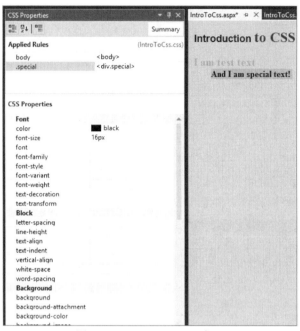

图 3-20 CSS Properties 窗口

示例说明

不同的人在完成工作时有不同的偏好,尤其是在完成有创造性的任务时,如指定样式和设计工作。这意味着一个人最喜欢的样式化工具,另一个人却不喜欢。这就是为什么微软允许切换不同的项的原因,这有助于建立最舒适的可视化环境。

考虑个人的方法时,启用标尺和网格可以得到如下额外好处:因为它们能更清楚地说明各种设置对于元素的可视化位置的影响。另一个有用的支持工具是 Visual Aids 菜单选项,它也有助于在设计窗口中获得对内容的可视化理解。可用的 Visual Aids 菜单选项如表 3-2 所示。

表 3-2 Visual Aids 菜单选项

菜单选项	说明
Block Selection	块选择以两种不同的方式显示。把光标放在一个块上,在标记周围会出现一个虚线矩形,标签还会显示标记的名称。可以单击标签以选择标记。选择一个块时,会显示外边距和内边距,可以使用句柄调整外边距和内边距
Visible Borders	选中这个选项时,IDE 会在隐藏边界的元素的周围显示虚线边界。这就允许可视化 margin 和 padding 等属性如何影响内容的显示
Empty Containers	这个选项可以确保所有空元素的周围都有一个虚线矩形。空元素是一个 HTML 元素,如<p> </p>,它没有任何内容。浏览器和 IDE 通常会完全销毁空容器,所以启用这个选项将影响显示,改变显示。然而,你还能了解这些可以安全删除的元素
Margins and Padding	显示所有元素周围的外边距和内边距。当选中这个选项时,外边距显示为红色,内边距显示为蓝色。不能使用这种视觉辅助工具改变外边距和内边距;而应启用 Block Selection 可视化辅助工具,并使用该辅助工具的句柄

（续表）

菜单选项	说明
CSS Display:none Elements	显示未呈现出来的元素，因为它们的样式包括 CSS 属性 display:none
CSS Visibility:hidden Elements	显示通过包括 visibility:hidden 的样式选中的元素，因为元素的样式包括 visibility:hidden，所以在设计窗口中是隐藏的
ASP.NET Non-visual Controls	给不显示任何东西的 ASP.NET 控件显示一个矩形，你在后面将看到更多这类控件的示例
ASP.NET Control Errors	当 ASP.NET 控件遇到错误时，如没有连接到数据源，就显示错误消息
Template Region Labels	在可编辑的模板区域周围显示一个边框，包括带有该区域名称的选项卡

Visual Studio 提供了很多不同的方法来管理页面的设计。总是可以像本章前面那样，手工构建 HTML，但使用各种工具有助于可视化设计结果，通过不同的手段管理样式。格式化工具栏允许把现有的样式应用于内容，并根据需要帮助创建新的样式。一旦有了样式，CSS Properties 窗口就允许访问应用到内容的 CSS 属性，还可以通过下拉框修改它们。

通过 CSS Properties 窗口管理样式是特别强大的，因为并排打开设计窗口和 CSS Properties 窗口时，就可以修改样式，看看它们是如何影响所选内容的显示的。这种即时反馈可以高效地管理设计，以满足各种要求。

3.5　管理样式

前面介绍了创建和维护样式的很多内容，但只简述了建立可重用样式的策略，并利用 CSS 功能，如继承等。现在就要学习这些内容。

开始考虑样式这样的粒度时，需要考虑网站的整体设计。首先，确定示例应用程序的整体外观和操作方式。这样可以了解在开始添加内容时如何构建样式。

示例应用程序是一个收费图书馆，它有一个相对简单的需求列表，参见第 1 章。需要以下页面视图：

- 所有可用项的默认视图，以用于结账。这个默认视图要作为主页，任何人来到网站时，首先看到的就是这个页面。
- 管理员添加新项的特定视图。它需要包含一个项列表，用户可以在该列表中选择要编辑的项，以及添加新项。
- 注册页面。
- 结账页面显示用户确定要从图书馆借出的项。

其他要求包括，建立网站和设计时需要管理的实现细节。首先关注的是主页。还需要一列可供结账的项。当考虑主页的需求以及支持登录和注册的需求时，必须包括的不仅是这个页面上的项列表。考虑这些因素可能得到主页的简化视图，如图 3-21 所示。

图 3-21　示例应用程序的主页的简单设计

下面将构建这个页面的 5 个不同区域：

- 标识区域，在这里构建网站的品牌。
- 菜单区，允许访问者进入站点的不同区域。
- 登录区域，它很特别，因为它包含允许用户登录应用程序所需的字段，在这个示例中，是电子邮件地址和密码字段。
- 信息文本区域，因为这个页面是所有站点访问者的默认页面，所以需要给新用户提供服务的信息以及如何继续进行的指令(无论用户是注册还是登录到网站)。
- 产品区域，这是唯一一个直接与需求相关的区域，可用于借出的产品清单。这个清单由多个图片和文本组成，因此需要更多的讨论。图 3-22 显示了用于显示项的简单设计。

图 3-22　产品项列表的简单设计

产品区域中的每一项都包括以下要素：

- 标题
- 描述性的文本
- 项的一幅或多幅图片，允许用户查看每幅图片

现在，把这些放在一起，看看创建样式表时有什么潜在的影响。图 3-23 说明了建立样式化方法时这些区域是如何交互的。

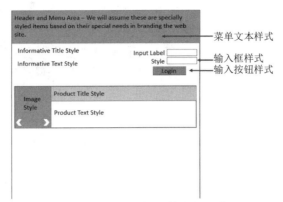

图 3-23　主页最初的样式化方法

现在，对每个高级项都进一步分解，并标识每个初始样式。接下来要考虑的是是否会有重用。例如，希望给信息文本和产品文本使用相同的可视化显示样式吗？希望输入标签(用户界面有"电子邮件地址"和"密码"等标签)和产品文本相同，但不同于信息文本吗？在进行设计时，应考虑这些注意事项。

对于本设计，进行如下排版假设：

(1) 所有标题使用相同的字体，无论是信息标题还是产品标题，但不同的标题类型有不同的大小。

(2) 普通文本使用相同的字体，无论是文本信息还是产品信息，但是这个字体不同于标题的字体。这两项也会有同样大小的字体。

(3) 输入标签的字体不同于普通文本，但大小仍然相同。

有了这些规则，就在下面的练习中创建应用程序主页的初始外壳。

试一试　创建主页最初的样式

除了创建主页最初的样式外，也会开始删除一些通过项目创建模板添加到网站的内容。

(1) 在 Visual Studio 中，确保没有运行应用程序，删除 Content 目录中的 site.css 文件。为此，突出显示该文件，按 Del 键，或在 Solution Explorer 中右击该文件，选择 Delete 菜单项。这会删除所有之前创建的样式。

(2) 对当前的 Default.aspx 文件执行相同的操作。这比试图编辑在创建项目过程中添加的内容更容易。

(3) 添加一个新的 CSS 文件。在 Solution Explorer 中右击 Content 目录，并选择 Add | Style Sheet。把文件命名为 main，单击 OK。

(4) 在 Solution Explorer 窗口中右击项目，选择 Add | Web Form，添加一个新的 Default.aspx 页面。当命名框出现时，输入 Default 并单击 OK。也可以进入 Project 菜单项，选择 Add New Item，并在这个对话框中添加一个 Web Form 来添加该文件。但使用 Solution Explorer 是最快的方法。新页面应该在工作窗口中打开。如果不是这样，就打开刚才添加的文件。在源代码窗口中，代码应如下所示：

```
<%@ Page Language="C#" AutoEventWireup="true" CodeBehind="Default.aspx.cs"
        Inherits="RentMyWrox.Default" %>
```

```
<!DOCTYPE html>

<html xmlns="http://www.w3.org/1999/xhtml">
<head runat="server">
    <title></title>
</head>
<body>
    <form id="form1" runat="server">
    <div>

    </div>
    </form>
</body>
</html>
```

(5) 添加一些文本来匹配图 3-23 中的主要项。代码如下:

```
<%@ Page Language="C#" AutoEventWireup="true" CodeBehind="Default.aspx.cs"
        Inherits="RentMyWrox.Default" %>
<!DOCTYPE html>
<html xmlns="http://www.w3.org/1999/xhtml">
<head runat="server">
    <title></title>
</head>
<body>
    I am Informative Text Title                          I am input text

    I am Informative Text

    I am Product Title

    I am Product Text

</body>
</html>
```

(6) 现在已经有了需要样式化的各个项，就需要开始根据 HTML 和样式定义它们的关系了。首先，看看信息文本标题。这是一个标题，所以给它指定标题元素<h1>。用<h1>元素把文本体括起来。

(7) 产品标题区域也很特殊，所以给它指定<h2>元素，因为它是一个标题，但比主标题低一级。使用"I am Product Title"作为< h2 >元素的文本内容。

(8) 前面添加了一些特殊的元素，但默认的外观和操作方式是一样的。现在要添加第一个正式样式。根据前面提出的设计方法，信息文本和产品文本有相同的字体和大小。这应成为默认样式。进入设计模式，屏幕应如图 3-24 所示。

(9) 在格式工具栏中，从 Target Rule 下拉框中选择 Apply New Style，打开 New Style 对话框。

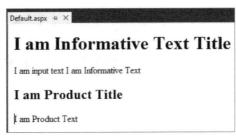

图 3-24　设计模式中的内容

(10) 设置选项如下：Selector 设置为 body，Define in 设置为 Existing style sheet，URL 设置为 Content/main.css，font-family 设置为 Arial，font-size 设置为 medium。设置应该如图 3-25 所示。

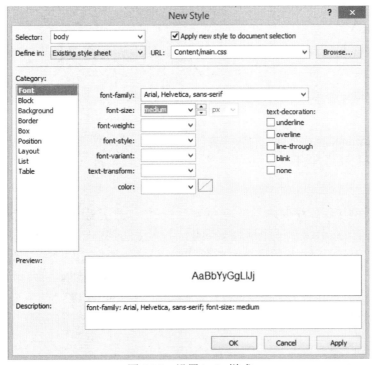

图 3-25　设置 body 样式

(11) 项应该用这种新样式更新，但它并没有更新，因为没有把所创建的新的样式表链接到新页面。为此，返回源代码模式，并在 head 打开和关闭标签之间添加以下代码，注意智能感知功能会帮助完成这个过程：

```
<link href="Content/main.css" type="text/css" rel="stylesheet" />
```

(12) 返回设计模式，你会发现所有的字体都改为 Arial。这就满足了第二个要求，但仍然需要添加更多的样式，因为标题和普通文本的字体必须是不同的。为此，突出显示信息文本标题，并使用格式工具栏选择 Apply New Style。设置选项如下：Selector 设置为".title,"Define in 设置为"Existing Style Sheet"，URL 设置为"Content/main.css"，font-face 设置为"Cambria"列表。单击 OK。注意突出显示的文本已改为与其他文本不同的字体。

(13) 向导执行该操作的方式是不完美的。如果进入源代码视图，就会看到向导在内容周围创建了一个 span 元素。这是不理想的。复制 span 中的 class="title"，并把它放到<h1>元素中。删除 span 元素。此时，把这个相同的类添加到产品标题的<h2>元素中。此时，源代码应如下所示：

```
<body>
    <h1 class="title">I am Informative Text Title</h1>
I am input text
    I am Informative Text
    <h2 class="title">I am Product Title</h2>
    I am Product Text
</body>
```

(14) 必要时回到设计模式并刷新。标题有相同的字体，但字体的大小是不同的，以表明满足了第一个和第二个需求。

(15) 最后的变更应该是样式化输入标签文本。打开 main.css 文件并添加以下代码行：

```
.label {
    font-family: Cambria, Cochin, Georgia, Times, "Times New Roman", serif;
}
```

(16) 回到 Default.aspx 页面，将输入文本放入类是"label"的<div>标记。在设计模式下查看它时，根据需要进行刷新，就会发现文本的字体现在不同于普通文本。

示例说明

此练习为示例应用程序创建了最初的样式。确定样式所需的最低标准后，就在 Visual Studio 中创建它们。创建最后一个样式 label 时，可能注意到一件事。该样式的属性与 title 样式是相同的。然而，要样式化的项完全不同的上下文，如给它们指定的名字所示。有时样式可能有相同的属性和值，尤其是开始设计时。现在这是没问题的。

完成后，要对样式进行另一个测试，看看删除这些多余的样式是否有意义。然而，在这个示例中，可能会留下这两个样式，但没有重命名它们，也许会把它们移到一个方法中，如下：

```
.title, .label {
    font-family: Cambria, Cochin, Georgia, Times, "Times New Roman", serif;
}
```

这样，将来如果需要为其中一个样式选择另一个字体类型，就很容易分开它们。

设计样式时，这会带来一个临界点。我们的目标是抽象，所以总是在上下文中考虑样式，像 label 和 title 那样。这样就能够理解样式的作用，为什么它是不同的。这反过来有助于在后面的学习中理解使用这种样式的场合。

3.6 小结

有了 HTML，管理网站的外观和操作方式就比较复杂，因为样式是由另一个 HTML 元素提供的。这个系统的一个主要问题是，对设计的任何更改都需要应用于每个元素，所以很难管理更新和更改。随着越来越多的人访问互联网，开始访问网站，用户体验变得更加重要。这导致级联样式表(CSS)的出现，这种技术允许把设计信息和内容分开，从而单独维护两者。它包括选择器的概念、指定单一规则集的方式，该规则集可以根据对关系的彻底解读，应用于多个内容。

CSS 的关键是样式，即一组应用到 HTML 元素的可视化互动规则。页面中的每个 HTML 元素都可能应用了一个或多个样式；浏览器知道如何根据样式选择器，把样式链接到 HTML 元素，选择器定义了样式应该应用到哪些元素。

CSS 更强大的特性之一是级联的概念，它允许父元素的样式向下过滤到被包含的元素，这个特性称为继承。此外，这种继承发生在属性级别。这意味着在页面体级别设置字体类型，会向下级联到页面体中的其他元素，除非元素有一个专门覆盖它的样式。因此，建立样式时，需要把最常见的项放在尽可能"低"的栈中，这样就只需要设置它们一次，它们就会工作在其他级别。

Visual Studio 提供了多种不同方式来帮助构建、应用和管理样式，特别是在设计模式下工作时，它允许立即反馈样式的变化，为可视化内容提供了多种选项。这些选项根据显示方式给出了设计的附加上下文,给设计师提供了不同的方法来管理和修改要应用到内容的样式。

3.7　练习

1. .intro p、p.intro 和 p, .intro 有什么区别？
2. 外边距和内边距对元素有不同的影响。如果要拉伸元素的边框，你会使用哪个？
3. 如何使页面上的 HTML 元素访问外部样式表中的样式？
4. Visual Studio 的什么可视化工具可以帮助开发人员管理网页的样式？

3.8　本章要点回顾

CSS	CSS 是一种改进网站的外观和操作方式的方法。它允许设计师使用选择器来识别一组 HTML 元素，浏览器解析内容时，这些元素会应用各种属性
选择器	一段 CSS 规则集,标识要样式化的 HTML 元素的类型。选择器可以根据元素的类型、class 特性的值和 id 特性的值，选择 HTML 元素
属性	使用 CSS 可以管理的各项。属性的示例包括 background、font-style、font-size 和 color
样式的优先级	Web 浏览器确定给 HTML 元素应用样式的方法。标识越具体，样式的优先级就越高。优先级在属性级别应用，所以不同的属性可能有不同的优先级
嵌入式样式	在 HTML 页面的标题中定义的样式，而不是通过链接的样式表来定义
内联样式	直接应用于 HTML 元素的样式。这些样式不需要选择器，因为它们只适用于匹配选择器中的名称的元素类型

(续表)

设计模式	Visual Studio 中的一个窗口,显示的工作页面就好像在浏览器中。它允许用户执行各种设计任务,包括创建和分配样式,移动内容
源代码模式	Visual Studio 中的一个窗口,显示构成页面的 HTML 代码。它没有显示任何设计,而是允许设计师直接处理基础代码
拆分模式	Visual Studio 中的一个窗口,在该窗口中,设计模式和源代码模式会同时打开。在一个窗口中所做的更改会反映在另一个窗口中

使用 C#和 VB.NET 编程

本章要点

- 理解数据类型和变量
- 如何使用集合和数组处理信息列表
- 代码流、分支和循环
- 如何分割代码,以便于理解和维护
- 介绍面向对象编程

本章源代码下载:

本章源代码的下载网址为 www.wrox.com/go/beginningaspnetforvisualstudio。从该网页的
Download Code 选项卡中下载 Chapter 04 Code 后,可以找到与本章示例对应的单独文件。

前面花了一些时间设计网站的一部分,现在考虑如何处理编程部分,使 Web 应用程序除
了改变颜色之外再做一些实际的工作。编写 Web 应用程序有许多不同的方面。构建示例应用
程序时,要开始深入 ASP.NET 的不同部分了,本章就介绍这些基础知识。本章讨论的结构和
方法适用于每个 C#或 VB 应用程序。

4.1 编程简介

每个应用程序都可以定义为完成工作的一种方式。应用程序可能会播放音乐、处理公司
客户的注册、帮助用户选择一种颜色来油漆房子等。考虑应用程序可以执行的所有操作时,
这些操作似乎非常多,但将应用程序分解成其组成部分,可以帮助我们意识到,不管应用程
序的最终目的有什么不同,所有应用程序都有共同之处。

其中的一些共性与系统如何解释信息和做决策相关。因为每个应用程序都遵循着某种过

程，所以需要做出一个或多个决策。然而，系统在做出决定之前，需要一些东西作为基础，这些东西所持有的信息可以用作应用程序做出决策的标准。做决策所基于的这些东西称为数据类型和变量。

4.1.1 数据类型和变量

数据类型提供了一种方法来识别和组合应用程序需要理解的各种各样的信息或数据。.NET 设计师要定义这些可用的基本类型，因为它们确定的规则控制着如何定义不同类型的数据、它们如何相互作用、它们如何存储在内存中以及它们在应用程序中能做些什么。它们是基本类型，因为它们不能进一步分解；它们是最小公分母。变量是值的容器。考虑一个值，例如圆的半径。可以把半径看作一个变量，该变量有一个数值或数据类型。

1. 定义变量

类型在 C#和 VB 中的重要性怎样夸大都不过分，它们都是类型安全的语言，这意味着对象的类型在编译时是已知的(有少数例外)，否则应用程序就不会编译，更不要说运行了。声明或定义变量，就告诉编译器数据的类型是什么。变量可以看作数据的容器。给变量指定在程序的上下文中有意义的名称，并在程序中一直使用该名称。在以下示例中，声明一个变量，它包含一个字节，其数据类型定义了 0 到 255 之间的一个整数，还声明了一个字符串，这是包含文本的数据类型：

C#

```
// declare our variable that represents the in-stock quantity for a particular item
byte quantityInStock;

// declare our string that represents the name of the item
string itemName;
```

VB

```
' declare our variable that represents the in-stock quantity for a particular item
Dim quantityInStock As Byte

' declare our string that represents the name of the item
Dim itemName As String
```

这个示例展示了用两种语言创建变量、分配其类型的不同方法。在 C#中，通过说明变量的类型及其名称来声明变量。在 VB 中，必须用关键字 Dim 开始声明语句，紧随其后的是变量名，然后是 As 和数据类型。注意，C#代码需要使用分号(;)表示命令的结束。VB 没有这个要求。

此外，示例中的变量名提示它们在应用程序中包含什么种类的信息。很容易给这些变量指定没有意义的名称，如 a 或 zz，但这会使它们脱离上下文；能够瞥一眼变量就知道它包含什么内容是很重要的，能使代码便于维护和理解。

示例中的其他代码行是注释。代码中的这些行不是应用程序的一部分；相反，它们允许开发人员插入笔记或其他有用的信息。本章后面会详细讨论。

前面的方法可以更进一步，把值实际赋予变量。因此，不仅可以创建具有特定类型的变量，还可以给它们指定一个值，如下所示：

C#

```
// declare our variable with the initial value
byte quantityInStock = 5;

// declare our string with the initial value
string itemName = "Electric Nail Gun";
```

VB

```
' declare our variable that represents the in-stock quantity for a particular item
Dim quantityInStock As Byte = 5

' declare our string that represents the name of the item
Dim itemName As String = "Electric Nail Gun"
```

这个示例把声明和分配放在同一行上，但这不是必需的。它们可以放在不同的行上，如下所示：

C#

```
// declare our variable with the initial value
byte quantityInStock;

// declare our string with the initial value
string itemName;

// lots of work going on here as we figure out all the information

quantityInStock = 5;
itemName = "Electric Nail Gun";
```

VB

```
' declare our variable that represents the in-stock quantity for a particular item
Dim quantityInStock As Byte

' declare our string that represents the name of the item
Dim itemName As String

// lots of work going on here as we figure out all the information

quantityInStock = 5
itemName = "Electric Nail Gun"
```

注意变量的名称可以帮助理解它包含的信息；这允许声明变量，并根据需要进行实际的赋值。在处理样例应用程序的过程中，你会看到这是很常见的。

表 4-1 包含.NET 中最常见数据类型的一个简短列表。这只是一个很小的子集；.NET Framework 中有成千上万可用的数据类型，这还没有算上用户创建的自定义类型。

表 4-1　C#和 VB.NET 可用的常见数据类型

C#数据类型	VB 数据类型	说明
byte	Byte	一个字节，用来存储从 0 到 255 的较小正整数。没有设置值时默认为 0
short	Short	16 位的存储空间，存储从-32 768 到 32 767 之间的整数。默认值为 0
int	Integer	32 位的存储空间,存储从-2 147 483 648 到 2 147 483 647 之间的整数。默认值为 0
long	Long	64 位的存储空间，存储从-9 223 372 036 854 808 到 9 223 372 036 85 807 之间的整数。默认值为 0
float	Single	存储从-3.4028235e+38 到 3.4028235e+38 之间的大数。这些数字可能含有小数，float 的默认值为 0.0。设置 float 时，应该使用指示器 float x = 2.3f，否则编译器会把该数字解释为 double 型
double	Double	这种类型存储 64 位浮点数，大致范围是 $\pm 5.0 \times 10^{\wedge} 324$ 到 $\pm 1.7 \times 10^{\wedge}$ 308 之间，精度是 15 或 16 位数。默认值为 0
decimal	Decimal	这是一个 128 位的数据类型。相比浮点数类型，这种类型有更高的精度(28 至 29 位数)，范围较小，这使它适合金融和货币计算
bool	Boolean	用于保存简单的布尔值；true 或 false (VB 中是 True 或 False)
Datetime	Date	日期和时间值。默认为 1/1/0001 12:00 a.m.
char	Char	保存一个字符或一个 16 位的 Unicode 表示。Unicode 字符用来代表世界各地的大多数书面语言。默认为 null(VB 中是 Nothing)
string	String	表示零个或多个 Unicode 字符序列。字符串是不变的——字符串对象的内容在创建对象后不能更改。默认为 null(VB 中是 Nothing)
object	Object	所有类型，包括预定义类型和用户定义的类型、引用类型和值类型，直接或间接继承 object(VB 中是 Object)。可以把任何类型的值赋予类型 object 的变量。默认为 null(VB 中是 Nothing)

表 4-1 中的类型代表了系统的一些类型或.NET Framework 中的类型。然而，应用程序需要的东西不太可能都放在可用的类型中。可能需要创建自定义类型。本章后面介绍自定义类型，但是现在需要知道，它们提供的灵活性可以创建任何类型的数据容器来帮助解决业务问题。

2. 运算符

运算符提供了处理一项(通常是变量)的能力。运算符有 4 类：

- 算术运算符
- 连接运算符
- 比较运算符
- 逻辑运算符

本节将介绍算术和连接运算符，本章后面讨论决策方法时，讨论比较和逻辑运算符。

算术运算符

算术运算符是对数值类型执行操作或计算的运算符，例如加法、减法、乘法和除法。表 4-2 描述了这些操作符。

表 4-2　算术运算符

C#	VB	定义
+	+	把一个值加到另一个值上
–	–	从一个值中减去另一个值
*	*	两个值相乘
/	/	用一个值除以另一个值
n/a	\	用一个值除以另一个值，总是返回一个圆整(rounded integer)的整数
Math.Pow(x,y)	^	计算一个值的幂
%	Mod	用一个值除以另一个值，返回余数

使用这些运算符的示例如下：

C#

```
int currentCount = 5;
int availableStock = currentCount + 1;   // availableStock = 6
int availableStock = currentCount - 2;   // availableStock = 4
double actualCost = availableStock * 3.5;   // actualCost = 14
double perItemCost = actualCost / 2;   // perItemCost = 7
double squaredValue = Math.Pow(perItemCost, 2);// squaredValue = 49
double remainder = actualCost % 2.5;   // remainder = 1.5
```

VB

```
Dim availableStock As Integer = currentCount + 1 ' availableStock = 6
Dim availableStock As Integer = currentCount - 2 ' availableStock = 4
Dim actualCost As Double = availableStock * 3.5   ' actualCost = 14
Dim perItemCost As Double = actualCost / 2        ' perItemCost = 7
Dim roundedDivision As Integer = actualCost \ 3   ' roundedDivision = 4
Dim squaredValue As Double = perItemCost ^ 2      ' squaredValue = 49
Dim remainder As Double = actualCost Mod 2.5      ' remainder = 1.5
```

连接运算符

算术运算符用于结合和处理数值数据，而连接运算符结合的是字符串。这些操作符与算术运算符是不同的，因为连接运算符没有乘法、除法或任何其他纯数字操作的概念，而只有字符串的结合操作。

两个连接运算符是 C#中的+和 VB 中的&。它们的用法如下所示：

C#

```
string itemName = "Electric Nail Gun";
string itemColor = "blue";

string sentence = "We have a " + itemColor + " " + itemName;
```

VB

```
Dim itemName As String = "Electric Nail Gun"
Dim itemColor as String = "blue"

Dim sentence as String = "We have a " & itemColor & " " & itemName
```

前面连接了几个变量，创建出一条更完整的句子。请注意，这是绝对的，如果希望两个值之间有一个空格，就必须自己包括空格；否则，系统会把第二个字符串直接添加到第一个字符串。在 VB 中，连接操作符与算术操作符是不同的，但是在 C#中，它们是相同的。然而，如果给非字符串类型使用连接运算符，它就会自动将非字符串转换为字符串，并在连接操作期间使用转换过来的字符串。

4.1.2 转换数据类型

有时，需要把一个数据类型转换为另一个数据类型。最常见的一种场景是将一个值转换为字符串。显示内容时，这是必需的，因为一般只有字符串类型才能显示在网页上。页面显示"有5个电钉枪可用"时，前面示例中创建的基于字节的变量就转换为一个字符串，以用于显示。

1. 转换数据类型

将任何类型转换为字符串是非常简单的，事实上，如果给所有的变量添加.ToString()，就是可行的，因为它是每个类型内置的功能。这意味着以下代码是有效的：

C#

```
// declare our variable with the initial value
byte quantityInStock = 5;

// declare our string with the initial value
string itemName = "Electric Nail Gun";

// lots of work going on here as we figure out all the information

string sentence = "There are " + quantityInStock.ToString() + itemName;
```

VB

```
' declare our variable that represents the in-stock quantity for a particular item
Dim quantityInStock As Byte = 5
```

```
' declare our string that represents the name of the item
Dim itemName As String = "Electric Nail Gun"

// lots of work going on here as we figure out all the information

Dim sentence as String = "There are " & quantityInStock.ToString() & itemName
```

如前所述，还有一些内置的自动转换。"+"和"&"运算符可以把不同的字符串结合或相加为一个字符串，所以可以建立组合起来的句子。然而，如果使用下面的方法，也会成功，因为对混合类型使用这些操作符，与把所有非字符串转换为字符串，再结合它们是相同的：

C#

```
...

string sentence = "There are " + quantityInStock + itemName;
```

VB

```
...

Dim sentence as String = "There are " & quantityInStock & itemName
```

当然，由于连接是绝对的，**quantityInStock** 和 **itemName** 的字符串转换版本将直接相邻，它们之间没有空格。

进行另一种类型的转换需要不同的方法。此时要使用 Convert 类；它将一种类型的数据转换为另一种类型。它支持许多不同的转换，调用也很简单，如下所示：

C#

```
DateTime orderDate = Convert.ToDateTime("01/14/2015");
```

VB

```
Dim orderDate as DateTime = Convert.ToDateTime("01/14/2015")
```

Convert 类支持许多不同的转换。前面的示例显示了从字符串到 DateTime 的转换，但还有更多的转换。表 4-3 描述了转换 double(VB 中是 Double)类型时的所有选项。

表 4-3　Convert.ToDouble() 示例

调用	定义
ToDouble(Boolean)	将指定的布尔值转换为等效的双精度浮点数
ToDouble(Byte)	将指定的 8 位无符号整数值转换为等效的双精度浮点数
ToDouble(Char)	调用该方法总是抛出 InvalidCastException 异常，这意味着转换失败。异常详见第 17 章
ToDouble(DateTime)	调用该方法总是抛出 InvalidCastException 异常
ToDouble(Decimal)	将指定的小数值转换为等效的双精度浮点数

(续表)

调用	定义
ToDouble(Double)	返回指定的双精度浮点数，不实际执行转换
ToDouble(Int16)	将指定的 16 位带符号整数值转换为等效的双精度浮点数
ToDouble(Int32)	将指定的 32 位带符号整数值转换为等效的双精度浮点数
ToDouble(Int64)	将指定的 64 位带符号整数值转换为等效的双精度浮点数
ToDouble(Object)	将指定对象的值转换为双精度浮点数
ToDouble(SByte)	将指定的 8 位带符号整数值转换为等效的双精度浮点数
ToDouble(Single)	将指定的单精度浮点数转换为等效的双精度浮点数
ToDouble(String)	将数字的指定字符串表示转换为等效的双精度浮点数
ToDouble(UInt16)	将指定的 16 位无符号整数值转换为等效双精度浮点数
ToDouble(UInt32)	将指定的 32 位无符号整数值转换为等效双精度浮点数
ToDouble(UInt64)	将指定的 64 位无符号整数值转换为等效双精度浮点数

可以看出，可以把很多不同的类型转换为 double，只有两个转换会自动失败。根据数据的实际内容，其他一些转换也可能失败，例如，将字符串或对象转换为 double。转换字符串(如"165.32")会成功，而转换"I am not a number-like string"不会成功。

前述转换的第一种方法是 ToString()，它将任何类型转换为字符串。也可以使用 Parse 方法试着将字符串转换为其他任何类型。以下示例显示了如何使用 Parse 方法:

C#

```
DateTime orderDate = DateTime.Parse("01/14/2015");
```

VB

```
Dim orderDate as DateTime = DateTime.Parse("01/14/2015")
```

使用 Parse 方法时，应用与给字符串使用 Convert 方法相同的规则;字符串的值必须是所解析字符串的类型表示。.NET 中的每种类型都有一个默认的 Parse 方法，可用于尝试将字符串转换为调用 Parse 方法的数据类型。如果字符串值无法成功解析，就抛出一个异常。

2. 强制转换数据类型

把一种类型转换为另一种类型的最后一个办法是强制转换。前述三种方法都是将一种类型转换为另一种类型，而强制转换采用不同的方法。它迫使一种类型转换成另一种类型。可以想象，只能对彼此兼容的类型执行强制转换。例如，可以将 int 强制转换为 double，但不能把 DateTime 强制转换为 double。VB 和 C#都有不同的方式进行强制转换，如下所示:

C#

```
int baseCost = 100;

double pricePaid = (double)baseCost;
```

```
//OR
double pricePaid = baseCost as double;
```

VB

```
Dim baseCost As Int = 100

Dim pricePaid As Double = DirectCast(baseCost, Double)
'OR
Dim pricePaid As Double = CType(baseCost, Double)
```

使用 C#时,有两种方法进行强制转换。第一种是将目标类型放在要强制转换的变量之前的括号中。如果类型不兼容,这可能导致运行时错误。强制转换的第二种方法是使用关键字 as,它比较友好,因为如果类型是不兼容的,不会抛出任何异常;而是把要转换的变量设置为 null。

VB 中的强制转换也有两种不同的方式:CType 和 DirectCast。CType 比 DirectCast 更灵活,因为它允许在类似的类型之间进行转换,而 DirectCast 只允许在兼容的类型之间进行转换。与 C#中的强制转换一样,VB 中的这两种方法会在类型不兼容时抛出一个异常。

4.1.3　使用数组和集合

本章前面讲到,类型是一个单元,如整数或字符串。然而,在处理应用程序时,常常要使用单元组。有两个主要方法来分组项目:数组和集合。数组基本上是一个类型相同的条目堆栈。数组不受多少支持;条目用其索引来标识,或者用显示堆栈号码的数字来标识。集合是一个类型,其中包含多个对象,这些对象的类型一般相同,集合还受额外的支持,使它们更容易使用。

1. 使用数组

所有类型都很容易转换成数组。为此,在 C#中,要在类型后面添加方括号[]。在 VB 中,则在类型声明之后添加括号()来表示数组。构建数组时,需要知道要存储多少条目,因为这个信息是声明的一部分。下面的示例说明了这是如何实现的:

C#

```
byte[] quantitiesInStock = new byte[2];

string[] itemNames = new string[2];
```

VB

```
Dim quantitiesInStock(1) As Byte

Dim itemNames(1) As String
```

这两种方法都创建了一个可以容纳两项的列表。可以看出,这对 C#和 VB 而言有不同的含义。在 C#中,设置要在数组中存储的项数;在这个示例中是两个。VB 则不同,它定义数组的最大索引。因为数组的索引是基于 0 的，所以在定义中使用"1"表示，使用的最后一个索引是 1，而列表实际上包含两项，索引为 0 和 1。

注意：

数组是基于 0 的索引列表。所谓基于 0，意味着列表中的第一项是在位置 0。因此，列表中的第二项是在位置 1。这可能会导致混乱，因为列表中的项数会大于最大索引。

处理数组时，按索引访问列表中的各项，如下所示：

C#

```csharp
string[] itemNames = new string[2];
itemNames[0] = "Electric Nail Gun";
itemNames[1] = "20 lb Sledge Hammer";
string secondName = itemNames[1];
```

VB

```vb
Dim itemNames(1) As String
itemNames(0) = "Electric Nail Gun"
itemNames(1) = "20 lb Sledge Hammer"
Dim secondName As String = itemNames(1)
```

请注意，必须用计数或上限实例化数组；如果试图访问计数之外的数组项，则抛出一个错误。下面的示例将抛出一个异常，指示访问了索引范围以外的数组项：

C#

```csharp
string[] itemNames = new string[2];
itemNames[0] = "Electric Nail Gun";
itemNames[1] = "20 lb Sledge Hammer";
itemNames[2] = "Does not matter what my name is, I am going to cause an
exception";
```

VB

```vb
Dim itemNames(1) As String
itemNames(0) = "Electric Nail Gun"
itemNames(1) = "20 lb Sledge Hammer"
itemNames(2) = "Does not matter what my name is, I am going to cause an exception"
```

可以调整数组的大小来防止抛出异常。C#有 **Array.Resize** 方法，而 VB 有 **ReDim** 和 **Preserve** 关键字。ReDim 告诉系统要调整数组的大小，而 Preserve 关键字保证在调整期间保留原始值。下面是示例：

C#

```csharp
string[] itemNames = new string[2];
itemNames[0] = "Electric Nail Gun";
itemNames[1] = "20 lb Sledge Hammer";
```

```
Array.Resize(ref itemNames, 3);
itemNames[2] = "I no longer cause an exception";
```

VB

```
Dim itemNames(1) As String
itemNames(0) = "Electric Nail Gun"
itemNames(1) = "20 lb Sledge Hammer"
ReDim Preserve itemNames(2)
itemNames(2) = "I no longer cause an exception"
```

如果要加载一组已知的数据，通过索引处理这些项，数组就比较合适，因为只要知道数据集有多大，这就是管理一组数据的快速方法。虽然 C#和 VB 这两种语言都提供了调整数组大小的功能，但代价昂贵。维护数组维数的需求限制了它们的灵活性。施加这个限制的另一个副作用是，当数组用一个上限实例化时，系统会自动使用数组已分配的存储空间量。这意味着，如果列表中的成员数大大少于 1000，用上限 1000 声明一个数组只会适得其反，会损害性能。

2. 使用集合

集合被认为是超级数组。它们允许比数组更好地管理列表中的信息。处理它们时可以把它们看作数组，通过索引访问集合项；而不必把集合限制为特定的大小，只需实例化集合，然后添加项，项数可以从一个到十亿个。与数组一样，集合的索引也是基于 0 的；集合中的第一项在位置 0。

集合比数组稍微复杂一点，因为它们引入了泛型的概念。泛型是一个.NET 结构，允许创建一种特定的类型来处理其他类型。它是通用的，因为这种特殊类型处理的是其他类型。下面是一个示例：

C#

```
List<string> itemNames = new List<string>();

List<byte> quantitiesInStock = new List<byte>();
```

VB

```
Dim itemNames As New List(Of String)

Dim quantitiesInStock As New List(Of Byte)
```

这里介绍了一种新的类型 List。它是一个通用列表，可以使用相同的类型保存任何其他类型。前面的示例把 itemname 设置为一个包含字符串的 List，把 quantitiesInStock 设置为包含字节的 List。这提供了灵活性，因为 List 接受任何类型，同时仍然提供类型安全，实例化类型时，定义了包含在列表中的类型。

使用泛型方法以确保类型安全时，定义类型是很重要的。所以，要存储的类型是定义的一部分——在 C#中是 List<string>，在 VB 中是 List(of String)。所以编译器认为，类型是需要强制的。

泛型

这个讨论几乎没有触及泛型给.NET带来的功能。如果希望了解它们如何工作以及如何把它们整合到应用程序中的更多内容，可以参阅微软关于泛型的 MSDN 文章：https://msdn.microsoft.com/en-us/library/ms172192(v = vs.110). aspx。

一旦定义了 List，则无论它包含什么类型，都可以按标准方式使用它。表 4-4 显示了一些使用列表中各项的标准方式。

表4-4　使用列表

方法名	说明
Add	将正确类型的项添加到列表中： C#：itemNames.Add("Electric Nail Gun") VB：itemNames.Add("Electric Nail Gun")
AddRange	把一列项添加到另一个列表中，两个列表都包含相同类型的条目： C#：itemNames.AddRange(anotherListOfStrings) VB：itemNames.AddRange(anotherListOfStrings)
Clear	从列表中移除所有项，基本上清空列表： C#：itemNames.Clear() VB：itemNames.Clear()
Contains	确定列表是否包含相同的值。该方法返回一个布尔值，指示值是否在列表中： C#：bool isItemInList = itemNames.Contains("Electric Nail Gun") VB：Dim isItemInList As Boolean = itemNames.Contains("Electric Nail Gun")
Insert	将一项添加到列表中一个特定的地方。传递给方法的值是从零开始的索引： C#：itemNames.Insert(2, "Electric Nail Gun") VB：itemNames.Insert(2, "Electric Nail Gun")
InsertRange	允许把一列项添加到另一个列表中的一个特定位置： C#：itemNames.InsertRange(3, anotherListOfStrings) VB：itemNames.InsertRange(3, anotherListOfStrings)
Remove	从列表中删除一个特定的值： C#：itemNames.Remove("Electric Nail Gun") VB：itemNames.Remove("Electric Nail Gun")
RemoveAt	删除指定索引的值： C#：itemNames.Remove(3) VB：itemNames.Remove(3)
RemoveRange	删除一个范围的值。它类似于 RemoveAt，但还要传递一个整数，定义要删除多少项。 下面的示例从列表中删除两项，从 index = 3 开始： C#：itemNames.Remove(3, 2) VB：itemNames.Remove(3, 2)

对列表还可以执行许多其他通过数组无法执行的功能，但是它们超出了本章的范围。在处理示例应用程序时会讨论其他功能。在读者的职业生涯中，会发现泛型列表是.NET 中一个功能最强大的组件。使用集合是开发人员最常见的一个任务，.NET Framework 包括对它的很多支持。

4.1.4　决策操作

典型的应用程序是一系列的动作和决策：做一些工作，然后查看某些东西来确定下一步。这些决定或决策在现代系统中至关重要，因为应用程序执行的几乎每一步都基于以前动作的结果。本节将完成示例应用程序包含的一个场景。

应用程序包含一个项列表，其中的一项或多项可用于出借。知道有多少项可用于出借，是因为有一个计数属性 AvailableItems；因此，如果该属性的值大于 0，就说明至少有一项可用于出借。这个可用性决定基于计数是否大于 0，是一个决策。

有两个主要决策语句——if-then-else 和 switch\select case。这两个语句都评估是否存在某个条件。通常会检查一个值是否与另一个值有关系，然后返回一个布尔值(true/false)，来指示关系的存在性。创建和正确评估这种关系，需要本章前面提到的一个运算符：比较运算符。

1. 比较运算符

比较运算符用来评估两个不同的项之间的关系，确定这两项之间的关系是什么。如果两项之间的这个关系匹配操作符的期望，运算符就返回 True，否则返回 False。标准的比较运算符如表 4-5 所示。

表 4-5　比较运算符

C#	VB	说明
==	=	评估两个值是否相等。注意，C#使用两个等号；这可以确保编译器理解赋值和判断平等之间的区别
!=	<>	评估两个值是否不相等
>	>	评估第一个值是否大于第二个值
<	<	评估第一个值是否小于第二个值
>=	>=	评估第一个值是否大于或等于第二个值
<=	<=	评估第一个值是否小于或等于第二个值
is	Is	C#:决定对象是否是特定的类型 VB:确定两个对象是否相同

比较运算符是决策的关键。下面的示例显示了它们的作用：

C#

```
int smallNumber = 3;
int largeNumber = 4;
```

```
smallNumber == largeNumber // returns false - 3 is not equal to 4
smallNumber != largeNumber // returns true - 3 is not equal to 4
smallNumber > largeNumber // returns false - 3 is not greater than 4
smallNumber < largeNumber // returns true - 3 is less that 4
smallNumber >= largeNumber // returns false - 3 is not greater than or equal
                           // to 4
smallNumber <= largeNumber // returns true - 3 is less than 4
smallNumber is double // returns false - smallNumber is an int, not a double
```

VB

```
Dim smallNumber As Integer = 3
Dim largeNumber As Integer = 4

smallNumber = largeNumber ' returns false - 3 is not equal to 4
smallNumber <> largeNumber ' returns true - 3 is not equal to 4
smallNumber > largeNumber ' returns false - 3 is not greater than 4
smallNumber < largeNumber ' returns true - 3 is less that 4
smallNumber >= largeNumber ' returns false - 3 is not greater than or equal
                          'to 4
smallNumber <= largeNumber ' returns true - 3 is less than 4
TypeOf smallNumber is Double ' returns false - item is an Integer, not a Double
```

因为每个运算符的结果都是一个布尔值，所以可以使用此结果评估信息是否符合定义的标准。

2. 逻辑运算符

比较运算符可以帮助代码做决定。然而一般来说，它不像检查单个条件那样简单。有时可能需要同时检查多个条件。这就需要使用逻辑运算符了，它们允许使用 AND 和 OR 把多个比较操作链接在一起。这极大地扩展了分析数据条件的能力，使代码做出适当的决策。逻辑运算符如表 4-6 所示。

表4-6　逻辑运算符

C#	VB	说明
And	&	只有当所有比较操作都返回 true 时，才返回 true
Or	|	只要一个比较操作返回 true，就返回 true
Not	!	改变结果，将真变成假，将假变成真
AndAlso	&&	从左到右(主题优先)检查每个条件，只要一个比较操作失败，就返回 false
OrElse	||	从左到右检查每个条件，只要一个条件返回 true，就返回 true

下面的示例演示了这些运算符：

C#

```
int smallNumber = 3;
int largeNumber = 4;
```

```
smallNumber == largeNumber || smallNumber != largeNumber
            // returns true - the 2nd condition is true
smallNumber != largeNumber && smallNumber > largeNumber
      // returns false - the 2nd condition is false
smallNumber == largeNumber | smallNumber != largeNumber
            // returns true - the 2nd condition is true
smallNumber != largeNumber & smallNumber > largeNumber
      // returns false - the 2nd condition is false
```

VB

```
Dim smallNumber As Integer = 3
Dim largeNumber As Integer = 4

smallNumber == largeNumber OrAlso smallNumber != largeNumber
            ' returns true - the 2nd condition is true
smallNumber != largeNumber AndAlso smallNumber > largeNumber
      ' returns false - the 2nd condition is false
smallNumber == largeNumber Or smallNumber != largeNumber
            ' returns true - the 2nd condition is true
smallNumber != largeNumber And smallNumber > largeNumber
      ' returns false - the 2nd condition is false
```

||和|、Or 和 OrElse 之间的差异在 VB 中是很重要的。这些差异也出现在&与&&运算符中，处理器会从左到右地评估比较操作。如果系统发现有东西决定了问题的答案，就立即返回解决方案，而不是执行完条件的完整列表。考虑以下代码片段：

C#

```
string name;
name != null & name.Length > 10
```

VB

```
Dim name As String = Nothing
name <> Nothing And name.Length > 10
```

现在的编码方式是，如果字符串设置为 null(VB 中是 Nothing)，框架将反应不佳，因为它试图找出空对象的信息，这会抛出 NullReferenceException。用&&取代&、用 AndElse 取代 And 将防止抛出异常，只要它是 null，比较就会失败。

3. If 语句

使用比较和逻辑运算符的第一个决策方法是 if-then-else 语句，它评估一个条件，然后根据这一决定采取特定的措施。下面的代码片段显示了该语句：

C#

```
int availableItems = 1;
```

```csharp
if (availableItems > 0) // evaluates whether there are available items
{
    // do some work here
}
else
{
    // display a message that there are no available items to lend
}
```

VB

```vb
Dim availableItems As Integer = 1

If availableItems > 0 Then 'evaluates whether there are available items
    ' do some work here
Else
    ' display a message that there are no available items to lend
End If
```

可以看出，这个语句的结构在 C#和 VB 这两种语言中是不同的。C#使用花括号{ }定义代码块，这些代码块根据评估的结果来运行。在 VB 中，要运行的代码块基于 If-Else-和 End If 关键字之间的代码。这两种语言的另一个区别是，C#要求比较操作包含在括号中，而 VB 评估 If 和 Then 关键字之间的语句。在评估这些条件时，使用了表 4-5 中列出的所有比较运算符。

示例只进行一个评估，程序流基本上有两个选择。然而，可以给过程添加额外的分支：

C#

```csharp
int availableItems = 1;

if (availableItems > 1) // evaluates whether there are available items
{
    // do some work here
}
else if (availableItems == 1)
{
    // do some special work when there is only one item left
}
else
{
    // display a message that there are no available items to lend
}
```

VB

```vb
Dim availableItems As Integer = 1

If availableItems > 1 Then 'evaluates whether there are available items
    ' do some work here
```

```
ElseIf availableItems = 1 Then
    ' do some special work when there is only one item left
Else
    ' display a message that there are no available items to lend
End If
```

使用附加条件增加了 if 语句的灵活性。然而，还有一个语句可用来处理多个条件。在 C#中是 switch 语句；在 VB 中是 Select Case。

4. Switch/Select Case 语句

switch / Select Case 语句用于对一组已知值进行评估。不同于 If 语句，因为它没有使用运算符；所有的选项都假定"相等"。下面是一个示例：

C#

```
switch (availableItems)
{
    case 1:
        // do some special work when there is only one item left
        break;
    case 0:
        // display a message that there are no available items to lend
        break;
    default:
        // do some work here
        break;
}
```

VB

```
Select Case availableItems
    Case 1
        ' do some special work when there is only one item left
    Case 0
        ' display a message that there are no available items to lend
    Case Else
        ' do some work here
End Select
```

如前所述，预计其中一项将匹配要评估的项。如果没有匹配的项，语句就选择 default 分支(假定有)。这个 default 分支用 C#中的 default 关键字或 VB 中的 Case Else 来标识。如果语句没有这个选项，就继续处理右花括号(C#)或 End Select (VB)后面的语句。

4.1.5 循环

开发人员处理信息列表时，最常见的任务之一是遍历列表，并对每项采取同样的动作。多次重复一组代码的过程称为循环，因为代码流从代码块的开始执行到结束，再返回代码块的开始，这个过程要重复需要的次数。

循环主要有三类：for、for each 和 do。每种循环代表满足同一需要的不同方式，允许多次运行一组代码。

1. for 循环

for 循环要求在开始处理前，正确理解要循环多少次。这种循环如下所示：

C#

```csharp
for(int loopCounter = 0; loopCounter < 5; loopCounter++)
{
    // do some work here 5 times
}
```

VB

```vb
For loopCounter As Integer = 1 To 5
    ' do some work here 5 times
Next
```

这些结构在处理信息的方式上有很大不同。在 C#中，for 循环结构有三个用分号隔开的部分。这个分号是 C#代码已经到达该部分的处理末端的指示器。按顺序，这三部分如下：

- int LoopCounter = 0：这是起始条件，设置用于跟踪循环执行次数的变量。
- loopCounter < 5：只要这个条件是 true，循环就继续下去，所以在这个示例中，循环将继续执行，直到 loopCounter > = 5。
- loopCounter + +：它定义了在每个循环的结束时采取的措施。在这个示例中，每处理一次代码块，都给变量 loopCounter 递增 1。

递增、递减运算符和赋值快捷方式

尚未使用的两个常见运算符是递增(++)和递减(--)运算符。这些运算符只能用于 C#，但它们在循环和需要运行计数的其他过程中非常有用。这些运算符可以放在要递增的变量前，如 "+ + variable"，也可以放在变量后，如 "variable++"。然而，它们有不同的结果，因为优先顺序是从左到右。因此，在前面的 for 循环示例中，先计算 loopCounter，然后递增它。如果代码编写为++loopCounter，就先递增该项，再评估它；因此，代码就只处理 4 次，而不是预期的 5 次。

但是，这并不意味着，在 VB 中递增或递减变量没有简单的方法来实现这种快捷方法。两种语言都允许给赋值运算符和算术运算符使用快捷方式。loopCounter + = 1 就等价于++运算符；+ =可以解释为 loopCounter = loopCounter + 1。

在 VB 中创建的 For 语句更加明显。For 关键字定义了起点,赋值语句指定了循环的范围:在前面的示例中是 1 到 5。For 和 Next 关键字之间的代码是要处理的代码块。

下面是 for 循环的一个简单应用。还可以使用该构造访问集合中的每一项。可以想象，这是一种非常有用的实现方式。创建一个 for 循环，遍历集合中的每一项：

C#

```
List<string> collection = new List<string>();

// do some work to put a lot of items into the list

for(int loopCounter = 0; loopCounter < collection.Count; loopCounter++)
{
    collection[loopCounter] += " processed";
    // do some work here as many times as there is items in the list
}
```

VB

```
Dim collection As New List(Of String)

' do some work to put a lot of items into the list

For loopCounter As Integer = 0 To collection.Count - 1
    Collection(loopCounter) += " processed"
    ' do some work here as many times as there is items in the list
Next
```

检查代码时，请记住，集合像数组一样，其索引都是基于 0 的。这就是为什么循环初始化是从 0 开始的原因。同时，因为集合中的项数不是基于 0 的，所以必须确保某项的索引值不与集合的计数相同。这样做会得到超过集合末尾的一项，因此导致运行时异常。

for 循环有一些复杂的设置，处理集合时，它允许调用允许范围之外的一项。幸运的是，另一个循环结构——foreach 或 For Each 专门用于处理集合，它非常容易设置。

2. foreach/For Each 循环

这种循环的方法专用于处理集合，因为它很容易识别列表中的项。下面的示例展示了其工作方式：

C#

```
List<string> collection = new List<string>();

// do some work to put a lot of items into the list

foreach(string item in collection)
{
    item += " processed";
    // do some work here as many times as there is items in the list
}
```

VB

```
Dim collection As New List(Of String)

' do some work to put a lot of items into the list
```

```
For Each item As String In collection.Count
    item += " processed"
    ' do some work here as many times as there is items in the list
Next
```

这里要注意的是 foreach/For Each 结构提取集合中的每一项，命名它(在这个示例中是 item)，然后在循环内使用命名的变量。这些变量不能在循环外使用，但在循环中对每一项做出的任何更改都会在循环完成后继续保留。

for 和 for each 循环都有一个安全系数；它们都有一个内置的结束条件。条件完成时 for 结束，而列表完成时 foreach 结束。最后一种循环 while 没有内置同样的保护机制。

3. while 循环

while 循环会一直持续到满足条件为止。创建 while 循环的示例代码如下：

C#

```
bool isDone = false;
int total = 0;

while (!isDone)
{
    if (total > 100)
    {
        isDone = true;
    }
}
```

VB

```
Dim isDone As Boolean = False
Dim total as Integer = 0

While Not isDone
    If total > 100 Then
        isDone = True
    End If
End While
```

必须小心使用 while 循环，因为它没有内置的终结器。

4. 退出循环

有几个关键字可以用来退出循环。这些关键词是 C#中的 break 和 VB 中的 Exit For，它们会立即停止循环中的代码流。

C#

```
List<string> collection = new List<string>();
```

```
// do some work to put a lot of items into the list

for(int loopCounter = 0; loopCounter < collection.Count; loopCounter++)
{
    if (loopCounter > 100)
    {
        break;
    }
}
```

VB

```
Dim collection As New List(Of String)

' do some work to put a lot of items into the list

For loopCounter As Integer = 0 To collection.Count - 1
    If loopCounter > 100 Then
        Exit For
    End If
Next
```

4.2 组织代码

ASP.NET 中最有用的特性之一是能提取用于不同地方的代码，并把它们放在一个中心位置，其他可能需要运行它的代码就可以调用它。这样就不需要在应用程序中复制和粘贴代码，需要弥补一个缺陷时，这非常有用：在代码的一个地方弥补它，就修复了使用该代码的任何其他页面。

例如，假设应用程序在网站的每个页面上显示最近的新闻标题，就不需要多次复制代码来实现这个目标，而可以把必要的代码放在一个公共的地方，每个需要它的页面都可以调用它。代码编写一次，就可以多次调用。

所以，代码的组织非常重要。现在，这些代码应位于许多页面都可以调用的地方，下一个挑战是决定如何组织代码，使之有意义，而且很容易找到，并在应用程序的其余部分调用它们。

4.2.1 方法：函数和子例程

函数和子例程是创建代码块的方法，这些代码块可以从其他代码中调用。本章后面在讨论面向对象设计时提到，这两种方式也称为方法。有两种类型的方法，一种是向调用者返回一个类型，另一种是不返回类型。在 C#中构建这两种方法时，也使用同样的方式，但在 VB 中是不同的。Function 和 Sub 是 VB 关键字；Function 返回类型，而 Sub 不返回类型。下面的示例显示了如何调用这两种方法：

C#

```
string thirdWord = GetThirdWord(); // call a method called GetThirdWord

DoSomeWork();  // call a method called DoSomeWork
```

VB

```
Dim thirdWord As String = GetThirdWord()   'call a method called GetThirdWord

DoSomeWork()     'call a method called DoSomeWork
```

注意，方法和变量之间有两个主要差异。首先，调用方法时，不需要定义类型。其次，用括号调用方法。这些括号很重要，因为可以把信息传递给方法，也可以返回类型，如下所示：

C#

```
string completeSentence = "I am a much longer sentence";

// call a method called GetThirdWord, passing in another string
string thirdWord = GetThirdWord(completeSentence);
```

VB

```
Dim completeSentence As String= "I am a much longer sentence"

' call a method called GetThirdWord, passing in another string
Dim thirdWord As String = GetThirdWord(completeSentence)
```

调用方法很简单。定义和创建方法比较复杂。以下代码片段显示了一个简单的方法，它接受一个字符串，使用 Split 方法把参数分解到一个数组中，然后返回数组中的第三个值(记住，它是基于索引 0 的)：

C#

```
public string GetThirdWord(string sentenceToParse)
{
    string[] words = sentenceToParse.Split(' ');
    return words[2];
}
```

VB

```
Public Function GetThirdWord(sentenceToParse As String) As String
    Dim words As String() = Split(sentenceToParse, " ")
    Return words(2)
End Function
```

如前所述，有一种方法不返回任何内容，而是完成一个工作单元，然后结束。下面的代码片段显示了如何创建这种类型的方法：

C#

```
public void DoSomeWork()
{
    // code doing some work here
}
```

VB

```
Public Sub DoSomeWork()
    ' code doing some work here
End Function
```

关键是返回类型。在 C#中没有返回类型，方法标记为 void，表明没有返回值。VB 是不同的，因为 Function 包括返回类型，而 Sub(子程序)不包含返回类型。

4.2.2　编写注释和文档

本章的大部分代码片段都包括一些文本来解释代码在做什么。这种方法不仅对像本书这样的教学用书有用，而且对任何类型的编码都有用。理想情况下，会编写出完美的代码，完全适合任何未来的目的。尽管这是可能的，但是，几乎可以肯定，这些代码会由从没见过该代码、对上下文背景了解最少的人来操作。或者因为代码是很久以前写的，作者可能不记得做出了什么决策或要为什么要做出这些决策。因此，添加注释是很有用的，尤其是代码可能比较复杂或要实现特定的业务规则。

内联注释放在代码体内。它们通常用来给这部分代码提供额外的详细信息，如下面的代码片段所示。在重构时，它们也可能用于删除一些代码行；这些代码不希望运行，但也不希望完全删除，直到确信新代码像预期那样工作为止。

C#

```
// comment on its own line
int Id = 3; // comment on the same line as code

/*
* C# has a special comment type for doing multiple lines
* at the start you put the slash - asterisk and the end is asterisk and slash
* everything in between is commented out.  There is no comparable
* facility in VB
*/
```

VB

```
' comment on its own line
Dim Id as Integer = 3  ' comment on same line as code
```

可以手工输入注释，也可以突出显示要注释的代码行，例如注释掉现有的代码，然后单击工具栏上的 Add Comment 按钮。

还可以给方法添加注释。注意，智能感知功能会提供可能选择的项的信息。可以通过另一种注释给方法提供同样的支持：XML 注释。XML 注释允许给方法添加额外的细节，基本上是添加适用于整个方法的注释。以下代码片段显示了具体步骤：

C#

```csharp
/// <summary>Does some work on the parameter</summary>
/// <param name="thingToDoWorkOn">The thing that will have work done on
/// it.</param>
/// <returns>This method returns true if the work was done
/// successfully.</returns>
public bool DoSomeWork(string thingToDoWorkOn)
{
    // code doing some work here
    return true;
}
```

VB

```vb
''' <summary>Does some work on the parameter</summary>
''' <param name="thingToDoWorkOn">The thing that will have work done on
''' it.</param>
''' <returns>This method returns true if the work was done
''' successfully.</returns>
Public Function DoSomeWork(thingToDoWorkOn As String) As Boolean
    ' code doing some work here
    Return True
End Function
```

有几个标签，每个标签都在文档中起着不同的作用。summary 元素的内容显示在智能感知功能中，所以需要给潜在用户提供方法的足够信息，使他们可以确定它是否是他们需要的方法。因为代码被分离出来，以允许在多个领域使用，所以根据 XML 注释提供的任何额外支持都是有用的。param 元素包含传入参数的描述，而 returns 元素描述了它返回的内容，以及它在方法的上下文中的含义。图 4-1 显示了 XML 注释帮助在智能感知功能中提供信息。

图 4-1　演示智能感知功能中的 XML 注释

当方法和它们所做的工作进一步远离请求该工作的代码时，注释就变得更重要。前面指出，把代码移到一个共享的区域会提高重用性。这种软件开发方法基于确定理解和组织代码的最佳方法，称为面向对象编程。

4.3　面向对象编程基础

面向对象编程是一种编程方法，其中，应用程序中的所有东西都可以定义为对象，对象具有一些属性，可以采取行动。这是.NET 的基础，因为归根结底，所有东西都是对象。下面的代码片段演示了这个概念：

C#

```
int iAmAnInteger = 6;
object nowIAmAnObject = (object)iAmAnInteger;
```

VB

```
Dim iAmAnInteger as Integer = 6
Dim nowIAmAnObject as Object = DirectCast(iAmAnInteger, Object)
```

.NET 中的所有东西都可以成功地转换成对象。为什么在乎这个？它很重要，因为它说明了应用程序可以视为不同对象之间的一系列交互关系。

回顾示例应用程序的要求，可以看到不同种类的、有用的结构。下面的列表描述了这些结构或定义程序各部分的方式：

- 项：租借的材料
- 用户：给条目结账的人
- 订单：表示结账的条目列表

对需求进行初步审查，会产生三种需要在应用程序中定义的不同对象。开始进入实现阶段时，会发现更有用的对象，但这为讨论提供了一个很好的起点。

4.4　重要的面向对象术语

刚才为样例应用程序定义的初始对象列表是开始时的构件。本节将了解如何在 ASP.NET 应用程序中把它们构建为有用的对象。

4.4.1　类

对象用关键字 class 定义。下面的代码片段演示了如何创建一个表示条目的类——从图书馆借出的物品：

C#

```
public class Item
{
}
```

VB

```
Public Class Item
End Class
```

使用括号(C#)和 End 关键词(VB)表示类包含其他条目。

类或对象可以看作其他信息的容器。它包含的第一种信息称为描述符。考虑要借出的条目时，有一个最小的信息集，可以用来描述该对象。这个最小的信息集如下：

- 名字
- 描述
- 成本
- ItemNumber
- 图片
- 借出人
- 借出日期
- 预计归还日期
- 归还日期
- 目前是否可用

有两种不同的方法来包含类、字段和属性的信息。

4.4.2 字段

字段是在类中存储信息的方法。通常，字段用于存储不能在类的外部访问的信息，但这不是必需的。

访问修饰符

之前在一些示例中使用过关键字 public。这是一个访问修饰符，它决定了应用它的项可以由谁访问。前面一直在使用修饰符 public，它意味着任何代码块都可以访问该项。另一个访问修饰符是 private。使用这个关键字表明它修饰的项无法在类定义的外部访问。

类、方法、字段和属性都可以把访问修饰符作为其定义的一部分。不能让内部的项在包含项的外部访问，也就是说，private 类不能有 public 属性。

在类中定义的字段如下：

C#

```
public class Item
{
    private double temporaryValue;
}
```

VB

```
Public Class Item
```

```
Private temporaryValue as Double
```

```
End Class
```

设置字段是很简单的，设置字段时，除了其值改变之外，什么都不会发生。这也是很眼熟的，因为这是前面定义和设置变量的方式。在类中创建信息保存者的另一个方法更强大，因为它允许在设置值时，或者在"获取"或使用其值时完成工作。这个方法使用了属性。

4.4.3　属性

属性不同于字段，因为属性用于定义对象的特征，而字段用作使类型可以在类中访问的方式。之前创建的列表包括 Item 的所有属性。属性的定义也不同于字段，如下面的代码片段所示，它显示了属性的创建方式：

C#

```
public class Item
{
    public string Name { get; set; }
}
```

VB

```
Public Class Item

    Public Property Name() as String

End Class
```

在 C#中，字段和属性的区别是添加了{ get; set; }，而 VB 用不同的关键字来说明所引用的项是属性而不是字段。还要注意，属性名后跟括号，与前面介绍的方法一样。

前面的代码片段显示了创建简单属性的最简单方法。然而，看看更完整的实现代码，你会发现某种可用的强大功能。以下片段显示了创建属性的另一种方法：

C#

```
public class Item
{
    public string Name { get; set; }

    public string ShortName
    {
        get
        {
            if (Name.Length > 10)
            {
                return Name.Substring(0, 10);
            }
            else
```

```
        {
            return Name;
        }
    }
  }
}
```

VB

```
Public Class Item

    Public Property Name() as String

    Public Property ShortName() as String
        Get
            If Name.Length > 10 Then
                Return Name
            Else
                Return Name.Substring(0, 10)
            End If
        End Get
    End Property


End Class
```

注意这个代码片段中的几个差异。虽然 Name 属性不变，但添加了 ShortName 属性。还在 get 关键字下增加了一些逻辑，来决定 Name 属性是否超过 10 个字符。如果超过，则返回前 10 个字符；当 Name 小于 10 个字符时，就返回 Name 属性的值。

这表明属性的功能与字段不同；在获取或设置它们时，它们可以执行业务逻辑。当访问属性的目的是获取它的值时，就会运行 get 代码组。如果访问属性是为了给它赋值，就通过 set 代码组进行访问。

在前面的代码片段中显示了属性的另一个方面：ShortName 没有 set 代码部分。这意味着试图设置其值将会失败；在这种情况下，"设置它自己"就需要根据另一个属性的值来计算其值。

对于属性要注意的最后一点是，如果要完成一些逻辑操作，就需要管理项的实际值。前面的示例显示了创建属性的快捷方式。这就是所谓的捷径，因为它在幕后完成的工作相当于以下代码片段：

C#

```
private string _name;

public string Name
{
    get { return _name; }
    set { _name = value; }
}
```

VB

```
Private _firstName As String

Public Property FirstName() As String
    Get
        Return _firstName
    End Get
    Set(value As String)
        _firstName = value
    End Set
End Property
```

处理属性时，支持字段的概念是很重要的，因为开始进行业务逻辑时，就不能把该属性用作实际的容器。前面的 ShortName 示例实际上不需要有值；它只是在另一个属性上执行计算，并返回该操作的结果。考虑另一个示例。假设有如下业务需求：一项需要 AcquiredDate，即图书馆获得该项的日期。若某项没有指定日期，AcquiredDate 就应该设置为图书馆开始运转的第一天，即 2014 年 1 月 5 日。以下代码片段展示了如何做到这一点：

C#

```
private DateTime _acquiredDate;

public DateTime AcquiredDate
{
    get
    {
        if (_acquiredDate == DateTime.MinValue)
//you use MinValue because that is what DateTime is created with
        {
            _acquiredDate = new DateTime(2014, 1, 5);
        }
        return _acquiredDate;
    }
    set { _acquiredDate = value; }
}
```

VB

```
Private _ acquiredDate As DateTime

Public Property AcquiredDate () As DateTime
    Get
        If acquiredDate = DateTime.MinValue Then
            _acquiredDate = new DateTime(2014, 1, 5)
        End If
        Return acquiredDate
    End Get
    Set(value As DateTime)
        _ acquiredDate = value
```

```
      End Set
   End Property
```

这里，获取器首先检查是否已将私有值设置为 DateTime.MinValue，即创建 DateTime 对象时的默认值。如果它有值，就意味着没有设置"真正的"日期；因此，规则生效，并将日期设置为适当的值。此外，因为不仅返回了值，而且设置了支持字段，所以下次调用获取器时，会自动返回该值，而不必重置。另外，如果某个外部操作想设置该值，就可以这样做，没有任何问题；如果该值在 get 请求之前设置，它就包含适当的数据。第 9 章开始使用数据库时，将详细讨论其工作原理。

4.4.4 方法

前面花了一些时间观察方法及其创建方式。然而，考虑对象时，这些会变得很重要，因为对象不仅可以包含属性和字段；也可以包含方法。当方法是对象的一部分时，方法就应在该对象上执行操作。这种方式提供了抽象，即对象的使用者不必了解对象，就可以让对象运转起来。下面的代码片段显示了 Item 的一个方法如何处理该项的结账过程：

C#

```csharp
public void CheckoutItem(Person personWhoCheckedOutItem, DateTime dateDue)
{
    CheckedOutBy = personWhoCheckedOutItem;
    DateOut = DateTime.Now;
    DateExpectedIn = dateDue;
    // lots of other work happening here
}
```

VB

```vb
Public Sub CheckoutItem(personWhoCheckedOutItem As Person, dateDue as
DateTime)
    CheckedOutBy = personWhoCheckedOutItem
    DateOut = DateTime.Now
    DateExpectedIn = dateDue
    ' lots of other work happening here
End Function
```

这允许调用代码执行其工作，而不必了解后台到底发生了什么，代码仅调用该方法，假设方法会完成结账所需的一切工作。方法不是对对象执行操作的唯一方式。对象也可以在构建过程中执行操作。

4.4.5 构造函数

构造函数是基于面向对象的方法，用于管理某项的创建或实例化。前面的示例用获取器检查一个值，并根据需要更改该值。另一个解决方案是创建对象时，把默认值设置为所需的值，而不是每次调用时检查其值。下面的代码片段演示了如何使用构造函数完成这个工作：

C#

```
public class Item
{
    public Item()
    {
        AcquiredDate = new DateTime(2014, 1, 5);
    }

    public DateTime AcquiredDate { get; set; }
}
```

VB

```
Public Class Item

    Public Sub New()
        AcquiredDate = New DateTime(2014, 1, 5)
    End Sub

    Public Property AcquiredDate As DateTime

End Class
```

C#中的构造函数没有返回类型,该代码块的名称与类名相同。VB 的做法则不同,构造函数是一个子例程,其名称是关键字 New。

因为构造函数是一种特殊的方法,在对象的实例化过程中调用,所以它也可以有参数。观察构造函数所做的工作,可以看出它是如何工作的;DateTime 对象使用构造函数的参数(年,月,日)实例化。

4.4.6　继承

.NET 中的所有东西都可以转换为对象,这表示面向对象编程的一个关键特性:继承。继承允许基于一种类型构建另一种类型,使新类型具有被继承类型的所有属性和方法。尽管继承不是示例应用程序的一个需求,但本节将学习应用程序如何在需要时使用它,因为在后续的开发工作中,几乎肯定会利用继承。

看看 Item 对象及其在结账时所起的作用。假定需要存储某类条目的更多特定信息。例如,假设除了为 Item 对象定义的所有属性之外,还希望想跟踪以下属性:

- 汽油驱动的项
  - 燃料的类型
  - 油箱的大小
  - 一整箱汽油能用多长时间
  - 需要的汽油
- 电驱动的项
  - 所需的电压

- 电线的长度
- 需要地面插头

可以使用三种方法。其一，可以把所有这些属性放在条目上，只使用需要的属性，你知道许多属性可能未使用。其二，可以把项的所有属性复制到两个新类型 GasItem 和 ElectricItem 上。其三，可以使用继承，这样 GasItem 和 ElectricItem 会继承 Item，使 Item 的所有属性和方法可用于 GasItem 和 ElectricItem。以下示例显示如何做到这一点，之后进行解释：

C#

```
public class Item
{
    public DateTime AcquiredDate { get; set; }
    public string Name { get; set; }
}

public class ElectricItem : Item
{
    public double VoltsRequired { get; set; }
    public double LengthOfCord { get; set; }
}
```

VB

```
Public Class Item

    Public Property AcquiredDate As DateTime
    Public Property Name As String

End Class

Public Class ElectricItem Inherits Item

    Public Property VoltsRequired As Double
    Public Property LengthOfCord As Double

End Class
```

前面的代码片段创建了两个类——Item 和 ElectricItem，以这种方式创建 ElectricItem，它就会继承 Item。在 C#中，需要在被继承类的定义后面追加冒号(:)和继承类名。在 VB 中，Inherits 关键字用于定义该关系。因为 ElectricCar 继承自 Item，所以 Item 上的属性，如 AcquiredDate 和 Name，也可以在 ElectricItem 上使用。这意味着，在查看 ElectricItem 的定义时，智能感知功能将显示如图 4-2 所示的内容。

还请注意在图 4-2 中，有 ToString、Equals 和 GetHashCode 方法。虽然没有定义这些方法，但这些都表明，所有定制的类型，如类、继承对象和这些方法都包含在对象定义中；因此，它们可以通过继承用于所有其他自定义对象。

图 4-2   在智能感知功能中显示的继承

继承将在整个应用程序中多次使用，在 Web Forms 和 MVC 中用于创建在多个地方共享的功能，如 Web Forms 页面和 MVC 控制器的基类。

4.4.7   事件

本章描述了面向对象的方法如何允许提取代码，放到一个中央位置，使其他代码可以使用它。这样就能够创建一个对象，然后改变属性，运行方法，与该对象交互。然而到目前为止，除了方法返回的值之外，对象还没有一种方式与使用它的代码交互操作。.NET Framework 通过事件提供了这个功能。

事件已经在另一个背景下介绍过，作为 Web Forms 把本身提交给服务器的一部分，在这个过程中，服务器把处理过程分解成不同的阶段，每个阶段都在启动和停止时调用事件。Web Forms 还可以在发生某些操作时提供事件，例如，单击按钮或改变下拉列表的值。

任何一种操作都可以触发事件，无论触发事件的对象是.NET 对象还是自定义对象。因为事件的目的是与类的外部交流，所以使用事件的关键之一是清晰地理解与类的外部交流所需要的信息。

使用事件的另一个关键是用于交流的代码必须有该类的一个实例化版本。最后，用于交流的类(类需要知道何时触发事件)必须有一个事件处理程序，这是一个特殊的方法，用于在触发事件时注册和接收事件。这个事件处理程序必须分配给事件，还必须有事件定义的相同的消息签名。

本书不介绍如何创建事件本身。在 Web 应用程序开发中，它们通常很罕见，ASP.NET Web Forms 内置的页面生命周期事件除外。然而，你应了解事件处理程序的创建，因为在 Web Forms 开发中，它们很常用。

事件处理程序是有规定签名或返回类型和参数列表的方法。最常见的事件处理程序如下所示，它默认在 Web Forms 页面中创建：

C#

```csharp
protected void Page_Load(object sender, EventArgs e)
{
}
```

VB

```vb
Protected Sub Page_Load(ByVal sender As Object, ByVal e As EventArgs)
Handles Me.Load
```

```
End Sub
```

可以看出，这个方法有两个参数：触发事件的对象和事件传递的参数。这些 EventArgs 或事件参数传递了监听方法需要的信息。

在 Web Forms 中对条目触发的事件连接事件处理程序时，使用了同样的方法。以下代码片段显示了在页面上创建的 ASP.NET 控件以及该控件的事件处理程序：

C#

```csharp
<asp:Button runat="server" OnClick="Button_Click" />

protected void Button_Click(object sender, EventArgs e)
{
}
```

VB

```vb
<asp:Button runat="server" OnClick="Button_Click" />

Protected Sub Button_Click(ByVal sender As Object,
          ByVal e As EventArgs) Handles Me.Load

End Sub
```

如果在这个方法中工作，就可以将对象 sender 转换为 Button。这表明，sender 是触发事件的对象。EventArgs 包含的信息可能与抛出的事件相关，触发事件的对象定义了这个类中的信息类型。继续构建样例应用程序时，你会看到在代码中使用这两个参数的实例。

4.5　小结

这个简短的章节介绍了用于几乎所有编程语言的基础知识,特别是面向对象的编程语言。到处都在使用运算符、循环和决策结构，而大多数高级编程语言，甚至读者都可能听说过的 C++、C 和 Java，也包含已定义的数据类型和类。

本章的第一部分提供了定义变量、使用数据类型和给变量赋值的背景知识，还描述了如何使用信息的集合，特别是数组和列表。现在，读者应能理解循环，或如何多次执行相同的代码块，以及对集合中的每项执行同样的操作。

本章还特别介绍了决策结构，如何使用 If 或 Switch 语句，让应用程序评估对象，以确定下一步该采取什么步骤。这种做出适当决策的能力是任何应用程序的关键。

这一章的下半部分简要介绍了面向对象编程的复杂主题。这个主题需要整本书的篇幅，所以鼓励好奇的读者探索这些内容。本章涉及构建样例应用程序所需的所有部分，所以在随后的章节中遇到它们时，就将了解术语，识别其方法。

这也是最后一次在代码示例中出现 VB 代码。以后只列出 C#代码示例。然而，如果打算使用 VB，本书的可用下载代码有两个版本，文件名和类名相同，以便于找到合适的区域，以供参考。

4.6　练习

1. 下面的代码把什么作为 resultsAsAString 的最终值?

C#

```
int oneNumber = 1;
int twoNumber = 2;

string resultsAsAString = "What is my result? " + oneNumber + twoNumber;
```

VB

```
Dim oneNumber as Integer = 1
Dim twoNumber as Integer = 2

Dim resultsAsAString as String = "What is my result? " & oneNumber & twoNumber
```

2. 下面的代码有什么问题?

C#

```
List<string> collection = new List<string>();

// do some work to put a lot of items into the list

string valueToWrite;

for(int loopCounter = 0; loopCounter <= collection.Count; loopCounter++)
{
    valueToWrite += collection[loop];
    // do some more work
}
```

VB

```
Dim collection As New List(Of String)

' do some work to put a lot of items into the list

Dim valueToWrite as String

For loopCounter As Integer = 0 To collection.Count
    valueToWrite += collection(loop)
    ' do some more work
Next
```

3. 遍历整个集合的更好选择是 For Each 还是 Do?

4.7　本章要点回顾

数组	一个简单的项的集合，通过索引编号来访问。数组必须在创建时指定维度；也就是说，必须知道存储在数组中的项数
类	类是定义对象的方式；在面向对象的语言中，它是几乎所有对象的基本类型
集合	集合是一个通用词，描述了可以包含多个其他项的任何类型
构造函数	一个特殊的方法，每次实例化一个类时调用
数据类型	一个分类，帮助定义对象的类型，通常用于基本类型，如 integer、bool、double 等
字段	一个值，是类的一部分。字段仅是数据的容器，在获取或设置值时，它不能执行任何处理
继承	描述了一个层次结构，其中一个类变成另一个类的子类；父类的所有属性和方法都可以在子类中访问
实例化	创建新版对象的过程，构造函数在类的实例化过程中调用
列表	一个对象，包含预定义类型的通用列表。它不同于数组，因为它提供了更多的功能，包括添加、删除和添加多个项。还可以检查一项是否已经添加。在实例化之前，不需要知道列表的大小
方法	方法是一种工作方式。它定义了一个代码块，给它指定名称、一组参数和返回类型
面向对象	一种开发技术，它在应用程序域中，把所有东西都定义为对象。每个对象都有一组属性，可以执行一系列操作(方法)
属性	属性包含描述一个类的值。当设置或请求属性时，它们还可以执行逻辑
void	C#中方法的一个特殊返回类型，表示这个方法没有返回值。它相当于 VB 的子例程

第 **5** 章

ASP.NET Web Forms 服务器控件

本章要点

- ASP.NET Web Forms 服务器控件的基础知识，以及如何在应用程序中使用它们
- 不同的可用服务器控件
- 服务器控件是如何工作的
- 如何配置控件

本章源代码下载:

本章源代码的下载网址为 www.wrox.com/go/beginningaspnetforvisualstudio。从该网页的
Download Code 选项卡中下载 Chapter 05 Code 后，可以找到与本章示例对应的单独文件。

前面章节列出了使用 ASP.NET Web Forms 方法构建 Web 应用程序的优点。这些优点之
一是可用的内置控件很多，还有大量的第三方控件可用。这些控件都是服务器控件，本章将
介绍如何使用这些服务器控件帮助支持开发工作。阅读完本章，读者就能够比较该方法与
ASP.NET MVC 中所采取的方法，更好地理解哪种方法最适合支持未来的项目。

5.1 服务器控件简介

服务器控件是应用程序的标记部分的插件，我们在标记部分添加 HTML。ASP.NET 服务
器控件是添加到.aspx 文件中的一个元素，提供了代码隐藏文件(aspx.cs 或 aspx.vb 文件)可以
访问的属性、方法和事件。服务器控件的简单目标是提供对代码中 UI 元素的访问。然而，
许多控件远远超过了这个目标，提供开发人员可以利用的内置功能，允许应用程序的各部分
通过连接到适当的服务器控件来编写自身的代码。控件本身位于服务器上，也在服务器上运
行，服务器接管控件的工作，把 HTML 输出到发送回浏览器的页面上。它们的目的是自动化

HTML 的创建, 以及在信息返回到服务器时帮助处理信息。

有许多不同类型的服务器控件, 它们要么包含在 ASP.NET 中, 要么可以从第三方供应商获得。一些服务器控件用作传统 HTML 元素的包装器。其他控件提供数据的访问, 帮助管理数据的显示。控件还有第三个子集, 对其他控件执行验证操作, 确保它们满足一组特定的标准。第 4 类服务器控件处理导航, 即在 Web 应用程序中从一个页面移到另一个页面。最后一类服务器控件是登录控件, 用于提供注册和认证支持。本章还将介绍一个额外的服务器控件子集: HTML 控件。它们与基础服务器控件不同, 因为它们是可以通过代码访问的传统 HTML 元素。

5.2 在页面上定义控件

因为服务器控件用于提供对用户界面的支持, 所以它们一般在页面的 HTML 或标记部分调用——在这里也进行样式化。有两种方法可以向页面添加服务器控件: 手动输入和智能感知功能, 或通过 Visual Studio Toolbox。如果在 Visual Studio 中看不到 Toolbox 窗格, 可以通过 View 菜单选项选择 Toolbox 来访问它。Toolbox 窗格如图 5-1 所示。

图 5-1　Visual Studio 中的 Toolbox 窗格

也可以手动输入控件，同时使用智能感知功能，如图 5-2 所示。

图 5-2 说明了如何在标记部分创建服务器控件。重要的是，无论在代码中使用什么语言 (C#或 VB)，在 UI 中创建服务器控件都是一样的。它与语言无关，即便使用不同的语言，感觉上也更像与之交互的 HTML 代码。

图 5-2　手工输入服务器控件时的智能感知支持

因为控件类似 HTML，所以控件的格式应该不足为奇：

```
<asp:ServerControlName runat="server" />
```

可以看出，它也需要与 HTML 相同的左尖括号、特性和右尖括号。适用于所有服务器控件的主要区别是，元素名称总是加上前缀 asp:，还需要把 runat 特性设置为 server。asp:是控件的名称空间，但这个前缀也用于在智能感知功能中组合所有服务器控件。runat 特性设置为 server 时，就允许代码隐藏访问控件。若没有设置这个特性，就不能与服务器上的控件交互，基本上使服务器控件无所作为。

想一想在 UI 和代码端，下面的代码会如何显示？

UI

```
<asp:TextBox runat="server" ID="mainTextBox" />
```

代码隐藏

```
protected void Page_Load(object sender, EventArgs e)
{
    mainTextBox.Text = "I am text for the textbox";
}
```

结合.aspx 页面中的服务器控件和 aspx.cs 页面中的代码，创建以下 HTML：

```
<input name="mainTextBox" type="text" value="I am text for the textbox"
       id="mainTextBox" />
```

先前的 HTML 呈现到浏览器中的效果如图 5-3 所示。

图 5-3　之前的效果

注意，文本框控件的 ID 指定为 mainTextBox，这是在给 Text 属性赋值时，代码隐藏中引用的对象名称。把这个关联到前一章讨论的 OO，有一个 ASP.NET 类 TextBox，它包含一个字符串属性 Text。

每个控件都有自己的一组能转换为属性的特性。在服务器控件的标记中可以设置 Text 属性：

```
<asp:TextBox runat="server" ID="mainTextBox" Text="I am preset text" />
```

服务器控件上的每个可用属性都可以在标记和代码隐藏中设置。这说明了 Web Forms 方法的强大，页面上的每个控件都可以作为预先实例化的对象，可以根据需要简单地与属性交互。

在深入讨论各种类型的控件之前，以下练习演示了如何创建一个文本框，用户可以在其中输入一些文本，再创建一个标签，在单击按钮时显示输入的文本。

试一试　　第一个互动控件

在该练习中，将之前的演示文件移到一个新文件夹中，以清理它们，再在 Visual Studio 中创建一个新文件，把几个服务器控件添加到这个新页面上，然后观察它们是如何交互的。

(1) 在 Visual Studio 中打开 RentMyWrox 项目。现在，主解决方案文件夹中有一组文件，包括之前使用的 IntroToCss.aspx 文件。右击项目名称，选择 Add | New Folder，把这个新的文件夹命名为 Demonstrations。

(2) 单击 IntroToCss.aspx 文件，按住鼠标左键，把该文件拖到新创建的文件夹中。

(3) 添加一个新文件。单击文件夹 Demonstrations，然后右击，选择 Add，从列表中选择 Web Form。在 Name 框中输入 ServerControls，就会在目录中出现一个有适当名字的新文件。这个文件也应该在编辑器中打开。

(4) 确保在源代码窗口中，定位 form 元素，它应如下所示：

```
<form id="form1" runat="server">
```

(5) 确保在 form 元素中，添加一个 TextBox 元素。为此，可以输入字符 "< asp: TextBox" 或从 Toolbox 把一个文本框拖到源代码窗口的适当位置。如果从下拉列表中选择控件，但选择了错误的控件，就必须删除整个条目，才能通过输入得到另一个下拉列表。给文本框的 ID 指定 demoToolBox。完成后，它应如下所示：

```
<asp:TextBox ID="demoToolBox" runat="server"></asp:TextBox>
```

(6) 把一个标签控件添加到刚才创建的 TextBox 控件的下面，给它的 ID 指定 displayLabel。现在代码如下：

```
<asp:TextBox ID="demoToolBox" runat="server"></asp:TextBox>
<asp:Label ID="displayLabel" runat="server"></asp:Label>
```

(7) 把一个按钮控件添加到标签控件的下面。给这个控件的 ID 指定 submitButton。然而，一旦创建了 ID 和 runat 特性，就必须创建另一个特性，它会在代码中把一个事件处理程序分配给 OnClick 事件。为此，输入 OnClick。智能感知功能有助于缩短可用选项的列表，如图 5-4 所示。

图 5-4 智能感知功能帮助选择 OnClick 事件

(8) 注意 OnClick 选项旁边的闪电图标。这个图标用来表示事件。输入等号后，就应显示智能感知功能的菜单，如图 5-5 所示，它会自动创建一个新的事件处理程序。看到该选项时，就选中它。它会自动填写值。

图 5-5 智能感知功能帮助创建事件处理程序

(9) 现在需要添加显示在按钮上的文本。使用 Text 特性，把它设置为 Display Text。关闭按钮元素。代码如下：

```
<form id="form1" runat="server">
    <div>
        <asp:TextBox ID="demoToolBox" runat="server"></asp:TextBox>
        <asp:Label ID="displayLabel" runat="server"></asp:Label>
        <asp:Button ID="submitButton" runat="server"
                 OnClick="submitButton_Click" Text="Display Text" />
    </div>
</form>
```

(10) 在 Solution Explorer 窗口中打开代码隐藏 ServerControls.aspx.cs(或.vb)。如果在 Demonstrations 文件夹中看不到它，就应该单击 ServerControls.aspx 页面旁边的箭头，展开它，显示隐藏的文件。双击 ServerControls.aspx.cs，在工作窗口中打开它。如果使用的是 VB.NET，就可能需要右击文件，并选择 View Code。

(11) 花点时间看看这个页面的内容。首先注意，有一个部分类，其名称匹配页面的名称。这表明将这个代码隐藏文件分配给了该页面。这个类继承了 System.Web.Ui.Page。后面建立应用程序时，你将学习这个基类的更多内容。还要注意页面中的两个受保护方法 Page_Load 和 submitButton_Click。它们有相同的签名(object sender,EventArgs e)，所以它们都是事件处理程序。

```
using System;
using System.Collections.Generic;
using System.Linq;
using System.Web;
using System.Web.UI;
using System.Web.UI.WebControls;

namespace csDCLapp.Demonstrations
```

```
{
    public partial class ServerControls : System.Web.UI.Page
    {
        protected void Page_Load(object sender, EventArgs e)
        {

        }
        protected void submitButton_Click(object sender, EventArgs e)
        {
            displayLabel.Text = demoToolBox.Text;
            // set the text of the label to the text from the text box
            demoToolBox.Text = string.Empty; // empty the text box
        }

    }
}
```

(12) 在 submitButton_Click 方法体中键入下列代码行:

```
protected void submitButton_Click(object sender, EventArgs e)
{
    displayLabel.Text = demoToolBox.Text;
    // set the text of the label to the text from the text box
    demoToolBox.Text = string.Empty; // empty the text box
}
```

(13) 单击绿色箭头或按下 F5 键，运行当前 Web 页面。应用程序应该被编译，当浏览器打开它时，结果应该如图 5-6 所示。

图 5-6　HTML 的初始显示

(14) 在文本框中输入一些文本，然后单击按钮。单击按钮后，页面发送给服务器，这会在清空文本框时，把文本框里的内容复制到在文本框和按钮之间显示的标签上。

(15) 现在需要进入代码隐藏页面，将一个断点放在 Page_Load 方法和 submitButton_Click 按钮上。为此，单击代码页面左边的灰色边界，如图 5-7 所示。不能单击没有代码的地方，所以唯一可以单击的地方是 Page_Load 方法内部的关闭花括号。

```
2 references
public partial class ServerControls : System.Web.UI.Page
{
    0 references
    protected void Page_Load(object sender, EventArgs e)
    {

    }

    0 references
    protected void submitButton_Click(object sender, EventArgs e)
    {
        displayLabel.Text = demoToolBox.Text;  // set the text of the label to
        demoToolBox.Text = string.Empty; // empty the text box
    }
}
```

图 5-7　在代码中设置断点

调试 Web 应用程序

Visual Studio 最强大的特性之一是开发人员可以利用它提供的功能在运行的代码中单步执行代码。这样就可以跟踪流程，验证变量，看看在应用程序的每一步发生了什么。

要调试应用程序，需要在调试模式下启动应用程序。这是工具栏中的绿色箭头和 F5 功能键的默认模式。通常，应在要检查执行情况的地方插入断点。当代码到达一个断点时，它会停止处理，进入那行代码。然后可以把鼠标停放在变量上，查看它们的值。还可以使用 F11 键继续一次执行一行代码。完成后，要继续运行代码，可以再次单击绿色按钮或单击 F5 键。

本书的其他部分广泛使用调试特性来显示代码各部分的不同状态，在屏幕上显示任何内容之前，确认应用程序是按预期工作的。

(16) 再次运行代码。注意，代码在第一次运行时，在 Page_Load 方法处停止处理。如果继续下去，你会发现没有到达 submitButton_Click 中的断点。

(17) 输入一些文本，并单击 Display Text 按钮。后面介绍的 Page_Load 方法会再次调用。继续调试。代码下一次停在 submitButton_Click 方法中。

(18) 把鼠标停放在不同的项上，注意如何访问它们的值。单击 Continue，查看输入页面的、显示在标签中的文本。

示例说明

读者应该从概念上了解 submitButton_Click 方法中的代码是如何工作的，把一个控件中 Text 属性的值赋予第二个控件的 Text 属性。但这是什么意思?

在单击按钮前，这只是一个传统的 Web 页面。然而，一旦单击按钮，浏览器就用<form>元素中的内容回调服务器。form 元素很重要，因为 ASP.NET Web Forms 要求所有服务器控件都放在 form 元素中。Web Forms 依赖表单提交协议，确保所有必要的信息都从浏览器发送回客户端。只要与服务器有任何互动，form 元素内所有适当的 HTML 元素就都包含在一个大的回送操作中。在浏览器中查看它时，它似乎很简单，但如果看看 HTML 源代码，如图 5-8 所示，就可以看到传递了更多的信息，而不仅仅是输入的文本。

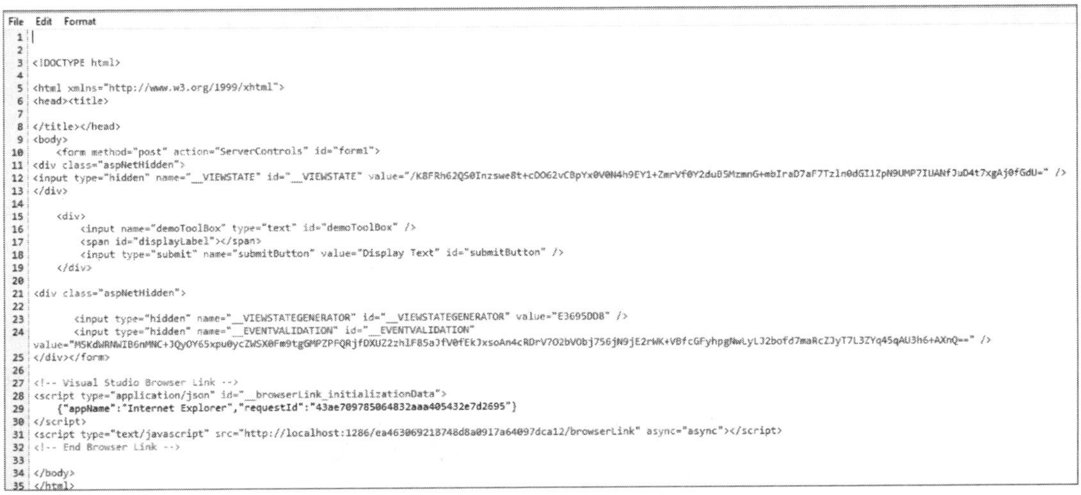


```
<!DOCTYPE html>

<html xmlns="http://www.w3.org/1999/xhtml">
<head><title>

</title></head>
<body>
    <form method="post" action="ServerControls" id="form1">
<div class="aspNetHidden">
<input type="hidden" name="__VIEWSTATE" id="__VIEWSTATE" value="/K8FRh62QS0Inzswe8t+cDO62vC8pYx0V0N4h9EY1+ZmrVf0Y2du85MzmnG+mbIraD7aF7Tzln0dGI1ZpN9UMP7IUANfJuD4t7xgAj0fGdU=" />
</div>

    <div>
        <input name="demoToolBox" type="text" id="demoToolBox" />
        <span id="displayLabel"></span>
        <input type="submit" name="submitButton" value="Display Text" id="submitButton" />
    </div>

<div class="aspNetHidden">

       <input type="hidden" name="__VIEWSTATEGENERATOR" id="__VIEWSTATEGENERATOR" value="E3695DD8" />
       <input type="hidden" name="__EVENTVALIDATION" id="__EVENTVALIDATION"
value="MSKdWRNWIB6nMNC+JQyOY65xpu0ycZWSX0Fm9tgGMPZPFQRjfDXUZ2zhlF85aJfV0fEkJxsoAn4cRDrV7O2bV0bj756jN9jE2rWK+VBfcGFyhpgNwLyLJ2bofd7maRcZJyT7L3ZYq45qAU3h6+AXnQ==" />
</div></form>

<!-- Visual Studio Browser Link -->
<script type="application/json" id="__browserLink_initializationData">
    {"appName":"Internet Explorer","requestId":"43ae709785064832aaa405432e7d2695"}
</script>
<script type="text/javascript" src="http://localhost:1286/ea463069218748d8a0917a64097dca12/browserLink" async="async"></script>
<!-- End Browser Link -->

</body>
</html>
```

图 5-8　使用服务器控件时创建的 HTML

前面提到了视图状态。图 5-8 的第 12 行有一个简单的视图状态。在那里也有在服务器和浏览器之间来回发送的其他项，包括_VIEWSTATEGENERATOR 和_EVENTVALIDATION 隐藏输入。处理 ASP.NET Web Forms 页面时，这些项是由服务器自动创建的。

一旦服务器接收到所有这些信息，就解析和检查它们。服务器能够确定按钮被单击了；因为创建控件时，按钮和代码隐藏设置的方法之间存在关系。服务器知道，作为其过程的一部分，需要调用 submitButton_Click 方法。然而，它没有立即调用该方法。事件是有顺序的，如表 1-4 所示。

这个调用服务器的过程称为回送。本章后面构建示例应用程序时，会花更多的时间学习回送。

5.3　控件的类型

这里讨论的每个不同类型的控件都满足一个特殊的需求：它们都为开发人员提供了一组功能。这些控件是：

- 标准控件
- HTML 控件
- 数据控件
- 验证控件
- 导航控件
- 登录控件
- AJAX 扩展控件

一些控件是独立的，其他控件彼此交互；一些控件使用起来非常复杂，而另一些控件就非常简单。前面介绍了一些简单的控件，如文本框和标签。这些都是标准控件的代表。

5.3.1　标准控件

标准控件是内置的 ASP.NET 控件，帮助向用户显示信息，或帮助从用户处获取信息。这些控件如图 5-9 所示。

一些控件用作 HTML 元素的简单包装器，如上个示例使用的文本框和标签控件。其他控件比较复杂，如日历控件。表 5-1 描述了最常见的标准控件。

图 5-9　工具箱中的标准控件列表

表 5-1　常见的标准服务器控件

控件	说明
BulletedList	项目符号列表,可以绑定数据;这意味着可以在代码中把项放入列表,而不必在 UI 中添加。对应于 HTML 中的未编号列表,包含一列 ListItem
Button	创建一个 button 类型的输入元素,其中包含了可以在代码隐藏中调用的事件,以及可以在浏览器中调用 JavaScript 方法的事件
Calendar	创建显示日历的 UI,允许用户根据需要选择一个或多个日期。该控件处理日历的呈现,捕获与日期相关的、用户输入的信息
CheckBox	创建一个 checkbox 类型的输入元素,可以在代码隐藏中评估项是否被选中
CheckBoxList	提供一个可以绑定数据的复选框列表。每一项都可以选中,然后代码隐藏可以检查项的列表来确定项是否选中。它还包含一列 ListItems
FileUpload	能够把文件从本地文件系统上传到服务器
HiddenField	在页面上创建一个隐藏字段。默认情况下,这些项保存起来,但不显示给用户。它们可以在服务器请求之间保存数据,有时用于保存可能多个页面都需要的业务信息
HyperLink	能够创建一个 HTML 超链接,把用户带到另一个页面
Image	用于设置图像的位置和大小
Label	一个显示文本的服务器控件,不接受返回给服务器的任何信息
LinkButton	Button 和 Hyperlink 的结合,它像按钮那样工作,但看起来更像超链接而不是按钮
ListBox	这种控件可以绑定数据,显示多个项。ListBox 由一列 ListItem 组成,一次可以选中一项或多项
Panel	控件的容器。可以把一系列控件放在 Panel 中,然后通过 Panel 控制这些控件的可见性,而不是逐个控制
RadioButton	代表 HTML 单选按钮。它只允许用户在一组项中选择一项。该组是 RadioButton 上的一个属性
RadioButtonList	代表 RadioButtons 的列表,从该列表中只能选择一项
TextBox	如前所述,Textbox 框控件允许用户在应用程序中输入一行或多行信息

上面列出的大多数控件可以像示例中的文本框、标签和按钮控件那样使用。不同的是支持集合的控件。在表 5-1 中可以认出它们,因为它们的名字包含"List",例如 CheckBoxList、ListBox 和 RadioButtonList。在标记部分和代码中使用时,它们都需要一种不同的方法。下面的代码片段演示了如何把信息加载到这些控件中:

UI

```
<asp:CheckBoxList ID="availableColors" runat="server">
    <asp:ListItem Text="Red" Value="red" />
    <asp:ListItem Text="Green" Value="green" />
    <asp:ListItem Text="Blue" Value="blue" />
</asp:CheckBoxList>
```

代码隐藏

```
List<ListItem> colorsList = new List<ListItem>();
colorsList.Add(new ListItem { Text = "Red", Value = "red" });
colorsList.Add(new ListItem { Text = "Green", Value = "green" });
colorsList.Add(new ListItem { Text = "Blue", Value = "blue" });
availableColors.DataSource = colorsList;
availableColors.DataBind();
```

还有其他方法可用于在代码中加载列表控件。随后章节在构建示例应用程序时会介绍其中的一些。使用从 UI 中选出来的值,不同于上一个示例中得到信息的方式。以下代码片段显示了如何确定选中了 CheckBoxList 中的哪些项:

代码隐藏

```
List<string> selectedColors = new List<string>();
foreach(ListItem item in availableColors.Items)
{
    if (item.Selected)
    {
        selectedColors.Add(item.Value);
    }
}
```

可以看出,代码片段中的一切都基于上一章的内容,所以应遍历列表中的每一项,评估它是否被选中。如果被选中,就将它添加到选中颜色的列表里。使用用这种方法,是因为这个列表呈现为一个复选框列表,每一个复选框都可以选中。

标准控件有一组共同的属性,可以在标记和代码隐藏中设置。表 5-2 列出了一些属性。

表 5-2　常见标准控件的通用属性

属性名	说明
AccessKey	描述了控件的快捷键。这个属性指定一个字母或数字,用户可以在按下它的同时按下 Alt 键。例如,如果希望用户按 Alt + K 来访问控制,就指定"K"
Attributes	标准属性没有包括的附加 HTML 属性集合,可以包括标准的 HTML 属性或特殊的定制属性。不能在标记中设置它们,而是需要在代码中添加它们
CssClass	要分配给控件的 CSS 类
Style	用于样式化控件的属性集合
Enabled	这个属性设置为 true 时,使控件发挥作用;设置为 false 时,控件就变成了灰色,而不是不可见。
EnableViewState	允许控件保存其视图状态
Font	设置控件的字体信息
ForeColor	设置控件的前景色
Height	设置控件的高度
TabIndex	设置控件在制表符顺序中的位置。如果不设置这个属性,控件的位置索引就是 0。这设置允许用户使用 Tab 键在各种控件之间移动

属性名	说明
ToolTip	设置用户把鼠标停放在控件上时显示的文本
Width	设置控件的固定宽度。有许多不同的潜在单位，包括像素、英寸或百分比

表 5-1 中的一些属性看似矛盾；CssClass 和 ForeColor 都影响控件的样式。考虑样式的每项都放在控件的外层元素上，这些都是内联样式，因此它们总会覆盖任何其他适用的风格。然而，第 3 章提到，虽然有这种能力，但内联样式会使设计难以维护。

尽管所有控件都有这些标准属性，但一些控件的特定属性提供了它们需要的特殊信息。这些控件和一些特殊属性在表 5-3 中列出。

表 5-3　标准服务器控件的特殊属性

控件	特殊属性
BulletedList	BulletImageUrl——BulletedList 控件中给每一项显示的图像路径 BulletStyle——管理每一项的样式 DataTextField——提供所显示文本的数据源字段 DataValueField——提供所选项的值的数据源字段
ButtonLinkButton	OnClick——可以在代码隐藏中连接到事件处理程序的控件事件 Command——一种特殊类型的事件，可以在代码隐藏中连接到事件处理程序，该事件处理程序不是支持单击事件的事件处理程序 CommandArgument——一个可选参数，可以包含为命令的一部分 CommandName——和命令一起传递的命令名 OnClientClick——单击按钮时执行的客户端 JavaScript
Calendar	FirstDayOfWeek——在日历控件的第一列中显示的星期 NextMonthText——给下个月导航控件显示的文本 PrevMonthText——给上个月导航控件显示的文本 SelectedDate——选中的日期 SelectedDates——通过 UI 选择的日期集合 ShowGridLines——在控件中显示网格线
FileUpload	FileBytes——在控件指定的文件中的一个字节数组 FileContent——获取一个 Stream 对象，它指向一个要上传的文件 FileName——客户端要上传的文件名 HasFile——确定控件是否包含一个文件 HasFiles——决定控件包含多个文件 OpenFile——获取用于打开文件的流
HyperLink	ImageHeight——如果使用图像来链接，就设置图像的高度 ImageUrl——如果使用图像来链接，就设置图像的 URL ImageWidth——如果使用图像来链接，就设置图像的宽度 NavigateUrl——单击时链接的 URL

(续表)

控件	特殊属性
Image	AlternateText——设置下载图像时要显示的替代文本
	GenerateEmptyAlternateText——表示控件是否为空字符串文本生成替换文本属性
	ImageUrl——URL，提供要在控件中显示的图像的路径
TextBox	MaxLength——文本框中允许的最大字符数
	TextMode——控件的行为模式，如多行、密码等。影响控件的创建方式及其在页面中的显示方式
	TextChanged——内容在访问服务器之间更改时触发的事件

每个不同的控件提供了不同的功能，因此可能有不同的属性。表 5-3 中的属性列表是不完整的；它只描述了这些控件最常用的其他属性。

5.3.2　HTML 控件

许多标准控件都可以作为 HTML 元素的包装器，它们允许开发人员访问基本 HTML 元素的内容以及许多属性。它们还包括可能抛出的许多事件，例如当值变化时或单击了某个对象时触发的事件。然而，我们可能不需要所有的支持；只希望设置一个元素的内容，该元素要在.aspx 标记页面中设置样式。

添加 runat = "server"特性，就可以将标准的 HTML 元素转换为服务器控件。然后就可以在代码隐藏中访问该项，假设给它指定了 Id，就像处理标准的控件那样。HTML 控件的属性不同于标准控件，例如，HTML 元素的内容通过 Value 而不是 Text 属性来访问，如下面的代码片段所示：

UI

```
<input type="text" runat="server" id="htmlText" />
```

代码隐藏

```
htmlText.Value = "test this";
```

不能使用 HTML 控件完成标准控件执行的所有工作。例如，将项添加到列表中，就无法像各种列表控件那样处理。然而，很多属性可根据需要设定。

它们的许多特性都相似，那么何时使用标准控件，何时使用 HTML 控件？使用标准控件有一些开销；如果不需要任何额外的功能，如事件处理，使用 HTML 控件也许是有意义的。如果要显示的 HTML 至关重要，与标准控件相比，使用 HTML 控件可以更多地控制从服务器输出的 HTML。

然而，如果这些对应用程序都不重要，就应该使用标准控件。并不是所有标准控件都是 HTML 控件的包装器，所以给所有对象使用标准控件会使用法更加一致，对性能的影响也最小。只有当页面有大量控件时，才会注意到性能上的损失。

5.3.3　数据控件

数据控件旨在帮助输入、访问和显示 Web 页面上的数据。图 5-10 显示了不同的可用数据控件。

图 5-10　工具箱中的数据控件列表

查看图 5-10 中列出的控件，你会发现有三个主要类型的控件。第一种控件是数据源控件，它们的名字都包含"DataSource"，帮助从不同的供应商处获取数据，包括 SQL Server 和 XML 文件。下一组控件是数据显示控件，如图表、网格和列表，它们容易识别，因为它们的名字往往包括"View"和"List"。最后一组控件是数据输入表单管理控件，这是使用名称中包括"View"的控件的另一种方式。第 13 和第 14 章将详细介绍在 ASP.NET Web Forms 中可用的各种数据控件，因为它们用来显示数据库中的信息，这里不讨论它们。

5.3.4　验证控件

开发网站来请求用户的信息时，需要确保这些信息就是需要的内容。例如，如果要求输入电子邮件地址，就要确保它是有效的邮箱地址。同样，如果需要一个整数用作订单数量，就要确保它的确是一个整数，之后才能对该值执行希望的操作。此时就应使用验证控件。它们允许检查其他控件的值，确保其内容匹配预期格式的数据。图 5-11 显示了验证控件的列表。

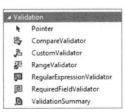

图 5-11　验证控件

从列表中可以看到，其中的控件验证字段是否根据需要输入内容、在控件中输入的值是否在规定的范围内、一个控件的值是否与另一个控件的值相同，另外还有其他几个控件。这些控件的优点之一是验证发生在客户端和服务器。如有问题，信息在发送到服务器之前，就会通知用户。

第10章会介绍一些验证器的示例，本章不介绍这些控件。

5.3.5　导航控件

浏览网站时，你会注意到它们有许多共同的特征。其中一个是菜单系统，它可以带访问者进入网站的不同区域。这些不同区域的典型名称包括"About Us"、"Support"和"Home"。这些通常是可单击的文字或链接，位于页面的顶边或底边。许多网站也有站点地图，这个页面提供了整个网站的可视化表示，允许用户向下钻取到内容。

这些特性有很多由导航控件支持。这些控件如图5-12所示，旨在构建网站的导航结构时提供支持。

图 5-12　导航控件

第8章将深入论述这些控件。

5.3.6　登录控件

安全是互联网的一个重要方面，所以开展网上业务的任何网站，特别是获取私人信息(如姓名、电话号码和电子邮件地址)的网站，或接受信用卡或其他在线支付形式的网站，必须尽可能确保网站是安全的。虽然没有办法确保网站是绝对安全的，但遵循最佳实践有助于建立尽可能安全的网站。使用 ASP.NET Web Forms 登录控件可以帮助遵循这些最佳实践。

登录控件支持用户的注册和身份验证，允许根据当前用户是否已登录显示特殊的内容。图5-13显示了这些控件的列表。

图 5-13　登录控件

第15和第16章详细介绍安全性和个性化。

5.3.7　AJAX 扩展控件

AJAX 是一种体系结构方法，在该方法中，Web 应用程序可以向服务器发送数据、检索服务器上的数据，而不会干扰现有页面的显示和行为。这些调用发生在后台，因此不会阻止用户在浏览器中做任何工作，这与传统的 Web Forms 提交不同。AJAX 可以在必要时用来更新 Web 页面的部分或整个 Web 页面，这些扩展帮助支持在 ASP.NET Web Forms 页面中使用

AJAX。这些控件如图 5-14 所示。

图 5-14   AJAX 扩展控件

注意:

AJAX 在现代 Web 应用程序中非常盛行,巧合的是,大多数网站都不再使用 XML 而使用 JSON,因为能压缩成更小的负载,以便在网络上传输。然而,似乎没有人对该方法被重命名为 AJAX 感兴趣。AJAX 详见第 11 章。

5.3.8   其他控件集

工具箱中还有本书未进一步介绍的其他控件集。这些控件集是动态数据、报表制作和 Web 部件,如图 5-15 所示。

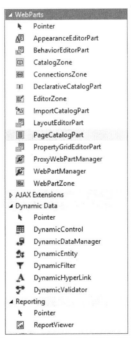

图 5-15   其他 ASP.NET 控件

动态数据控件集用作搭建器,帮助快速构建数据驱动的网站来处理数据库,还可以选择在完成这个工作时,不手动构建任何页面。示例应用程序没有使用动态数据控件。

报表制作控件是一个报表查看器。它会显示报表,报表是 ASP.NET 网站中另一种类型的文件,可以提供表格、小结和图形数据分析。创建报表控件的界面如图 5-16 所示。

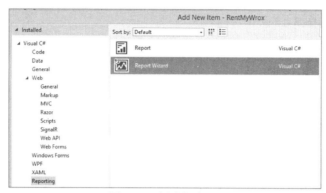

图 5-16 创建报表 UI

虽然不会处理报表，但应该意识到，报表控件作为示例应用程序的一部分，是 ASP.NET Web Forms 包含的一个强大技术。报表创建为一个单独的实体，使用报表控件在 Web 页面中显示报表的结果。

最后一组可用的控件是 ASP.NET Web Parts。Web Parts 允许最终用户直接在浏览器中修改 Web 页面的内容、外观和行为。用户修改页面和控件时，可以保存设置，在未来的浏览器会话中保留用户的个人配置。这允许开发人员创建可由用户完全定制的网站，他们可以重新排列网站的各部分，添加或删除内容部分。

5.4 ASP.NET 状态引擎

ASP.NET 可以帮助开发人员维护应用程序中的状态。状态是很重要的，因为它允许在服务器端确定页面不同回送版本之间的区别。考虑如下情形：有一个数据输入页面，其中包括一些标签、一些文本框和一个提交按钮。这个页面要使用两次：创建新条目和编辑现有条目。管理新条目很简单；只需要验证和持久化到数据库中。然而，编辑对象时，根据所改变的内容，会有不同的关注点，所以系统需要了解该字段何时改变了。

有两种方法可以确定该字段是否改变：调用数据库，获取条目，检查它和已提交的字段；或利用某种状态来帮助做出此决策。记住，服务器不能"记住"这一信息；HTTP 是一个无状态的协议，所以按照定义，它没有这种能力。相反，ASP.NET 提供了一种方法来绕过这个限制：把状态信息包括为视图状态的一部分。几乎每个服务器控件都能维护其状态。

5.5 状态引擎的工作方式

简而言之，状态引擎执行以下动作：

- 根据键名存储每个控件的值，如下：

```
ViewState["controlname"] = controlvalue.
```

- 比较当前值和存储的值，跟踪对 ViewState 值的初始状态的更改

- 序列化和反序列化(将对象转换为字符串，从字符串转换为对象)已保存的数据到客户端的一个隐藏表单字段中。这也允许管理非字符串条目(例如，定制类型/对象)。
- 在对服务器的回送中自动恢复 ViewState 数据
- 自动确保用户输入的信息在适当的控件中重新显示，不一定是 ViewState 数据

下面的练习为上下文提供了一些示例，说明了这一切意味着什么。

试一试　使用状态管理

本节将创建两个不同的 ASP.NET Web Forms 页面，执行各种操作并比较结果。这允许了解在控件生命周期的每个阶段发生了什么，以及它如何利用在构建示例应用程序时使用的各种策略。

(1) 打开 Visual Studio，并确保 RentMyWrox 解决方案是打开的。

(2) 右击 Demonstrations 文件夹，选择 Add New Item，在该文件夹中创建两个新的 Web Forms 页面。打开对话框后，从左侧菜单中选择 Web，并选择 Web Form。把这些页面命名为 Page1.aspx 和 Page2.aspx。

(3) 在 Page1 中，在< div >标记之间添加一个文本框和一个按钮：

```
<div>
    <asp:TextBox runat="server" ID="mainText" Text="123" />
    <asp:Button runat="server" Text="Submit" />
</div>
```

(4) 在 Page2 中，在< div >标记之间添加一个文本框和一个按钮。我们想添加相同的文本框和按钮，但确保文本框中的文本值足够长：

```
<div>
    <asp:TextBox runat="server" ID="mainText"
            Text="1234567890ABCDEFGHIJKLMNOPQRSTUVWX" />
    <asp:Button runat="server" Text="Submit" />
</div>
```

(5) 保存更改并运行应用程序，同时打开 Page1。在页面上查看源代码，可以看到发送到浏览器的 HTML。找到__VIEWSTATE 元素，复制出其值，它应如下所示：

```
jE0/S0v5pFKVYV8C96qDYkirKpK5UhMi0AVvi3IjErsWkAjnZj3pJtDnhiIpwfkqHbT
HsmsskFKM1VT2FReFdG/l43PG2lzq4131Bjvh38Q=
```

(6) 对 Page2 执行同样的操作。如果把这两个值放在一起，就可以看到，不管设置的值有多少个字节，它们的字节数都是相同的。但如果略微考虑一下，就知道这是有意义的。没必要把它放在 ViewState 中，因为即便放在代码中，其值也没有改变。

(7) 再次运行 Page1。这次改变文本；把 Page2 的值复制并粘贴到文本框中，单击 Submit 按钮。结果应如图 5-17 所示，文本框重新填充了所发送的内容。

图 5-17　返回改变了的文本框值

(8) 在 Page1 中，删除 Textbox 标记声明中的 Text 值。它应如下所示：

```
<asp:TextBox runat="server" ID="mainText" />
```

(9) 在 Page2 的代码隐藏中修改 Page_Load 方法，如下所示：

```
protected void Page_Load(object sender, EventArgs e)
{
    if (!Page.IsPostBack)
    {
        mainText.Text = "set in code";
    }
}
```

IsPostBack 属性

Page.IsPostBack 属性可以快速、轻松地确定页面是否在处理回送调用。它允许设置控件的默认值，完成其他工作。如只有在第一次访问页面时，才创建和绑定数据库中的控件，之后都把信息回送给页面。ViewState 将继续确保下次执行发布过程时信息是可用的。另外，如果这里不进行检查，就会用这个方法中设置的值覆盖用户设置的所有值，因为代码总是运行 Page_Load 方法。

(10) 在 Page2.aspx 上运行应用程序。注意文本框中显示了在代码隐藏文件中设置的内容。单击 Submit 按钮。页面在给服务器收发信息时会闪烁，但会显示同样的文本。因此，无论文本如何设置，无论是通过标记、代码隐藏设置还是用户输入，状态引擎都确保重新显示文本框时显示相同的值。

(11) 关闭浏览器，停止调试会话。在 Page2 中，将文本框替换为一个日历控件，如下所示：

```
<div>
    <asp:Calendar runat="server" ID="calendar" />
    <asp:Button runat="server" Text="Submit" />
</div>
```

还需要删除 Page2.aspx.cs 中上面第(9)步添加的更改。

(12) 在 Page2 上运行应用程序。你在按钮的上面应该看到一个日历。如果选择一个日期，单击 Submit 按钮，屏幕会闪烁，因为新页面从服务器返回，但日期仍是选中的。ViewState 显示的值如下：

```
8RRSe7RKwASfhd6hxWhIx+S9y59NbQbtW5fXe9xm66s0rIBS1wnHSsQOdk9+/qD1SI5mD+N6L
OR6JdwEsexDVaITkTn6NogHq1I2jdXdbI7EGvJNeJEIhrY6pKUb/fto9wJQMKNGf4COb73znpC6Aw
==
```

请注意，这个值比文本框 ViewState 的值更长。现在，停止运行应用程序，并把以下代码添加到日历的标记中：EnableViewState="false"。最后的标记应该如下：

```
<asp:Calendar runat="server" ID="calendar" EnableViewState="false" />
```

(13) 再次运行应用程序。选择一个日期，然后单击 Submit 按钮。注意提交之前选中的日期现在没有选中。页面上的 ViewState 如下所示：

```
x1P2ya4Xls0YdlMlpzQKGaora+5lKtjwZHnKeENAJN89iU2Gi81uvCaLauuz54T4CAsqSGCsoD1/
zcyxClbhvL4SpxojhTok1d10PHxxQWc=
```

比较这个视图状态和之前的版本，会发现这个视图状态较小，它现在的大小与文本框的
初始视图状态相同。这说明，视图状态需要保留一些控件的数据。

(14) 回到带文本框的 Page1 页面。如果查看这个页面的代码隐藏，应该只有一个空的
Page_Load 方法和没有任何预设文本的普通文本框。给文本框添加 EnableViewState="false"属
性。上次是在日历控件中改变用户输入的值，页面重新显示时，这些修改没有保留下来。运
行应用程序，输入一个值，然后单击按钮，会发生什么？

输入的值会显示出来。前面提到，文本框、单选按钮和复选框控件不同于其他控件；它
们总是显示提交了的值，而不管这些值在哪里设置或如何设置。

示例说明
ASP.NET 状态引擎是页面生命周期的一个组成部分。有两个主要的生命周期事件与视图
状态交互：

- 加载视图状态：这个阶段在 ASP.NET 页面生命周期的初始化阶段之后。在加载视图
  状态阶段，视图状态信息保存在加载到控件中的前一个回送中。只有页面是回送时，
  这才会运行。页面的初次运行，即用户从另一个页面到达这里，就不经历这个阶段，
  因为没有之前的信息需要审核。

- 保存视图状态：这个阶段在页面的渲染阶段之前。在这个阶段，控件的当前状态或值
  会被序列化为一个 64 位的编码字符串，然后设置为隐藏字段__VIEWSTATE 的值。
  这种情况可能在代码中处理它们之后、渲染阶段之前发生，所以这些值得到服务器的
  理解，可以写在页面上适当的字段里。

这两个事件看起来很简单，控件初始化后，从视图状态中加载所有数据，然后把数据保
存回视图状态，之后把页面发送回客户端。

下面看看必须由服务器做的决定，它获得页面的回送。创建响应时，服务器通常把文本
框的内容设置为初始化时给定的值——在本例中是 123。然而，状态机会确保服务器用客户
端插入的值填充文本框。

如果现在查看源代码中的视图状态，也许会惊讶地看到即使值本身不同，值的字节数也
是相同的。这一定意味着文本框控件有一些特殊的地方。文本框、复选框和单选按钮控件都
会在浏览器中保留提供给它们的值，除非刻意改变。

然而，在这个过程中有一些复杂的工作。首先，只有视图状态和初始化值不同的值才会
更新；不会更新所有的属性。这是很微妙的，但很重要。这是一个非常简单的表单，所以视
图状态也很简单。假定页面有几百个控件，带有标签、文本框、日历、下拉列表等要输入大
量数据的表单，其视图状态会非常复杂。如果系统要设置每一项，就得遍历视图状态中的每
一项，找到合适的控件并设置值。

相反，由于系统拥有视图状态数据和提交了的数据(其中保存了客户端浏览器返回的当前
版本)，因此可以快速分析哪些字段变了。然后在整个控件集中，只对数量少得多的、有变化
的控件子集执行较昂贵的"找到控件并设置一些属性"操作。

一定要意识到，视图状态是管理所有这些工作的关键。下一章介绍 MVC，这是完全不同的。它没有内置的状态管理，所以想做这种类型的工作时，需要采取不同的方法。

刚才完成了一个练习来帮助理解视图状态是如何工作的。以下示例帮助构建示例应用程序所需的一个屏幕。

试一试   **构建 Web 页面，将条目添加到库存中**

样例应用程序基于如下理念：提供一个服务，让会员结账。然而，要实现这一目标，必须能创建一个条目，否则，会员就没有账可结。

上一章介绍了需要为对象捕获的内容。属性列表包括：

- 名字
- 描述
- 成本
- ItemNumber
- 图片
- 获取日期

本例将构建一个数据输入屏幕，以创建或编辑这些信息。显然，这个练习不会把它们保存到数据库中，这是第 13 章的内容。阅读该章时，会重新查看这个页面，添加验证和用户身份验证。

(1) 在 Visual Studio 中打开 RentMyWrox 解决方案。

(2) 在 RentMyWrox 项目中创建一个新文件夹。这个文件夹用来保存管理网站所需的所有管理页面，所以将文件夹命名为"Admin"。

(3) 在新的文件夹中，创建一个新的名为 ManageItem.aspx 的 Web Form。方法是右击 Admin 文件夹，选择 Add New Item，并确保选择 Web Form with Master Page 选项，如图 5-18 所示。

图 5-18 Web Form with Master Page

(4) 显示如图 5-19 所示的对话框，从可用选项中选择 Site.Master。

注意：

母版页允许给多个页面提供通用的样式和设计。母版页是一个模板，它包含一组区域，网站上的其他页面在这些区域提供内容。通常，母版页包含公共菜单，用作 CSS 和 JavaScript 文件的中心点，以提供给所有页面。继承了母版页的页面不包含<HTML>元素，很有可能也不包含<Head> 和 <Body>元素。ASP.NET Web Forms 母版页详见第 7 章。

图 5-19　选择母版页

(5) 刚才创建的新的标记页面展示了普通页面和用母版页创建的页面之间的区别——只有几行代码。必须在 content 元素之间完成所有条目。创建一个初始的< div >对，如下所示，这会儿把要创建的所有其他项都在页面上向下移动 100 像素以提供一些空间：

```
<div style="margin-top:100px;" > </div>
```

(6) 在刚刚创建的< div >标记之间添加以下代码，创建一个包装在< div >标记中的相关文本框和标签：

```
<div class="dataentry">
    <asp:Label runat="server" Text="Name" AssociatedControlID="tbName" />
    <asp:TextBox runat="server" ID="tbName" />
</div>
```

(7) 按 F5 键，运行网站。屏幕应如图 5-20 所示。

图 5-20　新创建的表单字段

(8) 添加两个字段，如下所示。注意 Description 文本框的区别。它有两个额外的属性 TextMode 和 Rows。因为描述可以是较长的文本信息，所以创建一个框，允许用户输入多行数据。创建这段 HTML 时，控件会显示< textarea >元素而不是<input>元素。

```
<div class="dataentry">
    <asp:Label runat="server" Text="Description"
          AssociatedControlID="tbDescription"  />
    <asp:TextBox runat="server" ID="tbDescription"
          TextMode="MultiLine" Rows="5" />
</div>
<div class="dataentry">
    <asp:Label runat="server" Text="Cost"
          AssociatedControlID="tbCost"  />
    <asp:TextBox runat="server" ID="tbCost" />
</div>
```

(9) 运行这个应用程序，屏幕应如图 5-21 所示。注意与其他文本框相比，描述的字节数是不同的。可惜，所有内容都没有对齐。

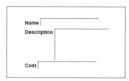

图 5-21　未格式化的表单

要解决这个问题，添加下面列出的样式。如第 3 章所述，识别< div class = "dataentry" >元素中每个不同类型的元素。还有，现在只把它们放在已添加元素的顶部，而不是放在一个单独的.css 文件中。后面学习母版页时会移动它们。

```
<style>
    .dataentry input{
        width: 250px;
        margin-left: 20px;
        margin-top: 15px;
    }

    .dataentry textarea{
        width: 250px;
        margin-left: 20px;
        margin-top: 15px;
    }

    .dataentry label{
        width: 75px;
        margin-left: 20px;
        margin-top: 15px;
    }
</style>
```

运行应用程序，注意，表单看起来好多了。

(10) 加入提交表单所需的其他字段和按钮：

```
<div class="dataentry">
    <asp:Label runat="server" Text="Item Number"
        AssociatedControlID="tbItemNumber"  />
    <asp:TextBox runat="server" ID="tbItemNumber" />
</div>
<div class="dataentry">
    <asp:Label runat="server" Text="Picture" AssociatedControlID="fuPicture" />
    <asp:FileUpload ID="fuPicture" ClientIDMode="Static" runat="server" />
</div>
<div class="dataentry">
    <asp:Label runat="server" Text="Acquired Date"
        AssociatedControlID="tbAcquiredDate"  />
    <asp:TextBox runat="server" ID="tbAcquiredDate" />
```

```
</div>
<asp:Button Text="Save Item" runat="server" OnClick="SaveItem_Clicked" />
```

(11) 打开代码隐藏页面。注意，第(10)步中添加的按钮有一个 OnClick 事件，将它注册到一个事件处理程序。需要添加这个事件处理程序。这个事件处理程序需要放在 ManageItem 类定义的花括号内：

```
protected void SaveItem_Clicked(object sender, EventArgs e)
{

}
```

(12) 按 F5 键，运行页面。请注意，文件上传部分的放置不正确。该文件上传控件有独立的倾向；它有自己奇怪的显示规则集，所以在前面创建的样式中添加以下代码，以基于其 id 样式化控件(如下所示，在选择器中使用"#")：

```
#fuPicture {
        margin-top: -20px;
        margin-left: 120px;
    }
```

(13) 现在数据输入表单看起来一致，下面在代码隐藏中添加一些代码来演示如何使用表单返回的内容。在前面创建的 SaveItem_ Clicked 方法中添加以下代码行：

```
string name = tbName.Text;
string description = tbDescription.Text;
string itemNumber = tbItemNumber.Text;
double cost = double.Parse(tbCost.Text);
DateTime acquiredDate = DateTime.Parse(tbAcquiredDate.Text);
byte[] uploadedFileContent = fuPicture.FileBytes;
```

现在添加的这些代码将在以后的章节中修改，但它们说明了如何处理返回的值。可以看出，这段代码有一些风险，因为依赖 tbCost 和 tbAcquiredDate 来使输入的文本有正确的格式。这个问题也能通过验证器来解决。最后，从文件上传控件中得到的信息是构成图像的字节数组。它们存储在数据库中，所以这种格式更容易完成该任务。如果需要，也可以把上传的文件存储在服务器的文件系统中，而不是把文件的内容存储为字节数组。

(14) 将一个断点放在方法的右括号旁边，单击绿色箭头或按 F5 键，运行应用程序。将鼠标移到不同的值上，会显示从表单中捕获了值。图 5-22 显示了字节数组的内容。

示例说明

前面创建了一个初始的数据输入屏幕，它可以把条目持久化到数据库中(后面将学习如何完成该工作)。除了添加几种不同类型的控件，包括标签、文本框和文件上传，还创建了一些代码来获取通过表单提交给服务器的信息。

标记和代码隐藏这两部分共同创建了多个完整的请求/响应集。第一组包括客户端对页面的第一个请求和服务器响应。此时的通信不是回送。当客户端接收到第一个响应时，表单条目页面就在浏览器中呈现出来。当用户填写完表单并提交后，就开始第二个请求/响应集。

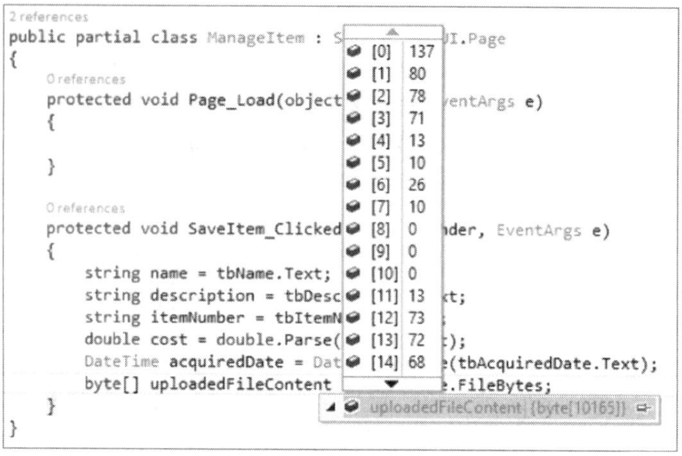

图 5-22　调试模式下的代码隐藏

第二个请求到达服务器时，处理器能意识到这是回送，并能处理该区别可能隐含的任何事件，包括访问视图状态、运行代码的特定区域。此时，可能根据需要，调用任何事件处理程序；交付、填写表单并返回给服务器。

现在还没有完成所有数据输入表单，也没有使用所有控件，但应知道如何在标记页面上添加控件，然后在代码隐藏中访问它们。

创建和使用 ASP.NET 服务器控件是非常简单的。只需几分钟的时间，就可以给页面添加一系列控件，在代码隐藏中关联它们，验证它们是否工作正常。

5.6　小结

ASP.NET Web Forms 服务器控件为 Web 开发人员提供了一套强大的功能支持。这些控件能完全控制基于 Web 的用户界面上的许多通用部分，包括简单的文本块、用于从 Web Forms 捕获数据的文本框。其他控件可以提供日历、选择日期、文件上传功能和下拉列表选择；每个控件都能满足构建网站过程中的某个需求。

使用服务器控件分两部分：把它们放在标记中，使它们写到客户端，作为返回并显示出来的部分 HTML；填写控件后，在代码隐藏中处理返回给服务器的结果。在代码隐藏中处理结果，要求首先通过 ID 访问控件，然后尝试访问属性。

不仅可以访问控件中的值，还可以让服务器分析进入的数据，比较它与之前的版本。这都是由状态控制引擎来管理。状态管理系统使用视图状态维持控件之前的值——基本上，旧的数据副本可以与新提交的版本相比较，以理解发生的改变。

5.7　练习

1. 每个属性可以在代码隐藏中设置，还是必须总在标记中设置?

2. 确定 CheckBoxList 中所选的项与文本框中的文本，需要哪些不同的操作？

3. 给 HTML 元素添加 runat = "server"属性，会有变化吗？

4. 视图状态是什么？

5.8　本章要点回顾

CssClass	标准控件的一个属性。使用它时，输入这个属性的值会放在最外层 HTML 元素的类属性中
调试	调试是 Visual Studio 的一个特性，允许跟踪代码的运行。可以设置断点，告诉程序在何处停止运行，在代码运行过程中查看属性和其他项的值
EnableViewState	一个标准的控件属性，在运行时确定存储在视图状态中的控件内容。没有启用视图状态的项可能会丢失数据或事件调用
HTML 控件	在标记中给 HTML 元素添加 runat ="server"属性来创建这些控件。这允许在代码隐藏中访问不同的值和属性
标记	一个术语，描述了编写 HTML 的.aspx 页面
OnClick	按钮的一个事件。要在代码中利用事件，就必须把它连接到一个事件处理程序。这个事件处理程序的方法签名必须有对象和 EventArgs
回送	描述页面何时回送自身。这是一个最常见的 Web Forms 方法，因为文件下载到客户端，用户可以更改文件，然后发送回服务器进行处理。这个回发就是回送。代码隐藏中的 Page 对象可使用 IsPostback 属性来确定数据何时通过回送传入
标准控件	最常见的控件类型。这组控件包括文本框、单选按钮、复选框和标签，大多是建立交互式网站所必需的
视图状态	用来支持 ASP.NET 管理状态。这是 HTML 表单中的一个隐藏字段，包含了发送给客户端且启用了视图状态的所有信息的散列版本。这个信息副本被往返发送，这样服务器就可以理解用户填写的数据的当前版本及之前版本

第 **6** 章

ASP.NET MVC 辅助程序和扩展

本章要点
- 如何显示动态信息
- Razor 语法及其在视图中如何使用
- 路由是如何工作的
- 在控制器中创建动作
- 让控制器和视图一起工作

本章源代码下载：

本章源代码的下载网址为 www.wrox.com/go/beginningaspnetforvisualstudio。从该网页的 Download Code 选项卡中下载 Chapter 06 Code 后，可以找到与本章示例对应的单独文件。

前面学习了 ASP.NET Web Forms 如何采用一种方法，即服务器控件，来完成工作，其结果呈现为 HTML，由客户端上的浏览器使用。例如，开发人员可以将服务器控件添加到标记中，并且知道文本框会显示在浏览器中。然而，输出的 HTML 的完整结构不由开发人员控制，除非他们使用 HTML 控件，使用它们有限的辅助功能。

该过程在 ASP.NET MVC 中是不同的。在 MVC 中，没有服务器控件，而是存在一种"在 UI 中"编写代码的方式，允许开发人员完全控制发送到客户端的输出。然而，"更多的控制"意味着，可能要编写更多的代码。某些情况下，可能要执行搭建任务，或自动化创建的代码(就像已开始的项目)。只需单击几个按钮，就可以提供创建、编辑、查看和列表功能。在其他情况下，则不得不自己编码。

MVC 提供支持的方式之一是在 ASP.NET Web Forms 中名为标记的应用程序部分(但在 MVC 中称为视图)支持不同的语言结构。本章介绍这种新的语言结构 Razor，描述可以用来创建自己的 UI 的各种方法，而不是通过服务器控件来创建。本章还讨论 UI 中的信息如何返回服务器，并在服务器上处理来执行工作。整个过程概述了建立网站的 MVC 方法，阅读完本章，读者应该开始了解这些方法之间的一些基本差异。

6.1 MVC 较少地控制 Web Forms 的原因

前面多次提到，MVC 没有与 Web Forms 一样多的控件。例如，在 ASP.NET MVC 中，没有<asp:TextBox />的概念。主要原因是这两种不同的 ASP.NET 技术有不同的方法。在 Web Forms 中，标记和代码隐藏交织在一起，它们总是在一起。甚至它们的名字也是在一起的：SomePage.aspx 和 SomePage.aspx.cs(或.vb)。Solution Explorer 也把它们显示在一起。服务器控件的 ID 属性可用于代码隐藏，这指示了这种亲密性，因为服务器控件是一个实例化的对象，其所有属性都可用于检查或使用。它们是单个绑定的实例。

ASP.NET MVC 并不采用这样的方式。每一块都是相互独立的。创建 HTML 的视图完全独立于控制器，对它们一无所知。这种分离解释了缺乏服务器控件的原因。服务器控件用于帮助创建 HTML，管理从客户端返回的内容。在 MVC 中，该方法违反了关注点分离的思想。视图只关心用户界面的创建；控制器只关心接收视图的信息，并给视图提供信息；模型只关心执行业务逻辑。ASP.NET MVC 在默认情况下负责实现所有这些分离，而 ASP.NET Web Forms 只是部分分开它们。

话虽这么说，但还是有方法能更迅速地构建 ASP.NET MVC 网站，并给开发人员和设计人员提供一些帮助。这些方法只是完全不同于本书前面使用的方法。

6.2 不同的方法

ASP.NET Web Forms 使内容可以在标记和代码隐藏之间使用，而 ASP.NET MVC 采用不同的方法——不是使用控件来管理信息的传递，而是使用模型的概念。模型代表了数据的底层逻辑结构。同样重要的是，模型对控制器或视图一无所知。模型在控制器中填写，然后送入视图。接着视图将这些属性值分配给适当的用户界面元素，这些用户界面元素是返回给客户端的部分 HTML。图 6-1 展示了这个工作流。

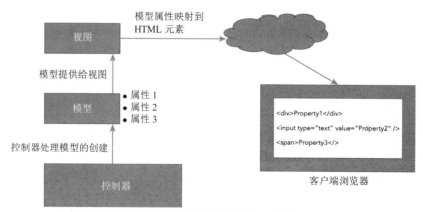

图 6-1　模型传递给视图的工作流

为了查看代码,先看看各部分是如何组合起来的(后面会把它们放在一起):

模型

```
public class DemoModel
{
    public string Property1 { get; set; }
    public string Property2 { get; set; }
    public string Property3 { get; set; }
}
```

这个代码片段定义了所显示的模型。这个模型在创建时命名为 DemoModel,有三个属性:Property1、Property2 和 Property3。每个属性都是一个字符串。前面定义了显示的模型,下面看看如何显示它:

视图

```
@model RentMyWrox.Models.DemoModel
<html>
<body>
    <div>
        <h4>Demo Model</h4>
        <div>
            @Html.DisplayFor(model => model.Property1)
        </div>
        <div>
            @Html.DisplayFor(model => model.Property2)
        </div>
        <div>
            @Html.DisplayFor(model => model.Property3)
        </div>
    </div>
</body>
</html>
```

这个代码片段演示了如何使用 Razor 语法写出信息。有一个小标题,然后是三行代码,每行都列出了指定属性的值。@告诉服务器,其后的项要处理为代码。这种 Razor 方法允许混合 HTML 元素和执行一些工作的代码片段,就像在视图中使用模型一样。稍后将学习此功能的不同方面。

现在有了显示对象所需的代码,就需要实际创建对象,并确保视图得到需要的信息,如下面的代码片段所示:

控制器

```
// GET: DemoModel/Details/5
public ActionResult Details(int id)
{
    DemoModel dm = new DemoModel {
        Property1 = id.ToString(),
```

135

```
        Property2 = string.Format("Property2 {0}", id),
        Property3 = string.Format("Property3 {0}", id)
    };
    return View("DemoModelView", dm);
}
```

之前的控制器动作创建了一个新的 DemoModel 对象，给它指定一些值，然后返回填充了值的实例化视图。图 6-2 在浏览器中显示了这个模型。

图 6-2　显示在 MVC 视图中的简单模型

在这个过程中，最后要检查的是为显示而生成的 HTML：

```
<!DOCTYPE html>
<html>
<body>
    <div>
        <h4>Demo Model</h4>
        <div>
            5
        </div>
        <div>
            Property2 5
        </div>
        <div>
            Property3 5
        </div>
    </div>
</body>
</html>
```

可以看出，这段代码比创建为 ASP.NET Web Forms 过程的一部分的 HTML 更整洁。要求系统显示属性时，系统只需执行上述代码。没有创建额外的 HTML 元素；而只是写出值。

Visual Studio 浏览器链接

在源代码文件中有更多的信息，如下：

```
<!-- Visual Studio Browser Link -->
<script type="application/json"
    id="__browserLink_initializationData">
    {"appName":"Internet Explorer",
     "requestId":"f8988d1d98254450a17a5a2eb8cb978b"}
</script>
<script type="text/javascript" src="http://localhost:1560/7b3228a4
    51c34edcba6ff58fe23c0968/browserLink" async="async"></
```

```
script>
<!-- End Browser Link -->
```

  只有在 Visual Studio 中处理应用程序时才添加这些代码。浏览器链接在 Visual Studio 和浏览器之间创建一条通信通道。当启用浏览器链接时，它把特殊的<script>引用注入到对服务器的每个页面请求中。这些引用会使用 SignalR 技术。SignalR 允许将即时 Web 功能添加到应用程序中，或允许服务器端代码把内容实时推入连接的客户端，这样 Visual Studio 就可以与打开的浏览器通信。这反过来允许在 Visual Studio 中进行更改，单击刷新按钮，浏览器会用更改刷新显示。在处理样例应用程序时，不使用这个功能，但查看源代码时，可能看到这段代码——但在查看创建的 HTML 时，它们不会显示在浏览器中。只有在 Visual Studio 中以调试模式运行时，才添加这段代码。

  与 ASP.NET Web Forms 方法相比，这是一个很大的区别。下面介绍 MVC 的各部分。首先是模型。在本例中，它是一个简单的类，有三个属性；没有什么特别的。在真实的场景中，模型要复杂得多，但过程是相同的。

  其次是视图。视图主要是 HTML，非常类似于发送给客户端且显示在浏览器中的 HTML 源代码，但有两种类型的代码行除外。第一种类型是：

```
@model RentMyWrox.Models.DemoModel
```

  这是页面中的第一行，用于定义视图要使用的模型。在本例中，模型在 RentMyWrox.Models 名称空间中，是类型 DemoModel 的一个对象。@符号表明通过 Razor 进行解析。第二种类型的代码行如下：

```
@Html.DisplayFor(model => model.Property1)
```

  前面的代码行告诉 Razor 视图引擎，在页面上显示模型的属性 Property1。

6.2.1　Razor

  Razor 语法是一种简单的编程语法，在 Web 页面中嵌入基于服务器的代码。在使用 Razor 语法的 Web 页面中，有两种类型的内容：客户端内容和服务器代码。客户端内容在 Web 页面中使用：HTML 标记(元素)、样式信息(例如 CSS)，可能还有一些客户端脚本(如 JavaScript)和纯文本。

  Razor 语法是一种句法，用于在视图中添加决策、循环和其他代码方法。它可以追溯到.NET Framework 出现之前的经典 ASP 方法。经典 ASP 在一个页面中混合代码和 UI，该页面会运行在服务器上，创建发送到客户端浏览器的 HTML。Razor 支持相同的方法——允许 UI 逻辑根据视图处理的数据做出一些决定。

  利用 Razor 支持的代码是基于 C#或 VB 的。Web Forms 服务器控件看起来更像 HTML，而在视图中使用 Razor 就像在 UI 中编写 C#或 VB 代码，所以只需要用自己选择的语言编码，并不需要了解特殊的服务器控件属性。

使用 Razor 语言时要注意:

- 代码使用@字符添加到页面里。使用这个特殊字符是为了告诉解析器,下一组命令应该看作处理代码而不是 HTML 元素。示例中使用了两次@,第一次是声明模型的类型,第二次是告诉解析器,写出某个特定属性的值。
- 可以把代码块放在括号里。并不是所有的代码都可以写在一行上。此时可以使用括号包含代码块。下面列出了这两种方式:

```
@{
    var someOtherValue = model.Property2;
    someOtherValue += " " + model.Property2;
}
```

- 在块中,每条代码语句以分号结尾。就像在 C#中编写应用程序代码一样,每一行代码都必须用分号结束,表示特定指令行的结束。
- 可以使用变量来存储值。Razor 允许在视图代码中创建和使用变量。这些变量的实例化、访问和使用与传统代码一样。
- 把字面量字符串值放在双引号中。Razor 语法和普通 C#代码之间的另一个相似之处是字符串需要在视图中声明,就像处理代码一样。
- 可以编写做决策的代码。所有的决策都不需要在其他地方做出,可以进行分析来确定视图中的一些信息使用与 Web Forms 代码隐藏相同的结构。
- 可以混合代码和 HTML 代码。解析器能够理解两者之间的差异,因为代码用@字符作为前缀,而 HTML 代码用元素括号 "<>" 来定义。

上述所有要点都很眼熟,它们都表明在使用 Razor 语法时,适用于 C#或 VB 代码的所有规则也都适用;唯一的例外是使用@字符指出,下一个命令基于代码而不是 HTML 标记。

现在看看在Razor中使用C#代码的另一个示例。在这个示例中,输出从0到5的一列数字:

```
<!DOCTYPE html>
<html>
<body>
    @{
        for(int i=0; i <= 5; i++)
        {
            <div>@i</div>
            <div>i</div>
        }
    }
</body>
</html>
```

这个代码片段演示了如何混合代码和标记,Razor 引擎非常智能,可以确定哪些是代码,哪些是标记,确保创建适当的 HTML 并发送给客户端。

在这个示例中,循环包含在一个标有@字符的代码块中。这让 Razor 视图引擎知道处理发生在块内,这就是为什么包含 for 循环的代码行本身不需要标记的原因。然而,一旦添加 HTML 元素,改变了上下文,就必须使用@字符,这就是为什么变量 i 有前缀的原因。如果使用的变量 i 没有@字符,Razor 视图引擎就不会把它标识为变量值并显示,如图 6-3 所示。

图 6-3　包括@字符时的输出

可以想象,也可以在把模型传递给视图时处理对象列表,这种方法如下所示:

```
@model List<RentMyWrox.Models.DemoModel>
<!DOCTYPE html>
<html>
<body>
    <table class="table">
    @foreach (var item in Model) {
        <tr>
            <td>
                @Html.DisplayFor(modelItem => item.Property1)
            </td>
            <td>
                @Html.DisplayFor(modelItem => item.Property2)
            </td>
            <td>
                @Html.DisplayFor(modelItem => item.Property3)
            </td>
        </tr>
    }
    </table>
</body>
</html>
```

因此,如果模型是 6 个 DemoModel 对象,就会得到如图 6-4 所示的输出。

图 6-4　@foreach 循环的输出显示

　　Razor 是一个强大的工具,因为它允许将处理能力与 HTML 标记结合起来。尽管本章讨论的是可以包含代码和 HTML 元素,但没有论述各种特殊的命令,例如前面见过几次的@Html.DisplayFor()方法。表 6-1 提供了每个 Display 扩展方法的一些信息。

表 6-1　Display 扩展方法

方法	说明和示例
Display()	不知道可能传入的模型类型时,使用该扩展方法。当视图用于不同类型的项且这些项有名称类似的属性时,或者当涉及面向对象的继承时,可能出现这种情形。使用 Display()方法时,把属性名作为字符串值传入。示例: Html.Display("PropertyNameFromModel")
DisplayFor()	这个扩展方法允许创建一个表达式来描述显示模型中的哪个值。这个表达式是一个 lambda 表达式,给视图引擎指定了方向。示例: Html.DisplayFor(x => x.Property1)
DisplayForModel()	如果建立了一个管理显示的自定义模板,这个扩展方法就允许使用模板来显示信息。希望在不同的视图中重用对象的相同显示时,这是非常有用的。模板详见第 9 章。示例: Html.DisplayForModel("templateName")

lambda 表达式

lambda 表达式的最简单形式是一个可重用的表达式。在表 6-1 的 DisplayFor()示例中,使用如下 lambda 表达式:

```
x => x.Property1
```

这可以翻译为:对于每一个给定的 x(对象的变量名),返回属性 Property1 的值"。等号左边的变量名指定了当前处理的对象名,右边的块提供了要执行的操作,在本例中,是返回属性的值。可以在代码块中执行任何操作,例如下面的示例:

```
x => RunSomeMethod(x)
y => y.SomeMethod()
```

第一行运行一个方法,传入给定的变量;第二行在对象上运行一个方法。

lambda 表达式的一个特性是能够创建可用的内联函数:

```
Func<DemoModel, string> myFunction = x => x.Property1 + " " + x.Property2;
```

有了前面的函数,可以做以下工作:

```
var newModel = new DemoModel
{
    Property1 = "blahblah",
    Property2 = "Property2",
    Property3 = "Property3"
};
string concatenatedProperties = myFunction(newModel);
```

虽然不会把 lambda 表达式用作独立的功能,但在示例应用程序的其他部分要经常使用它们,特别是与数据库交互时。

可以看出，一些强大的功能是视图定义的一部分。它们允许使用 HTML 元素和 C#或 VB
代码的组合构建 UI。要记住这一点，虽然这部分称为视图，但所有的处理仍然发生在服务器
端；也就是说，页面发送到客户端之前，要完成所有这些处理。在视图中运行的这段代码基
于传递给它的信息，通常是模型。下一节将讨论负责创建模型并将之传递给视图的框架部分：
控制器。

6.2.2　控制器

MVC 框架中的"控制器"这个名称很恰当，因为它负责管理通过什么信息或模型调用
哪个视图。控制器把模型连接到视图，可以确定连接哪些模型和视图，因为它也可以处理
HTTP 请求。

在前面讨论 HTTP 时，客户端和服务器之间的通信基于请求-响应模式，其中客户端用特
定的动词(GET、PUT、POST 或 DELETE)请求特定的 URL，服务器接收请求，可能执行一
些工作，然后用预期的信息进行响应。在 ASP.NET MVC 应用程序中，控制器接收请求，并
决定显示哪些信息。

有许多不同的控制器参与 Web 应用程序，每个控制器都可能有多个方法或动作。控制器
负责处理 URL 和 HTTP 动词的独特组合，尤其是前述 4 个主要动词。这意味着在需要使用
所有动词的情况下，会有一个控制器方法或动作来处理 GET 请求，一个方法处理 PUT 请求，
一个方法处理POST 请求，另一个处理DELETE 请求。代码清单 6-1 为前面创建的 DemoModel
对象列出了这些方法。

代码清单 6-1　管理访问 DemoModel 的控制器方法

```
0.  public class DemoModelController : Controller {
1.  // GET: DemoModel
2.  public ActionResult Index()
3.  {
4.      List<DemoModel> list = new List<DemoModel>();
5.      for (int i = 0; i <= 5; i++)
6.      {
7.          list.Add(new DemoModel
8.          {
9.              Property1 = i.ToString(),
10.             Property2 = string.Format("Property2 {0}", i),
11.             Property3 = string.Format("Property3 {0}", i)
12.         });
13.     }
14.     return View("DemoModelList", list);
15. }
16.
17. // GET: DemoModel/Details/5
18. public ActionResult Details(int id)
19. {
20.     DemoModel dm = new DemoModel {
21.         Property1 = id.ToString(),
```

```
22.          Property2 = string.Format("Property2 {0}", id),
23.          Property3 = string.Format("Property3 {0}", id)
24.      };
25.      return View("DemoModelView", dm);
26. }
27.
28. // GET: DemoModel/Create
29. public ActionResult Create()
30. {
31.     return View(); // this view will be the form that needs to be filled out
32. }
33.
34. // POST: DemoModel/Create
35. [HttpPost]
36. public ActionResult Create(DemoModel model)
37. {
38.     // Do some work to create
39.     return View(); // view to confirm that a new item was created
40. }
41.
42. // GET: DemoModel/Edit/5
43. public ActionResult Edit(int id)
44. {
45.     return View(); // this view will be the form that needs to be filled out
46. }
47.
48. // POST: DemoModel/Edit/5
49. [HttpPost]
50. public ActionResult Edit(int id, DemoModel model)
51. {
52.     // do some work here to save edits
39.     return View(); // view to confirm that the item was edited
54. }
55. }
```

这个代码清单在控制器 DemoModelController 内包含所有方法。在每个方法的上面都有一个注释，描述了它使用的动词及其响应的 URL。因此，第 2 行的 Index 方法给 GET 请求响应 http://websitedo main/DemoModel，第 5 行的 Details 方法给 GET 请求响应 http://websitedomain/DemoModel/Details/ Id，其中 id 是一个整数。

1. 路由

检查代码清单 6-1 的内容，可能会发现一些问题。例如，这个控制器如何响应路径 http://websitedomain/DemoModel 的 URL 部分？服务器知道在特定的控制器上如何调用该方法吗？服务器能够基于路由配置确定采取什么行动，如图 6-5 所示。

App_Start 文件夹创建为项目模板的一部分，它包含多个文件。这里关心的是 RouteConfig.cs 文件。这个文件创建了地图，服务器使用地图，根据所请求的 URL 来确定在哪个控制器上调用哪个方法。可以创建非常具体的路由，也可以使用模板，如图 6-5 所示。

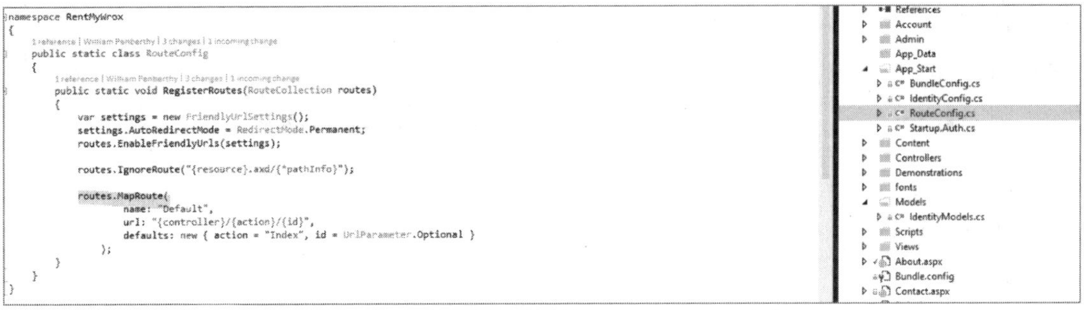

图 6-5　App_Start 目录下的 RouteConfig.cs 文件

进一步按顺序检查路由。以下代码片段显示的路由描述了需要调用的类和方法：

```
routes.MapRoute(
    name: "Default",
    url: "{controller}/{action}/{id}",
    defaults: new { action = "Index", id = UrlParameter.Optional }
);
```

理解上述代码的关键是包含 url:的代码行。它把路由模板设置为 Controller/Action/Id。因此，当请求的 URL 包含 DemoModel 作为路径的一部分时，系统会查找支持这个对象的控制器。为了理解该 URL，要按照约定合并请求的字符串值 DemoModel 和单词 Controller，所以任何传入请求，只要包括 DemoModel 作为路径的一部分，就由类 DemoModelController 处理。

路由的动作部分是该控制器调用的方法。因此，http://websitedomain/DemoMode/Details/ 调用 DemoModelController 中的 Details 方法。前面代码片段中的 defaults:代码行展示了如何处理默认值。给动作设置了默认值：Index。这告诉系统，如果在 URL 中不包括动作，就用给定的值替代，在本例中是 Index。这由代码清单 6-1 中的第 1 行和第 2 行证明，其中用 Index 响应 http://websitedomain/ DemoModel，在这里是 DemoModels 列表。

路由的最后一部分是 Id。默认部分使之成为可选部分，所以它可能包括在请求 URL 中，也可能不包括。这一项是方法的参数，所以 http://websitedomain/DemoModel/Details/5 也会调用 Details 方法，并传入 5 作为参数，如代码清单 6-1 的第 18 行所示。

看看当前处理的路由，请求 http://websitedomain/DemoModel/Details 会发生什么？我们希望它调用 DemoModelController 中的 Details 方法；但是，这个方法需要一个整数参数，而我们没有提供。会发生什么？如果觉得系统会爆炸，四处冒烟，就很接近答案了，如图 6-6 所示。

在这种情况下会得到一个错误，因为系统试图提供一个空值作为 Details 方法的参数，而整数不能为空。如果有机会使用这个不带值的 URL 且希望处理它，就可以把路由改为：

```
routes.MapRoute(
    name: "Default",
    url: "{controller}/{action}/{id}",
    defaults: new { action = "Index", id = 0 }
);
```

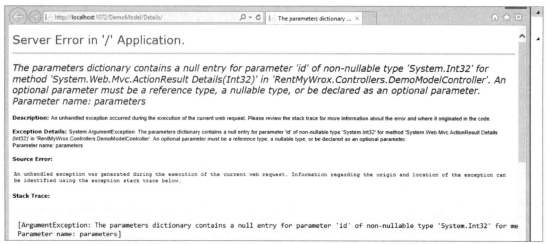

图 6-6　Id 不包括在 URL 内的错误

有了前面的改变，现在系统调用 Details 方法，如果不提供 Id 作为 URL 的一部分，它就用默认值 0 调用 Details 方法。

使用参数时，url:中的变量名一定要匹配参数的变量名。如果它们完全不同，例如 Route 定义为 url: "{controller}/{action}/{itemId}"，就不会设置默认值，并且会出现如图 6-6 所示的错误。最好总是确保映射路由时使用的变量名就是定义方法签名时使用的名称，这样更容易查看路由配置，标识符也很容易链接到与传入各种操作的参数。

2. HTTP 动词和属性

前面学习了服务器如何确定请求 URL 时要执行什么操作,但是如下面的示例所示,Create 方法有一个重载版本,该重载版本(方法的名称和返回类型相同，但接受一组不同的参数)需要一个对象而不是一个简单的整数，该怎么办?

```
28. // GET: DemoModel/Create
29. public ActionResult Create()
30. {
31.    return View(); // this view is the form that needs to be filled out
32. }
33.
34. // POST: DemoModel/Create
35. [HttpPost]
36. public ActionResult Create(DemoModel model)
37. {
38.    // Do some work to create
39.    return View(); // view to confirm that a new item was created
40. }
41.
```

第 35 行的项(HttpPost)说明了区别。这个特性告诉系统，如果有一个对 URL http://websitedomain/DemoModel/Create 的请求，且使用 HTTP 动词 POST，就应该调用特性方法，并把表单内容映射到 DemoModel 对象，作为参数传递给方法。每个 HTTP 动词都有相应的特性，包括 GET。然而，因为 GET 是默认动作，所以代码清单 6-1 中的代码没有使用该特性。

没有使用 HttpGet 特性的另一个原因是该特性还限制了方法可以执行的动作；因此，带有[HttpPost]特性的方法只响应带有动词 POST 的请求，而 Create 方法能够响应任何 HTTP 动词。给它指定[HttpGet]特性意味着，它不能响应包含其他动词的请求，例如对 http://websitedomain/DemoModel/Create 调用 DELETE 方法。如果该方法指定了特性，DELETE 调用会导致一个错误，而不是处理为 GET。

6.3　表单建立辅助程序

本章简要介绍模型、视图和控制器，以及请求的 URL 如何指向控制器上特定的方法。前面介绍的视图说明了在页面上如何显示信息，还没有讨论如何建立表单，以及在把 POST 发送到服务器上时如何处理，服务器才知道如何理解数据，从表单值中创建合适的模型。本节将学习这些内容。

6.3.1　表单扩展

前一节展示了如何在视图中显示数据的一些示例。这是一个很简单的需求。创建表单输入字段涉及的内容较多，主要是因为希望系统能够理解表单字段中发送回服务器的信息，以便建立适当的模型，很容易地使用控制器。

可以使用结合紧密、类型安全的方法，把 HTML 元素链接到模型中特定的属性，帮助服务器理解表单上的输入元素和模型之间的关系。这是使用#Html.InputType(这是一个 lambda 表达式，显示了要绑定哪个属性)实现的。表 6-2 列出了这些不同的输入类型，用示例展示如何使用它们，以及从命令中生成的 HTML。

表 6-2　类型安全的扩展

扩展	说明和示例
TextArea	创建包含多行文本的文本区域 Razor: @Html.TextAreaFor(m=>m.Address , 5, 15, new{})) HTML: \<textarea cols="15" id="Address" name=" Address " 　　　　rows="5">Addressvalue\</textarea>
TextBox	创建传统的文本框 Razor: @Html.TextBoxFor(m=>m.Name) HTML: \<input id="Name" name="Name" type="text" 　　　　value="NameValue" />
CheckBox	创建复选框 Razor: @Html.CheckBoxFor(m=>m.IsEnabled) HTML: \<input id="IsEnabled" name="IsEnabled" 　　　　type="checkbox" value="true" />

(续表)

扩展	说明和示例

Dropdown List	用于创建一个下拉框, 用户只能从中选择一个值
	Razor: @Html.DropDownListFor(m => m.Gender,
	    new SelectList(new [] {"Male", "Female"}))
	HTML: \<select id="Gender" name="Gender"\>
	    \<option\>Male\</option\>
	    \<option\>Female\</option\>
	    \</select\>

HiddenField	用于创建一个字段来保存 UI 中不可见的数据 Razor: @Html.HiddenFor(m=>m.UserId) HTML: \<input id="UserId" name="UserId" type="hidden" value="UserIdValue" /\>
Password	创建一个密码字段, 用户在其中输入的内容被掩盖, 在屏幕上不可见 Razor: @Html.PasswordFor(m=>m.Password) HTML: \<input id="Password" name="Password" type="password"/\>
RadioButton	创建一个单选按钮 Razor: @Html.RadioButtonFor(m=>m.IsApproved, "Value") HTML: \<input checked="checked" id="IsApproved" name="IsApproved" type="radio" value="Value" /\>

Multiple-Select	创建一个项的列表, 可以从中选择多项
	Razor: Html.ListBoxFor(m => m.Pets,
	    new MultiSelectList(new [] {"Cat", "Dog"}))
	HTML: \<select id="Pets" multiple="multiple" name="Pets"\>
	    \<option\>Cat\</option\>
	    \<option\>Dog\</option\>
	    \</select\>

这种方法和 Web Forms 服务器控件之间的差异似乎可以忽略不计; 仍是让系统编写 HTML。然而, 主要是不能在代码中引用控件, 因为控制器不知道特定的 HTML 元素。在 Web Forms 示例中, 代码隐藏知道控件的所有内容; 它有权访问控件的名字, 可以改变样式, 执行各种各样的操作。说实话, ASP.NET Web Forms 具有所有这些知识, 所以可以方便地共享信息。在 ASP.NET MVC 中, 控制器实际上对为用户创建的项一无所知; 不知道这些信息是如何创建的。它只知道提交这些信息。

创建允许捕获数据的输入 HTML 元素的方法有多种。表 6-2 中列出的方法使用 lambda 表达式绑定到模型, 总是可以用字符串(而不是表达式)创建项; 有了这个重写版本, 元素用输入的字符串命名。只要输入名称和模型的属性名相同, 就仍然可以把绑定的模型作为提交的一部分。

6.3.2　Editor 和 EditorFor

前面提到，开发人员可以选择用于捕获数据的 HTML 元素类型。也可以让 Razor 引擎来决定如何呈现输入元素。有一组特殊的 HtmlHelpers 对象来完成这项工作。这些辅助程序——Editor 和 EditorFor 检查属性的数据类型，以确定应该创建什么类型的输入元素：

```
@Html.EditorFor(model => model.Property1);
```

因为系统查看属性的数据类型来确定显示的内容，所以通常创建文本框或复选框，任何内容都可以输入到传统的文本框中——布尔值最好用复选框来代表。根据前面所学，对于创建 HTML 并发送给客户端的控件而言，使用 EditorFor 看似倒退一步，但是使用 EditorFor 的额外好处是可以作为创建表单字段的默认方法。

EditorFor 的关键特性之一就是能在模型属性上使用特性。本书还没有介绍类属性上的特性，但当开始构建模型、作为与数据库交互的一部分时，就将了解它们的优点。那时，将学习各种可用的特性，其中之一允许在类属性上确定应该创建什么类型的元素。

在属性上有这个特性，允许在该属性的编辑器上改变元素的显示方式，而不必在每一页上手动改变元素类型。添加该特性很简单：

```
[DataType(DataType.MultilineText)]
public string Property2 { get; set; }
```

这把传统文本框的显示改为带多行文本的 TextArea 元素。如果需要大量的数据，例如产品描述或客户审核，该方法是有意义的。

6.3.3　模型绑定

如果查看从 HTML 表单中接收的信息，就会发现这些信息没有用结构化的复杂类型来提供，而是一组键值对，其中控件的 ID 是键，为特定控件输入或选择的值是键-值对中的值。总是可以通过这种方式使用这些信息，例如下面的代码片段绝对有效：

```
[HttpPost]
public ActionResult ActionWithFormCollection(FormCollection formCollection)
{
    var property1 = formCollection["Property1"];
    var property2 = formCollection["Property2"];
    return View();
}
```

使用模型并不合理时，例如，当动作是从第三方获得信息时，这种方法也是有用的。如果可以从表单的键值列表中得到需要的信息，就创建一个模型，仅用于支持这种方法，这可能就大材小用了。模型是域中的一个对象，可能在其他地方使用该模型，或在使一些业务有意义时，使用模型是最有意义的。

在构建样例应用程序时，系统会进行绑定，试图按照以下顺序映射对象的属性：

(1) 表单字段

(2) JSON 请求体中的属性值，但只有当请求是 AJAX 请求时才映射

(3) 路由数据

(4) 查询字符串参数

(5) 发布的文件

这个顺序意味着，首先在表单字段中查找用于绑定模型上的属性的信息。因此，如果在该值集中找到了该属性，解析器就评估类型。如果类型可以正确地转换(记住，所有字段都由服务器接收为字符串)，就转换它，并赋予该值。

如果解析器无法找到表单字段中的值，且这是一个 AJAX 请求，解析器就遍历 JSON 请求体。第 13 章将详细讨论 AJAX 请求。如果找不到该值，就遍历路由数据，看看其中是否包含它要查找的信息。然后遍历查询字符串值，看看是否找到了信息。如果没有，就快速浏览上传的文件，看看它们是否匹配。如果找不到属性，解析器就给属性指定默认值，继续下一个属性。

查询字符串

查询字符串是所请求的 URL 中不符合典型 HTTP 地址结构的一部分。对于如下 URL：
http://someaddress/DemoObject?field1=value1&field2 = value2，?字符后面的内容定义了查询字符串，&字符作为每组键/值对之间的分隔符。因此，当值发送到服务器时，它是一组键值对，就像表单的值一样。这些值通常用于限定所调用的请求。在前面的 URL 示例中，对 DemoObject 的调用返回一个对象列表。想象一下这个列表的分页和排序情形；对 DemoObject 的每个调用还包括以下查询字符串：

```
?Sort=Property1&SortType=A&Page=2&ItemsPerPage=50
```

这给服务器提供了更多的信息，告诉它 "按 Property1 对所有的 DemoObjects 升序排序，然后返回项 51-100"。如果查询字符串是空的，请求仍然会工作，但查询字符串添加的条件使它更具体。

也可以把这些值放在 URL 中，作为路由的一部分，但这会比较复杂。有时没有发送一些值，因此路由可能比较复杂。这时，不是让路由引擎解析复杂的路径，而是使用查询字符串。

可以用很酷的方式访问查询字符串值。如果希望使用以下 4 个键-值对，就可以改变方法签名，把空参数列表改为：

```
    public ActionResult Index(string Sort, string SortType, int Page, int
ItemsPerPage)
```

如果不想采取这种方法，也许是因为有很多值，不希望增加参数列表，就可以按如下所示访问值：

```
NameValueCollection coll = Request.QueryString;
string sort = coll["Sort"];
```

Request 对象包含 Querystring 属性，允许访问由服务器接收的、已解析的 HTTP 请求。这意味着，不仅可以让不同的解析器和绑定器完成一些工作，还总是可以在需要时访问基本请求本身。

对于 DemoModel 这样有一组简单类型的对象而言，模型绑定非常简单。那么如何处理

复杂的类型？因为属性不是整数或其他简单的类型，而是另一个对象。考虑下面的结构：

```
public class ComplexModel
{
    public int MyId { get; set; }
    public DemoModel DemoModel { get; set; }
}

public class DemoModel
{
    public string Property1 { get; set; }
    public string Property2 { get; set; }
    public string Property3 { get; set; }
}
```

其中，新对象 ComplexModel 包含一个属性，该属性就是 DemoModel 对象。在本例中，输入名称必须设置的不同。如果考虑解析引擎，当它尝试找到可以分配给 DemoModel 的值时，它会怎么做？它会查找名为 DemoModel 的输入字段。然而，如何创建一个文本框来接收 DemoModel 的所有属性？答案是不能，也不需要。

虽然解析引擎没有认识到，输入字段 Property1 需要分配给 DemoModel 属性的 Property1 属性，但它明白输入字段 DemoModel.Property1 的含义。因为它知道，DemoModel 名称和句点记号表明，句点记号右边的项是特定对象的属性。

这个句点记号关系可以根据需要嵌套很深。对象图常常有 4 或 5 层深，只要句点记号是正确的，解析引擎就能向下追踪值，正确地分配它们。这也是在代码中访问这些属性的方式，所以它是有意义的。

集合几乎以相同的方式工作，因为处理它们的方式与在代码中访问它们的方式相同。改变对象的定义，如下所示，看看其含义：

```
public class ComplexModel
{
    public int MyId { get; set; }
    public List<DemoModel> DemoModels { get; set; }
}
```

可以看出，DemoModel 被改为 DemoModel 对象的列表。然而在这里，如果列表可以通过[index]记号访问为数组，句点记号也是有效的。这意味着，名为 DemoModel[0].Property1 的输入映射到集合第一项的属性 Property1，名为 DemoModel[1].Property1 的输入映射到列表中第二项的 Property1 属性，以此类推，就好像在代码中处理各项一样。

前面介绍了模型绑定器是如何工作的，但坦率地说，只要使用前面介绍的不同方法来创建用户交互的 HTML 元素，就不完全需要担心这个，因为绑定器是有效的。

了解了所有功能后，下面将创建一个数据输入表单。上一章创建了一个 ASP.NET Web Forms 数据输入表单，来管理创建可用于收费图书馆中的一项任务。Web Forms 的其余管理功能已经起作用了，所以下面的练习将创建一个表单，捕获关于用户的统计信息。

创建一个用户统计信息捕获表单

对于许多网站而言，了解已注册用户的一些信息是有用的(可能不是不可或缺的)。要了解用户，需要什么样的信息？考虑到未来可能要进行有针对性的市场营销，本练习收集一些可能有用的用户统计信息：

- 出生日期
- 性别
- 婚姻状况
- 他们何时搬到该地区
- 是拥有房产还是租房
- 家庭人数
- 爱好(从已知的列表中选择多项)

这应该给出了足够的基础信息。像以前一样，建立最初的 Web Forms 表单时，不能保存它，但第 8 和第 9 章的数据库部分会回过头来更新它。

(1) 确保运行 Visual Studio 后 RentMyWrox 解决方案是打开的，Solution Explorer 窗口是可用的。右击 Models 目录，并选择 Add|New Item。显示 Add New Item 对话框时，一定要选择左边窗口中的 Code 选项，然后选择 Class。把文件命名为 UserDemographics.cs(或.vb)，如图 6-7 所示，然后单击 Add 按钮。

图 6-7　创建模型类

(2) 给这个新类添加以下属性，结构如下：

```
public class UserDemographics
{
    public UserDemographics()
    {
        Hobbies = new List<string>();
    }
```

```
    public DateTime Birthdate { get; set; }

    public string Gender { get; set; }

    public string MaritalStatus { get; set; }

    public DateTime DateMovedIntoArea { get; set; }

    public bool OwnHome { get; set; }

    public int TotalPeopleInHome { get; set; }

    public List<string> Hobbies { get; set; }
}
```

(3) 添加所有属性后，选择 File | Save，保存新模型。

(4) 现在添加处理所有服务器工作的控制器。选择 Controllers 目录，右击以显示上下文菜单。选择 Add Controller。显示 Add Scaffold 对话框，如图 6-8 所示。

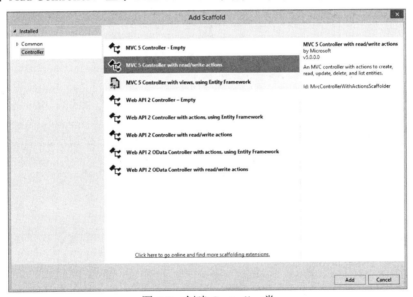

图 6-8　创建 Controller 类

(5) 选择 MVC 5 Controller with read/write actions 选项并单击 Add 按钮。当出现如图 6-9 所示的对话框时，注意已经填写了内容，并突出显示名称中的 Default 部分。因为希望这个控制器管理前面添加的 UserDemographics 类，所以把该文件命名为 UserDemographicsController，然后保存它。

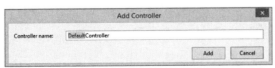

图 6-9　命名控制器类

(6) 确保在 Solution Explorer 中扩展 Views 目录。你会注意到，添加控制器的过程还在 Views 目录下添加了一个文件夹，如图 6-10 所示。确保有一个名为 UserDemographics 的文件夹。这是添加视图的文件夹。

图 6-10　添加控制器时创建的 Views 文件夹

(7) 选择并右击 UserDemographics 文件夹，显示其上下文菜单。选择 Add | View，显示如图 6-11 所示的对话框。

图 6-11　Add View 对话框

(8) 这个对话框允许创建一个视图，负责完成一组工作。输入的第一个字段是要创建的视图名。标准约定是，用该视图响应客户端的动作与视图同名。因此，第一个视图就是 Index 视图，它用一组项响应一个请求。请遵循下面这些步骤来建立这个视图：

A. 把视图名改为 Index。应该确保使用正确的大小写。

 I.　在 Template 区域，把模板改为 List。

 II.　选择 UserDemographics 作为模型类。

 III. 使 DataContext 类为空。

 IV. 选中 Reference script libraries。

 V.　选中 Use a layout page。

B. 单击 Add。

(9) 注意，现在 UserDemographics 文件夹中有一个文件 Index.cshtml(或 Index.vbhtml)。这个文件也应该在代码窗口中打开。这个文件是 IDE 中的活动文件，单击绿色箭头或按 F5 键，运行应用程序。

(10) 应用程序崩溃，并给出一条错误信息，其中包括 NullReferenceException。单击 Continue 按钮，关闭对话框。或停止调试应用程序，以从错误中恢复。出现这个异常的原因是，默认的 Index 控制器动作需要一个模型，但是我们从来没有处理过任何控制器动作，所以发送了一个空模型，这导致问题产生。需要更新视图代码来防止这种情况的发生。

找到下面的代码行：

```
@foreach (var item in Model) {
```

改为:

```
@if (Model != null)
{
    foreach (var item in Model)
    {
...
```

还需要找到页面底部的右花括号(}),并添加另一个右花括号,这样就有两个连续的右花括号。刚才进行的修改只是在对模型执行任何操作之前,检查是否有非空模型。如果应用程序仍在运行,就停止它,然后再次运行应用程序;此时不应该出错,屏幕应如图 6-12 所示。现在就成功创建了视图来显示 UserDemographic 对象的列表。

图 6-12　浏览器显示 Index 字段

示例说明

前面使用 ASP.NET MVC 框架创建了一个初始的数据输入表单,用于把用户输入的信息传递给服务器。首先创建模型——在客户端和服务器之间来回传输的数据的定义。首先完成这个任务,是因为后面执行的所有操作都管理该模型的创建、编辑和查看。

接下来使用搭建功能,为该模型创建一个控制器。为之建立控制器的模型名是很重要的,因为给控制器指定的名称是 URL 的一部分;因此,如果使用 Default 值,该控制器上的动作将通过 http://someurl/Default/访问。因为 MVC 路由使用 RESTful 标准,所以这个控制器负责处理对包含对象名(本例中是 UserDemographics)的 URL 的调用。

此外, MVC 使用一个约定来管理关系,以便它在 ObjectNameController 控制器中找到对象的处理程序,该名称中的 Controller 部分是标准的。搭建功能会创建一组动作,它们让开发人员开始建立典型的读取、创建、更新和删除过程,在处理数据库项时,通常需要这些过程。如果查看文件,就会看到搭建功能如何动作或方法,称为 Index、Details、Create、Edit 和 Delete。这些方法都与要对 UserDemographics 执行的一个动作相关,如表 6-3 所示。

表 6-3　在新的控制器中使用搭建功能创建的动作

方法	签名的定义
Index()	当用户进入 URL http://websiteUrl/UserDemographics 时默认的处理方法。典型的响应是一个可用的对象列表。现在不讨论这个动作,但添加身份验证后会分析它
Details(int id)	用户进入 URL http://websiteUrl/UserDemographics/Details/5 时的处理方法,它将返回 UserDemographic 对象的只读显示

(续表)

方法	签名的定义
Create()	处理对 URL http://websiteUrl/UserDemographics/Create 的 GET 请求。视图将包含创建新的用户统计数据所需的表单字段。这个动作不处理创建过程,仅提供捕获这些信息的 HTML 表单
Create(FormCollection collection)	处理对 URL http://websiteUrl/UserDemographics/Create 的 POST 请求。这将处理表单。添加到数据库中时会讨论这一动作,以处理信息的保存
Edit(int id)	处理对 URL http://websiteUrl/UserDemographics/Edit/6 的 GET 请求,并返回一个表单,以改变特定项的值。通常表单会有一些字段,在需要时里面填写了这些属性的当前值
Edit(int id, FormCollection collection)	处理对 URL http://websiteUrl/UserDemographics/Edit/6 的 POST 请求,处理已提交对象的更新
Delete(int id)	处理对 URL http://websiteUrl/UserDemographics/Delete/6 的 GET 请求,通常返回要删除的项的一些信息,并要求确认
Delete(int id, FormCollection collection)	处理对 URL http://websiteUrl/UserDemographics/Delete/6 的 POST 请求,处理项的实际删除

注意处理 POST 操作的所有项都把 FormCollection 作为参数。FormCollection 是项的一个键-值对集合,作为请求体的一部分返回。模型绑定器可以把这个转换成合适的模型。Edit 方法会保留 FormCollection,但一旦进入 Create 处理程序,就改变签名,使之包含一个对象而不是这个 FormCollection。

前面创建了模型和控制器,用于管理数据和请求的处理,以及与模型和控制器交互的原始视图。下面练习中的下一步是创建其他视图,提供用户可以与之交互的 UI。

试一试   创建一个简单的数据输入表单

上一个练习创建了一个模型、一个控制器和一个简单的视图,以支持应用程序的运行。此练习将创建一个简单的数据输入表单,允许用户填写并返回所有相关的用户统计信息。

(1) 确保运行 Visual Studio 时 RentMyWrox 解决方案是打开的。确保选中 Views\UserDemographics 文件夹,右击并选择 Add | View。配置如下:

A. 把视图名称改为 Create。确保使用正确的大小写。

B. 在 Template 区域,把模板改为 Create。

C. 选择 UserDemographics 作为模型类。

D. 使 DataContext 类为空。

E. 选中 Reference script libraries。

F. 选中 Use a layout page。

G. 单击 Add。

这给目录增加了 Create 视图，并在 IDE 中打开该文件。

(2) 保存应用程序，在这个页面上运行应用程序。搭建功能建立了一个数据输入表单，如图 6-13 所示。

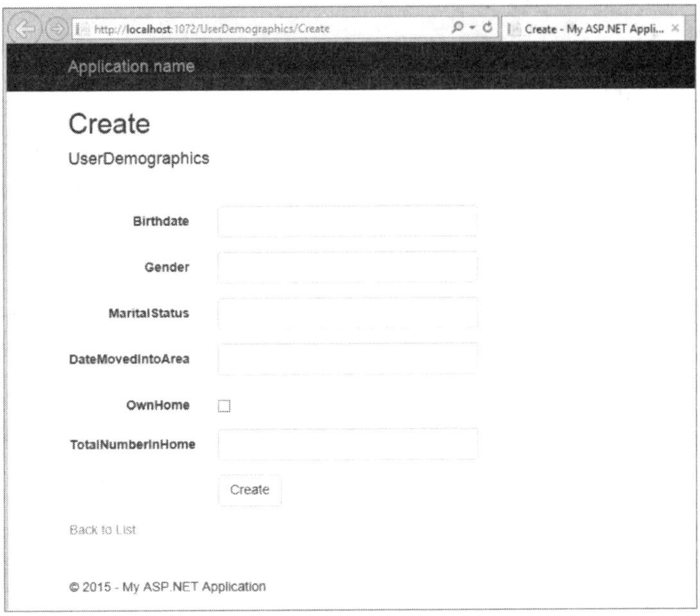

图 6-13　初始的数据输入表单

(3) 虽然这个最初的表单非常接近我们需要的表单，但应该进行一些修改，获得我们想要的内容(只是一部分，稍后将处理样式)。停止调试，定位创建 Gender 值的代码。我们不显示文本框，而是想把它改为下拉框，以控制所输入的信息。目前，这行代码如下：

```
@Html.EditorFor(model => model.Gender, new { htmlAttributes = new { @class = "form-control" } })
```

将之改为：

```
@Html.DropDownListFor(model => model.Gender,
        new SelectList(new[] { "Male", "Female", "Other" }),
        new { htmlAttributes = new { @class = "form-control" } })
```

现在用下拉框取代了文本框，其中有三个不同的选项。这能保证得到可接受的答案，不必担心自由格式的响应，如"男孩"或"F"。

(4) 现在对婚姻状况进行相同的修改。应修改的代码如下：

```
@Html.EditorFor(model => model.MaritalStatus,
        new { htmlAttributes = new { @class = "form-control" } })
```

改为：

```
@Html.DropDownListFor(model => model. MaritalStatus,
        new SelectList(new[] { "Single", "Married", "Divorced", "Widow(er)",
                        "Other" }),
```

```
new { htmlAttributes = new { @class = "form-control" } })
```

完成这些编辑后，运行该应用程序，会显示一个表单，如图 6-14 所示。

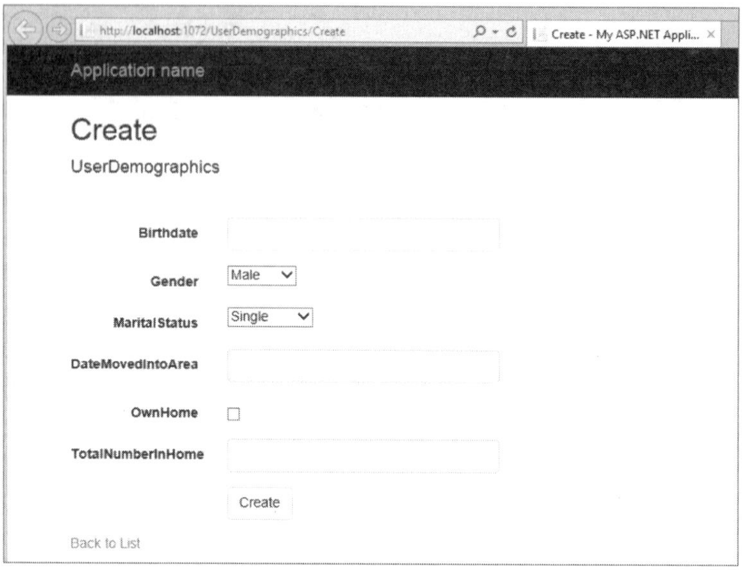

图 6-14　编辑后的数据输入表单

(5) 注意，表单还不能添加爱好信息。需要添加这个功能，进入 Create 表单的顶部，找到包含如下内容的部分：

```
@{
    ViewBag.Title = "Create";
}
```

进行以下编辑，创建一系列可能的爱好：

```
@{
    ViewBag.Title = "Create";
    var hobbyList = new List<string>
        { "Gardening", "Reading", "Games", "Dining Out", "Sports", "Other" };
}
```

(6) 现在需要添加一组复选框，每一个用于一个爱好。为此，找到以下部分：

```
<div class="form-group">
    <div class="col-md-offset-2 col-md-10">
        <input type="submit" value="Create" class="btn btn-default" />
    </div>
</div>
```

在前一节的前面添加以下代码：

```
<div class="form-group">
    @Html.LabelFor(model => model.Hobbies,
            htmlAttributes: new { @class = "control-label col-md-2" })
```

```
   <div class="col-md-10">
      @foreach (string hobby in hobbyList)
      {
      <span>
         <input name="hobbies" value="@hobby" type="checkbox" />
         @hobby
      </span>
      }
   </div>
</div>
```

(7) 现在已经改变了数据输入表单，需要对控制器动作或处理提交的方法做出一些改变。在 UserDemographicsController 文件中找到下面的代码：

```
public ActionResult Create(FormCollection collection)
```

为了修改进入的对象，更新方法签名如下：

```
public ActionResult Create(UserDemographics obj)
```

还需要在页面的顶部添加如下 using 语句：

```
using RentMyWrox.Models;
```

添加 using 语句允许轻松地引用 UserDemographics 对象，而不必使用完整的名称空间。

(8) 为了处理添加的爱好，单击代码左侧的灰色边框，在方法中放置一个断点，如图 6-15 所示。需要确保断点在可以运行的代码行上。

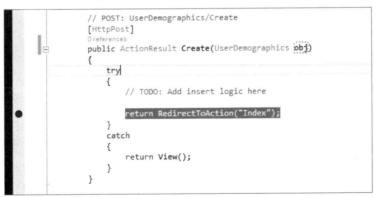

图 6-15　在方法中创建一个断点

(9) 把 Create 视图切换为活动文件，使应用程序在调试模式下运行。如果没有看到数据输入屏幕，就在浏览器的工具栏中把 URL 改为相应的 URL：/UserDemographics/Create。用正确的格式给表单填写数据，例如确保给要求日期的字段输入日期。提交表单。

(10) 运行处理过程，然后停在创建的断点处。如果把鼠标停放在参数列表的项上，然后单击箭头，就可以看到项的内容。请注意，所有输入到表单中的信息都可用作对象的一个属性。完成时停止应用程序。

(11) 此时，需要决定如何处理编辑。可以创建一个新的视图或重用 Create 视图。如果创建 Edit 视图,它就与前面创建的 Create 视图相同,所以可以进行一些改变来重用 Create 视图。

然而,使用 Create 视图编辑对象可能会出现混淆,所以首先改变刚创建的视图名称。在 Solution Explorer 中定位 UserDemographics\Create.cshtml 视图,右击并选择 Rename。把名称从 Create 改为 Manage。确保这个文件是活动的,调试应用程序。浏览器栏中的 URL 应是 UserDemographics/Manage,但会得到 404 错误或"资源没有找到"错误页面,如图 6-16 所示。

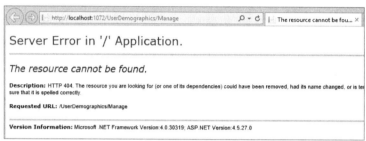

图 6-16　在运行 Manage 视图时出现的 404 错误

出现这个错误是因为系统在寻找 Manage 方法,但该方法不存在。

(12) 把 URL 从 Manage 改为 Create,以前就是这样访问它的,但这也会导致错误。因为按照实际情况来说,Create 方法正在寻找 Create 视图,但没有找到。必须告诉它发送 Manage 视图。为此,进入 Controller 文件,改变基本的 Create 方法,如下:

```
public ActionResult Create()
{
    return View("Manage");
}
```

告诉 View 方法寻找 Manage 视图而不是默认的 Create 视图——它是默认的,因为视图的名称匹配动作的名称。现在,在调试模式下运行应用程序,进入 UserDemographics/Create,页面就应该呈现出来。

(13) 还需要修改 Edit 方法。在这种情况下,进行一点改变,是因为 Edit 将返回一个模型。找到 Edit 方法(带有一个参数),修改如下:

```
public ActionResult Edit(int id)
{
    var model = new UserDemographics
    {
        Gender = "Male",
        Birthdate = new DateTime(2000, id, id),
        MaritalStatus = "Married",
        OwnHome = true,
        TotalPeopleInHome = id,
        Hobbies = new List<string> { "Gardening", "Other" }
    };
    return View("Manage", model);
}
```

添加一个实物模型，就可以看到调用 Edit 方法时会发生什么。注意，BirthDate 和 TotalNumberInHome 目前设置为传递到方法的 Id 属性。这表明已经收到信息，并传递回视图。运行应用程序，在 URL 地址栏中，在 localhost 后添加这些值和端口号，进入 UserDemographics/Edit/5。屏幕应如图 6-17 所示。

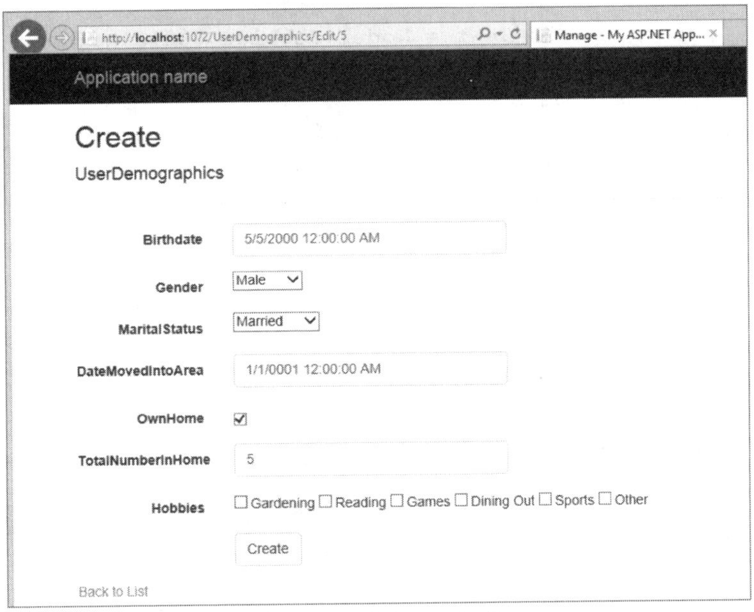

图 6-17　显示 Edit 屏幕

(14) 一切都正常，但爱好除外，即使 Model 指定了爱好值，它们也没有选中。现在需要在视图中做出改变，处理选中这些项的情形。停止应用程序，并确保在视图中定位前面创建的代码块：

```
<div class="form-group">
    @Html.LabelFor(model => model.Hobbies,
        htmlAttributes: new { @class = "control-label col-md-2" })
    <div class="col-md-10">
        @foreach (string hobby in hobbyList)
        {
        <span>
            <input name="hobbies" value="@hobby" type="checkbox" />
            @hobby
        </span>
        }
    </div>
</div>
```

现在要进行的改变是，如果模型已经包含了爱好，就选中复选框。通过添加 checked 特性，告诉复选框它被选中，因此要添加的代码在循环中计算每个爱好，确定要添加的爱好是否是模型中的爱好列表的一部分。如果是，它就在输入中增加"checked"；如果不是，就增加一个空的字符串。更新代码，如下所示，有变化的代码加粗显示：

159

```
<div class="form-group">
    @Html.LabelFor(model => model.Hobbies,
            htmlAttributes: new { @class = "control-label col-md-2" })
    <div class="col-md-10">
        @foreach (string hobby in hobbyList)
        {
            string checkedText = Model.Hobbies.Contains(hobby)
                ? "checked"
                : string.Empty;
        <span>
            <input name="hobbies" value="@hobby" type="checkbox" @checkedText />
            @hobby
        </span>
        }
    </div>
</div>
```

如果再次运行应用程序，进入 UserDemographics / Edit/ 5，就可以看到，爱好复选框被选中。

(15) 最后一个任务是考虑删除。在本例中，删除 UserDemographic 没有意义，所以不创建管理这个功能的任何代码，而是从控制器中删除名为 Delete 的所有方法。这意味着应用程序不再响应包含 UserDemographic/Delete 的 URL。

示例说明

本例创建了一个新的数据输入表单。添加的一个代码片段如下所示：

```
<div class="form-group">
    @Html.LabelFor(model => model.Hobbies,
            htmlAttributes: new { @class = "control-label col-md-2" })
    <div class="col-md-10">
        @foreach (string hobby in hobbyList)
        {
        <span>
            <input name="hobbies" value="@hobby" type="checkbox" />
            @hobby
        </span>
        }
    </div>
</div>
```

这段代码做了两件事：给爱好增加了一个标签，就像其他属性那样；包括一个循环来创建复选框，输出爱好的名字。有趣的是，没有使用任何 HTML 辅助程序，而是手动创建输入元素。同时，在执行循环时，使用了硬编码名 hobby 和爱好的值。

采用这个方法是因为提交时处理 HTML 复选框的方式很有趣。如前所述，每一项都有相同的名称，但只有选中该项时，才包含复选框的值。如果用户不选择任何爱好，就什么都不提交。此外，因为所有的输入都有相同的名称，当选中多个项时，值就附加在一起，之间用逗号隔开，所以最终的值是 "Gardening,Other"。

这种方法的优点是，因为元素使用的名称是 hobbies，所以模型绑定器可以确定发生了什么，用选中的项列表填充爱好集合，不需要在控制器中做任何额外工作。因此，这种添加复选框列表的方法有助于填充模型。

如果使用多选下拉框，就会得到同样的好处，因为只要给选择框指定正确的名字，它就会以相同的格式向服务器发送信息。然而，复选框提供更友好的用户体验。

一旦有了控制器和模型对象，就可以建立视图。因为模型已经定义，无论是项列表、数据输入表单还是信息的只读显示，搭建系统都能遍历各种属性，建立适当的页面。每个页面都需要做一些调整，以帮助其捕获和/或显示所有信息，但大部分工作是通过搭建过程完成的。在数据输入页面上，搭建功能创建了两个动作：一个是提取 GET 请求并返回一个表单，另一个是提取 POST 请求来处理表单字段。

在 ASP.NET MVC 中，动词之间的这个区别很重要，它倾向于使用 HTTP 定义中指定的动词。同时，HTTP 的本质意味着，处理 GET 时不能访问表单体，因为 GET 的主要目的是提供只读信息。数据的显式改变违背了使用 GET 动词的初衷。

阅读各章时，会重温这项工作，把当前处理的信息添加到数据库中，以及添加安全性，因为只有通过身份验证的用户才能对用户统计数据进行处理，用户也只能处理自己的信息。

6.4　小结

本章介绍了如何使用 ASP.NET MVC 在客户端和服务器之间交流信息，论述了如何创建视图，并使用 HTML 辅助程序显示动态信息，尤其是 HTML.DisplayFor。这些 HTML 辅助程序也支持创建 HTML 元素，在客户端创建元素，捕获信息，返回到服务器。

有两种不同类型的 HTML 辅助程序可创建数据输入元素：通用辅助程序和特定辅助程序。通用的 Html.EditorFor 查看它显示的属性，决定捕获信息的最好方法。它也能够查看特性，通过模型上的特性影响设计。本章简要介绍了这些特性，后面开始将特性添加到模型中，进行数据库管理时会介绍更多的内容。可用来创建 HTML 输入元素的另一类 HTML 辅助程序是特定于元素的辅助程序，例如 Html.TextboxFor 或 Html.CheckboxFor，用于创建具有属性名的 HTML 元素。

视图最强大的一个方面是它通过对 Razor 的支持，来支持在视图内部运行代码。Razor 允许混合代码和 HTML 标记，以便编写代码来遍历列表和编写内容，或执行计算。Razor 也使 HTML 辅助程序工作。使属性名匹配元素名是很重要的，因为它有助于模型绑定过程。当提交表单时，服务器检查要提交的信息；如果匹配方法(因为路由规则而匹配 URL)包含一个对象作为输入参数，它就试图把不同的传入数据点映射到对象的属性。这允许开发人员在控制器中使用类型安全的对象，而不必解析一系列键值对，从那里开始工作。

虽然在控制器中没有做很多工作，但对象、控制器、控制器动作或方法和视图之间的协调，现在应该更有意义。大量的 ASP.NET MVC 都是约定驱动的，这种协调是约定的一部分，因为 URL 中的对象名称匹配使用对象名再加上 Controller 的控制器名，如 ObjectNameController。动作名称一般也是 URL 字符串的一部分，所以系统能够决定在哪个控制器上，需要采取什么行动或方法来处理请求。

6.5　练习

1. 使用 @Html.TextboxFor 和 @Html.Textbox 之间的区别是什么?

2. Razor 视图引擎如何理解要运行的代码与不应该改变或影响、只需传递的文本之间的区别?

3. 约定在 ASP.NET MVC 中起着重要的作用。视图名称必须总是匹配动作的名称吗?

4. 模型绑定器如何得知绑定嵌套类型的属性的方法,或得知其他对象上的本身也是对象的属性?

6.6　本章要点回顾

控制器动作	控制器上响应特定 URL 的方法。URL 的格式通常是 ObjectName/Action,其中 ObjectName 给要使用的控制器指定方向,Action 提供在控制器上调用的动作或方法的名称
Display/DisplayFor	HTML 辅助程序,将模型值的内容绑定到 Web 页面的 HTML 元素。这些元素不是输入元素,而用于显示模型信息
Editor/EditorFor	这些辅助程序允许系统基于绑定的对象和属性,创建适当的 HTML 输入元素。EditorFor 也可以查看模型上的各种特性以确定如何控制显示
lambda 表达式	内联函数,基本上采取识别属性的方法。因此,x => x.Property1 定义为"对于每个给定的 x(变量对象的名称),返回属性 Property1 的值"
模型绑定	该过程解析提交到服务器的不同值,以识别哪些值匹配对象的属性名,该过程在 Action 方法的参数列表中命名
Razor	视图引擎的名称,它可以在视图中运行 C#或 VB 代码。整个.NET 堆栈可以在需要时用于视图。Razor 视图引擎可以理解它应该运行的代码和使用@字符忽略的文本之间的差异,@字符标识了应该运行的代码
路由	该过程在 URL 中确定哪个控制器和动作负责处理请求。RouteConfig 文件包含路由定义,示例应用程序可能只需要传统的默认路由
类型安全的扩展	这些 HTML 辅助程序使用 lambda 表达式,来定义模型和特定元素之间的关系
动词特性	这些属性在控制器动作上使用,来限制可以用于访问控制器的动词类型。没有特性的动作可以通过任何动词来访问。有其中一个特性的动作,如[HttpPost],只接受带有特定动词的请求

第 **7** 章

创建外观一致的网站

本章要点

- 如何为 Web Forms 页面创建和使用 ASP.NET 母版页
- 如何创建和使用 ASP.NET MVC 布局页面
- 如何在 ASP.NET MVC 中创建和使用 Razor 部分
- 如何创建和集成 Web Forms 内容页面
- 如何创建和集成 MVC 内容页面
- 如何创建基本页面

本章源代码下载：

本章源代码的下载网址为 www.wrox.com/go/beginningaspnetforvisualstudio。从该网页的 Download Code 选项卡中下载 Chapter 07 Code 后，可以找到与本章示例对应的单独文件。

我们一直在做样例应用程序的细节工作：在这里或那里插入一些信息。本章开始把这一切放在一起，统一网站的外观和操作方式。为此，可以创建简单的、一致的外观和操作方式，再确保所有页面都遵循。这个外观和操作方式包括一致的样式、菜单、页脚和信息的一致显示——网站用户都有这样的期望。

以后的章节会插入更多的功能。本章建立应用程序的骨架，所有其他项都以此为基础来建立。本章还介绍如何允许公共区域和实际的页面内容分别单独管理，把页面的设计与功能分开。

7.1 用母版页使页面布局一致

在大多数网站上，如 http://www.wrox.com，所有网页往往有一致的外观和操作方式。例如，每个页面都有顶部的菜单、左菜单，底部甚至有页脚菜单；每一页上的所有这些区域看起来都一样。

可以轻松地在每个页面上重复所有代码，以得到这个效果，但这不是处理它的最好方法。对变更的管理将成为噩梦，因为必须在网站的每个页面上复制更改的内容。显然，最好用某种方式在同一个地方存储所有这些共享的设计元素，这样就只需在一个位置进行更改，以复制到整个网站上。幸运的是，ASP.NET 提供了一个地方来维护这些信息：Web Forms 中的母版页和 MVC 中的布局页。

简而言之，母版页是一种特殊类型的 ASP.NET Web Forms 页面，定义了所有内容页面都共享的标记，以及可在每个内容页面上定制的区域。母版页是一个模板，而内容页面是绑定到母版页上的 ASP.NET 页面，因为它把模板用作其主要的设计模板。每当母版页的布局或格式改变时，其所有内容页面的输出就会立即更新，这使应用它的整个站点的外观变更就像更新和部署一个文件(即母版页)一样容易。

ASP.NET MVC 中的布局提供了与 ASP.NET Web Forms 中的母版页相同的功能：使 UI 元素和主题在整个应用程序中保持一致。回想一下第 6 章，Razor 布局引入了两个新概念：

- Web 体——用于在特定的地方呈现引用视图的内容
- 网页部分——用于声明布局中的多个部分，它们由引用视图定义

通过各种搭建框架创建新文件时，就支持这两种方法。搭建框架负责根据模板创建一个或一组文件。添加文件(或项目)时，实际上是在选择搭建模板。添加的内容是搭建框架基于该模板创建内容的结果。它们也可以翻新到现有页面。我们将学习两种方法：使用模板创建新页面，以及将现有内容转换为使用集中模板的方法。

这两种方法虽然实现的方式不同，但提供了一组相同的功能。看看图 7-1。

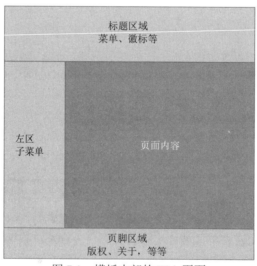

图 7-1　模板内部的 Web 页面

图 7-1 中的淡灰色区域通常来自模板页面，但深灰色区域来自内容页面。Web Forms 和 MVC 都支持这种方法。下一节描述了其工作原理。

7.1.1　在 ASP.NET Web Forms 中创建和使用母版页

在 ASP.NET 于 2002 年初推出 1.0 版本时，不支持母版页的概念。在服务器端处理的功能包括：给响应流写出 HTML 页面时，Web 服务器将遇到一个标记，指示来自另一个文件的内容应在该处插入。只要插入的页面不要求是动态的，这就是有效的。这些插入的页面不能是动态的，因为它们不像标准的请求那样，经历相同的处理管道，所以包含文件中的任何代码都不会运行。通常服务器只允许包含扩展名为.html 或.txt 的文件。另外，因为这些都在显示后处理，所以不可能把最终页面的处理作为完整的实体；"插入"部分在 IDE 中不可见，所以变成了"让我们运行它，看看它是什么样子。"

ASP.NET 2.0 改变了这这种情形，添加了母版页。这些独立的模板页面可以包含代码，可像内容页面那样执行。母版页是另一种页面类型；创建一些其他的新页面时，它们可以作为一个选项。它们通常的扩展名是.master。母版页看起来很像之前看到的其他 HTML 页面，但是它们有一些新的部分。代码清单 7-1 显示了新的母版页的 HTML 部分。

代码清单 7-1 简单的 ASP.NET Web Forms 母版页

```
<%@ Master Language="C#" AutoEventWireup="true"
          CodeBehind="DemoMaster.master.cs"
          Inherits="RentMyWrox.Demonstrations.DemoMaster" %>
<!DOCTYPE html>
<html xmlns="http://www.w3.org/1999/xhtml">
<head runat="server">
    <title></title>
    <asp:ContentPlaceHolder ID="head" runat="server">
    </asp:ContentPlaceHolder>
</head>
<body>
    <form id="form1" runat="server">
    <div>
        <asp:ContentPlaceHolder ID="ContentPlaceHolder1" runat="server">
        </asp:ContentPlaceHolder>
    </div>
    </form>
</body>
</html>
```

在浏览器中看看这个页面，它是一个完全空白的页面。空的母版页看起来像任何其他 HTML 页面，但有两个新增部分：ContentPlaceHolders 服务器控件。这些是服务器控件，因为它们遵循传统的 asp:control 命名约定，且含有 runat = "server"特性。然而这种控件不同于其他控件，因为它们并不完全控制控件的所有方面，而是作为内容页面和母版页之间的链接，控件内部的区域由内容页面填充。

注意，在这个默认页面上有两个区域：一个在 HTML 标题区中，另一个在表单的页面体中。体中的内容部分很简单，因为这是可见内容所在的地方，但是标题区中有一个内容部分的原因可能不那么明显。然而，考虑标题部分中包含的信息类型，原因就比较清晰了。可以在此放置 JavaScript 文件的链接或只用于这个内容页面的样式表，或提供任何其他重要的页面元数据信息。可能只在一些页面上使用这部分，但是使它可用会提供很多功能支持。通常只能有两个部分，但可以包含设计所需的多个部分。图 7-2 显示了一个示例。

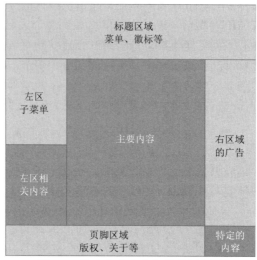

图 7-2 带有多个内容部分的母版页

在本例中，标题区域有一个内容部分，定义了"左区相关内容"的内容部分可能会链接到其他内容，例如页面中的内容、主要内容的内容部分，以及页脚最右边的另一个内容部分。这种方法如代码清单 7-2 所示。注意 HTML 注释显示了插入实际内容的地方。

代码清单 7-2　一个复杂的 ASP.NET Web Forms 母版页

```
<%@ Master Language="C#" AutoEventWireup="true" CodeBehind="Site1.master.cs"
                Inherits="RentMyWrox.Demonstrations.Site1" %>
<!DOCTYPE html>
<html xmlns="http://www.w3.org/1999/xhtml">
<head runat="server">
   <title></title>
   <link href="~\content\styles.css" rel="stylesheet" type="text/css" />
   <asp:ContentPlaceHolder ID="head" runat="server">
   </asp:ContentPlaceHolder>
</head>
<body>
   <form id="form1" runat="server">
   <header>
      <!-- Header content here, logos, menu, etc. -->
   </header>
   <div id="leftpane">
      <div class="leftmenu">
         <!-- Regular menu stuff here -->
      </div>
      <asp:ContentPlaceHolder ID="LeftContent" runat="server">
      </asp:ContentPlaceHolder>
   </div>
   <div>
```

```
        <asp:ContentPlaceHolder ID="MainContent" runat="server">
        </asp:ContentPlaceHolder>
    </div>
    <footer>
        <!-- footer content here -->
        <asp:ContentPlaceHolder ID="FooterContent" runat="server">
        </asp:ContentPlaceHolder>
    </footer>
    </form>
</body>
</html>
```

内容页面的每一个 asp:ContentPlaceHolders 控件都提供了可以插入该区域的内容。这个内容也可能是空的，但是系统希望内容页面为每个占位符都提供相应的区域。当创建新的内容页面并将其附加到母版页上时，如下面的示例所示，搭建功能就会为母版页中的每一个占位符创建一个内容区域。然而，从内容页面中删除这些内容部分不会导致错误，只是不把任何内容放入这些占位符。

母版页的另一个强大特性是嵌套它们的能力。考虑示例应用程序的网站设计。站点有两个主要的不同区域：一个供普通用户查看各项和结账，另一个由管理员管理可用于结账的项。这些区域可能有不同的菜单结构，因为用户和管理员有不同的目标，但仍希望其他结构、外观和操作方式保持一致。一种方法是确定在母版页上显示什么菜单，这种方法的伪代码如下所示：

```
if user is administrator
     show administrator menu
else
     show regular menu
```

伪代码

伪代码是一个术语，是指普通语言和编程语言的混合。几乎所有的语言都有相同的功能，例如 if/then/else 或循环，但它们的实现方式不同。伪代码允许用技术方法分解一组需求，这种技术方法仍然使用可由开发人员翻译的常规语言——无论用于实现业务需求的语言是什么。本书的其余部分讨论业务需求时，将使用伪代码，但实现代码是语言特定的。

另一种方法是抽象出决策，即创建一组主要的母版页，其中包含每一页都要重复的区域，然后创建另一组母版页，其中包含想要显示的各种菜单。这种分离显示在图 7-3 中。

图 7-3 中的暗灰色区域显示了在嵌套的内容页面中管理的内容，代码如下：

父母版页

```
<%@ Master Language="C#" AutoEventWireup="true"
        CodeBehind="DemoMaster.master.cs"
        Inherits="RentMyWrox.Demonstrations.DemoMaster" %>
<!DOCTYPE html>
<html xmlns="http://www.w3.org/1999/xhtml">
```

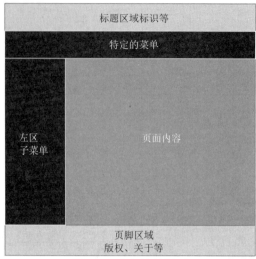

图 7-3　嵌套的母版页

```
<head runat="server">
   <title></title>
   <asp:ContentPlaceHolder ID="head" runat="server">
   </asp:ContentPlaceHolder>
</head>
<body>
   <form id="form1" runat="server">
   <header>
      <!-- Header Area, logos, etc. -->
      <asp:ContentPlaceHolder ID="Header" runat="server">
      </asp:ContentPlaceHolder>
   </header>
   <div id="leftpane">
      <asp:ContentPlaceHolder ID="LeftContent" runat="server">
      </asp:ContentPlaceHolder>
   </div>
   <div>
      <asp:ContentPlaceHolder ID="MainContent" runat="server">
      </asp:ContentPlaceHolder>
   </div>
   <footer>
      <!-- footer content here -->
   </footer>
   </form>
</body>
</html>
```

嵌套的母版页

```
<%@ Master Language="C#" MasterPageFile="DemoMaster.master"
      AutoEventWireup="true" CodeFile="NestedMaster.master.cs"
      Inherits="RentMyWrox.Demonstrations.NestedMaster" %>
<asp:Content ID="Content0" ContentPlaceHolderID="head" runat="Server">
```

```
    <asp:ContentPlaceHolder ID="HeadContent" runat="server">
    </asp:ContentPlaceHolder>
</asp:Content>
<asp:Content ID="Content1" ContentPlaceHolderID=" Header " runat="Server">
    <!-- specific menu here -->
</asp:Content>
<asp:Content ID="Content2" ContentPlaceHolderID="LeftContent" runat="Server">
    <!-- left-area sub-menu here -->
</asp:Content>
<asp:Content ID="Content3" ContentPlaceHolderID="MainContent" runat="Server">
    <asp:ContentPlaceHolder ID="PrimaryContent" runat="server">
    </asp:ContentPlaceHolder>
</asp:Content>
```

主要的母版页没有什么不同，它对填充其内容部分的信息一无所知，所以它只是让必要的内容占位符可用。嵌套的母版页比较有趣。注意声明部分的差异。嵌套的母版页有一个额外的特性 MasterPageFile，它在当前页面和所链接的母版页之间建立了连接。本章后面在创建内容页面时，会使用同样的方法。

这里还引入了一个新的服务器控件<asp: Content/>。这个标签把这个页面上的内容链接到显示这些信息的模板区域。本章后面的内容部分将详细描述这种关系，所以这里不会花更多的时间，但注意，内容与一个<asp:contentplaceholders/>服务器控件相关。图 7-4 展示了完整的关系。

图 7-4　嵌套的母版页

就像母版页可以有多个占位符一样，母版页也可以有多层。唯一的考虑是内容页面只能在其引用的母版页上引用占位符，不能在更高堆栈的母版页上引用占位符。它的工作方式不同于面向对象继承，更像是内容和模板页面之间的一对一关系。

试一试　**创建一个 ASP.NET Web Forms 母版页**

创建初始项目文件的搭建功能还包括一个名为 Site.Master 的母版页。不要试图编辑该文件，而应从头开始创建一个新的文件。请记住，在完成这个练习的过程中，应用程序中有一些不同寻常的事，因为我们在构建一个系统，它集成了 ASP.NET Web Forms 和 MVC。

要使两个部分特定于 Web Forms：行政部分和身份验证/授权系统。身份验证和授权部分放在 Web Forms 中，因为创建项目时，已经创建了这些页面。这两个不同的区域突出了前面讨论的有趣难题：支持两种可能不同的外观和操作方式，一种用于管理部分，另一种用于非管理部分。本章稍后处理内容页面时，会再次讨论这个主题。

(1) 启动 Visual Studio，确保 RentMyWrox 项目是打开的。在 Solution Explorer 中右击项目，并选择 Add | Web Forms Master Page，如图 7-5 所示。当显示名称框时，把它命名为 WebForms 并单击 OK。如果在右键菜单中没有相同的选项，就选择 Add | New Item，然后从对话框的 Web 部分选择 Web Forms Master Page。

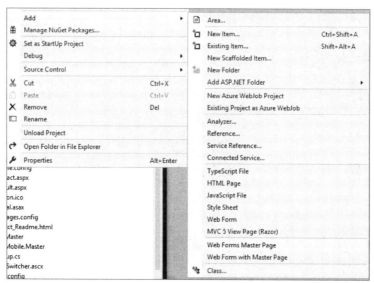

图 7-5　添加一个新的母版页

这应该会提供一个空的母版页:

```
<%@ Master Language="C#" AutoEventWireup="true" CodeBehind="WebForms.Master.cs"
        Inherits="RentMyWrox.WebForms" %>
<!DOCTYPE html>
<html xmlns="http://www.w3.org/1999/xhtml">
<head runat="server">
    <title></title>
    <asp:ContentPlaceHolder ID="head" runat="server">
    </asp:ContentPlaceHolder>
</head>
<body>
    <form id="form1" runat="server">
    <div>
        <asp:ContentPlaceHolder ID="ContentPlaceHolder1" runat="server">
        </asp:ContentPlaceHolder>
    </div>
    </form>
</body>
</html>
```

(2) 在下面代码的加粗显示部分添加母版页的初始设计。完成时,代码如下:

```
<%@ Master Language="C#" AutoEventWireup="true" CodeBehind=
        "WebForms.Master.cs" Inherits="WebApplication2.WebForms" %>
<!DOCTYPE html>
<html xmlns="http://www.w3.org/1999/xhtml">
<head runat="server">
    <title></title>
    <asp:ContentPlaceHolder ID="head" runat="server">
    </asp:ContentPlaceHolder>
</head>
```

```
<body>
    <form id="form1" runat="server">
    <div id="header">
    </div>
    <div id="nav">
        Navigation content here
    </div>
    <div id="section">
        <asp:ContentPlaceHolder ID="ContentPlaceHolder1" runat="server">
        </asp:ContentPlaceHolder>
    </div>
    <div id="footer">
        footer content here
    </div>
    </form>
</body>
</html>
```

(3) 保存母版页。

(4) 因为还没有为样例应用程序创建样式表，所以需要创建一个新的。在 Solution Explorer 中右击 Content 目录，选择 Add｜Style Sheet。把这个样式表命名为 RentMyWrox 并单击 OK。

(5) 将以下内容添加到样式表中，然后保存。

```
body {
    font-family: verdana;
}
#header {
    background-color:#C40D42;
    color:white;
    text-align:center;
    padding:5px;
}
#nav {
    line-height:30px;
    background-color:#eeeeee;
    height:300px;
    width:100px;
    float:left;
    padding:5px;
}
#section {
    width:750px;
    float:left;
    padding:10px;
}
#footer {
    background-color:#C40D42;
    color:white;
    clear:both;
    text-align:center;
```

```
   padding:5px;
}
```

(6) 回到母版页，进入设计模式，结果如图 7-6 所示。

图 7-6　设计模式下没有样式化的母版页

(7) 在 Solution Explorer 中单击刚刚创建的样式表，把它拖拽到母版页上。样式化的结果如图 7-7 所示。

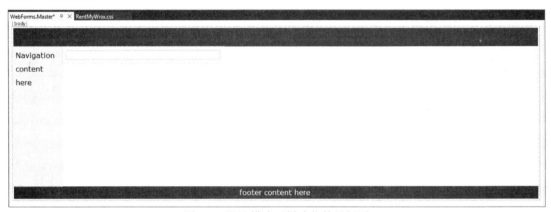

图 7-7　设计模式下样式化的母版页

(8) 在母版页上回到源模式，在那里可以看到，对样式表的链接已添加到母版页的标题中。标题区域应如下所示(但样式表可能在 head 元素的另一个区域内)：

```
<head runat="server">
   <title></title>
   <asp:ContentPlaceHolder ID="head" runat="server">
   </asp:ContentPlaceHolder>
   <link href="Content/RentMyWrox.css" rel="stylesheet" type="text/css" />
</head>
```

示例说明

本例使用 ASP.NET Web Forms 搭建功能创建了一个新类型的页面：母版页，然后添加了一些内容。导航结构是相当完整的，因为本书后面要使用导航控件填写这个区域。

创建了母版页后，就可用于内容页面上的选项。下一节介绍内容页面，下一个练习要把新的内容页链接到刚才添加的母版页。

7.1.2　在 ASP.NET Web Forms 中创建内容页面

现在我们知道如何创建母版页了，本节描述如何让内容与母版页一起显示出来。看看代码清单 7-1 中最初的母版页，它有两个<asp:contentplaceholders />控件。代码清单 7-3 包含一个内容页面，该页面使用了同样的母版页。

代码清单 7-3　一个 ASP.NET Web Forms 内容页面

```
<%@ Page Title="" Language="C#" MasterPageFile="~/WebForms.Master"
        AutoEventWireup="true" CodeBehind="ContentPage.aspx.cs"
        Inherits="RentMyWrox.ContentPage" %>
<asp:Content ID="Content1" ContentPlaceHolderID="head" runat="server">
   <!-- content for the head goes here -->
</asp:Content>
<asp:Content ID="Content2" ContentPlaceHolderID="ContentPlaceHolder1"
            runat="server">
   <!-- content for the body goes here -->
</asp:Content>
```

这个页面有两个需要理解的新部分。第一个是页面定义中的 MasterPageFile 引用，它在这个内容页面和母版页之间建立了链接。通过这个链接，系统能够确定每个控件的内容放在什么地方。每个要使用母版页的页面都必须有这个特性，它需要用适当的页面填充，包括路径。

图 7-8　项目中链接母版页的位置

> **在 ASP.NET URL 中使用波浪号字符(~)**
>
> 波浪号可用于 ASP.NET 应用程序的各个区域。当使用 ASP.NET Web Forms 时，波浪号字符是指应用程序的根目录。波浪号字符在服务器控件属性中能被正确翻译，如 NavigateUrl、MasterPageFile、CodeBehind 或其他需要基于 URL 的路径或运行页面的相对路径的区域。在代码清单 7-3 中，波浪号字符意味着在 MasterPageFile = " ~ /DemoMaster. Master" 中，DemoMaster.Master 文件存储在应用程序的根目录下，或者在项目的第一级，如图 7-8 所示。

还请注意，所有内容都放在两个内容控件中，唯一显示在母版页中的是内容控件中的内容。事实上，任何内容，包括外来文本，放在内容控件之外，都会导致错误。图 7-9 把一行文本添加到最后一个内容控件的外部而导致错误。

如前所述，如果有任何内容放在内容控件外部，系统就会抛出一个错误，但如果不是所有的占位符控件都有匹配的内容控件，就不会导致错误。服务器只是用一个空值取代那些内容控件。

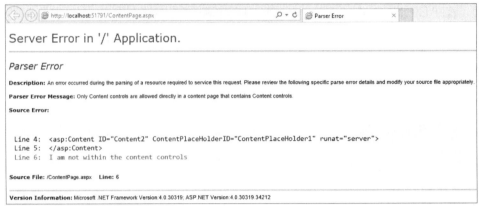

图 7-9　因把文本放在内容控件之外而导致的错误

试一试　**添加新的内容页面并将之链接到母版页上**

这个练习将创建一个新的页面，并将之链接到上一个练习创建的母版页上。前一章创建了一个页面，由管理员用来管理可用的项。这个练习还允许管理员查看一组订单，增加了应用程序的管理部分。

本章不会把任何内容放到这个文件中，仅仅是创建它。第 8 章开始添加内容。

(1) 打开 Visual Studio，并确保 RentMyWrox 解决方案是打开的。定位 Admin 目录，单击以选择它，然后右击目录，打开上下文菜单。选择 Add | New Item，显示如图 7-10 所示的对话框。

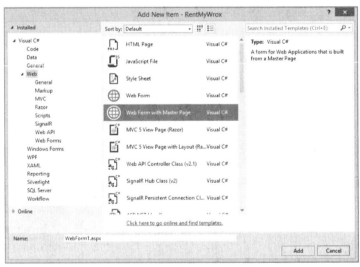

图 7-10　Add New Item 对话框

(2) 如果看到不同的内容，就确保在左边的窗口中选择 Web。它会过滤文件类型，只显示 Web 应用程序中的文件。

(3) 选择 Web Form with Master Page，把文件名改为 OrderList 并单击 Next 按钮。显示 Select a Master Page 对话框，如图 7-11 所示。

图 7-11 选择母版页

(4) 选择上一个练习创建的 WebForms.Master 文件，并单击 OK。这将保存该文件。如果在编辑器中检查文件，你会发现它不是一个典型的原始文件，而是有两个不同的内容部分，用于匹配母版页中的相应部分。

示例说明

本例使用 ASP.NET Web Forms 搭建功能创建了一个新的 Web Forms 页面，该页面使用母版页提供内容的模板化显示。因为选择了要使用的母版页，所以 Visual Studio 能够解析母版页，确定可用的内容部分。接着系统以这些内容部分为基础，使它们可用。默认情况下，在所选的母版页中，所有可用的内容部分都可以在所创建的 Web Forms 中使用。

有时，项目在启动时没有指定母版页，或意外地创建了一个 Web Forms 页面，这样内容页面和母版页之间就没有链接。在这些情况下，需要在定义中添加 MasterPage 引用，再添加内容控件，将无模板页面转换成使用母版页上内容占位符的页面。也可以修改文件指定的母版页，如下一个练习所示。

试一试　**在 Web Forms 中修改母版页**

通常在建立项目的过程中，可能要把不使用母版页的 Web Forms 转换成基于母版页的内容页面。这个练习将完成这个过程，转换书中之前创建的 Admin/ManageItem.aspx 页面，使之使用本章前面创建的母版页。

(1) 打开 Visual Studio，并确保 RentMyWrox 解决方案是打开的。打开 Admin 文件夹中的文件 ManageItem.aspx。

(2) 打开 Content 目录下的 RentMyWrox.css 文件。前面在创建新的母版页时，也创建了这个样式表。把 ManageItem 文件的标题样式复制和粘贴到样式表中，确保没有把内容放在文件中已有的另一个花括号中。不要复制样式标签。

(3) 从 ManageItem 文件中删除样式标签(如果样式仍然存在，就删除它)。

(4) 在页面定义部分，把 MasterPageFile="~/Site.Master" 改为 MasterPageFile="~/WebForms. Master"，以修改所引用的母版页名。

(5) 在内容控件上，把 ContentPlaceHolderId="MainContent"改为 ContentPlaceHolderId="ContentPlaceHolder1"，修改所链接的内容部分名。

(6) 在 ManageItem.aspx 文件的顶部<div>中,删除硬编码的样式(style="margin-top:100 px; ")。

(7) 在 ManageItem 文件中，单击 Run 按钮。更新后的结果如图 7-12 所示。

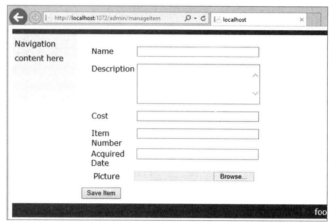

图 7-12　新母版页中的表单

示例说明

如前所述，让内容页面使用另一个母版页，通常是一个简单的过程。只需改变所引用的母版页，然后确保内容控件链接到有效的 ContentPlaceholder。

7.1.3　在 ASP.NET MVC 中创建布局

ASP.NET Web Forms 母版页允许创建一个模板，此模板影响链接到该母版页的任何页面，并能将内容插入母版页上的每个可用区域。ASP.NET MVC 中的布局有点不同，因为母版页依靠服务器控件来指定内容的位置及其识别，而 MVC 没有服务器控件，需要建立页面之间的关系，然后匹配内容占位符控件和内容控件。

ASP.NET MVC 采用另一种方法。一个区别是，任何视图都可以是一个布局；不一定要使用特定的文件。让某个文件成为布局文件的方法是，由另一个文件指定它，且布局文件定义了内容显示在哪里。代码清单 7-4 显示了这个空的布局文件。

代码清单 7-4　ASP.NET MVC 布局页面

```
<!DOCTYPE html>
<html>
<head>
    <title>@ViewBag.Title</title>
</head>
<body>
    <div>
        @RenderBody()
    </div>
</body>
</html>
```

可以看出，这个布局页面中没有任何内容表示它是一个布局页面，其中有一个没有介绍过的 Razor 语法命令：RenderBody。ASP.NET MVC 的 RenderBody 命令与 ASP.NET Web Forms 母版页上的内容占位符有相同的含义，因为它指定另一个文件中的内容应该显示在哪里。

默认的布局文件和默认的母版页是有区别的，因为母版页往往用两个不同的占位符部分创建，一个在 HTML 标题中，另一个在页面体中；而布局页面用一个@RenderBody 命令生成。但是，使用@RenderSection 命令可以添加插入了内容的额外区域。这允许创建的母版页带有一个与主体分离的部分，如代码清单 7-5 所示。

代码清单 7-5　带有一个部分的 ASP.NET MVC 布局页面

```
<!DOCTYPE html>
<html>
<head>
    <title>@ViewBag.Title</title>
</head>
<body>
    <div>
        @RenderSection("Navigation", required: false)
    </div>
    <div>
        @RenderBody()
    </div>
</body>
</html>
```

可以根据需要添加任意多个不同的部分，就像在 Web Forms 中处理内容占位符控件那样。在接下来的示例中，会创建一个 MVC 布局页面。

试一试　创建 ASP.NET MVC 布局页面

这个页面有一个页面体区域和一个放置特殊信息的右边区域。还要增加与 Web Forms 母版页相同的默认样式。然而，与母版页一样，后面的章节将添加菜单结构和其他项。

(1) 确保 RentMyWrox 解决方案在 Visual Studio 中打开。右击 Views 文件夹内的 Shared 文件夹，并选择 Add | MVC 5 Layout Page (Razor)，命名为_MVCLayout，单击 OK。这会在这个目录中创建一个文件，在编辑器中打开它，其中的内容如下：

```
<!DOCTYPE html>
<html>
<head>
    <meta name="viewport" content="width=device-width" />
    <title>@ViewBag.Title</title>
</head>
<body>
    <div>
        @RenderBody()
    </div>
</body>
```

```
</html>
```

(2) 更新文件的内容，如下：

```html
<!DOCTYPE html>
<html>
<head>
    <meta name="viewport" content="width=device-width" />
    <title>@ViewBag.Title</title>
    <link href="~/Content/RentMyWrox.css" rel="stylesheet" type="text/css" />
</head>
<body>
    <div id="header">
    </div>
    <div id="nav">
        Navigation content here
    </div>
    <div id="section">
        @RenderBody()
    </div>
     <div id="specialnotes">
        @RenderSection("SpecialNotes", false)
    </div>
    <div id="footer">
        footer content here
    </div>
</body>
</html>
```

示例说明

首先使用 Visual Studio 搭建功能创建了一个新的页面。然后添加内容，包括样式。与 Web Forms 母版页相比，这一次比较容易，因为所有的辅助项都完成了，如建立样式表。

这里的关键是所建布局文件的位置。该约定是文件名以下划线(_)开头，并将其放在 Shared 目录里。这不是必需的，因为分配时要使用布局文件的名称和路径，所以可以根据需要命名文件，并把它放在任何地方。然而，把文件放在 Shared 目录里，使用下划线表示它是一个视图，可用于其他视图。

这个布局和前面创建的 Web Forms 母版页的另一个区别是：创建了一个特殊的部分 Special Notes，它是可选的；使用这种布局的页面不必提供该部分，页面也能工作。

7.1.4 在 ASP.NET MVC 中创建内容视图

有了布局页面，只是过程的一部分，还需要一个内容页面来引用它，才能看到布局页面。ASP.NET MVC 内容页面仍然是视图；事实上，使用内容页面的视图与不使用它的视图之间唯一的真实区别是：一般存在包含 HTML 元素<head>或<body>等，因为这些元素通常假定是布局页面的一部分。这意味着，ASP.NET Web Forms 的内容页面链接到母版页的内容占位符，而在 ASP.NET MVC 中，这并不总是必要的。MVC 中的默认行为是由 RenderBody 命令写出视图的全部内容，如图 7-13 所示。

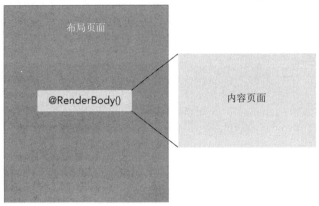

图 7-13　内容页面和 Render 命令之间的关系

链接内容页面和布局页面是很简单的，有两种方法：给每一页分配一个布局页面，或者给内容页面分配特定的页面布局。

对于第一种方法，它链接每个页面。与 Web Forms 的方法类似，在创建内容页面时可以选择要分配给它的母版页。创建 MVC 视图时也有这个功能。图 7-14 显示了 Add View 对话框，请注意底部部分。

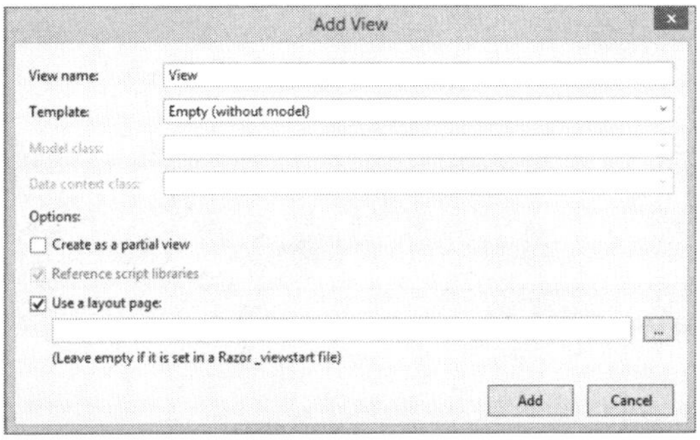

图 7-14　Add View 对话框

默认情况下，Use a layout page 选项通常是选中的，可以打开一个文件选择器，选择一个页面布局。然而，下面的代码比较有趣(如果它在 Razor_viewstart 文件中设置，就使之为空)。_viewstart 文件由 MVC 中解析的任何完整视图读取。在 Solution Explorer 中查看项目，会看到在 Views 目录中创建的默认_ViewStart.cshtml 文件。这个目录中的每个视图及其子目录都会检查这个文件。一般来说，ViewStart 文件的内容相对简单：

```
@{
    Layout = "~/Views/Shared/_SomeLayoutFile.cshtml";
}
```

这一行表明，对于所有尚未在该文件中指定的文件，视图都应该使用 Shared 目录中的_SomeLayoutFile。代码清单 7-6 显示了在 ASP.NET MVC 中创建视图时，三种不同的基本输出。

代码清单 7-6　基于不同布局选项提供的内容

没有布局

```
@{
    Layout = null;
}
<!DOCTYPE html>
<html>
<head>
    <meta name="viewport" content="width=device-width" />
    <title>PageWithoutLayout</title>
</head>
<body>
    <div>
    </div>
</body>
</html>
```

使用默认布局

```
@{
    ViewBag.Title = "PageWithDefaultLayout";
}
<h2>PageWithDefaultLayout</h2>
```

使用指定文件的布局

```
@{
    Layout = "../Shared/_MVCLayout.cshtml";
    ViewBag.Title = "PageWithNamedLayout";
}
<h2> PageWithNamedLayout </h2>
```

可以看出，有布局和没有布局之间的主要差异是：生成的 HTML 标记和布局本身的引用方式。如果布局是 null，该页面就不是内容页面，所以需要所有的 HTML 元素，包括< html >、< title>和< body>；如果完全没有布局，则用于布局的页面就是 ViewStart 文件中设置的页面，其中已经包含了< html >、< title>和< body>元素。否则，要使用的布局页面就是在文件中定义的页面。

一旦在内容页面和布局页面之间建立了连接，内容页面的整个内容就显示到布局页面上 RenderBody 命令的位置。然而，RenderSection 命令又是什么？如何填充内容？

给 RenderSection 命令提供内容的方法类似于 ASP.NET Web Forms 中使用的方法，即必须确定要添加到 RenderSection 命令的内容，但不是使用服务器控件，而是使用特殊的 Razor 语法方式，如下所示：

```
@section SpecialNotes {
  <div class="primary">
      There are special notes here.
```

```
        </div>
    }
```

为了创建内容部分，要使用 Razor@字符后跟关键字 section。然后，提供部分的名称和花括号(表示代码块的区间)。这些花括号中的内容会替换@RenderSection 命令。因为括号使之成为完全独立的代码块，所以它可以放在内容页面的任何地方。然而，通常它出现在页面的最顶端或最底部，因为它位于主要内容的两端时，对页面其余部分的视觉干扰更少。可以根据需要有任意多个部分，但要确保提供所有必需的部分。

同时请记住，可以有许多不同的布局页面。例如，示例站点有一个母版页用于 Admin 目录中的文件，另一个模板文件用于 MVC 文件，其内容是不同的。如果网站完全是 MVC 或 Web Forms，则仍然需要多个布局文件，因为在应用程序的不同区域显示的信息是不同的。

下面的练习把 ASP.NET MVC 内容页面从一个布局页面转换到另一个布局页面。

试一试　　把 ASP.NET MVC 内容页面从一个布局页面转换到另一个布局页面

本例描述两种不同的转换方式，以练习控制 MVC 视图布局的两种方式，但在生产站点上往往不会这样做。

(1) 确保 RentMyWrox 项目在 Visual Studio 中打开。在 Solution Explorer 窗口中，找到并双击 Views/UserDemographics 目录下 Index.cshtml 文件。打开的页面应该如下：

```
@{
    Layout = "../Shared/_Layout.cshtml";
    ViewBag.Title = "Index";
}
```

(2) 用本章前面创建的文件名_MVCLayout.cshtml 取代_Layout.cshtml，结果如下：

```
@{
    Layout = "../Shared/_ MVCLayout.cshtml";
    ViewBag.Title = "Index";
}
```

(3) 打开 Views/UserDemographics 目录下的 Manage.cshtml 文件。在这个文件的顶部，你会发现它没有任何指定布局的代码行。这说明它使用 ViewStart 文件进行模板的管理，所以这里没有什么可做的。

(4) 打开 Views/UserDemographics 目录下的 ViewStart.cshtl 文件。修改布局的分配，如下：

```
Layout = "~/ViewsShared/_MVCLayout.cshtml";
```

示例说明

把 ASP.NET MVC 内容页面链接到 MVC 布局页面很简单，只需显式地设置页面的 Layout 属性，或把 Layout 属性设置为 null，指定不分配布局。不指定布局，就告诉系统使用 ViewStart 文件中定义的默认布局。这与 Web Forms 完全不同，Web Forms 必须使用母版页；在 MVC 中，它们是常规设计标准的一部分，如图 7-15 所示，其中已经自动选中使用布局页面选项。至少应假设使用默认的_viewstart。

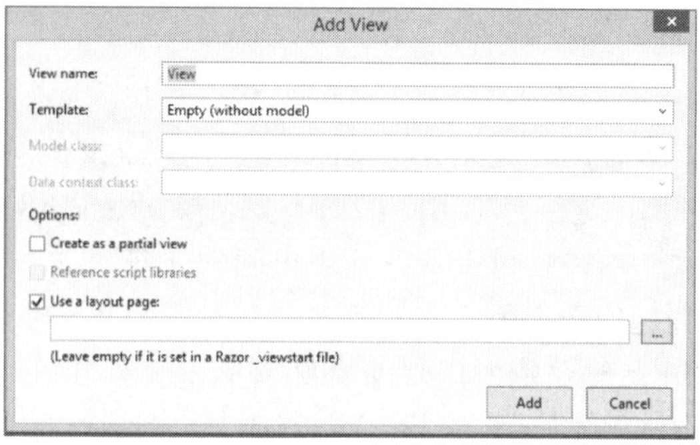

图 7-15   创建全新视图的初始对话框

7.2   使用集中的基本页面

在 ASP.NET Web Forms 页面中使用的代码隐藏时，可能注意到一些代码，但没有多想：

```
public partial class ManageItem : System.Web.UI.Page
```

第 4 章提到，上面的代码段指出，ManageItem 类继承了 System.Web.UI.Page 类，所以 System.Web.UI.Page 类的所有公共属性和方法都可用于 ManageItem 类。这里使用继承来轻松地访问 Web Forms 的所有自定义逻辑和事件处理程序。

也可以对 ASP.NET MVC 控制器执行同样的操作，注意，控制器以相同的方式定义，但它们继承自 Controller 而不是 System.Web.UI.Page：

```
public class UserDemographicsController : Controller
```

可以利用这个继承，抽象出另一层。这允许创建另一个页面，其中包含的代码可以自动用于多个页面。典型示例包括数据库配置和访问管理、日志记录、国际化(以多种语言和文化显示应用程序)，或者每个页面需要相同代码的其他场景。如图 7-16 所示，其中有两部分，一部分没有基类，另一部分增加了基类。

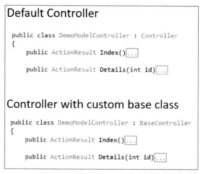

图 7-16   添加一个基类

下面给 ASP.NET Web Forms 页面创建一个基类。这个基类帮助在所呈现的 HTML 页面上设置元标记。你可能认为这是多余的，因为我们在 HTML 标题部分有一个内容占位符，但使用基类操作它们是非常容易的。

元标记

元数据是关于数据的数据。它给它应用的数据提供上下文。HTML 有<meta>标记,它提供了关于 HTML 文档的元数据。元数据不会显示在页面上,但是计算机可以理解它。通常情况下,HTML 文档上的元标记用于指定页面描述、关键词、文档的作者、上次修改时间和内容的其他细节。

元数据的最常见用途是为搜索引擎提供页面上信息的额外细节。元信息的一个示例如下:

```
<head>
<meta charset="UTF-8">
<meta name="description" content="Tool lending library for the local area.
We have...">
<meta name="keywords" content="Tools, Library, Checkout Tools">
</head>
```

站点中的每个页面都可以包含一组不同的元信息,因为每个页面都显示不同的项。

如果不打算使用基本页面,就必须确保包含标题 ContentControl,然后使用 HTML<meta>元素构建元标记。以下示例展示了一个更快、更简单的过程。

试一试　为 ASP.NET Web Forms 页面创建基本页面

这个练习将创建一个新的基本页面,添加一些自动创建元数据信息的代码,然后转换当前的 Web Forms 页面来使用这个新的基本页面。

(1) 打开 Visual Studio,确保 RentMyWrox 解决方案是打开的。右击 RentMyWrox 项目,并选择 Add│New Item。在 Add New Item 对话框中,确保在左边的窗格中选择 Code,选择 Class,将其命名为 WebFormsBaseClass.cs,如图 7-17 所示。这会添加新文件,并在编辑器中打开它。

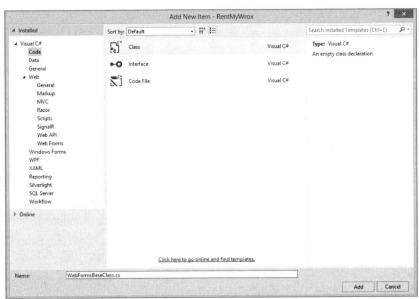

图 7-17　创建一个新的基类

(2) 确保这个新类继承 Page 类(见图 7-18)。

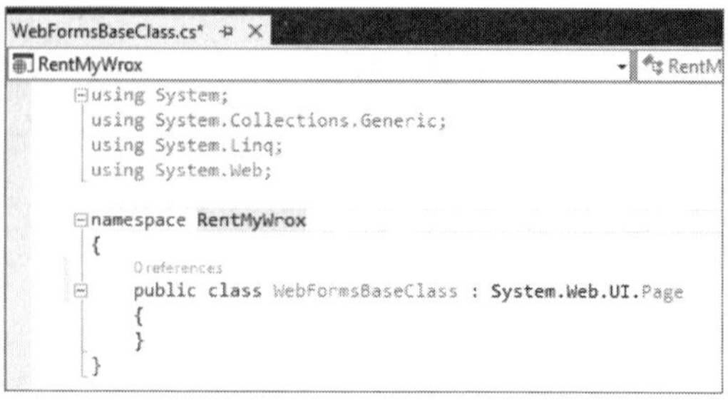

图 7-18　继承 Page 类

(3) 给这个类添加以下两个属性：

```
public string MetaTagKeywords { get; set; }
public string MetaTagDescription { get; set; }
```

(4) 添加 OnLoad 方法，其内容如图 7-19 所示。确保添加最后一条 using 语句；如果没有这条 using 语句，就不能访问 HtmlMeta 类。

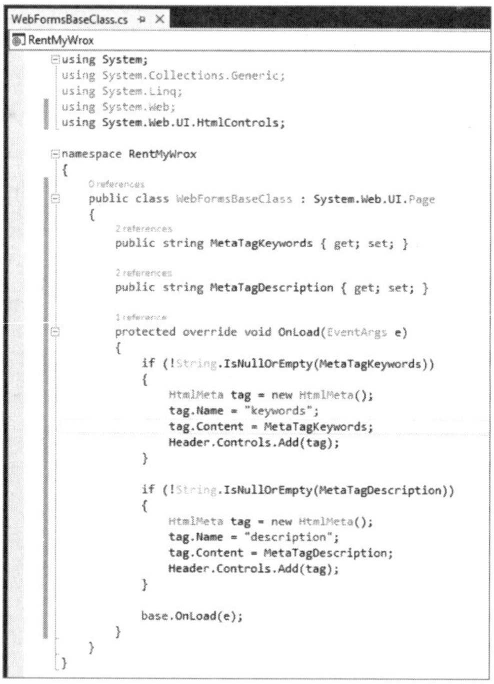

图 7-19　重写 OnLoad 方法

(5) 打开 Admin/ManageItem.aspx.cs 代码隐藏页面，用 WebFormsBaseClass 替换 System.Web.UI.Page。还必须添加一条 using 语句，以确保页面可以找到这个类：

```
using RentMyWrox;
```

对 Admin/OrderList.aspx.cs 重复相同的步骤。

(6) 在转换的一个页面上运行应用程序，应用程序会成功运行。查看页面的源代码，结果如下：

```
<head>
<title>
</title>
<link href="../Content/RentMyWrox.css" rel="stylesheet" type="text/css" />
</head>
```

(7) 停止运行应用程序。打开 ManageItem.aspx，把如图 7-20 所示的内容添加到页面定义中。

```
<%@ Page Title="" Language="C#" MasterPageFile="~/WebForms.Master" AutoEventWireup="true" CodeBehind="ManageItem.aspx.cs" Inherits="RentMyWrox.Admin.ManageItem"
    MetaTagDescription="Manage the items that are available to be checked out from the library"
    MetaTagKeywords="Tools, Lending Library, Manage Items, actual useful keywords here" %>
```

图 7-20　将值添加到页面的定义中

(8) 在 ManageItem 页面中运行应用程序。现在查看页面的源代码，你会发现这些内容已经添加到标题上：

```
<head>
<title>
</title>
<link href="../Content/RentMyWrox.css" rel="stylesheet" type="text/css" />
<meta name="keywords" content="Tools, Lending Library, Manage Items,
        actual useful keywords here" />
<meta name="description" content="Manage the items that are available to be
        checked out from the library" />
</head>
```

(9) 回到新的基本页面，并添加如图 7-21 所示的代码行。

```
else
{
    throw new Exception("Your keywords are empty");
}
```

```
else
{
    throw new Exception("Your description is empty");
}
```

图 7-21　添加设置关键字和描述的验证代码

(10) 确保在编辑器窗口中激活 ManageItem，运行应用程序。应用程序应该像之前一样工作。在地址栏中从 ManageItem 页面改为 OrderList 页面，按下回车键。此时不会成功地渲染，而是返回如图 7-22 所示的错误屏幕。

(11) 打开 OrderList 标记页面，并添加关键字和描述。如果现在运行应用程序，就不再返回服务器错误。

示例说明

这个练习完成了几个任务。首先，利用面向对象的继承特性来创建一个类，其中包含在多个地方使用的公共逻辑。这是 ASP.NET 已经利用的一个功能，因为如前所述，所修改的网页继承了另一个页面，我们只是在其中添加一个页面而已。

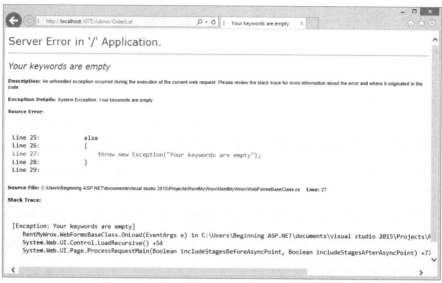

图 7-22　没有设置关键字和描述时抛出的错误

基本页面完成的最重要的一件事是继承了 System.Web.UI.Page 类。如果不执行这一步，而是让 Web 页面继承一个非扩展基类，就会得到如图 7-23 所示的错误，这说明尝试访问的页面没有扩展 System.Web.UI.Page 类——这是一个很明显的错误。

前面创建的基类演示了几个新特性。第一个是重写 OnLoad 方法。这里使用的关键字 override 意味着在继承的类中，有一个方法具有相同的名称和方法签名(参数列表)，且我们要扩展该方法。因为这个既存的方法，所以必须使用 override 关键字扩展基本方法，或使用 new 关键字告诉编译器，取代基类中的方法。

有必要重写此方法，因为它是默认的 ASP.NET Web Forms 事件处理堆栈的一部分。使用这种方式可以确保每次处理页面时都调用该方法——不需要执行任何其他操作来关联它。

方法中完成的代码对每组元数据做两个不同的操作。首先，它创建要写入输出 HTML 的标记。为此使用了 HtmlMeta 类，在其中设置了 Name 和 Content 属性，然后把类添加到控件的标题集合中。与前面介绍的其他服务器控件一样，这一项最终创建了所需的 HTML 元标记。

图 7-23　页面没有扩展 System.Web.UI.Page 时抛出的错误

在 OnLoad 方法中完成的第二个操作是，添加一个检查来确定属性值是否已设置。如果方法发现没有设置值，就会抛出一个异常，而不是继续执行过程。这意味着，没有提供必要信息的任何页面都不会起作用，缺失的关键字和描述会比较明显。所以应用程序第一次在没有关键词的情况下运行时，返回一个异常，一旦添加了关键词，应用程序就能成功运行。

创建了新基类之后，就必须更改现有的页面，以使用新类。这很简单，因为只需要用新的继承替换默认继承。

7.3　小结

保持一致的外观和操作方式是网站品牌的一个重要组成部分，ASP.NET 提供了帮助满足这一需求的支持。在 ASP.NET Web Forms 中，这种支持就是母版页，而在 MVC 中它称为布局。它们都满足类似的需求；然而，它们的实现方式不同，因为特定的框架是不同的。

在母版页中，页面上用其他地方的内容填充的部分是使用 ContentPlaceholder 服务器控件定义的。对于母版页中的每个占位符控件，内容页面都可能有一个链接的内容控件。例如，如果母版页有三个占位符控件，则内容页面至多可以有三个内容控件，分别链接到母版页上的各个占位符。通过这种方法，内容页面上内容元素包含的所有内容基本上替换了占位符控件。

MVC 采用不同的方法。内容页面被布局页面上的@RenderBody 命令完全替代，而不是用一个控件的内容替换模板中指定区域内的内容。唯一的例外是@RenderSection 方法，该方法提取内容页面的一个子集，用于替换——在专门定义的一组花括号中的页面部分。

虽然模板在每个框架中的实现是不同的，但它们的目标是相同的：给 Web 应用程序提供了一致的外观和操作方式。尤其是 ASP.NET Web Forms，允许做更多的工作，以确保应用程序的一致性。前面创建了一个基类，帮助确保轻松地配置所有页面上的元数据，这是一个很容易被忽视的任务。然而现在，创建一个不包含这些信息的页面时，会收到一个异常，提醒添加该数据。增加基类利用了标准的面向对象继承特性，来提供在整个应用程序中使用的功能。

7.4　练习

1. 为什么不直接在视图上使用基类，就像在 Web Forms 页面或 MVC 控制器上使用基类一样？

2. 在 ViewStart 页面上使用 Layout 命令的优势是什么？

7.5　本章要点回顾

基类	这个类包含在多个页面上有效的共享功能。ASP.NET Web Forms 页面可以有基类或插入继承树的类。ASP.NET MVC 控制器页面也可以拥有它们
@RenderBody	一个 Razor 语法命令，视图引擎用于确定需要写出的内容。这个命令放在布局页面中，使用时，内容页面的所有输出用于代替这个命令

(续表)

@RenderSection	Razor 中的另一个命令。RenderBody 会把整个输出集放在区域中,作为替代,而 RenderSection 仅找到内容页面中任何命名的部分,再使用界定好的输出。这是布局页面的一部分
@Section	一个 Razor 关键字,它定义显示在@RenderSection 命令中的内容指定区域。它是内容页面的一部分
Content 控件	asp:Content 控件用于 ASP.NET Web Forms 内容页面。它定义的内容显示在母版页的 ContentPlaceHolder 控件中。Content 控件通过 Content 控件上的 ContentPlaceHolderId 来引用占位符控件
ContentPlaceHolder 控件	asp:ContentPlaceHolder 控件用于母版页,表示内容页面提供的内容放在什么地方。它不知道要检索什么内容,只知道可能会有一些内容。如果内容页面没有提供内容,不会发生错误
模板	ASP.NET Web Forms 母版页和 ASP.NET MVC 布局页面允许模板化网站的外观,使大部分的设计放在一个页面上,这样在一个地方进行的变更会影响所有页面

第 **8** 章

导　航

本章要点

- 如何在 ASP.NET Web Forms 和 MVC 中创建导航模式
- 把绝对 URL 和相对 URL 合并到流中
- ASP.NET MVC 路由的工作原理
- 如何以编程方式把用户发送到另一个页面

本章源代码下载:

本章源代码的下载网址为 www.wrox.com/go/beginningaspnetforvisualstudio。从该网页的 Download Code 选项卡中下载 Chapter 08 Code 后,可以找到与本章示例对应的单独文件。

帮助网站访客找到所需信息是 Web 应用程序成功的关键。必须有一个合乎逻辑的、直观的导航结构。如果用户找不到所需的信息,就会丧失成为该网站客户的兴趣,创建网站的工作就白费了。这个直观的导航结构是整个网站用户体验(User Experience,UX)的一个关键因素,即用户如何理解、使用网站设计和结构。

上一章提到,主页面和布局页面用来给 Web 应用程序提供一致的外观和操作方式。本章要进一步建立这些页面,因为导航结构是应用程序中最常见的共享部分。在建立每种类型时,会再次讨论 Web Forms 和 MVC 应用程序的不同方法,如 ASP.NET Web Forms 使用服务器控件,而 MVC 使用各种其他非服务器端控件的方法。

本章不仅学习使用菜单和导航结构,还详细讨论 ASP.NET MVC 中的路由。在 ASP.NET Web Forms 中,理解什么页面响应哪个请求是很简单的。每个有效的页面请求都有一个.aspx 页面。前面已经讨论过它如何不同于 MVC;本章将学习路由的很多高级知识,以及如何基于请求的 URL 选择控制器中的动作。

8.1 浏览站点的不同方式

导航结构的目的是让用户能方便、直接地从一个页面移到另一个页面。看到标准网站的菜单结构时，只不过看到了移到网站某个特定部分的一种方式。其他部分可以是静态的"关于我们"页面或电子商务产品页面(该页面允许用户购买汽车)。每个页面都表示一个资源——客户端浏览器的一个特定请求，Web 服务器会接收请求，执行一些分析，然后决定如何响应，用特定的资源满足该请求。

从一个位置移到另一个位置的主要方式是使用HTML锚标签<a href="Login.aspx"> Login to the Site</a>。这会把一个 HTTP 请求发送到 href 特性中的 URL。几乎每种形式的导航结构都基于这个 HTML 元素。

可以看出，因为有一个 HTML 元素来做这项工作，还有一个基于 ASP.NET Web Forms 的功能集，使用服务器控件来帮助构建锚标记。在这里是 asp: HyperLink 服务器控件。虽然可能是独一无二的服务器控件，但输出是一个标准的 HTML 锚标记。

8.1.1 理解绝对 URL 和相对 URL

把用户发送到网站的另一个页面时，HTML 锚元素做了很多工作。然而，定义这个资源的地址有几种不同的方式。要记住，HTTP 请求是发往具体资源的地址。这个地址称为 URL 或统一资源定位符。

> **URL 和 URI**
>
> 你在本书中可能见到名为 URI 或统一资源标识符的值，它与 URL 一起使用。它们并不相同，但在许多情况下，它们看起来是一样的。主要的区别是最后一个字符: 定位器和标识符。URI 标识对象，而 URL 定位对象。它们的区别不仅仅是语义。URL 不一定识别它得到的资源，而只是得到资源。URI 标识资源，它的一个特性是资源的地址或 URL。因此，完全标识的资源都有定位器(URL)，但并不是所有的 URL 都是 URI 的一部分。

有两种不同类型的 URL: 绝对 URL 和相对 URL。绝对 URL 包含资源的完整地址，这意味着不需要了解网站包含的导航结构，就可以找到需要的资源。下面的示例是一个绝对 URL。注意它包括协议和完整的服务器地址:

```
<a href="http://www.rentmywrox.com/account/login">Login</a>
```

资源位于什么地方是毫无疑问的。然而，使用绝对 URL 可能有问题。例如在示例应用程序中，使用这种方法意味着，无法链接到当前解决方案中的任何页面，因为链接会关联到已部署的网站而不是本地网站。使用绝对 URL 并不总是适合链接到当前应用程序中的页面，它需要链接到不同域的页面，如外部网站。

另一方面，相对 URL 定义定位器所使用的方法，更像是获得所需页面的方向。这些方向基于显示链接的页面。下面的代码是相对 URL 的一个示例:

```
<a href="../Admin/ManageItem">Login</a>
```

可以看出，地址中没有服务器名称，而有一些句点和斜杠。每个双句点代表移到目录结构的上一级；它们用作获得所需资源的方向。因为这是一组方向，所以前面示例中的 URL 告诉浏览器，首先在文件结构中上升一级，然后进入 admin 目录，寻找名为 ManageItem 的页面。在图 8-1 中，这个 URL 指向 Admin 目录中突出显示的 ManageItem 页面。

图 8-1　相对 URL

如前面的章节所述，也可以使用波浪号(~)构建 URL。采取这种方法会把前面的示例改为：

```
<a href="~/account/login" runat="server">Login</a>
```

这是一个重要的区别，因为使用"句点"方法，只要在页面之间移动——包含链接的页面和被链接的页面，就必须更新链接。使用波浪号方法就是告诉系统，进入应用程序的根目录，并从那里开始，所以包含链接的页面的任何位置变化，都不影响系统确定在哪里可以找到资源的能力。然而，要注意，必须包括 runat 特性，以确保服务器处理 HTML 控件。这是因为使用波浪号字符，需要服务器端的处理；根目录的值取代了波浪号，所以这是一个更灵活的方法。

波浪号要求服务器参与，还有另一种方法，允许系统请求服务器上基于根目录的 URL。这种方法如下所示：

```
<a href="/account/login">Login</a>
```

这两者的区别是很微妙的，但在 URL 的前面放置斜杠字符(/)，就告诉系统从服务器根目录开始，沿着目录树向下查找。

虚拟应用程序

IIS 7 及其以上版本都正式建立了站点、应用程序和虚拟目录的概念。现在，虚拟目录和应用程序在层次关系中是单独维护的对象，是 IIS 中配置的一部分。一般来说，单个网站包含一个或多个应用程序。应用程序可能包含一个或多个虚拟目录，每个虚拟目录映射到计算机上的一个物理目录。

　　这意味着什么？最重要的部分是网站可能有多个应用程序的概念。网站总会有一个应用程序，即默认应用程序，但可能会有其他应用程序。这些应用程序都驻留在自己的目录中；如果样例应用程序运行为 Web 服务器上的次要应用程序，基本 URL 就不是我们期望的结果——它将使用 http://server.domain.com/hostingdirectoryname/，而不是 http://server.domain.com (没有虚拟应用程序时使用的基本 URL)作为根目录。如果 RentMyWrox 是默认网站的一个虚拟应用程序，IIS 管理控制台就显示如图 8-2 所示的结果。

图 8-2　把 RentMyWrox 作为虚拟应用程序的 IIS 管理控制台

　　因为有了虚拟应用程序的概念，所以波浪号是一个重要结构。如果应用程序将在生产环境中部署为虚拟应用程序，使用波浪号就很重要，因为它在要链接的 URL 中正确包括相对目录。这与使用前缀斜杠是不同的，因为它会进入根目录，这比实际包含代码的目录高一级。

　　在 Visual Studio 中工作时你可能没有注意到，因为默认情况下，本地应用程序 IIS Express 处理正在创建的内容，它总是从应用程序的根目录开始。因此，在调试期间使用任何一个解决方案都不会有任何问题，因为没有默认的应用程序。然而，当作为虚拟应用程序部署到服务器时，这些使用斜杠方法的链接就无效了，因为它们没有考虑虚拟应用程序的目录。

　　只有在当前处理的应用程序不会部署为虚拟应用程序时，才能在 URL 的前面加上斜杠字符(/)。

8.1.2　理解默认文档

　　输入一个简单的 URL，如 http://www.wrox.com，为什么就会进入一个内容页面？这是因为已经给服务器分配了一个特定的文件，在该方向上，会处理对目录(包括根目录)的调用。也就是说，页面的内容定义为一个默认文档。

　　默认文档的名称是 IIS 配置的一部分，是特定于 ASP.NET Web Forms 的，因为我们期望一个文件被指派来处理这些不包含待检索文档的调用。传统上，几个文档定义为潜在的默认文档，但最常见的文件是 Default.aspx。当向 http://server.domain.com/发送请求时，就返回根目录中的 Default.aspx 文件。

只要请求是针对目录的而不是针对该目录中的内容，服务器就使用默认文档；因此，根目录下子目录中的 Default.aspx 文件就处理对该目录的默认调用。因为有了这种内置的功能，所以建议在尝试链接时，不声明 URL 的默认部分；相反，仅引用目录名称，允许服务器根据需要处理默认文件。

也可以在 web.config 配置文件中给 ASP.NET Web Forms 目录设置默认文档。这里显示的代码是：

```
<system.webServer>
  <defaultDocument>
    <files>
      <clear />
      <add value="Default.aspx" />
    </files>
  </defaultDocument>
</system.webServer>
```

前面的代码片段也将默认文档设置为Default.aspx或指定的任何其他文件。defaultDocument元素定义为system.WebServer元素的一部分。上面的示例列出了一个默认值，还可以添加多个包含在files元素中的add元素。服务器会首先尝试返回列出的页面，如果文件不存在，就使用下一个文件名，试图返回该文件。继续遍历该列表，直到发现匹配的返回文件。

注意 clear 元素。需要删除任何其他可能已设置的默认文档，例如 Web 站点的 IIS。不需要添加 clear 元素；然而这样做可以确保 web.config 文件只包含已设置的默认文档。

8.1.3　友好的 URL

创建 ASP.NET 项目时，它包含了一组默认的配置，包括默认路由。这些默认信息是 App_Start\RouteConfig.cs 文件的一部分(见图 8-3)。

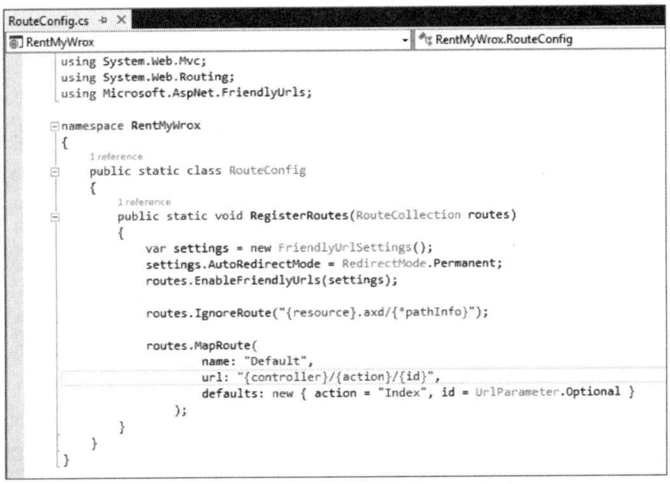

图 8-3　最初的 RouteConfig.cs 文件

现在只考虑这个文件的一个部分，第一部分包括 FriendlyUrlSettings。添加 FriendlyUrlSettings 允许调用 ASP.NET Web Forms，而不必使用.aspx 扩展名。这意味着，可以创建一个链接，通过调用 ManageItem 来访问文件 ManageItem.aspx，无需在 URL 中包括扩展名。

FriendlyUrlSettings 不仅允许使用没有扩展名的文件名，也允许把其他信息添加到 URL 中。这是友好 URL 的另一个特点，能解析完整的 URL 值，分解信息，在页面的代码隐藏中使用。因此，系统可以理解 ManageItem\36，允许访问 URL 中的值。不过这并不是自动发生的，必须做一些工作来访问该信息。例如，假设希望用户访问 URL http://www.servername.com/SomePage/2/20/2015，其中的工作由 SomePage.aspx 页面处理。如果附加到 URL 的值代表一个日期，就将能够访问它们，如下所示：

```
protected void Page_Load(object sender, EventArgs e)
{
    List<string> segments = Request.GetFriendlyUrlSegments();

    int month = int.Parse(segments[0]);
    int day = int.Parse(segments[1]);
    int year = int.Parse(segments[2]);
}
```

就 URL 而言，使用 FriendlyUrls 能够为 ASP.NET MVC 和 Web Forms 构建一致的用户体验。在引入 FriendlyUrls 之前，必须采取更传统的查询字符串方法，如下所示：

```
http://www.servername.com/SomePage.aspx?SearchDate=2-20-2015
```

看着两个 URL 之间的差异，可以看出，Web 搜索引擎更容易理解把数据包括为地址一部分的特定资源，而不是把一些无关信息贴到 URL 末尾的资源，例如查询字符串。

有额外的方法来管理解析友好 URL 所得结果的 URL 部分，但它们包括在以后章节使用的其他服务器控件中。

8.2　使用 ASP.NET Web Forms 导航控件

ASP.NET Web Forms 不仅提供了锚标记来构建网站中的导航功能，还有三个不同的服务器控件：TreeView、Menu 和 SiteMapPath 控件。这些控件提供了一种不同的方式来管理 Web 应用程序中的链接和导航。TreeView 和 Menu 控件创建的链接列表可供用户单击，而 SiteMapPath 控件提供了一个"面包屑"方法来在上下文中查看一个人的位置。图 8-4 显示了两个链接管理控件的默认显示。

这两个控件采用稍微不同的方式来呈现相同的内容。TreeView 使用一个扩展程序，打开或关闭任何包含的子菜单内容，而 Menu 控件使用"展开"的方法，提供了一个区域，把鼠标停放在该区域，就展开子菜单，使之可见。

注意，这两个控件输出相同的导航结构。这个结构在一种特殊类型的文件(站点地图)中定义。在 ASP.NET Web Forms 中，站点地图是一种特殊的 XML 文件，包含应用程序使用的结构定义。代码清单 8-1 显示了 Web.sitemap 文件的内容，该文件用于创建如图 8-4 所示的项。

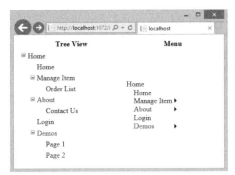

图 8-4　TreeView 和 Menu 控件的默认显示

代码清单 8-1　Web.sitemap 文件示例

```xml
<?xml version="1.0" encoding="utf-8" ?>
<siteMap xmlns="http://schemas.microsoft.com/AspNet/SiteMap-File-1.0">
  <siteMapNode url="~/" title="Home" description="Home">
    <siteMapNode url="~/Default" title="Home" description="Home"/>
    <siteMapNode url="~/Admin/ManageItem" title="Manage Item" >
      <siteMapNode url="~/Admin/OrderList" title="Order List" />
    </siteMapNode>
    <siteMapNode url="~/About" title="About" >
      <siteMapNode url="~/Contact" title="Contact Us" />
    </siteMapNode>
    <siteMapNode url="~/Account/Login" title="Login" />
    <siteMapNode url="~/Demonstrations" title="Demos">
      <siteMapNode url="~/Demonstrations/Page1" title="Page 1" />
      <siteMapNode url="~/Demonstrations/Page2" title="Page 2" />
    </siteMapNode>
  </siteMapNode>
</siteMap>
```

文件中的每个节点都是 siteMapNode，可能包含或不包含其他 siteMapNodes。当一个节点包含其他节点时，就创建了控件能够解释的父子关系。Menu 控件默认使用右向箭头，而 TreeView 控件使用+/-约定来访问子节点。

siteMapNode 有三个属性：url、title 和 description。url 是想打开的页面，title 是显示为链接中可单击部分的文本，把鼠标悬停在链接上，description 就显示为工具提示。

把 web.sitemap 链接到 Menu 和 TreeView 控件上不是很复杂。代码清单 8-2 展示了前述页面的完整标记。

代码清单 8-2　在 SiteMapDataSource 中添加 Menu、TreeView 控件以及链接的标记

```aspx
<%@ Page Language="C#" AutoEventWireup="true" CodeBehind="Page1.aspx.cs"
        Inherits="RentMyWrox.Demonstrations.Page1" %>
<!DOCTYPE html>
<html xmlns="http://www.w3.org/1999/xhtml">
<head runat="server">
    <title></title>
</head>
```

```
<body>
    <form id="form1" runat="server">
    <div>
        <table width="100%">
            <tr>
                <th>Tree View</th>
                <th>Menu</th>
            </tr>
            <tr>
                <td><asp:TreeView DataSourceId="ds" runat="server" /></td>
                <td><asp:Menu StaticDisplayLevels="2" DataSourceID="ds"
                        runat="server" /></td>
            </tr>
        </table>
        <asp:SiteMapDataSource ID="ds" runat="server" />
    </div>
    </form>
</body>
</html>
```

尚未讨论的新控件是 SiteMapDataSource。这是一个服务器控件，是一个作为数据源为其他控件提供信息的控件。注意，它不指向任何特定的站点地图文件。这是因为它查找的默认文件是应用程序根目录下的 Web.sitemap 文件。如果想使用多个站点地图或非传统命名的文件，就需要做一些额外的工作，修改配置和代码隐藏。在下面的练习中不采用这种方式，而是创建 Web.sitemap。

试一试　创建 Web.sitemap 文件

这个练习创建 Web.sitemap 文件，用来给样例应用程序的管理部分创建菜单结构。

(1) 确保样例应用程序在 Visual Studio 中打开。

(2) 在 Solution Explore 中，右击项目并选择 Add | New Item。使用适当的语言(C#或 VB)，进入 Web/General 部分，选择站点地图，如图 8-5 所示。默认的名字是 Web.sitemap，这就是我们想要的文件名。

(3) 用以下代码替换文件中的内容，并保存文件：

```xml
<?xml version="1.0" encoding="utf-8" ?>
<siteMap xmlns="http://schemas.microsoft.com/AspNet/SiteMap-File-1.0" >
  <siteMapNode url="~/Admin/" title="Admin Home"
            description="Home page for the admin section">
    <siteMapNode url="~/Admin/Default" title="Admin Home"
            description="Home page for the admin section" />
    <siteMapNode url="~/Admin/ItemList" title="Items List"
            description="List of available items" />
    <siteMapNode url="~/Admin/OrderList" title="Order List"
            description="List of orders" />
    <siteMapNode url="~/Admin/UserList" title="User List"
            description="List of users" />
  </siteMapNode>
</siteMap>
```

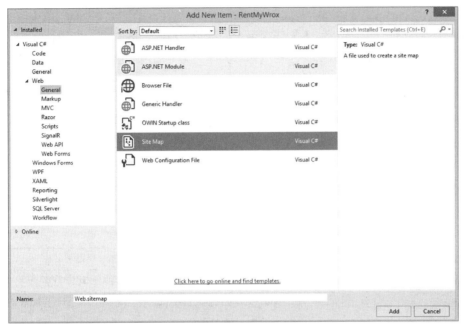

图 8-5　创建 Web.sitemap 文件

Web.sitemap 文件就处理好了。

示例说明

首先注意，输入的代码只在 4 个不同的页面调用，其中的三个页面甚至没有添加到示例应用程序中：Default.aspx、ItemList.aspx 和 UserList.aspx。因此不要担心它们没有包含在本地的解决方案中。

因为站点地图是一个 XML 文件，所以适用一些标准规则。首先，有一个 sitemap 元素。这个基本节点把它包含的所有内容都定义为站点地图的内容。页面中的下一项是siteMapNode 元素。注意，其余的 siteMapNodes 都包含在第一个节点中。这是必需的，如果想在 siteMap 元素中添加多个 siteMapNode，就会得到一个服务器异常，如图 8-6 所示。

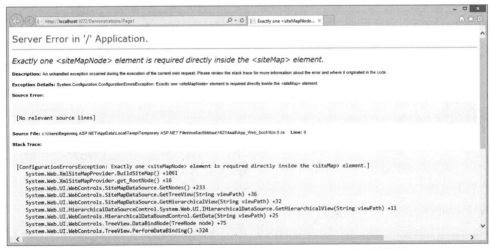

图 8-6　多个 siteMapNodes 出现在 sitemap 元素中显示的错误

对于 Web.sitemap，最后要注意的是多个元素不能有相同的 URL，可能是因为 ASP.NET 开发团队认为，同一个页面可能不需要两个不同的菜单链接。我们添加的数据能突破这个限制，因为前两个元素利用了默认页面的概念，其中一个 URL 指向目录，另一个 URL 直接指向 Default.aspx。

配置了菜单的数据后，下一个任务是增加使用数据的对象，此时应使用 Menu 服务器控件。

使用 Menu 控件

ASP.NET Web Forms 的 Menu 控件提取站点地图文件，把它解析成一系列 HTML 锚元素，允许用户浏览应用程序。作为一个典型的服务器控件，可以管理它的各种属性，如表 8-1 所示。

表 8-1　Menu 控件的属性

属性	说明
CssClass	在处理服务器控件的过程中给输出的 HTML 元素分配一个类名
DataSourceId	管理 Menu 和 SiteMapDataSource 控件之间的关系，以管理到站点地图文件的连接
DisappearAfter	控制鼠标移开后动态子菜单可见的时间。这个值以毫秒为单位，默认值为 500 毫秒或 0.5 秒
IncludeStyleBlock	指定 ASP.NET 是否应该为菜单中使用的样式显示 CSS 定义。把该属性设置为 true，运行页面，在浏览器中查看页面，就可以得到 Menu 控件生成的一份默认 CSS 块。接着可以在浏览器中查看页面的源代码，将 CSS 块复制、粘贴到页面标记或单独的文件中
MaximumDynamicDisplayLevels	指定为客户提供的动态子菜单的级别。例如，3 意味着只有嵌套深度是 3 或更少的值才会呈现。超过三层的任何项都不显示在这个菜单中
Orientation	提供了菜单的输出方向，可以是水平或垂直
RenderingMode	指定 Menu 控件是呈现 HTML 表格元素和内联样式，还是列表项元素和 CSS 样式
StaticDisplayLevels	定义 Menu 控件输出的非动态级别数
Target	指定打开所请求页面的目标窗口

下一步是利用这些信息，把一个菜单控件添加到示例应用程序中，详见下面的练习。

试一试　添加一个菜单控件

创建了站点地图后，下一步是创建一个菜单，显示其内容。在这个练习中，要在示例应用程序的管理区域配置的母版页中创建一个 Menu 控件。

(1) 确保运行 Visual Studio，打开 RentMyWrox 应用程序。在标记窗口中打开根目录中的 WebForms.Master 文件。找到页面的占位符文本 Navigation content here，删除它。

(2) 打开工具箱：展开 Navigation 部分，单击 Menu 选项。如果找不到工具箱，可选择 View | Toolbox 来显示它。把项拖到刚才删除占位符文本的地方。之后，页面如下所示：

```
<div id="nav">
    <asp:Menu ID="Menu1" runat="server"></asp:Menu>
</div>
```

(3) 切换到设计模式。单击 Menu 控件，激活扩展器箭头。单击箭头，查看如图 8-7 所示的配置对话框。

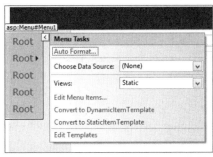

图 8-7　在设计模式下配置 Menu 控件

(4) 在 Choose Data Source 下拉框中选择<New data source…>，这将打开如图 8-8 所示的对话框。

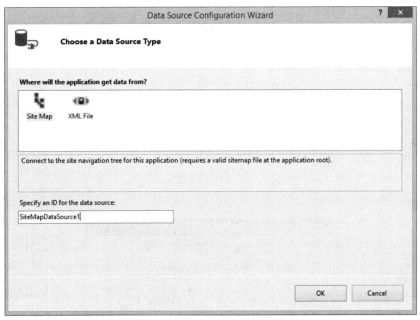

图 8-8　选择 Menu 控件的数据源

(5) 选择 Site Map 并单击 OK。返回设计屏幕，在其中可以看到，站点地图中的第一项现在显示在 Menu 控件中。

(6) 单击一次 SiteMapDataSource，然后按 F4 键，打开属性窗口。这个窗口可能显示在 Solution Explorer 通常显示的地方。找到属性 ShowStartingNode，把它的值改为 false。一执行这个步骤，Menu 控件就会改为显示包含在父节点中的所有项，而不只显示父节点，如图 8-9 所示。

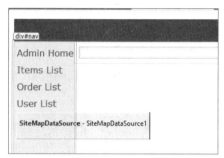

图 8-9   关闭开始节点后显示的菜单

(7) 返回 Solution Explorer，右击 Admin 目录，并创建以下三个带有母版页的新的 Web Forms：Default.aspx、ItemList.aspx 和 UserList.aspx，选择 WebForms.Master 作为母版页。

(8) 在 Admin 目录内的任何页面上，以调试模式运行。菜单会正确显示，可以单击它的所有页面。现在，唯一的变化是地址栏中的 URL，如图 8-10 所示。

(9) 停止调试。回到 WebForms.Master 页面，返回源代码模式，你会看到在这个过程中添加的 Menu 控件和 SiteMapDataSource 控件。

图 8-10   呈现菜单的示例

示例说明

创建了站点地图后，只要配置正确，就可以在 Menu 控件中显示它。这里使用工具箱把 Menu 控件拖到页面上，也可以直接在标记窗口中为 Menu 控件和 SiteMapDataSource 控件输入命令。

SiteMapDataSource 很重要，因为该控件知道如何找到包含在网站地图中的信息。一旦发现这些信息，就可用于 Menu 控件。Menu 控件检查并创建返回给浏览器的 HTML。这些 HTML 很有趣，因为这个控件创建了很多信息。图 8-11 显示了创建的 HTML 源代码。

Menu 控件输出到两个主要区域。第一个是在 HTML 标题部分，其中包含了一些本地样式。这些都由 Menu 控件创建，以便轻松地进行样式化；把这些样式复制到样式表中，将 IncludeStyleBlock 属性设置为 false，以禁止输出样式表，就可以利用完全样式化的菜单。

```
1  <!DOCTYPE html>
2  <html xmlns="http://www.w3.org/1999/xhtml">
3  <head><title>
4      Home Page
5  </title>
6      <link href="Content/RentMyWrox.css" rel="stylesheet" type="text/css" /><style type="text/css">
7      /* <![CDATA[ */
8      #Menu1 img.icon { border-style:none;vertical-align:middle; }
9      #Menu1 img.separator { border-style:none;display:block; }
10     #Menu1 ul { list-style:none;margin:0;padding:0;width:auto; }
11     #Menu1 ul.dynamic { z-index:1; }
12     #Menu1 a { text-decoration:none;white-space:nowrap;display:block; }
13     #Menu1 a.popout { background-image:url('/WebResource.axd?d=YAYach_zykzn7tRotFpEUqACO9uQt0NvdhSN8Vwc4QOuQD0OYgDhqD6L_Imx2Ws6Fc75dL254ay6RYHq4dNA68guv0euJlRbI-ezC2IowkI1&t=
14     635589147476784022');background-repeat:no-repeat;background-position:right center;padding-right:14px; }
15     /* ]]> */
16     </style></head>
17     <body>
18     <form method="post" action="./" id="form1">
19     <div class="aspNetHidden">
20     <input type="hidden" name="__VIEWSTATE" id="__VIEWSTATE"
       value="1p9Pnijwtf635/96erPE+in4ykQ+643QRukkWlOyhoR96rveg+R3jcw2arH36F1xjM/0cIKoV5PkKjN6vKVzg3g+XIbIB718r5QjrImDRo4D9RjEE7UkWANmQqdOtRrTHtqG71ev2gcJDLoeZ2inzcAwLOdJLxCXdRFK7hOVLQ/s1LoYzaR1AMKpWQzNq
       iq6DJHauyfuqc9a+tcWIyVy7IZ5youmdz6RYri8z79V2nhOQfyWKCrKao8n//KNGz4Uq7lMa7b+
       1a9OpnAWtVvrC0yXh2WpidEd9/a69ivsa/JEsV0ktbH4yhCaqJ9qnjKVgrjMEA2cPPMyZzPPnk3jqkIh1C0QW5hVamE4wDD86S8WfpR8WQ9tChrOyms7JlXLKjba/8bENK7ETNKvGoq9JQhgIY1doc/oVHsCStPVzVDpXJCFsUaifDarBR61N2vQ7CnyEeQ40i
       KV+yLZvS4r+BKGLGUX+bw17LX2DjI/8r+SAC26E4U5O6a0imZ35eImiar5HNTNgAUatyBmUo0hx0j1prIH183dHQ1D364bmKBo6a256C4o61dywwaLSdEBP4rH+2xyxLLLMfdUeVQtcHb9mU6IESMIHIkm23Wyw8MysoFmFLnsLL63L1pFWqHEKSH77X+
       9PPS0dG14aQ2aDFor1155ngkicxGALmRE/P/an28hzo11VEAxaez0HZDbT1tOOSdo1V8Gj3AtFZ2fJxNHjXpXKIFf11f5PRle9Y69x1G5XsYFVvSKmPNQtzHQE9MWCF526hhLop15xImDkCzu759Nw4yCBALgzQ/T/gf7/g75pOfqYyUYNym2/QLfq9T4dFjF1Pv8G
       33qI7fuvJFtJ4a7w2Zfl6xYBO2oo6npw=" />
21     </div>
22     
23     
24     <script src="/WebResource.axd?d=fqVBlKWLWhVg-lLAb4IT64YieSOUBmGf7ee2H6X1r7--2iYnXK6sNB56Aq3TdoP4kUfWyqQjB6GcW-V8g?whmC0y84vbfiQH9h30yoMhTA81&amp;t=635589147476784022" type="text/javascript">
25     </script>
26     <div id="header">
27         <img src="rentmywrox_logo.gif" />
28     <div id="nav">
29         <a href="#Menu1_SkipLink" style="position:absolute;left:-10000px;top:auto;width:1px;height:1px;overflow:hidden;">Skip Navigation Links</a><div id="Menu1">
30         <ul class="level1">
31         <li><a title="Home page for the admin section" class="level1" href="/Admin/Default.aspx">Admin Home</a></li><li><a title="List of available items" class="level1"
       href="/Admin/ItemList.aspx">Items List</a></li><li><a title="List of orders" class="level1" href="/Admin/OrderList.aspx">Order List</a></li><li><a title="List of users" class="level1"
       href="/Admin/UserList.aspx">User List</a></li>
32         </ul>
33     </div><a id="Menu1_SkipLink"></a>
34     
```

图 8-11　Menu 控件创建的 HTML

Menu 控件输出的第二个区域是<div id = "导航">标记的内容，查看 HTML 代码时，可以在这里看到实际的控件。注意第一行包含 SkipLink；这是一个在浏览器中完全看不见的锚标签。这个链接是为屏幕阅读器和其他程序添加的，以便残疾用户访问屏幕内容。在这里，SkipLink 锚会进入导航项列表后面的另一个锚中。这允许程序从菜单结构之前的链接进入菜单结构后的链接，如果配置了屏幕阅读器，则基本上不需要屏幕阅读器就能读出每个页面上相同的导航链接。

最后写出的一项是第 24 行的 JavaScript 引用，如图 8-11 所示，它目前不影响示例应用程序中使用菜单的方式。如果使用的是动态菜单，把鼠标停放在其上时，子菜单会从父菜单中弹出，通过这个链接访问 JavaScript 是至关重要的，因为这是控制子菜单区域开启和关闭的方式。

图 8-11 中的内容包括一个有趣的项，给 Menu 控件添加样式时就会利用它。给用户控件指定样式有两个主要方法，Menu 控件支持这两个方法。第一个是"老派"方法，即直接给控件添加样式。所以在 Menu 控件中有 BackColor 和 BorderColor 属性；这些属性可以在控件级别完全控制控件所呈现的外观和操作方式。第二种方法目前一直在使用，即使用 CSS。在接下来的示例中，要给菜单结构添加一些样式。

试一试　Menu 控件的样式化

给母版页添加了 Menu 控件后，每个页面就会显示菜单。然而注意，它似乎使用前面添加的默认样式。在这个练习中，要给菜单添加一些样式，让它看起来更像示例应用程序的一部分。

(1) 确保运行 Visual Studio，打开 RentMyWrox 应用程序。在标记窗口中打开 WebForms.master 页面。如果在前面的示例中没有进行任何修改，Menu 控件可能仍然使用默认的 ID，即 Menu1。把控件名改为 LeftNavigation 并保存。

(2) 打开 Content 目录下的 RentMyWrox.css 文件，并在文件底部添加以下代码：

```
#LeftNavigation ul
{
    list-style:none;
    margin:0;
    padding:0;
    width:auto;
}

#LeftNavigation a
{
    color: #C40D42;
    text-decoration: none;
    white-space: nowrap;
    display: block;
}
ul.level1 .selected
{
    /* Defines the appearance of active menu items. */
    background-color: white;
    color: #C40D42;
    padding-right: 15px;
    padding-left: 8px;
}

a.level1
{
    /* Adds some white space to the left of the main menu item text.
    !important is used to overrule the in-line CSS that the menu generates */
    padding-left: 5px !important;
    padding-right: 15px;
}

a.level1:hover
{
    /* Defines the hover style for the main and sub items. */
    background-color: #509EE7;
}
```

(3) 回到 WebForms.master 页面，并确保 Menu 控件有以下属性设置：IncludeStyleBlock = "false"。菜单控件应该显示为：

```
<asp:Menu ID="LeftNavigation" runat="server"
        DataSourceID="SiteMapDataSource1"
        IncludeStyleBlock="false"></asp:Menu>
```

(4) 保存文件并运行应用程序。进入 Admin 文件夹中的一个页面，导航区域的样式化如图 8-12 所示。

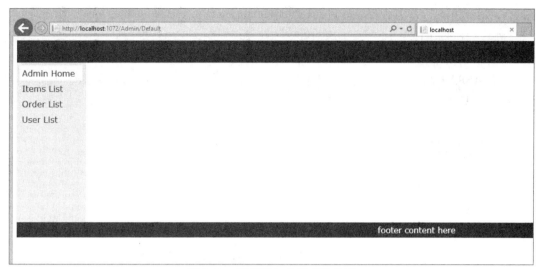

图 8-12 菜单添加了样式的页面

示例说明

在讨论添加的样式之前，先看看 Menu 控件创建的 HTML。SkipLink 引用被删除，留下如下 HTML：

```
<div id="nav">
    <div id="LeftNavigation">
      <ul class="level1">
        <li><a title="Home page for the admin section" class="level1 selected"
              href="/Admin/Default">Admin Home</a></li>
        <li><a title="List of available items" class="level1"
              href="/Admin/ItemList">Items List</a></li>
        <li><a title="List of orders" class="level1"
              href="/Admin/OrderList">Order List</a></li>
        <li><a title="List of users" class="level1" href="/Admin/UserList">
            User List</a></li>
      </ul>
    </div>
</div>
```

注意，第一个锚标记的类是 level1 selected。selected 值由 Menu 控件添加，因为提取这个文本的页面在 Menu 控件的 selected 部分引用；因此，可以专门指定当前所在页面的样式。使用为 ul.level1.selected 添加的选择器，就可以看到它。

Menu 控件创建了另外两个特殊区域。一个是 id 为 LeftNavigation 的<div>标记。前面把 Menu 控件名改为 LeftNavigation；这就是其效果。另一个是类为 level1 的无序列表<ul>。指定 level1 值，是因为从第一级开始显示菜单项。如果有嵌套的菜单项，它们就根据嵌套的深度，用 level2 或 level3 样式化。

ASP.NET Web Forms 中的导航由传统的 Web Forms 方法——服务器控件支持，这里是 Menu 控件。Menu 控件读取 XML 文件，然后给页面呈现适当的 HTML。为什么要采用这个方法，而不是自己手动构建菜单？这种方法提供的一个主要好处是能随时改变菜单结构。因为每次创建菜单时都读取文件，所以可以改变网站的整个导航模式，而不必更改任何代码。在得到用户对网站的反馈时，这是特别有用的。这种灵活性允许持续监控用户的体验，修改网站，而不需要维护任何源代码。

使用 ASP.NET MVC 方法构建导航结构时，没有相同的功能，因为需要手动构建这些菜单链接。参见下一节。

8.3　在 ASP.NET MVC 中导航

在 ASP.NET Web Forms 应用程序中，导航是很容易理解的：请求一个 URL，如果一个对应的独立物理页面有相同的名称，就调用该页面，进行处理，将处理的输出返回给客户端。解释该请求也很简单。然而，ASP.NET MVC 是不同的，因为决定应调用什么代码，涉及一个完全不同的过程。没有响应请求的物理页面，而是调用一个简单的方法——只要系统确定了要调用哪个方法就行。

决定调用哪个方法的工作称为 ASP.NET MVC 路由。路由是一个模式匹配系统，负责把传入浏览器的请求映射到指定的 MVC 控制器动作(方法)。在 ASP.NET MVC 应用程序启动时，该应用程序会在框架的路由表内注册一个或多个 URL 模式。这些模式告诉路由引擎，如何处理与这些模式相匹配的请求。当路由引擎在运行时接收到要求时，就试图匹配请求的 URL 和用它注册的 URL 模式，根据模式匹配来返回响应，如图 8-13 所示。

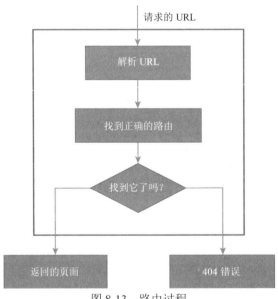

图 8-13　路由过程

8.3.1　路由

ASP.NET MVC 路由负责决定给指定的 URL 执行哪个控制器方法。路由是一个 URL 模式，映射到处理程序上，即控制器上的动作。路由包含以下属性：

- 路由名称：路由名称用作给定路由的特定引用。每个路由必须有一个独特的名字。通常只有在定义路由时，才需要这个名字，但它还允许在代码中访问特定的路由。
- URL 模式：URL 模式包含两个字面量值(例如已知的字符串值)和变量占位符(称为 URL 参数)。这些字面量和占位符是由反斜杠(/)字符分隔的 URL 段。
- 默认值：只要使用占位符变量定义路由，就有机会为该参数指定默认值。可以给每个占位符指定默认值，或根本不指定默认值——只要对构建路由的方法有意义即可。
- 约束：一组约束是应用到 URL 模式的规则，以更确切地定义可能匹配的 URL。

构建 URL 结构的每个不同方法需要有相应的路由定义。通过 Visual Studio 搭建功能建立的 ASP.NET 应用程序也包括一个默认路由。

默认配置和路由

创建 ASP.NET MVC 项目时，它包括一组路由配置，其中包含一个默认路由。此默认信息是 App_Start \ RouteConfig.cs 文件的一部分，如图 8-14 所示。

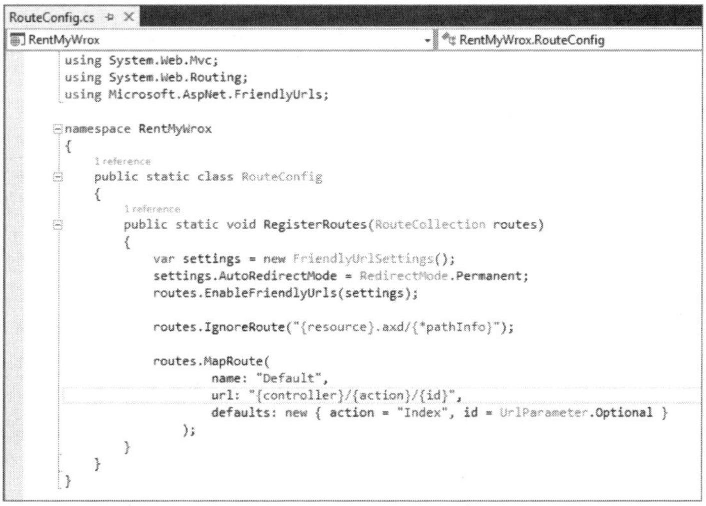

图 8-14　初始 RouteConfig.cs 文件

如图 8-14 所示，默认的 ASP.NET MVC 项目模板添加了一个通用的路由，它使用以下 URL 约定，把给定请求的 URL 模式定义为三个指定的段：

```
url: "{controller}/{action}/{id}"
```

有了前面的模板，URL http://www.servername.com/DemoModel/Details/57 会令应用程序查找控制器“DemoModelController”，它有一个名为“Details”的动作(方法)，该方法接受一个字符串或整数参数。

MVC 是一个基于约定的方法，控制器文件需要把 Controller 作为文件名的一部分，ASP.NET MVC 路由引擎才能找到合适的类来调用。

一旦路由引擎找到正确的控制器，就尝试找到一个匹配 URL 中名称的动作。引擎找到名字适合的动作时，就分析参数列表，来确定 URL 中的信息与这些动作所需的参数是否匹配。然而，必须小心其设置方式。考虑下面的代码：

```
public ActionResult Details(int id)
{
    return View();
}

public ActionResult Details(string id)
{
    return View();
}
```

这似乎很简单，因为可以预计，http://www.servername.com/DemoModel/Details/57 会找到第一个方法，而 http://www.servername.com/DemoModel/Details/Orange 会找到第二个方法。然而，我们会得到如图 8-15 所示的错误。

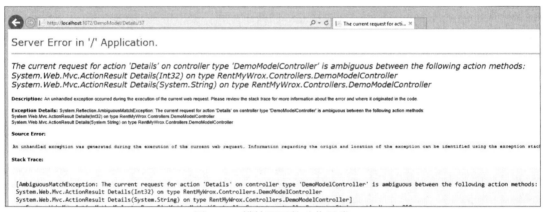

图 8-15　模棱两可的动作异常

这个错误表明路由解析并不像它看起来的那样明显。URL 可以解析成特定控制器上的一个动作。这意味着，必须避免像在传统的 C#开发中那样重载方法的类型。因此，如果要给方法传递整数或字符串，就必须对该方式做出一些改变。为此，需要创建一个新的动作来处理其中一个方法，如 DetailsByName(string name)方法，或标记一个方法，在该方法内进行处理，如下所示：

```
public ActionResult Details(string id)
{
    int idInt;
    if (int.TryParse(id, out idInt)
    {
        // do work if id is an integer that can pull product from database by Id
    }
    else
    {
        // do the work when id is NOT an integer, such as getting product by name
    }
    return View();
}
```

在本例中，最好的方法总是创建一个新的动作，专门处理不同的情况。如下所示的一组动作便于开发人员和系统成功地理解理由解析的结果：

```
public ActionResult Details(int id)
{
    // do work to pull product from database by Id
    return View();
}

public ActionResult DetailsByName(string id)
{
    // do work to pull product from database by Name
    return View();
}
```

第一个方法由http://www.servername.com/DemoModel/Details/57调用，而第二个方法由 http://www.servername.com/DemoModel/DetailsByName/Orange调用。这两个方法都由默认路由包括，所以不需要额外的路由配置。

然而默认路由不一定满足每个需求。假定希望用户能获得更多的具体细节，而不仅仅是一个参数值，例如查看 DemoModel，需要橙色的详细信息。要使用的 URL 是 http://www.servername.com/DemoModel/SomeAction/8/orange。默认路由与之不匹配；事实上，如果把它添加到已经起作用的任何链接上，就会发现系统尝试解析该 URL，但无法成功找到一个匹配，而是得到一个 404 错误——文件未找到错误。

应该在 RouteConfig.cs 文件中创建一个新的路由，然后给控制器添加新动作，如下面的代码片段所示。这可以确保 URL http://www.servername.com/DemoModel/SomeAction/8/orange 能够找到合适的动作，参数也设置成功。

```
routes.MapRoute(
    name: "twoParam",
    url: "{controller}/{action}/{id}/{name}",
    defaults: new { action = "Index"},
    constraints: new { id = @"\d+" }
);

public ActionResult DetailsWithName(int id, string name)
{
    return View();
}
```

建立路由和动作有两种不同的方法。第一种方法是，配置路由时，应确保同样的方法可以通过多个不同的 URL 调用。第二种方法较少关注重用，所以创建更多的动作来处理各种情况。建议总是采取第二种方法；虽然可能需要创建更多的动作，但每个动作对给定标准的针对性更强。这使应用程序更加容易理解，因为更容易预测哪个动作处理每个请求。

试图在 ASP.NET MVC 中建立导航模式时，理解 URL 和响应请求的动作之间的关系是相当重要的。应深入理解路由的工作原理，下一节将解释如何在没有 ASP.NET Web Forms 服务器控件的情况下创建导航结构。

8.3.2　创建导航结构

如前所述，导航结构的主要组件是 HTML 锚标记<a>。这是由 ASP.NET Web Forms 的 Menu 控件创建的全部内容，所以处理 ASP.NET MVC 应用程序时，只需创建它。因为没有服务器控件的概念，所以必须手工创建所有的结构，但可以借助 HTML 辅助程序的支持。

我们已经了解了所需输出的外观，因为前面已经创建了 HTML，作为 Admin 部分的一部分。这意味着必须创建相同的结构，才能使用户界面的外观和操作方式与站点的 Web Forms 区域一致。

开始时，你会发现一些可用的辅助程序：

- @Html.ActionLink 方法写出一个完整的锚标记。
- @Url.Action 方法创建一个 URL，而不是完整的锚标记。

它们的示例如下：

```
@Html.ActionLink("textLink", "actionName", "controllerName")
<a href="@Url.Action("actionName","controllerName")">textLink</a>
```

它们会显示相同的 HTML：

```
<a href="/controllerName/actionName">textLink</a>
```

这意味着创建 ASP.NET MVC 导航结构时，是自己创建链接而不是使用服务器控件。然而，不需要手工编写它们，因为可以使用辅助程序，见下面的示例。

试一试　　创建 ASP.NET MVC 导航结构

前面使用 Menu 控件创建了 ASP.NET Web Forms 的导航结构。这里必须放弃服务器控件的支持，自己编写菜单的代码。

(1) 确保运行 Visual Studio，打开 RentMyWrox 应用程序。打开 Views\Shared_MVCLayout.cshtml 文件，并找到如下代码片段：

```
<div id="nav">
    Navigation content here
</div>
```

(2) 删除 Navigation content here 文本，代之以如下代码：

```
<div id="LeftNavigation">
  <ul class="level1">
    <li><a href="~" class="level1">Home</a></li>
    <li>@Html.ActionLink("Items", "", "Items", new { @class = "level1" })</li>
    <li>@Html.ActionLink("Contact Us", "ContactUs", "Home",
        new { @class = "level1" })</li>
    <li>@Html.ActionLink("About Us", "About", "Home",
        new { @class = "level1" })</li>
  </ul>
</div>
```

(3) 创建了菜单后，需要创建处理最后两个链接的控制器和视图。在 Solution Explorer 中

右击 Controllers 目录，并选择 Add | Controller。显示 Add Scaffolding 对话框后，选择 MVC 5 Controller-Empty，单击 Add 按钮。显示 Controller 名称框后，用 Home 取代突出显示的部分，这样名称就是 HomeController。

(4) 创建控制器时注意，搭建功能还在 Views 文件夹中添加了一个新的文件夹 Home。右击 Home 这个文件夹，并选择 Add | View，弹出如图 8-16 所示的对话框。

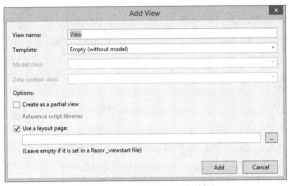

图 8-16　Add View 对话框

(5) 改名为 ContactUs，并单击 Add。再次执行相同的步骤，添加视图 About。

(6) 打开 HomeController 文件，突出显示已创建的默认动作，代码如下：

```
public ActionResult Index()
{
    return View();
}
```

(7) 用如下代码替换突出显示的代码：

```
public ActionResult ContactUs()
{
    return View();
}

public ActionResult About()
{
    return View();
}
```

(8) 运行应用程序，进入/Home/ContactUs。你会看到新建的菜单和创建视图时创建的默认标题。也可以进入 About Us 菜单选项。

示例说明

刚才手动创建了一个简单的菜单结构。如前所述，这是相对简单的。使用 ActionLink HTML 辅助程序给默认的布局页面添加了 4 个样式化的链接。这些辅助程序创建的 HTML 匹配 Menu 控件创建的 HTML。

添加的一个代码片段如下：

```
@Ht @Html.ActionLink("About Us", "About", "Home", new { @class = "level1" })
```

上述代码构建一个到 Home 控制器的链接，并调用 About 动作，它们都已创建，显示在链接上的文本指定为 About Us。ActionLink 的最后一部分设置 HTML 特性，在本例中设置 class 特性值为 level1。

8.3.3 编程重定向

编程重定向是 ASP.NET Web 应用程序中一个非常有用的常见动作。其中最常见的用途之一是提交表单，在数据库中创建一些新项。当使用 ASP.NET Web Forms 时，包含已填写表单的页面回送给它本身，验证并保存信息。传统的场景会给用户发送列表页面，用户在其中可以看到刚才添加到列表中的项。

ASP.NET Web Forms 支持两种不同的方法，以编程方式把用户重定向到另一个页面：客户端重定向和服务器端重定向。使用客户端进行重定向时，服务器给客户端发送一个特殊的响应，浏览器把它解释为获取一个新页面的请求。在服务器端的重定向中，服务器接受对一个资源的请求，然后以编程方式使用另一个资源来处理它。

8.3.4 以编程方式把客户重定向到另一个页面

可以使用两种不同的命令来管理发生在客户端浏览器内的重定向：Response.Redirect 和 Response.RedirectPermanent。它们会完成稍微不同的操作：Redirect 向浏览器返回 302 状态码，而 RedirectPermanent 命令向浏览器发送 301 代码。302 码意味着请求的资源暂时移到另一个位置，而 301 码告诉浏览器资源已经永久移到另一个位置。

无论是用户还是浏览器都没有注意到这两个代码之间的区别。然而，两者对搜索引擎优化而言都很重要。如果爬行网站的搜索引擎机器人遇到临时重定向，就知道要继续下去。然而，搜索引擎机器人遇到永久重定向时，就知道不应该索引旧位置，而是确保索引新位置。

这两个命令用起来是相当简单的：

```
Response.Redirect("~/SomeFile.aspx");
Response.RedirectPermanent("~/SomeFile")
```

一旦系统遇到 Redirect 或 RedirectPermanent 命令，就立即给客户端浏览器返回状态码。这意味着不调用这个命令之后的任何代码，如图 8-17 所示。

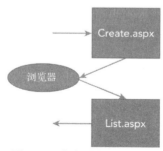

图 8-17　客户端的重定向流

这些客户端重定向通常只用于 *ASP.NET Web Forms*，不用于 MVC。MVC 支持这项技术，但可以从控制器返回任何视图，通常意味着不需要这一步。详见 "服务器端重定向"一节。

下面的练习将添加一个新页面，将用户重定向到另一个页面。

试一试　用户重定向

为了更好地理解其工作原理，假定希望提供一个有特殊定价的产品。该产品每周变化，但是希望网站的访客收藏一个显示该项的页面：http://www.rentmywrox.com/weeklyspecial。这里使用临时重定向功能，创建一个页面，该页面把用户转发到该项的本周标准条目详细页面上。

(1) 确保在 Visual Studio 中打开 RentMyWrox 解决方案。右击项目名称，选择 Add|New Item。选择选项，添加一个 Web Forms 页面 WeeklySpecial，如图 8-18 所示。单击 Add 按钮并保存文件。

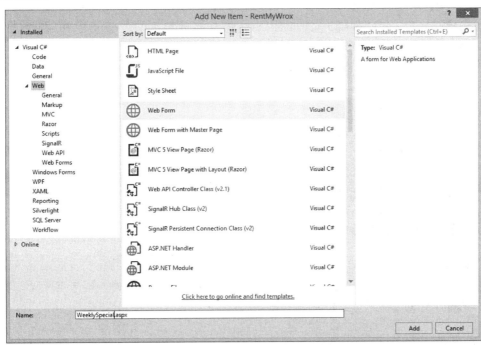

图 8-18　创建 WeeklySpecial 页面

(2) 不需要对标记页面执行任何操作。只需打开标记页面，添加代码，如图 8-19 所示。

(3) 在标记页面上运行应用程序，得到一个 404 错误(还没有添加这个页面，它在开始处理数据库后添加)，但注意，地址栏指向如下网址：http://localhost/Items/Details/24。

示例说明

这个练习创建了一个转发页面，支持 http://servername.com/weeklyspecial URL 重定向到一个特定项的细目页面。因为这个特定项每周都会变化，所以没有使用永久转发方案，而使用临时转发命令，把一个 302 状态响应发送给客户端浏览器，然后浏览器对转发的 URL 再次请求调用。

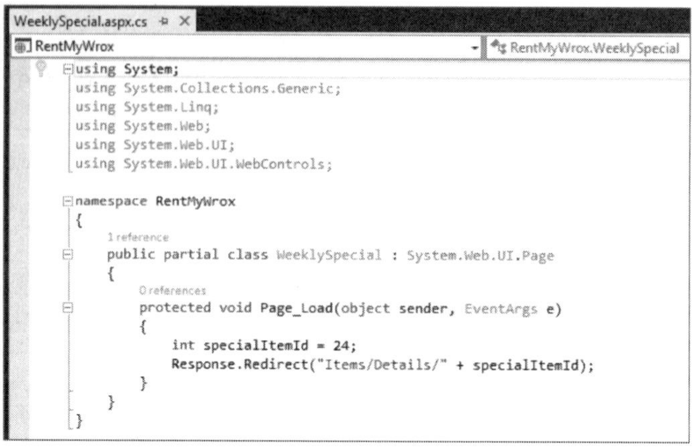

图 8-19 重定向 WeeklySpecial 页面的代码

必须硬编码特定项每周的 id 值，并将其发送到一个还不存在的条目页面。在本书的数据库部分会添加这个条目控制器和支持的视图，那时会返回这个页面，使 id 反映正确的特定项。

运行应用程序时，注意到地址栏了吗？它暗示了重定向过程是如何工作的。如果在 WeeklySpecial 页面上启动应用程序，就会看到它开始在这个页面上运行。然后处理会停止，地址栏的内容改为转发页面的网址。接着浏览器对转发的页面发出新的调用。

客户端重定向允许开发人员告诉客户端，从另一个地址请求不同的资源。这意味着客户端得到重定向请求时，有一个额外的请求-响应。因此，这存在性能成本，因为进行了第二次调用。ASP.NET Web Forms 还支持服务器端重定向。此外，ASP.NET MVC 支持服务器端工作，允许开发人员根据需要返回各种视图，基本上不需要任何客户端重定向。

8.3.5 服务器端重定向

服务器端重定向(或转移)不同于客户端重定向，因为请求的是特定的资源。服务器不是用该资源响应，而是运行重定向命令，用转移时指定的替代资源的内容来响应。

有两种不同的方法来执行该转移：Server.Transfer 和 Server.TransferRequest。Transfer 方法终止执行当前页面，使用页面的指定 URL 路径开始执行新页面。TransferRequest 方法的不同之处在于，它使用指定的 HTTP 方法和 header，异步执行指定的 URL。这意味着，使用 Transfer 方法需要一个可以调用的物理页面(Web 窗体)，而 TransferRequest 不需要。TransferRequest 进行完整的调用，所以它也可以把控制权转移到 MVC 页面。

当使用 Server.Transfer 时，可能有两个参数：
● 第一个是用来处理请求的资源的 URL。
● 第二个可选参数指定表单体是否应该用新调用来转移。

代码如下：

```
Server.Transfer("/Admin/ItemList", true);
```

这行代码告诉服务器，停止处理当前请求，转而处理 Admin/ ItemList 上的页面。第二个参数告知系统包括提交到最初资源的所有表单内容。在许多情况下都不需要发送信息，但是有时这可能会有用。因为所有的工作都由服务器处理，没有额外的时间转移信息，所以这取决于是否需要这些信息。如果不需要，就不包括。第二个参数是可选的。如果不提供，默认行为就是转移查询字符串和表单信息。

第二种方法是 TransferRequest，它看起来是一样的，但它可以有更多的参数：

```
public void TransferRequest(
    string path,
    bool preserveForm,
    string method,
    NameValueCollection headers
)

Server.TransferRequest("/DemoModel/Details/3", true, "GET", null);
```

可以只传递第一个参数，如有必要，就传递第一和第二个参数，就像使用 Transfer 方法一样。然而在许多情况下，可能希望指定用于请求的 HTTP 动词，这也要求发送一组请求 header。在前面的示例中使用了 null，因为不需要添加任何额外的 header。

下面的练习要使用两种转移方法，以熟悉每种方法在处理请求过程中的作用。

试一试　服务器端重定向

在这个练习中，使用两种方法 Transfer 和 TransferRequest，在 ASP.NET MVC 中建立服务器端重定向。

(1) 确保在 Visual Studio 中打开 RentMyWrox 解决方案。打开上一个练习使用的文件的代码隐藏 WeeklySpecial.aspx.cs。

(2) 把 Response.Redirect 改为 Server.Transfer，代码如下：

```
Server.Transfer("Items/Details/" + specialItemId);
```

(3) 保存文件，在该页面上运行应用程序。应该得到一个异常，如图 8-20 所示。

(4) 出现这个异常，是因为没有物理页面来传递请求。停止应用程序，修改传递命令，如下所示：

```
Server.Transfer("/Admin/UserList.aspx");
```

(5) 运行应用程序，屏幕应如图 8-21 所示。请注意，地址栏仍然显示 WeeklySpecial，但呈现的却是由 UserList 页面创建的响应。

(6) 停止应用程序。更改 Server.Transfer 代码，如下：

```
Server.TransferRequest("Items/Details/" + specialItemId);
```

(7) 使用 Server.Transfer 时，这种方法会失败。现在看看使用 Server.TransferRequest 的情形。在这个页面上运行应用程序，不会得到异常，而得到一个 404 错误，其中包含以下文本：Requested URL: /Items/ Details/24。这表明转发成功，或在给应用程序添加页面后就会成功。

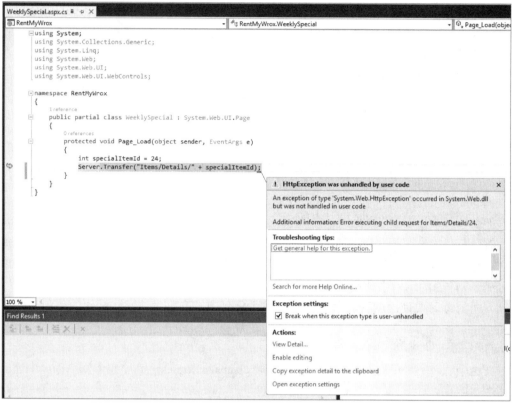

图 8-20　使用 Server.Transfer 得到的异常

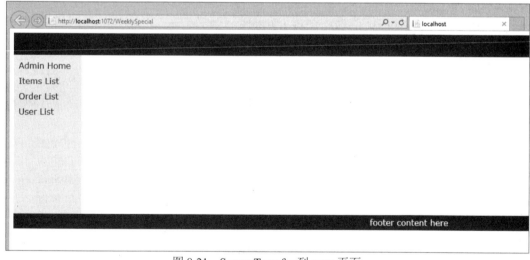

图 8-21　Server.Transfer 到 .aspx 页面

示例说明

在上一个练习中，利用 Redirect 功能，让客户端把请求重定向到另一个页面。这个练习删除了对客户端的响应，没有告诉它们请求另一个页面，而是返回另一个资源的内容，就像它是最初请求的资源一样。

有两种不同的方法来完成服务器转移。Server.Transfer 方法存在了很长一段时间，它将请求转发给一个物理页面。请注意，甚至不得不在服务器转移上包括扩展名；如果没有提供扩展名就进行转移，就会抛出一个异常。所有这些都在服务器完成友好的 URL 解析之后进行。这也是为什么不能成功地转移到 MVC 路由的原因；路由引擎执行其工作后进行服务器转移，所以转移无法解析 URL 来确定调用什么控制器和动作。

使用 Server.TransferRequest 方法时，一切正常，因为这种方法实际上只使用方法中设置的 URL，"重启"请求。这意味着友好的 URL 和路由能够在 URL 上运行，以便使用友好的 URL 处理 MVC 路由以及 Web 窗体页面。使用 TransferRequest 方法通常更安全，因为不需要担心如何管理请求(Web 窗体页面和 MVC 路由)——只需要确保发送到正确的页面。

服务器和客户端转移都允许提供不同的资源来管理请求的处理,但它们采取不同的方法。客户端方法会把重定向请求发送给浏览器，这意味着需要额外的客户端请求-响应周期，并在浏览器的地址栏中给用户显示新的 URL。服务器端转移消除了额外的请求-响应周期，也不更换浏览器地址栏中的 URL。上一个练习演示了如何允许显示另一个页面创建的条目细节，同时显示 WeeklySpecial 的地址。

采用哪种方法取决于具体的需求。一般来说，这归结于是否要公开转移。如果这样做，例如，实际移动页面，就使用 Response.Redirect 甚至 Response.RedirectPermanent，以便最终删除取代页面。如果只希望执行 WeeklySpecial 在样例应用程序中执行的操作，Server.TransferRequest 是管理重定向的更合适方式。与其他选项一样，这最终取决于所需的最终用户体验。

最后一类重定向是服务器端重定向在 MVC 中的概念。如前所述，这是一个完全不同的概念，因为从一个页面重定向到另一个页面的想法是不同的，在 ASP.NET MVC 中没有页面。图 8-22 显示了两种方法的区别，如果使用创建条目的过程，UI 就向用户返回列表页面。

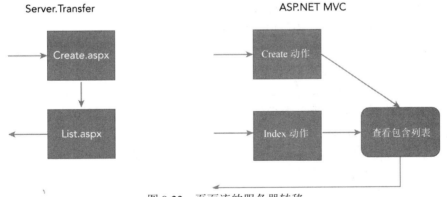

图 8-22　页面流的服务器转移

ASP.NET Web Forms 和 MVC 中重定向的关键区别是，MVC 控制器只是决定了返回哪个视图，因此没有转移的概念；控制器只返回适当的视图。

8.4　导航的实用须知

导航是网站中最容易构建的部分，也是最难设计的部分，因为它要求预计所有用户需要它的原因，确保每个原因都会带来愉快的体验，尤其是在网站规模继续增长时。构建导航结构时，记住下面的建议：

- 分类是至关重要的。Web 应用程序提供的信息和功能增长时，使网站以对用户有意义的方式组织起来，就变得越来越重要。记住，它必须是用户可以理解的东西。
- 使菜单的深度有限。多个子菜单会导致混乱，用户将难以理解对应的选择。菜单之间的关系合乎逻辑时，不要让它们一次就全部可用；而应对它们分类，在用户选择特定的路径时，再显示额外的级别。
- 构建一组 MVC 功能的典型方法是给要使用的每个模型提供一个控制器，这并不总是必要的。控制器应符合用户的导航路径，而不是数据模型。有时它们密切相关，但不要以为它们总是必须这样。
- 我们知道自己的业务，但用户很有可能不了解。不要建立导航结构来模仿业务部门，除非这些差异对访问者而言是显而易见的；而应构建结构来模拟用户访问网站的原因，分类菜单选项，以反映这些原因。

8.5　小结

为网站创建清晰、直观的导航模式是至关重要的，因为它帮助用户访问网站的不同区域。导航结构的关键是 HTML 锚标记<a>。这个标签是从一个页面移到另一个页面的主要方式，只要想到导航，就是在考虑建立锚标记的方式。

锚标记的一个重要组成部分是被请求资源的地址或 URL。这些 URL 有两种不同的类型：相对 URL 和绝对 URL。绝对 URL 使用完整的互联网地址指向所需的资源，而相对 URL 指向自己应用程序包含的资源。通常，引用网站之外的 URL 时使用绝对 URL，或者当不管应用程序在哪里运行 URL 都保持不变时，使用绝对 URL。

ASP.NET Web Forms 中有三个主要的菜单支持控件：Menu 控件和 TreeView 控件都能创建完整的导航结构，而 SiteMapPath 控件显示面包屑。本章介绍了 Menu 控件，而 TreeView 控件的用法非常相似。在 MVC 中工作时，不能使用服务器控件，所以必须自己建立导航结构，但有几个辅助程序：一个创建锚标记，另一个基于各种参数构建 URL。

导航结构允许用户移动应用程序。也可以编程方式移动网站。有两种主要的方式：第一种方式是 Response.Redirect，应用程序给客户端发送代码，客户端请求新资源。第二种方式是 Server.Transfer 和 Server.TransferRequest，服务器处理转移；向资源发出请求，服务器把请求转移到另一个资源以创建响应。

两种编程方式都是基于 ASP.NET Web Forms 的，MVC 不使用这种页面之间的转移方法。相反，控制器处理请求，并确定把哪个视图返回给用户。没有转移，只是一组视图，因为与 Web 窗体不同，URL 引用一段代码，而不是文件系统中的物理页面。

8.6　练习

1. 用户在页面 http://www.servername.com/admin/list.aspx 上有如下链接：< a href = " ~ / default . aspx " > Home</a>。如果他们单击链接，最终会导航到哪里？

2. 如果项目开发新手收到一份关于 http://www.servername.com/results/ 页面的错误报告，那么导致该缺陷的代码在哪里？

3. 为什么实现友好的 URL？它们给 ASP.NET Web Forms 开发带来什么优势？

8.7　本章要点回顾

绝对 URL	这种 URL 包含被请求资源的完整描述。这意味着不仅引用网站内的位置，还使用域和服务器名称引用网络上的位置
客户端重定向	在这种重定向中，服务器向客户端发送重定向消息。这些消息都有一个状态——302 或 301，后者表示永久移动，前者表示临时移动。
默认文档	一个 ASP.NET Web Forms 概念，没有请求特定的页面时，服务器管理员可以分配一个特定的页面，来处理对目录的请求。例如，系统知道用 Default.aspx 页面中的代码响应对 http://servername.com 的请求，它是默认文档。默认文档可以跨网站分配，或在网站的每个目录内分配
友好的 URL	友好的 URL 是 ASP.NET Web Forms 的一个增强功能，允许系统理解对不包含文件扩展名的.aspx 页面的请求。它也提供了内置功能来解析 URL 中的信息，以便于在代码隐藏中访问。这允许用 URL 变量更换查询字符串变量
HTML.ActionLink	ASP.NET MVC 的一个 HTML 辅助程序，它接受一组参数(如控制器和动作)来构建一个完整的锚标记
Menu 控件	一个 ASP.NET Web Forms 服务器控件，用于构建完整的菜单。它内置的动态菜单可以创建从父菜单弹出的子菜单。它需要一个 XML 文件作为引用源，该文件包含创建可视化元素所需的所有菜单信息
相对 URL	使用服务器和域名之后的内容，给所请求的资源提供方向，这意味着只能指向同一个服务器应用程序中的项
路由	在这个概念中，ASP.NET MVC 应用程序可以为传入的 URL 构建解释方案。这允许系统从请求的 URL 中确定需要调用的控制器，以及使用控制器中的哪个动作创建响应对象，一般是视图
服务器端重定向	运行另一组代码来响应指定请求的能力。通常情况下，资源接收请求，并处理响应的创建。然而，在服务器转移中，资源接收请求，然后将请求转发给提供响应的另一个资源
TreeView 控件	一个 ASP.NET Web Forms 服务器控件，可以构建完整的菜单。它内置的动态菜单允许打开和关闭子菜单。它需要一个 XML 文件作为引用源，该文件包含创建可视化元素所需的所有菜单信息

(续表)

URI	统一资源标识符，URL 的完整描述。URI 包含 URL，以编程方式添加可能有用的额外元数据
URL.Action	一个 ASP.NET 辅助程序，协助建立 URL。通常情况下，辅助程序用于构建 anchor 元素的 href 内容，还可以用于创建可见的 URL。它需要一系列参数，至少包括控制器和动作来构建完整的 URL
虚拟应用程序	在这个概念中，IIS 网站可以运行子目录中许多不同的应用程序。总是有一个默认的应用程序，也可以有任意多个不同的虚拟应用程序。它们通常通过一个 URL 来引用，如 http://www.servername.com/virtualapplicationname / *

第 **9** 章

显示和更新数据

本章要点

- 如何安装 Microsoft SQL Server Express
- 使用 SQL Server Express 管理器
- 在 Visual Studio SQL Server Explorer 中查看和管理数据
- 使用不同的 ASP.NET Web Forms 数据控件
- 在 ASP.NET MVC 应用程序中管理数据
- 处理 Web 应用程序中的排序和分页

本章源代码下载：

本章源代码的下载网址为 www.wrox.com/go/beginningaspnetforvisualstudio。从该网页的 Download Code 选项卡中下载 Chapter 09 Code 后，可以找到与本章示例对应的单独文件。

很少有网站需要 ASP.NET 提供的动态功能，也不需要一种方法来存储有关访问的数据或访问期间所采取的行动。这些数据可能非常简单，只是存储访问者浏览站点时单击的页面，也可能非常复杂，例如包含成千上万种部件的数百万美元的订单。

保存这些数据有多种方法：

- 可以把它们存储在本地文件系统中，作为特殊分隔的文件。
- 另一种更常见的方式是将信息存储在数据库系统中。数据库系统是一个应用程序，其存在的主要原因是管理数据的创建、编辑、删除和获取。有许多不同类型的数据库系统，从非常简单的乃至非常复杂的，应有尽有。本章介绍微软旗舰数据管理应用程序 Microsoft SQL Server 的免费版本。

介绍了如何安装这个产品后，就学习应用程序的几个部分，但不会在数据库上花费很多时间。我们的方法是尽可能抽象出数据库，所以在安装和介绍后，不大需要返回到数据库系统。

本章的大部分内容致力于与数据库通信。在简要介绍 Entity Framework(微软将对象转换为数据库表的方式)后，就直接学习如何使用现在可以保存的数据。除了使用数据专门的服务器控件外，还将讨论 MVC 如何使用各种方法来弥补控件的缺乏。

9.1　使用 SQL Server Express

微软的 SQL Server 产品是世界上最流行的数据库系统之一。SQL Server 是一个关系数据库管理系统(Relational Database Manager System，RDBMS)，这意味着它把信息分解为相关的实体或表。在这方面，它非常类似于第 4 章讨论的对象建模，每个表包含实体的不同信息，并将它存储为列中的一个类型。表中的每一项或行通常有一些列或属性，唯一地标识这一行。因为有这一独特的标识符，所以一个表中的实体可能与另一个表中的实体相关联。这就是名字 RDBMS 中的 R(关系)，它是 RDBMS 的主要特征之一。

RDBMS 的另一个主要特征是如何从外部系统访问数据——使用定制的语言，即结构化查询语言(SQL)。SQL 有一个 ANSII 定义，但是所有主要的 RDBMS 供应商都给该语言提供了自己的解释，通常因为它们能提供特殊的竞争力。微软自己的 SQL 版本是 Transact-SQL (T-SQL)，它添加了各种内容，诸如字符串处理、数据处理和数学特性——这些都不是标准 SQL 定义的一部分。

NOSQL 数据库

根据定义，RDBMS 系统是非常结构化的。表所表示的条目有一个著名的属性组，这个定义很少变化。虽然这种方法允许轻松地理解、分析和解释数据，却限制了可以存储的信息，因为必须理解它与系统中其他实体的关系。正是这种严格的定义和对每个字段及其与系统中其他实体的关系的理解，直接导致 RDBMS 的不灵活性。例如，如果数据库只允许一个地址占用 3 行，但一些用户需要 4 行才能准确地描述地址，就会出问题。

创建较新类型的数据库可以解决灵活性问题，但其代价是系统中的每个实体较难理解。这些数据库系统通常称为 NOSQL 数据库，表示"不仅仅是 SQL"。这么称呼是因为这些数据库的数据访问和管理方式不同，它们不支持关系的概念。很多数据库专注于把对象存储为整体条目，而不是指定字段的列表。这允许为每一项存储的值是不同的，因此存储第 3 个地址行就变成了一件非常简单的事。

本书的其余部分将使用 SQL Server 的免费版 SQL Server Express。Express 版本对本书的使用没有任何限制，只是对它可以使用的最大内存、数据库大小和 CPU 核心有限制。

9.1.1　安装

数据库服务器不是软件的一个典型部分。按照设计，它必须准备好响应来自本机和网络上多个应用程序的调用。它还应很可靠、性能很高，能迅速处理大量数据。所有这些需求都意味着，安装数据库没有安装其他应用程序(如 Visual Studio)那么简单。

安装 SQL Server Express 有很多步骤，机器的当前安装条件可能会影响安装过程。如果有一台全新的机器且安装了所有最新的补丁和设置，安装就没有任何问题。否则，就可能需要在安装过程中执行一些额外的步骤。安装程序会很好地说明，必须做些什么来解决问题。下面的示例包括安装之前运行系统验证步骤的指令，以便成功安装。

| 试一试 | 安装 Microsoft SQL Server Express |

在处理数据库之前，应该安装数据库，这样就有可引用的内容了。如前所述，本例将安装 Microsoft SQL Server Express。如果机器能很顺畅地运行 Visual Studio，则只要有可用的硬盘空间，它也应该能够运行 SQL Server Express。

(1) 打开浏览器，访问 http://www.microsoft.com/SqlServerExpress。这应显示一个页面，从中可以下载 SQL Server Express。如果不能从这个页面下载，就可能进入 SQL Server 的其他版本，在那里找到 SQL Server Express。单击下载链接，进入一个页面，选择希望安装的 SQL Server Express 版本。选择 SQL Server 2014 Express with Tools。它有两个可用的版本——32 位版或 64 位版。确保为处理器类型选择正确的版本。下载该文件。可能需要登录到微软 Live 账户上。注意下载量超过 800MB，因此可能需要一段时间。

(2) 一旦下载了文件，就运行安装程序。如果显示 User Account Control 对话框，如图 9-1 所示，就单击 Yes 按钮。

(3) 在如图 9-2 所示的 Choose Directory for Extracted Files 对话框中，可以使用默认文件夹或选择另一个文件夹。一旦完成安装过程，就能删除该文件夹。选择一个目录后，单击 OK 按钮。

图 9-1　User Account Control 对话框

图 9-2　选择提取目录

(4) 提取过程可能需要一些时间。一旦完成，SQL Server Installation Center 就将打开，如图 9-3 所示。

(5) 从左侧的菜单中选择 Tools，这应打开如图 9-4 所示的屏幕。

(6) 选择第一个选项 System Configuration Checker。跟踪扫描的进展情况，结果对话框如图 9-5 所示。

(7) 在图 9-5 中，只有最后一个选项安装失败了。用户可能有其他安装条件没有通过，特别是.NET 2.0 and .NET 3.5 Service Pack 1 update。如果有任何选项安装失败，可以单击该行右边的 Failed 链接，打开一个对话框，完成在系统上支持 SQL Server Express 所需的安装过程。处理所有安装失败的选项，根据弹出窗口更正错误。在这个过程中可能重新启动几次计算机。如果是这样，每次修复后都会返回安装程序，继续进行配置检查，直到所有选项都通过为止。

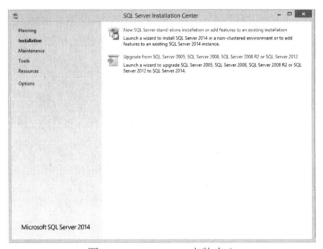

图 9-3　SQL Server 安装中心

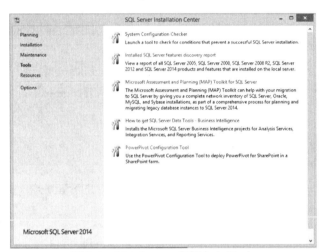

图 9-4　SQL Server 安装中心-Tools

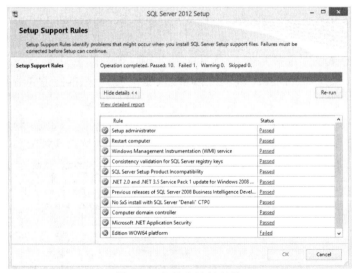

图 9-5　安装支持的条件

(8) 更新了所有的选项后，系统也通过了检查，就从安装中心左边的菜单中选择 Installation。

(9) 选择第一个选项 New SQL Server stand-alone installation or add features to an existing installation。可能需要几分钟的时间才能显示如图 9-6 所示的 License Terms 对话框。

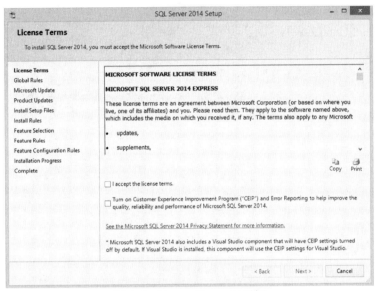

图 9-6　License Terms 对话框

(10) 接受许可条款。如果愿意，也可以选择第二个复选框，参与客户体验改善计划 (Customer Experience Improvement Program，CEIP)。当选择参加 CEIP 时，计算机或设备会自动给微软发送自己如何使用某些产品的信息。来自计算机的信息结合其他 CEIP 数据，帮助微软解决问题，改进客户最常使用的产品和特性。这是一个可选步骤。单击 Next 按钮，会显示一个进度条，然后显示 Microsoft Update 对话框，如图 9-7 所示。

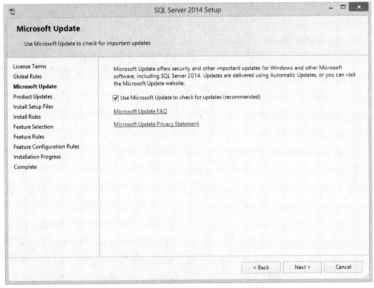

图 9-7　Microsoft Update 对话框

(11) 选中 Use Microsoft Update to check for updates 复选框，然后单击 Next，显示 Feature Selection 对话框。确保选中下列复选框：

- Database Engine Services
- Client Tools Connectivity
- Management Tools-Basic
- SQL Client Connectivity SDK
- LocalDB

完成后，屏幕应该如图 9-8 所示，单击 Next。

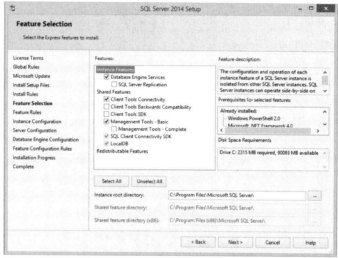

图 9-8　Feature Selection 对话框

(12) 接下来会运行 Feature Rules。应该没有任何问题，因为第(6)步已经运行过，单击 Next 继续。

(13) 条件运行完成后，会显示如图 9-9 所示的 Instance Configuration 对话框。

图 9-9　Instance Configuration 对话框

(14) 接受所有默认设置并单击 Next，显示如图 9-10 所示的对话框。

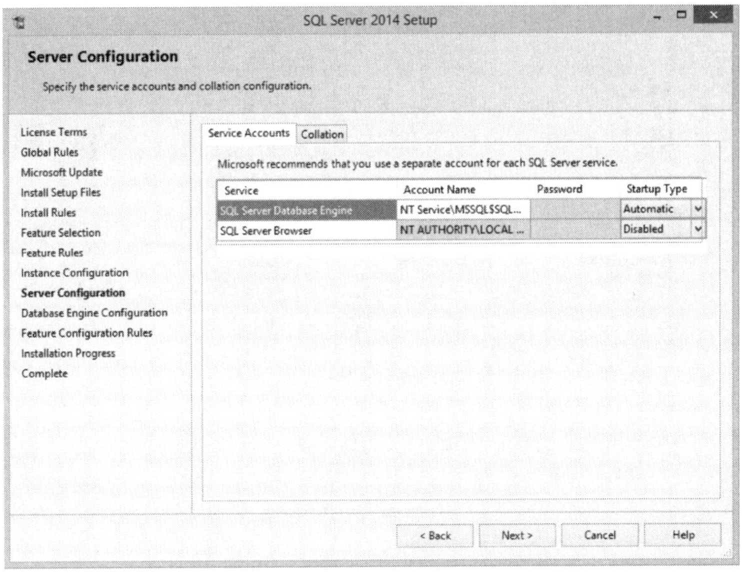

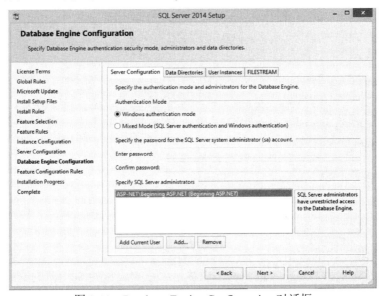

图 9-10　Server Configuration 对话框

(15) 接受所有默认设置并单击 Next，显示如图 9-11 所示的 Database Engine Configuration 对话框。

(16) 接受所有默认设置并单击 Next。开始安装过程。可能要花一些时间，可以在 Installation Progress 对话框中跟踪安装进度。在这个过程结束时，会显示 Complete 对话框，表示安装成功。

(17) 单击 Close 按钮，返回 Installation Center 对话框。

(18) 单击窗口右上角的关闭图标。SQL Server 就安装完成了。

图 9-11　Database Engine Configuration 对话框

示例说明

通常，安装 Windows 应用程序非常简单。然而，可以看出，SQL Server 不是典型的应用程序。SQL Server 由一组复杂的、不同的应用程序和服务构成，应用程序运行时没有任何用户交互。图 9-12 显示了安装为 SQL Server 一部分的 Windows 服务。

图 9-12　安装为 SQL Server 一部分的 Windows 服务

除了安装各种不同的服务之外，对运行 SQL Server 的系统有一些要求和限制，如表 9-1 所示。

表 9-1　最低和最高系统设置

项	设置
.NET 2.0 和 3.5 Service Pack 1	安装
注册检查	可以使用所有必需的注册键
WMI(Windows Management Instrumentation)服务	安装
单个实例使用的计算机容量	限制为 1 个扇区或 4 个核心
使用的最大内存	1GB
关系数据库的最大尺寸	10GB

除了如图9-12所示的各种服务外，还安装了多个客户端应用程序，包括向导、中心和管理器。它们在运行和维护SQL Server的过程中都起了很重要的作用。除SQL Server Management Studio之外，不讨论这个过程安装的其他应用程序或服务；然而，在生产环境中使用SQL Server时，它们都是必不可少的。

安装 SQL Server 应用程序、服务和工具，允许开始持久化 RentMyWrox 应用程序中的数据。然而在此之前，先看看安装为 SQL Server 一部分的主应用程序工具 SQL Server Management Studio。

9.1.2　SQL Server Management Studio

安装后，应该有一个启动 SQL Server Management Studio 应用程序的图标，它可以访问所有主要的数据库功能，包括创建、编辑、和删除数据库项。它还提供了各种工具，用于访问和评估各种数据库中的数据。

为使用 SQL Server Management Studio，首先需要连接到 SQL Server。这是因为 SQL Server 是一个服务应用程序，一般在操作系统运行期间始终在运行，除非另有配置，但它缺乏自己的用户界面；唯一知道 SQL Server 运行在机器上的方法是检查活动服务的列表。这就是为什么 Management Studio 很重要的原因；它用作 SQL Server 的界面。

SQL Server Management Studio 的一个主要功能是 Object Explorer，它允许用户浏览、选择和操作服务器中的任何对象。

下面的示例使用 SQL Server Management Studio 来创建一个数据库和一些表，然后处理这些表中的一些数据。这个过程论述了所有的概念是如何组合在一起的，为什么 SQL Server 称为关系数据库，以及它的优势。

试一试　运行 Microsoft SQL Server Management Studio

这个示例连接到 SQL Server，创建一个数据库，然后创建表和数据来操作数据库中的内容。

(1) 找到打开 SQL Server Management Studio 的图标。如果运行的是 Windows 8.0 或更新的版本，在应用程序区域会发现如图 9-13 所示的部分。框住的图标是 SQL Server Management Studio。可以把这个图标放在“开始”菜单中或桌面上，以易于访问。

(2) 双击 SQL Server Management Studio 图标来启动应用程序。打开 Connect to Server 对话框，如图 9-14 所示。

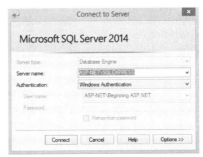

图 9-13　SQL Server 快捷方式　　图 9-14　SQL Server Management Studio 中的 Connect to Server 对话框

(3) 确保服务器名称代表上一个示例添加的计算机名称和默认名称。单击 Connect 按钮，打开 Object Explorer 窗口，如图 9-15 所示。

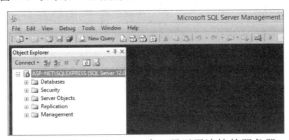

图 9-15　Object Explorer 窗口显示了连接的服务器

如果无法连接，确保设置如图 9-14 所示(但应使用正确的机器名来代替“ASP-NET”)。

(4) 右击 Databases 文件夹，从上下文菜单中选择 New Database。这会显示 New Database

对话框，如图 9-16 所示。

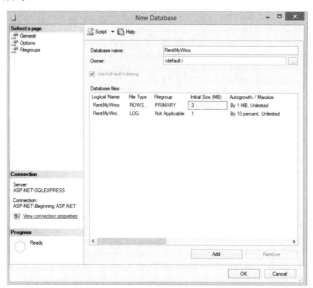

图 9-16　New Database 对话框

(5) 把数据库命名为 RentMyWrox，其余设置使用默认值，单击 OK。现在，在 Databases 文件夹下有一个圆柱形图标 RentMyWrox。

(6) 单击图标左边的加号，展开 RentMyWrox。窗口应该如图 9-17 所示。

图 9-17　展开的数据库

(7) 右击 Tables，选择 Table。这将打开表创建窗口，如图 9-18 所示。

图 9-18　创建表的窗口

(8) 为 Column Name 输入 "Id"，将 DataType 改为 int，取消选中 Allow Nulls 复选框。在右边的 Properties 窗格中，把(Name)从 Table_1 改为 TestingTable。在右边的下拉框中，把 Identity Column 改为 "Id"。

(9) 单击输入Id下面的Row，为Column Name输入Name。给DataType选择varchar(50)。再添加一列Description，其数据类型是varchar(MAX)。屏幕应如图 9-19 所示。

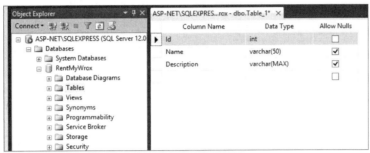

图 9-19　填充的表信息

(10) 单击工具栏中的磁盘图标，进行保存。展开 Tables 目录。如果看不到刚创建的项，在 Object Explorer 中选择刷新图标，刷新条目的列表。

(11) 右击表，并选择 Edit Top 200 Rows，这将打开一个如图 9-20 所示的编辑窗口。

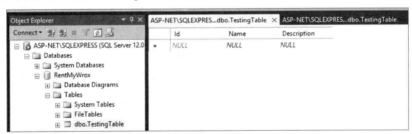

图 9-20　可编辑的窗口

(12) 在 Name 列名的字段中输入一个值，如 "Test"，在 Description 列名的字段中输入值，然后按回车键。一个值就出现该行的 Id 列上，另一组输入框出现在刚才处理的行的下面。

示例说明

使用 SQL Server 的第一步是连接到数据库。在 SQL Server 数据库中管理安全有两种不同的方法：使用 Windows 或让 SQL Server 管理身份验证协议。在安装软件的过程中就选择了安全管理方法：选择使用 Windows 身份验证模式。选择 Windows 身份验证，就能自动登录数据库，因为已经登录到计算机。如果选择 SQL Server 身份验证，每次用 Management Studio 连接时，都需要输入用户名和密码。

SQL Server Management Studio 和 SQL Server 之间的连接是很重要的，因为每次希望连接数据库时，无论是通过 Management Studio 还是通过 ASP.NET 应用程序，都必须确保遵循相同的过程。

通过 Management Studio 登录时，观察服务器名旁边的小符号，可以看到 SQL Server 是否在运行。如图 9-21 所示，黑框内的绿色箭头表明服务器正在运行。

如果服务器没有运行，由如图9-22所示黑框内的红框表示，可以右击该服务器，并选择

Start。也可以采取同样的方法停止服务器：右击服务器名，然后从上下文菜单中选择Stop。此时会显示几个User Account Control和确认对话框，但服务器将按照指令启动或停止。

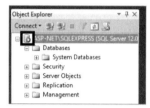 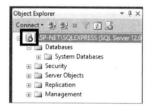

图 9-21　Object Explorer 显示活动的服务器　　图 9-22　Object Explorer 显示停止的服务器

一旦连接到服务器，它的下面就列出多个文件夹。这些文件夹见表 9-2。

表 9-2　SQL Server Management Studio 文件夹

文件夹	说明
Databases	包含服务器上所有可用的数据库。这个列表不仅包括用户创建的数据库，还包括由服务器本身使用的系统数据库，来管理系统数据库(不包括用户数据库)内部的所有关系
Security	顾名思义，这个文件夹保存安全信息。在 SQL Server 中，主要的安全概念是提供身份验证的登录信息和支持授权的角色信息。访问数据库通过分配该数据库的登录角色来确定。这个角色可以是只读的，也可以具有完整的管理控制
Server Objects	包含各种不同的支持项，例如，配置数据库备份的备份设备，或和这台服务器通信的其他服务器
Replication	复制是一组支持信息分布和不同数据库之间镜像的技术。SQL 复制不仅允许在数据库之间复制数据，也可以复制任何数据库对象。这些数据库可以在同一台服务器上，也可以在连接的其他服务器上，甚至在互联网上
Management	该文件夹中的项支持服务器本身的管理，并包含日志和事件等项

开发人员把几乎所有的时间都用于 Databases 文件夹，因为在这里可以使用数据库来支持应用程序。数据库是一个带有类型化的列的表集合。SQL Server 支持不同的数据类型，包括基本类型，例如 Integer、Float、Decimal、Char(包括字符串)、Varchar(可变长度的字符串)、binary(非结构化的数据块)和 Text(文本数据)等。值得庆幸的是，这里处理数据库的方法将隐藏数据库类型，以允许使用.NET 类型。

现在，可以使用 SQL Server Management Studio 创建数据库和表了，下一节介绍在 Visual Studio 中维护和访问数据，这样才能在主要开发工具中评估应用程序与数据库的交互。之后，可以使用 SQL Server Management Studio 访问数据库。虽然通常在 Visual Studio 中完成这些工作，但在 Visual Studio 中有多种访问数据的方法。

9.1.3　在 Visual Studio 中连接

在 Visual Studio 中已经使用了多个窗口，但还有一个窗口没有介绍：SQL Server Object

Explorer 窗口。这个窗口不同于 SQL Server Management Studio 中使用的 Object Explorer 窗口。在这里可以连接到 SQL Server，访问数据库和表，就像 Management Studio 一样。下面的练习把 Visual Studio 连接到刚才创建的数据库。

试一试 **在 Visual Studio 中连接到数据库**

这个练习介绍如何连接到刚才安装的 SQL Server 实例，操作各种服务器对象和数据，就像在 SQL Server Management Studio 中一样。可以在 Visual Studio 中完成这些操作。

(1) 确保运行 Visual Studio，打开 RentMyWrox 应用程序。从 View 菜单选项中选择 SQL Server Object Explorer，这将打开如图 9-23 所示的窗口。它可以在许多不同的区域中打开，包括 Solution Explorer 所在的区域。如果是这样，将其拖到主要工作窗格中。

图 9-23 SQL Server Object Explorer

(2) 在 Object Explorer 窗口中，右击 SQL Server，并选择 Add SQL Server，打开 Connect to Server 对话框，如图 9-24 所示。

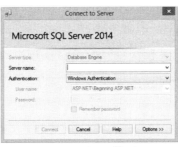

图 9-24 SQL Server Object Explorer 的 Connect to Server 对话框

(3) 从 Server name 下拉列表中选择 Browse for more，打开 Browse for Servers 对话框，如图 9-25 所示，其中包括安装 SQL Server Express 时创建的服务器名称。

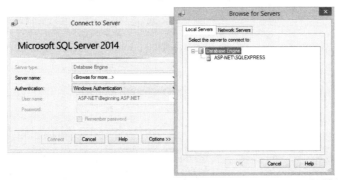

图 9-25 SQL Server Object Explorer 的 Browse for Servers 对话框

(4) 选择 SQL Server 实例，然后单击 OK，返回 Connect to Server 对话框。单击 Connect 按钮，这会把 SQL Server 实例添加到 SQL Server 下的连接列表中，如图 9-26 所示。

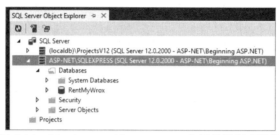

图 9-26   SQL Server Object Explorer 中新的数据库连接

(5) 单击箭头，展开 RentMyWrox 数据库。如果 Tables 文件夹没有展开，可以单击箭头，打开文件夹。

(6) 右击 dbo.TestingTable，并选择 View Data，打开如图 9-27 所示的数据窗口。

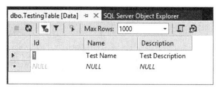

图 9-27   在 SQL Server Object Explorer 中处理数据

(7) 关闭数据窗口，再次右击 dbo.TestingTable 表，从上下文菜单中选择 Delete，打开 Preview Database Updates 对话框，如图 9-28 所示。

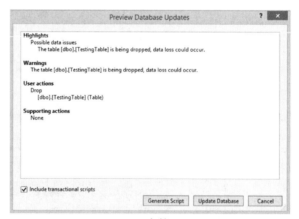

图 9-28   SQL Server Object Explorer 中的 Preview Database Updates 对话框

(8) 单击 Update Database 按钮。注意，表被删除。

示例说明

Visual Studio 是一个完备的开发环境，因为它还允许访问数据库和评估数据。把 Visual Studio 连接到数据库，以访问数据库对象所需的步骤，与把 SQL Server Management Studio 连接到服务器所执行的步骤相同。这些步骤包括确定要连接到的服务器，再对服务器进行身份验证，本例使用 Windows 身份验证模式。

尽管 Visual Studio Object Explorer 没有提供与 SQL Server Management Studio 相同的功能，但它允许轻松快速地评估数据库连接是否正常工作，以及所有字段是否存储在正确的列中。评估信息是否正确保存时，要记住的是需要刷新，才能看到自从上次刷新以来添加的任何新表或行数据。表 9-3 列出了一些不同的数据库管理功能项，以及该项是否在 Management Studio 和/或 Visual Studio SQL Server Object Explorer 中可用。

表 9-3　数据库管理功能的可用性

功能	Management Studio	Visual Studio
添加/编辑/删除数据库	X	X
添加/编辑/删除表	X	X
添加/编辑/删除表中的数据	X	X
运行 SQL 脚本	X	X
运行数据分析	X	
管理备份和复制	X	

现在已经安装了 SQL Server，可以用几种不同的方式在应用程序之外连接到服务器，下一步是使应用程序与数据库通信。

9.2　数据访问的 Entity Framework 方法

ASP.NET 使用 Entity Framework 来访问数据库。Entity Framework 是一组支持开发面向数据的应用软件的技术。开发人员通常需要实现两种截然不同的目标：给他们正在解决的业务问题建立实体、关系和逻辑；使用数据引擎存储和检索数据。这些数据可能跨越多个存储系统，每个系统都有自己的协议；甚至使用单一存储系统的应用程序，如 SQL Server，也必须平衡存储系统的需求和编写高效、可维护的应用程序代码的需求。

Entity Framework 的关键特性是，它允许开发人员在应用程序需要时处理数据，而不必担心数据库表、列和数据类型。因为 Entity Framework 可以管理所有这一切，所以开发人员在处理数据时，可以工作在更高的抽象层上，并允许他们创建和维护面向数据的应用程序，其代码比其他数据库访问方法更少。

Entity Framework 第一次出现时，只是一个把数据库转换为一组可以在代码中使用的对象的方法。之后它演变为多个支持访问数据库的方法。两个主要方法是数据优先和代码优先，即数据库设计和代码设计，先处理什么。

9.2.1　数据优先

在数据优先方法中，代码根据在数据库中的表来创建。在转换既存系统时，这种方法尤其常见，因为数据库已经创建好了。使用这种方法，从已经创建的数据库表中创建类文件，方法是把工具指向数据库，让它针对所选的表和其他服务器对象运行。

既存的表和关系越大，使用数据优先方法节省的时间就越长。然而，当进行新应用程序开发时，如果没有一组已经创建的数据库来交互，就可以使用代码优先方法。

9.2.2　代码优先

在代码优先方法中，在需要时为应用程序创建业务模型，然后 Entity Framework 从中创建数据库表。因为要构建全新的应用程序，所以采取这种方法，尤其是因为它允许将精力集中在系统的 ASP.NET 部分，而不是耗费很多精力处理数据库。

与连接 SQL Server Manager 一样，第一步是确保可以连接到新服务器，并进行身份验证。这允许应用程序连接到服务器。然而，配置之后的过程不同于以往的过程，因为肯定不希望应用程序在每次用户想访问数据库时都显示登录屏幕。相反，必须提取登录信息，例如服务器名、用户、密码，也许还有默认的数据库，并把它设置为服务器可以理解的格式，然后把这些信息放在应用程序能够理解的位置。这种格式称为连接字符串，连接字符串会保存在配置文件 web.config 中。

连接字符串是一组格式，包含连接数据库需要的所有信息。以下代码片段显示了一个典型的连接字符串：

```
data source=ASP-NET\SQLEXPRESS;initial catalog=RentMyWrox;integrated security=
True; MultipleActiveResultSets=True;App=EntityFramework
```

其中一些值来自上一个示例。表 9-4 描述了连接字符串的常见部分。

表 9-4　连接字符串的各部分

部分	说明
数据源(data Source)	应用程序将连接的服务器的名称
初始类别(initial catalog)	将连接的数据库的名称
集 成 安 全 性 (integrated security)	一个布尔值，决定身份验证是否使用 Windows 身份验证方法。如果是，与上例相同，就把它设置为 true
MultipleActiveResultSets	一个布尔字段，定义是否可以同时运行多个查询
应用(App)	指定哪个框架将管理连接。在前面的示例中是 Entity Framework
uid	不使用 Windows 身份验证(集成安全性为 False)时，创建任何身份验证请求时，都需要包含用户名
密码(Password)	不使用 Windows 身份验证(集成安全性为 False)时，创建任何身份验证请求时，都需要包含密码和用户名

看着前面显示的连接字符串，可以看到数据库服务器名称是 ASP-NET \ SQLEXPRESS，即默认连接到的数据库是 RentMyWrox，使用了 Windows 身份验证，希望得到多个结果集，使用 Entity Framework 管理访问权限。

应用程序访问这个连接字符串，因为是通过配置文件访问它。在处理 ASP.NET 应用程序时，配置文件 Web.config 包含许多不同的项，其中一个是连接字符串组，用于允许应用程序获得动态数据。

历史上，创建连接字符串是一个手工任务，在该过程中很容易出错，会导致意想不到的、可能难以调试的结果。使用 Entity Framework 项时，可以使用新的搭建功能，完成建立这些字符串的大部分工作——只需更新数据源和数据库。

将应用程序连接到数据库的最后任务是建立数据库上下文。连接字符串允许应用程序理解它要连接什么，而上下文会处理所有实际通信。

上下文是应用程序中使用连接字符串的部分，所以它也是框架中管理与数据库交互的部分。上下文基本上定义了应用程序中的模型和数据库中对象(如表)之间的关系。下一个示例把上下文类添加到项目中。

试一试　给应用程序添加数据库上下文，以允许数据库访问

使用以下步骤，开始把应用程序连接到数据库。

(1) 确保运行Visual Studio，打开RentMyWrox应用程序。右击Models目录，选择Add New Item。在Add New Item对话框中，确保在适当语言的Data目录下，并选择ADO.NET Data Entity Model。把它命名为RentMyWroxContext，如图 9-29 所示。

图 9-29　添加数据库上下文文件

(2) 单击 Add 按钮，这将弹出如图 9-30 所示的 Entity Data Model Wizard。

(3) 选择 Empty Code First Model，单击 Finish。这将在主工作窗口中创建文件并打开它，如图 9-31 所示。

(4) 打开 SQL Server Object Explorer。请注意服务器的名称，即图9-32中突出显示的部分。

图 9-30　实体数据模型向导

```
RentMyWroxContext.cs ᵈ X
RentMyWrox                                                         ᵗ RentMyWrox.Models.RentMyWroxContext
  namespace RentMyWrox.Models
  {
      using System;
      using System.Data.Entity;
      using System.Linq;

      public class RentMyWroxContext : DbContext
      {
          // Your context has been configured to use a 'RentMyWroxContext' connection string from your application's
          // configuration file (App.config or Web.config). By default, this connection string targets the
          // 'RentMyWrox.Models.RentMyWroxContext' database on your LocalDb instance.
          //
          // If you wish to target a different database and/or database provider, modify the 'RentMyWroxContext'
          // connection string in the application configuration file.
          public RentMyWroxContext()
              : base("name=RentMyWroxContext")
          {
          }

          // Add a DbSet for each entity type that you want to include in your model. For more information
          // on configuring and using a Code First model, see http://go.microsoft.com/fwlink/?LinkId=390109.

          // public virtual DbSet<MyEntity> MyEntities { get; set; }
      }

      //public class MyEntity
      //{
      //    public int Id { get; set; }
      //    public string Name { get; set; }
      //}
  }
```

图 9-31　基本 DbContext 文件

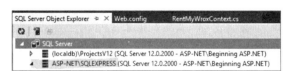

图 9-32　SQL Server Object Explorer 显示了服务器名称

(5) 打开Web.config文件,它在Web项目的根目录下。向下滚动,直到找到connectionStrings部分(见图9-33)。

(6) 找到拥有 name="RentMyWroxContext"的节点。把"initial catalog=xxx"改为"initial catalog=RentMyWrox"。

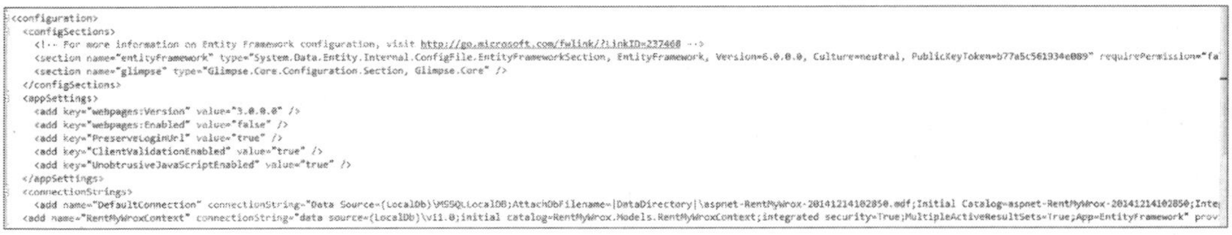

```
<configuration>
  <configSections>
    <!-- For more information on Entity Framework configuration, visit http://go.microsoft.com/fwlink/?LinkID=237468 -->
    <section name="entityFramework" type="System.Data.Entity.Internal.ConfigFile.EntityFrameworkSection, EntityFramework, Version=6.0.0.0, Culture=neutral, PublicKeyToken=b77a5c561934e089" requirePermission="fa
    <section name="glimpse" type="Glimpse.Core.Configuration.Section, Glimpse.Core" />
  </configSections>
  <appSettings>
    <add key="webpages:Version" value="3.0.0.0" />
    <add key="webpages:Enabled" value="false" />
    <add key="PreserveLoginUrl" value="true" />
    <add key="ClientValidationEnabled" value="true" />
    <add key="UnobtrusiveJavaScriptEnabled" value="true" />
  </appSettings>
  <connectionStrings>
    <add name="DefaultConnection" connectionString="Data Source=(LocalDb)\MSSQLLocalDB;AttachDbFilename=|DataDirectory|\aspnet-RentMyWrox-20141214102850.mdf;Initial Catalog=aspnet-RentMyWrox-20141214102850;Inte
  <add name="RentMyWroxContext" connectionString="data source=(LocalDb)\v11.0;initial catalog=RentMyWrox.Models.RentMyWroxContext;integrated security=True;MultipleActiveResultSets=True;App=EntityFramework" prov
```

图 9-33　Web.config 文件的连接字符串

(7) 在同一节点上，把"data source=xxx"改为"data source=服务器的名称"(在图 9-32 的高亮区域)。保存文件。

(8) 右击 Models 目录，并选择 Add | New Item | Code | Class。把类命名为 Hobby，在 Visual Studio 中打开文件时，在文件的顶部添加 using 语句——using System.ComponentModel.DataAnnotations;。

(9) 添加以下属性，保存工作。完成后，文件应如图 9-34 所示。

```
[Key]
public int Id { get; set; }
public string Name { get; set; }
public bool IsActive { get; set; }
public virtual ICollection<UserDemographics> UserDemographics { get; set; }
```

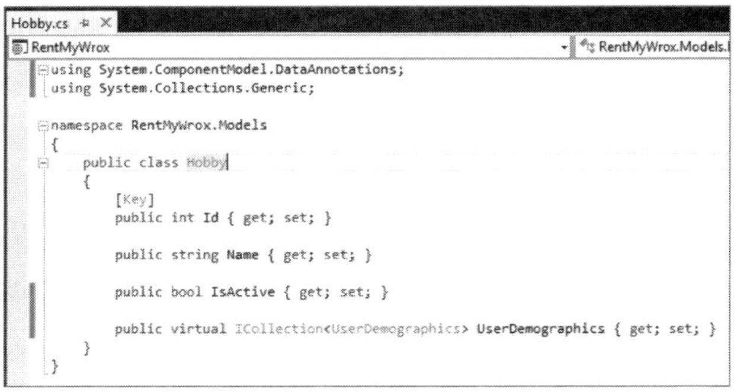

```
using System.ComponentModel.DataAnnotations;
using System.Collections.Generic;

namespace RentMyWrox.Models
{
    public class Hobby
    {
        [Key]
        public int Id { get; set; }

        public string Name { get; set; }

        public bool IsActive { get; set; }

        public virtual ICollection<UserDemographics> UserDemographics { get; set; }
    }
}
```

图 9-34　Hobby 类

(10) 打开在第 6 章创建的模型 UserDemographics.cs。它位于 Models 目录中。找到 Id 属性，添加一个特性，如下：

```
[Key]
public int Id { get; set; }
```

(11) 修改另外两行代码，用Hobby替换List<string>中的string。需要修改属性和构造函数中的代码。修改属性时，也添加关键字virtual。完成后的代码如图9-35所示。保存该文件。

(12) 如果步骤(1)中创建的 Models\ RentMyWroxContext 没有打开，就打开它。你应该看到类似代码的注释版。将下面几行代码添加到该文件中。这些代码可以替代加了注释符号的代码，如图 9-36 所示，显示 RentMyWrox 文件的类部分。

```
public virtual DbSet<UserDemographics> UserDemographics { get; set; }
public virtual DbSet<Hobby> Hobbies { get; set; }
```

```
public class UserDemographics
{
    public UserDemographics()
    {
        Hobbies = new List<Hobby>();
    }

    [Key]
    public int Id { get; set; }

    public DateTime Birthdate { get; set; }

    public string Gender { get; set; }

    public string MaritalStatus { get; set; }

    public DateTime DateMovedIntoArea { get; set; }

    public bool OwnHome { get; set; }

    public int TotalNumberInHome { get; set; }

    public virtual List<Hobby> Hobbies { get; set; }
}
```

图 9-35　UserDemographics 类

```
public class RentMyWroxContext : DbContext
{
    // Your context has been configured to use a 'RentMyWroxContext' connection string from your application's
    // configuration file (App.config or Web.config). By default, this connection string targets the
    // 'RentMyWrox.Models.RentMyWroxContext' database on your LocalDb instance.
    //
    // If you wish to target a different database and/or database provider, modify the 'RentMyWroxContext'
    // connection string in the application configuration file.
    public RentMyWroxContext()
        : base("name=RentMyWroxContext")
    {
    }

    // Add a DbSet for each entity type that you want to include in your model. For more information
    // on configuring and using a Code First model, see http://go.microsoft.com/fwlink/?LinkId=390109.

    public virtual DbSet<UserDemographics> UserDemographics { get; set; }

    public virtual DbSet<Hobby> Hobbies { get; set; }
}
```

图 9-36　更新数据上下文类

(13) 展开 Controllers 目录，并打开 UserDemographicsController 文件。找到 Edit 动作。请注意这是创建新 UserDemographic 的部分。用一条简单的 new 语句替换该代码。完成时这一动作应如下所示：

```
public ActionResult Edit(int id)
{
    var model = new UserDemographics();
    return View("Manage", model);
}
```

(14) 在这个类中，找到 Index 动作，改为：

```
public ActionResult Index()
{
    using (RentMyWroxContext context = new RentMyWroxContext())
    {
        var list = context.UserDemographics.OrderBy(x => x.Birthdate).ToList();
        return View(list);
    }
}
```

(15) 运行应用程序，并导航到\UserDemographics。这种初始运行可能会比正常运行多花一点时间。

(16) 打开 SQL Server Object Explorer，展开 RentMyWrox 数据库。进入 Tables 文件夹。如果没有任何内容，单击 Refresh 按钮，就应当列出 4 个表，如图 9-37 所示。

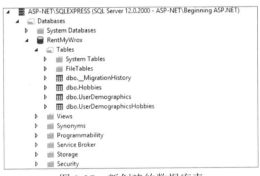

图 9-37 新创建的数据库表

示例说明

本例创建了用来访问数据库的上下文文件。图 9-31 显示了一个简单的上下文文件。首先要检查的是类定义，代码片段如下所示：

```
public class RentMyWroxContext : DbContext
```

生成类时，就创建了它，这样它就继承了 DbContext。如前所述，DbContext 处理与数据库的所有交互，所以创建过程中的选择都与 Visual Studio 构建 DbContext 的方式相关，与是否有 DbContext 无关。在对话框中添加新的上下文文件时，创建过程中的 4 个选项只是用不同的方式构建 DbContext 文件，一般比前面所选的 Empty Model 方法的信息更多。

创建这个文件后，会显示一个对话框，其中有 4 个选项：

- EF Designer from Database
- Empty EF Designer Model
- Empty Code First Model
- Code First from Database

有两种不同的标准：第一种是信息是否从数据库中创建，第二种是是否创建了可视化设计器。本章已经讨论了如何从数据库中构建模型，但尚未提到如何使用可视化设计器。

Entity Framework 最初的方法是绑定到数据库，以至于连可视化设计器看上去都像是数据库创建工具。图 9-38 使用两个不同的简单模型展示了可视化设计器方法。

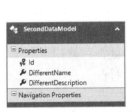

图 9-38 可视化设计器方法

在可视化设计器中创建一切，给开发人员提供的体验非常类似于 Entity Framework 支持代码优先之前采用的方法。这意味着在一个地方(可视化工具)进行配置，这是独立于模型的。在代码优先方法中，任何必要的配置都是模型定义本身的一部分。在数据库中创建表的方法显示了它与代码优先方法的区别。不存在设计器的概念，只是一组用于建立关系的类，这样它们对代码来说是有意义的。

然而，这导致一些有趣的效果。回顾对 UserDemographics 类的修改，尤其是 Hobbies 属性。从 List<string>变成 List<Hobby>。它为什么不能使用原始类型，即字符串列表？原因是 Entity Framework 不知道如何存储这些信息，主要是因为没有把 Id 定义为 Key，这允许管理进出数据库的信息。这是一个键值，理解这一点是很重要的，因为它用作唯一的标识符；任意两行的这个属性都不能有相同的值。

进一步研究 Entity Framework，你会注意到一些规则，主要规则是需要 Key 特性，或 Entity Framework 指定某行的某种方式。学习获取进出数据库的信息时，将提到它的重要性，以及它如何帮助支持许多内置的 EF 方法。检查数据库，证明 Id 列设置为主键，是定义为标识的列。主键约束保证，在表中 Id 列只允许使用唯一的值。尝试使用已有的值插入新项是无效的。使用标识意味着，服务器将创建该值，且按顺序创建这些值。它会关联到前面所讨论的键值，这是数据库对该特性的解释。

因为 EF 需要一个键，所以应该有 Hobby 模型的原因就很清楚了，因为包含 Id 和 Name 属性，名称是在 UserDemographics 上使用的字符串。IsActive 标志允许在 UI 中打开和关闭 Hobbies 属性，而无需删除数据，因此很简单，但是为什么要给 Hobby 添加一个虚拟的 List< UserDemographics >？为什么这是必需的？

添加该属性的主要原因是可用的爱好列表是独立维护的。Hobby 表中的值用于填充用户可以选择的复选框。然而，如果 Hobby 是一个独立的对象，这意味着这种双向关系需要在某个地方定义；否则，就永远无法知道约翰的爱好是园艺，因为约翰的用户统计信息存储为 UserDemographics，Gardening 存储为 Hobby，两者没有什么联系。

Entity Framework 解决了这个问题，方法是创建中间数据库表 UserDemographicsHobbies，它只包含两列 Hobby_Id 和 UserDemographics_Id。然而这些都是重要的列，因为它们在 UserDemographics 和 Hobby 之间建立关系，支持以下两个操作：

- UserDemographic 可以有不止一个 Hobby。
- Hobby 可以用于多个 UserDemographic。

注意，没有相应的 C#类；表在后台用于管理这个多对多关系。然而，Hobby 模型上没有这个属性，就不能创建这个表。

模型完成后，仍必须采取几个步骤。第一步是确保类 RentMyWroxContext，作为应用程序和数据库之间的中介，明白需要维护 UserDemographics 和 Hobbies。为此，应把它们作为属性添加到上下文中。这允许 Entity Framework 理解这些类要持久化，并定义访问信息时使用的名字。没有这一步，就不会创建这些表。

把表链接到数据上下文后，下一步是在某处使用数据上下文。这个类的第一个实现在 Index 动作中——该动作返回数据库中项的完整列表。仔细看看这段代码；重要的部分是下面列出的代码：

```
using (RentMyWroxContext context = new RentMyWroxContext())
{
    var list = context.UserDemographics.OrderBy(x => x.Birthdate).ToList();
    return View(list);
}
```

第一部分是包含 using 语句的代码行。此 using 不同于之前使用的 using 关键词，以前 using
用于在类文件的顶部把其他名称空间中的功能链接到当前文件。在这里，它是"使用完所创
建的对象后，就销毁该对象"的简称。销毁对象，确保它可用于垃圾回收，清除使用该项的
内存。这是很重要的，因为如果这样的连接(毕竟这是一个到数据库的连接!)没有在使用完之
后清理，应用程序服务器就可能很快耗尽可用内存。应该养成习惯，确保使用 using 语句包
装数据库上下文的创建代码。

一旦创建了上下文，代码执行的下一步是访问数据。前面把项添加到上下文文件中时，
就把它们变成属性。其中一个属性是 UserDemographics，是正在处理的项。这种情况下，可
认为它与表直接相关，因为其余的代码按照 BirthDate 给数据库中的每个条目排序，然后创建
所得项的列表。

必须在此时添加代码，因为需要实例化或创建它，访问上下文，之后创建数据库中的表。
把 URL 改为进入 UserDemographics 时访问上下文；花的时间比正常多的原因是它完成了比
较和创建数据库的所有工作。这表明代码优先方法的如下优点之一：每次启动上下文，它就
评估系统中的模型，比较这些模型和数据库中的表。如果这是第一次在数据库中创建表，就
只创建它们。如果表比类多，就简单地忽略它们。如果数据库中的表不匹配应用程序中的模
型，系统会抛出一个异常。这可以帮助确保模型和数据库的同步。本章后面将了解如何根据
模型的变化，修改已有的表。

创建到数据库的初始连接，添加上下文，并创建初始模型，可以看出，Entity Framework
中的代码优先方法可以隐藏很多数据库工作。然而必须仔细看看模型中的关系；否则，可能
得不到预期的结果。多对多关系是一个优秀的示例。本章继续构建模型时，你会看到更多的
内容。

9.2.3　从数据库中选择数据

上一个示例有一个新的结构：控制器中使用的 OrderBy 方法。前面第 4 章介绍了处理集
合时使用的句点操作符，如 Add 或 AddRange。还有其他一些运算符支持与集合的交互。表
9-5 包含一些与集合中的信息交互时最常用的运算符。

表 9-5　数据的选择和排序

运算符	说明
Find	需要一个[Key]属性类型的值。如果 Entity Framework 可以找到包含该键的项， 就返回该项。如果表中没有可用的项，就抛出一个异常。这个方法不会返回多于 一个的项 List.Find(5);

运算符	说明
First	返回匹配一组条件的第一项。如果没有这样的项，运算符就抛出一个异常。使用该方法的最简单方式是使用 lambda 表达式。这个方法不会返回多于一个的项 List.First(x=>x.FirstName="Arnold");
FirstOrDefault	与 First 运算符类似，但如果没有找到该值，FirstOrDefault 方法就返回 null，而不是抛出异常。因此，建议先使用 FirstOrDefault 而不是 First，处理潜在的 null 结果，而不是由应用程序抛出异常 List.FirstOrDefault(x=>x.FirstName="Arnold");
Where	允许将过滤器添加到列表中。与 First 和 FirstOrDefault 方法一样，也使用 lambda 表达式配置，但不是选择符合标准的第一项，而是返回符合标准的所有项。如果没有符合标准的项，该方法就返回一个没有元素的实例化列表。根据定义，无论符合标准的项有多少，永远都会返回一个列表 List.Where(x=>x.FirstName="Arnold");
OrderBy	按升序排序的结果集。在它之前或之后可以使用其他方法和 lambda 表达式。因为 OrderBy 与其他方法链接起来，基于链接在一起的项的不同顺序，可以得到不同的结果。其他方法支持 and 和 or 的概念，而 OrderBy 可能只包含一个字段，即排序所依据的主字段 List.OrderBy(x=>x.FirstName);
OrderByDescending	与 OrderBy 类似，但它按 lambda 表达式中的字段降序排序，而不是升序排序
ThenBy	允许把多个排序串在一起。它必须在 OrderBy 后立即使用，对 lambda 表达式中确定的项进行额外的升序排序 List.OrderBy(x=>x.FirstName).ThenBy(x=>x.LastName);
ThenByDescending	与 ThenBy 类似，但它对 OrderBy 或 OrderByAscending 进行额外的排序。与 ThenBy 类似，可以把多条语句串在一起，使用其他字段添加有序排序
Take	允许从一个大集合中提取一个条目子集。该方法的参数是一个整数，它定义了要提取多少项。该方法返回的项数永远没有参数多，如果记录的数量小于参数值，就可能返回少于参数值的项 List.Where(x=>x.FirstName="Arnold").Take(10);

使用句点操作符时，结果有很多潜在的重叠，因为 List.First(x = > x.Id = = 3)的结果与 List.Find(3)或 List.Where(x=>x.Id == 3)的相同。指定方法的顺序也是非常重要的；如果列表中的项超过 10 项，List.OrderBy(x=>x.FirstName).Take(10) 返回的集合很可能不同于 List.Take(10).OrderBy(x=>x. FirstName)，因为第一种方法会先排序，然后提取 10 行，而第二种方法先提取前 10 行(无序)，然后对结果排序。

很多新的开发人员在使用数据库时带着些许恐惧。然而，这是没有理由的；虽然幕后的确有一个数据库，但在使用这些数据时，它不会影响我们的操作，因为使用数据库和使用手动创建的集合没有绝对的区别。上下文隐藏了所有这些操作，我们只是处理数据列表，让上下文完成与系统的所有实际交互操作。

9.3　Web 窗体中的数据控件

前面创建了数据库上下文，建立了第一个模型，下一步是开始集成数据库，并学习创建、编辑、显示和删除数据的不同方法，因为有许多不同的方式来管理它们。其中一些方法可能涉及服务器控件的使用，这些控件专门用于与实时数据交互，而其他方法可能涉及通过手动方法来设计表单，处理所有交互。本节学习一些管理数据库交互的 Web 窗体服务器控件。

9.3.1　DetailsView

DetailsView 是一个服务器控件，其目标是消除创建数据输入表单所需的很多手工工作。第 5 章建立了一个数据输入表单，给一些项使用标签和文本框。本章将学习在专门用于支持与数据库交互的服务器控件上使用模型绑定。

模型绑定允许将 HTTP 请求数据映射和绑定到已定义的模型。模型绑定易于处理表单数据，因为请求数据(POST/GET)会自动转入指定的数据模型。ASP.NET 在幕后完成这项工作。

一些属性在各种数据控件间是公用的。第一个属性是定义要显示的内容，通常定义为一个列或一个字段。这个定义允许控制要显示的属性，这些属性的标记方式，以及它们的显示顺序。表 9-6 显示了主要字段的定义。

表 9-6　数据控件的字段定义

名称	说明
BoundField	显示绑定对象或数据源的一个属性值
ButtonField	按照定义显示一个命令按钮，一般用于添加或删除按钮
CheckBoxField	给绑定对象的项显示复选框，这通常用于显示布尔类型的属性
CommandField	显示预定义的命令按钮，如选择、编辑或删除操作
HyperlinkField	把属性的值显示为超链接，这种方法也允许把第二个字段绑定到 URL
ImageField	在控件中显示图像
TemplateField	为每个绑定项显示用户定义的内容，这允许创建自定义的列和/或字段

各种数据控件都有的第二项是在代码隐藏中把具体的动作绑定不同的事件处理程序。这是必要的，因为尽管服务器控件在建立 UI 的不同部分时是相当智能的，但它知道应该把一些至关重要的部分留给开发人员；在这种情况下，应把与数据库交互留给开发人员，主要是因为它不想假设，UI 中使用的对象实际上就是持久化到数据库中的对象。它可能是一个视图模型，保存了各种模型中的不同信息，而不是单一模型的所有字段。表 9-7 显示了这些不同的方法。

表 9-7　数据绑定方法

方法	说明
SelectMethod	允许控件访问方法，在方法中，可以传入一个键值，返回所操作对象的一个实例
InsertMethod	允许控件绑定一个特定的方法，在数据库中创建一个新条目
DeleteMethod	允许控件绑定一个特定的方法，在数据库中删除一个条目
UpdateMethod	允许控件绑定一个特定的方法，控件在数据库中更新一个条目时使用它

在这两个不同的属性集中，可以定义要在哪里显示模型中的属性，以及如何处理数据库交互。在下面的示例中，要使用所有的概念，管理一个控件，把数据输入到数据库中。

试一试　创建一个数据输入表单，将信息保存到数据库中

这个示例继续构建示例应用程序的功能，它会创建一个页面，支持在前面章节创建的 Hobby 模型中输入数据。

(1) 确保运行 Visual Studio，打开 RentMyWrox 解决方案。右击 RentMyWrox 项目中的 Admin 目录，并选择 Add a New Item。添加一个新的 Web Form with Master Page。一定要选择母版页 WebForms.Master，将文件命名为 ManageHobby。

(2) 确保在 ManageHobby 标记页面的 Source 视图中。给第二个内容控件添加以下内容，完成时，页面应如图 9-39 所示。

```
<asp:DetailsView ID="DetailsView1" AutoGenerateRows="false" runat="server"
    DataKeyNames="Id" DefaultMode="Insert">
  <Fields>
    <asp:BoundField DataField="Name" HeaderText="Name" />
    <asp:CheckBoxField DataField="IsActive" HeaderText="Active ?" />
    <asp:CommandField ShowInsertButton="True" ShowCancelButton="false" />
  </Fields>
</asp:DetailsView>
```

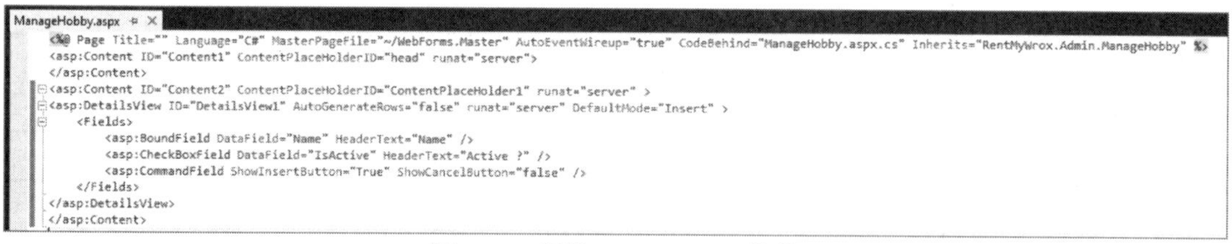

图 9-39　新的 DetailsView 控件

(3) 在"Insert"和关闭标记>之间单击开始标记的末尾，添加一个空格，然后开始输入 Insert。智能感知功能将显示潜在特性的下拉列表，突出显示 InsertMethod，按回车键。

(4) 输入=。这将弹出下拉列表<Create New Method>。选择该选项。重复"Select"，添加 SelectMethod，屏幕如图 9-40 所示。

```
ManageHobby.aspx  ⊕ ✕
<%@ Page Title="" Language="C#" MasterPageFile="~/WebForms.Master" AutoEventWireup="true" CodeBehind="ManageHobby.aspx.cs" Inherits="RentMyWrox.Admin.ManageHobby" %>
<asp:Content ID="Content1" ContentPlaceHolderID="head" runat="server">
</asp:Content>
<asp:Content ID="Content2" ContentPlaceHolderID="ContentPlaceHolder1" runat="server">
<asp:DetailsView ID="DetailsView1" AutoGenerateRows="false" runat="server" DefaultMode="Insert"
        InsertMethod="DetailsView1_InsertItem" SelectMethod="DetailsView1_GetItem">
    <Fields>
        <asp:BoundField DataField="Name" HeaderText="Name" />
        <asp:CheckBoxField DataField="IsActive" HeaderText="Active ?" />
        <asp:CommandField ShowInsertButton="True" ShowCancelButton="false" />
    </Fields>
</asp:DetailsView>
</asp:Content>
```

图 9-40   分配了方法的 DetailsView 控件

(5) 打开 ManageHobby Web 窗体的代码隐藏文件。选择 Create New Method 时，你会看到已创建的两个空的方法。填写它们，如下：

```
public void DetailsView1_InsertItem()
{
    Hobby hobby = new Hobby();
    TryUpdateModel(hobby);
    if (ModelState.IsValid)
    {
        using (RentMyWroxContext context = new RentMyWroxContext())
        {
            context.Hobbies.Add(hobby);
            context.SaveChanges();
        }
    }
}

public object DetailsView1_GetItem(int id)
{
    using (RentMyWroxContext context = new RentMyWroxContext())
    {
        return context.Hobbies.Find(id);
    }
}
```

(6) 运行应用程序，显示如图 9-41 所示的屏幕。

图 9-41   呈现在浏览器中的 DetailsView

(7) 输入一些信息并选择 Insert。页面将刷新，文本框返回为空。

(8) 打开 SQL Server Object Explorer，下钻到 RentMyWrox 数据库中。进入 Tables 文件夹，右击 dbo.Hobbies 并选择 ViewData，你应看到刚才输入到数据库中的值。

示例说明

这个示例添加了一个带 DetailsView 服务器控件的新页面。根据需要，控件的几个关键属性会使它工作起来。首先 AutoGenerateRows 被设置为 false。如果没有设置该属性，页面就会抛出一个异常，因为加载它时，任何对象都没有绑定到控件，它会试图把整数 Id 绑定到列，但因为该字段不存在而失败了。第二个重要的属性是 DefaultMode，它被设置为 Insert。如果不执行该操作，就会抛出相同的异常，也是因为没有要显示的项。

所添加的其他属性以及在代码隐藏中链接到事件处理程序的方法，都提供了持久存储数据所需的实际业务功能。控件创建的 HTML 由标准输入元素组成，所以单击 Insert 链接时，它在一次回送中给代码隐藏返回所有表单字段的值。

标记页面中控件定义的最后一部分是字段列表。在这里把模型的各种属性绑定到 UI 元素。呈现页面时，字段集中列出的每一项都显示在 UI 中。为此，应提供 DataField，它把特定的控件绑定到模型的一个属性。查看代码隐藏，你会发现这个绑定对显示和处理都很重要。

回顾一下代码隐藏中的 InsertItem 方法。该方法的前三行如下所示：

```
Hobby hobby = new Hobby();
TryUpdateModel(hobby);
if (ModelState.IsValid)
```

第一行相当标准——构造一个新的 Hobby。然而下一行比较有趣，因为它实际执行一些工作。TryUpdateModel 方法提取刚刚创建的新对象，并试图把请求中的数据映射到适当的属性，根据名称匹配它们。这是一个重要的概念，因为它允许开发人员关注模型，而不是将请求字段手动映射到模型属性。

这个过程完成后，检查 ModelState.IsValid 属性。这个属性评估刚才(在 TryUpdateModel 方法中)填充的模型，确认它是否有效，例如，所有必填字段都填写了。因为还没有定义任何需求，所以即使在任何表单中都没有提供信息，这个模型也应总是通过检查。TryUpdateModel 方法的作用是给 Web 窗体增加了很多功能，因为它允许开发人员避免反复编写琐碎的代码。

有了有效的模型，使用 add 方法将其添加到 Hobbies 表中就是一个简单的步骤，就像将项添加到列表中一样；这就是本例做的事情。唯一的新部分是 SaveChanges 方法，但这是非常重要的一项。SaveChanges 方法实际上将信息保存到数据库中。

分开将条目添加到集合中和调用 SaveChanges 方法是很重要的。考虑一种情况：使用多个对象，把每个对象添加到一套不同的数据库集中。在调用 SaveChanges 方法之前，添加到列表中的项实际上都没有持久化。

这可能会导致相关类型出现一些有趣的行为，尤其是执行全新的添加而不是修改时。这是因为使用 Key 特性(它与标识列类型直接相关，数据库会自动创建 Key 值)时，实际上并没有这个值，直到框架运行 SaveChanges 方法为止。图 9-42 显示通过代码运行的项的调试值。代码行左边的箭头指示器表示正在运行的进程的位置。注意，代码流在调用 Add 方法后、调用 SaveChanges 方法之前停止，Id 值显示为 0。

图 9-42　在运行 SaveChanges 方法之前的调试值

图 9-43 显示了调用 SaveChanges 方法后的调试值。注意 Id 值变了。

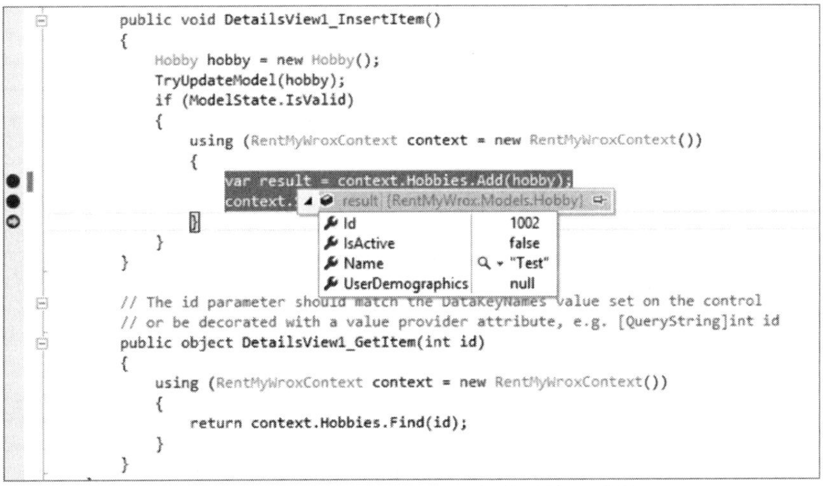

图 9-43　运行 SaveChanges 方法后的调试值

　　这种变化是由于项实际上与数据库进行交互。然而，与数据库创建的一些值交互也可能会有问题。如果运行 SaveChanges 方法之前把一个变量设置为 Id 值，就得不到正确的值。

　　SaveChanges 方法需要在任何更改——刚才执行的添加或更新(修改信息，而不是添加)——保存到数据库之前运行。如前所述，操作数据库中的项和调用 SaveChanges 方法之间不需要一一对应，因为 SaveChanges 方法作用于自从上次运行以来在上下文中运行的任何条目。这允许把多个变化链到一个数据库调用。

　　DetailsView 说明一些 ASP.NET 服务器控件可以一次处理列表中的一项。还有其他控件可帮助 ASP.NET Web Forms 开发人员处理数据集。这些控件之一是下面介绍的 GridView。

9.3.2 GridView 控件

GridView 控件用于在表格中显示一系列数据的值。每一列表示一个字段，每一行代表一条记录，就像电子表格应用程序那样。GridView 的一些内置功能如下：

- 排序
- 更新和删除
- 分页
- 行选择

GridView 支持 DetailsView 可用的各种列选项，如表 9-5 所示，创建其定义的方式与 DetailsView 类似。下面的示例给样例应用程序添加一个 GridView 控件以帮助管理用于出租的项。

试一试　添加 GridView 控件

这个示例给网站添加 GridView 服务器控件，来管理数据库对可供出租的项的访问。

(1) 确保运行 Visual Studio，打开 RentMyWrox 解决方案。右击 Models 目录，并添加一个新类，命名为 Item。

(2) 添加属性，如下所示：

```
[Key]
public int Id { get; set; }
public string Name { get; set; }
public string Description { get; set; }
public string ItemNumber { get; set; }
public string Picture { get; set; }
public double Cost { get; set; }
public DateTime? CheckedOut { get; set; }
public DateTime? DueBack { get; set; }
public DateTime DateAcquired { get; set; }
public bool IsAvailable { get; set; }
```

(3) 从 Models 目录中打开 RentMyWroxContext.cs 文件。

(4) 给 Item 添加新的 DbSet，确保在数据库中创建表。添加这个 DbSet 的代码如下：

```
public virtual DbSet<Item> Items { get; set; }
```

(5) 在调试模式下运行该应用程序，并导航到\UserDemographics。得到的错误如图 9-44 所示。

(6) 进入 Tools | NuGet Package Manager | Package Manager Console，在 Visual Studio 中打开一个新窗格(见图 9-45)。

(7) 单击 PM>的右边，输入下面的命令，并按回车键：

```
enable-migrations  -ContextTypeName RentMyWrox.Models.RentMyWroxContext
```

```
public class UserDemographicsController : Controller
{
    // GET: UserDemographics
    public ActionResult Index()
    {
        using (RentMyWroxContext context = new RentMyWroxContext())
        {
            var list = context.UserDemographics.OrderBy(x => x.Birthdate).ToList();
            return View(list);
        }
    }

    // GET: UserDemographics/Details/5
    public ActionResult Details(int id)
    {
        return View();
    }

    // GET: UserDemographics/Create
    public ActionResult Create()
    {
        return View("Manage", new UserDemographics());
    }

    // POST: UserDemographics/Create
    [HttpPost]
    public ActionResult Create(UserDemographics obj)
    {
        try
```

InvalidOperationException was unhandled by user code

An exception of type 'System.InvalidOperationException' occurred in EntityFramework.dll but was not handled in user code

Additional information: The model backing the 'RentMyWroxContext' context has changed since the database was created. Consider using Code First Migrations to update the database (http://go.microsoft.com/fwlink/?

Troubleshooting tips:

Get general help for this exception.

Search for more Help Online...

Exception settings:

☑ Break when this exception type is user-unhandled

Actions:

View Detail...

Enable editing

Copy exception detail to the clipboard

Open exception settings

context	{RentMyWrox.Models.RentMyWroxContext}
context.UserDemographics	{System.Data.Entity.DbSet<RentMyWrox.Models.UserDemographics>}
	null

图 9-44　试图更新数据库时显示错误

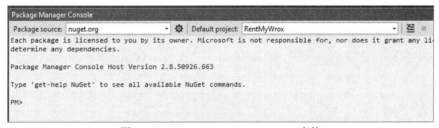

图 9-45　Package Manager Console 窗格

(8) 处理完成后，输入下面的命令，按回车键：

```
Add-Migration "Adding Items"
```

(9) 处理完成后，输入下面的命令，按回车键：

```
Update-Database
```

(10) 展开 Admin 文件夹，打开之前创建的 ItemList.aspx 页面，进入设计模式。此外，选择 View｜Server Explorer，打开 Server Explorer 窗口。

(11) 在 Data Connections 部分，展开数据库，然后打开 Tables 文件夹。此时应该看到一个新表 Items。屏幕重排后的结果如图 9-46 所示。

(12) 在Server Explorer窗口中单击新表，在页面的设计模式中将其拖到ContentPlaceHolder1框上，完成后如图 9-47 所示。

(13) 选中 GridView Tasks 窗口中所有的复选框。在 Server Explorer 窗口中，右击 Items 表并选择 Show Table Data，这将打开一个可以输入数据的窗口。

(14) 输入一些信息，给数据库提供种子。不需要在 CheckedOut 或 DueBack 列中输入数据。

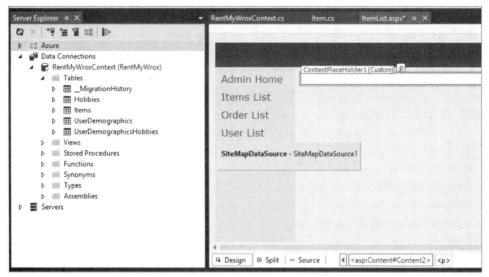

图 9-46　Server Manager 和设计模式

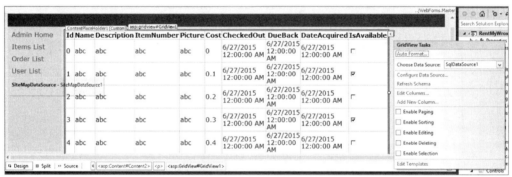

图 9-47　把表拖放到页面设计中之后的屏幕

(15) 运行应用程序。确保在 Admin\ItemList 上。你应该能看到第(10)步添加的信息，如图 9-48 所示。

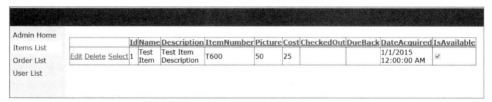

图 9-48　显示 GridView

(16) 回到 ItemList.aspx 标记页面，给 GridView 元素添加以下属性：

```
OnSelectedIndexChanged="GridView1_SelectedIndexChanged"
```

(17) 在同一个页面中，给 CommandField 元素添加以下属性：

```
ItemStyle-HorizontalAlign="Center" DeleteText="Delete<br/>"
SelectText="Full_Edit<br/>" EditText="Quick_Edit<br/>"
```

(18) 对于其他的列，根据需要添加空格来更新 HeaderText 属性。

(19) 在代码隐藏(ItemList.aspx.cs)中，添加一个新方法：

```
protected void GridView1_SelectedIndexChanged(object sender, EventArgs e)
{
    GridViewRow row = GridView1.SelectedRow;
    string id = row.Cells[1].Text;
    Response.Redirect(@"ManageItem\" + id);
}
```

示例说明

这个练习介绍了几个新概念,主要是代码优先数据库迁移、Server Explorer 窗口、GridView 服务器控件和 SQLDataSource。创建 Item 模型类并将其添加到数据库上下文中是很简单的，与本章前面介绍的步骤没有区别。然而，一旦完成，就要做一些额外工作，从代码优先的类文件移到数据库中。

此时，数据库迁移过程开始发挥作用。一旦创建了最初的数据库，默认情况下对结构模型的每一个修改都需要创建一个迁移。这是必要的，因为 Entity Framework 和 Visual Studio 没有真正理解当前处于开发生命周期的什么位置，并不知道当前是在创建全新的应用程序，还是在更新长时间运行的生产应用程序。

因为这个框架不知道每个数据库变化对底层系统有什么影响，所以开发人员应对此做出判断。默认情况下，将系统设置为总是期望有迁移脚本，但是可以配置系统，在数据库变化时自动更新。然而，在这个过程中没有采取这种方法，因为会失去控制。默认情况下，系统删除、重建了表；如果系统没有这么做，在这个环境中也会更好。

在使用代码优先和 Entity Framework 时，迁移是根据可应用模型文件中的变化更新数据库的过程。变化可能非常简单，例如改变表中的字段，也可能影响多个表；每组变化可以被认为是迁移，运行迁移本身时，该过程就结束了。

如示例所示，一旦通过添加新类修改了系统，就无法成功地运行应用程序。这是因为 Entity Framework 评估了模型，比较它们与已定义和管理的数据库。当它发现有区别时，就抛出一个异常。出错后，必须采取的下一个步骤是打开迁移过程。虽然可能没有注意到变化，但允许迁移过程给项目添加条目。

在给项目添加的条目中，有一个新目录Migrations。查看这个目录，你会发现它现在包含三个不同的文件。这些文件之一是Configuration.cs，而另外两个文件的名称以当前日期开头。其中一个文件的名称包括"InitialCreate"，而另一个包括"Adding_Items"，表示步骤(6)中使用的信息。该目录应如图 9-49 所示。

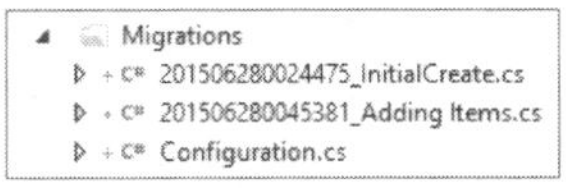

图 9-49　启用并运行代码优先迁移后的 Migrations 目录

这些文件都充当更新系统的脚本。第一个文件 InitialCreate 在启用迁移时创建。该文件是初始数据库的一个快照——该数据库版本在第一次运行数据库上下文时创建。第二个脚本在运行 add-migration 命令时创建。该命令指示 Entity Framework 创建一个新的脚本，其中包含数据库的当前版本和模型的当前版本之间的差异。查看这个文件，你会看到以下方法：

```
public override void Up()
{
    CreateTable(
        "dbo.Items",
        c => new
            {
                Id = c.Int(nullable: false, identity: true),
                Name = c.String(),
                Description = c.String(),
                ItemNumber = c.String(),
                Picture = c.String(),
                Cost = c.Double(nullable: false),
                CheckedOut = c.DateTime(nullable: true),
                DueBack = c.DateTime(nullable: true),
                DateAcquired = c.DateTime(nullable: false),
                IsAvailable = c.Boolean(nullable: false),
            })
        .PrimaryKey(t => t.Id);
}
```

可以看出，这个迁移过程中执行的动作是创建一个表。如果有更多的变化，就要管理更多的表。

创建迁移脚本后，下一步是运行更新命令。如果在运行 add-migration 命令之前、更新命令之后，模型还有其他变化，那么总是可以运行相同的命令，更新当前迁移脚本。

每个迁移名都应该是唯一的；否则，该框架就尝试更新已有的脚本。这似乎令人困惑，因为实际保存脚本的名称包括运行它的完整日期-时间，但框架解析这些值来确定是否存在一个需要更新的脚本。

所有这些迁移脚本都预期运行在单个数据库服务器上。把代码部署到新的数据库中时，也许在另一个环境中，框架就假设已经存在一个数据库，并评估数据库的状态。如果数据库在新环境中为空，框架就运行所有适用的脚本，根据需要简单地创建完整的表集合。

相反，如果新数据库已经包含模型的一个版本，框架就评估这个新数据库，以确定需要在哪里开始运行适用的数据库脚本。为此，要检查数据库中的 __MigrationHistory 表。此表包含对服务器运行的所有 Entity Framework 升级操作。该框架能确定缺少哪些迁移脚本，并以正确的顺序运行它们。该框架理解这个顺序，因为每个脚本的名字还包含一个时间戳，表示它们的创建时间。

运行更新数据库命令后，就能在 Server Manager 窗口中看到新表。这是另一个 Visual Studio 窗口，允许与 SQL Server 交互，可以查看、创建、编辑和删除数据。使用 Server Manager 窗口，是因为在把 GridView 放入标记页面时，它支持拖放方式；前面使用的 SQL Server Object Explorer 窗口不支持此操作。

一旦把 GridView 放到页面中，就创建了另一个控件 SQLDataSource。SQLDataSource 允许定义 GridView 控件和数据库之间的关系。为此要使用三套参数：Insert、Update 和 Delete。这些参数定义的各组信息通过每个调用来管理，其中 Insert 和 Update 包含所有对象属性的完整列表，而 Delete 只包含 Id。

　　添加这些不同的项，是因为这是 GridView 的默认功能集。它允许查看列表中的项，以及更新和删除信息。如果单击了 Update 链接，就会看到该行上所有的只读文本字段突然转换为文本框，以允许输入信息。单击 Delete 链接，就会删除数据库中的项。使用 GridView 时，就包括这些功能。

　　查看数据源定义的属性，你会发现一些有趣的地方，包括 InsertCommand、UpdateCommand DeleteCommand。可以想象，它们都与一组参数有关。下面的代码示例显示了一组属性的这种关系：

```
UpdateCommand="UPDATE [Items] SET [Name] = @Name, [Description] = @Description,
    [ItemNumber] = @ItemNumber, [Picture] = @Picture, [Cost] = @Cost,
    [CheckedOut] = @CheckedOut, [DueBack] = @DueBack, [DateAcquired] =
    @DateAcquired,
    [IsAvailable] = @IsAvailable WHERE [Id] = @Id"

<UpdateParameters>
    <asp:Parameter Name="Name" Type="String" />
    <asp:Parameter Name="Description" Type="String" />
    <asp:Parameter Name="ItemNumber" Type="String" />
    <asp:Parameter Name="Picture" Type="String" />
    <asp:Parameter Name="Cost" Type="Double" />
    <asp:Parameter Name="CheckedOut" Type="DateTime" />
    <asp:Parameter Name="DueBack" Type="DateTime" />
    <asp:Parameter Name="DateAcquired" Type="DateTime" />
    <asp:Parameter Name="IsAvailable" Type="Boolean" />
    <asp:Parameter Name="Id" Type="Int32" />
</UpdateParameters>
```

　　命令文本是纯 SQL，以@符号为前缀的项是用编辑字段的内容取代的值。如果仔细观察命令文本，你会发现带有@符号的每一项都有一个对应的条目 asp:Parameter。然而，这意味着 GridView 完全绕过了 Entity Framework 提供的中介，而使用各种 Command 属性中显示的查询，直接与数据库通信。如果打开并查看 Web.config 文件，这就变得特别清楚。把表拖放页面中，就会在文件中添加一个新的连接字符串。

　　你可能会认为，有一个类似 Entity Framework 的方法来完成这项工作，但是在 ASP.NET 和 Entity Framework 的最近版本中，其他方法没有像期望的那样一起工作。因此，需要决定以两种不同的方式(直接访问和使用 Entity Framework)访问同一个表的风险，是否大于使用简单数据源的好处。在本例中，要接受双重访问的额外风险，因为表的定义此时是固定的，所以在多个位置维护更改的痛苦最小。

　　最后添加的一项是响应单击 Select 链接(重命名为 Full Edit)的方法。代码如下所示：

```
protected void GridView1_SelectedIndexChanged(object sender, EventArgs e)
{
    GridViewRow row = GridView1.SelectedRow;
    string id = row.Cells[1].Text;
    Response.Redirect(@"ManageItem\" + id);
}
```

这个方法响应用户单击 Select 链接时 GridView 抛出的 SelectedIndexChanged 事件。在这个方法中，找到单击链接的行 GridView1.SelectedRow，然后找到第二个单元格中的内容(记住，索引从零开始)，这是项的 Id。然后使用 Response.Redirect 命令把用户定位到之前创建的 ManageItem 页面，其中 Id 作为 URL 的一部分。

如前所述，把 GridView 用于应用程序，并配置为允许显示、编辑和删除信息是相对简单的，只要愿意对数据访问和控件的输出做一些妥协即可。在上例中，这是一个管理页面，所以不必担心显示，而可以专注于功能。

但在处理 ASP.NET MVC 时，没有这个问题，因为没有服务器控件来帮助构建应用程序。下一节讲述这些方法的区别。

9.4　MVC 中的数据显示

ASP.NET MVC 中管理数据显示的方法不同于 Web 窗体使用的方法，不是提供一个服务器控件来完成很多不同的事，而是可以使用搭建功能完成页面的一部分。然后可以重新排列内容，使之按照希望的方式显示在完成的表单中——下面采用这种方式。

9.4.1　在 MVC 中显示列表

要在 MVC 中列出各个项，可采用不同的方法：使用 HTML 和所选的编程语言 (C#或 VB)来管理内容。这样就可以为每一行确定外观，而没有使用控件进行管理带来的任何潜在局限性，简单地使用代码重复编写各行。下一个示例创建访问者可以租借的列表项。

试一试　**在 ASP.NET MVC 中创建一列项**

在这个示例中，为 RentMyWrox 应用程序创建新的主页。这个页面包含访客可以查看的一个短列表。如果他们想要完整的列表，可以进入包含各项的页面。

为此，需要一个新的控制器和一些新的视图：控制器管理与各项的交互，网站的默认视图，以及给用户显示完整产品列表的视图。

(1) 确保运行 Visual Studio，打开 RentMyWrox 应用程序。打开 App_Start \ RouteConfig.cs 文件，并在 MapRoute 语句的前面添加以下代码：

```
routes.MapMvcAttributeRoutes();
```

(2) 右击 Controller 目录，并添加一个新的 Empty MVC 5 控制器，命名为 ItemController。
(3) 添加以下 using 语句：

```
using RentMyWrox.Models;
```

(4) 改变 Index 方法的内容，并保存文件：

```
[Route("")]
public ActionResult Index()
```

```
{
    using (RentMyWroxContext context = new RentMyWroxContext())
    {
        List<Item> itemList = context.Items.Where(x =>
          x.IsAvailable).Take(5).ToList();
        return View(itemList);
    }
}
```

(5) 添加新控制器文件时，Visual Studio 会添加一个新的目录 Item。右击该目录，并添加一个新的视图。确保文件名是 Index，它使用 Empty 模板，没有选择 Model 类(见图 9-50)。

图 9-50　添加视图文件

(6) 将以下内容添加到这个新视图文件中：

```
@model IEnumerable<RentMyWrox.Models.Item>

@{
    ViewBag.Title = "Index";
}

@foreach(var item in Model)
{
<div>
    <div class="listtitle">
        <span class="productname">@item.Name</span>
        <span class="listprice">@item.Cost.ToString("C")</span>
    </div>
    <p>
        @item.Description.Substring(0, 250)
        @if (item.Description.Length > 250)
        { <span>...</span> }
        @Html.ActionLink("Full details", "Details", new { @item.Id },
                new { @class = "inlinelink" })
        <a class="inlinelink" href="">Add to Cart</a>
    </p>
</div>
}
```

(7) 打开 Content\RentMyWrox.css 文件，在底部添加以下代码：

```
.productname
{
    color: #C40D42;
    font-size: x-large;
}
.inlinelink
{
    margin-left:25px;
    color: #C40D42;
}
.listprice
{
    float:right;
    color: #C40D42;
    font-size: x-large;
    text-align:right;
}
.listtitle
{
    background-color: #F8B6C9;
    padding:5px;
    width:750px;
}
```

(8) 在 Item 数据库表中输入一些额外的信息，这样至少有两项可用于查看。

(9) 运行应用程序，进入网站的主页。页面如图 9-51 所示。

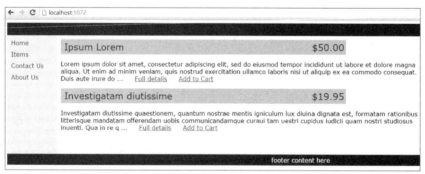

图 9-51 主页上的项列表

示例说明

这个示例介绍了很多新概念。第一个是创建路由的新方式，该方式在MVC版本5中引入。目前所有的路由都使用MapRoute模板方式来创建。然而，MVC 5引入了一种新的方式来创建路由：特性路由。本例首先给RouteConfig.cs文件添加一行routes.MapMvcAttributeRoutes()，以允许使用特性路由。这个方法确保启动时，框架会执行所有可用的动作，评估它们是否有Route特性。如果动作有该特性，框架就创建适用的映射路由。通常希望在完成基于模板的映射路由之前，设置特性路由。

创建控制器动作时，把 Index 方法分配给路由" "(这意味着默认主页)来利用特性路由。这里可以指定任何字符串值，它将定义执行这一动作所需的实际路由。也可以使用可选的变量和约束，与使用模板一样。下一个示例创建细节视图时，会了解这种用法的更多内容。

所创建的操作方法把 5 个项传递给适用的视图，作为模型。在所创建的视图上可以看到它们，因为它把模型定义为 IEnumerable< RentMyWrox.Models.Item >。在视图中，只增加了一个循环，遍历结果集中的每一项，并给用户显示几个字段——主要是书名、价格和描述。描述限制为显示 250 个字符，如果值被截断，就给描述添加省略号(…)，以便告诉用户，还有更多的信息。还给每一项添加了两个链接，一个链接用于查看详情页面，另一个链接允许将项添加到购物车中。下一个示例会构建完整的详情页面。"加入购物车"功能在介绍 AJAX 的第 13 章讨论。

ActionLink 用于构建到详情页面的链接：

```
Html.ActionLink ("Full details", "Details", new { @item.Id }, new { @class = "inlinelink" })
```

它使用的方法签名接受以下参数：

- 要显示的文本
- 要调用的操作方法，在本例中，它假定该控制器与包含该调用的视图相同
- 额外的 URL 对象，在本例中，把项的 Id 添加到 URL 中
- 额外的元素项，在本例中，给元素添加 class 属性及其值

下面的代码是写入 HTML 页面的完整元素：

```
<a class="inlinelink" href="/Item/Details/3">Full details</a>
```

前面的示例创建了一个列表，显示信息的自定义视图，其开发工作肯定也比使用 Web Forms GridView 服务器控件多。然而，我们能完全控制信息及其显示方式，因为可以在视图中运行代码。因此，虽然工作量较大，但可定制性要高得多。

9.4.2　DetailsViews

现在知道如何在 MVC 中创建列表了，本节简要介绍如何管理细节视图，因为第 6 章已经创建了一个 MVC 表单。然而目前，要把所创建的表单链接到数据库。

第 6 章使用默认的搭建功能，选择要使用的模板和模型，创建了 UserDemographics 模型的一个编辑视图。这些不同的模板搭建方法都可以在 ASP.NET MVC 中使用；但是有经验的开发人员倾向于避免使用这些模板，因为他们通常会删除大部分内容，手动重建它们。接下来的示例要构建一个产品页面，完整地描述产品。

试一试　创建细节页面

这个示例创建一个产品页面，显示产品的完整信息。

(1) 确保运行 Visual Studio，打开 RentMyWrox 解决方案。打开 ItemController，并添加以下动作：

```
public ActionResult Details(int id)
{
    using (RentMyWroxContext context = new RentMyWroxContext())
    {
        Item item = context.Items.FirstOrDefault(x => x.Id == id);
        return View(item);
    }
}
```

(2) 右击 Views\Item 目录，添加一个新的视图，命名为 Details，确保它是一个空视图。

(3) 删除新视图的内容，给页面添加以下内容：

```
@model RentMyWrox.Models.Item

@if (Model == null)
{
    <p>That is not a valid item.</p>
}
else
{
    ViewBag.Title = Model.Name;

    <div>
        <div class="detailtitle">
            <span class="productname">@Model.Name</span>
            <span class="listprice">@Model.Cost.ToString("C")</span>
        </div>
        <div>
            @if(!string.IsNullOrWhiteSpace(Model.Picture))
            {
                <img src="@Model.Picture" class="textwrap" runat="server"
                    height="150" />
            }
            <p>
                @Model.Description
            </p>
        </div>

        @if (Model.IsAvailable)
        {
            <a class="inlinelink" href="">Add to Cart</a>
        }
        else
        {
            <span class="checkedout">
                This article was checked out on @Model.CheckedOut.Value.
                ToString("d") and is due back on @Model.DueBack.Value.
                ToString("d").
            </span>
        }
```

```
        </div>
    }
```

(4) 给 RentMyWrox.css 添加如下内容：

```css
.detailtitle
{
    background-color: #F8B6C9;
    padding:5px;
    width: 950px;
}
.textwrap
{
    float: right;
    margin: 10px;
}
.checkedout
{
    font-weight:bold;
    color: #C40D42;
}
```

(5) 运行应用程序。确保在主页上，单击一个 Full Details 链接。页面如图 9-52 所示。

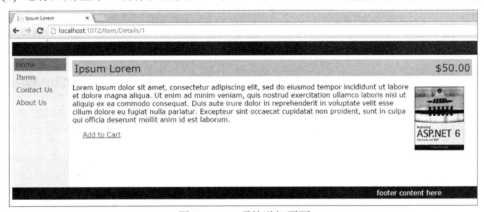

图 9-52　一项的详细页面

示例说明

这个示例给 ItemController 添加了一个新的简单动作，来检索数据库中指定的项，并提供给视图。因为检索项时使用了 FirstOrDefault 方法，所以没有抛出异常。如果使用 Find 或 First 方法，就会抛出异常，因为这些方法希望存在请求的项。然而，这意味着可能给视图提供空模型。

因为存在这种可能性，所以在视图中定义模型的类型后，就要进行检查，确定项是否为空。如果传入的值在数据库中不存在，就用一个简单的页面通知用户，如图 9-53 所示。

一旦知道处理的是有效的模型，就设置选项卡，显示项的名称，创建其余的显示内容。

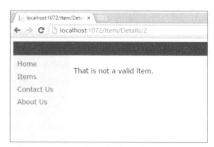

图 9-53   一项不存在时的细节页面

在这些视图代码中只有几块逻辑。首先是检查 Picture 属性,确认它不是 null 或空白,以确定是否给项分配了图像。其次是检查确定项是否可用。如果可用,就显示 Add to Cart 链接;如果项不可用,就显示一行文本,指示该项何时可用。图 9-54 显示了没有给项提供图像、项不可用时的页面。

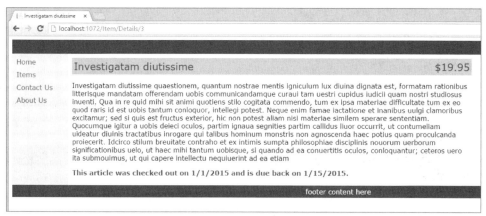

图 9-54   项不可用时的细节页面

在ASP.NET MVC中创建细节页面可能需要做更多的工作,但使用Razor语法可以避免,Razor语法允许混合代码和标记,这就允许将视图逻辑放入系统,以便于做出决定,显示内容。

9.5   小结

本章介绍了大量的新信息,包括新的软件应用程序、新的 Visual Studio 窗口、新的 Web Forms 服务器控件和新的.NET 概念。此外,还开始把应用程序的不同部分连接在一起,现在能把信息保存在数据库中。

在 Web 应用程序中使用数据库是非常重要的,对于 Web 应用程序而言这是至关重要的。安装 Microsoft SQL Server Express(微软旗舰数据库系统 SQL Server 的免费全功能版本),作为开发过程中的本地数据库。

访问数据库有三种不同的方式:SQL Server Management Studio、外部程序、两个新的 Visual Studio 窗口 SQL Server Object Explorer 和 Server Explorer。这些工具都能查看数据库中的信息,并确保信息成功地保存并显示。

虽然开发人员可以使用各种工具来访问数据库中的信息，但这个项目使用了 Entity Framework 代码优先方法，允许编写应用程序所需的各种类文件。给要持久化的每个模型类添加虚拟的 DbSet，就可以通过 DbContext 管理这种通信。在要访问的上下文文件中，这些 DbSet 是可用的，就好像它们是典型的列表，使用相同的运算符和 lambda 表达式。

首次运行上下文时，它将创建所有的表，来支持添加到上下文中的模型。然而，在这个阶段后对模型的每次改变，都要求运行数据库迁移。这些迁移在 NuGet Package Manager Console 中运行，需要开发人员命名迁移，然后运行更新。这允许每组增量的更改基于其当前状态应用到数据库，它们会记录在数据库表中，这些数据库表在创建第一组表时创建。

DetailsView 和 GridView 是数据特有的服务器控件，可用在 ASP.NET Web Forms 中。DetailsView 允许确定要显示什么信息，支持显示此信息的只读和可编辑版本，而不需要编写很多代码，它几乎是直接支持该功能。

GridView 完成同样的工作，但它显示项的列表，允许一条一条地编辑或删除它们。GridView 直接与数据库通信，绕过了 Entity Framework，但它几乎可以完全控制数据库表中包含的信息。

ASP.NET MVC 在页面和数据库之间的交互方式不同于 Web Forms。控制器与 DbContext 交互，从而管理与数据库的所有交互。它可以根据需要选择多项或一项，然后把这些信息提供给视图，作为模型。接着视图可以使用代码和标记的组合来构建出最终的 HTML，返回给用户。使用 MVC 方法时，不必担心控件是否正确配置，而可以专注于显示需要的内容。与模型的属性交互，可以在视图中做出很多决策，来支持对视图输出的定制。

其他章节会介绍与数据库交互的更多内容，本章只介绍管理这种交互的可能性。管理方法略微不同，如其他章节所述，但是所有这些都基于本章的内容。

9.6　练习

1. 对于代码优先迁移(在Entity Framework中)，什么信息包含在__MigrationHistory表中？
2. 路由特性能够执行哪些模板方法不能执行的操作？
3. 为什么与数据库交互的代码示例有以下代码？有什么优点？

```
using (RentMyWroxContext context = new RentMyWroxContext())
```

9.7　本章要点回顾

add-migration	add-migration 命令运行在 NuGet Package Console 中，让 Entity Framework 创建一个新的迁移包——基本上是一个新的脚本，然后将其添加到 Migrations 文件夹中，基于代码中模型的变化来管理数据库的变更。运行 add-migration 命令时，必须传入迁移包名。它应该尽可能唯一，以确保不与以前的迁移混淆
代码优先	代码优先是一个 Entity Framework 方法，开发人员编写代码，而不是与数据库交互。然后 Entity Framework 基于代码类中建立的关系构建数据库表

（续表）

连接字符串	连接字符串存储在 Web.config 文件中，包含所有的必要信息来描述如何登录数据库，以便应用程序能够成功与数据交互
数据优先	数据优先是一个 Entity Framework 方法，开发人员先创建数据库结构，然后依赖 Entity Framework 创建要在应用程序中使用的模型
DbContext	DbContext 是应用程序和数据库之间通信的大脑。应用程序创建一个继承自 DbContext 类的上下文类，然后添加所有需要保留在继承类中的项。一旦项用适当的类型添加到上下文中，DbSet 上下文就允许开发人员与这些属性交互，就好像它们是数据库表，允许直接对数据库执行集合操作
DetailsView	一个 ASP.NET Web Forms 服务器控件，其作用是查看和维护一项
Entity Framework	一个.NET 的功能集，抽象了与数据库的通信。它充当对象-关系数据库映射系统，在后台处理数据库字段到对象属性的很多映射。它还支持数据库交互的许多其他方面，包括数据库迁移和验证
GridView	一个 ASP.NET Web Forms 服务器控件，管理在网格中显示的列表信息，很像电子表格。然而，它还提供了更多的功能，例如它与 SQLDataSource 一起，为直接在数据库中更新和删除信息提供了内置支持
RDBMS	代表关系数据库管理系统，是指一个持久化方法，例如，把实体组成一个表。这些实体与其他实体的连接通过关系来定义
Server Explorer	一个 Visual Studio 窗口，允许开发人员访问不同的项，包括 Windows Server 和 SQL Server。在处理 Web Forms 标记页面时，它支持很多拖放功能
SQL	SQL 代表结构化查询语言，用来直接与数据库交流。Entity Framework 抽象出开发人员与 SQL 交互的需求，但使用 GridView 和 SQLDataSource 给开发人员显示一些简单的 SQL，因为它用于定义控件和数据库之间的关系
SQLDataSource	一个 ASP.NET Web Forms 服务器控件，充当数据控件和数据库之间的中介。它允许定义字段，在 SQL 语句中使用映射到占位符的参数可以影响这些字段
SQL Server Express	Microsoft SQL Server 的一个免费版本，用于开发和学习。这个 RDBMS 处理 Entity Framework 和 SQLDataSources 中的所有持久化工作
SQL Server Management Studio	SQL Server 的用户界面，能够可视化地创建、修改和删除数据库对象，包括数据库以及在数据库中存储的任何特定数据
SQL Server Object Explorer	一个 Visual Studio 窗口，旨在帮助直接与 SQL Server 实例互动
update-database	这个命令运行在 NuGet Package Manager Console 窗口中，比较数据库的版本和代码的版本。只要有任何差异，就运行 Migrations 目录中必要的迁移脚本

第 10 章

处 理 数 据

本章要点

- 将分页和排序集成到应用程序中
- 插入和更新数据的不同方法
- 非 Entity-Framework 的数据库访问方法
- Web 应用程序中的缓存
- 在 Web 应用程序中使用数据库的实用建议

本章源代码下载：

本章源代码的下载网址为 www.wrox.com/go/beginningaspnetforvisualstudio。从该网页的 Download Code 选项卡中下载 Chapter 10 Code 后，可以找到与本章示例对应的单独文件。

你在第 9 章学到了数据库的很多信息，包括如何设置它们并与之交互。本章将深入探讨与数据库互动的过程，包括连接前面章节创建的页面。

查看信息列表时，两个更重要的可用项是排序和分页。排序可以让用户看到项以优先顺序排列，而不是以数据库定义的顺序排列，而分页可以把信息的长列表分解为指定大小的集合，或把项放在一个页面上，因为分页能把数据列表分解为包含较少数据的页面。使用分页允许用户一次使用较小的信息集，为极长的列表提供一个缓冲，传输和显示较小的信息集也得以提高了性能。

第 9 章介绍如何使用 Entity Framework 的代码优先方法，在代码中隐藏实际的数据库。本章将讨论其内涵，更接近数据库，以更好地利用数据库服务器提供的一些强大功能。

就像知道如何与数据库交互是一个有用的技能一样，知道什么时候不与数据库交互也很有用。缓存可以确定把什么信息直接从数据库或缓存中交付给用户，缓存是指数据已检索过一次，然后在内存中存储一段时间。这意味着缓存的性能更好，因为不需要调用 Web 服务器和/或数据库，除非过去了指定的时间。

10.1 排序和分页

处理的列表包含 10 多项时，总是应该考虑一些事情。首先是排序，将列表中的项按特定的顺序排列。对于包含不少项的列表而言，这是很重要的，因为它给要显示的信息提供了直接的上下文，让用户更容易理解它。考虑第 9 章创建的项列表。因为没有排序，用户没有办法快速找到想要的项。这意味着他们只能检查每一项，看看它是否是他们所要查找的项。但列表按字母顺序排序，就允许用户跳到他们想要的项；例如，如果用户寻找的是耙子(rake)，就只需跳到以 R 开始的项。很明显，没有明确的排序，找到某项会困难得多。

每个列表不但要有预定义的排序，还应该考虑是否能为用户提供控制各项排序方式的能力。用户具有控制能力的最常见区域是按照降序排列，或字母的倒序。在前面的示例中，如果用户寻找的是耙子(rake)，就应提供一个可单击的按钮，允许用户只滚动 R 之前的 8 个字母(假定使用倒序)，就找到他们需要的一项，这节省了时间，改善了用户体验。

这条规则同样适用于分页。处理一个包含 80 项的列表可能让人生畏，但处理 4 个包含 20 项的列表就不那么可怕了。它还允许每个数据库调用返回相对较少的信息，所以需要通过网络传递的信息较少，浏览器在客户端需要解释的信息也较少。如果用户能根据其需求排序，然后添加分页功能，就可以帮助他们更快找到需要的信息。

在 Web Forms 服务器控件和 MVC 方法中，处理分页和排序是不同的。许多 Web Forms 控件允许直接在控件上执行排序和分页。

10.1.1 Web Forms 服务器控件中的排序和分页

本节首先介绍 GridView 中的排序。把控件拖入标记后，就什么都不需要做，它就可以起作用了。设置分页也一样容易，因为控件的属性会管理这个功能。表 10-1 列出并描述了这些属性。

表 10-1 GridView 的分页和排序属性

属性	说明
AllowCustomPaging	正常情况下，每次 GridView 控件移到另一个页面时，都读取数据源中的每一行。数据源中的项数非常大时，这会消耗大量的资源。自定义分页允许从数据源中给单个页面读取需要的项。使用 AllowCustomPaging 意味着需要处理 PageIndexChanging 事件。处理 PageIndexChanging 事件会提供当前页面的信息和预期的页数，这可以限制从数据库中读取的数据量，而不是处理每一项
AllowPaging	这是一个布尔值，告诉控件启用分页功能。启用分页功能时，所有其他的分页属性就是可用的
AllowSorting	这是一个布尔值，告诉控件排序是可用的。启用排序功能时，所有列都可以排序，除非该列关闭了排序功能。和分页功能一起使用时，这种方法确保回送期间仍保留排序功能，这样当执行排序时，会正确排序每一页

（续表）

属性	说明
EnableSortingAndPagingCallbacks	这个属性设置为 true 时，就在客户端调用一个服务，执行排序和分页操作，不需要回送给服务器
PagerSettings-FirstPageText	Mode 属性设置为 NextPreviousFirstLast 或 NumericFirstLast 值时，使用 FirstPageText 属性，给第一页按钮指定要显示的文本
PagerSettings-LastPageText	Mode 属性设置为 NextPreviousFirstLast 或 NumericFirstLast 值时，使用 LastPageText 属性，给最后一页按钮指定要显示的文本
PagerSettings-Mode	GridView 分页内置了 4 种不同的模式，每种模式都给分页结构设置不同的显示： ● NextPrevious：上一页和下一页按钮 ● NextPreviousFirstLast：上一页、下一页、第一页和最后一页按钮 ● Numeric：编号的链接按钮，用于直接访问页面 ● NumericFirstLast：编号的第一个链接按钮和最后一个链接按钮
PagerSettings-PageButtonCount	Mode 属性设置为 Numeric 或 NumericFirstLast 值时，管理页面上所显示的页面按钮的数量，默认值是 10
PagerSettings-Position	确定分页的位置。有三个选项：Top、Bottom 和 TopAndBottom。TopAndBottom 重复可见列表上面和下面的分页
PagerSettings-Visible	指定分页链接是否可见，是否可用
PageSize	指定显示在每一页中的项数

表 10-1 中的项显示了排序和分页所需配置的数量差异。这是因为 GridView 内部排序的标准行为很简单。启用了排序后，列标题就变成一个可单击的链接，可以基于这一列进行排序。第一次单击按升序排序，再次单击后，数据就按这一列进行降序排列。

一个重要的考虑事项是，每次排序时，不仅显示在屏幕上的项会排序，整个结果集也会排序，并返回列表的第一页。此外，如果只是在 GridView 中排序，每一个可见的列就都是可排序的。这可能使应用程序过度执行，所以在绑定列/字段时，也能禁用特定列的排序。绑定的字段没有 EnableSorting 属性，但有 SortExpression 属性。

通常，SortExpression 的设置如下：

```
<asp:BoundField DataField="Name" HeaderText="Name" SortExpression="Name" />
```

SortExpression 定义了数据源中 GridView 要进行排序的字段名。完全移除该属性，就从可排序列的列表中删除了这一列。

下面的示例给第 9 章创建的项的管理列表添加分页和排序功能。

试一试 **设置样式**

这个示例能提高出租项的列表的可用性和可读性，该列表在演示应用程序的管理部分显示。这个列表包含可供出租的所有项，而在真实的场景中，列表可能有成千上万个不同的对象。

(1) 确保运行 Visual Studio，打开 RentMyWrox 解决方案。打开 Admin\ItemList.aspx 页面。

(2) 将 GridView 控件的配置更改如下(突出显示新项或变更的项)：

```
<asp:GridView ID="GridView1" OnSelectedIndexChanged=
        "GridView1_SelectedIndexChanged"
        runat="server" AutoGenerateColumns="False" DataKeyNames="Id"
        DataSourceID="SqlDataSource1"
    AllowPaging="True" AllowSorting="True" PageSize="5"
    PagerSettings-Mode="NumericFirstLast" PagerSettings-Visible="true"
    PagerSettings-Position="TopAndBottom" PagerSettings-PageButtonCount="3"
    EmptyDataText="There are no data records to display.">
    <Columns>
        <asp:CommandField ShowDeleteButton="True" ShowEditButton="True"
            ShowSelectButton="True" ItemStyle-HorizontalAlign="Center"
            DeleteText="Delete<br/>" SelectText="Full_Edit<br/>"
            EditText="Quick_Edit<br/>" />
        <asp:BoundField DataField="Id" HeaderText="Id" ReadOnly="True"
            SortExpression="Id" />
        <asp:BoundField DataField="Name" HeaderText="Name" SortExpression=
            "Name" />
        <asp:BoundField DataField="Description" HeaderText="Description" />
        <asp:BoundField DataField="ItemNumber" HeaderText="Item Number"
            SortExpression="ItemNumber" />
        <asp:BoundField DataField="Picture" HeaderText="Picture" />
        <asp:BoundField DataField="Cost" HeaderText="Cost" SortExpression=
            "Cost" />
        <asp:BoundField DataField="CheckedOut" HeaderText="Checked Out"
            SortExpression="CheckedOut" />
        <asp:BoundField DataField="DueBack" HeaderText="Due Back"
            SortExpression="DueBack" />
        <asp:BoundField DataField="DateAcquired" HeaderText="Date Acquired"
            SortExpression="DateAcquired" />
        <asp:CheckBoxField DataField="IsAvailable" HeaderText="Is Available"
            SortExpression="IsAvailable" />
    </Columns>
</asp:GridView>
```

(3) 运行应用程序。屏幕如图 10-1 所示。

(4) 单击几个的列标题，如 Name 和 Description，注意排序的变化。单击其他页面，执行相同的操作。

示例说明

ASP.NET Web Forms 服务器控件用于帮助开发人员编写更高效的代码，通过给控件添加分页和排序，演示了这种相对复杂的行为如何简单来实现。只需添加一些排序和分页专用的配置属性，然后删除一些不需要排序的列的 SortExpression 属性，如 Picture URL 列。

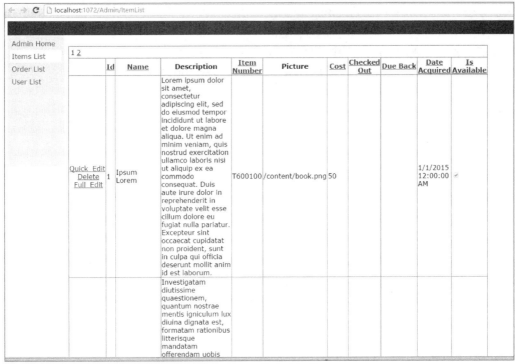

图 10-1　带有分页和排序功能的 GridView

刚刚所做的改变给 GridView 增加了 5 个新属性：

```
PagerSettings-Visible="true"
PagerSettings-Position="TopAndBottom"
PageSize="5"
PagerSettings-Mode="NumericFirstLast"
PagerSettings-PageButtonCount="3"
```

第一个属性 PagerSettings-Visible 使所有分页管理链接可见，以便在页面之间移动。删除该属性，或将它设置为 false，将删除所有的分页链接，如图 10-2 所示。

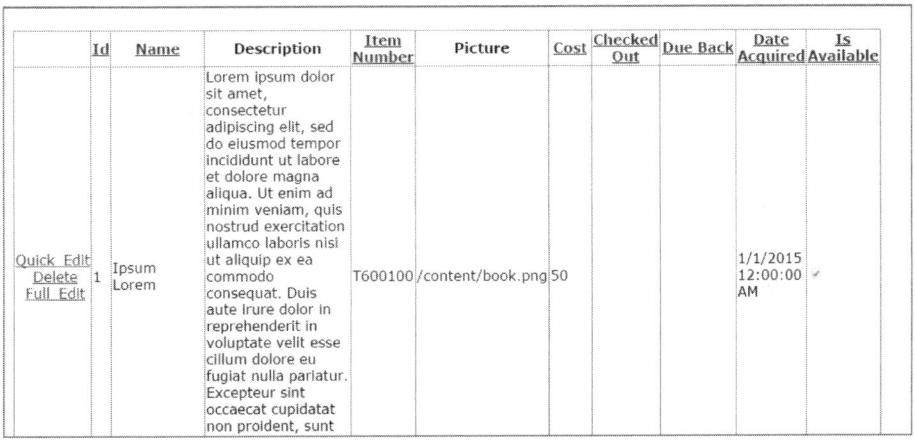

图 10-2　关闭分页功能的 GridView

下一个有趣的属性是 PagerSettings-Position。这个属性能够指定分页在网格顶部、底部或顶部和底部是否可见。查看可以滚动的页面时，上方和下方都有链接通常是有意义的，这样用户就不需要向上或向下滚动。接下来是 PageSize 属性，它指定每一页中显示的项数，在本例中是 5 个。这意味着，例如，如果列表中有 6 项，就有两页，第一页有 5 项，第二页有一项。

如表 10-1 所述，PagerSettings-Mode 属性决定了菜单的显示方式。选择这个 NumericFirstLast 属性，GridView 会显示第一个和最后一个链接(通常表示为< <或> >)，以及一个页码列表，用户可以在其中选择要进入的特定页面。显示的页数由下一个属性 PagerSettings-PageButtonCount 定义，它指定显示多少个数字。表 10-2 展示了使用前面的设置如何在一个含 30 项的列表中建立链接。

表 10-2　按页面显示链接

页面#	显示	说明
1	1 2 3 ... >>	…带用户进入页面 4，而>>带用户进入页面 6
2	1 2 3 ... >>	…带用户进入页面 4，而>>带用户进入页面 6
3	1 2 3 ... >>	…带用户进入页面 4，而>>带用户进入页面 6
4	<< ... 4 5 6	…带用户进入页面 3，而<<带用户进入页面 1
5	<< ... 4 5 6	…带用户进入页面 3，而<<带用户进入页面 1
6	<< ... 4 5 6	…带用户进入页面 3，而<<带用户进入页面 1

分页配置完成后，对排序进行一些自定义。创建控件时，每个列的 SortExpression 设置为字段绑定的同一列。从几列中删除该属性，因此这些列显示为不能用于排序。SortExpression 还可以用于创建和使用自定义排序方法，但在这个简单的场景中，它们引用在默认的排序场景中使用的列。尽管这些列在 SortExpression 中都引用自己，但如果存在 SortExpression，它们也可以根据需要引用不同的列。这意味着用户单击一列的标题，而结果是按另一列的值排序。

把排序和分页功能引入 ASP.NET Web Forms 的 GridView 控件后，就需要在 MVC 视图中给列表添加排序和分页功能。

10.1.2　MVC 列表中的排序和分页功能

ASP.NET Web Forms 服务器控件自动处理大量的排序和分页工作，而在 ASP.NET 中，通常需要自己管理所有的工作。一般需要在显示时给视图提供信息，让视图知道如何构建分页链接，然后在提交时，给控制器提供同样的信息，这样控制器就知道如何建立下一个页面。

在客户端，通常需要包括以下项：

- 当前页码
- 每页的项数
- 列表中的总项数
- 排序方法(如果有的话)

在服务器上，通常需要如下项：

- 想要的页码
- 每页的项数
- 排序方法(如果有的话)

这些项能够向用户显示它们在完整列表中的位置信息。这种通信是由 ASP.NET 服务器控件处理的一件事。控件还处理需要手动处理的信息。下面的示例演示了在客户端和服务器端管理分页和排序所需添加的过程。

试一试　给 MVC 添加分页和排序功能

这个示例更新演示应用程序的主页，以支持分页和排序。需要更改控制器和视图，添加几个较简单的样式。

(1) 确保运行 Visual Studio，打开 RentMyWrox 解决方案。打开 Controller \ ItemController.cs 文件。

(2) 添加 Index 方法的以下方法签名。完成时如图 10-3 所示。

```
int pageNumber = 1, int pageQty = 5, string sortExp = "name_asc"
```

```
[Route("")]
public ActionResult Index(int pageNumber = 1, int pageQty = 5, string sortExp = "name_asc")
{
```

图 10-3　Index 方法的新签名

(3) 将 Index 该方法的内容更新为下面的代码。完成时如图 10-4 所示。

```
using (RentMyWroxContext context = new RentMyWroxContext())
{
   // set most of the items needed on the client-side
   ViewBag.PageSize = pageQty;
   ViewBag.PageNumber = pageNumber;
   ViewBag.SortExpression = sortExp;

   var items = from i in context.Items
               where i.IsAvailable
               select i;

   // setting this here to get the count of the filtered list
   ViewBag.ItemCount = items.Count();

   switch(sortExp)
   {
      case "name_asc":
         items = items.OrderBy(i => i.Name);
         break;
      case "name_desc":
         items = items.OrderByDescending(i => i.Name);
         break;
      case "cost_asc":
         items = items.OrderBy(i => i.Cost);
```

```
            break;
        case "cost_desc":
            items = items.OrderByDescending(i => i.Cost);
            break;
    }

    items = items.Skip((pageNumber-1) * pageQty).Take(pageQty);
    return View(items.ToList());
}
```

```
[Route("")]
public ActionResult Index(int pageNumber = 1, int pageQty = 5, string sortExp = "name_asc")
{
    using (RentMyWroxContext context = new RentMyWroxContext())
    {
        // set most of the items needed on the client-side
        ViewBag.PageSize = pageQty;
        ViewBag.PageNumber = pageNumber;
        ViewBag.SortExpression = sortExp;

        var items = from i in context.Items
                        where i.IsAvailable
                        select i;

        // setting this here to get the count of the filtered list
        ViewBag.ItemCount = items.Count();

        switch(sortExp)
        {
            case "name_asc":
                items = items.OrderBy(i => i.Name);
                break;
            case "name_desc":
                items = items.OrderByDescending(i => i.Name);
                break;
            case "cost_asc":
                items = items.OrderBy(i => i.Cost);
                break;
            case "cost_desc":
                items = items.OrderByDescending(i => i.Cost);
                break;
        }

        items = items.Skip((pageNumber - 1) * pageQty).Take(pageQty);
        return View(items.ToList());
    }
}
```

图 10-4 新的 Index 方法

(4) 打开 Views\Item\Index.cshtml 文件。把初始代码部分更新为如下代码，完成时如图 10-5 所示。

```
@model IEnumerable<RentMyWrox.Models.Item>

@{
    const string selectedText = "selected";
    ViewBag.Title = "Index";
    int itemCount = ViewBag.ItemCount;
    int pageSize = ViewBag.PageSize;
    int pageNumber = ViewBag.PageNumber;
    int fullPageCount = (itemCount + pageSize - 1) / pageSize;
    string sortExp = ViewBag.SortExpression;
}
```

图 10-5 新视图的代码

```
@{
    const string selectedText = "selected";
    ViewBag.Title = "Index";
    int itemCount = ViewBag.ItemCount;
    int pageSize = ViewBag.PageSize;
    int pageNumber = ViewBag.PageNumber;
```

```
    int fullPageCount = (itemCount + pageSize-1) / pageSize;
    string sortExp = ViewBag.SortExpression;
}
```

(5) 在这个文件中，在括号部分的下面、循环的上面添加以下代码，完成时如图 10-6 所示。

```
<form>
    <div>
        <div class="paginationline">
            <span class="leftside">
                Sort by:
                <select name="sortExp"
                    onchange='if(this.value !="@sortExp"){ this.form.submit(); }'>
                    <option value="name_asc"
                            @if (sortExp == "name_asc") { @selectedText }>
                     Name
                    </option>
                    <option value="name_desc"
                            @if (sortExp == "name_desc") { @selectedText }>
                        Name (Z to A)
                    </option>
                    <option value="cost_asc"
                            @if (sortExp == "cost_asc") { @selectedText }>
                        Price
                    </option>
                    <option value="cost_desc"
                            @if (sortExp == "cost_desc") { @selectedText }>
                        Price (high to low)
                    </option>
                </select>
            </span>
            <span class="rightside">
                @if (pageNumber > 1) // means there are additional pages backwards
                {
                    <a href="?pageNumber=@(pageNumber-1)&pageQty=@pageSize
                            &sortExp=@sortExp">
                        Previous Page
                    </a>
                }

                You are currently on Page @pageNumber of @fullPageCount

                @if (fullPageCount > pageNumber) //means that there are pages forward
                {
                    <a href="?pageNumber=@(pageNumber + 1)&pageQty=@pageSize
                            &sortExp=@sortExp">
                        Next Page
                    </a>
                }
```

```
            </span>
        </div>
    </div>
</form>
<br />
```

```
<form>
    <div>
        <div class="paginationline">
            <span class="leftside">
                Sort by:
                <select name="sortExp" onchange='if(this.value !="@sortExp") { this.form.submit(); }'>
                    <option value="name_asc" @if (sortExp == "name_asc") { @selectedText }>Name</option>
                    <option value="name_desc" @if (sortExp == "name_desc") { @selectedText }>Name (Z to A)</option>
                    <option value="cost_asc" @if (sortExp == "cost_asc") { @selectedText }>Price</option>
                    <option value="cost_desc" @if (sortExp == "cost_desc") { @selectedText }>Price (high to low)</option>
                </select>
            </span>
            <span class="rightside">
                @if (pageNumber > 1) // means that there are additional pages backwards
                {
                    <a href="?pageNumber=@(pageNumber - 1)&pageQty=@pageSize&sortExp=@sortExp">Previous Page</a>
                }

                You are currently on Page @pageNumber of @fullPageCount

                @if (fullPageCount > pageNumber) // means that there are additional pages forward
                {
                    <a href="?pageNumber=@(pageNumber + 1)&pageQty=@pageSize&sortExp=@sortExp">Next Page</a>
                }
            </span>
        </div>
    </div>
</form>
<br />
```

图 10-6　新视图的分页代码

(6) 打开 Content\RentMyWrox.css，在文件的末尾添加下面的选择器：

```
.paginationline
{
    font-size:medium;
}


.leftside
{
    text-align:left;
}


.rightside
{
    margin-left: 100px;
    text-align:right;
}
```

(7) 在进一步讨论之前，确保至少有 6 项加载到应用程序中。

(8) 运行应用程序，屏幕如图 10-7 所示。改变下拉列表，查看排序的工作情况。如果系统有足够多的信息放在多个页面上，可以单击各个页面。

示例说明

将 MVC 列表转换为支持分页和排序，比使用 ASP.NET Web Forms 服务器控件更复杂，但是可以利用一些内置的特性，使转换过程更容易。第一个特性是系统可以分析在表单的请求值中提交的项，放在动作方法的参数中。

图 10-7 运行分页的列表

在第(1)步中给方法添加了三个新的参数。因为具备这种映射能力，所以 http://localhost ?sortExp = name_asc 和表单键/值对是 sortExp = name_asc 的请求，都把其值映射到动作方法参数 sortExp 中。只要变量名相同，系统就理解和映射适当的值。当有冲突(例如，查询字符串和请求表单值中的变量相同)时，查询字符串中的项会胜出。

这个概念很重要，因为视图改为把分页和排序信息发送回控制器。在更详细地讨论控制器之前，考虑 UI 如何改变，以利用这种能力。有两种不同的方法通知服务器，请求的页面或排序顺序有变化：排序选项的下拉列表和被请求页面的超链接。首先，仔细审视下拉列表，代码如下：

```
<select name="sortExp" onchange='if(this.value !="@sortExp")
    { this.form.submit(); }'>
  <option value="name_asc" @if (sortExp == "name_asc") { @selectedText }>
    Name
  </option>
  <option value="name_desc" @if (sortExp == "name_desc") { @selectedText }>
    Name (Z to A)
  </option>
  <option value="cost_asc" @if (sortExp == "cost_asc") { @selectedText }>
    Price
  </option>
```

```
        <option value="cost_desc" @if (sortExp == "cost_desc") { @selectedText }>
            Price (high to low)
        </option>
    </select>
```

考虑<select>定义时，注意几件事。首先，　name 属性是 sortExp。这很重要，因为有一个名叫 sortExp 的方法参数。因此，在这个下拉列表中选择的值会被映射到动作的特定参数。这两个名字相同是很重要的，这样值才能正确地映射。

需要考虑的下一项是 onchange 事件。虽然还没有介绍 JavaScript，但 onchange 单引号中的代码行会让浏览器检查所选项的值。如果它不同于从控制器返回到视图中的值，系统就知道用户要求改变排序，浏览器会立即提交表单。然而，当提交表单时，唯一返回给控制器的值是请求表单值集合中的 sortExp 值。因为在方法签名中定义时，新动作参数都已指定默认值，如果该值没有传递给方法，就用默认值替换。

下拉列表被编码为，只要所选的值改为新值就自动提交表单，所以接下来要分析的是发送回控制器的信息。在每个 option 元素的定义中，value 属性定义了发送回服务器的值。对于第一项，这个值是 name_asc，这意味着排序应按 Name 属性的字母顺序升序排列。

元素定义的@if (sortExp == "name_asc") { @selectedText }部分确定当前选项的值是否与 ViewBag.SortExpression 字段中从控制器返回的内容相同。如果相同，就输出前面在页面中定义的恒定值 selectedText。每个选项都有同样的逻辑，将它的值与从控制器返回的值比较，比较成功，就在处理过程中输出 "selected"。之后用户的浏览器就会在下拉列表中选择该项。这意味着用户改变了排序表达式，下拉列表继续显示正确的排序类型——代表用户查看的结果集。select 元素显示在 HTML 代码中，如下：

```
<select name="sortExp"
        onchange='if(this.value !="name_asc") { this.form.submit(); }'>
    <option value="name_asc" selected>Name</option>
    <option value="name_desc" >Name (Z to A)</option>
    <option value="cost_asc" >Price</option>
    <option value="cost_desc" >Price (high to low)</option>
</select>
```

注意默认排序值把 selected 作为 option 元素定义的一部分。

注意，在步骤(4)输入的表单中，设置了添加到 Index 动作的参数列表中的其他值。这很好，因为预期行为是只要排序有变化，用户就总是返回结果集的第一页，因此在参数创建过程中设置的默认值就是正确的。返回第一页，是因为一旦改变了排序，数据的上下文就不再是改变了排序的页面。它们很容易分散到列表的每一页；根据新的排序顺序，把用户发送回第一页，只是比较一致、清晰。

视图中的其他新功能与分页相关。在此屏幕采用的方法中，有三个 UI 项：上一页、下一页、显示用户在整个列表中的位置。完成这个工作的代码如下：

```
<span class="rightside">
    @if (pageNumber > 1) // means that there are additional pages backwards
    {
        <a href="?pageNumber=@(pageNumber -
```

```
1)&pageQty=@pageSize&sortExp=@sortExp">
            Previous Page
        </a>
    }

    You are currently on Page @pageNumber of @fullPageCount

    @if (fullPageCount > pageNumber) // means there are additional pages forward
    {
        <a href="?pageNumber=@(pageNumber + 1)&pageQty=
            @pageSize&sortExp=@sortExp">
            Next Page
        </a>
    }
</span>
```

首先要注意的是，要显示到前一页或后一页的链接，页面必须符合如下条件：只有用户位于第二页或后面的页面时，才显示 Previous Page 链接。同样，只有当用户尚未进入列表中的最后一页时，才显示 Next Page 链接。总页数的计算使用以下公式：

```
int fullPageCount = (itemCount + pageSize - 1) / pageSize;
```

这个公式确保计算适当的页数，因为总是计算剩余的页数，是 0 或 pageSize-1。要认识到，计算使用了链接中的 pageNumber，因为之前的链接没有传入用户所在的当前页面，而是传入当前页码-1；或传入要显示的实际页面。下一个页面的链接也使用相同类型的计算，但要求输入当前页号+1。

这段代码的最后一部分显示一个字符串，表示当前页和总页数，反映了用户在列表中的位置。

更新控制器和动作，根据需要添加适当的参数，来处理所有这些返回的额外信息。从用户获得的信息由参数处理；但根据 UI 的内容，也预计控制器中的一些信息。代码部分如下所示：

```
ViewBag.PageSize = pageQty;
ViewBag.PageNumber = pageNumber;
ViewBag.SortExpression = sortExp;
```

在这个片段中给 ViewBag 添加一些值。注意，ViewBag 可以充当控制器和视图之间的数据传输机制，保存和传递的信息可能对模型没有意义，但可以给用户提供完整的体验。

现在，许多适用的信息已经发送给用户，动作就准备利用这些信息来确定模型中的哪些项需要返回给用户。然而，在此之前，它与数据库通信，应用一个过滤器后检索条目的集合。但是，这里采取的方法不同于本书前面使用的任何其他列表。代码如下：

```
var items = from i in context.Items
               where i.IsAvailable
               select i;
```

逻辑上，这个代码片段与你前面熟悉的使用句点符号过滤器一样：context.Items.Where(x

=> x.IsAvailable)。前面采用的方法是 LINQ，这种语言旨在处理对象集，就像 SQL 处理数据库中的表一样。LINQ 是一个非常强大的功能，本书的后面将更多地使用它。它超越句点符号的主要优势是：它易于阅读，特别是有可能跨越多个不同来源的复杂查询。这个示例只使用一个集合，但 LINQ 便于支持以直观的方式连接多个对象集。句点符号方法也提供了这个功能，但处理方式不大容易阅读。

我们使用的三组 LINQ 关键词是 from\in、where 和 select。from 关键字定义了实例和集合，提供了查询的数据源。在本例中，指定查询针对 DbContext 中的 Items 集合，每个实例都可以使用 i.来访问。from 关键字后的值等价于 lambda 语句中=>指示器之前的值。

where 关键字作为一个过滤器，与使用句点符号一样。如果希望有多个标准，就可以使用标准的and 和 or 符号(&和|)。select 关键字与句点符号方法略有不同，因为使用 LINQ 时总是需要它。可以返回完整的对象，如这个示例所示，也可以返回对象的部分。当返回对象的部分时，LINQ 就能创建匿名类型或未定义的只读类型。

如果把代码行改为：

```
var items2 = (from i in context.Items
                where i.IsAvailable
                select new
                {
                    Id = i.Id,
                    Name = i.Name
                }).ToList();
```

就不再得到 Item 对象的集合，而是得到一个匿名类型对象的列表，它有两个属性——Id和 Name。可惜，把匿名类型传递给视图比较复杂，所以通常这种方法不作为与 UI 通信的方式；相反，结果不发送给 UI 的代码中可能会使用它。样例应用程序没有使用匿名类型，但它们为处理集合提供了一个非常灵活的功能。

回顾控制器代码，初步过滤的数据集从数据库中取出后，就捕获 UI 的最后一块杂项信息：过滤列表中的项数。确保使用过滤后的列表是很重要的，因为这些都是提供给用户的实际项——使用数据库表的计数会提供不准确的数字。

动作中剩下的工作是执行排序，获取页面的内容。总是要排序——按默认名称排序或根据用户指定的内容排序。选择适当的排序时，要使用 switch 语句，评估所选的搜索表达式，执行搜索。

最后一步是获取页面的数据。执行这项工作的代码如下：

```
items = items.Skip((pageNumber - 1) * pageQty).Take(pageQty);
```

这行代码执行两个关键步骤。第一步是 Skip 方法，它在所请求的页面显示出来之前，忽略页面上的条目。需要包括-1，以确保用户在第一页上时，系统不会跳过任何项。这意味着，用户在第二个页面上时，Skip 方法需要应用程序跳过"2-1"——或者一页的条目。

应用程序跳过前面页面的信息后，运行 Take 方法，给列表添加特定数量的记录：页面上的条目数。缩小这个子集后，将它传递给视图，在那里用作填充 UI 的模型。

虽然给 ASP.NET MVC 列表添加分页和排序功能时，需要编写比 ASP.NET Web Forms 列表服务器控件更多的代码，但这通常不是一个复杂的要求。我们希望更多地控制输出，以及分页和排序的交互方式。

10.2 更新和/或插入数据

通过分页和排序练习，在深刻地理解如何使用列表后，就该花更多的时间学习使用 Entity Framework 时如何更新和插入数据。第 9 章简单提到在数据库中如何持久化数据。本节将深入了解这些内容，以及如何更新应用程序中还没有更新的其他部分。

使用 Entity Framework 时保存新数据非常简单，只需将新条目添加到 DbContext 集合中，运行 DbContext.SaveChanges 方法；只要所有必要的属性都在保存的对象中设置好了，保存就会成功。

然而，编辑一项不一定以相同的方式进行。无法把它添加到集合中，因为它已经在数据库中，而是需要编辑现有条目。以前需要手动把请求中的所有字段(查询字符串和表单体)映射到模型中适用的属性。目前不再需要这种编程，ASP.NET 有一个很棒的方法，第 9 章称之为 TryUpdateModel。

TryUpdateModel 及其变体 UpdateModel 都把传入的值映射到同名的属性。使用这些的一般方法是实例化一个所需类型的对象(如 Item 或 UserDemographics)，然后把该对象传入方法。接着系统将遍历对象的所有属性，并试图在请求关联的数据中找到匹配的值。如果有匹配，系统就会尝试设置属性。UpdateModel 和 TryUpdateModel 之间的区别是：如果遇到绑定错误，例如，试图给 decimal 类型的价格设置 red，UpdateModel 将抛出一个异常，而 TryUpdateModel 简单地跳过该绑定，让属性值使用其初始值。

在 ASP.NET Web Forms 中，使用 TryUpdateModel 时有点问题。这是因为 TryUpdateModel 用于数据绑定服务器控件。如果使用服务器控件支持的方法，就能执行任务，不会有问题。否则，例如，在实例中手工创建一个数据输入表单，就必须手工映射，这是旧派风格。

这意味着在 ASP.NET MVC 中工作时，有两种不同的方法来管理从浏览器返回的值：

- TryUpdateModel 方式
- 直接的模型绑定方式，第 6 章使用了该方式，其中在操作方法的签名中包括特定类型的参数，系统试图填充该参数，基本上是在刚才构造的对象上运行 TryUpdateModel。在使用 ASP.NET Web Forms 时，不能使用模型绑定。

除了能在 MVC 中执行模型绑定之外，在 MVC 和 Web Forms 中使用模型是没有区别的。下一个示例更新一些以前创建的项，包括 Web Forms 和 MVC，持久化表单中创建的项。

试一试 把页面连接到数据库

这个练习完成尚未完成的一些表单。这些表单存储了 UserDemographics 和 Item 类，它们已在前面的章节中创建，但它们从来没有连接到数据库以保存新创建的对象。

(1) 确保运行 Visual Studio，打开 RentMyWrox 解决方案。打开 UserDemographicsController 文件。

(2) 删除定义为 public ActionResult Details(int id)的方法。

(3) 改变非特性化的 Create 方法，如下所示：

```
public ActionResult Create()
{
    using (RentMyWroxContext context = new RentMyWroxContext())
    {
        ViewBag.Hobbies = context.Hobbies.Where(x => x.IsActive)
            .OrderBy(x => x.Name).ToList();
    }
    return View("Manage", new UserDemographics());
}
```

(4) 改变特性化的 Create 方法，如下：

```
[HttpPost]
public ActionResult Create(UserDemographics obj)
{
    try
    {
        using (RentMyWroxContext context = new RentMyWroxContext())
        {
            var ids = Request.Form.GetValues("HobbyIds");
            obj.Hobbies = context.Hobbies
                .Where(x => ids.Contains(x.Id.ToString())).ToList();
            context.UserDemographics.Add(obj);
            context.SaveChanges();
            return RedirectToAction("Index");
        }
    }
    catch
    {
        return View();
    }
}
```

(5) 改变非特性化的 Edit 方法，如下：

```
public ActionResult Edit(int id)
{
    UserDemographics result = null;
    using (RentMyWroxContext context = new RentMyWroxContext())
    {
        ViewBag.Hobbies = context.Hobbies.Where(x => x.IsActive)
            .OrderBy(x => x.Name).ToList();
        result = context.UserDemographics.FirstOrDefault(x => x.Id == id);
    }
    return View("Manage", result);
}
```

(6) 改变特性化的 Edit 方法，如下：

```
[HttpPost]
```

```
public ActionResult Edit(int id, FormCollection collection)
{
    try
    {
        using (RentMyWroxContext context = new RentMyWroxContext())
        {
            var item = context.UserDemographics.FirstOrDefault(x => x.Id == id);
            TryUpdateModel(item);
            context.SaveChanges();
            return RedirectToAction("Index");
        }
    }
    catch
    {
        return View();
    }
}
```

(7) 打开 UserDemographics 的管理视图。在最初的代码部分，改变 hobbyList 的定义，完成后如图 10-8 所示。

```
List<RentMyWrox.Models.Hobby> hobbyList = ViewBag.Hobbies;
```

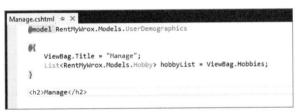

图 10-8　管理视图的初始变化

(8) 在管理视图中，用下面的代码替换管理 Hobbies 的当前部分，完成后如图 10-9 所示。

```
<div class="form-group">
    @Html.LabelFor(model => model.Hobbies,
        htmlAttributes: new { @class = "control-label col-md-2" })
    <div class="col-md-10">
        @foreach (var hobby in hobbyList)
        {
            string checkedText = Model.Hobbies.Any(x=>x.Id == hobby.Id)
         ? "checked" : string.Empty;
            <span>
                <input name="HobbyIds" value="@hobby.Id" type="checkbox"
                    @checkedText />
                @hobby.Name
            </span>
        }
    </div>
</div>
```

```
<div class="form-group">
    @Html.LabelFor(model => model.TotalNumberInHome, htmlAttributes: new { @class = "control-label col-md-2" })
    <div class="col-md-10">
        @Html.EditorFor(model => model.TotalNumberInHome, new { htmlAttributes = new { @class = "form-control" } })
        @Html.ValidationMessageFor(model => model.TotalNumberInHome, "", new { @class = "text-danger" })
    </div>
</div>
<div class="form-group">
    @Html.LabelFor(model => model.Hobbies, htmlAttributes: new { @class = "control-label col-md-2" })
    <div class="col-md-10">
        @foreach (var hobby in hobbyList)
        {
            string checkedText = Model.Hobbies.Any(x=>x.Id == hobby.Id) ? "checked" : string.Empty;
            <span>
                <input name="HobbyIds" value="@hobby.Id" type="checkbox" @checkedText />
                @hobby.Name
            </span>
        }
    </div>
</div>
```

图 10-9　重建管理视图

(8) 运行应用程序，进入 UserDemographics。你应该能看到列表中输入到数据库中的条目。单击 Create 链接。

(9) 添加一个新的 UserDemographic 并保存。应该返回列表屏幕，其中包含刚才输入的数据。

(10) 打开 Admin \ ManageItem.aspx.cs 文件。在页面顶部的列表中添加一条新的 using 语句——using System.IO;。

(11) 在部分类(partial class)中添加一个新的属性：private int itemId;，完成后如图 10-10 所示。

```
namespace RentMyWrox.Admin
{
    public partial class ManageItem : WebFormsBaseClass
    {
        private int itemId;

        protected void Page_Load(object sender, EventArgs e)
        {
```

图 10-10　代码隐藏中的新属性

(12) 更新 Page_Load 方法，如下：

```
protected void Page_Load(object sender, EventArgs e)
{
    IList<string> segments = Request.GetFriendlyUrlSegments();
    itemId = 0;
    if (segments != null && segments.Count > 0)
    {
        int.TryParse(segments[0], out itemId);
    }

    if (!IsPostBack && itemId != 0)
    {
        using (RentMyWroxContext context = new RentMyWroxContext())
        {
            var item = context.Items.FirstOrDefault(x => x.Id == itemId);
            tbAcquiredDate.Text = item.DateAcquired.ToShortDateString();
            tbCost.Text = item.Cost.ToString();
            tbDescription.Text = item.Description;
            tbItemNumber.Text = item.ItemNumber;
```

```
            tbName.Text = item.Name;
        }
    }
}
```

(13) 更新 SaveItem_Clicked 方法，如下：

```
protected void SaveItem_Clicked(object sender, EventArgs e)
{
    Item item;
    using (RentMyWroxContext context = new RentMyWroxContext())
    {
        if (itemId == 0)
        {
            item = new Item();
            UpdateItem(item);
            context.Items.Add(item);
        }
        else
        {
            item = context.Items.FirstOrDefault(x => x.Id == itemId);
            UpdateItem(item);
        }
        context.SaveChanges();
    }
    Response.Redirect("~/admin/ItemList");
}
```

(14) 给文件添加如下新方法：

```
private void UpdateItem(Item item)
{
    double cost;
    double.TryParse(tbCost.Text, out cost);
    item.Cost = cost;

    DateTime acqDate = DateTime.Now;
    DateTime.TryParse(tbAcquiredDate.Text, out acqDate);
    item.DateAcquired = acqDate;

    item.Description = tbDescription.Text;
    item.Name = tbName.Text;
    item.ItemNumber = tbItemNumber.Text;
    item.IsAvailable = true;

    if (fuPicture.PostedFile != null && fuPicture.HasFile)
    {
        Guid newPrefix = Guid.NewGuid();
        string localDir = Path.Combine("ItemImages",
                newPrefix + "_" + fuPicture.FileName);
        string fullPath = Path.Combine(
```

```
                                    HttpContext.Current.Request.PhysicalApplicationPath,
                                    localDir);
                    fuPicture.SaveAs(fullPath);
                    item.Picture = "/" + localDir.Replace("\\", "/");
            }
    }
```

(15) 打开 Admin\ItemList.aspx 文件，在 GridView 的上方添加以下行，完成时如图 10-11 所示。

```
<asp:HyperLink runat="server" Text="Add New Item"
    NavigateUrl="~/Admin/ManageItem" />
<br /><br />
```

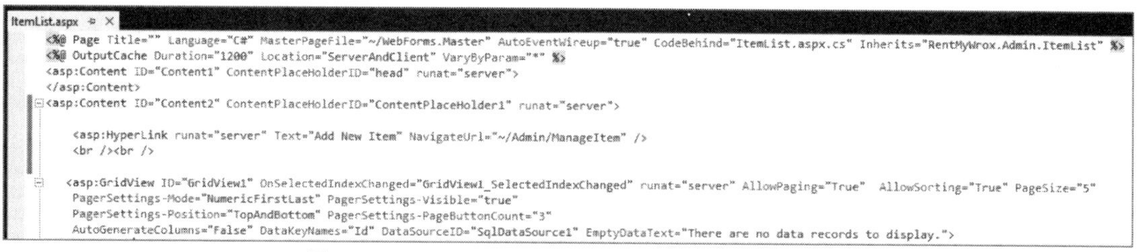

图 10-11　Item List 页面中的 Add New Item 链接

(16) 把一个新目录添加到项目中，并命名为 ItemImages。

(17) 运行应用程序。

(18) 进入\Admin\ManageItem，添加一个新项。

(19) 进入项列表，选择、编辑现有条目。

示例说明

在 MVC 中处理第一组屏幕时，必须修改几个不同的部分。第一部分是应用程序如何处理 UserDemographic 可能包含的爱好列表。最初建立屏幕时，这个爱好列表是字符串列表。然而，你在第 9 章一定修改了它，所以需要更新 UI 和动作，以确保把正确的信息传递给视图。

第一个变化是给 ViewBag 添加 hobbyList。这允许在视图中使用爱好。在视图中利用它时，要把本地字段设置为这个列表，然后迭代列表，把 hobby.Name 属性指定为复选框的标签。这没有绑定剩下的过程那么简单，如下面的代码片段所示：

```
<div class="col-md-10">
    @foreach (var hobby in hobbyList)
    {
        string checkedText = Model.Hobbies.Any(x=>x.Id == hobby.Id)
            ? "checked" : string.Empty;
        <span>
            <input name="HobbyIds" value="@hobby.Id" type="checkbox"
@checkedText />
            @hobby.Name
        </span>
    }
</div>
```

前面的代码遍历爱好列表，在 UI 中为每个爱好添加一个新的复选框。注意复选框的名称是 HobbyIds；因为这是在一个循环中，创建的每个复选框都有相同的名称。所指定的值是爱好的 Id。图 10-12 显示了从前面代码中创建的 HTML。

```
<span>
    <input name="HobbyIds" value="9" type="checkbox"  />
    Camping
</span>
<span>
    <input name="HobbyIds" value="2" type="checkbox"  />
    Cooking
</span>
<span>
    <input name="HobbyIds" value="8" type="checkbox"  />
    Dancing
</span>
```

图 10-12 创建 HTML 来支持爱好的选择

因为所有不同的复选框都有相同的名称，所以浏览器发送给服务器的表单值将是一个选中 Id 的逗号分隔列表，其中的键/值定义为 HobbyIds = "3,6,7,8"，所以在传送后，在动作中访问的是一个列表。

下面的代码片段展示了如何在操作方法中保存新项。对象作为绑定模型传入动作，所以没有必要调用 TryUpdateModel 方法。

```
[HttpPost]
public ActionResult Create(UserDemographics obj)
{
    try
    {
        using (RentMyWroxContext context = new RentMyWroxContext())
        {
            var ids = Request.Form.GetValues("HobbyIds");
            obj.Hobbies = context.Hobbies
                 .Where(x => ids.Contains(x.Id.ToString())).ToList();
            context.UserDemographics.Add(obj);
            context.SaveChanges();
            return RedirectToAction("Index");
        }
    }
    catch
    {
        return View();
    }
}
```

在前面的方法中，还应注意应用程序如何访问 Request.Form.Values 和获取 HobbyIds 值。特别要注意，GetValues 方法返回一个数组，所以有多个值(例如用户选择多个爱好)时，它就返回为一个数组，其中的字符串不需要进一步分解。

一旦从表单中检索到值，就拉出具有匹配 Id 的爱好来填充对象上的 Hobby 列表。可以把一个断点放在该代码行的后面，查看调用的结果。更新完成后，最后将项添加到上下文中，保存更改。

当处理 Web Forms 时，不得不采取另一种方法。因为不能使用内置的方法来管理映射，

而必须自己进行映射。这种映射大都很简单，使用内置的 UpdateModel 方法完成工作后确定
其模式。系统把控件中适当的值分配给项的合适属性，再传递给映射方法。将请求中的字符
串值转换为适当类型的项时，要在几个地方使用 TryParse 方法。

这个映射方法中最不寻常的一部分是管理上传的图片文件，如下所示：

```
if (fuPicture.PostedFile != null && fuPicture.HasFile)
{
    Guid newPrefix = Guid.NewGuid();
    string localDir = Path.Combine("ItemImages",
            newPrefix + "_" + fuPicture.FileName);
    string fullPath =
            Path.Combine(HttpContext.Current.Request.PhysicalApplicationPath,
            localDir);
    fuPicture.SaveAs(fullPath);
    item.Picture = "/" + localDir.Replace("\\", "/");
}
```

将这个文件传递给服务器，作为请求体的一个附加项。如果服务器控件有内容，代码首
先创建一个新的全局唯一 Id 或 GUID，其目的是使这个唯一值成为本地保存的文件名的一部
分。这是必要的，否则就不能保证保存的文件有独特的名字。

然后使用 Path.Combine 方法。这个方法需要至少两个字符串，使用适当的字符(在本例
中是"\")合并它们。第一个组合创建了\ItemImages\FileName 链接，而第二个组合把应用程
序的物理路径链接到刚才创建的第一个组合。这提供了一个使用本地驱动器的完整目录结构
而不是网站，允许把文件保存到服务器上，因此可以从网站中引用。

代码的最后一部分是修改信息，把文件保存为访问上传文件所需的版本。本例将目录符
号"/"放在本地目录的前面。然而，由于路径的区别很大(Web 和本地 I/O)，因此必须更换
文件夹分隔符。一旦有了适当格式的目录，就可以保存项。

完成了代码后，就把 Add New Item 链接放在页面上，把它们关联起来。这允许实际使用
刚才实现的功能。

10.3　数据库访问的非代码优先方式

Entity Framework 的主要优势之一是消除了开发人员处理数据库的麻烦。然而有时，Entity
Framework 仍然可能无法有效地处理我们试图完成的工作。例如，报表就是 Entity Framework
无法很好满足的一个需求。Entity Framework 无效的另一个常见任务是使用多个应用程序访
问同一数据库，希望确保它们使用相同的方法，尤其是涉及业务规则时。

Entity Framework 可以看作 ADO.NET 上面的一个抽象层。ADO.NET 是一组类，为.NET
开发人员公开了数据访问服务。ADO.NET 提供了一组丰富的组件，来创建分布式的数据共
享应用程序。它是.NET Framework 的一个组成部分。

因为 Entity Framework 在 ADO.NET 的上面，所以 ADO.NET 的所有功能，在已经使用
Entity Framework 的任何应用程序中都是可用的。这允许使用"非代码优先"方法来在数据
库中提取和输入信息，但仍可以在 Entity Framework 的范围内，利用它所提供的所有功能和

易用性。

迄今为止几乎所有关于 Entity Framework 的讨论都使用了添加到上下文文件中的 DbSet 属性。然而,本节要使用另一个属性 Database。Database 属性可以看作直达数据库本身,因为它能使用各种灵活的方法在数据库中提取和输入信息。一些常见的方法如表 10-3 所示。

表 10-3　DbContext.Database 上可用的方法

方法	说明
CompatibleWithModel	确定数据库是否与当前的代码优先模型兼容。它不常用,但上下文第一次启动时,会使用这个方法
Create	在数据库服务器上创建新的数据库
Delete	从数据库服务器中删除数据库
ExecuteSqlCommand	对数据库执行给定的命令。该操作不返回任何项。一定要参数化任何用户输入来防止 SQL 注入攻击。可以在 SQL 查询字符串中包括参数占位符,然后把参数值提供为附加参数
Exists	确定在服务器上数据库是否存在
SqlQuery	创建一个 SQL 查询,返回给定类型的元素。返回类型可以是任何类型,其属性匹配从查询中返回的列名,也可以是一个简单的基本类型,如 int 或 string,因为类型不需要是实体类型。即使返回的对象类型是一个实体类型,上下文也从未跟踪该查询的结果 一定要参数化任何用户输入来防止 SQL 注入攻击。可以在 SQL 查询字符串中包括参数占位符,然后把参数值提供为附加参数

通过 DbContext.Database 属性与数据库交互的关键是知道是否希望通过交互获得数据。如果只期望得到成功/失败通知,就应该使用 ExecuteSqlCommand 方法。相反,当需要返回的数据时,必须使用 ExecuteSql 方法。

SQL 注入攻击

SQL 注入是一种技术,通过该技术用户可以把 SQL 命令注入 SQL 语句,一般通过某种用户选择的输入来注入,如 Web 页面。这些注入的 SQL 命令可能对数据库有各种各样的影响,例如删除表会改变数据。SQL 注入攻击的目的是让应用程序运行我们不希望运行的 SQL 代码。

假设有以下简单查询,它使用字符串连接建立:

```
string sql = "SELECT username,password FROM sometable WHERE email='";
sql += emailAddress
sql += "'"
```

这里的期望是用户把电子邮件地址输入数据输入字段,最终建立的查询如下:

```
SELECT username,password FROM sometable WHERE email='name@server.com'
```

然而,在 SQL 注入攻击中,不怀好意的用户不会输入电子邮件地址,而是输入如下内容:

```
x'; DROP TABLE sometable;--.
```

最终得到的 SQL 语句如下:

```
SELECT username,password FROM sometable WHERE email=' x'; DROP TABLE
sometable;--'.
```

这很糟糕, 因为运行整条语句时, 首先尝试使用"x"作为电子邮件来查找信息, 一旦这条语句执行完, 就执行下一条语句, 这里是一个删除表命令, 删除数据库中的表。

阻止 SQL 注入最常见、最有效的方法是使用参数。参数使数据库服务器查看作为一项(而不是一串命令)传入的整个值。使用参数会创建以下 SQL:

```
string sql = "SELECT username,password FROM sometable WHERE email=@email";
```

传入电子邮件名参数, 就会调用这个过程。这意味着执行 select 时, 会寻找 x'; DROP TABLE sometable; --列中的实际值, 你很可能找不到任何东西。

不管是使用 ExecuteSqlCommand 还是 ExecuteSql 方法, 都需要确保使用参数。这两个方法的方法签名都包括要运行的 SQL 命令字符串和参数数组。使用其中一个方法, 如下:

```
var results = context.Database.ExecuteSql("select * from table where
name=@name", new SqlParameter("@name", nameToLookFor));
```

其中要搜索的值已参数化。不需要传递任何值时, 就不需要使用参数; 然而应该养成习惯, 参数化直接进出数据库的任何信息, 甚至参数化用户没有输入的信息。

使用 SQL 查询和存储过程

使用 ExecuteSql 或 ExecuteSqlCommand 时, 可以运行指定的 SQL 语句或存储过程。存储过程是一组 SQL, 它们存储在服务器上, 而不是每次请求查询时传递给服务器。存储过程的性能可能比代码中生成的 SQL 稍高。此外, 把查询保存为存储过程, 能够独立于应用程序更改存储过程, 以执行不同的动作, 而不必重新部署应用程序。

注意:

接下来的几个示例包括很多 SQL 代码, 其中一些包含本章未涉及的命令。这些示例说明了为什么可能选择存储过程这种方式, 但如果没有任何 SQL 经验, 它们可能会令人困惑。为了获得如何直接对数据库编程的更多信息, 可以查看 Paul Atkinson 和 Robert Vieira 编著的 *Beginning Microsoft SQL Server 2012 Programming* (Wrox, 2012)。其中深入探讨了 SQL、存储过程、数据库函数以及使用 SQL Server 时的其他强大功能。

运行 SQL 查询或存储过程的过程和语言的大多数内容都相同, 唯一不同的是提供给方法的文本。下面的示例使用了 SQL 查询和存储过程。

| 试一试 | 在示例应用程序中构建报表 |

这个示例要建立几个有趣的报表, 用户可以用它们来理解他们的同事。第一个报表提供

了用户选定的爱好信息，其中包括以下信息：

- 年龄范围< 20、20-40、40-60、60+
- 爱好
- 该年龄段的人选择该爱好的人数

第二份报告提供了如下信息：

- 年龄< 20、20-40、40-60、60+
- 该年龄段的人数
- 该地区的平均时长

(1) 确保运行 Visual Studio，打开 RentMyWrox 解决方案。右击 Model 目录，添加一个新的类文件 HobbyReportItem。

(2) 给这个新的类文件添加以下属性：

```
public string Name { get; set; }
public string BirthRange { get; set; }
public int Total { get; set; }
```

(3) 打开 UserDemographicsController，并添加以下代码，完成时如图 10-13 所示。

```
public ActionResult HobbyReport()
{
    string query = @"select
                    h.Name,
                    brud.BirthRange,
                    Count(*) as Total
                from UserDemographicsHobbies udh
                inner join Hobbies h on h.Id=udh.Hobby_Id
                inner join UserDemographics ud on ud.Id=udh.UserDemographics_Id
                inner join (select Id,
                    case
                    when Birthdate between  DATEADD(YEAR, -20, getdate()) and
                        GetDate() then ' < 20 '
                    when birthdate between DATEADD(YEAR, -40, getdate()) and
                        DATEADD(YEAR, -20, getdate()) then '20-40'
                    when birthdate between DATEADD(YEAR, -60, getdate()) and
                        DATEADD(YEAR, -40, getdate()) then '40-60'
                    else ' >60 '
                    end as BirthRange
                    from UserDemographics) brud on brud.Id =
                    udh.UserDemographics_Id
                group by brud.BirthRange, h.Name";
        using (RentMyWroxContext context = new RentMyWroxContext())
        {
            var list = context.Database.SqlQuery<HobbyReportItem>(query).ToList();
            return View(list);
        }
    }
```

```
public ActionResult HobbyReport()
{
    string query = @"select
                    h.Name,
                    brud.BirthRange,
                    Count(*) as Total
                from UserDemographicsHobbies udh
                inner join Hobbies h on h.Id=udh.Hobby_Id
                inner join UserDemographics ud on ud.Id=udh.UserDemographics_Id
                inner join (select Id,
                        case
                        when Birthdate between  DATEADD(YEAR, -20, getdate()) and GetDate() then ' < 20 '
                        when birthdate between DATEADD(YEAR, -40, getdate()) and DATEADD(YEAR, -20, getdate()) then '20-40'
                        when birthdate between DATEADD(YEAR, -60, getdate()) and DATEADD(YEAR, -40, getdate()) then '40-60'
                        else ' >60 '
                        end as BirthRange
                    from UserDemographics) brud on brud.Id = udh.UserDemographics_Id
                group by brud.BirthRange, h.Name";
    using (RentMyWroxContext context = new RentMyWroxContext())
    {
        var list = context.Database.SqlQuery<HobbyReportItem>(query).ToList();
        return View(list);
    }
}
```

图 10-13　UserDemographicsController 中的新方法

(4) 右击 Views\UserDemographics 文件夹,选择添加新视图的选项,命名为 HobbyReport,使用空模型, 如图 10-14 所示。

图 10-14　Add View 对话框

(5) 把新视图文件的内容替换为以下代码,完成时如图 10-15 所示。

```
@model IEnumerable<RentMyWrox.Models.HobbyReportItem>
@{
    ViewBag.Title = "Hobby Report";
}
<h2>HobbyReport</h2>
<table class="table">
    <tr>
        <th>
            @Html.DisplayNameFor(model => model.Name)
        </th>
        <th>
            @Html.DisplayNameFor(model => model.BirthRange)
        </th>
        <th>
            @Html.DisplayNameFor(model => model.Total)
        </th>
    </tr>
@foreach (var item in Model) {
```

```
<tr>
    <td>
        @Html.DisplayFor(modelItem => item.Name)
    </td>
    <td>
        @Html.DisplayFor(modelItem => item.BirthRange)
    </td>
    <td>
        @Html.DisplayFor(modelItem => item.Total)
    </td>
</tr>
}
</table>
```

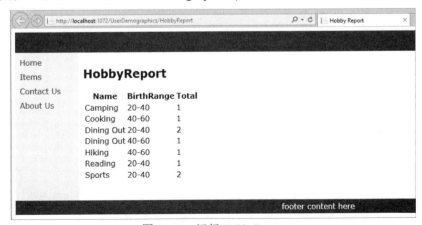

图 10-15 新视图文件的代码

(6) 运行应用程序，并导航到 UserDemographics | HobbyReport，屏幕如图 10-16 所示。如果需要更多的数据，就使用 UserDemographics | Edit，使用上一个示例创建的屏幕。

图 10-16 运行 HobbyReport

(7) Server Explorer 仍显示 RentMyWrox 数据库，右击 Stored Procedures，选择 Add New Stored Procedure。

(8) 显示窗口时，删除所有内容，用下面的代码替换，完成时如图 10-17 所示。

```
CREATE PROCEDURE [dbo].[UserDemographicsTimeInArea]
AS
    select BirthRange, count(*) as Total, AVG(MonthsInArea) as AverageMonths
from
    (select
    case
      when Birthdate between  DATEADD(YEAR, -20, getdate()) and GetDate()
then ' < 20 '
      when birthdate between DATEADD(YEAR, -40, getdate())
            and DATEADD(YEAR, -20, getdate()) then '20-40'
      when birthdate between DATEADD(YEAR, -60, getdate())
         and DATEADD(YEAR, -40, getdate()) then '40-60'
      else ' >60 '
    end as BirthRange,
    DATEDIFF(month, DateMovedIntoArea, getdate()) as MonthsInArea
    from UserDemographics) details
group by BirthRange
```

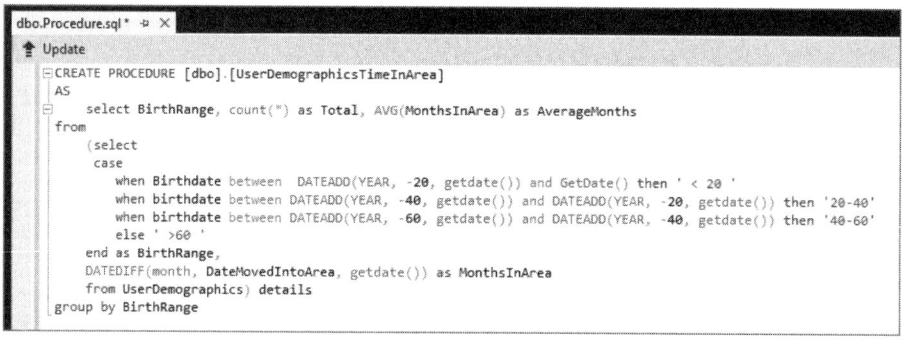

图 10-17　建立新的存储过程

(9) 右击刚才输入代码的窗口，选择 Execute。此时应该得到一条消息，指出"命令成功完成"。

(10) 关闭窗口(不需要保存)，展开 Stored Procedures 文件夹，你应该看到新的存储过程。

(11) 创建一个新模型 ResidencyReportItem，它具有以下属性：

```
public string BirthRange { get; set; }

public int Total { get; set; }

public int AverageMonths { get; set; }
```

(12) 回到 UserDemographicsController，并添加以下新动作：

```
public ActionResult ResidencyReport()
{
```

```
    using (RentMyWroxContext context = new RentMyWroxContext())
    {
        var list = context.Database.SqlQuery<ResidencyReportItem>(
            "exec UserDemographicsTimeInArea").ToList();
        return View(list);
    }
}
```

(13) 在 UserDemographics 文件夹下添加新视图 ResidencyReport，在其中添加以下内容：

```
@model IEnumerable<RentMyWrox.Models.ResidencyReportItem>
@{
    ViewBag.Title = "Residency Report";
}
<h2>Residency Report</h2>
<table class="table">
    <tr>
        <th>
            @Html.DisplayNameFor(model => model.BirthRange)
        </th>
        <th>
            @Html.DisplayNameFor(model => model.Total)
        </th>
        <th>
            @Html.DisplayNameFor(model => model.AverageMonths)
        </th>
    </tr>
@foreach (var item in Model) {
    <tr>
        <td>
            @Html.DisplayFor(modelItem => item.BirthRange)
        </td>
        <td>
            @Html.DisplayFor(modelItem => item.Total)
        </td>
        <td>
            @Html.DisplayFor(modelItem => item.AverageMonths)
        </td>
    </tr>
}
</table>
```

(14) 运行应用程序，并导航到 UserDemographics | ResidencyReport，结果如图 10-18 所示。

示例说明

前面的示例给网站添加了两个新的页面，这有助于用户理解他们加入的社区。遗憾的是，前面使用模型优先的 Entity Framework 方法和句点符号，获得制作这些报告所需的信息，这会很复杂，可能性能也不佳。

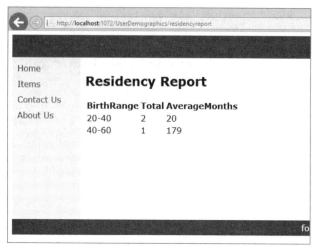

图 10-18　显示实习报告

不使用 Entity Framework 提供的表抽象，而是直接针对数据库运行 SQL。这里使用了两种不同的方法——直接运行 SQL 和执行存储过程，但它们的处理是类似的。可以使用的关键功能是 SqlQuery 命令，如下：

```
context.Database.SqlQuery<ResidencyReportItem>("exec
UserDemographicsTimeInArea")
          .ToList();
```

这种方法很容易使用的原因是查询可以返回已知项的列表。运行 SqlQuery 并分配一个类时，Entity Framework 会填充一个项列表，其类型与定义调用时指定的类相同。然后该框架在数据库服务器返回的结果集中查看列名，把数据库中的值映射到具有相同类型和名称的、已定义的对象属性。这就是为何能对数据库进行通用调用，并返回一组已填充的对象的原因。如果对象或查询结果有额外的属性，这些值不会映射；只映射在这两个属性列表中指定的属性。这种映射功能很强大，因为可以使用定义的类型，而不必把数据库值手动映射到新建对象的属性。

两种方法使用的 SQL 依赖两个不同的功能来获得必要的信息：子查询和分组。子查询是一个数据库查询，在另一个数据库查询中创建。这个子查询的结果集用于主查询。用于创建报告的这两个查询包含如下所示的子查询：

```
(select Id,
    case
        when Birthdate between  DATEADD(YEAR, -20, getdate()) and
          GetDate() then ' < 20 '
        when birthdate between DATEADD(YEAR, -40, getdate()) and
          DATEADD(YEAR, -20, getdate()) then '20-40'
        when birthdate between DATEADD(YEAR, -60, getdate()) and
          DATEADD(YEAR, -40, getdate()) then '40-60'
        else ' >60 '
    end as BirthRange
from UserDemographics) brud
```

这个代码清单是子查询的一个示例。它提取表行的 Id, 然后通过确定记录所在的日期范围, 创建一个值 BirthRange。case\when 语句相当于.NET 中 switch 语句的 SQL。这条语句包装从这个子查询返回的结果, 给它指定名称(在这个示例中是 "brud")。如果它是一个普通的表——允许连接, 像表那样访问子查询的结果, 就可以使用这个结果集。

这些查询的另一个重要特性是分组。分组允许 SQL Server 执行聚合函数。在这些查询中有几个聚合函数, 主要是 count 和 avg。count 函数计算由分组字段定义的项的数量, 而 avg 计算字段的平均值。分组字段在 group by 子句中定义。

group by 子句很重要, 因为 group by 子句中列出的项可以不止一个, 是要计算的项的定义。直接的 SQL 代码在 group by 子句中有两列, 意思是每个计算都基于这两个字段的唯一组合。group by 字段中的多个行值相同时, 这些行都可以包含在聚合函数中。

虽然以有效的方式访问数据有助于确保应用程序运行良好, 但如果系统不能频繁访问数据, 应用程序的性能就无法提高多少。这是下一节讨论的主题。

10.4 缓存

缓存是一种开发战略, 能帮助提高Web应用程序的性能和可靠性。它采用的一些方法包括:
- 它减少了通过网络发送的数据量。
- 它减少了数据库调用的数量。
- 它减少了需要运行以返回一项的代码量。

缓存的主要特征是, 一旦检索一项, 无论是在互联网上还是从数据库中检索, 这些结果都 "保存" 在某个地方, 下次请求项时就返回它。这意味着第一个用于检索信息的动作不需要再次运行。

根据实现的位置和方式, 缓存可以给应用程序添加一些复杂性。最强大的缓存方法通常需要最复杂的配置和支持, 但它们为应用程序的响应能力和可靠性提供了最大优势。可靠性是至关重要的, 因为任何领域的应用程序都缓存其他领域的应用程序中的信息, 为了确保它们能从缓存中恢复这些信息, 至少要和用于获取信息原件的方法一样可靠。如果实现了一个缓存系统, 但可能会对系统的性能造成负面影响, 就是不可接受的——这将达不到缓存的总目标。

10.4.1 在 ASP.NET 应用程序中缓存数据的不同方式

给 ASP.NET 应用程序添加缓存的第一种方式是使用数据缓存。在应用程序和数据访问层之间添加一个新的缓存层, 就是在进行数据缓存。当确定数据库之外的一些数据可以缓存时, 这个新层就负责管理这些数据。Entity Framework 提供了在长时间运行的应用程序中缓存数据的一些支持, 但典型的 Web 应用程序不支持缓存, 添加数据缓存层超出了这个项目的范围。

下一个级别的缓存是在用户和浏览器级别存储页面内容。在这种情况下, 浏览器存储内容的本地副本, 保存时间由服务器设置。保存时间可以是数秒、数分钟、数天, 通常基于要缓存的数据类型。例如, 用户的购物车不应用于缓存信息。相反, "关于我们" 页面比较适合缓存，因为其内容不经常改变。

最后一个级别的缓存也在浏览器内。这种缓存方法称为应用程序缓存 API(AppCache)，是一个 HTML 5 规范，允许开发人员访问本地浏览器缓存。它不同于输出缓存，因为 AppCache 旨在存储能够多次访问的数据。AppCache 允许开发人员在客户端机器上本地存储这些信息，而不是多次从服务器发送到客户端。它不用于存储整个页面，而是在一个连接或页面的生命周期内存储数据。这里不进一步讨论 AppCache。

代理服务器

代理服务器是用作 Web 浏览器和互联网之间的中间系统的计算机。代理服务器通过存储常用 Web 页面的副本，帮助提高网络性能。当浏览器请求存储在代理服务器缓存中的 Web 页面时，就由代理服务器提供该页面，其速度比通过 Web 向服务器请求更快。代理服务器还可以过滤掉一些 Web 内容和恶意软件，帮助改善安全性。这是可能的，因为客户端和互联网之间的每个请求必须通过代理服务器来传递。

代理服务器主要由公共机构和私人公司的网络使用。通常，在家中连接到互联网的人不使用代理服务器。代理服务器很少由开发人员控制，所以开发人员从不指望它们会成为请求过程的一部分。这意味着代理服务器用自己的规则决定是把请求发送到服务器，还是仅返回服务器上保存的缓存副本。这意味着，对输出进行的修改可能在页面上没有反映出来。试图确定为什么页面没有满足期望时，这会非常麻烦。

Web Forms 和 MVC 处理缓存配置的方式不同，就像它们处理其他内容一样。使用 Web Forms 时，在页面级别定义输出配置，需要在页面定义的下面添加一个新的配置项：

```
<%@ OutputCache Duration="1200" Location="ServerAndClient" %>
```

在本例中，页面将缓存 1200 秒，即 20 分钟。第二个属性指定缓存的位置。表 10-4 定义了可以配置缓存的不同位置。

表 10-4　缓存位置

位置	说明
Any	输出缓存可以位于浏览器客户端(请求发源地)、参与请求的代理服务器(或任何其他服务器)或处理请求的服务器
Client	输出缓存位于浏览器客户端(请求发源地)
Downstream	输出缓存可以存储在任何支持 HTTP 1.1 缓存的设备上，但原始服务器除外，包括代理服务器和发出请求的客户端
None	所请求页面的输出缓存是禁用的
Server	输出缓存位于处理请求的 Web 服务器上
ServerAndClient	输出缓存只能存储在原始服务器或发出请求的客户端。代理服务器不允许缓存响应

处理 ASP.NET MVC 输出缓存时，可以使用类似的方法。然而不像 Web Forms 那样是在页面级别，动作的输出缓存预定义的时间。在动作上配置缓存，使用该方法上的特性，如下所示：

```
[OutputCache(Duration = 1200, Location =
OutputCacheLocation.ServerAndClient)]
    public ActionResult Details(int id)
```

前面的特性把缓存设置为相同的 20 分钟，要缓存的项使用 ServerAndClient 设置。通过这个设置，检查 Internet Explorer 浏览器缓存，显示缓存时间 20 分钟，如图 10-19 中突出显示的条目。

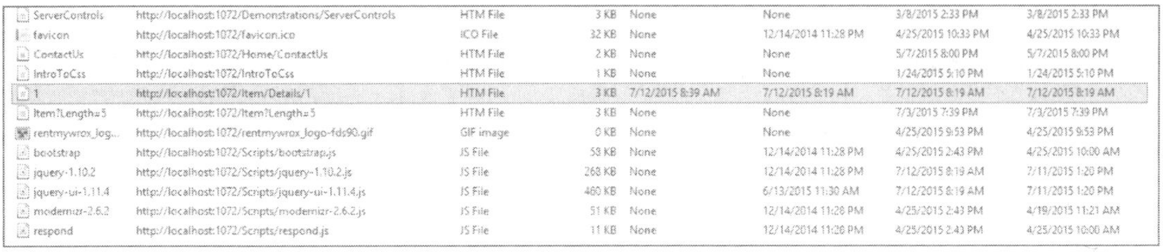

图 10-19　缓存项的目录

如图 10-19 所示，任何特定页面的请求在过期时间之前不需要服务器调用，因为页面从本地缓存中返回。下一个示例在应用程序的多个区域实现一些缓存，然后验证缓存的实际工作情况。

试一试　将缓存添加到示例应用程序中

这个示例在示例应用程序中实现缓存。这个缓存的目的是增加用户的响应时间，限制必须在服务器上完成的工作量。这个示例执行的步骤是很少见的，因为设置了很多断点，以跟踪程序流。

(1) 确保运行 Visual Studio，打开 RentMyWrox 解决方案。

(2) 打开 Controller\ItemController 文件。在 Details 动作的上面添加以下特性，完成时如图 10-20 所示。

```
[OutputCache(Duration = 1200, Location =
OutputCacheLocation.ServerAndClient)]
```

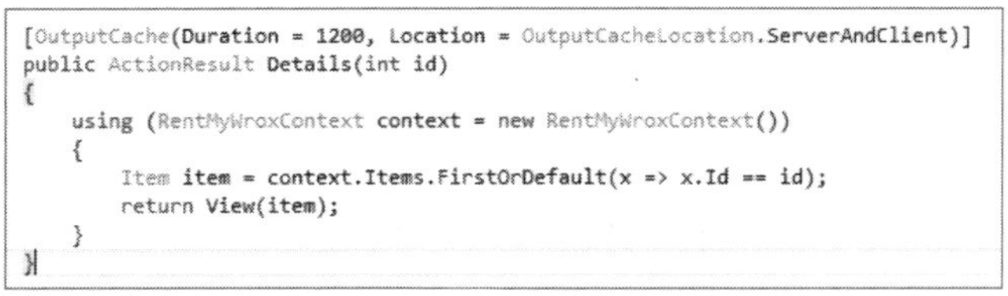

图 10-20　Details 动作的输出缓存

(3) 在动作的返回行中插入断点。

(4) 运行应用程序，进入主页。

(5) 单击一个 Full Details 链接。进入断点，如图 10-21 所示。

(6) 单击 Continue 按钮，继续运行。

(7) 显示页面后，单击左边菜单上的 Home 链接。

(8) 单击刚才单击的产品的 Full Details 链接。显示其内容，但不会遇到断点。

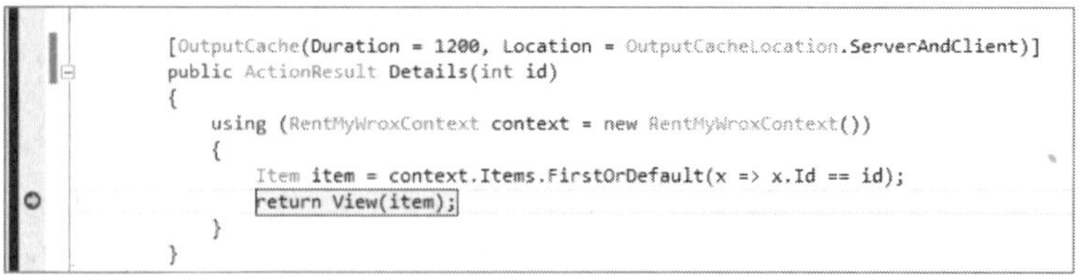

图 10-21　Details 动作中的断点

(9) 回到主页，单击另一个产品。此时会遇到断点。

(10) 打开 Admin\ItemList.aspx 页面。在 Page 声明的下面添加以下代码：

```
<%@ OutputCache Duration="1200" Location="ServerAndClient" VaryByParam="*" %>
```

示例说明

无论页面是 ASP.NET Web Forms 页面还是 ASP.NET MVC 控制器动作的输出，输出缓存都可以配置该页面的缓存时间。对于 MVC 和 Web Forms 来说，许多特点是相同的，因为它们都设定一个以秒为单位的时间，指定页面会缓存多久，哪些方面支持内容的缓存。

所有这些信息都存储在响应标题中，即从服务器返回给客户端的元数据。使用示例中的设置，响应标题会包括：

```
HTTP/1.1 200 OK
Cache-Control: private, max-age=1200
Content-Type: text/html; charset=utf-8
Expires: Sun, 12 Jul 2015 16:57:11 GMT
Last-Modified: Sun, 12 Jul 2015 16:37:11 GMT
```

有两行代码直接与这里使用的缓存和配置相关：Cache-Control 和 Expires。Cache-Control 行包含关键字 private。在本例中，private 意味着内容只能缓存在客户端和服务器，不能缓存在之间的任何系统上，例如代理服务器。相反，public 允许请求缓存在服务器和客户端之间可以缓存的任何地方。这里也可以使用第三个值 no-cache，它意味着不在任何地方缓存。

Cache-Control 中的另一个值是 max-age。这是在配置中设置的值，浏览器在确定缓存期限时使用这个值。有这个值时，它会覆盖标题中的 Expires 行。然而，如果没有 max-age 值，就使用 Expires 行中的值。ASP.NET 设置了两个期限项。

Web Forms 配置中有一个新属性 VaryByParams。这是许多附加值中的一个，可以用来微调缓存定义。VaryByParams 属性需要一个用分号分隔的列表，其中包含查询字符串或表单 POST 参数，输出缓存用它来修改缓存条目。这里使用的设置*意味着，只要参数有任何区别，就应把一个新的请求发送到服务器，而不是从缓存中检索。

这引出了使用 MVC 和 Web Forms 之间的区别的有趣要点。通常，调用 Web Forms 页面由查询字符串值区分，因为它一般不会使用 MVC 默认使用的同一个 URL 方法。例如，MVC 中细节页面的每个 URL 都是不同的，而在 Web Forms 中，URL 可能相同，但参数的字符串是不同的。注意，配置.aspx 页面时，VaryByParams 是一个必需的字段，因为存在这些差异。

如果在一些情况下，希望 Web Forms 与 MVC 有同样的处理过程，而不是使用*作为 VaryByParams 属性的值，此时应使用 Id 来表示，希望页面使用 Id 来缓存。这将确保只有当 Id 不同时，才调用服务器。这样，因 URL 不同而导致的 MVC 缓存体验就是相同的。

从表面上看，似乎希望在网站的所有操作上都配置缓存。然而，这可能并不总是最好的决定。缓存有很多好处，但也有一些复杂性和问题，可能会使缓存在某些情况下出问题。

10.4.2 缓存数据的常见问题

如果缓存解决了网站可能有的每个性能问题，第 1 章就重点介绍它。虽然可以帮助提高速度，但也可能获得旧的、不正确的数据。应该清楚，保存时间越长，就越少调用服务器。然而，对于内容经常变化的页面，可以猜测出其含义：在缓存到期之前，不会保存变更，更不是在页面变化时保存变更。这导致所谓的陈旧数据。

使用缓存时最常见的问题是确保缓存周期足够长，但让区别足够短，这样不正确的信息就不会显示给用户。这个数字不是固定的，完全依赖于特定页面的内容。例如，考虑示例应用程序和典型用户看到的内容。

用户可能访问的第一页是默认的主页。评审这个页面显示的内容说明，可用产品的列表可能经常变化，对于产品的每次结账或退货，无法预见何时会发生。

在这种情况下，陈旧的数据意味着什么呢？如果数据是陈旧的，就存在两个潜在的问题。其一，没有列出可用的项；其二，列出的项可能不再可用。这两个选项都是不可取的，因为缺失的项意味着别人不能给它们结账，影响收入。如果不再可用的某项仍旧列出了，选择该项的任何用户都会有不好的体验：他们试图将该项添加到购物车中，却发现它不是真正可用的。

缓存需要考虑的最后一点是，在服务器输出上定义的缓存设置不是必需的；它们应该只是一种重要的推荐。用户总是可以让本地客户端遵循他们确定的缓存规则，但这可能与自己的预期不同。这同样适用于服务器和客户端之间的系统，如代理服务器。可以推荐缓存，但中间系统可以由自己的缓存决定。这意味着不能总是保证缓存某项的时间和行为。虽然的确不能在这些情况下执行任何操作，但它们一般只适用于打开缓存功能的项。禁用页面的缓存通常会关掉所有地方的所有缓存功能。

何时关闭缓存比较好？考虑典型的电子商务应用程序，不可能在购物车页面上执行缓存，因为每次用户访问该页面时，会更新信息，以准确地反映添加、删除或购买的项。

10.5   小结

使用 ASP.NET 和 Entity Framework 时，保存数据是一个简单的过程，因为 Entity Framework 自动执行了许多工作。使这个过程变得复杂的是 HTTP 协议和信息从客户端转移到服务器的方式，因为使这些信息的格式能链接到 Entity Framework 的过程比较复杂。

有几种方法可用于把请求信息链接到 Entity Framework 模型，进行持久化。第一种方法是使用 UpdateModel 方法，帮助把绑定 UI 控件映射到适当的模型属性。MVC 使用模型绑定器简化了这个过程，它填充在方法签名中定义的模型，不需要在代码中调用 TryUpdateModel 方法。

第二种方法，是手动方法，开发人员把通过请求传入的值手动链接到 Entity Framework 对象中的属性。使用老方法或第三方集成时，这是特别常见的，因为表单上没有控件，只需要把传入的值链接到自己的对象。

　　通过 Entity Framework 处理数据库表得到了尽可能简化,但有时需要在 Entity Framework 表对象的外部与数据库交互。然而这仍然提供为 Entity Framework 的一部分,因为可以运行定制的 SQL 代码、存储过程或对数据库执行需要的任何其他动作。从数据库中选择数据时,甚至可以把结果绑定到一个自定义类型(类),该类被映射到已创建的模型,从而允许直接处理自己定义的代码,不需要使用任何特定于数据库的类型。

　　本章还描述了给项目添加缓存的各种方法。缓存可以控制为页面调用服务器的频率,以及从本地的浏览器缓存中调用的频率。页面从本地缓存中检索时,会给用户提供更快的响应,同时降低了服务器的负载量,是双赢。然而,缓存时间太长,会导致在客户端显示陈旧、不正确的数据,所以应小心考虑缓存的信息类型和缓存时间。

10.6　练习

　　1. 利用完成示例后的设置,把缓存添加到 ItemList 页面后,屏幕的默认行为是什么?添加一项后会发生什么?

　　2. 如果不使用 ViewBag 或任何 ViewBag 类型的方法(如 ViewData 等),把爱好列表传递给视图有什么其他的选择?

　　3. 为什么使用更加直接的方式路由到数据库,如 ExecuteQuery,而不是使用传统的 Entity Framework 方法?

10.7　本章要点回顾

缓存	存储查询或请求的结果。对此信息的后续请求会检索存储的结果,而不是从源中获取结果。缓存在客户端和服务器之间最常见,即页面结果被缓存到客户端设备上
ExecuteSqlCommand	直接在数据库上执行 SQL。当使用 ExecuteSqlCommand 时,假设没有请求数据,因为这个方法没有结果集
分页	把一大串数据分解成更小的页面,然后允许用户在这些不同页面之间移动
数据库参数	把信息直接传入数据库调用的一种形式。它们使系统避免 SQL 注入攻击,确保类型兼容
查询字符串到参数的映射	查询字符串到参数的映射是 ASP.NET MVC 的一个特点,其中如果变量名在查询字符串中使用的文本和在方法签名中定义的变量名相同,查询字符串值就映射到操作方法签名中的值
排序	把列表按照特定的顺序排列。用户通常通过选择要排序的字段、排序顺序 (升序或降序),或字段和顺序,对如何管理排序有一些控制力。如果还要分页,这个顺序会跨页面保留

（续表）

SQL 注入	SQL 注入是一种攻击形式，即用户通过填写 Web 输入表单，试图恶意影响数据库的结构或其数据。如果传入的字符串不妥善处理，就允许用户访问数据库。处理这些传入值的最常见方式是使用数据库参数。Entity Framework 做了很多工作来提供保护，所以在自己构建 SQL 时，这种风险是最高的
SqlQuery	直接调用数据库，可能会返回一些数据。重写 SqlQuery 允许提供一个模型，Entity Framework 将试图通过它填写查询的结果。如果数据库调用返回一个匹配属性名的字段名，映射就会成功
陈旧数据	因缓存期限时间太长而导致数据陈旧，结果给用户返回不正确的数据
TryUpdateModel	使用模型绑定自动填充各种请求来源中的对象值时使用的方法，包括表单值、查询字符串值和附加文件。如果类型不匹配，这种方法将不设置这个属性
UpdateModel	该方法类似于 TryUpdateModel，但这种方法不是简单地忽略不能转换为所需类型的数据，而是抛出一个异常

第 11 章

用户控件和局部视图

本章要点

- ASP.NET Web Forms 用户控件，以及如何在网站上使用它们
- 创建用户控件，提供多个页面的公共功能
- 创建 ASP.NET MVC 局部视图，并在 Web 应用程序中使用它们
- 使用返回局部视图的控制器
- 用户控件和局部视图的区别
- 创建 ASP.NET MVC 模板

本章源代码下载：

本章源代码的下载网址为 www.wrox.com/go/beginningaspnetforvisualstudio。从该网页的 Download Code 选项卡中下载 Chapter 11 Code 后，可以找到与本章示例对应的单独文件。

第 4 章讨论了如何在多个地方重用相同的代码，而不是多次重写代码。这个概念不仅适合于进行代码设计，也适用于进行页面设计。前面提到，使用母版页和布局页提供了重用功能；现在学习在 Web 应用程序中提供可重用部分的其他方式。

一个典型的示例是登录窗口。需要每一页都有相同的功能时，根据访问者的当前位置，该功能应出现在页面上的不同地方。因为他们可能在页面的不同部分，所以不可能把这个功能放到母版页或布局页面上，因为这种方法假设功能在每一页的同一个地方。相反，应创建一个 ASP.NET Web Forms 用户控件或 ASP.NET MVC 局部视图，把新项放在需要它的任何地方。

用户控件或局部视图被用作功能的公共容器。虽然结合了类似处理完整页面的 UI 和过程，但呈现为一组 HTML 元素，可以放在页面的任何地方。内置服务器控件提供了此功能。本章将学习如何创建自己的用户控件和局部视图，给 Web Forms 和 MVC 方法提供相同的一组支持。

11.1　用户控件简介

前面提到，服务器控件是 ASP.NET Web Forms 把功能集捆绑到易于使用的代码集的方式。这种捆绑功能包括 UI 元素(所显示的 HTML)和处理代码。这些服务器控件的可用性是巨大的效率增强剂，因为它们允许开发人员通过配置和简单的代码执行一些复杂的任务，而不必自己完成。

然而，服务器控件没有提供支持 Web 应用程序所需的每组功能，尤其是当希望使用具体的业务规则时。此时就应使用用户控件。它们是开发人员创建的控件，可以在应用程序中像标准的服务器控件那样使用。唯一的区别是自己开发控件，而不是让框架或第三方提供控件，专用于具体的应用程序。

用户控件提供了与常规的 Web Forms 页面相同的功能或支持。这意味着开发用户控件时，可以执行以下操作：

- 创建 HTML 标记。
- 使用代码隐藏和完整的页面生命周期。
- 使用传统的 ASP.NET 服务器控件以及其他用户控件。

主要差异之一在于，ASP.NET Web Forms 页面使用.aspx 扩展名，ASP.NET 用户控件使用.ascx 扩展名。此外，文件的定义是不同的。页面定义为：

```
<%@ Page Title="" Language="C#"
    CodeBehind="Default.aspx.cs"
    AutoEventWireup="true"
    Inherits="RentMyWrox.Admin.Default" %>
```

而控件定义为：

```
<%@ Control Language="C#"
    CodeBehind="NewsControl.ascx.cs"
    AutoEventWireup="true"
    Inherits="RentMyWrox.Admin.NewsControl" %>
```

最后的区别可能是最重要的：在客户端，不能像请求的资源那样直接调用用户控件。用户控件只能存在于创建它的.aspx 页面中或存在于在.aspx 页面中创建的另一个用户控件中。

11.1.1　创建用户控件

创建用户控件与在 ASP.NET 应用程序中创建其他对象一样，也使用 Add New Item 对话框。下面的示例将创建一个用户控件，给用户提供特定的通知。

> **试一试**　**创建一个用户控件，提供特定的通知**

这个示例要创建一个可以添加到 Web Forms 页面的用户控件。这个用户控件从数据库中拉出最近的通知，并显示在页面上。

(1) 确保运行 Visual Studio，打开 RentMyWrox 解决方案。

(2) 在项目目录下创建一个新的文件夹 Controls。

(3) 右击新的 Controls 目录并选择 Add | New Item。选择 Web Forms User Control ，如图 11-1 所示，把文件命名为 NotificationsControl。

图 11-1　创建一个 Web Forms 用户控件

(4) 将以下内容添加到 NotificationsControl.ascx 页面，完成后如图 11-2 所示。

```
<asp:Label runat="server" ID="NotificationTitle"
        CssClass="NotificationTitle" />
<asp:Label runat="server" ID="NotificationDetail"
        CssClass="NotificationDetail" />
```

图 11-2　编辑控件的标记

(5) 右击 Models 目录并选择 Add New Item。选择 Code，然后选择 Class，如图 11-3 所示，命名为 Notification.cs。

(6) 确保打开 Notification.cs 类。在文件顶部添加以下 using 语句：

```
using System.ComponentModel.DataAnnotations;
```

(7) 在 Notification.cs 类中添加以下属性：

```
[Key]
public int Id { get; set; }

[MaxLength(50)]
public string Title { get; set; }

[MaxLength(750)]
public string Details { get; set; }
```

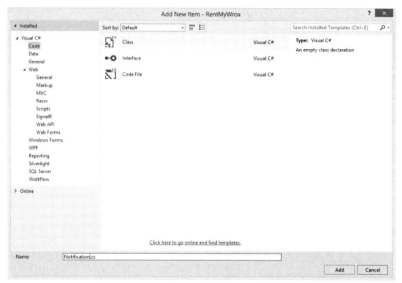

图 11-3 添加 Notification 模型

```
public bool IsAdminOnly { get; set; }
public DateTime DisplayStartDate { get; set; }
public DateTime DisplayEndDate { get; set; }
public DateTime CreateDate { get; set; }
```

(8) 打开 Model 目录下的 RentMyWroxContext.cs 文件。在 RentMyWroxContext 类中，给表的列表添加以下代码：

```
public virtual DbSet<Notification> Notifications { get; set; }
```

(9) 打开控件的代码隐藏页面 NotificationsControl.ascx.cs，在页面顶部添加一个新的 using 语句：

```
using RentMyWrox.Models;
```

(10) 将下面的代码添加到 Page_Load 方法中，完成后如图 11-4 所示。

```
using (RentMyWroxContext context = new RentMyWroxContext())
{
    Notification note = context.Notifications
        .Where(x => x.IsAdminOnly
            && x.DisplayStartDate <= DateTime.Now
            && x.DisplayEndDate >= DateTime.Now)
        .OrderByDescending(y => y.CreateDate)
        .FirstOrDefault();

    if (note != null)
    {
        NotificationTitle.Text = note.Title;
        NotificationDetail.Text = note.Details;
    }
}
```

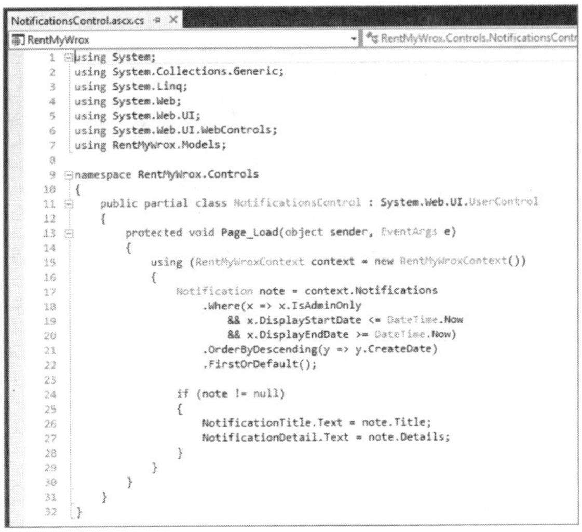

图 11-4 编辑控件的代码隐藏

(11) 构建解决方案，以确保所有代码都是正确的。在任何页面上都看不到控件，除非被添加到页面上。

示例说明

与传统的 ASP.NET Web Forms 页面一样，用户控件也有两个不同的部分：添加 HTML 和服务器控件的标记，以及执行所有业务逻辑的代码隐藏。

用户控件的标记页面通常没有任何传统的 HTML 标记，如<head>或<body>，因为用户控件通常用于添加显示到<body>标记中的输出片段，与传统的服务器控件一样。在标记页面中，添加了两个简单的服务器控件：用于显示通知的标题和细节属性的标签。还添加了一些样式组件和其他定义 HTML 元素，使控件更好看。

因为还没有 Notification 类，所以接下来需要为要显示的项创建类定义。如第 9 章所述，需要一个整数 Id 字段来唯一地标识要显示的通知。其他字段是模型的特定部分，如表 11-1 所示。

表 11-1 通知属性

属性	类型	DBTYPE	说明
Title	string	nvarchar(50)	通知的标题和内容的简短描述
Details	string	nvarchar(750)	通知的信息，显示给用户的通知的全部内容
IsAdminOnly	bool	Bit	定义通知是用于普通用户还是仅用于管理员
DisplayStartDate	DateTime	Datetime	通知可用于显示的日期。这允许输入多个通知，并设置为在某天显示它们，如假日，或选择过去的某天作为开始日期，以永远显示通知
DisplayEndDate	DateTime	DateTime	通知不再显示的日期。这允许输入多个通知，并设置为在某天显示它们，如假日，或选择将来的某天作为结束日期，以永远不显示通知

(续表)

属性	类型	DBTYPE	说明
CreateDate	DateTime	DateTime	创建项的那一天。显示一个列表的通知时,它们通常按这个属性排序

一旦添加了类,就把它添加到上下文文件中。这样就可以确保代码运行时会添加表(如果还没有表的话)。一旦创建好,表就如图 11-5 所示。

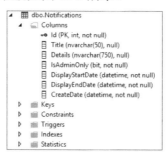

图 11-5　应用程序创建的 Notifications 表的数据库视图

代码隐藏包含的初始逻辑用于获取要显示的通知。使用数据库上下文可以添加一个 LINQ 查询,评估数据库中表项的属性来确定哪些项:

- 仅用于关联(IsAdminOnly 是 true)
- DisplayStartDate 在过去
- DisplayEndDate 在未来

项的结果列表按创建日期降序排序,且选中第一项。这样排序,会选中最近创建的、符合日期条件的通知。选中这一项后,Title 和 Details 就添加到标记页面中标签控件的 Text 属性,确保它们显示为页面的一部分。

11.1.2　添加用户控件

一旦创建了用户控件,下一步就是将它添加到网站页面上。与默认的服务器控件一样,也可以根据需要把用户控件添加到母版页或内容页面上。

为什么要把用户控件放在母版页上

要把某种一致的行为添加到母版页上时,总是需要决定在哪里管理 UI 和代码。该功能应内置在母版页中,还是应创建单独的用户控件?

问自己这个问题时要记住,理想的软件设计应把一组功能的所有逻辑放在一个地方,以这种方式创建,其他逻辑就不需要知道该功能是如何工作的。这种方法称为封装,所以坚持使用这种方式时,应创建单独的用户控件来处理工作。

这种方法还允许把控件作为离散的实体来管理,使母版页的布局更有针对性,而不是由功能驱动,需要这两点是因为母版页是确定内容的位置和外观的模板。它本身不应该执行很多处理。

将用户控件添加到页面上需要两个步骤。首先是用页面注册控件,其次是把控件放到页面中。在注册步骤中，应与计划在页面中使用的控件建立链接。注册代码如下，通常添加到标记页面的顶部、Page 定义的下面：

```
<%@ Register Src="ControlName.ascx" TagName="ControlName" TagPrefix="rmw" %>
```

元素标签布局在 Page 定义的后面，因为它以<%@字符组合开头；而属性是不同的，如表 11-2 所示。

表 11-2　用于用户控件注册的属性

属性	说明
Src	要在页面上使用的控件的 URL。通常使用波浪字符来定义地址，所以通常如下： Src="~/PathToControl/ControlName.ascx"
TagName	在标记中引用控件时想使用的值。就像用 Id 定义 ContentPlaceholder，然后在内容页面中引用该 Id 时，TagName 定义了用于引用控件的值。一般情况下，这个值与控件名相同，但它可以是任何内容
TagPrefix	一个用户定义的值，其使用方式与定义标准的服务器控件时使用 asp:前缀一样。系统默认使用 uc 后跟一个计数器，表示已经在页面中定义的控件的数量。然而在前面的代码片段中，它定义为 "rmw"。如果同一个页面使用了多个用户控件，使用相同的 TagPrefix，更容易使所有的自定义控件都显示在智能感知窗口中

在页面上注册了用户控件后，下一步是在该页面上实现控件。下面的代码片段显示了这是如何实现的：

```
<rmw:ControlName runat="server" />
```

可以看出，在页面上使用用户控件的语法非常相似于服务器控件。与 ASP.NET Web Forms 中的几乎所有对象一样，还有另一种方式注册和使用用户控件：使用 Visual Studio 中的 Design 窗口。下一个示例演示了具体过程。

试一试　把用户控件添加到页面上

创建用户控件只是成功的一部分，另一部分是在页面上实现用户控件，在该页面上显示和使用控件的输出。

(1) 确保运行 Visual Studio，打开 RentMyWrox 解决方案。打开 Admin 目录下的 Default.aspx 文件，并在 Page 定义的下面添加以下代码：

```
<%@ Register Src="~/Controls/NotificationsControl.ascx"
        TagName="Notifications" TagPrefix="rmw" %>
```

(2) 在 default.aspx.cs 页面上，定位 ID 为 Content2 的 Content 控件，把以下代码添加到打开和关闭标签之间。完成后的页面应如图 11-6 所示。

```
<rmw:Notifications runat="server" ID="BaseId"/>
```

```
Default.aspx  ⊞ ×
    1    <%@ Page Title="" Language="C#"
    2          MasterPageFile="~/WebForms.Master"
    3          AutoEventWireup="true"
    4          CodeBehind="Default.aspx.cs"
    5          Inherits="RentMyWrox.Admin.Default" %>
    6    <%@ Register Src="~/Controls/NotificationsControl.ascx" TagName="Notifications" TagPrefix="rmw" %>
    7    <asp:Content ID="Content1" ContentPlaceHolderID="head" runat="server">
    8    </asp:Content>
    9    <asp:Content ID="Content2" ContentPlaceHolderID="ContentPlaceHolder1" runat="server">
   10        <rmw:Notifications runat="server" ID="BaseId"/>
   11    </asp:Content>
   12
```

图 11-6　注册用户控件之后的页面

(3) 运行应用程序,进入\Admin\。应用程序会运行,但看不到任何东西,因为数据库中没有数据。

(4) 打 开 SQL Server Object Explorer 窗 口 。 展 开 RentMyWrox 数 据 库 , 右 击 dbo.Notifications 表并选择 View Data。这将在主窗口中打开 Data 屏幕,如图 11-7 所示。

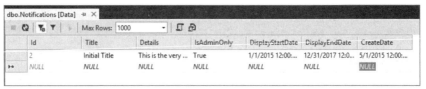

图 11-7　空 Notifications 表

(5) 在窗口中输入一行数据,如图 11-8 所示。不要在 Id 列中输入值。还应确保把几句话的数据输入到 Details 列中。最后确保当前日期介于 DisplayStartDate 和 DisplayEndDate 的输入值之间。完成后,按下回车键。

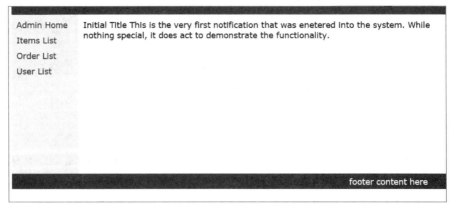

图 11-8　在 Notifications 表中输入数据

(6) 运行应用程序,进入\Admin\。结果如图 11-9 所示,但包含输入到数据库中的数据。

Admin Home | Initial Title This is the very first notification that was enetered into the system. While nothing special, it does act to demonstrate the functionality.
Items List
Order List
User List

footer content here

图 11-9　显示用户控件的默认页面

示例说明

这个练习的第一步是把控件注册到页面中。这将创建页面和控件之间的链接，定义实例化过程中如何调用控件。为此，要使用 Register 元素的 TagPrefix 和 TagName 属性，两者都是系统需要的。

定义注册之后，就能确定实例化控件的位置。注册步骤后，使用控件的方式与传统的服务器控件相同。管理项的显示不需要做其他工作。

运行应用程序，进入包括用户控件的页面时，似乎无法工作，因为没有可见的信息。这是因为虽然数据库表的创建是正确的，不需要执行任何操作，只是将项添加到数据库上下文中，但系统无法自动添加任何数据。在给新数据库的表添加了这些数据后，数据在控件中才可见。

前面在内容页面中成功添加了用户控件。如果查看刚才修改的页面，你会发现把同一个控件添加到多个页面上，创建了大量重复的代码，因为在使用控件的每个页面上都添加了 Register 命令。这意味着同样的代码编写了多次。一般来说，优秀的开发人员应尽量避免这种情形。下一节说明如何避免这种情形。

1. 用户控件在整个站点中注册

复制代码通常不好，所以不应在每个使用它的页面上注册用户控件，ASP.NET 允许在 Web.config 文件中注册一次。默认的 Web.config 文件如图 11-10 所示。

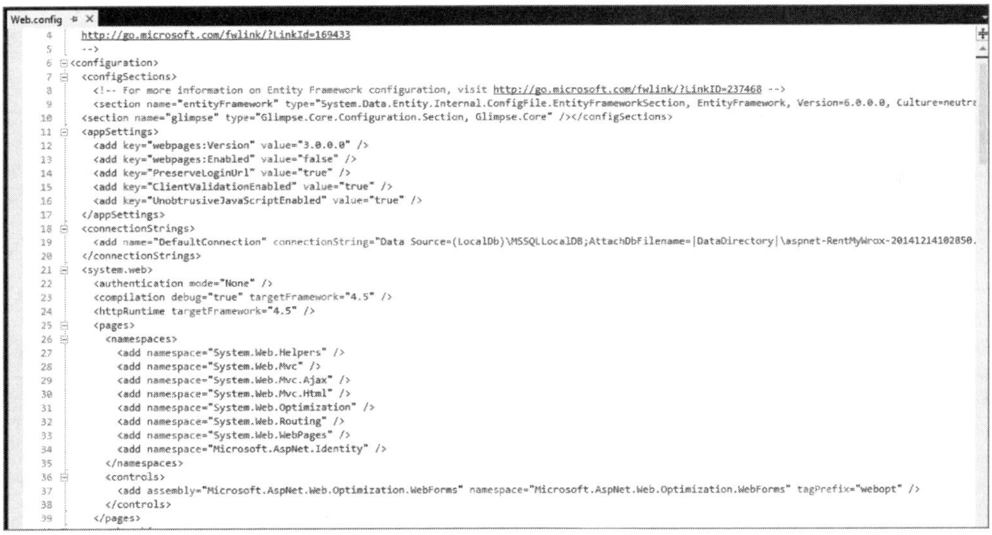

```
Web.config
4      http://go.microsoft.com/fwlink/?LinkId=169433
5      -->
6    <configuration>
7      <configSections>
8        <!-- For more information on Entity Framework configuration, visit http://go.microsoft.com/fwlink/?LinkID=237468 -->
9        <section name="entityFramework" type="System.Data.Entity.Internal.ConfigFile.EntityFrameworkSection, EntityFramework, Version=6.0.0.0, Culture=neutra
10     <section name="glimpse" type="Glimpse.Core.Configuration.Section, Glimpse.Core" /></configSections>
11     <appSettings>
12       <add key="webpages:Version" value="3.0.0.0" />
13       <add key="webpages:Enabled" value="false" />
14       <add key="PreserveLoginUrl" value="true" />
15       <add key="ClientValidationEnabled" value="true" />
16       <add key="UnobtrusiveJavaScriptEnabled" value="true" />
17     </appSettings>
18     <connectionStrings>
19       <add name="DefaultConnection" connectionString="Data Source=(LocalDb)\MSSQLLocalDB;AttachDbFilename=|DataDirectory|\aspnet-RentMyWrox-20141214102850.
20     </connectionStrings>
21     <system.web>
22       <authentication mode="None" />
23       <compilation debug="true" targetFramework="4.5" />
24       <httpRuntime targetFramework="4.5" />
25       <pages>
26         <namespaces>
27           <add namespace="System.Web.Helpers" />
28           <add namespace="System.Web.Mvc" />
29           <add namespace="System.Web.Mvc.Ajax" />
30           <add namespace="System.Web.Mvc.Html" />
31           <add namespace="System.Web.Optimization" />
32           <add namespace="System.Web.Routing" />
33           <add namespace="System.Web.WebPages" />
34           <add namespace="Microsoft.AspNet.Identity" />
35         </namespaces>
36         <controls>
37           <add assembly="Microsoft.AspNet.Web.Optimization.WebForms" namespace="Microsoft.AspNet.Web.Optimization.WebForms" tagPrefix="webopt" />
38         </controls>
39       </pages>
```

图 11-10　默认的 Web.config 文件

在整个站点中进行控件的注册，需要在 Pages 元素的 Controls 节点中添加一个新节点，见图 11-10 的第 36 行。添加的节点非常类似于 register 命令，如下所示：

```
<add tagPrefix="RMW" tagName="Banner" src="~/Controls/Banner.ascx" />
```

可以看出，所有属性都与 Register 命令的属性相同。下一个示例将完成实现这些变化的过程。

实现整个站点范围内的用户控件注册

上一个示例在几个页面中注册并添加相同的用户控件。这个示例将注册控件,使之可用于网站的每一页,而不需要在每一页上注册。

(1) 确保运行 Visual Studio,打开 RentMyWrox 解决方案。

(2) 打开 Web.config 文件,找到<system.web>元素。

(3) 找到< pages>元素和< controls>子元素。在< controls>子元素中,添加以下代码并保存。添加后,配置文件的该部分应如图 11-11 所示。

```
<add tagPrefix="RMW" tagName="NotificationsControl"
     src="~/Admin/NotificationsControl.ascx" />
```

```
<system.web>
  <authentication mode="None" />
  <compilation debug="true" targetFramework="4.5" />
  <httpRuntime targetFramework="4.5" />
  <pages>
    <namespaces>
      <add namespace="System.Web.Helpers" />
      <add namespace="System.Web.Mvc" />
      <add namespace="System.Web.Mvc.Ajax" />
      <add namespace="System.Web.Mvc.Html" />
      <add namespace="System.Web.Optimization" />
      <add namespace="System.Web.Routing" />
      <add namespace="System.Web.WebPages" />
      <add namespace="Microsoft.AspNet.Identity" />
    </namespaces>
    <controls>
      <add assembly="Microsoft.AspNet.Web.Optimization.WebForms" namespace="Microsoft.AspNet.Web.Optimization.WebForms" tagPrefix="webopt" />
      <add tagPrefix="RMW" tagName="NotificationsControl" src="~/Admin/NotificationsControl.ascx" />
    </controls>
  </pages>
</system.web>
```

图 11-11　注册用户控件后的 Web.config 文件

(4) 打开 Admin 目录下的 ManageItem.aspx 文件。在 ID 为 Content1 的 Content 控件下面,开始输入 RMW。智能感知功能应突出显示该控件,如图 11-12 所示。

```
ManageItem.aspx* + X
1  <%@ Page Title="" Language="C#" MasterPageFile="~/WebForms.Master" AutoEventWireup="true" CodeBehind="Manag
2      MetaTagDescription="Manage the items that are available to be checked out from the library"
3      MetaTagKeywords="Tools, Lending Library, Manage Items, actual useful keywords here" %>
4  <asp:Content ID="Content1" ContentPlaceHolderID="ContentPlaceHolder1" runat="server">
5      <RM
6          [RMW:NotificationsControl]
7          <div class="dataentry">
8              <asp:Label runat="server" Text="Name" AssociatedControlID="tbName" />
9              <asp:TextBox runat="server" ID="tbName" />
10         </div>
11         <div class="dataentry">
12             <asp:Label runat="server" Text="Description" AssociatedControlID="tbDescription" />
13             <asp:TextBox runat="server" ID="tbDescription" TextMode="MultiLine" Rows="5" />
14         </div>
15         <div class="dataentry">
16             <asp:Label runat="server" Text="Cost" AssociatedControlID="tbCost" />
17             <asp:TextBox runat="server" ID="tbCost" />
18         </div>
19         <div class="dataentry">
20             <asp:Label runat="server" Text="Item Number" AssociatedControlID="tbItemNumber" />
21             <asp:TextBox runat="server" ID="tbItemNumber" />
22         </div>
23         <div class="dataentry">
24             <asp:Label runat="server" Text="Picture" AssociatedControlID="fuPicture" />
25             <asp:FileUpload ID="fuPicture" ClientIDMode="Static" runat="server" />
26         </div>
27         <div class="dataentry">
28             <asp:Label runat="server" Text="Acquired Date" AssociatedControlID="tbAcquiredDate" />
29             <asp:TextBox runat="server" ID="tbAcquiredDate" />
30         </div>
31         <asp:Button Text="Save Item" runat="server" OnClick="SaveItem_Clicked" />
32     </div>
33 </asp:Content>
34
```

图 11-12　添加用户控件

(5) 输入如下所示的代码行，并保存文件：

```
<RMW:NotificationsControl runat="server" />
```

(6) 运行应用程序，进入 Admin/ManageItem，屏幕如图 11-13 所示。

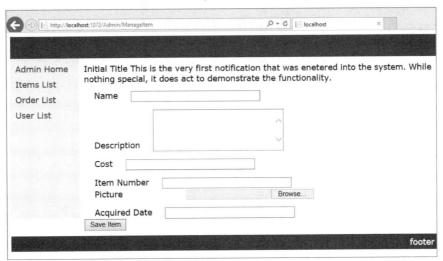

图 11-13　成功添加控件后的 ManageItem 页面

示例说明

正如 ASP.NET 支持在页面上注册控件一样，它也支持在整个站点范围内注册控件。但站点范围内的注册不在代码中进行，而是通过配置完成。一旦添加了配置，就可以像服务器控件那样，将控件添加到页面上——不需要专门注册到页面上。

用户控件的一个有趣特性是它们会影响包含在其中的不同服务器控件的 ID。

2. 管理控件的 ID

在用户控件中使用服务器控件时，你会发现 ASP.NET 运行库可以自由处理设置的值。考虑传统的标签服务器控件。下面的代码片段显示了用于在内容页面中创建标签的代码和所创建的 HTML：

标记页面

```
<asp:Content ID="Content2" ContentPlaceHolderID="MainContent" runat="server">
    <asp:Label runat="server" ID="DefaultLabel" Text="I am a label" />
</asp:Content>
```

显示的 HTML

```
<span id="MainContent_DefaultLabel">I am a label</span>
```

可以看出，ASP.NET 使用控件的整个嵌套链来创建 ID，修改所显示 HTML 的 ID，以确保每个控件的 ID 在输出 HTML 中引用。因此，在 ID 为 MainContent 的 Content 控件中，ID

为 DefaultLabel 的标签将根据这些控件的嵌套,输出 ID 为 MainContent_IDDefaultLabel 的 HTML 元素<span>。

考虑下面的情况。用户控件包含一个标准的服务器控件,需要访问其 ID,可能用于样式 化。代码片段如下:

标记页面

```
<asp:Content ID="Content2" ContentPlaceHolderID="MainContent" runat="server">
    <rmw:ServerControl ID="BaseId" runat="server"/>
</asp:Content>
```

控件内容

```
<asp:Label runat="server" ID="UserControl" Text="I am a control" />
```

显示的 HTML

```
<span id="MainContent_BaseId_UserControl">I am a control</span>
```

可以想象,这种方法很难在客户端找到某项,特别是嵌套在其他控件中的项,因为它的 HTML ID 基于所有控件之间的关系,所以预测 ID 会出问题。使用 Web Forms 时,要把一个 属性添加到所有控件(包括服务器控件和用户控件)中,这就变成一个很大的问题。在默认情 况下,ClientIdMode.ClientIdMode 允许开发人员定义如何根据 ASP.NET 控件的 ID,生成客户 端 ID。可用的值如表 11-3 所示。

表 11-3 ClientIdMode 值

名称	说明
AutoId	创建一个客户端 ID,它基本上连接了层次结构中所有控件的 ID。这种方法的输出与前面的示例相同。这也是 ASP.NET 3.5 之前所有版本的值
Static	使用这个 ClientIdMode 意味着没有在控件的客户端 ID 中进行连接。因此任何分配给控件的 ID 都会提供给所呈现的元素。然而没有验证 ID 是否独一无二,尽管这是 HTML 的一个要求。建立标记时,需要自己管理这种独特性
Predictable	这种模式一般用于数据绑定控件,其中,希望输出集中的每一项都有可以预测的 ID。用户控件显示一列项中的每一行时,它就是有用的。使用 Predictable 和 ClientIDRowSuffix 属性能够定义输出元素的 ID,以包括一些已知值,如列表中项的 ID。如果在有多个实例的地方(如列表)不使用这个模式,输出将与 AutoId 一样
Inherit	这个值把控件的 ClientIdMode 设置为其托管项的 ClientIdMode——无论托管项是另一个控件(用户控件或服务器控件)还是一个页面。这实际上是所有控件的默认值,而 Predictable 是所有页面的默认模式

现在,示例应用程序不需要 ClientIdMode。稍后讨论如何在客户端和服务器使用这些不 同的模式。

11.1.3 给用户控件添加逻辑

前面创建了一个用户控件,执行一组特定的功能。然而,有了这种设计,如果希望控件能做一些稍微不同的工作,就必须创建另一个控件,才能执行这个动作。在这个控件中提供额外的功能,而不是创建一个新的用户控件岂不更好?本节将学习如何做到这一点。

前面提到,默认的 Web Forms 服务器控件可以在控件实例化的过程中使用属性。可以给用户控件添加相同类型的支持,也就是说,可以给控件添加属性(在控件创建期间可用作属性),然后在代码中根据这些额外的值做出决定。这允许按如下方式实例化控件:

```
<rmw:SomeKindOfListControl runat="server" SortOrder="Descending"
ID="MyUserControl" MaxNumberDisplayed="3" />
```

这段代码不仅实例化控件,还设置了一些属性。在控件中必须做出的改变是最小的。支持前面描述的控件只需要一个方法,如下:

```
public enum Sortorder
{
    Ascending,
    Descending,
    None
}

public partial class SomeKindOfListControl : System.Web.UI.UserControl
{
    public int MaxNumberDisplayed { get; set; }
    public Sortorder SortOrder { get; set; }

    protected void Page_Load(object sender, EventArgs e)
    {

    }
}
```

如前面的代码片段所示,有两个公共属性的名称匹配上一个示例中的属性。在页面创建和控件实例化的过程中,这些值由属性设置。因为这是在实例化控件的过程中发生的,所以值可用于 Page_Load 事件处理程序。

代码示例的一个有趣部分是使用枚举。前面提到,枚举能够定义一组可用的值,在这种情况下,是三种不同的排序顺序。在这个示例中使用枚举,允许用户控件对不同种类的输入值有一些控制,如图 11-14 所示。

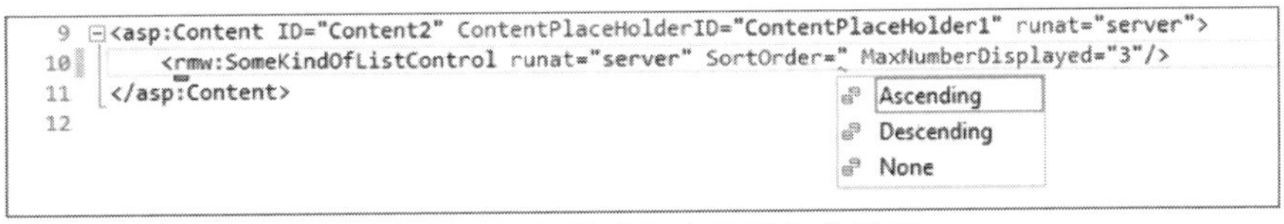

图 11-14 智能感知中显示的枚举值

智能感知能理解枚举,因为使用的是类型安全的语言 C#或 VB.NET,枚举也指定了类型。MaxNumberDisplayed 需要一个整数值。如果尝试输入另一个值,如字符串,就会得到一个验证警告,如图 11-15 所示。

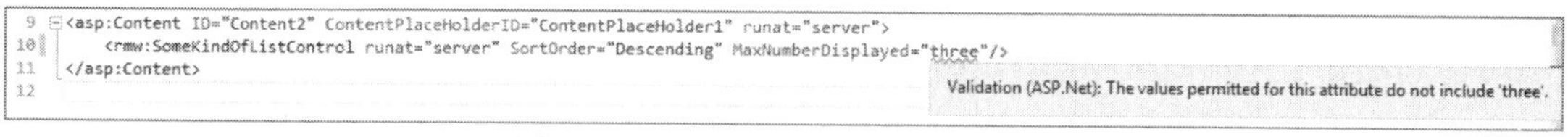

```
 9 ⊟<asp:Content ID="Content2" ContentPlaceHolderID="ContentPlaceHolder1" runat="server">
10      <rmw:SomeKindOfListControl runat="server" SortOrder="Descending" MaxNumberDisplayed="three"/>
11  </asp:Content>
12                                                        Validation (ASP.Net): The values permitted for this attribute do not include 'three'.
```

图 11-15   使用了错误类型时的验证

试图用不正确的类型运行应用程序会导致错误,如图 11-16 所示。

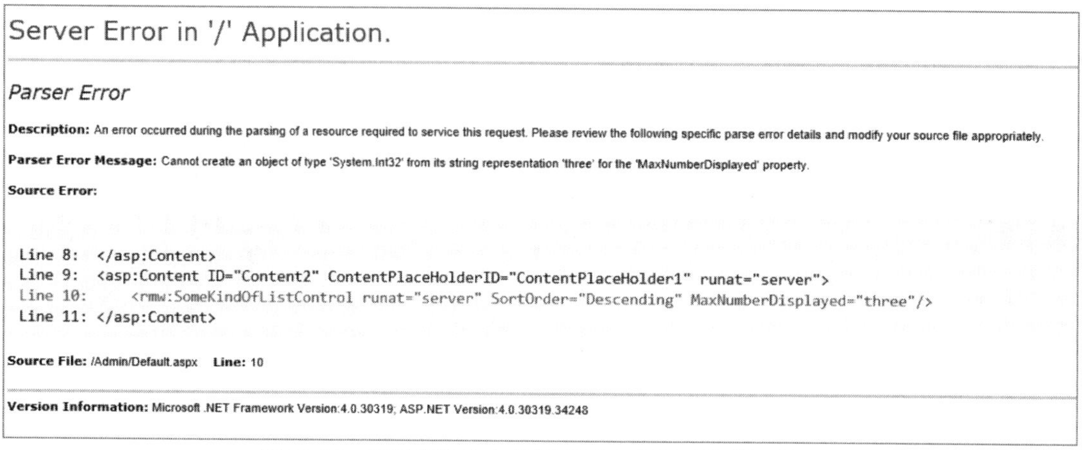

Server Error in '/' Application.

Parser Error

Description: An error occurred during the parsing of a resource required to service this request. Please review the following specific parse error details and modify your source file appropriately.

Parser Error Message: Cannot create an object of type 'System.Int32' from its string representation 'three' for the 'MaxNumberDisplayed' property.

Source Error:

```
Line 8:  </asp:Content>
Line 9:  <asp:Content ID="Content2" ContentPlaceHolderID="ContentPlaceHolder1" runat="server">
Line 10:     <rmw:SomeKindOfListControl runat="server" SortOrder="Descending" MaxNumberDisplayed="three"/>
Line 11: </asp:Content>
```

Source File: /Admin/Default.aspx   **Line:** 10

Version Information: Microsoft .NET Framework Version:4.0.30319; ASP.NET Version:4.0.30319.34248

图 11-16   在用户控件中使用不正确类型时的错误提示

给用户控件添加公共属性,就可以自定义它的输出。然而,需要确保所编写的应用程序在包含没有设置的属性时,也可以成功运行,例如使用默认值。下面的示例说明了如何把逻辑添加到用户控件中,并演示了几个方法来保证控件能工作,而不管在调用页面中输入了什么属性。

试一试   向控件添加逻辑

最初的服务器控件做了一些关于如何管理各项的假设。这个示例允许调用页面管理这些假设,让控件在页面上更灵活、更便于管理。为此,要允许两个新字段 DisplayType 和 DateForDisplay 在控件中设置为属性。

(1) 确保运行 Visual Studio,打开 RentMyWrox 解决方案。打开 Controls\NotificationsControl.aspx.cs。

(2) 将下面的代码添加到页面中 Page_Load 方法的上面:

```
public enum DisplayType
{
    AdminOnly,
    NonAdminOnly,
    Both
}

public DisplayType Display { get; set; }
public DateTime? DateForDisplay { get; set; }
```

(3) 修改 Page_Load 方法,如下:

```
protected void Page_Load(object sender, EventArgs e)
{
    if (!DateForDisplay.HasValue)
    {
        DateForDisplay = DateTime.Now;
    }
    using (RentMyWroxContext context = new RentMyWroxContext())
    {
        var notes = context.Notifications
            .Where(x => x.DisplayStartDate <= DateForDisplay.Value
                && x.DisplayEndDate >= DateForDisplay.Value);

        if (Display != null && Display != DisplayType.Both)
        {
            notes = notes.Where(x => x.IsAdminOnly ==
                    (Display == DisplayType.AdminOnly));
        }

        Notification note = notes.OrderByDescending(x => x.CreateDate)
                .FirstOrDefault();

        if (note != null)
        {
            NotificationTitle.Text = note.Title;
            NotificationDetail.Text = note.Details;
        }
    }
}
```

(4) 运行应用程序，进入\Admin，确认一切仍在正常运行。

(5) 打开 Admin\default.aspx。进入已添加到页面上的 Notifications 控件，并添加新属性，如下所示：

```
Display=¡±AdminOnly¡±
```

(6) 运行应用程序，进入\Admin，确认一切仍在正常运行。

示例说明

更改用户控件，使它支持不同的需求。原来创建的控件没有定制功能；它在没有输入的情况下做出一些业务决策，然后显示输出。刚才改变了这一切，添加了一些新的属性，如图 11-17 所示。

图 11-17　在用户控件中添加额外的属性

添加的第一个属性是 DateForDisplay，它允许控件在需要时使用非当前日期。然而，使用的类型 DateTime?是一种可空类型，这意味着不需要设置一个值。因为在代码中使用这种类型，所以如果没有传递属性值，就添加几行代码，把默认值设置为当前日期。应用程序将使用这个默认值，因为对实例化控件的修改不包括这个属性。

下一个属性是 Display，它是 DisplayType 类型的属性。DisplayType 是有三个值的枚举：Admin、non-Admin 和 Neither。无论要显示 admin-only 项、非 non-admin 项，还是不在乎显示哪一个，都能够使用相同的控件。因为没有要求设置这个属性，所以必须添加一个复选框，确定它是否有一个值；代码 Display!= null 检查并确保设置了属性。

最后，改变了数据库访问语言，以使用各个属性的值。这是最大的改变，因为可以不再使用一行代码，也不是发出一系列命令，一步一步地过滤列表。

给用户控件添加了一些逻辑后，考虑一个稍微不同的场景。把属性添加到标记代码中，在用户控件中设置不同的值。也可以在代码中以编程方式设置这些值，因为在代码隐藏中访问用户控件与访问标准的服务器控件一样容易。假设有以下控件设置：

```
<rmw:SomeKindOfListControl runat="server" SortOrder="Descending"
ID="MyUserControl" MaxNumberDisplayed="3" />
```

在代码隐藏中可以访问这个控件，如下所示，必要时在代码隐藏中更改这些值：

```
protected void Page_Load(object sender, EventArgs e)
{
    MyUserControl.MaxNumberDisplayed = 5;
    MyUserControl.SortOrder = Sortorder.Ascending;
}
```

可以完全控制代码隐藏，但有时不想在控件的定义中设置值，而是用于特定的页面，此时应总在代码中设置它们。这根据页面上执行的逻辑提供灵活性，例如，所使用的属性值可能取决于页面上信息的类型或用户采取的动作。

不在控件中设置属性是很简单的，但该实现方式可能影响用户控件的设计方法。这是可能的，因为这些属性的设置方式有差异。当通过控件的特性设置属性时，是在控件实例化的过程中设定这个值。这意味着该值设置在 ASP.NET 页面生命周期的开头。在生命周期的另一个时间设置值，如前面所述在 Page_Load 事件管理器中设置，可能意味着控件进行处理时，值尚未设置。

生命周期提供了一些保护，以确保设置属性值，因为它总是运行托管页面的事件处理程序，之后运行控件上相同的事件处理程序。这意味着这个过程如图 11-18 所示。

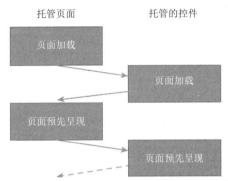

图 11-18　页面与托管的控件的页面生命周期

因此，可以在托管页面的 Page_Load 方法中设置值，然后在控件的 Page_Load 方法中访问这些值。然而，如果最终在托管页面的 Page_PreRender 事件处理程序(跟在 Page_Load 事件处理程序之后)中设置这些值，就能够在控件的 Page_Load 方法中访问这些值，这会发生意想不到的动作，因为没有根据需要设置这些属性。为了缓解这个问题，可以直到调用 Page_Load 后，再在控件中执行操作。

另一个潜在的问题是，前面讨论服务器控件时遇到的问题：值在代码中设置，但在 ViewState 中维护。这可能是一个问题，也可能不是，取决于具体的需求；但是如果需要维护 ViewState，就是可能的，实现起来也相当简单。下面的代码显示了两个不同的方法：一个方法在提交时丢弃值，另一个方法把值保留在 ViewState 中。

不维护 ViewState

```
public int MaxNumberDisplayed { get; set; }
```

维护 ViewState

```
public int MaxNumberDisplayed
{
    get { return (int)ViewState["MaxNumberDisplayed"]; }
    set { ViewState["MaxNumberDisplayed"] = value; }
}
```

在第二个方法中，实际给变量的 getter 和 setter 使用 ViewState 作为支持字段，手动操纵 ViewState 中的信息。可以给控件的所有属性执行这个操作，或者只用于那些存储在各个发送之间很重要的值的属性。

在 ASP.NET Web Forms 站点中的页面之间共享功能,可以通过创建一个用户控件来管理必要的需求。当创建用户控件时,确保它专注于做一件事。添加属性可以控制控件中的工作,但不要做过头了——尝试在一个控件中执行太多无关的操作。最好是有多个定义良好的控件,而不是定义单一控件,执行多个不同的动作。一旦需要开始添加 if/then 语句来确定控件要执行的工作,就应该考虑添加一个额外的控件。

11.2 使用局部视图

ASP.NET Web Forms 通过用户控件支持重用功能,而 ASP.NET MVC 没有用户控件的概念,它通过局部视图支持相同的功能。与 Web Forms 的用户控件一样,局部视图可以只包含一个视图(也许在视图中由 Razor 处理),局部视图可以从另一个视图中调用,其方法是调用控制器和动作,从而利用业务处理和固有的关注点分离。

局部视图非常类似于普通视图,但它放在另一个页面上,所以它看起来更像使用布局页面的视图,因为默认情况下它不会创建任何代码,除非使用搭建功能构建了特定的模型。因为局部视图的目的是成为共享视图,所以它遵循与布局文件相同的规则。视图文件位于 Views 目录下的 Shared 文件夹,视图传统上用下划线作为前缀: _ViewName。MVC 系统默认在 Shared 文件夹中查找引用的视图,虽然不需要下划线(_),但它是标准的约定。

试一试　　创建局部视图

前面创建了一个用户控件,能够创建用于 ASP.NET Web Forms 页面的可重用内容。这个示例使用 ASP.NET MVC 创建一个局部视图,使内容可以在 ASP.NET MVC 应用程序的多个页面上重用。

(1) 确保运行 Visual Studio,打开 RentMyWrox 解决方案。

(2) 右击 Views 文件夹下的 Shared 目录,并选择 Add | View。命名为_Notification,使用 Details 模板,选择 Notification 作为要使用的模型,并确保使用 RentMyWrox 上下文。同时,确保选中 Create as a partial view。Add View 对话框应如图 11-19 所示。

图 11-19　添加一个局部视图

(3) 单击 Add 按钮,保存视图,并在主窗口中打开它。删除除了第一行之外的所有信息,页面如图 11-20 所示。

图 11-20　删除搭建信息

(4) 添加以下代码并保存文件，完成后如图 11-21 所示。

```
@model RentMyWrox.Models.Notification
@if(Model != null)
{
    <span class="NotificationTitle">@Model.Title</span>
    <span class="NotificationDetail">@Model.Details</span>
}
```

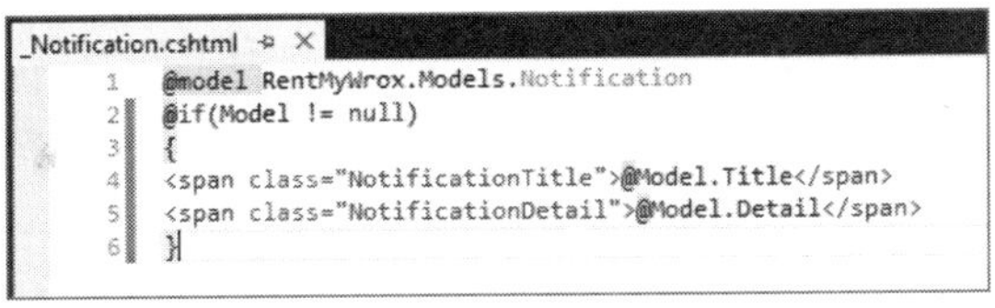

图 11-21　完成的局部视图

示例说明

比较这个示例和创建 ASP.NET Web Forms 用户控件的示例，应该马上看出局部视图和用户控件在概念上的差异。前例创建完控件后，它的功能齐全，只是不显示在任何页面上，所以没有机会看到它。局部视图的情况并非如此。

创建可重用的用户界面代码时，要时刻考虑 ASP.NET MVC 提供的关注点分离。视图只知道它需要一个 RentMyWrox.Models.Notification 类型，才能显示适当的字段。与紧密绑定 Web Forms 的方法相比，这种方法的优点是，视图如何得到合适的信息并不重要，重要的是得到了信息。接下来的几个示例演示了这一点。

11.2.1　添加局部视图

创建局部视图后，接下来需要将它添加到托管视图中。下面是最简单的方法：

```
<div>
  @Html.Partial("_PartialViewName")
</div>
```

这种方法使用 HTML 辅助程序，把局部视图处理成一个字符串，然后把该字符串插入到托管视图中。也可以在需要时把字符串捕获到变量中。另一种方法是在创建时，把它直接解析到响应流中。这种方式使用 HTML.RenderPartial 扩展方法，不允许操纵局部视图的输出。因为 RenderPartial 方法输出字符串的性能不如 Partial 方法。

Partial 和 RenderPartial 方法有 4 组不同的参数，每组参数都能够把不同的信息组传递给局部视图。表 11-4 描述了这些不同的签名。

表 11-4 包括局部视图的方法签名

签名	说明
string	string 代表局部视图的名称。请注意，没有给名称添加目录结构或其他内容，因为系统假定局部视图在 Views\Shared 目录下
string, object	string 是要呈现的局部视图。object 是传递到局部视图的模型。如果没有定义传递到局部视图的特定模型，系统就传递提供托管视图的模型
string, ViewDataDictionary	string 是要呈现的局部视图。ViewDataDictionary 代表了希望局部视图能够访问的 viewData。使用 ViewData["SomeKeyName"]等结构可以访问 viewData
string, object, ViewDataDictionary	string 是要呈现的局部视图。object 是传递到局部视图的模型。ViewDataDictionary 代表了希望局部视图能够访问的 viewData

呈现局部视图时，要控制传递给视图的信息。不指定模型或 viewData 时，就把托管视图的模型和/或 viewData 提供给局部视图。采取这种方法时，要记住托管视图必须给局部视图提供所有的数据。这意味着没有相关的控制器提供信息，所以必须在调用视图中提供。下面的示例将添加一个局部视图。

试一试 添加一个局部视图

前面创建了一个局部视图，以创建在 ASP.NET MVC 视图中使用的可重用内容。此练习将这个局部视图添加到 MVC 视图中。

(1) 确保运行 Visual Studio，打开 RentMyWrox 解决方案。打开主布局页面 Shared_MVCLayout. cshtml。定位到左边菜单的底部，在菜单的下面插入以下代码，页面应如图 11-22 所示。

```
11  <body>
12      <div id="header">
13          <img src="rentmywrox_logo.gif" />
14      </div>
15      <div id="nav">
16          <div id="LeftNavigation">
17              <ul class="level1">
18                  <li><a href="~/" class="level1">Home</a></li>
19                  <li>@Html.ActionLink("Items", "", "Items", new { @class = "level1" })</li>
20                  <li>@Html.ActionLink("Contact Us", "ContactUs", "Home", new { @class = "level1" })</li>
21                  <li>@Html.ActionLink("About Us", "About", "Home", new { @class = "level1" })</li>
22              </ul>
23              <br />
24              @{
25                  var model = new Notification {
26                      Title = "This is a hardcoded title",
27                      Details = "this is hardcoded details" };
28              }
29              @Html.Partial("_Notification", model)
30          </div>
31      </div>
32      <div id="section">
33          @RenderBody()
34      </div>
35      <div id="specialnotes">
36          @RenderSection("SpecialNotes", false)
37      </div>
38      <div id="footer">
39          footer content here
40      </div>
41      @Scripts.Render("~/bundles/jquery")
42      @Scripts.Render("~/bundles/bootstrap")
43  </body>
```

图 11-22 完成的局部视图

```
<br />
@{
    var model = new Notification {
            Title = "This is a hardcoded title",
            Details = "this is hardcoded details" };
}
@Html.Partial("_Notification", model)
```

(2) 运行应用程序，进入\ UserDemographics。页面应如图 11-23 所示。

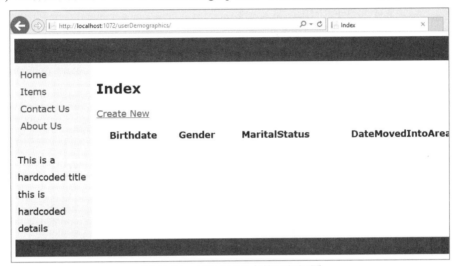

图 11-23　显示在 UI 中的局部视图

示例说明

如前面的示例所述，视图并不关心它是如何得到要显示的模型的。本例使用硬编码的字符串创建了一个模型，然后在实例化局部视图的辅助方法中，把这个模型传递为参数，发送给局部视图。

显然，这并不是一个理想的方法。然而，使用 Partial 方法，要求调用视图中已经包含需要传递给局部视图的信息。这有几种方式。第一种是这个示例使用的路由，它手动创建模型，并将其发送给局部视图。要显示的值已经是发送给视图的模型的一部分时，就可以这么做。它们可能是模型上的其他属性，这些属性组合起来，就构成了需要传送给局部视图的模型，或托管视图的模型有一个与局部视图的模型相同类型的属性，所以只是传递该属性，而不是创建新的模型对象。

如这段代码所述，没有访问布局中的模型，因为这是一个布局页面，用作多个页面的模板，每个页面都可能有自己的模型。然而，默认情况下，布局可以访问传递到内容页面的模型。因此，页面可以访问模型，只是目前不能预测所传递的模型的类型，特别是对于当前的方法，显示给视图的模型与数据库紧密结合。

这就带来了 ViewModel 的概念，该模型专门用于传递给视图。它代表了正确显示视图所需的信息，而不是专用于特定项的信息。到目前为止，我们使用的每个视图都需要一个与业务实体直接相关的类型——本例也直接与数据库表相关。并非总是如此，特别是企业级应用程序可能有复杂的 UI，代表不同的模型，所有这些模型都聚集成一个 ViewModel，用作一个容器。后面的章节将介绍两个这方面的示例。

传递信息的另一种方式是通过 ViewBag 和 ViewData 对象。它们是控制器和视图上可用的信息集，作为传递信息的一种灵活方式，不一定需要创建为模型的一部分。一个很好的示例是可在下拉框中使用的值的列表。最有可能的是，整个信息组都不是业务模型的一部分，因为只保留下拉框中选中项而不是所有可用项的信息。把这些信息放入视图，需要 ViewModel 同时包含商业模型信息以及列表框的值列表，或需要另一种方式把数据从控制器传递到视图。同时，因为托管页面的上下文默认传递给局部视图(方法可以传递覆盖默认内容的对象)，ViewBag 和 ViewData 对象也可用于局部视图。

ViewData 是一个字典对象，可以在其中添加数据；它派生自 ViewDataDictionary 类。这意味着，使用如下方式可以访问它：

```
ViewData["NotificationModel"] = new Notification();

Notification notificationFromViewData = ViewData["NotificationModel"] as
Notification;
```

ViewBag 对象与此不同，它是 ViewData 对象的包装器，允许为 ViewBag 创建动态属性。这又允许以不同的方式访问它们，如下：

```
ViewBag.NotificationModel = new Notification();
Notification notificationFromViewBag = ViewBag.NotificationModel;
```

这些方法能够把信息从控制器传递到托管视图，再传递到局部视图。

如上一个示例所示，使用 HTM L.Partial 方法时，必须在托管视图中给视图提供所有的数据。然而，有时不想在所有的控制器中添加计算，返回包含局部视图的视图；而是希望局部视图能够完成自己的处理。幸运的是，我们有这种能力。

11.2.2　管理局部视图的控制器

ASP.NET Web Forms 用户控件提供了与 Web Forms 页面相同的默认功能：标记和代码隐藏。上一个示例提到，MVC 提供了创建局部视图并直接调用该视图的功能。然而，刚刚采用的实现方式不支持代码隐藏，即在视图之外处理业务的功能——那是非常有用的功能。

Partial 和 PartialRender 命令直接把局部视图添加到页面中的一个区域，而另一个方法是调用控制器动作，返回要显示的局部视图。这种方法能够使用控制器的完整处理能力，创建提供局部视图的特定模型。

使用控制器执行这项工作，提供了一些显著优势。第一，不需要在托管视图中做任何处理。如果局部视图需要特定的模型，响应原始请求的动作就不需要担心它——可以确保非局部视图的信息可由托管视图使用即可。这也意味着，不需要每个动作的代码都使用该局部视图提供一个视图。

给流添加一个控制器，就把不同的关注点放到适当的地方，帮助实现 MVC 模式。这可以确保应用程序的各个部分仍然具有可扩展性和可重用性。

使用一个动作来创建局部视图的另一个原因是缓存。使用基于控制器的动作，可以把输出缓存在服务器上，这样，短时间内不同的调用返回相同的内容，而不必重新运行业务逻辑。如果内容很少变化，基于控制器的缓存会改善性能和系统利用率，因为每次调用时，不重做工作，只有缓存到期时才重做。

MVC 中的服务器缓存

在最简单的形式中，缓存提供了一种方法来存储经常访问的数据，并重用这些数据。缓存有一些显著优势：

- 减少数据库服务器的往返。
- 避免再次生成可重用的内容。
- 提高性能。

考虑在 MVC 应用程序中使用缓存时，注意以下几点：

- 给频繁访问的内容使用缓存。
- 避免给每个用户的独特内容使用缓存。
- 避免给很少访问的内容使用缓存。
- 要缓存经常变化的动态内容，定义较短的期限，而不是禁用缓存。

可以看出，在 MVC 中提供服务器缓存有很多优势。它也很容易添加，因为所有属性都基于它，如下所示：

```
[OutputCache(Duration=300)]
public ActionResult Index()
{
    return View();
}
```

前面的代码片段将输出缓存 300 秒或 5 分钟。如果考虑在每个请求的页面上可能发生的调用，且每分钟有 10 个用户调用一个页面，则在 5 分钟的缓存期间，会把 49 个调用保存到数据库中。如果所处理的数据每天只变化一次，则想象一下把缓存时间延长到几个小时，在性能和系统利用率上的提高。然而，如果数据每小时变化一次，就确保不把缓存时间设置为几个小时。

返回视图的传统动作和返回局部视图的动作之间的差异是非常微妙的，如以下代码所示：

返回视图的动作

```
public ActionResult Details(int id)
{
    return View();
}
```

返回局部视图的动作

```
public ActionResult Details(int id)
{
    return PartialView("_NewsList");
}
```

唯一的变化是，返回 PartialView 而不是 View 视图，而且返回的是命名的视图。命名的视图在这种情况下非常有用，因为处理器更容易找到要使用的正确的局部视图。默认仍然使用与动作名字匹配的视图，但在这种情况下可能会混淆，因为很容易令人想到有多个"细节"局部视图的情形。

调用适当的控制器动作以得到局部视图，与通过 Partial 和 RenderPartial 方法实例化局部视图不太相同。不是调用这些 HTML 扩展方法，而是调用不同的方法 Action 和 RenderAction，如下：

```
<div>
    @Html.Action("News","List")
</div>

<div>
    @Html.RenderAction("News","List")
</div>
```

两种方法之间的差异就是 Partial 方法之间的差异：Action 方法返回一个字符串，可以根据需要捕获到变量中，而 RenderAction 把输出直接渲染到响应流中。传递到方法中的参数表明，控制器名称和操作名称提供了插入到托管视图中的局部视图。

重要的是要正确地配置控制器和动作，确保动作返回 PartialView 而不是 View。多个不同的项尝试控制响应流时，系统将报错。使用 PartialView 确保动作知道它参与另一个动作创建的响应流，这样它就不会尝试直接与响应交互。

接下来的示例创建一个完全由控制器访问的局部视图，然后将其添加到几个页面上。

试一试	通过一个动作创建和调用局部视图

前面创建了一个局部视图，以创建可在 ASP.NET MVC 视图上使用的重用内容。现在将这个局部视图添加到 MVC 视图中。

(1) 确保运行 Visual Studio，打开 RentMyWrox 解决方案。

(2) 右击 Controllers 目录，并选择 Add | Controller。显示的 Add Scaffold 对话框，如图 11-24 所示，选择 MVC 5 Controller-Empty 模板，并单击 Add 按钮。

(3) 把控制器命名为 NotificationsController，并单击 Add 按钮。这将创建文件，并在主窗口中打开。这个文件如图 11-25 所示。

(4) 在页面的顶部添加一条新的 using 语句，以访问 Models 名称空间中的类：

```
using RentMyWrox.Models;
```

(5) 删除 Index 方法，代之以如下代码，完成后页面如图 11-26 所示。

```
[OutputCache(Duration = 3600)]
public ActionResult AdminSnippet()
{
    using (RentMyWroxContext context = new RentMyWroxContext())
    {
        Notification note = context.Notifications
```

图 11-24　添加新控制器的搭建功能

```
NotificationsController.cs ⊕ ✕
RentMyWrox                                                    RentMyWrox
    1  □using System;
    2   using System.Collections.Generic;
    3   using System.Linq;
    4   using System.Web;
    5   using System.Web.Mvc;
    6
    7  □namespace RentMyWrox.Controllers
    8   {
    9  □     public class NotificationsController : Controller
   10        {
   11            // GET: Notifications
   12  □         public ActionResult Index()
   13            {
   14                return View();
   15            }
   16        }
   17  }
```

图 11-25　空的控制器

```
    8  □namespace RentMyWrox.Controllers
    9   {
   10  □     public class NotificationsController : Controller
   11        {
   12            [OutputCache(Duration = 3600)]
   13  □         public ActionResult AdminSnippet()
   14            {
   15                using (RentMyWroxContext context = new RentMyWroxContext())
   16                {
   17                    Notification note = context.Notifications
   18                    .Where(x => x.DisplayStartDate <= DateTime.Now
   19                        && x.DisplayEndDate >= DateTime.Now
   20                        && x.IsAdminOnly)
   21                    .OrderByDescending(x => x.CreateDate)
   22                    .FirstOrDefault();
   23                    return PartialView("_Notification", note);
   24                }
   25            }
   26
   27            [OutputCache(Duration = 3600)]
   28  □         public ActionResult NonAdminSnippet()
   29            {
   30                using (RentMyWroxContext context = new RentMyWroxContext())
   31                {
   32                    Notification note = context.Notifications
   33                    .Where(x => x.DisplayStartDate <= DateTime.Now
   34                        && x.DisplayEndDate >= DateTime.Now
   35                        && !x.IsAdminOnly)    |
   36                    .OrderByDescending(x => x.CreateDate)
   37                    .FirstOrDefault();
   38                    return PartialView("_Notification", note);
   39                }
   40            }
   41        }
   42  }
```

图 11-26　带有动作的 Notifications 控制器

```
        .Where(x => x.DisplayStartDate <= DateTime.Now
            && x.DisplayEndDate >= DateTime.Now
            && x.IsAdminOnly)
        .OrderByDescending(x => x.CreateDate)
        .FirstOrDefault();
        return PartialView("_Notification", note);
    }
}

[OutputCache(Duration = 3600)]
public ActionResult NonAdminSnippet()
{
    using (RentMyWroxContext context = new RentMyWroxContext())
    {
        Notification note = context.Notifications
        .Where(x => x.DisplayStartDate <= DateTime.Now
            && x.DisplayEndDate >= DateTime.Now
            && !x.IsAdminOnly)
        .OrderByDescending(x => x.CreateDate)
        .FirstOrDefault();
        return PartialView("_Notification", note);
    }
}
```

(6) 打开布局文件 Shared_MVCLayout.cshtml。定位前面添加的代码,用下面的代码代替。完成后,内容如图 11-27 所示,之后是第 24 行刚刚所做的改变。

```
@Html.Action("NonAdminSnippet", "Notifications")
```

```
11  <body>
12      <div id="header">
13          <img src="rentmywrox_logo.gif" />
14      </div>
15      <div id="nav">
16          <div id="LeftNavigation">
17              <ul class="level1">
18                  <li><a href="~/" class="level1">Home</a></li>
19                  <li>@Html.ActionLink("Items", "", "Items", new { @class = "level1" })</li>
20                  <li>@Html.ActionLink("Contact Us", "ContactUs", "Home", new { @class = "level1" })</li>
21                  <li>@Html.ActionLink("About Us", "About", "Home", new { @class = "level1" })</li>
22              </ul>
23              <br />
24              @Html.Action("NonAdminSnippet", "Notifications")
25          </div>
26      </div>
27      <div id="section">
28          @RenderBody()
29      </div>
30      <div id="specialnotes">
31          @RenderSection("SpecialNotes", false)
32      </div>
33      <div id="footer">
34          footer content here
35      </div>
36      @Scripts.Render("~/bundles/jquery")
37      @Scripts.Render("~/bundles/bootstrap")
38  </body>
```

图 11-27   更新的布局视图

(7) 运行应用程序,进入\UserDemographics。现在不应看到通知,这是预期的行为。打开 SQL Server Object Explorer,展开数据库,进入 Tables,右击 dbo.Notifications,并选择 View Data。在表中添加一个新行,确保 IsAdminOnly 设为 False,DisplayStartDate 设置为今天之前

的某个时间，DisplayEndDate 设为未来的某个时间。结果应如图 11-28 所示。

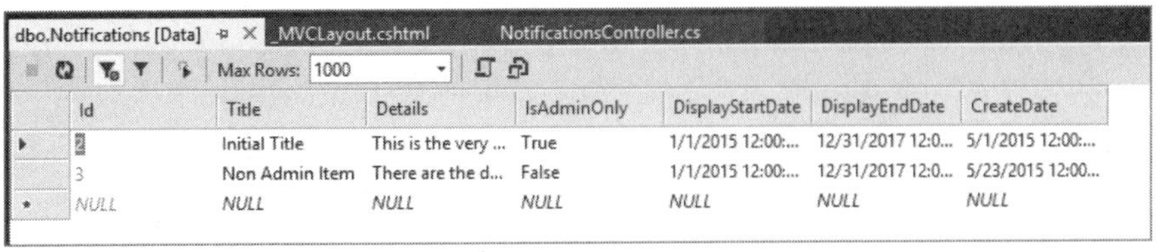

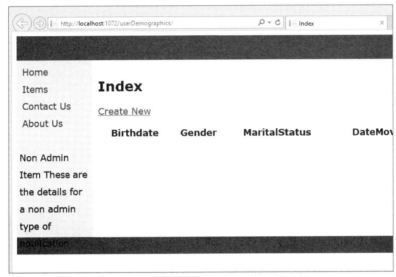

图 11-28　添加新项后的 SQL Table 视图

(8) 运行应用程序，进入\UserDemographics。现在应该能看到添加到数据库中的信息，
如图 11-29 所示。

图 11-29　局部视图显示在 UI 中的新通知

示例说明

在前面的示例中，必须从托管视图发送一个模型，才能给局部视图提供模型。但是使用
这种新方法改变了应用程序，使模型通过控制器提供给视图；托管视图只需调用特定的控制
器和动作。这是巨大的进步，因为控制器创建用于填充托管视图的模型时，不需要执行任何
业务逻辑来创建一个通知，而是让动作完成这个操作，动作知道如何得到合适的模型。这强
制遵循面向对象编程中关于封装和关注点隔离的许多规则。

构建控制器的过程与常规 ASP.NETMVC 页面中创建控制器是相同的。唯一的区别是，
控制器通过调用 PartialView 方法来返回，而不是调用 View 方法。本例创建两个不同的动作，
一个动作返回管理通知，另一个动作返回一个非管理通知。创建 Web Forms 用户控件时，给
控件添加了一个参数，允许单个用户控件执行两个通知的逻辑，但在这里创建了两个不同的
动作。为什么？

如果在一个方法中执行操作，考虑执行什么实例化。目前，实例化每个版本需要以下代
码行：

```
@Html.Action("NonAdminSnippet", "Notifications")
@Html.Action("AdminSnippet", "Notifications")
```

如果改变它，用一个基于 URL 的值进行区分，就可以得到以下实例化调用：

```
@Html.Action("Snippet", "Notifications", new {DisplayType = "NonAdmin"})
@Html.Action("Snippet", "Notifications", new {DisplayType = "Admin"})
```

控制器中的逻辑必须类似于用户控件的代码隐藏，以构建查询，获得要显示给用户的通知的正确类型。

考虑采取与 ASP.NET Web Forms 用户控件相同的方法时需要什么。如果不打算使用参数，就必须创建两个控件。然而，由于用户界面对每个方法都是一样的，所以必须把标记代码从一个控件复制粘贴到另一个控件，然后可以在代码隐藏中执行与每个动作中的代码相比更简化的逻辑。然而，由于 MVC 中的视图(Web Forms 标记)和控制器(Web Forms 代码隐藏)不是紧密绑定，因此可以完全重用视图。

单独的动作也提供了责任的逻辑分解。它们可以单独测试，可以改变其中一个动作，且不会影响另一个动作的结果。前面示例中使用的用户控件可能没有这样的效果。同时，因为逻辑分离是很明显的，实例化控件也更简单，因为不需要担心传入参数值。Web Forms 用户控件很容易传递参数，甚至在智能感知中支持参数，但 MVC 没有相同的 IDE 支持，也不需要。

11.3　模板

ASP.NET Web Forms 用户控件和 MVC 局部视图支持很多相同的功能，包括在标准的页面或视图(母版页和布局模板)中创建可重用和可使用的 UI 部分和业务逻辑。MVC 提供了一个额外的方法来创建可重用的代码：模板。第 6 章使用方法(如 EditorFor 或 DisplayFor)时，就使用了内置的模板。这些方法带有要使用的属性，提供该类型的默认模板。MVC 允许创建和定义自己的模板，以使用相同的方法，根据自定义模板显示定制的类型。

为自定义的类型创建编辑器和显示模板，非常类似于创建局部视图时使用的功能，事实上它们是遵循严格定义的位置和命名约定的局部视图。约定的第一部分规定，自定义模板必须存储在 MVC 应用程序的相应文件夹中：响应 DisplayFor 的模板需要放在 Views/Shared/DisplayTemplates 目录中，而响应 EditorFor 方法的模板需要放在 Views/Shared/EditorTemplates 目录中。命名约定规定，文件的名称必须匹配要使用的模板类型名，如 DateTime 或 Address。

下一个示例演示了模板的工作原理，说明它们的实例化与传统的局部视图有何不同。

试一试　创建和使用自定义模板

本例为 DateTime 类型创建 Editor 和 Display 模板。这允许站点上可以显示或编辑日期的所有区域采用标准的实现方式。

(1) 确保运行 Visual Studio，打开 RentMyWrox 解决方案。启动应用程序，并导航到 UserDemographics\Create。屏幕如图 11-30 所示。

(2) 在 Views\Shared 文件夹下创建两个新目录 DisplayTemplates 和 EditorTemplates。Views 目录应如图 11-31 所示。

(3) 右击 DisplayTemplates 文件夹并选择 Add View。把视图命名为 DateTime，确保选择 Creats as a partial view 复选框，如图 11-32 所示。

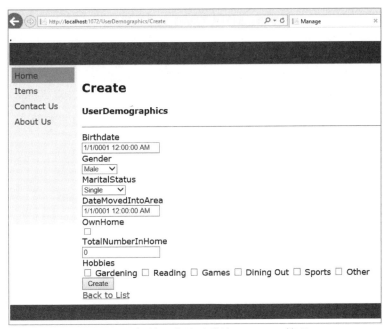

图 11-30　初始屏幕显示默认 DateTime 管理

图 11-31　添加 Templates 目录后的 Views 目录

图 11-32　添加 DateTime 显示模板

(4) 给刚才创建的视图添加以下两行并保存：

```
@model DateTime
@Model.ToString("MMMM dd, yyyy")
```

(5) 打开 UserDemographicsController.cs 文件。修改 Index 方法，如下所示：

```
public ActionResult Index()
{
    List<UserDemographics> list = new List<UserDemographics>();
```

```
list.Add(new UserDemographics { Birthdate = new DateTime(2000, 6, 8) });
return View(list);
}
```

(6) 运行应用程序，并设置浏览器，进入 UserDemographics，页面如图 11-33 所示。注意 DateTime 值的格式匹配 DisplayTemplate 中设置的格式。

(7) 右击 EditorTemplates 文件夹，并选择 Add View。把视图命名为 DateTime，确保选中 Create as a partial view 复选框(见图 11-32)，只是在另一个目录中。

(8) 添加以下代码：

```
@model DateTime
@Html.TextBoxFor(model => model, new { @class = "editordatepicker" })
```

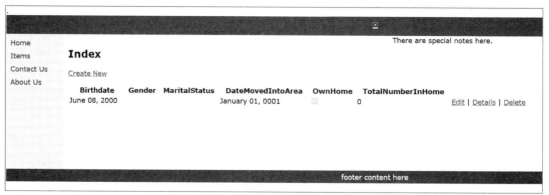

图 11-33　查看 DisplayFor 模板

(9) 打开 Scripts 文件夹，检查其中是否有任何 jquery-ui 脚本，如图 11-34 所示。如果有，就跳到步骤(12)。

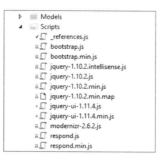

图 11-34　项目的 Scripts 目录的内容

(10) 如果没有 jquery-ui 文件，就右击 RentMyWrox 项目，并选择 Manage NuGet Packages。这将弹出 Manage NuGet Packages 对话框，如图 11-35 所示。

(11) 选择对话框左边的 Online | nugget.org，在对话框右上角的搜索框中输入"jquery ui"，并按回车键。这会显示一个结果列表。找到 jQuery UI(Combined Library)，如图 11-36 所示，并单击 Install 按钮。一旦安装完成，Install 按钮就应变成一个绿色的对勾。

图 11-35 在 Package Manager 中选择 jQuery 包

图 11-36 安装 jQuery UI 包

(12) 打开布局页面 Views\Shared_MVCLayout.cshtml。将下面的代码添加到<head>部分，使之如图 11-37 所示：

```
<script language="javascript" type="text/javascript"
    src="~/Scripts/jquery-1.10.2.js"></script>
<script language="javascript" type="text/javascript"
    src="~/Scripts/jquery-ui-1.11.4.js"></script>
<link rel="stylesheet"
    href="//code.jquery.com/ui/1.11.4/themes/smoothness/jquery-ui.css">
<script type="text/javascript">
```

```
$(document).ready(function () {
    $(".editordatepicker").datepicker();
});
</script>
```

```
5    <head>
6        <meta name="viewport" content="width=device-width" />
7        <title>@ViewBag.Title</title>
8        <link href="~/Content/RentMyWrox.css" rel="stylesheet" type="text/css" />
9        <script language="javascript" type="text/javascript" src="~/Scripts/jquery-1.10.2.js"></script>
10       <script language="javascript" type="text/javascript" src="~/Scripts/jquery-ui-1.11.4.js"></script>
11       <link rel="stylesheet" href="//code.jquery.com/ui/1.11.4/themes/smoothness/jquery-ui.css">
12       <script type="text/javascript">
13       $(document).ready(function () {
14           $(".editordatepicker").datepicker();
15       });
16       </script>
17       @RenderSection("scripts", required: false)
18   </head>
```

图 11-37　更新页面布局

(13) 运行应用程序,进入 UserDemographics/Create,屏幕如图 11-38 所示。为了显示 jQuery 日历选择器，单击文本框。

图 11-38　完成的 Editor 模板

示例说明

自定义的 Display 和 Editor 模板在创建方式与在代码中交互的方式非常类似于局部视图 (不含控制器)。主要的区别在于，ASP.NET MVC 使用基于约定的方法来理解这些特定模板视图的作用，这缘于模板视图在目录结构中的位置。这些模板被放在另一个目录中，就不能用于 EditorFor 或 DisplayFor 调用。

除了把模板放在特定的目录中之外，其关系是由视图支持的模型的文件名和数据类型定义的。默认是给文件指定与类型相同的名称，但也可以创建不同的版本来支持相同的类型。也许需要在一种情况下以某种方式显示 DateTime，在另一种情况下以其他格式显示。使用

UIHint 特性就可以支持它，该特性能够把特定的特性指向另一个定义。下面的代码需要属性 SomeDate，当用于 EditorFor 或 DisplayFor 调用时，首先会查找 SpecialDateTime.cshtml 模板而不是默认的 DateTime.cshtml：

```
[UIHint("SpecialDateTime")]
public DateTime SomeDate { get; set; }
```

框架解析视图中的代码时，能够解释这些不同的模板调用，就像解释 Html.Partial 和 Html.Action 方法一样。在这个示例中，显示模板只是管理所显示的日期的格式，可以为完全自定义的类型执行同样的操作，其中视图包含许多不同的标签和其他 DisplayFors。同样，编辑模板可以采用同样的方式。

前面使用的自定义 DisplayFor 确保日期以一致的格式显示。之前介绍了 ToString 方法，但在这种情况下，要给它提供一个自定义的布局结构。DateTime 类型很有趣，因为显示它有很多不同的方式。它是一个非常简单的概念，但显示类型可以很复杂。有文化和语言差异，还有大小影响(例如拼写出月份还是使用整数来代表,两位数的年份还是 4 位数的年份,等等)。

表 11-5 列出了 DateTime 最常用的格式标识符。

表 11-5　DateTime 的格式标识符

格式	说明	示例
d	一月中的 1 至 31 日	January 7，2015 -> 1
dd	一月中的 01 至 31 日(两个数字)	January 7，2015 -> 01
ddd	星期几的缩写	January 7，2015 -> Wed
dddd	星期几的完整名称	January 7，2015 -> Wednesday
h	使用 12 小时制的小时数，1 至 12	2:08 PM -> 2
hh	使用 12 小时制的小时数，01 至 12(两个数字)	2:08 PM -> 02
H	使用 24 小时制的小时数，0 至 23	2:08 PM -> 14
HH	使用 24 小时制的小时数，00 至 23(两个数字)	2:08 PM -> 14
m	分钟数，0 至 59	2:08 PM -> 8
mm	分钟数，00 至 59(两个数字)	2:08 PM -> 08
M	月份，1 至 12	January 7，2015 -> 1
MM	月份，01 至 12(两个数字)	January 7，2015 -> 01
MMM	月份的缩写名	January 7，2015 -> Jan
MMMM	月份的完整名称	January 7，2015 -> January0
t	AM/PM 标志符的第一个字母	2:08 PM -> P
tt	AM/PM 标志符的完整名称	2:08 PM -> PM
y	年份，0 至 99	January 7，2015 -> 15
yy	年份，00 至 99(两个数字)	January 7，2015 -> 15
yyy	年份，3 个数字	three digits January 7，2015 -> 015
yyyy	年份，4 个数字	January 7，2015 -> 2015

前面创建的 DisplayFor 模板使用格式化字符串("MMMM dd，yyyy")。查看表 11-5 可以确定，这会显示完整的月份名、两位数的日期和 4 位数的年，即"1 月 07 日，2015 年"。

EditorFor 模板也很简单，不需要在模板内执行任何操作，只是添加一个重写版本，把文本框的 class 属性设置为"editordate picker"。这就开始了一系列变化，用这个特定的类名做一些特殊处理。执行所有这些改变，就可以把 jQuery UI DatePicker 配置为默认方法来编辑 DateTime 类型的值。

jQuery UI 是构建在 jQuery JavaScript 库之上的一组用户界面交互、效果、小部件和主题。要利用其中一个小部件 DatePicker，就必须安装 jQuery UI NuGet 包。

NuGet 是内置于 Visual Studio 的一个开源包管理系统。它允许开发人员添加功能组，在本例中，需要 JavaScript 文件，才能提供客户端功能。使用 NuGet 能够把各种脚本和其他文件处理为一组，而不是用手动的方式分别管理脚本。

在项目中添加 jQuery JavaScript 文件之后，最后要确保 Web 页面可以使用它们。在布局文件的标题上添加脚本链接，确保它们可用于使用布局的每个页面。这很重要，因为 DateTime 的 EditorFor 可以在任何地方调用。确保必要的 JavaScript 代码可用的唯一方法是把它们放到页面布局或模板中。然而，放在模板中会导致多余的调用，因为在这个示例中，DateTime 可能在一个页面上多次使用。因此，这段代码的下载次数与 DateTimes 相同，这可能会导致性能问题，使 JavaScript 代码更难处理——多次加载相同的方法，会发生什么？

添加到布局页面的 jQuery 函数如下所示，以便于参考：

```
$(document).ready(function () {
    $(".editordatepicker").datepicker();
});
```

后面有整整一章(第 14 章)讨论 jQuery，所以稍后将了解更多细节，但此时你应该理解函数的作用了。一旦加载文档，单击 editordatepicker 类的任何 HTML 元素，就会运行 datepicker 函数。这个 datepicker 函数会打开带日历的 UI 元素，支持在日历和文本框之间移动信息。

还添加了一个从 jQuery 网站到样式表文件的链接。这个文件可以复制到本地应用程序中，在那里引用。如果需要改变任何样式，样式表文件就必须在本地复制，以改变它。然而，此时默认行为是可以接受的，所以利用 jQuery 网站来驻留文件，使用它们的版本。

11.4 小结

用户控件和局部视图能够构建可重用的组件，来管理与客户端的交互。两者的目的都是实现一个特定的功能子集，每个控件负责收集所有必要的信息并显示给用户。ASP.NET Web Forms 用户控件尤其如此，因为它们总有代码隐藏，来支持整个页面生命周期，就像传统的 Web Forms 一样。

如这个示例所示，MVC 局部视图提供了更多的灵活性。可以用它显示一项，该项使用视图中的 Html.Partial 方法传递给视图；或通过 Html.Action 方法来传递，它没有调用局部视图，而是调用控制器上返回局部视图的操作。因为涉及控制器，所以可以在幕后执行业务逻辑，创建提供给模型的视图。因此，同样的 MVC 局部视图可以从一个视图中调用，并传入一个模型，也可以从动作中返回给模型。因为两者之间的解耦特性，所以视图从哪里获得其模型并不重要——只要获得模型即可。

　　用户控件在使用之前需要注册，这可以在页面级别或应用程序级别完成。一旦注册，就可以把它们放到标记页面上，像任何其他服务器控件一样。使用局部视图时，没有必要注册它们；只要确定如何引用视图(局部视图与动作)，以及系统从哪里提取视图即可。

　　把局部视图指定为模板，就可以进一步使用它。模板只是放在特殊文件夹中的局部视图。把模板放在 Views\Shared 目录下的 EditorTemplate 或 DisplayTemplate 子目录中，系统就知道给适当的模型类型使用它了。

　　MVC 还允许使用属性特性来定义类型的特定实现和模板之间的关系。这就能够创建多个模板，然后根据模型属性本身确定应该使用哪个模板。

　　用户控件和局部视图能够提取页面输出的特定部分，把它们分离到可以从其他页面调用的不同对象中。如果一个功能只在一个页面上使用，就没有必要把它分解为用户控件或局部视图；但如果功能可以复制到其他页面上，就应该把它放在自己的控件或局部视图中，这样就可以随时重用它。

11.5　练习

　　1. ASP.NET MVC 模板以某种格式显示模型。在 ASP.NET Web Forms 应用程序中可以这么做吗？

　　2. 希望得到在服务器上处理的局部视图时，何时不需要把控制器传递给 Html.Action 方法？

　　3. 使用 ASP.NET Web 用户控件时，如果有一个字符串属性，但通过一个特性给它传递了一个整数，会发生什么？如果该属性是一个整数，但传递了一个字符串，又会发生什么？

11.6　本章要点回顾

Action	一个 HTML 扩展方法，运行控制器上的动作。动作的输出应是局部视图。在调用该方法时，通常传入一个动作名，这假设动作所在的控制器会呈现当前视图；否则，就需要也传入控制器的名称。采用这种方法，会把字符串值直接写入标记，或分配给一个变量，以进一步处理
AutoId	这种方法创建一个客户端 ID，它基本上串联了层次结构中所有控件的所有 id。这种方法的输出与本章的示例一样。这也是 ASP.NET 3.5 之前的所有版本使用的值
显示模板	MVC 局部视图，用于显示特定的类型。为了让局部视图用作显示模板，它需要位于 Views\Shared 目录的 DisplayTemplates 子目录下
编辑器模板	MVC 局部视图，用于显示特定的类型。为了让局部视图用作显示模板，它需要位于 Views\Shared 目录的 EditorTemplates 子目录下

(续表)

继承 ClientIdMode	这个值把控件的 ClientIdMode 设置为其托管项的 ClientIdMode,而不管托管项是另一个控件(用户控件或服务器控件)还是页面。这实际上是所有控件的默认值,而 Predictable 是所有页面的默认模式
Partial	HTML 上的这个扩展方法用于引用应显示的局部视图。通常通过视图的名称和局部视图所需的模型来调用。采用这种方法,会把字符串值直接写入标记,或分配给一个变量,以进一步处理
可预计的 ClientIdMode	这种模式一般用于输出组中的每一项都有可预测的 ID 的数据绑定控件。如果用户控件在项列表中的每一行显示,就可以使用它。使用 Predictable 和 ClientIDRowSuffix 属性,允许定义输出元素的 ID,以包括一些已知值,例如列表中项的 ID。如果在有多个实例的区域不使用这个模式,例如列表,输出就与 AutoId 一样
Register	这个命令用于构建到 Web Forms 用户控件的链接。在注册时,设置页面中使用的 TagName 和 TagPrefix,以识别并实例化用户控件
RenderAction	与 Action 扩展方法一样,但它不返回字符串,而是直接把输出写到响应流中。如果不希望使用动作调用的输出,就可以使用这个动作,因为它删除了开销,改进了性能
RenderPartial	与 Partial 扩展方法一样,但它不返回字符串,而是直接把输出写到响应流中。如果不希望使用 Partial 调用的输出,就可以使用这个动作,因为它删除了开销,改进了性能
服务器缓存	服务器缓存可以在动作上配置,其输出在服务器上保留特定的时间。对于输出很少变化的动作,它特别有用
在整个站点范围内注册	Web Forms 用户控件在整个站点范围内注册,取代了逐个页面注册的过程,该过程使用 Register 和 Web.config 文件注册一次。与常规的 Register 命令一样,在整个站点范围内注册,要求确定用于实例化控件的 TagName 和 TagPrefix
静态 ClientIdMode	使用这种方法,不会连接控件的客户端 ID。因此,分配给控件的任何 ID 都会提供给所呈现的元素。然而,并没有验证 ID 是否独一无二,但这是 HTML 的一个要求。在建立标记代码时,需要自己管理这种独特性
TagName	在注册 ASP.NET Web Forms 用户控件时设置。这个值和 TagPrefix 一起用于定义标记中要引用的控件和被引用的特定控件之间的关系。对于每个要注册的控件,该属性必须是独一无二的
TagPrefix	注册 ASP.NET 用户控件时设置。用于帮助定义页面上的项和要在页面上使用的用户控件之间的关系

第 **12** 章

验证用户输入

本章源代码下载：

本章源代码的下载网址为 www.wrox.com/go/beginningaspnetforvisualstudio。从该网页的 Download Code 选项卡中下载 Chapter 12 Code 后，可以找到与本章示例对应的单独文件。

有句老话："无用输入，无用输出"(GIGO)。言下之意很明确：允许错误数据(垃圾)进入应用程序，就会出问题，因为应用程序会返回垃圾。确保应用程序没有垃圾数据的最好方式是，验证尽可能多的输入信息，以确保它们符合一些已知的标准。例如，确保电话号码只包括数字，电子邮件地址有正确的格式，或某数是一个整数；对于用户输入的各种信息，可以也应该为数据的显示方式定义一些要求。

MVC 和 Web Forms 都提供了支持，来帮助应用程序尽可能没有垃圾。在本章你将了解一些比较常见的验证需求，并在 MVC 和 Web Forms 中满足这些需求。

12.1 从用户那里收集数据

把访问者的信息收集到网站上是成功的关键。因为这些信息对业务非常重要，必须确保它们的有效性和正确性。显然,不能总是保证输入数据的正确性;如果 George Smith 把他的名字输入为 Janet Jones,就没有办法确定输入是否正确。然而,可以确保用户输入了名和姓,而且它们是真正的名字——例如不包括数字或符号。

验证时,需要在用户输入的每块数据上查找如下几项:

- 必填字段:用户必须提供一些值,系统才能工作。这个属性是其中之一吗?
- 数据类型:输入的任何数据必须是某一特定类型。在数量框中输入的值至少必须是数字,最有可能是一个整数。
- 数据大小:数据可能需要符合特定的类型,其大小可能还需要在特定的范围内。其中最常见的是有最大的大小或长度。这是必要的,因为关系数据库表中的每一列定义了字符数。试图插入一个大于该值的值,将丢失数据或引起异常。
- 格式验证:一块数据表示(例如)电子邮件地址,需要遵循某种标准模板——name@server.domain。电话号码有自己的规则,信用卡号码也有自己的规则,等等。
- 范围验证:某些数据必须介于实际的范围之内。例如,输入出生日期 1756 年 1 月 1 日,就应标识某个红旗。
- 比较验证:有时一个字段中的条目表示另一个字段中的一组值。例如,为性别选择女性,意味着标题是女士而不是先生。另一个示例是在一个日期范围内比较两个值,确保"从"值少于"到"值。
- 其他:自定义验证可能也是必要的——不属于已列出的其他验证方法,这完全取决于应用程序的需求。

理想情况下,所有验证工作都在客户端进行,所以如果用户输入无效的数据,表单就不能提交。信息不完整或不正确时,会给用户提供更直接的更新。然而,负责任的开发人员不能依赖客户端完成所有的验证,因为用户可能关闭这个功能。因此,必须确保通过网络传递给服务器的信息也是正确的,所以服务器端验证也是必要的。事实上,如果不得不选择只支持客户端或服务器端中的一个验证方法,就应该选择服务器端,因为希望完全控制要验证的信息。

回顾之前所有的注意事项,验证的理想形式是可以同时在服务器和客户端使用。另一个有用的功能是所定义的需求要尽可能地接近模型,理想情况下就在模型上定义。这意味着查看类文件时,就能明白对数据的要求。

在验证过程中要记住所有这些。可以看出,MVC 和 Web Forms 以不同的方式管理验证的要求。

12.2　在 Web Forms 中验证用户输入

有一组特殊的服务器控件用于执行验证。本书前面提到,这些都是名副其实的验证服务器控件,它们在 Visual Studio Toolbox 中可用,如图 12-1 所示。

这些 ASP.NET Web Forms 验证控件都支持一个或多个必要的验证。表 12-1 详细描述了每个验证控件。

图 12-1 Visual StudioToolbox 中的验证控件

表 12-1 验证服务器控件

控件	说明
CompareValidator	使用 CompareValidator 控件比较用户在一个输入控件(如文本框控件)中输入的值，与在另一个输入控件中输入的值或常量值。如果输入控件的值匹配 Operator、ValueToCompare 和/或 ControlToCompare 属性指定的条件，CompareValidator 控件就通过验证 还可以使用 CompareValidator 控件指示在输入控件中输入的值是否可以转换为 Type 属性指定的数据类型 与前一节中的验证需求列表相比，这个控件会满足"数据类型"和"比较"需求
CustomValidator	CustomValidator 控件适用于对控件执行用户定义的验证函数。使用这种控件时，开发人员首先创建 JavaScript 功能，来保证输入控件的值是正确的。这个控件能够执行需要的任何验证，只要能确定如何编写 JavaScript 来支持即可 但是，JavaScript 部分只是客户端验证。还需要编写服务器端逻辑，在服务器上验证。结合这两种方法，可确保充分验证 与前一节中的验证需求列表相比，这个控件满足任何类型，因为它是完全可定制的
RangeValidator	RangeValidator 控件测试输入控件的值是否在规定的范围内。提供最小值和最大值，以及要比较的项的类型
RegularExpressionValidator	RegularExpressionValidator 控件检查输入控件的值是否匹配正则表达式定义的模式。这种类型的验证允许检查可预测的字符序列，例如电子邮件地址、电话号码和邮政编码 这个控件提供了格式验证，也可以用于提供最小和最大长度验证

(续表)

控件	说明
RequiredFieldValidator	利用这种控件把输入控件设置为必需字段。如果输入控件在失去焦点时,其值没有不同于 InitialValue 属性,输入控件就验证失败。这种控件支持必需字段的验证,可能是最常见的场景,只验证是否有数据,而不验证关于数据的任何信息
ValidationSummary	ValidationSummary 控件用于在页面上显示所有发生的验证错误。通常在表单的顶部,它会显示验证和一个链接,该链接会把用户带入验证失败的字段

因为每个控件通常进行特定的验证,所以可以把多个验证控件链接到一个输入字段,从而执行多个不同的验证。例如,如果需要输入出生日期,且必须在一组值之间,就可以把 RequiredFieldValidator 和 RangeValidator 链接到相同的输入项,如下所示:

```
<div class="dataentry">
    <asp:Label runat="server" Text="Date of Birth"
            AssociatedControlID="tbDOB" />
    <asp:TextBox runat="server" ID="tbDOB" />
    <asp:RequiredFieldValidator ID="tbDOB_Req" ControlToValidate="tbDOB"
        runat="server" Display="Dynamic"
        ErrorMessage="Please enter a Date of Birth" />
    <asp:RangeValidator ID="tvDOB_Range" ControlToValidate="tbDOB"
        runat="server" Display="Dynamic" ErrorMessage="Please enter a
            valid Date of Birth"
        Type="Date" MinimumValue="1/1/1915" MaximumValue="12/31/2010" />
</div>
```

前面的代码包括 4 个不同的服务器控件:
- 标签控件
- 文本框控件
- RequiredFieldValidator
- RangeValidator

所有控件都是相关的,因为两个验证器和标签都与文本框控件相关。标签控件和文本框控件都不是新的,但这是第一次使用验证器。

许多验证器拥有一些共同的属性。表 12-2 列出了这些常见的属性和其他属性。

表 12-2　验证器的共同属性

属性	说明
ControlToCompare	与要验证的输入控件相比较的输入控件,这个属性只在 CompareValidator 上是有效的
ControlToValidate	这个属性可以用于每个验证控件。ControlToValidate 属性定义了要验证的输入控件,没有设置这个值的验证器不会执行任何验证

(续表)

属性	说明
Display	另一个常见的属性，Display 属性定义了消息的显示方式。有三个选项：Dynamic、None 和 Static。Display 设置为 Static 时，显示错误消息所占用的区域总是被遮挡，而不管它实际上是否可见。在前面的示例中，如果两个 Display 属性设置为 Static，且 RangeValidator 失败，文本框和第二条错误消息之间就会有一个空隙。因为它们是动态的，所以第一条错误消息占用的空间不会保留，而第二个控件的错误消息可以显示出来，就好像第一个验证控件不存在一样。选择 None 意味着错误消息从来都不在线显示，而是只在 ValidationSummary 控件中显示。Static 是默认值
EnableClientScript	这个属性可以用于所有验证控件。使用 EnableClientScript 属性来指定是否启用客户端验证。服务器端验证总是启用，但如果需要，可以关掉客户端验证。默认值是 true
ErrorMessage	可以用于所有验证控件，验证器确定输入框中的内容无法通过验证时，这个属性定义了显示在 ValidationSummary 控件中的消息。如果不设置 Text 属性，它还将在线显示
MaximumValue	这个属性可以在 RangeValidator 上使用，设置用于比较的上限
MinimumValue	这个属性可以在 RangeValidator 上使用，设置用于比较的下限
Operator	可用于 CompareValidator，Operator 属性定义了比较的类型。选项如下： ● Equal：要验证的输入控件的值和另控件或常数值之间的相等比较 ● NotEqual：要验证的输入控件的值和另一个控件或常数值之间的不等比较，与!=相同 ● GreaterThan：要验证的输入控件的值和另一个控件或常数值之间的大于比较，与>相同 ● GreaterThanEqual：要验证的输入控件的值和另一个控件或常数值之间的大于或等于比较，与> =相同 ● LessThan：要验证的输入控件的值和另一个控件或常数值之间的小于比较，与<相同 ● LessThanEqual：要验证的输入控件的值和另一个控件或常数值之间的小于或等于比较，与<=相同 ● DataTypeCheck：在要验证的输入控件的值和 Type 属性指定的数据类型之间比较数据类型。如果值不能转换为指定的数据类型，验证将会失败
Text	一个公共属性，验证失败时，分配给 Text 的值会在线显示
Type	在比较之前，待比较的值要转换为该数据类型。选项有 String、Integer、Double、Date 和 Currency。Type 属性可以用于 RangeValidator 和 CompareValidator。默认值是 String
ValidationExpression	正则表达式，确定用于验证字段的模式

(续表)

属性	说明
ValidationGroup	在所有验证器上可用的特定属性。其特点是它也可以用于其他控件，如按钮和支持发布到服务器的其他控件 ValidationGroup 允许组合验证器和各种回送机制，因此回送服务器时，只运行一个验证器子集。这允许页面的不同部分执行不同的动作，而不用担心一个区域中的动作会引发另一个区域中的验证

下一个练习开始把各种控件放在一起，来验证数据输入表单中的输入。

试一试 **添加 Web Forms 验证**

这个练习更新本书前面创建的 ManageItem 窗体，以确保用户输入的值满足特定的条件。

(1) 确保运行 Visual Studio，打开 RentMyWrox 解决方案。打开 Admin | ManageItem.aspx 页面。

(2) 在表单的第一行的上面添加以下代码。为此，可以直接输入信息，或从工具箱中拖放控件，如图 12-2 所示。

```
<div>
    <asp:ValidationSummary ID="ValidationSummary1" runat="server"
        ForeColor="Red" />
</div>
```

```
<%@ Page Title="" Language="C#" MasterPageFile="~/WebForms.Master" AutoEventWireup="true" CodeBehind="ManageItem.aspx.cs" Inherits="RentMyWrox.Admin.ManageItem"
    MetaTagDescription="Manage the items that are available to be checked out from the library"
    MetaTagKeywords="Tools, Lending Library, Manage Items, actual useful keywords here" %>
<asp:Content ID="Content1" ContentPlaceHolderID="ContentPlaceHolder1" runat="server">
    <div>
        <div>
            <asp:ValidationSummary ID="ValidationSummary1" runat="server" ForeColor="Red" />
        </div>
        <div class="dataentry">
            <asp:Label runat="server" Text="Name" AssociatedControlID="tbName" />
            <asp:TextBox runat="server" ID="tbName" />
            <asp:RequiredFieldValidator ID="rfName" ControlToValidate="tbName" runat="server" ErrorMessage="Name is Required" Text="*" Display="Dynamic"/>
        </div>
```

图 12-2　添加 ValidationSummary 控件

(3) 给 tbName 添加一个 RequiredFieldValidator。为此，可以直接输入信息，如下所示，或从工具箱中拖放控件，填写所需的属性：

```
<asp:RequiredFieldValidator ID="rfName" ControlToValidate="tbName"
runat="server" ErrorMessage="Name is Required" Text="*" Display="Dynamic"/>
```

(4) 给 tbDescription 添加另一个 RequiredFieldValidator：

```
<asp:RequiredFieldValidator ID="rfDescription"
        ControlToValidate="tbDescription" runat="server"
        ErrorMessage="Description is Required" Text="*" Display="Dyamic"/>
```

(5) 给 tbCost 添加 CompareValidator 和 RequiredFieldValidator，如下所示，完成后，标记应如图 12-3 所示。

```
<asp:RequiredFieldValidator ID="rfCost" ControlToValidate="tbCost"
```

```
runat="server" ErrorMessage="Cost is Required" Text="*" Display="Dynamic"/>
    <asp:CompareValidator ID="cCost" ControlToValidate="tbCost" runat="server"
          ErrorMessage="Cost does not appear to be the correct format" Text="*"
          Type="Currency" Operator="DataTypeCheck"/>
```

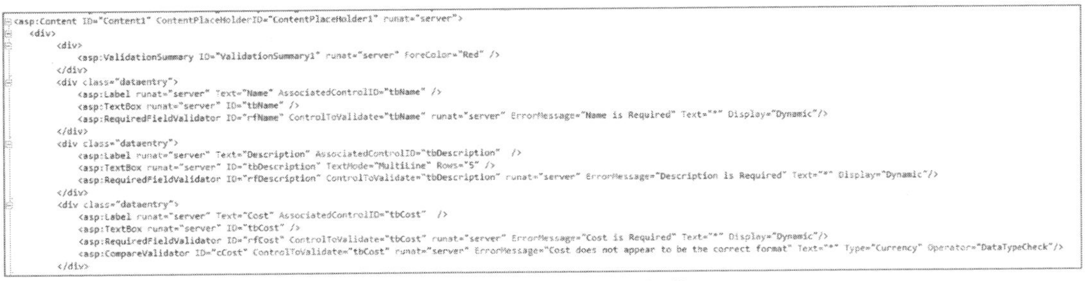

```
<asp:Content ID="Content1" ContentPlaceHolderID="ContentPlaceHolder1" runat="server">
    <div>
        <div>
            <asp:ValidationSummary ID="ValidationSummary1" runat="server" ForeColor="Red" />
        </div>
        <div class="dataentry">
            <asp:Label runat="server" Text="Name" AssociatedControlID="tbName" />
            <asp:TextBox runat="server" ID="tbName" />
            <asp:RequiredFieldValidator ID="rfName" ControlToValidate="tbName" runat="server" ErrorMessage="Name is Required" Text="*" Display="Dynamic"/>
        </div>
        <div class="dataentry">
            <asp:Label runat="server" Text="Description" AssociatedControlID="tbDescription"  />
            <asp:TextBox runat="server" ID="tbDescription" TextMode="MultiLine" Rows="5" />
            <asp:RequiredFieldValidator ID="rfDescription" ControlToValidate="tbDescription" runat="server" ErrorMessage="Description is Required" Text="*" Display="Dynamic"/>
        </div>
        <div class="dataentry">
            <asp:Label runat="server" Text="Cost" AssociatedControlID="tbCost"  />
            <asp:TextBox runat="server" ID="tbCost" />
            <asp:RequiredFieldValidator ID="rfCost" ControlToValidate="tbCost" runat="server" ErrorMessage="Cost is Required" Text="*" Display="Dynamic"/>
            <asp:CompareValidator ID="cCost" ControlToValidate="tbCost" runat="server" ErrorMessage="Cost does not appear to be the correct format" Text="*" Type="Currency" Operator="DataTypeCheck"/>
        </div>
```

图 12-3　添加一些验证控件

(6) 给 Item Number 添加 RequiredFieldValidator。

(7) 给 Acquired Date 添加 RequiredFieldValidator 和 CompareValidator。完成后，标记应如图 12-4 所示。

```
<asp:RequiredFieldValidator ID="rfAcquiredDate"
     ControlToValidate="tbAcquiredDate" runat="server"
     ErrorMessage="Acquired Date is Required" Text="*" Display="Dynamic"/>
<asp:CompareValidator ID="cAcquiredDate"
     ControlToValidate="tbAcquiredDate" runat="server" ErrorMessage=
     "Acquired Date does not appear to be the correct format" Text="*"
   Type="Date" Operator="DataTypeCheck"/>
```

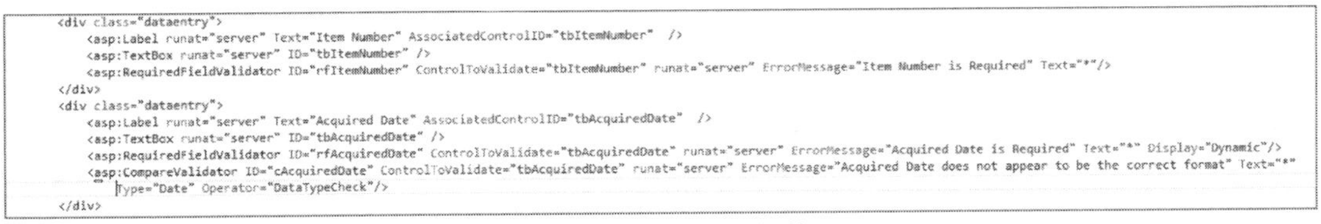

```
<div class="dataentry">
    <asp:Label runat="server" Text="Item Number" AssociatedControlID="tbItemNumber"  />
    <asp:TextBox runat="server" ID="tbItemNumber" />
    <asp:RequiredFieldValidator ID="rfItemNumber" ControlToValidate="tbItemNumber" runat="server" ErrorMessage="Item Number is Required" Text="*"/>
</div>
<div class="dataentry">
    <asp:Label runat="server" Text="Acquired Date" AssociatedControlID="tbAcquiredDate"  />
    <asp:TextBox runat="server" ID="tbAcquiredDate" />
    <asp:RequiredFieldValidator ID="rfAcquiredDate" ControlToValidate="tbAcquiredDate" runat="server" ErrorMessage="Acquired Date is Required" Text="*" Display="Dynamic"/>
    <asp:CompareValidator ID="cAcquiredDate" ControlToValidate="tbAcquiredDate" runat="server" ErrorMessage="Acquired Date does not appear to be the correct format" Text="*"
        Type="Date" Operator="DataTypeCheck"/>
</div>
```

图 12-4　其他验证控件

(8) 运行应用程序，并选择 Admin|ManageItem。单击 Submit 按钮，但不输入任何信息。屏幕如图 12-5 所示。

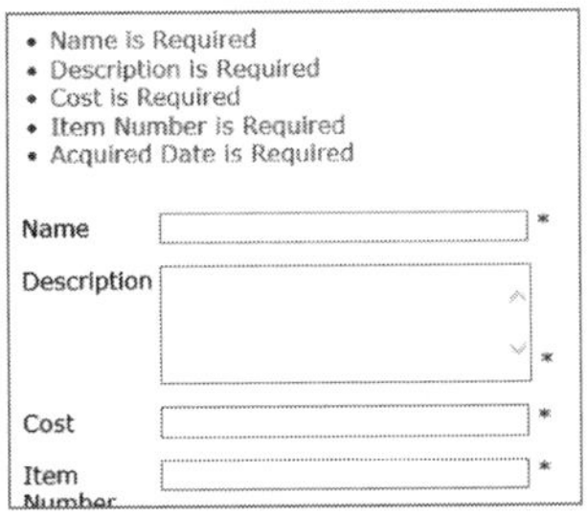

图 12-5　显示的验证信息

(9) 选择 Admin|ManageItem.aspx.cs，打开代码隐藏。添加下面突出显示的代码片段，更新 SaveItem_Clicked 方法：

```
protected void SaveItem_Clicked(object sender, EventArgs e)
{
    if (IsValid)
    {
        Item item;
        using (RentMyWroxContext context = new RentMyWroxContext())
        {
            if (itemId == 0)
            {
                item = new Item();
                UpdateItem(item);
                context.Items.Add(item);
            }
            else
            {
                item = context.Items.FirstOrDefault(x => x.Id == itemId);
                UpdateItem(item);
            }
            context.SaveChanges();
        }
        Response.Redirect("~/admin/ItemList");
    }
}
```

示例说明

此练习给前面建立的数据输入表单中的数据项添加了两个不同类型的验证器——RequiredFieldValidator 和 CompareValidator。因为表单中的每一项(除图片以外)都是必需的，所以必须添加多个 RequiredFieldValidators。其中一项的代码如下所示：

```
<asp:RequiredFieldValidator ID="rfName" ControlToValidate="tbName"
runat="server" ErrorMessage="Name is Required" Text="*" Display="Dynamic"/>
```

属性帮助定义控件的行为规则。最重要的属性是 ControlToValidate，它定义了这个验证器要评估的输入控件。在本例中，控件评估的是 ID 为 tbName 的控件，设置了 Text 和 ErrorMessage 属性。因为 Text 属性在线显示(在控件所在的地方显示)，所以在验证失败时会看到输入框的旁边有一个星号。ErrorMessage 是在 ValidationSummary 控件中显示的文本。图 12-5 显示了这两个控件是如何工作的。ErrorMessage 显示在页面顶部的项目符号列表中，由 ValidationSummary 控件创建，而每个文本框的旁边都有一个星号，那是 Text 属性值定义的。

在两个控件上还添加了一个 CompareValidator，这两个验证器如下所示：

```
<asp:CompareValidator ID="cCost" ControlToValidate="tbCost" runat="server"
    ErrorMessage="Cost does not appear to be the correct format" Text="*"
    Type="Currency" Operator="DataTypeCheck"/>
<asp:CompareValidator ID="cAcquiredDate" ControlToValidate="tbAcquiredDate"
    runat="server" ErrorMessage=
    "Acquired Date does not appear to be the correct format" Text="*"
    Type="Date" Operator="DataTypeCheck"/>
```

这些验证器不是比较输入值和另一个控件，而是确保输入值可以转换为特定的类型——在这些情况下，是转换为日期和代表有效金额的数值。可以让这个控件处理它们，因为 Type 参数定义了控件要对输入值进行的解析。

参考图 12-5，特别注意那些应用了两个不同验证器的控件。注意，只有一条消息在 ValidationSummary 中显示，且是在线显示，这就是对 RequiredField 的验证。为什么会这样？原因是对于所有的非 RequiredFieldValidators，其默认行为是，只有输入值不为空，它们才工作。因此，使字段的值为空，会确保其他验证器不工作。这就是它们与 RequiredFieldValidator 结合的原因。RequiredFieldValidator 确保输入一个值，然后 CompareValidator 确保所输入的值可以转换成正确的类型。

客户端验证全部由 JavaScript 处理，因为这是浏览器支持的唯一语言。幸运的是，不需要自己编写任何 JavaScript；它们都是控件生成的。查看所呈现的 HTML 的源代码，看看这是如何发生的。图 12-6 说明了所创建的一部分 HTML。

```
32
33 <script src="/WebResource.axd?d=pynGkmcFUV13He1Qd6_TZMIwGCHrVXUAAOeqPZrPeTYp5IF6YVWym631XTu2ApJSSqLM42GqAuMSLFcLw4MFDlw2&amp;t=635589147476784022" type="text/javascript"></script>
34
35
36 <script src="/WebResource.axd?d=fqVB1KWLWhVg-1LAb4IT64Yle5OU8m6f7ee2H6X1r?--2iYnXK6sNBS6Aq5TdoP4kUfWyqQjB66cW-V8g7whmCOyB4vbfiQH9h30yoMhTA01&amp;t=635589147476784022" type="text/javascript"></script>
37 <script src="/Scripts/jquery-1.10.2.js" type="text/javascript"></script>
38 <script src="/WebResource.axd?d=x2nkrMJGXXMELz33wmask6V0iFVWNL-_i7I8mCP8P-WSiq_zp3Vm8znVJprv0NWvn4Sqa3O4LRjDwm4KtCZZ3VVw2jJzdFdPIeQU7CIcgJY1&amp;t=635589147476784022" type="text/javascript"></script>
39 <script type="text/javascript">
40 //<![CDATA[
41 function WebForm_OnSubmit() {
42 if (typeof(ValidatorOnSubmit) == "function" && ValidatorOnSubmit() == false) return false;
43 return true;
44 }
45 //]]>
46 </script>
47
```

图 12-6　显示的验证信息

如果查看所创建的 HTML，你会发现没有放入代码的脚本引用——主要是引用 WebResource.axd。 WebResource.axd 是一个处理程序，允许控件和页面开发人员给最终用户下载嵌入服务器端程序集中的资源。图 12-6 中的代码请求把特定的 JavaScript 下载给客户端。如果直接进入该资源，就可以下载一个文件，它实际上是纯粹的 JavaScript——然后用这些 JavaScript 来执行验证。

验证失败时，就停止提交给服务器，并根据要求显示错误消息和错误文本。每次都尝试把信息发送到服务器，这个过程会一直重复，直到所有条目都通过验证为止。只有所有条目都通过验证，才能完成提交到服务器的操作。

如果任何字段验证失败，都可能注意到一个有趣的事实。每当进入一个字段然后退出，就会再次验证该输入项。这意味着，如果修改失败的字段，无论是否给该字段传递需要的验证内容，都几乎会立即更新。然而，这只会影响在线警告，只有在过程试图发布到服务器时，ValidationSummary 才更新。退出单个字段时，不会看到摘要控件的改变。

修改标记，以提供验证支持是很复杂的，而修改代码隐藏却非常简单。所有 Web Forms 页面继承的 Page 类都包含一个属性，服务器在收到请求时会填充它。服务器端验证是自动发生的。可以选择不查看 IsValid 属性，以忽略它，但它永远根据配置的规则以及在 Web Forms 中输入的数据，正确地填充。

可以看出，ASP.NET 服务器控件提供了一种简单高效的方式来完成工作，这次是在一个或多个输入控件上提供验证服务。另外，这次验证通过使用 JavaScript 在客户端进行，并在正常的页面处理过程中在服务器端进行。虽然只演示了两个验证控件，但大部分其他控件都以几乎相同的方式工作。

理解请求验证

发生在 ASP.NET Web Forms 页面上，其至可能还没有见过的另一种验证是请求验证，它默认为总是启用。请求验证是 ASP.NET 中的一个功能，它检查 HTTP 请求，确定它是否包含潜在的危险内容。在这种上下文中，有潜在危险的内容是请求的主体、标题、查询字符串或cookies 中的任何 HTML 标记或 JavaScript 代码。ASP.NET 执行此检查，是因为 URL 查询字符串、cookies 标记或发布的表单值中的标记或代码，可能是为了恶意目的而添加的。

例如，如果网站有一个表单，用户在其上输入评论，而恶意用户可以在脚本元素中输入JavaScript 代码。给其他用户显示评论页面时，浏览器执行 JavaScript 代码，就好像代码是由网站生成的一样。请求验证有助于防止这种攻击。如果 ASP.NET 检测到请求中有任何标记或代码，就会抛出"检测到有潜在危险的值"错误，并停止页面处理，如图 12-7 所示。

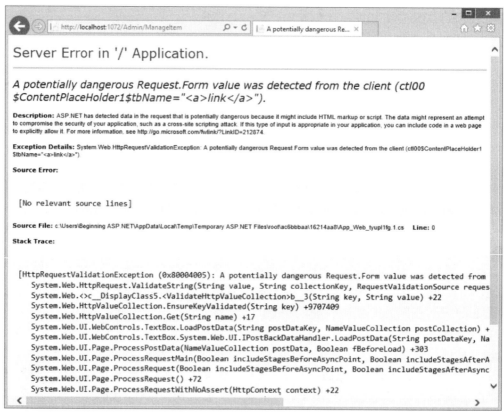

图 12-7　请求验证期间抛出的错误

只需在刚才处理的表单页面中输入一些 HTML 类型元素，就可以看到这种情形。

如前所述，这个验证默认为启用，但可以根据需要把它关掉，例如希望用户输入可能包含 HTML 或 JavaScript 元素的信息。在 Page 指令中添加 ValidateRequest ="False"，就可以控制设置。这将关闭页面的请求验证功能。

有时可能不想关闭整个页面的请求验证功能，而是只在页面上的一组控件上执行验证。允许捕获 HTML 时，这是很常见的，例如可以在其中输入 Item 类的描述的屏幕。在这种情况下，使用 ValidateRequestMode 属性，可以在控件级别启用或禁用该检查：

```
<asp:TextBox ValidateRequestMode="Enabled" runat="server"
    ID="tbDescription" />
```

在前面的代码中，放在 tbDescription 中的内容总是能通过请求验证，即使在页面级别关闭了请求验证功能也是如此。

12.3　在 MVC 中验证用户输入

注意，在 ASP.NET Web Forms 中，期望的验证定义为 UI 构造的一部分。这意味着任何页面要接受相同类型的信息，就必须独立实现这种验证。因此，改变验证要求，需要在多个页面上修改。ASP.NET MVC 采用更集中的方法，把验证的控制权放在本该属于它的地方：模型本身。

12.3.1　模型特性

将验证放在模型上，是合乎逻辑的下一步，因为在应用程序中没有地方能更好地理解值是有效还是无效。把这些验证规则放在模型上，还支持验证成为数据库管理过程的一部分，实行一些模型的验证规则，如字段的最大长度或字段在数据库级别是否必需。最后，将验证放在模型级别，可以确保不符合规则的任何数据都不保存。使用 ASP.NET Web Forms 验证控件时，不存在这种级别的安全性——它们只确保和请求一起发送的值是有效的，但并不保证要保存的数据是有效的。验证控件只用于提交验证。然而，还可以给要在 Web Forms 中使用的模型添加属性，但仍然利用内置的验证功能。

向模型添加验证是使用特性实现的。Entity Framework 提供了大量的验证特性，解释验证需求时 ASP.NET MVC 可以利用它们。一些可用特性列在表 12-3 中。

表 12-3　用于验证的数据特性

特性	说明
CreditCard	确保特性的值与著名的信用卡号模板兼容 `[CreditCard(ErrorMessage = "{0} is not a valid credit card number")]`
DataType	使用 DataType 特性指定属性期望的数据类型。以下是所支持类型的值： ● CreditCard：表示信用卡号 ● Currency：表示货币值 ● Custom：表示定制的数据类型 ● Date：表示日期值 ● DateTime：表示某个瞬时，表示为某天的日期和时间 ● Duration：表示对象存在的持续时间 ● EmailAddress：表示电子邮件地址 ● Html：表示 HTML 文件 ● ImageUrl：表示图像的 URL

特性	说明
	● MultilineText：表示多行文本 ● Password：表示密码值 ● PhoneNumber：表示电话号码值 ● PostalCode：表示邮政编码 ● Text：表示显示的文本 ● Time：表示时间值 ● Upload：表示文件上传数据类型 ● Url：表示 URL 值 `[DataType(DataType.Date)]`
Display	Display 特性并不是一个验证特性，而是引用属性时显示在 UI 中的值。这个字段将影响视图中使用的@Html.LabelFor 值，显示属性名时，也用于 ErrorMessages `[Display(Name="Marital status")]`
EMailAddress	确保属性的值与著名的电话号码模板兼容 `[EmailAddress(ErrorMessage = "{0} is not a valid email address")]`
FileExtensions	确保属性的值以 Extensions 属性中列出的适当值结尾。注意不加"."；验证框架会自动完成。过滤扩展字符串可以显示为 ErrorMessage 的一部分 `[FileExtensions(Extensions = "jpg, jpeg", ErrorMessage = "{0} is not a valid extension-{1}")]`
MaxLength	确保属性值的不超过特性定义的字符数。这个特性是数据库定义的一部分，因为表中的列把这个值设置为其宽度。ErrorMessage 可以把设置的值添加为最大长度 `[MinLength(5, ErrorMessage="{0} needs to be at least {1}character")]`
MinLength	确保属性的值不少于特性定义的字符数。ErrorMessage 可以把设置的值添加为最小长度 `[MinLength(5, ErrorMessage="{0} needs to be at least {1}character")]`
Phone	确保属性的值与著名的电话号码模板兼容 `[Phone(ErrorMessage = "{0} is not a valid phone number")]`
Range	确保属性的值在已知的值范围内。使用这个验证器时，首先定义数据类型，然后从最低到最高定义范围的字符串版本。创建显示给用户的 ErrorMessage(或抛出为异常的一部分)时，使用 string.Format 符号：{0}=字段的显示名称，{1}=区间的底部，{2}=区间的顶部 `[Range(typeof(DateTime), "1/1/1900", "12/31/2020", ErrorMessage = "{0} must be between {1} and {2}")]`

（续表）

特性	说明

RegularExpression	允许使用 RegularExpression 验证要存储的数据
	`RegularExpression(@"^[a-zA-Z''-'\s]{1,40}$", ErrorMessage =`
	`"Characters are not allowed.")]`

Required	字段定义为强制性的。这意味着必须给属性输入某个值。使用代码优先方法时，Required 特性也与数据库交互，因为它确保了要构建的表把映射的列定义为不支持 null 值
	`[Required(ErrorMessage = "Please tell us how many in your`
	`home")]`

StringLength	这个特性可用于设置字符串属性的最小和最大长度。StringLength 和 MinValue/MaxValue 之间的主要区别是，StringLength 能够设置最大值和最小值，但只能用于 string 类型的属性
	`[StringLength(15, MinimumLength = 2, ErrorMessage = "{0}`
	`must be between {2} and {1} characters")]`

Url	确保属性的值与 URL 格式兼容 `[Url(ErrorMessage = "{0} is not a valid URL")]`

下面的练习更新一个数据模型，以使用数据特性和验证。

试一试 添加数据注释

这个练习会更新 UserDemographics 类，来使用数据注释。因为一些注释会影响到数据库表，所以还必须更新数据库，以支持该变化。

(1) 确保运行 Visual Studio，打开 RentMyWrox 解决方案。

(2) 打开 UserDemograhics 模型类。给 Birthdate 属性添加以下注释。完成后，这个属性应如图 12-8 所示。

```
[Required(ErrorMessage = "Please tell us your birth date")]
[Range(typeof(DateTime), "1/1/1900", "12/31/2010",
    ErrorMessage = "{0} must be between {1} and {2}")]
```

```
public UserDemographics()
{
    Hobbies = new List<Hobby>();
}

[Key]
public int Id { get; set; }

[Required(ErrorMessage = "Please tell us your birth date")]
[Range(typeof(DateTime), "1/1/1900", "12/31/2010", ErrorMessage = "{0} must be between {1} and {2}")]
public DateTime Birthdate { get; set; }
```

图 12-8　带特性的属性

(3) 给 MaritalStatus 属性添加以下特性：

```
[Display(Name="Marital status")]
```

```
[Required(ErrorMessage = "Please tell us your marital status")]
[StringLength(15, MinimumLength = 2)]
```

(4) 给 DateMovedIntoArea 属性添加以下特性:

```
[Display(Name = "Date you moved into area")]
[Required(ErrorMessage = "Please tell us when you moved into the area")]
[Range(typeof(DateTime), "1/1/1900", "12/31/2020",
        ErrorMessage = "Your response must be between {1} and {2}")]
```

(5) 给 TotalNumberInHome 属性添加以下特性。完成后，类应如图 12-9 所示。

```
[Display(Name = "How many people live in your house?")]
[Required(ErrorMessage = "Please tell us how many live in your home")]
[Range(typeof(int), "1", "99", ErrorMessage = "Total must be between {1} and {2}")]
```

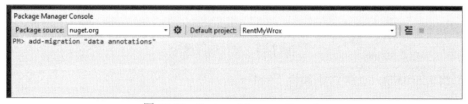

```
UserDemographics.cs  ⊡ ×
RentMyWrox                                                 RentMyWrox.Models.UserDemographics
namespace RentMyWrox.Models
{
    public class UserDemographics
    {
        public UserDemographics()
        {
            Hobbies = new List<Hobby>();
        }

        [Key]
        public int Id { get; set; }

        [Required(ErrorMessage = "Please tell us your birth date")]
        [Range(typeof(DateTime), "1/1/1900", "12/31/2010", ErrorMessage = "{0} must be between {1} and {2}")]
        public DateTime Birthdate { get; set; }

        public string Gender { get; set; }

        [Display(Name="Marital status")]
        [Required(ErrorMessage = "Please tell us your marital status")]
        [StringLength(15, MinimumLength = 2)]
        public string MaritalStatus { get; set; }

        [Display(Name = "Date you moved into area")]
        [Required(ErrorMessage = "Please tell us when you moved into the area")]
        [Range(typeof(DateTime), "1/1/1900", "12/31/2020", ErrorMessage = "Your response must be between {1} and {2}")]
        public DateTime DateMovedIntoArea { get; set; }

        public bool OwnHome { get; set; }

        [Display(Name = "How many people live in your house?")]
        [Required(ErrorMessage = "Please tell us how many in your home")]
        [Range(typeof(int), "1", "99", ErrorMessage = "Total must be between {1} and {2}")]
        public int TotalNumberInHome { get; set; }

        public List<Hobby> Hobbies { get; set; }
    }
}
```

图 12-9　添加了所有特性的类

(6) 保存文件。在 Visual Studio 菜单上，单击 Tools | NuGet Package Manager | Package Manager Console，这将打开 Package Manager Console，它可能位于屏幕的底部。

(7) 确保在 Package Manager Console 窗口中，键入 add-migration **"data annotations"**，如图 12-10 所示。

```
Package Manager Console
Package source: nuget.org      ⚙  Default project: RentMyWrox                      ≊
PM> add-migration "data annotations"
```

图 12-10　Package Manager Console

(8) 确保 Migrations 目录包含一个新文件，该文件把今天的日期和 data annotations 作为文件名的一部分。

(9) 在 Package Manager Console 窗口中，键入 update-database。系统应进行处理，完成时显示一条消息。

示例说明

在模型中添加了 4 种不同类型的特性：DisplayAttribute、RequiredAttribute、RangeAttribute 和 StringLengthAttribute。每个特性都对应用它们的数据属性有不同的要求，这些要求可以堆叠，这样属性就可能需要通过多种类型的验证，才被认为是"有效的"。

在所添加的各种特性中，DisplayAttribute 与给模型执行的数据验证最不相关，但它的最大效果是使接收到的任何验证失败更容易理解。查看视图，也将看到这里设置的值如何使用 Html.LabelFor 方法显示在 UI 中。

RequiredAttribute 是另一个相对简单的验证特性。它通知验证框架，需要设置指定的属性，而不是使用 null。应用到非可空的类型上时，例如，一个整数的默认值是 0 而不是 null，特性不太有用。要确保某个整数是必需的，一般使用 RangeAttribute。

RangeAttribute 是一个非常灵活的验证工具，可以支持多种类型。这个练习以两种不同的方式使用它：确保 DateTime 属性在一个有用的日期范围内；整数在预期的范围内。RangeAttribute 的一个有趣方面是，它把最小值和最大值作为字符串。它能够理解这些字符串，因为它具备所应用属性的数据类型和在特性本身中定义的类型。框架使用这种类型，尝试解析传入的值，然后使用内置的比较器，来确定属性值是否在开始值和结束值之间。把类型和范围值传入为字符串，特性就很灵活，能够处理多种类型；否则，就需要为每个数据类型指定一个不同的特性。

这个示例使用的最后一个特性是 StringLengthAttribute，它设置字符串属性(或字节数组)的最小和最大长度。如果将这个特性应用于另一个类型，如整数 Id 属性，就会得到如图 12-11 所示的错误。

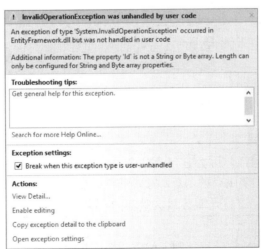

图 12-11　StringLength 在整数属性上造成的错误

StringLengthAttribute 会引发数据库更改。如果打开 Migrations 目录中新建的迁移文件，就会看到如下代码：

```
AlterColumn("dbo.UserDemographics", "MaritalStatus",
    c => c.String(nullable: false, maxLength: 15));
```

这行代码把最大长度设置为 15 个字符。这行代码的结果可以在 Server Explorer 中看到，其中，MaritalStatus 列的属性将显示该列的长度是 15，如图 12-12 所示。

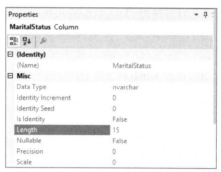

图 12-12　属性显示 15 个字符长的列

然而，这可能让人觉得很奇怪，因为在迁移脚本中没有看到与该练习中设置的其他必需字段相关的任何内容，如 DateMovedIntoArea、TotalNumberInHome 和 BirthDate。这是因为所有这些项都从一开始就设置为数据库中的必需项。想想这些类型(DateTime 和整数)在.NET 中的含义，而不是在数据库中的含义，原因就很清楚了。数据库可以把这些字段设置为可空，但在.NET 中这是不可能的。DateTime 和整数都不允许为空；它们在通过模型优先类创建时，总是会用默认值设置，所以框架把数据库设置为支持该需求。因此，给这些属性添加这个特殊的特性，并不影响数据库的设计，但会影响 UI 以及处理客户端验证的方式。

从控制器中运行以下代码时，会发生什么？

```
using (RentMyWroxContext context = new RentMyWroxContext())
{
    var item = new UserDemographics {
        DateMovedIntoArea = DateTime.Now,
        Birthdate = DateTime.Now,
        TotalNumberInHome = 0,
        MaritalStatus = "A" };
    context.UserDemographics.Add(item);
    context.SaveChanges();
}
```

似乎该项没有通过验证，因为它包含几个没有通过验证的项，如图 12-13 所示。

系统总是为模型验证要保存的信息，这是非常重要的——使用数据注释确实影响可以存储在数据库中的数据值，这就是服务器端验证的定义。

一旦在服务器端添加数据验证规则，就需要把这些规则关联到 UI 上，这样也可以支持客户端验证。

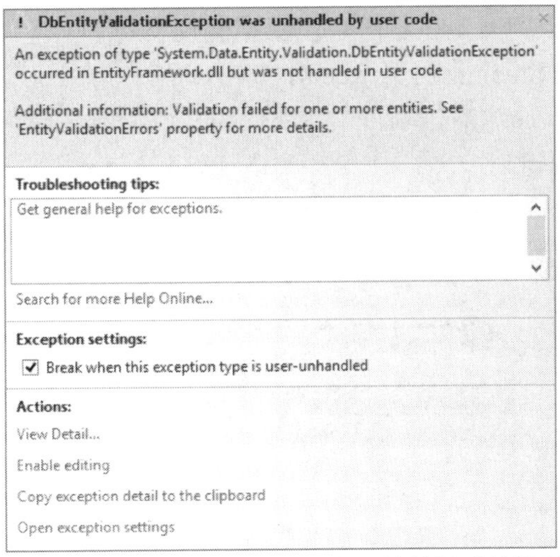

图 12-13 试图在控制器中保存无效数据时的错误

12.3.2 客户端验证

任何持久化数据并期望数据有效的应用程序，都需要服务器端验证。然而，如本章前面所述，客户端验证也提供了更好的整体用户体验，因为用户在验证失败时，可以得到更及时的反馈，因为不需要服务器往返。

把客户端验证添加到 ASP.NET Web Forms 时，只需为页面上验证服务器控件中的字段设置规则，该控件就会处理服务器和客户端验证。控件很容易配置，使用起来也很简单。幸运的是，MVC 框架提供了一种方法来管理客户端验证，一旦配置和设置正确，这也一样简单。

与验证服务器控件一样，MVC 视图依赖 JavaScript 来管理通过 Web 浏览器提交的信息的客户端验证。然而，Web Forms 验证依赖后台 WebResource.axd 文件提供的 JavaScript，而 MVC 中使用的验证完全依赖开源的 JavaScript 库——jQuery 和 jQuery 验证库。

这些库知道如何通过 MVC 的 Html.ValidationMessageFor 辅助程序与屏幕上的信息交互。这个辅助程序需要被验证的模型字段的 lambda 表达式。视图处理呈现事件时，验证规则翻译成验证库支持的配置。Html.ValidationMessageFor 的代码如下所示：

```
@Html.ValidationMessageFor(model => model.Birthdate,
        "", new { @class = "text-danger" })
```

这个代码片段告诉引擎，创建一个类来处理 BirthDate 的验证。传入的空字符串代表验证消息的 UI 重写版本，而最后一个参数设置包含验证的类的元素。

注意，辅助程序没有定义要进行的验证类型；只是标识了要验证的属性。这是可能的，因为这里使用的控件依赖在模型级别定义的验证。开发人员不需要创建验证的全新实现代码，而只需读取传递给视图的模型的请求验证，然后基于这些特征建立验证的 UI 部分。

下一个示例给 MVC 视图添加验证，进一步探讨这种关系。

试一试 **给 MVC 视图添加验证**

这个示例在视图中输入刚才添加到 UserDemographics 类中的验证规则，以利用它们，这样基于相同模型属性的规则就提供了客户端数据验证支持。

(1) 确保运行 Visual Studio,打开 RentMyWrox 解决方案。

(2) 在 Solution Explorer 中右击项目名,打开 NuGet Package Manager。选择 Manage NuGet Packages,打开一个弹出窗口。

(3) 在左边选择 Online | Microsoft and .NET, 搜索"validation", 如图 12-14 所示。

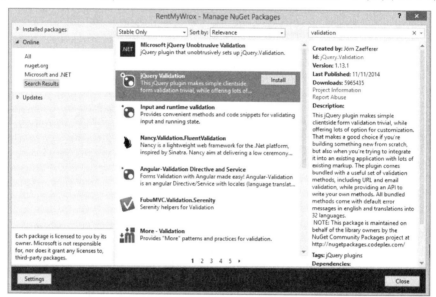

图 12-14　Nuget Package Manager 窗口

(4) 应该看到多个结果。找到 jQuery Validation,并单击 Install 按钮。接受一些许可协议。这个过程完成后,最初选择的项在选择磁贴上就可能有一个绿色的复选标记。

(5) 在这个窗口中,寻找 Microsoft jQuery Unobtrusive Validation,也添加这个包。

(6) 进入 Solution Explorer 窗口,展开 Scripts 目录,其中包含的文件如图 12-15 所示。

图 12-15　添加新包后的 Scripts 目录

(7) 打开 App_Start\BundleConfig.cs 文件。给 RegisterBundles 方法添加以下条目,完成后,这个文件应该如图 12-16 所示。

```
bundles.Add(new ScriptBundle("~/bundles/jquery")
    .Include("~/Scripts/jquery-{version}.js"));
```

```
bundles.Add(new ScriptBundle("~/bundles/jqueryval")
    .Include("~/Scripts/jquery.validate*"));
```

```
public static void RegisterBundles(BundleCollection bundles)
{
    bundles.Add(new ScriptBundle("~/bundles/WebFormsJs").Include(
                    "~/Scripts/WebForms/WebForms.js",
                    "~/Scripts/WebForms/WebUIValidation.js",
                    "~/Scripts/WebForms/MenuStandards.js",
                    "~/Scripts/WebForms/Focus.js",
                    "~/Scripts/WebForms/GridView.js",
                    "~/Scripts/WebForms/DetailsView.js",
                    "~/Scripts/WebForms/TreeView.js",
                    "~/Scripts/WebForms/WebParts.js"));

    // Order is very important for these files to work, they have explicit dependencies
    bundles.Add(new ScriptBundle("~/bundles/MsAjaxJs").Include(
            "~/Scripts/WebForms/MsAjax/MicrosoftAjax.js",
            "~/Scripts/WebForms/MsAjax/MicrosoftAjaxApplicationServices.js",
            "~/Scripts/WebForms/MsAjax/MicrosoftAjaxTimer.js",
            "~/Scripts/WebForms/MsAjax/MicrosoftAjaxWebForms.js"));

    // Use the Development version of Modernizr to develop with and learn from. Then, when you're
    // ready for production, use the build tool at http://modernizr.com to pick only the tests you need
    bundles.Add(new ScriptBundle("~/bundles/modernizr").Include(
                    "~/Scripts/modernizr-*"));

    bundles.Add(new ScriptBundle("~/bundles/jquery").Include(
            "~/Scripts/jquery-{version}.js"));

    bundles.Add(new ScriptBundle("~/bundles/jqueryval").Include(
                    "~/Scripts/jquery.validate*"));

    ScriptManager.ScriptResourceMapping.AddDefinition(
        "respond",
        new ScriptResourceDefinition
        {
            Path = "~/Scripts/respond.min.js",
            DebugPath = "~/Scripts/respond.js",
        });
}
```

图 12-16　BundleConfig 文件的内容

(8) 打开 View\Shared_MVCLayout.cshtml 文件。找到下面的代码行并删除:

```
<script language="javascript" type="text/javascript"
        src="~/Scripts/jquery-1.10.2.js"></script>
<script language="javascript" type="text/javascript"
        src="~/Scripts/jquery-ui-1.11.4.js"></script>
```

(9) 在相同的地方添加以下行:

```
@Scripts.Render("~/bundles/modernizr")
```

(10) 在页面的这个区域,找到下面的代码,把它们移到页面上接近底部、@Scripts.Render 代码行的下面:

```
<script type="text/javascript">
    $(document).ready(function () {
        $(".editordatepicker").datepicker();
    });
</script>
@RenderSection("scripts", required: false)
```

(11) 打开 Views\UserDemographics\Manage.cshtml 文件。找到 ValidationSummary,把 true 改为 false。完成后,文件的这个部分如图 12-17 所示。

```
@using (Html.BeginForm())
{
    @Html.AntiForgeryToken()

    <div class="form-horizontal">
        <h4>User Demographics</h4>
        <hr />
        @Html.ValidationSummary(false, "", new { @class = "text-danger" })
        <div class="form-group">
            @Html.LabelFor(model => model.Birthdate, htmlAttributes: new { @class = "control-label col-md-2" })
            <div class="col-md-10">
                @Html.EditorFor(model => model.Birthdate, new { htmlAttributes = new { @class = "form-control" } })
                @Html.ValidationMessageFor(model => model.Birthdate, "", new { @class = "text-danger" })
            </div>
        </div>

        <div class="form-group">
            @Html.LabelFor(model => model.Gender, htmlAttributes: new { @class = "control-label col-md-2" })
            <div class="col-md-10">
                @Html.DropDownListFor(model => model.Gender, new SelectList(new[] { "Male", "Female", "Other" }, ), new { htmlAttributes = new { @class = "form-control" } })
                @Html.ValidationMessageFor(model => model.Gender, "", new { @class = "text-danger" })
            </div>
        </div>
    </div>
```

图 12-17　新的 ValidationSummary 配置

(12) 打开 UserDemographicsController。更新 Create 方法的 Post 版本，如下所示：

```
[HttpPost]
public ActionResult Create(UserDemographics obj)
{
    using (RentMyWroxContext context = new RentMyWroxContext())
    {
        var ids = Request.Form.GetValues("HobbyIds");
        if (ids != null)
        {
            obj.Hobbies = context.Hobbies.Where(x =>
                ids.Contains(x.Id.ToString())).ToList();
        }
        context.UserDemographics.Add(obj);
        var validationErrors = context.GetValidationErrors();
        if (validationErrors.Count() == 0)
        {
            context.SaveChanges();
            return RedirectToAction("Index");
        }
        ViewBag.ServerValidationErrors =
        ConvertValidationErrorsToString(validationErrors);
        return View("Manage", obj);
    }
}
```

(13) 给控制器添加如下方法：

```
private string ConvertValidationErrorsToString
        (IEnumerable<DbEntityValidationResult> list)
{
    StringBuilder results = new StringBuilder();
    results.Append("You had the following validation errors: ");
    foreach(var item in list)
    {
        foreach(var failure in item.ValidationErrors)
        {
            results.Append(failure.ErrorMessage);
```

```
        results.Append(" ");
    }
}
    return results.ToString();
}
```

(14) 更新 Post Edit 方法，如下：

```
[HttpPost]
public ActionResult Edit(int id, FormCollection collection)
{
    using (RentMyWroxContext context = new RentMyWroxContext())
    {
        var item = context.UserDemographics.FirstOrDefault(x => x.Id == id);
        TryUpdateModel(item);
        var ids = Request.Form.GetValues("HobbyIds");
        item.Hobbies = context.Hobbies.Where(x =>
            ids.Contains(x.Id.ToString())).ToList();
        var validationErrors = context.GetValidationErrors();
        if (validationErrors.Count() == 0)
        {
            context.SaveChanges();
            return RedirectToAction("Index");
        }
        ViewBag.ServerValidationErrors =
            ConvertValidationErrorsToString(validationErrors);
        return View("Manage", item);
    }
}
```

(15) 在 Manage.cshtml 文件中，在代码块的顶部添加以下代码行，完成后如图 12-18 所示。

```
string serverValidationProblems = ViewBag.ServerValidationErrors;
```

图 12-18　更新后的代码块

(16) 在 ValidationSummary 的后面添加以下代码，完成后如图 12-19 所示。

```
@if(!string.IsNullOrWhiteSpace(serverValidationProblems))
{
    <div class="alert">@serverValidationProblems</div>
}
```

(17) 运行应用程序，进入\UserDemographics\Create。不填写任何信息，就单击 Create 按钮，输出如图 12-20 所示。

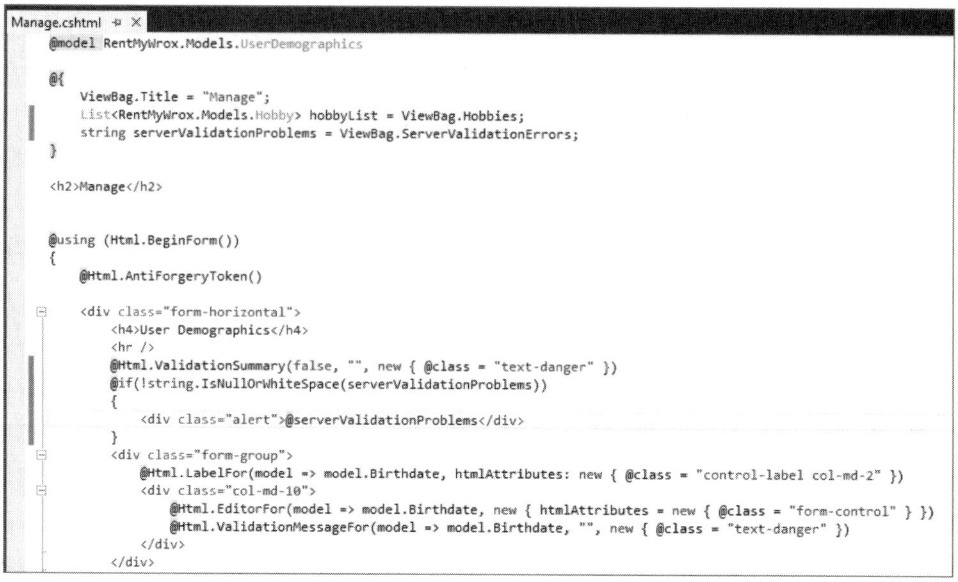

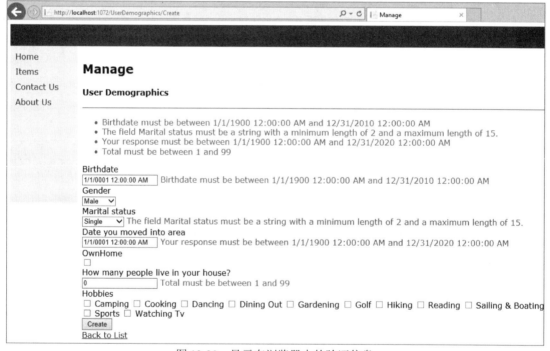

图 12-19　改变的视图页面

图 12-20　显示在浏览器中的验证信息

(18) 在屏幕中正确填写数据，单击 Create。注意，这会返回列表页面，刚才添加的项在列表中。

示例说明

在 ASP.NET MVC 视图中使用数据验证类似于在 Web Forms 中使用验证，因为开发人员要做的工作主要是把验证信息放到页面中。一旦把适当的控件放在页面上，无论是服务器控件还是 HTML 辅助程序，ASP.NET 页面创建过程都会接管并构建相应的输出，以便客户端浏览器可以理解验证需求。

MVC视图使用基于jQuery的方法构建验证信息。这意味着，实际执行验证的代码是jQuery框架的一部分，所以ASP.NET框架只需确保验证控件的输出是使用验证库时期望的内容即可。

下面的代码片段显示了视图中的数据元素、模型定义和页面的 HTML 输出，其中包括验证辅助程序创建的信息：

视图内容

```
<div class="form-group">
    @Html.LabelFor(model => model.DateMovedIntoArea,
            htmlAttributes: new { @class = "control-label col-md-2" })
    <div class="col-md-10">
        @Html.EditorFor(model => model.DateMovedIntoArea,
                new { htmlAttributes = new { @class = "form-control" } })
        @Html.ValidationMessageFor(model => model.DateMovedIntoArea, "",
                new { @class = "text-danger" })
    </div>
</div>
```

模型定义

```
[Display(Name = "Date you moved into area")]
[Required(ErrorMessage = "Please tell us when you moved into the area")]
[Range(typeof(DateTime), "1/1/1900", "12/31/2020",
        ErrorMessage = "Your response must be between {1} and {2}")]
public DateTime DateMovedIntoArea { get; set; }
```

HTML 输出

```
<div class="form-group">
    <label class="control-label col-md-2" for="DateMovedIntoArea">
        Date you moved into area
    </label>
    <div class="col-md-10">
        <input class="editordatepicker"
            data-val="true"
            data-val-date="The field Date you moved into area must be a date."
            data-val-range="Your response must be between 1/1/1900 12:00:00 AM
                    and 12/31/2020 12:00:00 AM"
            data-val-range-max="12/31/2020 00:00:00"
            data-val-range-min="01/01/1900 00:00:00"
            data-val-required="Please tell us when you moved into the area"
            id="DateMovedIntoArea" name="DateMovedIntoArea" type="text"
            value="1/1/0001 12:00:00 AM" />
        <span class="field-validation-valid text-danger"
            data-valmsg-for="DateMovedIntoArea"
            data-valmsg-replace="true"></span>
```

```
        </div>
    </div>
```

这三部分共同显示了如何配置元素，以在 jQuery 验证框架中工作。使用 jQuery 时，成功的关键是在普通的 HTML 元素上使用自定义属性。这些自定义属性在输入元素中，都以"data-val"开头，表明它们是数据验证值。

在 jQuery 文件中，添加了一个方法来拦截提交的表单。拦截时，该方法遍历所提交表单中的所有元素，寻找一组已知的元素属性。jQuery 方法发现这些属性时，就检查它们包含的值，来确定需要执行什么样的验证。

要查找的第一个属性是 data-val。当存在该属性并设置为 true 时，jQuery 验证框架就检查元素，确定要执行的验证的类型。在本例中，发现需要执行三种不同的验证：数据类型、范围和必需。可以确定这些，是因为每个验证类型都有一个代表属性。范围还有额外的元素，因为它需要支持最小值和最大值。

添加这些属性，是因为 Razor 视图引擎理解 EditorFor 和 ValidationMessageFor 之间的关系，能够基于模型中的设置创建属性。可以看到这种关系，是因为验证中使用的所有值都与模型特性上使用的特性值相同。

可以手工创建这些属性，添加适当的 NuGet 包时，利用所提供的验证框架(注意，有多个 JavaScript 和 jQuery 验证框架，每个验证框架的实现方式都不同)。添加到项目中的 Unobtrusive Native jQuery 库允许使通过 data-val 方法管理验证。

data-val 方法利用了 HTML5，允许浏览器创建和分析自定义属性。之后，这些自定义属性就可以通过 jQuery 进行分析，就像元素的标准属性一样。第 14 章介绍如何使用 jQuery，所以现在只讨论这么多。

控制器也有一些变化。虽然不是完全必要的，因为 Entity Framework 不允许把坏数据保存到数据库中，所以在控制器中做一些工作，有助于建立更好的用户体验，而抛出的异常会给用户显示臭名昭著的、丑陋的黄色异常屏幕。

为了确保用户获得积极的体验，主要变化是在控制器上添加验证检查，之后调用 SaveChanges 方法。前面已经把所有的验证放在视图中，为什么还要这么做？答案是，总要确保尽量避免抛出异常——理解了如果实际进行调用就会抛出异常，就应避免框架抛出异常。

可以通过上下文中的 GetValidationErrors 方法来确定这一点。运行这个方法，会导致上下文根据其验证规则评估所有更改的项。如果有任何实例中的项验证失败，该项就添加到验证失败项的列表中。给验证失败的每一项返回 DbEntityValidationResult。这是针对验证失败的每个对象，而不是验证失败的每个对象上的每个属性；失败的特定属性列在 DbEntityValidationResult 上的 ValidationErrors 集合中。

GetValidationErrors 方法只运行在添加到上下文的项上，所以它通常会在处理 SaveChanges 方法之前运行。然而，在大型应用程序中，相同的数据上下文可能在方法中传递，最好运行 GetValidationErrors，因为添加了坏数据的方法是管理无效数据的最好方法。

运行 GetValidationErrors 方法时，会得到一个验证问题列表。给控制器添加一个方法，将这个验证错误集合传递给添加到 ViewBag 中的字符串，以便给用户报告任何已发现的具体问题。

可以推测出，验证数据可能还有其他路线。Controller 类的 ValidateModel 方法验证请求返回的信息，以确保传入的项通过了验证。这种方法很好，因为可以在实际实例化数据上下文之前验证，从而减少服务器的处理量。在控制器上使用这种方法，如下所示：

```
ValidateModel(obj);
if (ModelState.IsValid)
{
    using (RentMyWroxContext context = new RentMyWroxContext())
    {
        context.UserDemographics.Add(obj);
        context.SaveChanges();
        return RedirectToAction("Index");
    }
}
```

然而，访问失败的项是这种方法的一种更复杂用法，因为必须遍历 ModelState 中的每个值，ModelState 中的每个值都对应模型上的一个属性，然后评估连接到 ModelState 值的 Errors 集合，代码如下所示：

```
foreach(var value in ModelState.Values)
{
    if (value.Errors.Count > 0)
    {
        // do something with the error
    }
}
```

解析模型的属性来发现错误是更复杂的代码，这就是为什么使用 GetValidationErrors 方法编写代码的原因：更容易理解和维护。然而，与需要在 ASP.NET 中完成的几乎所有工作一样，有多种解决问题的方法，各有自己的优缺点。

由用户输入的信息根据为模型类定义的规则进行验证，还有一个验证组由服务器在控制器处理请求时执行。

12.3.3 ASP.NET MVC 中的请求验证

与 ASP.NET Web Forms 一样，MVC 能够执行请求验证。请求验证是检查表单字段提交给 MVC 应用程序时，是包含 HTML 元素还是其他潜在的脚本项。事实上，每次提交都进行请求验证，除非决定把它关掉，因为请求验证默认为开启。

在 ASP.NET Web Forms 中，控制整个页面的请求验证。因为 MVC 没有页面的概念，所以控制的是可以在控制器或单个动作上使用的特性设置，如下所示：

```
[ValidateInput(false)]
[HttpPost]
public ActionResult Create(UserDemographics obj)
```

在前面的代码片段中可以看到，ValidateInput 特性决定是否验证输入。如果没有手动设置该特性，系统就把每个请求看作 ValidateInput(true)。要关闭请求验证，只需把该特性设置为 false。

该特性设置为 false 时，动作不会验证进入服务器的任何信息。在某些情况下这是可以接受的，但如果一个大表单有多个字段，就可能不希望每个字段都接受 HTML(控制器关闭验证时，默认为接受)。

ASP.NET MVC 开发人员意识到这种需求，添加了一个放在模型类上的特殊特性 System.Web.Mvc.AllowHtml。在典型的模型属性上使用它，代码如下：

```
[AllowHtml]
[Display(Name="Description")]
[Required(ErrorMessage = "Please enter a Description")]
[StringLength(150, MinimumLength = 2)]
public string Description { get; set; }
```

只给需要 HTML 的属性添加该特性，就可以继续打开输入验证——仅允许 HTML 用于特定的属性，而不是用于整个请求。

12.4 验证技巧

下面的列表提供了验证数据的实用技巧：

- 总是验证所有用户输入。每当互联网上有一个公共网站时，就会丧失控制其用户的能力。为了阻止恶意用户在系统中输入虚假或恶意数据，应总是使用 ASP.NET 验证控件验证用户的输入。
- 从客户端传递的所有数据都应该通过某种类型的验证；很容易不小心输入无效数据，如使用大写的 O 替代数字 0，或者使用字母 l 替代数字 1。
- 在验证控件中总是提供有用的错误信息。要么把错误消息赋予 ErrorMessage 属性，并使 Text 为空，要么使用 ValidationSummary 控件显示一个错误消息列表。给用户提供某问题的细节越多，就越容易解决问题。
- 只要可能，就应指向用户当前处理的问题数据，而不是尝试通过文本来描述。最常见的方法是将验证消息放在要验证的输入的旁边。
- 如果需要在客户端验证和服务器端验证之间做出选择，总是选择服务器端验证。客户端验证对恶意用户是无效的。

12.5 小结

验证是确保用户提供的信息符合一定标准的过程。验证数据的方法可能不同，取决于执行验证的地方和检查数据的方式。

在哪里执行验证是很简单的，因为只有两个选项：服务器和客户端。在服务器上进行验证不应是可选的，因为只有在服务器上，才能确保验证应用于要保存的信息；客户端验证可能会关闭或消失。客户端验证提供了更好的用户体验，可以消除不必要的服务器往返，但是服务器端验证负责在保存之前检查数据。

考虑验证时，不仅需要确保系统不受坏数据的影响，还要为用户提供适当的反馈，以便修复数据。把消息传递回用户，在客户端验证的效果最好，因为可以立即获得问题的响应。

因为需要客户端和服务器验证，所以 ASP.NET Web Forms 控件提供了两者。它们能够定义验证规则，用来检查输入值，再提供 JavaScript 和服务器端代码，浏览器使用 JavaScript 在提交之前验证信息，服务器端代码可以确保值是有效的。有各种验证控件，每个控件都支持不同的方法，来验证输入到相关联的特定字段中的数据。

MVC 中的验证是不同的，但是可以根据模型上创建的规则，在两端执行验证。视图有一个辅助程序，它利用模型上的规则，配置输入元素，使 jQuery 库在提交表单时自动执行验证。当数据返回到服务器上时，可以对请求运行相同的验证，以确保在利用这些信息之前它是有效的。

Web Forms 和 MVC 都支持在客户端和服务器上验证数据。它们采取不同的方法，但满足相同的需求，帮助确保把最好的数据添加到系统中。

12.6　练习

1. 用户通过如下代码只把 HTML 代码放在链接的视图的 Title 字段中时，服务器的预期行为是什么？如果 HTML 代码放在 Description 字段中，服务器的预期行为又是什么？

```
[ValidateInput(true)]
public class TestController : Controller
{
    [HttpPost]
    public ActionResult Create(MyModel model)
    {
        return View();
    }

    public ActionResult Create()
    {
        return View();
    }
}

public class MyModel
{
    [Required]
    [StringLength(50)]
    public string Title { get; set; }

    [Required]
    [AllowHtml]
    [StringLength(5000)]
    public string Description { get; set; }
}
```

2. 假定处理一个 ASP.NET Web Forms 页面，验证相同的控件时，在 RequiredValidator

控件的上面放置了一个 RangeValidator 控件。如果改变验证控件的顺序，会有什么不同？

3. 是否可以在模型上添加验证，使模型失效？

12.7　本章要点回顾

客户端验证	客户端验证是确保用户输入的信息符合所定义的模板的过程。之所以称为客户端，是因为在把表单提交到服务器之前，所有的检查都发生在浏览器内。如果验证失败，则表单信息不会提交给服务器，而通常给用户显示一条说明验证错误的消息
比较验证	比较一个字段值与另一个字段值时，就是在进行比较验证。另一个值可以是另一个字段、常数值或某种类型的计算。主要考虑是对一个元素的值与另一个元素的值进行比较
数据长度验证	判断输入的信息是否有适当的长度或字符数。这种类型的验证通常只在字符串上执行，包括最小长度(默认为 0)和最大长度
数据类型验证	确定对提交元素的值是否可以转换或解析成指定的类型
ModelState	该结构包含足够多的模型状态信息。运行 ValidateModel 方法后，IsValid 属性提供了是否成功通过所有验证规则的信息
Page.IsValid	这是 ASP.NET Web Forms 中的代码隐藏检查，检查页面的内容是否成功通过各种验证控件中定义的验证规则。这是服务器端验证，确定信息是否有效
范围验证	决定一个元素的值是否在特定的两个值之间。一般用于数值类型和日期，在范围验证中，第一次检查是确认值是否能解析为适当的类型，第二次检查是确认值是否在范围内设定的最小值和最大值之间
正则表达式验证	比较一个元素的值和正则表达式。如果该值符合正则表达式建立的模板，验证就成功
请求验证	这一过程决定客户端提交的数据是否包含任何格式化的内容，直接显示给另一个用户时，这些内容可能会带来一些风险(下载含病毒的 JavaScript 等)。请求验证通常默认为启用，这意味着包含类似 HTML 标记的信息不允许在服务器上处理
必需字段	确保元素有一个值。该值通常定义为非默认值，例如字符串默认为空，因此任何值，甚至是空字符串，也可以被认为是一个值
服务器端验证	这是最重要的验证，因为这是在服务器上做最后检查，检查系统从用户那里接收到的数据是否匹配所有必要的需求
Unobtrusive 验证	Unobtrusive 验证是使用 ASP.NET MVC 的 jQuery 验证方法。它允许开发人员在输入元素上使用(由 JavaScript 库)预定义的自定义属性，给验证子系统提供验证信息。这些属性的值帮助子系统确定需要检查哪些规则，并给用户提供过程状态的反馈
ValidateModel	控制器上的方法，根据模型中的数据注释验证模型。通常与 ModelState 一起使用，包含模型的各种信息集，包括验证是否成功

第 **13** 章

ASP.NET AJAX

本章要点

- AJAX 如何符合 ASP.NET Framework
- 利用 Web Forms 控件进行 AJAX 调用
- 使用 Web Forms 控件向用户显示状态
- 创建 REST Web 服务来支持 AJAX
- 在 MVC 中使用 jQuery 支持 AJAX

本章源代码下载：

本章源代码的下载网址为 www.wrox.com/go/beginningaspnetforvisualstudio。从该网页的 Download Code 选项卡中下载 Chapter 13 Code 后，可以找到与本章示例对应的单独文件。

谈论 Web 开发时听到术语 AJAX，要知道它很少指的是希腊神话中的英雄。相反，它指的是从 2005 年和 2006 年开始流行的一种网络通信方法：异步 JavaScript 和 XML。AJAX 的主要目的是支持用户的浏览器和服务器之间通信，而不需要进行完整的页面刷新。

这种通信不是在 HTTP 协议外部进行，而是使用 HTTP 在网页的区域内交流小块信息，与默认的"完整页面"方法不同。它变得越来越普遍，因为它提供了更类似桌面的体验，页面上的信息基于一些条件(时间、用户操作等)刷新，而不必提取整个页面。管理请求时，提取整个页面会防止用户在浏览器上工作。

AJAX 已经进化了很多，但最主要的变化是如何管理 JavaScript 调用和信息如何格式化以进行转移。接下来的几章将讨论这些新变化，它们使用 jQuery 来处理 JavaScript，使用 JSON 而不是 XML 来定义数据传递的格式。换句话说，不是使用 AJAX；而是使用 JQJN(jQuery 和 JSON)，但是因为这不会卷拗口，所以我们将尊重传统，仍称之为 AJAX。

13.1 AJAX 概念简介

AJAX 的目的是支持异步通信。以前使用的传统 Web 页面方法是同步通信，因为一旦把请求发送给服务器，浏览器就会停止正在做的事情，等待服务器用接下来的一组内容响应。使用同步方法，一旦单击提交按钮，就坐在那里等待响应。

等待响应是无法缓解的。Web 应用程序的目的是在物理上分离的客户端和服务器之间通信——客户端和服务器几乎总是在不同的网络上，甚至可能位于不同的大洲。然而，可控的是在等待服务器的响应时中断其他工作。此时就应使用异步通信。很明显，如果可以使用异步通信方式，用户就有可能避免等待服务器响应，而可以继续在客户端工作，与服务器的通信则发生在后台。诚然，这提供了一个更复杂的通信模型，如图 13-1 所示，但是给用户提供了更加流畅、积极的体验。

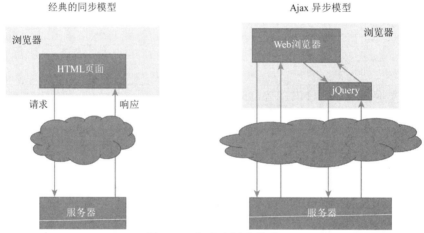

图 13-1 经典和异步模型

图 13-1 演示了两个模型之间的差异。肯定有一些共同点，如这两种方法中的页面转换，即整个页面被另一个页面替换。然而，一些额外的通信通过 jQuery 从 Web 页面到达服务器，然后响应返回 jQuery 调用，通过 jQuery 获得响应，更新 UI。这代表了这种通信的异步部分——请求发送到服务器，用户就能够继续工作，处理在后台进行。

服务器提供的响应是有差异的。可以看出，在某些情况下，请求的响应是整个页面的 HTML。用户控件和局部视图会创建、管理可以插入到整个页面的较小 HTML 集合。再次调用这部分——只有这部分，不调用页面的其余部分是 AJAX 的一种形式，即服务返回的 HTML 片段替换网页上已经存在的另一组 HTML。

第三种响应即 AJAX 方式，给页面返回一个对象，就像给 MVC 视图传递模型，然后 JavaScript 提取该模型，把它解析到包含每个值的 HTML 元素中。这种方法是像股票行情自动收录器一样的常见功能，其中一个对象包含要显示的所有信息，根据需要下载它，将旧值替换为新值。HTML 元素在调用过程中不被替换；JavaScript 功能会替换元素中的值。

单页面应用程序

构建 Web 应用程序的一种方法称为单页面应用程序(Single Page Application，SPA)，第一次访问这个网站，下载原始内容时，整个网站刷新一个完整的页面。所有后续处理都处理为 AJAX，其中下载资源，包括 HTML、数据、CSS 和其他项，根据需要显示出来。

单页面应用程序提供了最接近桌面应用程序的体验，因为没有页面转换，所以等待请求完成的时间就会从整个网站删除。然而，其代价是一开始要部署多得多的信息，因为用户不仅需要下载传统的"第一页"，也必须下载库来管理所有过渡工作，本质上要在开始时花费额外的时间，以避免在处理页面时浪费时间。

在 AJAX 上进行开发工作的一个更复杂因素是调试过程，并确保从服务器返回的信息是正确的。前面进行的所有调试都在服务器端代码中进行，或者查看由服务器返回的 HTML 源代码；然而，异步通信带来了一套完全不同的复杂性，因为服务器返回的信息片段没有出现在任何这些方法中。后面几节将讨论其中的一些复杂性，详细说明如何矫正它们。

13.1.1　F12 开发工具

读者可能没有意识到，大多数可用的 Web 浏览器都包括一组开发工具，可以用来理解和调试发送到浏览器的 HTML。Google Chrome 的开发工具如图 13-2 所示。

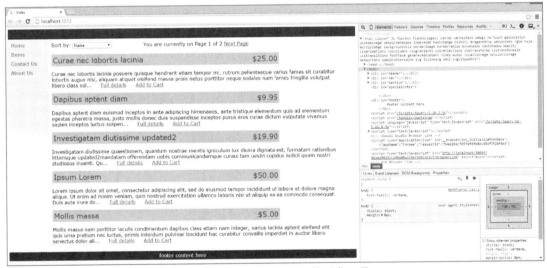

图 13-2　Google Chrome 的开发工具

Google Chrome 的这些工具能够查看 HTML 元素，看看样式的应用方式，并允许进行临时更改，看看它们如何影响网站的布局。它们还能获取有用的信息，例如下载总大小、下载总时间和许多其他信息，以更好地理解网站的 HTML 输出，以及浏览器如何解释该信息。

Mozilla Firefox 的开发工具有自己的版本，如图 13-3 所示。外观虽不同，但大部分基础信息是相同的，我们感兴趣的 Web 页面信息是一样的，不管用于解析和查看内容的浏览器是什么。

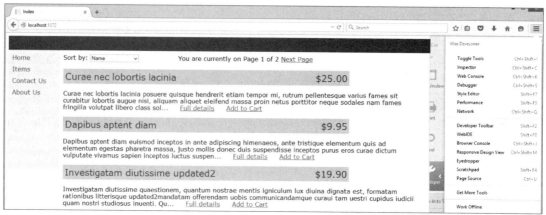

图 13-3　Mozilla Firefox 的开发工具

接下来的几章会利用第三组开发工具：Internet Explorer 的 F12 开发工具。它们称为 F12 工具，这是因为可以使用 F12 功能键来访问它们。如果键盘上没有功能键，可以使用 Internet Explorer 中的 Tools 菜单。这些工具都可以在微软的 Windows 10 Edge(Internet Explorer 的替代版)窗口中使用。下一个示例将通过样例应用程序学习使用 F12 工具。

试一试　使用 F12 开发工具

这个示例练习 Internet Explorer 的 F12 开发工具中的一些特性，讨论添加到网站上的各种 AJAX 增强功能。

(1) 确保运行 Visual Studio，在主页上打开 RentMyWrox 解决方案。在调试模式下启动应用程序，确保使用 Internet Explorer 查看应用程序。

(2) 用 F12 功能键打开开发工具。也可以选择 Tools | F12 Developer Tools，打开该工具，如图 13-4 所示。

图 13-4　通过菜单打开 F12 开发工具

(3) 确认在 DOM Explorer 选项卡中。选择表示产品之一的元素。可能需要展开左边的区域，以找到它们；它们在 ID 为 section 的<div>中。选择该项后，如图 13-5 所示。

(4) 在工具右边的窗格中单击 Styles、Computed 和 Layout 选项卡，注意每个选项卡中可用的信息。

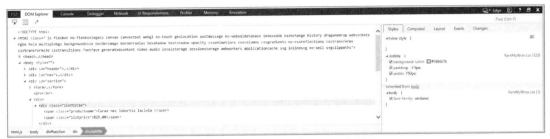

图 13-5 Dom Explorer 和 Styles 选项卡

(5) 从开发工具的右边选择 Network 选项卡，屏幕如图 13-6 所示。

图 13-6 Network 选项卡

(6) 单击选项卡中的绿色箭头，然后单击首页上某项的 Full Details 链接，页面应该如图 13-7 所示。

URL	Protocol	Method	Result	Type	Received	Taken	Initiator	Timings
http://localhost:1072/Item/Details/6	HTTP	GET	200	text/html	3.17 KB	63 ms	click	
/Content/RentMyWrox.css	HTTP	GET	200	text/css	2.82 KB	62 ms	<link rel="style...	
/Scripts/modernizr-2.6.2.js	HTTP	GET	200	application/javascript	50.68 KB	62 ms	<link rel="style...	
http://code.jquery.com/ui/1.11.4/themes/...	HTTP	GET	200	text/css	34.75 KB	218 ms	<script>	
/Item/Details/rentmywrox_logo.gif	HTTP	GET	404	text/html	5.28 KB	16 ms	<img>	
/Scripts/jquery-1.10.2.js	HTTP	GET	200	application/javascript	268.00 KB	203 ms	<script>	
/bundles/bootstrap	HTTP	GET	404	text/html	397 B	235 ms	<script>	
/Scripts/jquery-ui-1.11.4.js	HTTP	GET	200	application/javascript	460.00 KB	235 ms	<script>	
/9a1ed9615cc249b88a215e732672c1c5/b...	HTTP	GET	200	text/javascript	147.42 KB	78 ms	<script>	
/9a1ed9615cc249b88a215e732672c1c5/a...	HTTP	POST	200		139 B	16 ms	XMLHttpRequest	
/9a1ed9615cc249b88a215e732672c1c5/a...	HTTP	GET	200	application/json	0.78 KB	31 ms	XMLHttpRequest	
/__browserLink/requestData/065b20129e...	HTTP	GET	200	application/json	1.61 KB	32 ms	XMLHttpRequest	

Items: 12   Sent: 5.35 KB (5,476 bytes)   Received: 0.95 MB (998,436 bytes)

图 13-7 记录请求的 Network 选项卡

示例说明

F12 开发工具提供了应用程序的很多信息及其与客户端浏览器的交互。不仅会得到浏览器如何解释所收到的 HTML 的信息，还可以访问客户端和用户之间的通信，所有用于在后台进行的工作现在都可以用于回顾和研究。

一旦打开了工具，就进入 DOM Explorer。DOM 是浏览器显示的 HTML 文档。在 DOM Explorer 中，选择一个 HTML 元素，就能得到如何显示元素的相关信息。Dom Explorer 中的第一个选项卡是 Styles 选项卡，如图 13- 8 所示。

图 13-8 显示了样式如何应用到选定的项。在本例中显示应用了 "body" CSS 样式以及 "listtitle" 类。如果进入下一个选项卡 Computed，你会看到所有的样式都级联到特定元素，如图 13-9 所示。

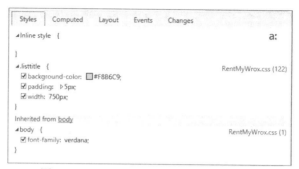

图 13-8　DOM Explorer 显示 Styles 选项卡

图 13-9　DOM Explorer 显示 Computed 选项卡

这两个区域的一个有趣特性是它们支持改变不同 CSS 元素的值。在 Styles 选项卡中，可以删除复选框名左边的标记，关闭该特性。也可以单击一个元素，然后输入新的值来改变它的值。

Computed 选项卡显示信息的方式不同，它显示了浏览器应用于突出显示项的整个 CSS 元素列表。如果展开该项，就可以看到目前显示的值来自于何处。通过项旁边的复选框，能够完全删除样式属性；但是，试图编辑值时，你会发现不能在这个默认的屏幕上编辑，而应展开每个顶级项，查看相同值的另一个框。这行代码代表了实际值，可用于编辑，且支持修改。在窗口中改变值，将立即使用新更改的值更新浏览器中的显示。

添加新值几乎与在 Styles 选项卡中一样简单。单击带左括号的行，会弹出一个新属性，可以在其中根据需要填写值。可以看到这个改变如何更新显示，立即把想传播的任何变化反馈回应用程序代码。

切换到 Layout 选项卡，你会看到该元素的间距，如图 13-10 所示。

图 13-10　DOM Explorer 显示 Layout 选项卡

这里可以看到 Layout 选项卡如何显示元素的每一个因素所使用的像素间距。区域中心反映了元素本身的高度和宽度，在本例中是 750 像素宽、29.17 像素高。选项卡接着显示内边距、边框和外边距的当前值，它们用于 CSS 中管理的所有元素。这个屏幕显示的最后一项是偏移量。偏移量指定了元素的位置，因为它相对于屏幕，基于可以在当前元素周围设置的所有其他 CSS。所有这一切都与第 3 章讨论的 CSS 框模型相关。

DOM 布局信息在调试布局时是非常有用的。另一个选项卡 Network 在开始使用 AJAX 调用时将非常重要，因为它会跟踪所有来自客户端的请求和所有来自服务器的响应。单击 F12 菜单中的绿色箭头，启动监控过程，一旦启动监控过程，就捕获所有外向请求。捕获的信息都用于本节的评估，包括整个请求和整个响应，包括正文内容、标题和状态码，如图 13-11 所示。

图 13-11　Network 选项卡显示请求标题

图 13-11 中较低的一组标签是现在可以查看的请求/响应的各个部分：请求标题、请求主体、响应标题、响应主体、Cookies、启动器和计时。在这个过程中最常用的选项卡包括 Response Body(用于查看由服务器返回的信息)、Request Body 和 Headers(用于查看客户端要求的信息)。

本章的其他练习会花些时间学习 F12 开发工具，尤其是这些窗口，确保返回预期的信息。

现在就能评估在客户端和服务器之间来回传输的数据了，所以可以开始给应用程序添加 AJAX。

13.1.2　在 Web Forms 中使用 ASP.NET AJAX

说明网站和页面不使用 AJAX 的最明显方式是加载新页面时的闪烁。AJAX 只刷新页面的一部分来避免闪烁。在 ASP.NET Web Forms 中实现 AJAX，需要一些新的服务器控件。AJAX 控件的列表如图 13-12 所示。

图 13-12　在 Visual Studio 中可用的 AJAX 控件

1. 第一次体验 AJAX

在这些 AJAX 专用的控件中，最重要的是 UpdatePanel。UpdatePanel 用于定义通过 AJAX 更新的页面部分，控件中包含的项就是刷新区域。虽然 UpdatePanel 可能是最重要的控件，但如果不访问页面上的 ScriptManager 控件，它就不能工作。

　　页面可以拥有任意数量的 UpdatePanel 控件，每个 UpdatePanel 都包含要异步处理的屏幕区域。通常会有要显示的信息和更新内容的方式，例如按钮或下拉列表，设置为在发生改变时自动回送。不管页面中有多少个 UpdatePanel，都只需要一个 ScriptManager 控件，因为它用来保存同一页面中所有面板的脚本。

　　唯一不需要把 ScriptManager 和 UpdatePanel 放在同一个页面上的情形是在引用的母版页上有一个 ScriptManager。然而，在这种情况下，不需要确保在该页面上包括 ScriptManager，但仍需要一个 ScriptManagerProxy 控件，以便本地 UpdatePanel 能够与托管页面中的 ScriptManager 一起工作。图 13-13 显示了所有这些控件之间的链接。

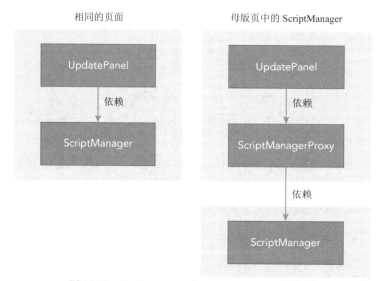

图 13-13　UpdatePanel 和 ScriptManager 的关系

　　到目前为止的所有讨论都把 UpdatePanel 放在页面上。它们不仅可以放在页面或母版页上，也可以添加到用户控件上。下一个练习会更新第 11 章建立的 Notifications 控件，这样就可以通过分页，在同一个控件中看到其他通知，而不必回送整个页面。

试一试　　添加 AJAX 以支持通知的显示

　　此练习将在应用程序中切换可见通知的功能。为此，需要在用户控件中添加必要的 AJAX 控件，更改代码隐藏，以允许显示适当的通知。

　　(1) 确保运行 Visual Studio，打开 RentMyWrox 解决方案。打开 Controls \NotificationsControl.ascx 标记页面。

　　(2) 在第一个标签的上面添加以下代码：

```
<asp:ScriptManager Id="smNotifications" runat=
    "server"></asp:ScriptManager>
<asp:UpdatePanel ID="upNotifications" runat="server">
    <ContentTemplate>
        <asp:HiddenField runat="server" ID="hfNumberToSkip" />
```

(3) 在第二个标签之后添加以下代码，完成后，这个标记页面应如图 13-14 所示。

```
    <div class="paginationline">
        <span class="leftside">
            <asp:LinkButton ID="lbPrevious" Text="<<" runat="server"
                ToolTip="Previous Item" OnClick="Previous_Click" />
        </span>
        <span class="rightside">
            <asp:LinkButton ID="lbNext" Text=">>" runat="server"
                ToolTip="Next Item" OnClick="Next_Click" />
        </span>
    </div>
    </ContentTemplate>
</asp:UpdatePanel>
```

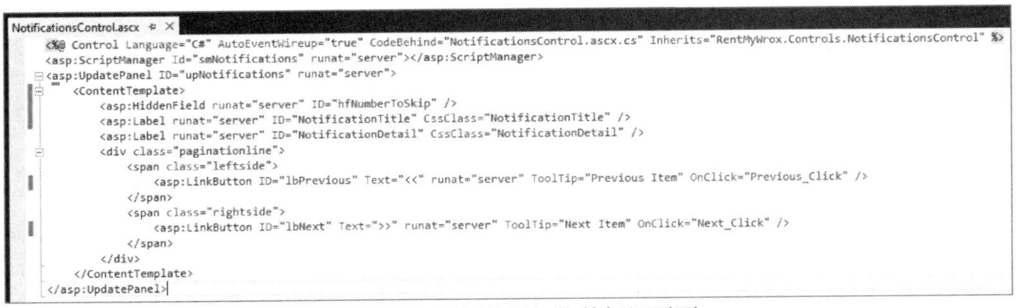

图 13-14　更新的通知控件标记页面

(4) 打开代码隐藏。在 Page_Load 方法的下面添加以下方法。大部分的 using 语句都是从 Page_Load 方法中剪切和粘贴而来的，只是添加了几行代码。

```
private void DisplayInformation()
{
    hfNumberToSkip.Value = numberToSkip.ToString();

    using (RentMyWroxContext context = new RentMyWroxContext())
    {
        var notes = context.Notifications
            .Where(x => x.DisplayStartDate <= DateForDisplay.Value
                && x.DisplayEndDate >= DateForDisplay.Value);

        if (Display != null && Display != DisplayType.Both)
        {
            notes = notes.Where(x => x.IsAdminOnly ==
                (Display == DisplayType.AdminOnly));
        }

        lbPrevious.Visible = numberToSkip > 0;
        lbNext.Visible = numberToSkip != notes.Count() -1;

        Notification note = notes.OrderByDescending(x => x.CreateDate)
                    .Skip(numberToSkip).FirstOrDefault();
```

```
        if (note != null)
        {
            NotificationTitle.Text = note.Title;
            NotificationDetail.Text = note.Details;
        }
    }
}
```

(5) 在 Page_Load 方法的上面添加一个私有字段:

```
private int numberToSkip;
```

(6) 更新 Page_Load 方法, 如下:

```
protected void Page_Load(object sender, EventArgs e)
{
    if (!DateForDisplay.HasValue)
    {
        DateForDisplay = DateTime.Now;
    }

    if (!IsPostBack)
    {
        numberToSkip = 0;
        DisplayInformation();
    }
    else
    {
        numberToSkip = int.Parse(hfNumberToSkip.Value);
    }
}
```

(7) 给 Previous 按钮添加一个新的事件处理程序:

```
protected void Previous_Click(object sender, EventArgs e)
{
    numberToSkip--;
    DisplayInformation();
}
```

(8) 为 Next 按钮添加一个新的事件处理程序:

```
protected void Next_Click(object sender, EventArgs e)
{
    numberToSkip++;
    DisplayInformation();
}
```

(9) 运行应用程序, 进入\Admin, 屏幕如图 13-15 所示。

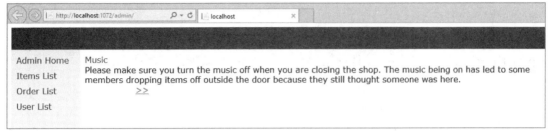

图 13-15　显示的 Notifications 控件

(10) 单击 Next 链接，就会看到内容的变化，但没有进行完整的页面刷新。

示例说明

这个练习进行了两个重大修改。第一个是设置 Notifications 控件来支持分页功能，第二个是在不重新加载完整页面的情况下支持分页功能。建立分页功能是很重要的，这样会有某种形式的交互信息需要回送到服务器；然而，我们不会花太多时间解释支持分页的标记或代码隐藏，因为这些变化在第 10 章介绍过了。

添加到标记的另一个变化是添加 ScriptManager 和 UpdatePanel。添加这两个控件，会把一些链接的其他脚本添加到文件中：

```
<script src="/ScriptResource.axd?d=zvkqIRNUspAvS1yKeFhMb7BiRxM-
    vLIWoR6Zh8gDvfSPqEd2iSYh_akk1B94pGyizBj8bNHY0trAt37sX4L3rqFliPkS36-
    ER9N5HkxM1evYOoqe03rwnLG6EcJN891gORBhKWLDtdelfIsJ7Iqf4Q2&amp;
    t=ffffffff2209473" type="text/javascript"></script>
<script src="../Scripts/WebForms/MsAJAX/MicrosoftAJAX.js"
    type="text/javascript"></script>
<script type="text/javascript">
//<![CDATA[
if (typeof(Sys) === 'undefined')
    throw new Error('ASP.NET AJAX client-side framework failed to load.');
//]]>
</script>

<script src="../Scripts/WebForms/MsAJAX/MicrosoftAJAXWebForms.js"
    type="text/javascript"></script>
```

可以看出，这些脚本引用了"AJAX"(而不是 ScriptResource 链接)，所以它们因为包含 AJAX 服务器控件而被添加进来。

在添加 ScriptManager 的地方也添加了其他代码：

```
<script type="text/javascript">
//<![CDATA[
Sys.WebForms.PageRequestManager.
    _initialize('ctl00$ContentPlaceHolder1$BaseId$smNotifications',
    'form1',
    ['tctl00$ContentPlaceHolder1$BaseId$upNotifications',
    'ContentPlaceHolder1_BaseId_upNotifications'], [], [], 90, 'ctl00');
//]]>
```

```
</script>
```

查看 UpdatePanel 控件添加的 HTML 时,这里添加的代码有更多的语境意义。因为 UpdatePanel 充当一个容器,控件的输出只是一个 div 包装器,如下所示:

```
<div id="ContentPlaceHolder1_BaseId_upNotifications">
    ... content here ...
</div>
```

现在可以看到,<div>的 id 在<script>标记包含的_initialize 方法中引用。它把 UpdatePanel 的输出链接到 JavaScript 方法,该方法可以更新页面的该区域,而不是需要完整的回送。

这个新的脚本完全改变了客户端和服务器之间的通信方法。如果显示了所有的页码,但 UpdatePanel 不存在,则在页面之间移动时,F12 开发工具会显示如图 13-16 所示的网络小结。

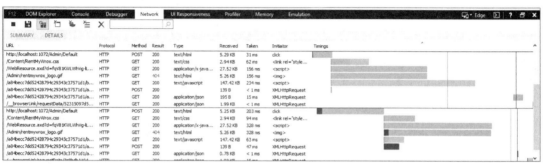

图 13-16 没有 UpdatePanel 的 F12 Network 选项卡

如图 13-16 所示,每个请求(URL 是 http://localhost:1072/Admin/Default)还带有其他 7 项,包括 CSS 文件、徽标文件和多个脚本文件。响应主体显示整个 HTML 页面,如图 13-17 所示。这意味着给请求返回整个页面,就像完整的回送一样。

图 13-17 没有 UpdatePanel 的 F12 响应主体

F12 Network 调用视图在添加了 UpdatePanel 后会大不相同。图 13-18 显示了第一次加载的视图,然后查看两个额外的通知项(页面链接上的两个额外单击)。

初始页面加载用列表中的前 11 行代表,考虑 UpdatePanel 控件添加的其他脚本时,这是讲得通的。然而,之后的每个单击都只下载两个不同的项:把内容发布给页面的 POST 命令和一个脚本文件。一个更大的部分是进入次要 POST 的响应体,如图 13-19 所示。

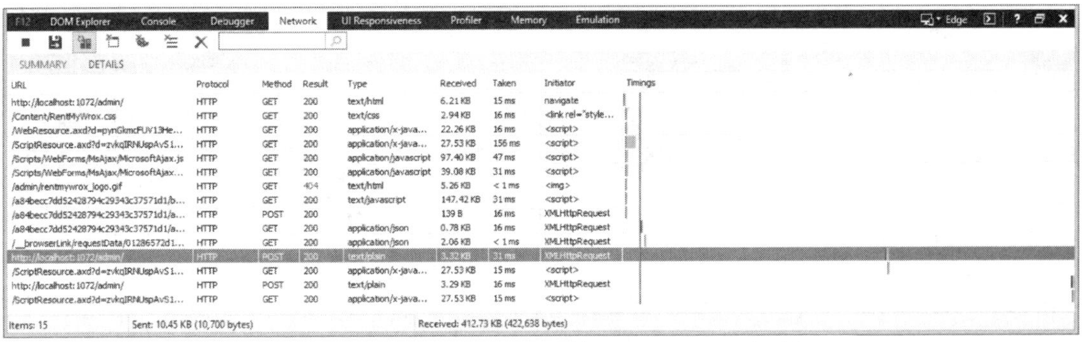

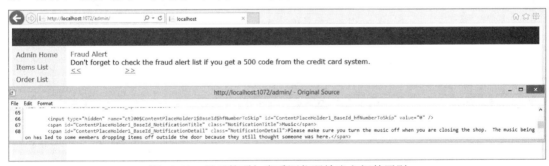

图 13-18　带有 UpdatePanel 的 F12 Network 选项卡

图 13-19 显示了每种方法之间的鲜明差异，因为一个面板的内容仅是响应体的内容。

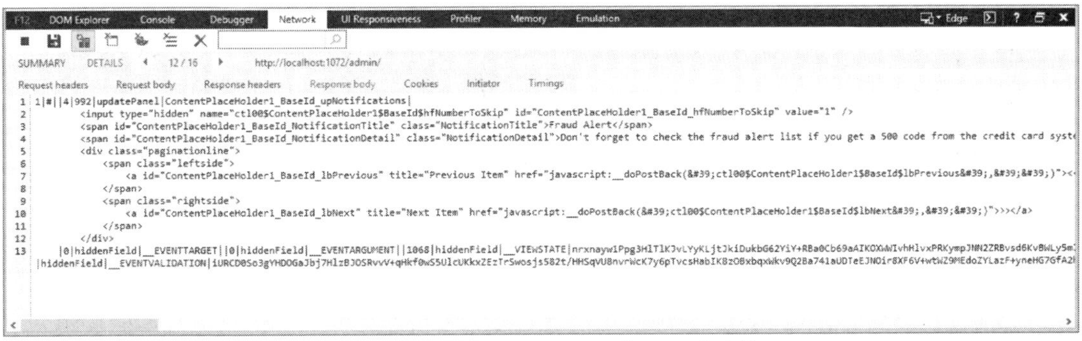

图 13-19　带有 UpdatePanel 的 F12 响应体

使用 UpdatePanel 时，要理解的一个方面是如何在浏览器中管理信息，以及 F12 工具为什么如此重要。访问一个新页面，得到完整的下载时，将页面的来源设置为要下载的内容。如果想在浏览器中查看源代码，会得到下载的信息。然而，如果使用 UpdatePanel 改变页面的一部分，就会遇到一个问题，如图 13-20 所示。

图 13-20　显示的项与查看源代码输出之间的区别

如果实际显示在浏览器中的内容不匹配查看内容来源时显示的值，这种区别就很明显。这是因为部分页面的更改不会加载到实际下载的文件中，而是在内存中填充替换的内容，这样它们就不会成为页面来源的一部分。这意味着最好通过 F12 工具获得某部分请求的细节。

前面讨论了使用 UpdatePanel 时返回的信息，下面看看如何作为请求体的一部分发送的信息，在使用 UpdatePanel 的请求和没有使用 UpdatePanel 的请求之间的区别。图 13-21 显示了每个方法的请求体。

Request Body when there is no UpdatePanel

__EVENTTARGET=ctl00%24ContentPlaceHolder1%24lbNext&__EVENTARGUMENT=&__VIEWSTATE=o58bGSdXUw4P7pHq9Nchw7NsSbO036ryT68JvwQ4dd%2FjNYMpIi1rhWa6%2BrveCpPqydFe6jYfajqEJjct0orM
Q3HYmIdQ%2Fvtg3f60irY1HbgAQJhoyIq6De59I2qGfndxqSvT%2FZZYdH7P3VRW6tRvEqpMVNMUjwpdVxHjlDZTDZbQJjI5db8X8vsBL7rS8vtZdRTAXncWdcXT6E7HzXjAx9KC%2Bz8yCsEYwhKXZf%2FWw8J%2BAzUFWE2E5ko%2F
ipUHAh%2BW%2FKpDvicnRU2E2LMVMN1JCm%2Fqk2vfTuxq8Z74GpeuZmpr3e0RCSD7gpYymHPcfBAYNER6y9Ts%2Fs504jXMK9iloDyr3YtFl%2FSFLUdXjzy3Hmftmaicnt QRJAXze89VjmRtrVziOnwftuTxAug8IbAkkpf87TJw9QY6
Lo4A8hfqu9xEzPll2gwo6uUbPb1hnHzEWeVCg03Iwnh3AYHXvhLGelWnDQYvBN8JgdvczbsjHfmWQDpy91CRM8ByZABJYmRS6ToHa7mQmWCCS3sCLVjsPL%2F6YxlqgTIL4ZzxhRJUd0XYVpCnmV3iqFO9hSpEuurOvN87T6I7ISdAXd
Ug065JGxMdMbi%2B3ypzg5ttWVLB7HDRpQn700bM56WJjC4zVrAzwMNE%2FPYXtaMsB%2F%2Bvx7r4Gt4f0LiOWgaGW8BwSfvyyDeDmE0smkSixJr2LlnP9%2B0udWyKIUG49RlIOuL3wGiz76cISyH5BkyuVxYy56H7isE%2B34arNa
KR19KX0Rtr5Z%2B8Rjhq7jRma%2FbX6qyrPrxKgXfNK5dhQbzUkbHDQ%2FUMVPoNqD9lu7v3avSgWi%2BWq5w64GETLz9gihueQUZbQj%2BdXAt1fUKr6L%2B8%2BjmOnLgb%2B2BSURwkdBeGj0%2FVT9ei0QeZ7n3Pfw5fBzBt8qacc
vLWVSPZid0C9s38d4qgNdqniHcoCRVUa47WOJke%2FqpqwVU0N9L915H%2F1Zn%2Fli1wUjqb744%2F7DisPcxYhMFTqW2Bd0Jfo5Bt55L1z%2B28xPmDNMaTzMhMcNqhWKC2P2FyWEK%2B2BBskVWM3OfGuRk6Oz%2F2FH2KrzNM
CFvh7WqRgDg5%2FeOwSUnlcOVvs74bAcsQ5G2xdyhUEWAI1krtp7K3Q6AB5cPMrNzHnOqlMSzDoU1rrjXIX0Fg%2BBhH%2BJMH%2F9Bup8p31hFb2sifBmo4AF8w%3D%3D&ctl00%24ContentPlaceHolder1%24Baseld%24
hfNumberToSkip=0&
__VIEWSTATEGENERATOR=CD4DC1CD&
__EVENTVALIDATION=3n8ZbmUJRvKL5rVqfvTimpapE85xD71UM7MC7ixLbLNH4C7gJtMqM9VPE5Eh1eBk1OgUINdTEdHt2LpiLhgLuH4U5j%2BEd8bE1DlH432vu2p6OReF%2FURkZywbr7jjf9X2DsIEuIBmLddQ9WP54viFxg%3D
%3D

Request Body when there is an UpdatePanel

ctl00%24ContentPlaceHolder1%24Baseld%24smNotifications=ctl00%24ContentPlaceHolder1%24upNotifications%7Cctl00%24ContentPlaceHolder1%24lbNext&__EVENTTARGET=ctl00%24ContentPl
aceHolder1%24Baseld%24lbNext&__EVENTARGUMENT=&__VIEWSTATE=s5%2Fuqv3r9LRIKy%2BMsyb0wqYy9qxcUVFLc5v99DBYoikmAvifJtBs7Y4nKxhFoGunHFpEixIIubExVkEseXK%28EDUkKeL%280B8mAHWfTtcig%2BeJl
8GBRxHhcBxZAMzbwu84ex53JfVnvjh1o%2B%2BB42CTxpoErPpYYXQbC6uV8hCDnV9WLaNgI051AjOi3agsc7QL1n%2BV88i1JgK%2BEizhUb28UJdi%2BcNuZB4EedzA5Rvp2zkNYd6KXcbtMdit41Ipnzyr3eU8XgTkwG32p7nyDb
wxyVQXqyi%2FizAiUIrifre6YHGR7pNjzFQnbxUj8xSk%2B2BJ1PM9GWpdFa1FqkMmKIzUpixMn2O5RBVI1LpP9BFx7IeurD92IHazNXZCFQgnGZZeh4Q39pX29bIrGizenfZDigUvE%2BkA%2Fje34FwIE6dx7xDe%2FuxLThq4C%2FGU9
OFD0TwXD8nGa5aUvwHKbQwwUZsArfqatp%2BSGhXgJkWwbiyAAua82Z8DRIIPAXvpxk2b2htbFWrIeLxiwtEyt8fz1Zn3TpneK52JxZ55pgNJjkmKTOOxkRe8TxmVv9v5UVK7OhvF2kCAuLmB0PZp2hy7OrV3c1ZDuJVY2qX6HJUenB
b6YSKJV8PvITwWGpqiUggJ9D2%2FrxYHMxDxxvRhjvzO9cdnF7cTPgIxkiYq8%2B8Di9XLO9N8MsybSpUt2qOkpLPFpqyxSLIZnG4f0mcFiYIMQtyUVFrmZVCrBYDKID3xNSwYdPTVuvrdV%2B2BTwBuz%2F2bycsHaIvVMhmb5
4NwSbo%2FYUIIT4X%2BWG1a0%2B81CYsYiofq4ALr2hSO%2FrbgiEET7BVTF1K1jI1LEjeW91v3BTZPz6Lv4R4dv65djIzZaKEU6YxIfT4VOx4zOhyeQnsaLjqLre64KbwmiKgfc0NtfqvzB1gMYM8u%2BmcWcYl1zPP6XHNP4F5fa%2B5
635N%2FRIvWMu8EwHHfCS296BCgtK1nTAwqORdLDeVj4jUIFDCGutyY%2FzHiP1QGs4LF9D0yU3xUPko4Lzc7kZptb6GzHtUM9SJwcg4NpI8AfIl52UC674SZllmad%2FyqpB%2BMThF2VYgOkz3Opnm5JDyPtthZ%2FaaN2gHpKp
mopY%2FBizRkOkyn2rG%2BPtDOxxBhj%2FCIrtaVVXS4yH9muXp61krOqeX2YTaRvHbtgU7fUq9SdJ%2BtWBvzZ7sgQBCQ%3D&ctl00%24ContentPlaceHolder1%24Baseld%24
hfNumberToSkip=0&
__VIEWSTATEGENERATOR=CD4DC1CD&
__EVENTVALIDATION=2YcgBhz7dCSsMDv29Vq8BZ7ChMbjKY1Q6q2iesEhHhgEtDLXEEqqj9RAS2R2vgZbPJMrdhp%2FJkxAIQibGNm8hPtb%2FfvFxETGzTweg2%2FHqHO%2FQ1rerib3UPcaIsX3GX5OnT0C6swd5j3%2BNbwQXB
8DmQ%3D%3D&__ASYNCPOST=true&

图 13-21　请求主体的差异

如图 13-21 所示，请求的大小几乎没有差别。这意味着表单的完整内容与请求一起发送回，而不是只发送 UpdatePanel 内的信息。注意到其中包括 ViewState 值，就可以证实这一点，因为这些值肯定在 UpdatePanel 内容的外面。这意味着，计算部分请求的内容时，可以利用 UpdatePanel 以外的信息。

知道可以利用 UpdatePanel 以外的值，就意味着可以在控件的外部触发部分回送吗？下面详细看看 UpdatePanel 控件，就能得到答案。

UpdatePanel 最常用的属性如表 13-1 所示。

表 13-1　常见的 UpdatePanel 属性

属性	说明
ChildrenAsTriggers	定义了面板是否允许包含在 ContentTemplate 中的控件刷新 UpdatePanel。从这个示例可以看出，其默认值是 true。当这个属性设置为 false 时，如果 UpdateMode 设置为 Always，系统就抛出异常。如果此属性设置为 false，UpdateMode 设置为 Conditional，POST 请求会调用服务器，但面板的区域不会用更新的内容刷新——调用发生了，但无法查看结果
ContentTemplate	ContentPanel 控件用作构成面板的所有元素的容器，此属性是更新内容的实际包装器
Id	此时调用 Id 看起来很愚蠢，但需要确保 Id 设置为唯一的值。如果考虑添加 UpdatePanel 时添加到 HTML 的内容，就可能发现，创建了对<div>元素的引用。没有 Id，这个引用就会出问题，在许多情况下会导致脚本错误。确保不会发生这种情况的最安全方法是提供一个 Id 值
RenderMode	这个属性能够确定 UpdatePanel 用于封装内容的 HTML 元素的类型。默认属性是 Block，它使控件使用<div>控件包含内容。然而，如果选择 Inline，面板就使用<span>元素来代替

(续表)

属性	说明
Triggers	这个属性是不同触发器的一个集合。有两个主要类型的触发器 PostBackTrigger 和 AsyncPostBackTrigger。PostBackTrigger 用于进行完整页面的刷新，而 AsyncPostBackTrigger 用来把 UpdatePanel 关联到控件体外部的控件
UpdateMode	这个属性决定控件是否用每次更新的内容来刷新。默认值是 Always，这意味着只要有回送，就更新这个部分。其他可能的值有 Conditional，它设置面板，使内容只在某些条件下更新。例如，触发了连接到触发器的一项

如属性列表所示，的确可能利用面板外部的控件更新面板。如果要进行异步更新，代码如下：

```
<asp:ScriptManager Id="ScriptManager1"
    runat="server"></asp:ScriptManager>
<asp:UpdatePanel ID="UpdatePanel1" runat="server" ChildrenAsTriggers=
    "false" UpdateMode="Conditional">
    <ContentTemplate>
        ... some content ...
    </ContentTemplate>
    <Triggers>
        <asp:AsyncPostBackTrigger ControlID="bOutsideButton" />
    </Triggers>
</asp:UpdatePanel>
<asp:Button ID="bOutsideButton" runat="server"
OnClick="bOutsideButton_Click"/>
```

注意按钮控件 bOutsideButton 并不包含在 UpdatePanel 的 ContentTemplate 中。然而，添加 Triggers 元素，再使用 AsyncPostBackTrigger 通过触发器的 ControlID 属性引用某个按钮，就会提供连接。这个连接可以确保单击那个按钮后刷新 UpdatePanel 中的内容。

默认使用 UpdatePanel，在 Web 页面中实现 AJAX，可以提高网站的可用性。这种体验可以进一步改善。

2. 改善 AJAX 体验

前面修改 Notifications 控件的体验已经增加了可用性。还可以添加另外两个 AJAX 服务器控件，以进一步提高可用性。UpdateProgress 和 Timer 控件采取不同的方法，帮助在使用 Web 应用程序时，改善用户体验。

UpdateProgress 控件是一个给用户传送信息的通信工具，它可以通知用户何时在页面上执行某个工作。在刚才的示例中，很难确定是否需要这个控件，因为一切发生得太快，工作也很简单，所有内容都驻留在相同的机器上。然而，在一些情况下，处理可能需要几秒钟的时间，让用户知道某些事情正在发生就变得非常重要。如果他们单击了一个按钮，而页面静止不动，许多用户会再次单击该按钮。这在服务器上可能会导致问题，例如再次使用用户的信用卡支付订单。

另一个控件 Timer 能够消除导致更新的用户交互需求。它设置一个值,让模板根据配置来更新,而不是要求用户输入。这能够添加功能,如自动滚动项列表或定期更换图片。

接下来的示例将给当前使用的 UpdatePanel 添加这两个控件。

试一试 给 UpdatePanel 添加控件

该练习将改进 Notifications 控件,在显示内容时向用户显示一条消息,并向面板添加一个计时器,使内容定期刷新本身。

(1) 确保运行 Visual Studio,打开 RentMyWrox 解决方案。打开 Controls\NotificationsControl.ascx 标记页面。

(2) 在关闭 ContentTemplate 元素的上面添加以下代码:

```
<asp:Timer runat="server" ID="tmrNotifications" Interval="5000"
    OnTick="Notifications_Tick" />
```

(4) 打开代码隐藏页面,并添加以下方法:

```
protected void Notifications_Tick(object sender, EventArgs e)
{
    numberToSkip++;
    DisplayInformation();
}
```

(4) 在 DisplayType 方法上应用过滤器的代码的后面,给 DisplayInformation 方法添加以下代码。添加后,结果如图 13-22 所示。

```
private void DisplayInformation()
{
    hfNumberToSkip.Value = numberToSkip.ToString();

    using (RentMyWroxContext context = new RentMyWroxContext())
    {
        var notes = context.Notifications
            .Where(x => x.DisplayStartDate <= DateForDisplay.Value
                && x.DisplayEndDate >= DateForDisplay.Value);

        if (Display != null && Display != DisplayType.Both)
        {
            notes = notes.Where(x => x.IsAdminOnly == (Display == DisplayType.AdminOnly));
        }

        // rolls over the list if it goes past the max number
        if (numberToSkip == notes.Count())
        {
            numberToSkip = 0;
        }

        lbPrevious.Visible = numberToSkip > 0;
        lbNext.Visible = numberToSkip != notes.Count() -1;

        Notification note = notes.OrderByDescending(x => x.CreateDate).Skip(numberToSkip).FirstOrDefault();

        if (note != null)
        {
            NotificationTitle.Text = note.Title;
            NotificationDetail.Text = note.Details;
        }
    }
}
```

图 13-22 更新的 DisplayInformation 方法

```
// rolls over the list if it goes past the max number
if (numberToSkip == notes.Count())
{
    numberToSkip = 0;
}
```

(5) 运行应用程序，进入\Admin。注意内容每 5 秒更新一次，从列表的开头开始，直到到达最大值为止。

(6) 回到标记页面，在 UpdatePanel 之后添加以下代码，完成后的控件应该如图 13-23 所示。

```
<asp:UpdateProgress ID="uprogNotifications" DisplayAfter="500"
    runat="server" AssociatedUpdatePanelID="upNotifications">
    <ProgressTemplate>
        <div class="progressnotification">
            Updating...
        </div>
    </ProgressTemplate>
</asp:UpdateProgress>
```

图 13-23　更新的控件包括 UpdateProgress 方法

(7) 在 Next_Click 方法中的任何地方添加以下代码行:

```
System.Threading.Thread.Sleep(5000);
```

(8) 给 RentMyWrox.css 文件添加以下选择器:

```
.progressnotification {
    height: 30px;
    width: 500px;
    background-color: #FDE9EF;
    padding-left: 40px;
    line-height: 32px;
    color: #C40D42;
}
```

(9) 运行应用程序，进入\Admin 页面。一旦显示了页面，就单击通知下面的 Next 链接。屏幕应该如图 13-24 所示。

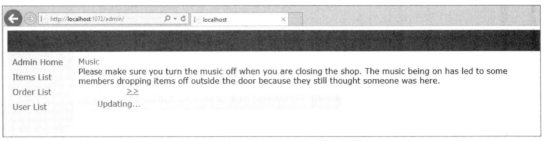

图 13-24　Update Progress 消息可见

(10) 删除在步骤(7)中添加的代码行。

示例说明

第一个添加的控件是 Timer。把它添加到页面上，就改变了用户的体验，用户可以查看各种通知，而不需要采取任何行动。设置了两个键值：Interval 属性和 OnTick 事件处理程序。

Interval 属性设置计时器停止之前的时间，以毫秒为单位。可以在必要时设置这个时间间隔，本例将它设置为 5 秒。先前的调用完成后，计时器自动重启。这是一个有趣的项，因为可以把它放在面板中，就像 LinkButton 控件那样，也可以把它放在面板的外部，通过 UpdatePanel 触发器建立关系，即使根据设置好的时间，先前调用的结果在屏幕上不可用，也会自动重启定时器。一旦定时器到达设置的时间间隔，就触发部分回送，调用 OnTick 事件处理程序，就像给 Previous 和 Next 链接按钮建立事件处理程序一样。

Timer 控件在页面的脚本上添加了一个新的 JavaScript 文件：

```
<script src="../Scripts/WebForms/MsAjax/MicrosoftAjaxTimer.js"
        type="text/javascript"></script>
```

还在标记中添加 Timer 控件的位置增加了一个新的<span>元素：

```
<span id="ContentPlaceHolder1_BaseId_tmrNotifications"
    style="visibility:hidden;display:none;"></span>
```

然而，这个新的 HTML 元素设置为不显示；它只是一个内容占位符。这个元素从来都不可见，而用作一个占位符，这样运行在应用程序中的 JavaScript 就有一个 DOM 引用。

13.1.3　在 MVC 中使用 AJAX

考虑在应用程序中引入 AJAX 时，ASP.NET Web Forms 和 ASP.NET MVC 的实现方法仍旧是不同的。Web Forms 实现方法支持使用各种服务器控件。MVC 采用不同的方法：使用 HTML 辅助程序支持 AJAX 调用。

其中最重要的是@Ajax.ActionLink 辅助程序，这里也要使用它。这个辅助程序的目的是创建一个链接，单击它时，会调用一个控制器，得到一个局部视图，然后把局部视图返回的内容放在页面上的特定区域。虽然看起来很复杂，但很容易实现。首先需要的是页面上的一个元素，新内容要把它作为引用。读者可能认为这是 Web Forms 中的 UpdatePanel，但它仅仅是可以唯一标识的 HTML 元素(通常是<div>或<span>)，如下：

```
<div id="elementtobeupdated">content to be replaced</div>
```

一旦知道内容会显示在什么地方，就可以构建 Ajax.ActionLink。ActionLink 有许多不同的方法签名，每个版本都需要不同的信息。方法签名中的各项在表 13-2 中列出。

表 13-2　填充 Ajax.ActionLink 的可能项

变量	说明
Action	Action 是单击某项时要调用的方法。这一动作需要返回一个局部视图才能正常工作
AjaxOptions	AjaxOptions 对象用于设置采取行动时预期会发生什么事。可用的属性包括： ● HttpMethod：表示发出 AJAX 请求时使用的 HTTP 方法(GET 或 POST) ● Confirm：在一个确认对话框中用于向用户显示一条消息。如果用户选择 OK，就调用服务器 ● OnBegin：定义在请求开始时调用的 JavaScript 函数名 ● OnComplete：指定在请求结束时调用的 JavaScript 函数名 ● OnSuccess：指定在请求成功时调用的 JavaScript 函数名 ● OnFailure：指定在请求失败时调用的 JavaScript 函数名 ● LoadingElementId：发出 AJAX 请求时，可以给最终用户显示进度消息或动画。这个属性的值标识了页面中的一个元素。这个 AJAX 辅助程序只显示和隐藏该元素 ● UpdateTargetId：指定特定 DOM 元素的 ID。这个特定的元素将填充动作方法返回的 HTML ● InsertionMode：定义了调用完成时如何在屏幕上使用新内容。可能的值是 InsertAfter、InsertBefore 和 Replace
Controller	控制器的名称，包含响应请求的动作，不包含字符串的 Controller 部分。如果控制器没有提供 Controller，所引用的动作就在创建当前视图的同一个控制器上
Route Values	路径值是需要添加到路由中且在动作中使用的项。这些项是 URL 值或查询字符串值，这取决于设置和需求
Text to Display	这个项是应该显示的文本——出现在屏幕上的单词，单击它们，会调用动作

因此，为要替换的内容添加一个部分，以及更新要替换区域的部分页面，如下面的代码所示：

```
<div id="elementtobeupdated">content to be replaced</div>
@AJAX.ActionLink("Click Me",
        "Details",
        "ClickMe",
        new { @Model.Id },
        new AJAXOptions
        {
            UpdateTargetId = " elementtobeupdated",
```

```
                    InsertionMode = InsertionMode.Replace,
                    HttpMethod = "GET"
                })
```

<div>元素包含要替换的内容。这两个引用、与之交互的元素和对内容的处理(本例是取代)，都在 AJAXOption 类内设置。

如果比较 ActionLink 和 之前使用的 Html.ActionLink，你会发现唯一不同的是这个 AJAXOption 类，所有其他参数都与构建简单的 ActionLink 时使用的参数相同。

贯穿整个过程的所有其他工作也与之前的工作相同，只是把所有的工作都包装到基于 AJAX 的功能中。参见下一个示例。

试一试　添加 AJAX 调用，将物品添加到购物车中

本例将添加 AJAX 调用，将商品添加到购物车中，显示购物车的更新摘要。然而，由于尚未有任何购物车的功能，所以在添加 AJAX 功能时，必须添加所有的支持功能。请注意，有很多功能!

(1) 确保运行 Visual Studio，打开 RentMyWrox 解决方案。展开 Models 文件夹。添加一个新类 ShoppingCart。添加 using 语句和属性，如下:

```
using System;
using System.ComponentModel.DataAnnotations;

namespace RentMyWrox.Models
{
    public class ShoppingCart
    {
        [Key]
        public int Id { get; set; }

        [Required]
        public Item Item { get; set; }

        [Required]
        public Guid UserId { get; set; }

        [Required]
        [Range(1,100)]
        public int Quantity { get; set; }

        [Required]
        public DateTime DateAdded { get; set; }
    }
}
```

(2) 添加一个新类 ShoppingCartSummary。添加如下属性:

```
public int Quantity { get; set; }
```

```
public double TotalValue { get; set;}
```

(3) 添加一个新类 OrderDetail。添加如下属性：

```
[Key]
public int Id { get; set; }

[Required]
public Item Item { get; set; }

[Required]
[Range(1, 100)]
public int Quantity { get; set; }

public Double PricePaidEach { get; set; }
```

(4) 添加一个新类 Order。添加如下属性：

```
[Key]
public int Id { get; set; }

[Required]
public Guid UserId { get; set; }

public DateTime OrderDate { get; set; }

public DateTime PickupDate { get; set; }

public string HowPaid { get; set; }

public List<OrderDetail> OrderDetails { get; set; }

public double DiscountAmount { get; set; }
```

(5) 打开 Models\RentMyWroxContext 文件，添加如下 DbSets。完成后，上下文文件如图 13-25 所示。

```
public virtual DbSet<ShoppingCart> ShoppingCarts { get; set; }
public virtual DbSet<Order> Orders { get; set; }
```

(6) 构建解决方案(Build | Build Solution)。完成后，选择 Tools | NuGet Package Manager | Package Manager Console 窗口。输入下面的代码行，创建新的数据库迁移，然后按回车键：

```
add-migration "order and shoppingcart"
```

(7) 输入 update-database，处理迁移脚本，并按回车键。

(8) 右击 Views\Shared 目录，使用如图 13-26 所示的设置添加一个新视图 _ShoppingCartSummary。

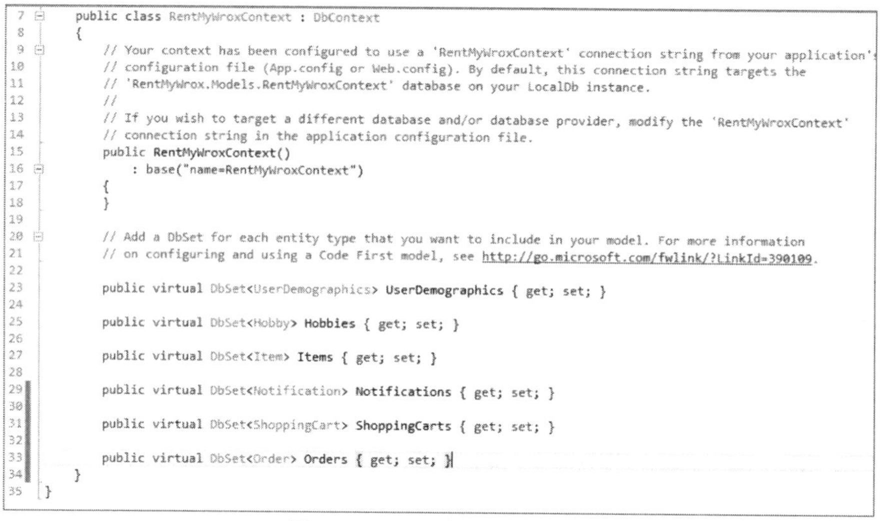

图 13-25　更新的上下文文件

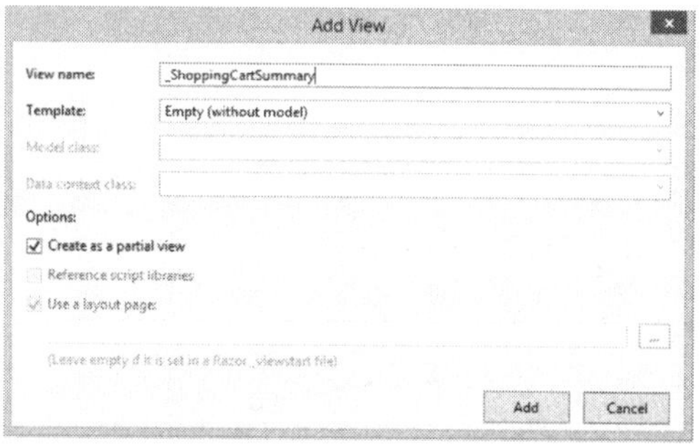

图 13-26　配置一个新的局部视图

(9) 给新文件添加以下内容，完成后如图 13-27 所示。

```
@model RentMyWrox.Models.ShoppingCartSummary

@if(Model != null && Model.Quantity > 0)
{
    <span># in Cart: @Model.Quantity</span>
    <span class="moveLeft">Value: @Model.TotalValue.ToString("C")</span>
}
else
{
    <span>Your cart is empty</span>
}
```

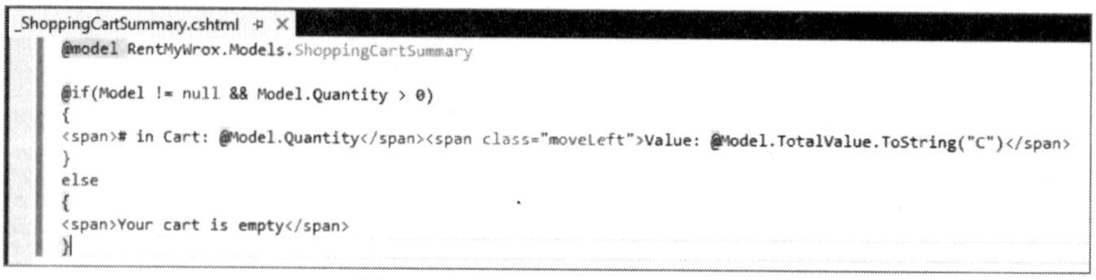

图 13-27　新局部视图的内容

(10) 右击 Controllers 目录，添加一个新的 Empty Controller，命名为 ShoppingCartController。

(11) 在刚才创建的页面的顶部添加以下 using 语句：

```
using RentMyWrox.Models;
```

(12) 在 ShoppingCartController 类中添加一个新的私人属性，如下面的示例所示。页面的这个部分应如图 13-28 所示。

```
private Guid UserID = Guid.Empty;
```

```
RentMyWrox
1  using System;
2  using System.Collections.Generic;
3  using System.Linq;
4  using System.Web;
5  using System.Web.Mvc;
6  using RentMyWrox.Models;
7
8  namespace RentMyWrox.Controllers
9  {
10     public class ShoppingCartController : Controller
11     {
12         private Guid UserID = Guid.Empty;
13
```

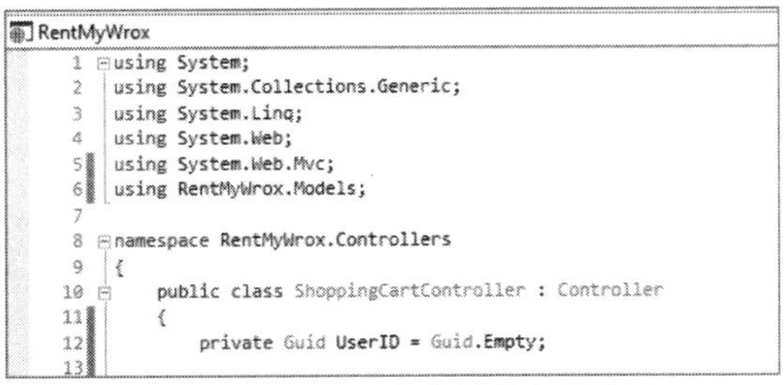

图 13-28　带有私有变量的新控制器

(13) 添加一个新的私有方法：

```
private ShoppingCartSummary GetShoppingCartSummary(RentMyWroxContext context)
{
    ShoppingCartSummary summary = new ShoppingCartSummary();
    var cartList = context.ShoppingCarts.Where(x => x.UserId == UserID);
    if (cartList != null && cartList.Count() > 0)
    {
        summary.TotalValue = cartList.Sum(x => x.Quantity * x.Item.Cost);
        summary.Quantity = cartList.Sum(x => x.Quantity);
    }
    return summary;
}
```

(14) 在刚才添加的方法的上面，给控制器添加一个新的动作：

```
public ActionResult Index()
{
    using(RentMyWroxContext context = new RentMyWroxContext())
    {
        ShoppingCartSummary summary = GetShoppingCartSummary(context);
        return PartialView("_ShoppingCartSummary", summary);
    }
}
```

(15) 在私有方法的上面，给控制器添加一个新的方法：

```
public ActionResult AddToCart(int id)
{
```

```
using (RentMyWroxContext context = new RentMyWroxContext())
{
    Item addedItem = context.Items.FirstOrDefault(x => x.Id == id);

    // now that we know it is a valid ID
    if (addedItem != null)
    {
        // Check to see if this item was already added
        var sameItemInShoppingCart = context.ShoppingCarts
            .FirstOrDefault(x => x.Item.Id == id && x.UserId == UserID);
        if (sameItemInShoppingCart == null)
        {
            // if not already in cart then add it
            ShoppingCart sc = new ShoppingCart
            {
                Item = addedItem,
                UserId = UserID,
                Quantity = 1,
                DateAdded = DateTime.Now
            };
            context.ShoppingCarts.Add(sc);
        }
        else
        {
            // increment the quantity of the existing shopping cart item
            sameItemInShoppingCart.Quantity++;
        }
        context.SaveChanges();
    }
    ShoppingCartSummary summary = GetShoppingCartSummary(context);
    return PartialView("_ShoppingCartSummary", summary);
}
```

(16) 右击 RentMyWrox 项目，然后选择 Manage NuGet Packages。确保在窗口的 Online 和 Microsoft and .NET 区域，搜索 unobtrusive。结果如图 13-29 所示。

(17) 在磁贴 Microsoft jQuery Unobtrusive AJAX 上单击 Install 按钮，接受可能出现的许可协议。

(18) 包安装完成后，打开 App_Start\BundleConfig.cs 文件，并添加以下代码行：

```
bundles.Add(new ScriptBundle("~/bundles/jqueryajax").Include(
        "~/Scripts/jquery.unobtrusive-ajax*"));
```

(19) 打开 Views\Item\Index.cshtml 文件，找到代码<a class="inlinelink" href="">Add to Cart</a>，用如下代码替换：

```
@Ajax.ActionLink("Add to Cart",
        "AddToCart",
        "ShoppingCart",
        new { @item.Id },
```

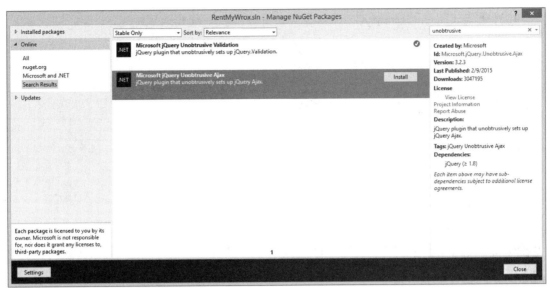

图 13-29 NuGet Package Manager 中的搜索结果

```
new AJAXOptions
{
    UpdateTargetId = "shoppingcartsummary",
    InsertionMode = InsertionMode.Replace,
    HttpMethod = "GET"
},
new { @class = "inlinelink" })
```

(20) 在Views\Item\Details.cshtml文件中进行相同的修改，但使用{ @Model.Id }替代
{ @item.Id }。代码如下：

```
@Ajax.ActionLink("Add to Cart",
"AddToCart",
"ShoppingCart",
new { @Model.Id },
new AjaxOptions
{
    UpdateTargetId = "shoppingcartsummary",
    InsertionMode = InsertionMode.Replace,
    HttpMethod = "GET",
    OnBegin = "fadeOutShoppingCartSummary",
    OnSuccess = "fadeInShoppingCartSummary"
},
new { @class = "inlinelink" })
```

(21) 打开 Views\Shared_MVCLayout 文件。定位标题，在徽标图片的后面添加以下代码：

```
<span id="shoppingcartsummary">@Html.Action("Index", "ShoppingCart")</span>
```

(22) 在文件的底部会看到一些@Scripts.Render 命令。在该区域添加以下代码：

```
@Scripts.Render("~/bundles/jqueryajax")
```

(23) 打开 Content\RentMyCrox.css 文件，并添加以下样式：

```
.moveLeft {
    margin-left: 15px;
}

#shoppingcartsummary {
    vertical-align: middle;
    text-align:right;
    margin-left: 100px;
}
```

(24) 运行应用程序，并导航到主页。屏幕如图 13-30 所示。

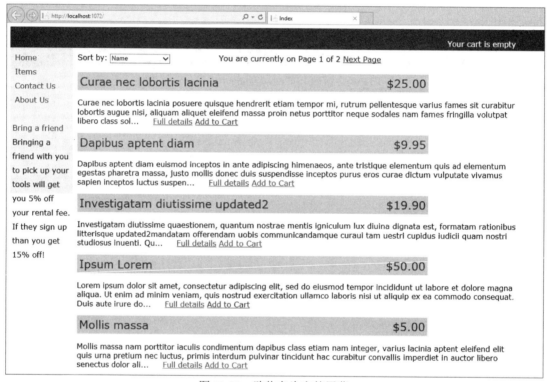

图 13-30　购物车为空的屏幕

(25) 单击一个 Add to Cart 链接。页面的顶部应该改变，但没有刷新整个页面，如图 13-31 所示。

示例说明

这个示例执行了许多不同的操作。前几个步骤是构建对象模型，以管理用户的购物车。这里建立了模型类，根据需要设置属性，然后把它们添加到上下文中，这样 Entity Framework 就明白要持久化这些项。两个类 ShoppingCartSummary 和 OrderDetail 没有直接添加到上下文中，但不添加它们的原因是不同的。

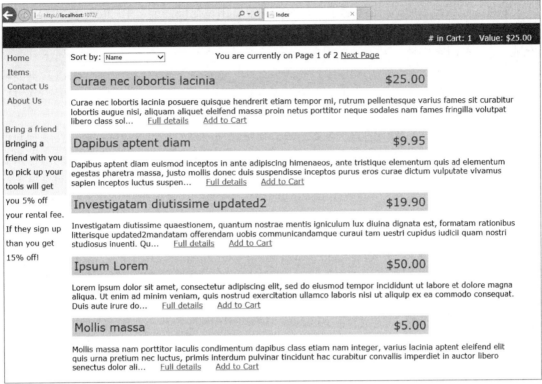

图 13-31　更新了购物车的屏幕

没有添加 ShoppingCartSummary，是因为它不需要持久化，该类的目的是传递信息，在本例中是把摘要信息传递给视图。这种方法也称为使用 ViewModel。OrderDetail 类没有添加到上下文文件中，是因为虽然它需要持久化，但该类在其父 Order 类的外部是没有意义的。Order 类的 OrderDetails 属性包含一个 OrderDetail 对象的集合。对于这里采用的方法，总是可以访问 Order 类的 OrderDetail 属性，但是无法直接访问它，因为上下文没有这个属性。

下面的代码是迁移脚本的一部分内容，创建该脚本，可以把这些模型变更放到数据库中：

```
CreateTable(
        "dbo.OrderDetails",
        c => new
          {
              Id = c.Int(nullable: false, identity: true),
              Quantity = c.Int(nullable: false),
              PricePaidEach = c.Double(nullable: false),
              Item_Id = c.Int(nullable: false),
              Order_Id = c.Int(),
          })
    .PrimaryKey(t => t.Id)
    .ForeignKey("dbo.Items", t => t.Item_Id, cascadeDelete: true)
    .ForeignKey("dbo.Orders", t => t.Order_Id)
    .Index(t => t.Item_Id)
    .Index(t => t.Order_Id);
```

如果比较新对象中的内容，就会发现有两项没有出现在模型定义中：Item_Id 和 Order_Id 属性。这些表列由 Entity Framework 添加进来，管理与 Item 表和 Order 表的关系，Entity Framework 使用它们链接到不同的对象。

一旦把新的模型放到应用程序中，完成数据库，就可以开始实现真正的 AJAX。需要解决的业务需求是能将一个条目添加到购物车中，在页面的一个区域内显示购物车的一些信息，包括购物车中商品的数量和它们的总价。

这里用于解决业务需求的方法是使用局部视图管理内容的显示；局部视图直接在初始页面加载过程中调用，然后初始加载局部视图的 HTML 用服务器中 AJAX 调用的响应内容来取代。将这个局部视图添加到模板页面的顶部，并使其在应用程序的每个 MVC 页面上可见，代码如下所示：

```
<span id="shoppingcartsummary">@Html.Action("Index", "ShoppingCart")</span>
```

注意两个部分。首先是 Html.Action 方法，它调用局部视图，该局部视图是 ShoppingCartController 中 Index 方法的输出。添加它是为了确保内容添加到页面上，作为初始页面下载的一部分。其次是包含局部视图的输出的元素有可以识别的 id。这个标识是很重要的，这样浏览器才能找到其内容被 AJAX 调用的输出所取代的元素。参见后面的内容。

要创建的初始局部视图是非常简单的。执行工作的控制器动作也很简单，如下所示：

```
public ActionResult Index()
{
    using(RentMyWroxContext context = new RentMyWroxContext())
    {
        ShoppingCartSummary summary = GetShoppingCartSummary(context);
        return PartialView("_ShoppingCartSummary", summary);
    }
}

private ShoppingCartSummary GetShoppingCartSummary(RentMyWroxContext context)
{
    ShoppingCartSummary summary = new ShoppingCartSummary();
    var cartList = context.ShoppingCarts.Where(x => x.UserId == UserID);
    if (cartList != null && cartList.Count() > 0)
    {
        summary.TotalValue = cartList.Sum(x => x.Quantity * x.Item.Cost);
        summary.Quantity = cartList.Sum(x => x.Quantity);
    }
    return summary;
}
```

Index 方法调用另一个方法，找到特定用户在 ShoppingCart 表中的所有物品，然后计算项数和总价格，以创建带有这些值的类 ShoppingCartSummary。然后把类 ShoppingCartSummary 传递给局部视图，作为用于显示的模型。以这种方式使用这样的类就是没有将它添加到上下文中的原因；数据不应该直接保存在数据库中。

UserId 的一个注意事项是：当前使用的是空的 GUID 或每个位置都是 0 的 GUID。这意味着添加到购物车中的所有项都用单个值输入，因此总是可以添加和可用。这显然不是我们希望的实际使用方式，但目前还没有用户。阅读第 15 章的身份验证时，就会改变这些。

有了局部视图后，就可以添加 AJAX，给服务器发送信息，得到响应，然后用响应更换下载页面的一部分。没有直接添加任何 AJAX 代码，而是使用 AJAX 辅助程序，如下所示：

```
1  @Ajax.ActionLink("Add to Cart",
2      "AddToCart",
3      "ShoppingCart",
4      new { @item.Id },
5      new AJAXOptions
8      {
7          UpdateTargetId = "shoppingcartsummary",
8          InsertionMode = InsertionMode.Replace,
9          HttpMethod = "GET" // <-- HTTP method
10     },
11     new { @class = "inlinelink" })
```

上述代码段的 1 至 4 行和第 11 行建立了对用户可见的链接，第 1 行添加了要显示的文本，第 2、第 3 和第 4 行添加动作、控制器和 Url 变量，以构建单击链接时调用的 URL。如果链接在 Id 为 10 的项上，则构建的 URL 就是\ShoppingCart\AddToCart\10。第 11 行给元素指定 CSS 类。所有这些代码都是 Html.ActionLink HTML 辅助程序的常见代码。

第 5 至第 10 行把它们与 HTML 辅助程序 AJAXOptions 分隔开。表 13-2 包括各种属性的定义，但本例只使用了三个属性：UpdateTargetId、InsertionMode 和 HttpMethod。UpdateTargetId 属性用于定义受此 AJAX 调用影响的 DOM 元素。这里指定的字符串值 shoppingcartsummary 与包含局部视图的元素的 Id 相同。下一个属性 InsertionMode 定义了 AJAX 请求带来的结果；在本例中，它将替换刚才识别的元素的内容。另一个选项是在识别的元素前后插入结果。HttpMethod 定义了要在服务器的 AJAX 调用中使用的方法。

这个控件创建的 HTML 如下所示：

```
<a class="inlinelink"
   data-ajax="true"
   data-ajax-method="GET"
   data-ajax-mode="replace"
   data-ajax-update="#shoppingcartsummary"
   href="/ShoppingCart/AddToCart/5">Add to Cart</a>
```

第 12 章讲述验证时，提到了一些共性，特别是使用自定义特性改变被单击项的行为。如果删除带有 data-ajax 前缀的所有特性，就会用一个简单的锚元素进行完整的回送，替换页面。然而，添加特性会把单击变成 jQuery Unobtrusive 库能够解析和理解的事件。可以看到，这个元素的特性几乎直接引用回 AJAXOptions 中设置的值。

为了实现这个功能，必须添加新的 NuGet 包，获得支持这种方法的 JavaScript 库。然后需要把下载的 JavaScript 库添加到 Scripts 目录中，一起添加到页面中。这确保添加到项目中的脚本下载到客户端，在进行 AJAX 调用时使它们可用于客户端。

一旦创建了锚元素，单击可见文本，就会触发服务器的异步调用。与 Web Forms 控件执行的 AJAX 调用不同，这是一个不包含请求主体的 GET 调用。这意味着请求的大小是最小的。相比之下，POST 请求包含页面上的每个表单值，包括 Web Forms 控件发送的 ViewState。与 Web Forms 调用一样，返回的内容很少，如图 13-32 所示。

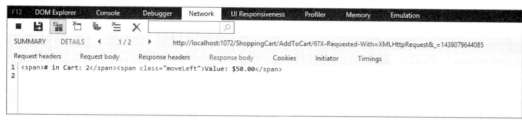

图 13-32   F12 开发工具显示了响应体

必须添加的最复杂代码是响应 AJAX 请求的动作。在这段代码中，发生的过程如下：

(1) 解析 URL，识别要添加到购物车中的项的 Id。

(2) 查询数据库，以确保要发送的 Id 是有效的。

(3) 然后查询 ShoppingCart 集合，确定这个用户的购物车中是否已经有一个带有此 Id 的项。如果有，就意味着该项已添加到购物车中。于是不再添加该项，在数据库中给相同的项加载两行，而当项已存在于购物车中时，动作仅仅增加数量。

(4) 如果没有与 Id 匹配的 ShoppingCart，就创建一个，并添加到上下文的集合中。

(5) 保存对数据库的更改。

(6) 进行调用，以确定 ShoppingCartSummary。

(7) 把 ShoppingCartSummary 返回给使用初始页面加载时创建的同一个局部视图，从而用另一个动作的输出取代内容。

(8) 局部视图呈现为 HTML，然后返回给客户端，如图 13-32 所示。

这个示例可以利用 ASP.NET MVC 对 AJAX 辅助程序的支持，关联到 Unobtrusive JavaScript 库，允许进行简单的编码来支持基于 AJAX 的请求。

在本章的这两种情况下，来回发送 HTML 内容，用新信息取代先前存在的内容。使用 AJAX 时，还有除发送 HTML 之外的其他方法。下一节将讨论其中一个方法。

13.2   在 AJAX 网站中使用 Web 服务

通过 AJAX 发送 HTML 内容是一个简单的方法，客户端和服务器上的工作量最少。然而，传回客户端的信息有一些冗余。在上个示例中，创建了一个 AJAX 调用，返回一组缩写的信息，如下所示：

```
<span># in Cart: 2</span><span class="moveLeft">Value: $50.00</span>
```

每次用户在购物车中添加一项时，一共要下载近 70 个字符。然而，只有 6 个字符是真正重要的：项的数量(在这种情况下是 2)和价格(50.00)。可以做出改变，大大减少将一项添加到购物车中的典型响应的大小。虽然在这个应用程序的上下文中，这看上去不重要，但对于像亚马逊这样一分钟处理成千上万个响应的公司而言，可能节省大量的带宽，从而直接影响公司的盈利能力。

进行这种修改，需要的不是下载 HTML，而是下载需要显示的值。为此，可以把所需的信息(在本例中是 ShoppingCartSummary 对象)转换成 JSON 字符串，并返回该字符串，这里显示了默认格式：

```
{"Quantity":2,"TotalValue":50}
```

这个转移组有 30 个字符，但是可以修改它们，把要转换为 JSON 的类的属性名缩短为更短的属性名，例如 Qty 和 Val 等，从下载中删除额外的 12 个字符。另一个必须进行的修改是如何处理传入的项。使用 HTML 方法时，只需用一套新的内容替换现有内容。显然，这里不能采取同样的做法，因为有很多中间内容要维护，而是仅替换一部分内容。

但在开始学习如何管理到达客户端的这些信息之前，首先了解如何从服务器获取对象而不是 HTML 片段。从服务器获取对象的最常见方法是使用 Web 服务。

从技术上讲，Web 服务通常定义为通过网络在两台计算机之间通信的方法。然而，这意味着前面所做的所有工作都基于 Web 服务，因为所构建的系统允许一台计算机(客户端)与另一台计算机(服务器)通信。这就是为什么使用更具体的定义，将 Web 服务作为两台计算机之间交流对象信息的方法。这个对象不是 HTML，而是对象的序列化版本。

序列化和反序列化

序列化是将对象转换成可转换格式的过程。通常理解为将对象翻译成一个字符串，这样在转换过程的最后可以把该字符串转换回对象。在进行网络通信时，这是特别重要的，因为协议基于在客户端和服务器之间来回发送字符串。

序列化对象时，序列化器(完成该工作的软件)一般要遍历对象的所有属性，并将它们转换成一系列键/值对，其中键是属性的名称，值是属性值的字符串版本。如果属性不是简单的类型，序列化器就把属性值序列化成自身的一组键/值对。序列化器为对象的每个属性做同样的工作，必要时深入到对象中，获得基础值。

反序列化是逆转该过程。构造对象，然后遍历键/值对列表，根据响应解析字符串，获得适当的类型。对于对象属性是复杂类型的情况，也同样发生该过程：遍历这些辅助的键/值对，创建那些次级对象，填充其值。

在当前的.NET 环境中有三种不同的方法来创建 Web 服务：Windows Communication Foundation (WCF)、ASP.NET Web API 和 ASP.NET MVC。每个方法的工作原理及其在开发项目中的使用目的都不同。

WCF 是一个完整的框架，支持不同计算机之间的通信。它提供了大量的功能，支持许多不同的协议，包括除 HTTP 之外的协议。这是.NET Framework 支持通信的 Microsoft 企业级区域。可以看出，在 WCF 中有很多不同的功能，在某些情况下使用 WCF 是很关键的。这不是其中的一种情况。

在.NET 中创建 Web 服务的下一个方法是使用 ASP.NET Web API。Web API 是一个更小的 Web 服务管理系统；它只支持 REST 服务的创建，而 WCF 支持创建许多不同类型的服务。使用 Web API 允许开发人员构建 URL，非常类似于使用 ASP.NET MVC 创建的 URL。

说到 ASP.NET MVC，还可以在 MVC 中通过控制器上的动作创建 Web 服务。通过改变返回值，可以把 MVC 动作改为 Web 服务。前面使用的大部分动作都返回某种类型的视图，要么是完整视图，要么是局部视图。然而，可以从视图中简单地返回一个序列化的对象而不是 HTML，如下所示：

```
public ActionResult Details(int id)
{
    using (RentMyWroxContext context = new RentMyWroxContext())
    {
        Item item = context.Items.FirstOrDefault(x => x.Id == id);
        return Json(item, JsonRequestBehavior.AllowGet);
    }
}
```

你对这个代码片段很熟，唯一的区别是，方法没有返回 View(item)，而是返回方法的结果，将一个对象转换为 JSON。同时，得到这个对象的 URL 是\Item\Details\5，得到 Id 是 5 的项。

Web API 还通过路由使用控制器和动作过程，就像 MVC 一样。然而，命名过程是不同的，因为 URL 和 HTTP 方法是完全集成的，这样 MVC URL 里的中间描述符就是缺失的。因此，在 Web API 应用程序中，要使用的默认 URL 是\Item\5，因为对 URL 执行 GET，意味着要看到该项。对 URL 执行 PUT 或 POST，将创建或更新 Item 对象。

Web API 能够避免这种中间描述符，因为它不需要担心 HTML 的创建。看看 MVC，会发现这个中间描述符通常更关注要使用的默认视图(通过约定)，因此默认情况下，\Item\Details\5 调用会期望调用 Details 动作，并返回 Details 视图。Web API 不需要担心这些，所以采用另一种方法。

以下代码片段显示了一个完整的控制器，它涵盖了对象上所有可用的方法，本例中是 Item：

```
public class ItemsController : ApiController
{
   // GET api/items
   public IEnumerable<Item> Get()
   {
      using (RentMyWroxContent context = new RentMyWroxContent())
      {
         return context.Items.OrderBy(x => x.Name);
      }
   }

   // GET api/items/5
   public Item Get(int id)
   {
      using (RentMyWroxContent context = new RentMyWroxContent())
      {
         return context.Items.FirstOrDefault(x => x.Id == id);
      }
   }
```

```csharp
// POST api/item
public void Post(Item item)
{
    using (RentMyWroxContent context = new RentMyWroxContent())
    {
        var savedItem = context.Items.Add(item);
        context.SaveChanges();
    }
}

// PUT api/items/5
public void Put(int id, [FormValues] values)
{
    using (RentMyWroxContent context = new RentMyWroxContent())
    {
        var item = context.Items.FirstOrDefault(x => x.Id == id);
        TryUpdateModel(item);
        context.SaveChanges();
    }
}

// DELETE api/items/5
public void Delete(int id)
{
    using (RentMyWroxContent context = new RentMyWroxContent())
    {
        var item = context.Items.FirstOrDefault(x => x.Id == id);
        if (item != null)
        {
            context.Items.Remove(item);
            context.SaveChanges();
        }
    }
}
```

Web API 的一个引人注目的默认功能是动作的名称如何对应 HTTP 方法。如果看看评论，就可以看到，每一个方法都直接关联到要在对象上执行的典型动作：

- 得到对象的列表
- 查看特定的对象
- 创建新的对象
- 更新现有对象
- 删除对象

因此，任何要用于对象的操作都在控制器上可用。

ASP.NET MVC 和 ASP.NET Web API 的另一个区别是：使用 Web API 来管理这个过程提供了一些灵活性。因为 Web API 仅用于提供序列化的对象，它会自动处理序列化过程。返回的对象可以有多种格式，最常见的是 JSON 和 XML。在 ASP.NET MVC 中构建时，要定义所返回项的格式。这意味着，如果想同时支持 JSON 和 XML 格式，让不同的请求者获得他们的首选格式，就必须对这两种方法编码。在 Web API 中执行这个任务时，不需要担心序列化成合适的格式；Web API 会根据请求标题自动完成，我们只需返回正确的对象即可。

虽然 Web API 提供了 MVC 默认情况下不支持的额外功能，但在这种情况下，大多数特性都并不重要。网站开发人员要使用该服务，不需要 Web API 提供的很多灵活性(WCF 也是如此)，在客户端和服务器上编写的代码只要能相互通信即可。接下来的示例将编写一个 Web 服务，给客户端提供信息。

试一试　把营业时间添加到应用程序中

很多实体店的网站上都有一个受欢迎的特性：通知访问者商店是否营业，如果不营业，就通知访问者何时营业。这个示例将创建一个 Web 服务，把该信息返回为序列化的 JSON 对象。

(1) 确保运行 Visual Studio，打开 RentMyWrox 解决方案。

(2) 展开 Models 文件夹。添加一个新类 StoreOpen。添加属性，如下所示：

```
public bool IsStoreOpenNow { get; set; }
public string Message { get; set; }
```

(3) 右击 Controllers 文件夹，添加一个新的 Empty MVC 控制器 StoreOpenController。

(4) 填写 Index 动作，如下所示：

```
// GET: StoreOpen
public ActionResult Index()
{
    StoreOpen results = new StoreOpen();
    DateTime now = DateTime.Now;
    if (now.DayOfWeek == DayOfWeek.Sunday ||
      (now.DayOfWeek == DayOfWeek.Saturday &&
            now.TimeOfDay > new TimeSpan(18,0,0)))
    {
        results.IsStoreOpenNow = false;
        results.Message = "We open Monday at 9:00 am";
    }
    else if (now.TimeOfDay >= new TimeSpan(9,0,0) &&
            now.TimeOfDay <= new TimeSpan(18,0,0))
    {
        results.IsStoreOpenNow = true;
        TimeSpan difference = new TimeSpan(18,0,0) - now.TimeOfDay;
        results.Message = string.Format("We close in {0} hours and {1} minutes",
            difference.Hours, difference.Minutes);
    }
    else if (now.TimeOfDay <= new TimeSpan(9,0,0))
    {
        results.IsStoreOpenNow = false;
        results.Message = "We will open at 9:00 am";
    }
    else
```

```
    {
        results.IsStoreOpenNow = false;
        results.Message = "We will open tomorrow at 9:00 am";
    }
    return Json(results, JsonRequestBehavior.AllowGet);
}
```

(5) 运行应用程序，进入\StoreOpen。屏幕提示下载一个文件，如图 13-33 所示。

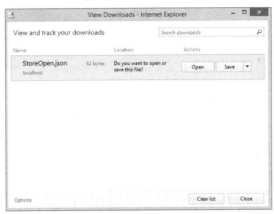

图 13-33　下载 StoreOpen.json 文件

(6) 单击 Open，如有必要，选择在记事本中查看文件。响应如下所示(根据日期和时间，读者的值可能有所不同)：

```
{"IsStoreOpenNow":false,"Message":"We open Monday at 9:00 am"}
```

示例说明

本例创建了一个新的模型和控制器，与前面多次创建的一样，这些步骤没有什么不寻常的。在这个控制器中创建的 Index 动作构造一个新的 StoreOpen 对象，然后基于请求的日期和时间填充其值。

假设商店在星期一到星期六从上午 9 点营业到下午 6 点。逻辑检查 4 种不同的可能性：

● 星期六和星期天关门时间后，用户会得到一条商店星期一早晨营业的消息。

● 星期一到星期六的开门和关门时间之间，用户会得到一条消息，显示到商店关门还有多长时间。

● 如果是关门时间后、午夜之前，用户就会得到一条消息，表示商店明天早上会开门。

● 如果是午夜之后、开门时间之前，用户就会得到一条消息，表示商店在上午 9 点开门。

所有这些逻辑都用来填充返回给用户的 StoreOpen 对象。对象是通过 Json 方法返回的，该方法序列化作为参数传递的对象。该方法的第二个参数是 JsonRequestBehavior。它有两个潜在的行为 AllowGet 和 DenyGet。默认行为是不允许通过 GET 请求返回 JSON 对象。默认关闭通过 GET 检索 JSON 对象的功能的原因是，开发人员一定要记住，通过这种方法传递的信息是不安全的，可以下载和打开一个包含 JSON 信息的文件，就证明了这一点。这种默认行为迫使开发人员考虑通过 HTTP GET 方法暴露的数据，然后做出公开这些数据是否合理的决定。总是可以从 POST 或 PUT 请求中返回 JSON 数据，因为这些 HTTP 动词总是假设已经创建或改变了一些信息。

这个示例创建了一个控制器和一个动作,返回一个 JSON 序列化对象。那么,如何处理这个对象?

13.3 AJAX 中的 jQurey

创建一个 Web 服务允许把信息下载到客户端应用程序中。然而目前,信息只是一个代表对象的字符串。要使用这个项影响 UI,需要使用 jQuery 的功能。下一章将更深入地探讨 jQuery 功能。本节只介绍支持基于对象的 AJAX 调用所需的部分。

在 AJAX 中使用 jQuery AJAX 时,尤其需要发出服务器调用的代码。jQuery 方法用于发出 GET 请求,getJSON 方法会返回 JSON,如下所示:

```
$.getJSON("url to call")
```

描绘 jQuery 的最重要事情之一是$。如果擅长 jQuery,就知道这并不表示可以赚到的钱,它类似于一个名称空间,把之前的动作定义为 jQuery 库的一部分。

$可能会混淆。在前面的示例中,它主要用于把 jQuery 表示为名称空间。然而,它还可以用于确定一个选择,如下:

```
$("#someDOMelement").html("some content");
```

在这个示例中,$()代表识别 DOM 中一些内容的一种方式,在本例中是 id 为 someDOMelement 的一个元素。选择器的行为就像 CSS 中的选择器,所以本例可以确定,这是一个要匹配的 id,因为 "#" 是选择标识符的一部分。

区分$用法的唯一方式是:$后跟一组包含选择器的括号还是后跟一个句点。后跟一个句点时,就表示一个核心方法,本例是 getJSON。上述用法中不清楚的是如何处理从调用中返回的数据。

getJSON 方法有几种不同的回调函数,可用来管理调用的结果。完整的定义如下:

```
$.getJSON("url to call")
    .done(function (data) {})
    .failure()
    .always();
```

这些都利用了 jQuery 的 Promise Framework(详见下一章),可以链接任意多个不同的回调——无论是同一个回调的多个实例(例如 done)还是每个回调的一个实例。

done 回调定义了要在调用返回的 JSON 对象上执行的工作。这项工作可以在匿名函数中完成,或在定义良好的函数中完成。failure 回调允许客户端管理请求中的问题。例如,如果服务器返回服务器错误,就处理 failure 回调,而不是 done 回调。每次请求完成后,就执行 always 回调;如果请求成功,就执行 done 回调;如果失败,就执行 failure 回调。

接下来的示例创建 jQuery 代码,调用服务器,操作 DOM 中的项。这样就可以看到两种使用$前缀的方法。

试一试　调用服务器，显示检索的信息

这个练习要调用服务器，获取上一个示例建立的营业时间信息。下载信息后，就在 UI 中显示。

(1) 确保运行 Visual Studio，打开 RentMyWrox 解决方案。

(2) 打开 Views\Shared_MVCLayout.cshtml 文件。在 LeftNavigation 部分，在 Notifications 请求的上面添加以下代码行，完成后这部分应如图 13-34 所示。

```
<div id="storeHoursMessage"></div>
```

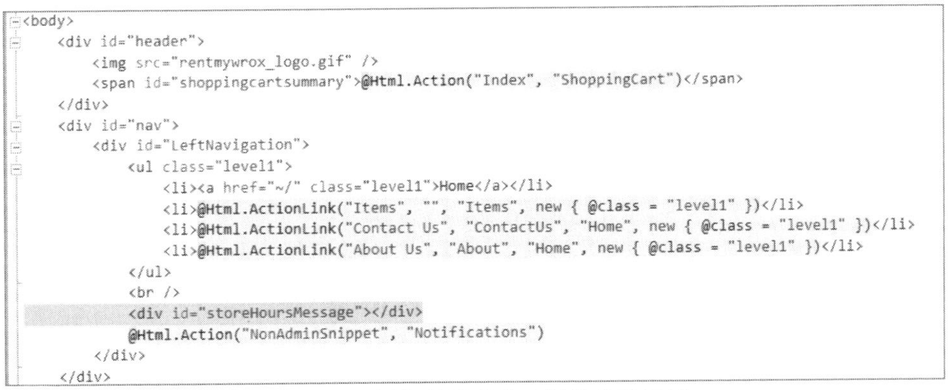

```
<body>
    <div id="header">
        <img src="rentmywrox_logo.gif" />
        <span id="shoppingcartsummary">@Html.Action("Index", "ShoppingCart")</span>
    </div>
    <div id="nav">
        <div id="LeftNavigation">
            <ul class="level1">
                <li><a href="~/" class="level1">Home</a></li>
                <li>@Html.ActionLink("Items", "", "Items", new { @class = "level1" })</li>
                <li>@Html.ActionLink("Contact Us", "ContactUs", "Home", new { @class = "level1" })</li>
                <li>@Html.ActionLink("About Us", "About", "Home", new { @class = "level1" })</li>
            </ul>
            <br />
            <div id="storeHoursMessage"></div>
            @Html.Action("NonAdminSnippet", "Notifications")
        </div>
    </div>
```

图 13-34　添加显示营业时间信息的区域

(3) 页面的底部附近有一些包含 datepicker 的脚本元素。在这些脚本元素中添加以下代码，完成后如图 13-35 所示。

```
function getStoreHours() {
    $.getJSON("/StoreOpen")
        .done(function (data) {
            var message = data.Message;
            $("#storeHoursMessage").html(message);
            $("#storeHoursMessage").removeClass();
            if (data.IsStoreOpenNow == false)
            {
                $("#storeHoursMessage").addClass("storeClosed");
            }
            else {
                $("#storeHoursMessage").addClass("storeOpen");
            }
            setTimeout(function () {
                getStoreHours();
            }, 20000);
        });
};

$(document).ready(function () {
    getStoreHours();
});
```

```
40    @Scripts.Render("~/bundles/jquery")
41    @Scripts.Render("~/bundles/bootstrap")
42    @Scripts.Render("~/bundles/jqueryajax")
43    <script language="javascript" type="text/javascript" src="~/Scripts/jquery-ui-1.11.4.js"></script>
44    @RenderSection("scripts", required: false)
45    <script type="text/javascript">
46
47        $(document).ready(function () {
48            $(".editordatepicker").datepicker();
49        });
50
51        function getStoreHours() {
52            $.getJSON("/StoreOpen")
53                .done(function (data) {
54                    var message = data.Message;
55                    $("#storeHoursMessage").html(message);
56                    $("#storeHoursMessage").removeClass();
57                    if (data.IsStoreOpenNow == false)
58                    {
59                        $("#storeHoursMessage").addClass("storeClosed");
60                    }
61                    else {
62                        $("#storeHoursMessage").addClass("storeOpen");
63                    }
64                    setTimeout(function () {
65                        getStoreHours();
66                    }, 20000);
67                });
68        };
69
70        $(document).ready(function () {
71            getStoreHours();
72        });
73
74    </script>
75    </body>
```

图 13-35　添加到页面中的 JavaScript

(4) 给 RentMyWrox.css 文件添加以下样式:

```
.storeOpen {
    background-color:green;
    color:white;
    text-align:center;
    font-size: small;
    font-weight: bold;
    width:125px;
}

.storeClosed {
    background-color:#F8B6C9;
    color:red;
    text-align:center;
    font-size: small;
    font-weight: bold;
    width:125px;
}
```

(5) 运行应用程序,进入主页。在屏幕的左边应显示一个新成员。根据运行应用程序的日期和时间,看到的内容会有所不同。图 13-36 显示星期天的输出。

示例说明

这个练习执行了两个主要动作。第一个动作是添加一些新的 HTML,包括给左菜单添加一个新元素和几个新的样式。新元素将用于存储来自于服务器的内容,而样式用于显示适当的消息。但是,与前面的 AJAX 方式不同,没有填写来自服务器的内容;这些<div>标签仅仅用作执行独立的服务器调用时的容器。

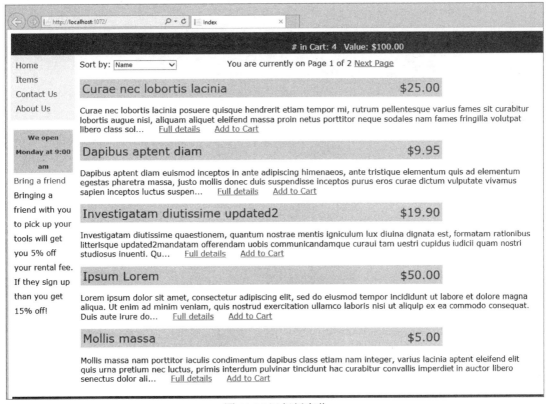

图 13-36 运行新变化

第二个动作是添加一些 JavaScript 代码。总之，所添加的 JavaScript 执行以下步骤：

(1) 使用上一个示例添加的控制器的 URL 调用服务器。

(2) 提取返回的信息，并将消息放入<div>标签。

(3) 评估 IsStoreOpenNow 属性，以确定把哪个样式应用于消息：一个样式用于商店开门时，另一个样式用于商店关门时。

(4) 设置一个定时器，在 20 秒内再次查询服务器，以经常刷新所显示的值。

现在考虑每一步是如何执行的。给页面添加两个不同的项。第一个是函数 getStoreHours。第二个是引擎启动时运行的代码。代码如下：

```
$(document).ready(function () {
    getStoreHours();
});
```

$()表明内容是一个选择器。在本例中，选择符是 document，它包含 DOM。告诉浏览器，文档准备好或加载到浏览器中时运行匿名函数。文档处理完后，这个过程与加载图片和其他可下载项是同时进行的。所运行的匿名函数有一行代码调用 getStoreHours 函数。简而言之，一旦文档加载，这行代码就运行其他方法。

JavaScript 函数 getStoreHours 调用服务器，然后根据结果更新 UI。下面列出这些代码，并添加行号，以便于引用：

```
1   function getStoreHours() {
2       $.getJSON("/StoreOpen")
3         .done(function (data) {
4             var message = data.Message;
5             $("#storeHoursMessage").html(message);
6             $("#storeHoursMessage").removeClass();
7             if (data.IsStoreOpenNow == false)
8             {
9                 $("#storeHoursMessage").addClass("storeClosed");
10            }
11            else {
12                $("#storeHoursMessage").addClass("storeOpen");
13            }
14            setTimeout(function () {
15                getStoreHours();
16            }, 20000);
17        });
18  };
```

第 1 行是函数定义。注意，没有定义可以用于 C#的返回类型，只描绘了一组需要运行的代码。该函数的内容是 getJSON 方法，它从第 2 行定义的 URL 中获取一组数据。

收集完数据后，就使用 done 回调处理数据，如第 3 行定义的匿名函数所示。调用返回的数据传递到可使用它们的匿名函数，就好像它们是标准的对象一样(的确是标准对象，详见下一章)。第 4 和第 5 行从返回的数据中获取一个特定的值(Message 属性)，设置 id 为 storeHoursMessage 的元素的 HTML 内容，正巧是在导航面板左侧添加的<div>元素。

设置消息后，第 6 行清除目前分配给该元素的类。这样做是因为与计算类值(Class Value)并确保是正确的相比，删除类并添加一个新的类会更简单。清除类值，是因为方法中接下来的几行基于 IsStoreOpenNow 属性的值，设置适当的样式。如果商店是开着的，将显示绿底白字样式，突出商店是开着的，并指示多久才关门。

方法的最后一部分是第 14 至第 16 行，它使用窗口或浏览器内置的 setTimeout 方法。这个方法就像一个定时器，设定关门之前的毫秒数。在计时器过期时，就运行一个匿名函数。本例中的匿名函数运行 getStoreHours 函数，从而确保每 20 秒再次调用方法来查询服务器，重新显示响应。

给 ASP.NET MVC 视图添加这个逻辑时，需要了解的一件事是，可以很轻松地在页面上添加从 Web Forms 响应中创建的相同信息，因为所显示的信息都不添加到服务器中，都是基于 Web 服务调用的结果定义的。添加这一功能需要相同的客户端步骤，但在.aspx(或.ascx)而不是.cshtml 页面上。

手动编写 AJAX 调用肯定比使用 Web Forms 服务器控件或 MVC AJAX 辅助程序要做的工作多，但在 ASP.NET 应用程序中使用 jQuery 库的能力，会让通过 JavaScript 编写 AJAX 代码非常简单。显然有更复杂的方法来执行 AJAX 交互，例如给传入动作的、已填写信息的对象执行 POST 操作，但这只是程度上有差异，而不是明显更多的工作；jQuery 简化了工作，就像前面使用的其他辅助程序一样。

13.4 AJAX 的实用提示

下面的提示将帮助获得在网站中使用 AJAX 的最大好处：

- UpdatePanel 看似要在所有地方都添加的功能，但应只在需要时使用，而不是用作默认方式。服务器上仍然有很多通信，所以在数据录入页面上使用多个 UpdatePanel 可能有问题，因为要多次提交每个表单元素。这也意味着，在编写代码隐藏时，必须保证不引用这些属性，不会带来多次传递引起的问题，例如在数据库中保存不完整的信息。

- 使用 UpdatePanel 时，也应该使用 UpdateProgress 控件。这有助于用户理解屏幕上的内容正在发生变化。因为用户请求而发生变化时，这是特别重要的。因为页面没有发布到服务器，所以更难确定按钮单击会带来什么变化，因为所有的处理是在后台发生的，不会自动显示在 UI 中。此时可以使用 UpdateProgress 控件；它们提供了变化的可视化线索。

- 在 MVC 应用程序中处理 AJAX 时，使用 AJAX 辅助程序可以节省时间。这些辅助程序证明使用 Unobtrusive JavaScript 库会支持 AJAX。本章描述了如何使用 JavaScript 和 jQuery 编写 AJAX 交互，也可以很轻松地给元素添加适当的属性，并包含 Unobtrusive JavaScript 库来获得 AJAX 体验。

- 考虑从服务器获得异步信息的方法时，有两个现实的选择。首先是使用可以放在 UI 不同区域的 HTML 片段。这个解决方案由内置的 AJAX 支持方案使用。然而，特定的需求可能无论采用这种方法，元素下载一次，然后更新元素的值会更有意义。这两个方法都同样有效，需要权衡第二种方法的额外工作量与第一种方法的局限性。

13.5 小结

ASP.NET 对 AJAX 的支持，使得更容易在应用程序中实现 AJAX。无论是在 Web Forms 还是 MVC 中实现 AJAX 方法，内置功能都使实现过程更加简洁、容易。使用 jQuery 和 JavaScript 自定义 AJAX 过程的能力，使开发过程更统一、更便于支持。

要在 Web Forms 中使用 AJAX，需要几种不同的服务器控件。最重要的控件是 UpdatePanel，它包含在 AJAX 调用过程中被替换的内容。除非存在 ScriptManager 服务器控件，否则 UpdatePanel 无法使用。ScriptManager 用于管理下载到客户端的 JavaScript 文件，以在客户端触发 AJAX 调用。

如果在 ASP.NET MVC 中需要使用 AJAX，就可能利用 AJAX 辅助程序来格式化 HTML，这样 jQuery Unobtrusive AJAX 库将正常工作。辅助程序能够确定哪些 HTML 元素受到调用结果的影响。这种方法通常用于显示局部视图。

即使默认的辅助程序和服务器控件没有提供需要的操作，也仍然可以使用 jQuery 和 JavaScript，为任何一种响应类型执行任何类型的服务器调用，几乎可以在浏览器中执行任何操作。这当然比使用其他方法付出的努力更多，但它也是完全可定制的，能满足任何需求。

13.6　练习

1. 如果想把最后一个示例中的功能(营业时间)放在 ASP.NET Web Forms 页面上，要执行哪些不同的操作？

2. 如果想在 ASP.NET Web Forms 页面上实现 Unobtrusive AJAX jQuery 库，需要采取什么措施？

3. 向 Web 页面添加计时器，用调用的结果更新页面的一部分，有什么挑战？

13.7　本章要点回顾

AJAX	AJAX 是一种设计，其中每次需要服务器的信息时，浏览器并不一定替换整个页面，而是替换页面的一部分，这样用户就可以继续浏览
AJAX.ActionLink	ASP.NET MVC的一个辅助方法，该方法会构建一个元素，以利用Unobtrusive AJAX库。这种方法可以帮助开发人员轻松实现AJAX方法，来取代HTML内容
AJAXOptions	这个类管理 AJAX.ActionLink 的 AJAX 部分的所有配置。类的属性和元素中用于 UnobtrusiveAJAX 的输出有直接关系
AsyncPostBackTrigger	UpdatePanel 上的设置，其中，把客户端动作链接到 UpdatePanel，把该动作定义为进行异步回送
ContentTemplate	UpdatePanel 并不实际保存要更新的内容。其中包含 ContentTemplate 属性，该属性包含了要更新的实际元素
反序列化	把一个字符串值返回到它代表的对象的过程
F12 开发工具	微软 Internet Explorer 附带的一个工具包。它给开发人员提供了很多支持，包括 CSS 和样式化支持，请求、响应的信息和细节，包括标题和主体，以及服务器响应的速度
getJSON	jQuery 中的一个实用方法，处理对 Web 服务的 GET 调用。按照定义，从服务器返回的响应应采用 JSON 格式
JSON 方法	可以在 ASP.NET MVC 控制器上使用的方法。它接受一个对象，并序列化它，将序列化的对象返回给客户端
Mozilla Firefox 开发工具	与 Internet Explorer 的 F12 开发工具一样，Mozilla Firefox 开发工具也可以用于所有 Mozilla Firefox 安装版本。它们提供的支持与 F12 开发工具相同
PostBackTrigger	它被链接到 UpdatePanel 上，但没有发出部分页面回调，而是发出完整的页面回送，就像没有使用 AJAX 一样
ScriptManager	ASP.NET Web Forms 中使用 AJAX 所必需的一部分。只要存在 UpdatePanel，就需要一个 ScriptManager，它保存了到支持 JavaScript 文件的链接
ScriptManagerProxy	能够把 ScriptManager 放在母版页上，然后处理从内容页面上的 UpdatePanel 到母版页上的 ScriptManager 的链接

(续表)

序列化	把对象转换为其字符串表示形式。这是必要的，因为转换后就可以通过互联网传输对象
单页面应用程序	单页面应用程序是建立网站的一个方法，其中，用户下载初始页面和所有必要的 JavaScript 文件，来管理用户和服务器之间的所有交互。没有完整页面的请求，所有更新都使用 AJAX 完成
Unobtrusive AJAX	一个 JavaScript 和 jQuery 库，允许通过受影响元素上的属性管理 AJAX 请求。它不需要在使用 AJAX 时通常需要的许多自定义脚本
UpdatePanel	一个 ASP.NET Web Forms 服务器控件，把一组特定的内容定义为可以通过 AJAX 调用来替换。要替换的内容存储在 ContentTemplate 中
UpdateProgress	处理 AJAX 调用时，这个服务器控件会提供用户反馈。当用户单击按钮，期望发生什么时，这尤其重要。如果效果是提取完整的页面，用户就知道发生了事件，因为要下载一个新页面，但因为它是一个异步请求，所以 updateProgress 控件提供了这些信息
Web 服务	在这种方式中，服务器处理请求，把信息发送回客户端。在技术上，Web 服务只是一个允许两台计算机通过网络进行交流的方法，但是我们修改这个定义，它表示对象通过网络传播

jQuery

本章要点

- jQuery 的历史及其非常重要的原因
- jQuery 中的可用功能
- 使用 jQuery 在页面内工作
- jQuery 框架的更深整合

本章源代码下载:

本章源代码的下载网址为 www.wrox.com/go/beginningaspnetforvisualstudio。从该网页的 Download Code 选项卡中下载 Chapter 13 Code 后,可以找到与本章示例对应的单独文件。

本书前面把精力集中在应用程序里不针对 jQuery 的其他领域,但在一些地方提到过 jQuery。一些示例使用 jQuery 来支持客户端验证,支持 AJAX 调用,把结果显示在页面上。 jQuery UI 小部件也被拉到应用程序中,以调用日期选择器。所以我们知道,jQuery 在网站的 客户端使用。本章阐述 jQuery 在现代 Web 开发中非常流行的原因,并更多地介绍 jQuery 库 中可用的功能。

14.1 jQuery 简介

jQuery 是一个 JavaScript 库,目前互联网上估计有大约三分之二的网站在使用它。称它 为 JavaScript 库,是因为它完全是用 JavaScript 编写的,所以 jQuery 可以在 JavaScript 方法中 使用,就像核心 JavaScript 方法那样;它仅仅是一组可以在 JavaScript 中使用的额外对象和方 法,就像 Entity Framework 把一个单独的功能集添加到.NET 中。要了解 jQuery 的历史,需 要了解 JavaScript 的演化过程。

14.1.1　早期的 JavaScript

JavaScript目前的版本是6，在2015年6月发布，JavaScript最初包含在Netscape Navigator 2中，在1995年晚些时候发布。1996年，微软开始在Internet Explorer中包括JavaScript，从IE 3开始。当时，这两种实现方式是不同的，难以在两种浏览器中提供动态体验。这种区别导致出现一些可怕的建议："最好在Internet Explorer中查看"或"最好在Netscape中查看"。

尽管 JavaScript 语言本身是在 1997 年 Ecma International(一个国际标准化组织)发布 ECMAScript 标准(它基于 JavaScript)时标准化的，但这并不意味着，同样的脚本在不同的浏览器中以同样的方式工作。JavaScript 方法本身是毫无意义的；只有在以某种方式与用户进行交互时，它才是有用的。这是另一个重要的问题——每家主流浏览器公司都对 DOM 建立了自己的增强功能，JavaScript 必须与这些增强功能交互，定义 DOM 有如此不同的方法，意味着与之交互的代码也是不同的。这些 DOM 定义不是 Ecma 标准化的一部分；它们在 W3C 的独立标准化工作中定义。HTML 的最新版本 HTML5 进行了更新，以更好地定义 DOM 及其交互点，标记着给 DOM 元素提供标准化的最好尝试。这样，无论使用什么浏览器，JavaScript 标准化都能够持续地、以标准的方式识别 DOM 元素，并与之交互。

尽管浏览器以标准化的方式实现了 JavaScript 和 DOM，但普遍采用 JavaScript 时有一些问题：

- 该语言完全不同于其他常见的开发语言，在处理 Web 应用程序时必须学习第二门语言。
- 因为 JavaScript 通常依赖运行时环境，如 Web 浏览器，所以它的行为在每个环境中仍不是完全一致。
- 必须在显示代码(HTML)中包括一些处理代码(JavaScript)，以确保它们一起工作。

处理代码和显示代码的混合导致相同的问题，于是人们创建了 ASP.NET 来取代经典 ASP。ASP.NET Web Forms 是比经典 ASP 更洁净的方法，但在处理和显示的链接方面，它们仍然有自己的问题，这导致 ASP.NET MVC 的开发。JavaScript 也有同样的问题。为了让 JavaScript 的效率最高，它必须绑定到 HTML 元素上，才能让元素的事件运行一组 JavaScript。这意味着不仅 JavaScript 实现方案要理解 DOM，DOM 也必须了解 JavaScript 方法。

14.1.2　jQuery 的作用

jQuery 库在 2006 年发布，用于解决上述三个问题。核心 jQuery 是一个 DOM 操作库，还提供了一种全新的方式，通过在一个位置一次提供事件的分派和事件的回调函数定义，来管理事件和事件处理。这意味着使用 jQuery 库，很容易通过 JavaScript 将事件处理程序添加到 DOM 中，而不是在整个页面上添加 HTML 事件属性来调用 JavaScript 函数。这完全不需要循环引用，而是允许显示代码而忽略处理代码。

与 JavaScript 相比，jQuery 的另一个优点是它提供的抽象层次。开发人员在客户端编写的大部分代码都与选择屏幕的一部分并在该区域执行的一些操作相关。jQuery 提供了一种方法来执行同样的操作，同时允许开发人员避免用 JavaScript 完成许多工作，而是使用(例如)联机的 jQuery 命令来代替 15 行 JavaScript 代码。这意味着，开发人员不一定要成为使用 JavaScript 高效地开发 UI 的专家；理解 jQuery 中几个不同的命令就允许他们完成许多工作。

关于在浏览器中使用 JavaScript 的最后一个问题涉及跨浏览器的不兼容性。jQuery 知道，主流浏览器的各种 JavaScript 引擎可能是不同的，刚刚提到的抽象部分也可能不同，jQuery 库在打造自己的接口时，会处理所有这些不兼容性。这意味着 jQuery 提供的功能在各个浏览器中是标准化的，简单的 JavaScript 代码就不是这样。

核心 jQuery 库支持很多功能：

- DOM 元素选择
- DOM 元素操作
- AJAX
- 事件
- 动画和其他效果
- 异步处理(与 AJAX 不同)
- 数据(尤其是 JSON)解析
- 其他插件，可扩展功能

一些额外的插件已经成长为重要的库。比较重要的库如表 14-1 所示。

表 14-1　额外的 jQuery 模块

模块	说明
jQuery UI	一组用户界面组件。这些组件包括用户交互、效果、主题和小部件。jQuery 小部件的一个示例是第 11 章添加的日期选择器
jQuery Mobile	随着用来访问互联网的移动设备的不断增长，需要基于 HTML5 的 UI 系统非常小(数据传输给移动设备是非常昂贵的)、非常灵活，尤其是确定可视空间和脚本支持
QUnit	一个 JavaScript 单元测试框架。它不基于 jQuery 本身，而是由 jQuery、jQuery UI 和 jQuery 移动项目用于测试。QUnit 能够测试任何 JavaScript 代码，而不仅仅是 jQuery，也可以用来测试它本身。
jQuery Validation	这个框架支持客户端验证。它完成标准的验证任务，还提供了大量的定制选项。它包括多个验证方法，验证不同类型的数据，包括电子邮件地址或 URL，也可以编写自己的验证方法
Globalize	只要访问者有一个互联网连接，互联网上的内容就可以在世界上的任何地方访问。这使全球化和国际化越来越重要，因为企业要给不会讲网站所使用语言的人提供访问和交流服务
jQuery Mouse Wheel 插件	这是一个非常专业的库，解决了一个非常复杂的问题：与客户端的专用硬件交互作用，这些硬件在 JavaScript 刚推出时甚至根本想象不到，但很快就变成标准硬件

因为 jQuery 是开源的，所以其他实现方案也利用了它所提供的功能。例如，微软提供了安装 jQuery 框架的许多不同部分的能力(安装为包)，还可以进行一些定制，现在内置为项目中生成的输出，如 Web Forms AJAX 和验证。微软在这些情况下使用的脚本也使用了 jQuery 框架的多个部分。

开源

"开源"这个词通常是指一组功能，即一个应用程序或库，其源代码可由开发人员下载和使用。每组功能通常有一个许可协议，告诉用户他们能对项目的源代码做什么和不能做什么。一些许可很开放，允许用户执行几乎任何希望的操作，而另一些许可的限制较严，限制了应用程序或库的使用方式。

这些许可包括：

- MIT 许可：如果授权软件的所有副本包括 MIT 许可条款的一个副本和版权声明，就允许在专有软件中重用。jQuery 使用 MIT 许可。

- GNU 通用公共许可：在 GPL 许可下，用户有权自由分发工作的拷贝版本和修改版本，并规定衍生的工作也保留同样的权利。这意味着开发人员不能出售使用 GPL 授权的产品或库的非开源版本。

- Apache 许可：这种类型的许可允许软件用户为了任何目的而自由使用、分发、修改软件，根据许可，还可以分发修改后的版本，而不必关心版税。这是 ASP.NET 使用的许可。

每个不同的 jQuery 库都可以用于 ASP.NET 应用程序，无论是 Web Forms 还是 MVC 应用程序。在应用程序中包括这些项，取决于要使用什么库、在哪里使用，以及使用的其他注意事项。然而，与库交互的机制对所有 jQuery 库都相同，甚至是标准库。

14.1.3　包括 jQuery 库

一旦确定在应用程序中满足一组业务需求的最好方法是使用 jQuery，就必须确定需要哪些 jQuery 部分，以及如何使它们可用于应用程序。因为是在 Visual Studio 中工作，添加第三方库的默认方法就是使用 NuGet 包，事实上前面已经使用这种方法添加了一些 jQuery 包。图 14-1 中带复选标志的项就是已经安装到示例应用程序中的 jQuery 项。

此时已经安装了 jQuery 核心库、jQuery UI 包、jQuery、验证框架，以及一些 Microsoft 特定的 Unobtrusive jQuery 库。如前面的章节所述，必须有 Microsoft 库，各种 ASP.NET 辅助程序才能创建适当的 HTML 元素和相关属性。启用 JavaScript 库的属性称为 unobtrusive。

这些库的名字略有误导性，因为看起来好像 jQuery 和 unobtrusive 是不同的。unobtrusive 只是使用 JavaScript 的一种方法，把功能从表示层中分离出来。使用这个定义意味着 jQuery 也是 unobtrusive(不引人注目的)，因为这是 jQuery 库的一个要点。

JavaScript 和 DOM 是如何混合在一起的，问题究竟是什么，前面虽然多次提到，但可能不太清楚。这个混合方法的示例如下：

```
<input type="text" name="date" onchange="validateThisDate()" />
```

onchange 属性就是混合发生的位置——其中的代码在 HTML 元素内调用一个 JavaScript 函数，把这两项永远链接在一起。unobtrusive 解决方案是在代码中执行链接，让 HTML\DOM 内容不引用 JavaScript；相反，所有引用都是从 JavaScript 到 DOM 元素的引用。unobtrusive 方法允许修改任何 JavaScript，如更改函数名，但这些更改都在 JavaScript 内发生，而不必改变任何 HTML。

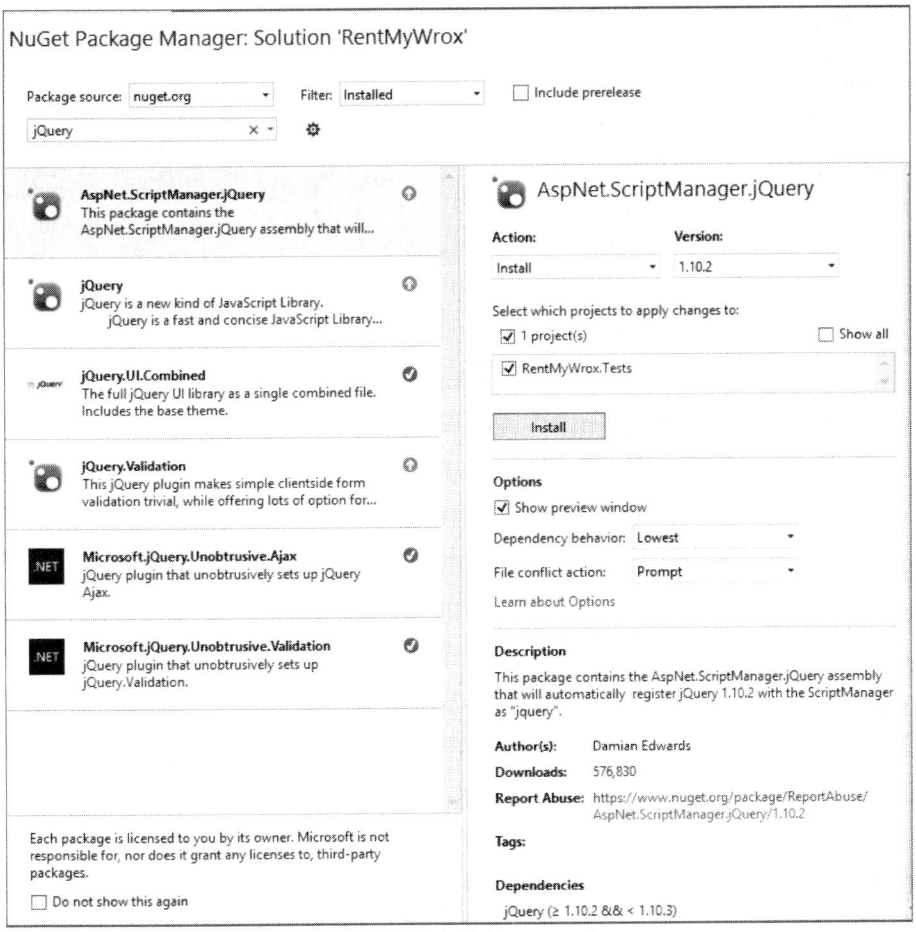

图 14-1　已安装的 jQuery 包

该方式中的这种变化意味着进行如下链接：

HTML

```
<input type="text" name="date" id="date" />
```

JavaScript

```
window.onload = function() {
    document.getElementById('date').onchange = validateDate;
};
In sh
```

简而言之，需要的所有默认 jQuery 包都已附在解决方案中。因此，只需确保 jQuery 库文件可下载到客户端，且可以用于 UI 代码。有两种不同的方式，可以确保网页知道下载脚本，第一种是直接在页面上添加一个引用，第二种是使用包(bundle)把多个脚本分组到一个引用中。

第一种方式是直接向页面添加一个引用。添加最初的 jQuery UI 脚本，以支持日期选择器时就使用了这种方式。下面的代码是一个 HTML 脚本元素，设置了其 src 属性来下载脚本文件，如下所示：

```
<script src="/Scripts/jquery-2.0.3.min.js"
        type="text/javascript"></script>
```

这个简单的方法能确保下载必要的脚本。需要其他脚本时，只需添加另一个引用链接。在页面的 head 元素中添加，可以确保它可用于其后所有的 JavaScript 和 jQuery 代码。如果使用的是母版页或布局页面，就可以将这些引用添加到模板页面上，使它们可用于所有内容页面。这可能导致浏览器下载访问期间不会使用的文件，但因为浏览器在本地缓存这些文件，用户仅仅是在第一次访问时下载额外的文件，其余访问或任何后续访问，都不需要下载该文件。

然而，这种方法有几个问题。第一个是版本管理问题。前面的代码片段引用了 jQuery 库的 2.0.3 版本。这意味着当 2.0.4 版本推出时，要在网站中引用它，就不得不手动更改代码。理想情况下，在解决方案中，浏览器可以获得脚本文件，而不用担心其版本。可以手动改变默认的文件名，但是这将引起 NuGet 升级的各种混乱，因为需要的文件将不再可用。

另一个问题是要下载的独立文件数。给网站添加库以支持各种不同的功能时，会继续添加脚本引用。开始编写自己的 JavaScript 库，在不同的文件中包括它们，以支持定制的业务需求时，该列表会更长。结果是要下载很多文件，其中有许多最终可能会被闲置。

函数命名约定也要非常小心，因为浏览器允许运行的脚本越多，就越有可能出现冲突。因此，一般情况下，下载一个未使用的库是可以接受的，但不能下载许多未使用的库。

幸运的是，ASP.NET 有一个方法来解决这些问题：向脚本下载添加一个抽象层。这种抽象允许通过通配符或其他替换值来定义抽象引用的文件。通过这种方式，可以设置抽象，例如，忽略 jQuery 文件的版本号，仅仅下载目录中该文件的任何版本。这种抽象还能够把脚本添加为一个组，如果有几个脚本有依赖关系，就可以确保所有这些文件和所依赖的文件一起下载。这些抽象是 ASP.NET 的一部分，称为包(bundle)。

14.1.4　包

包支持把不同的文件组合在一起。这些文件可以是 JavaScript 或 CSS，创建一个包的结果是能够将不同的文件合并到一个文件中，以方便引用。此外，现代浏览器限制对所支持的同一个域的并发连接数。因此，减少要下载的文件数，使可用的连接执行更少的连接和断开服务器操作，而是把这段时间花在下载大文件上。这通常会减少下载文件的总时间。包的另一个副作用是它逐步减少了在所有可用的脚本中寻找 JavaScript 函数的时间，因为所需的函数包含在同一个文件中或同一个内存区域的机会大得多。显然这不会大大减少响应时间，但即使减少一毫秒，也是有帮助的！

可以在 App_Start\BundleConfig.cs 文件中添加包。建立包的示例可以在前面添加的 NuGet 包中演示：

```
// Order is very important for these files to work,
// they have explicit dependencies
bundles.Add(new ScriptBundle("~/bundles/MsAjaxJs").Include(
        "~/Scripts/WebForms/MsAjax/MicrosoftAjax.js",
```

```
"~/Scripts/WebForms/MsAjax/MicrosoftAjaxApplicationServices.js",
"~/Scripts/WebForms/MsAjax/MicrosoftAjaxTimer.js",
"~/Scripts/WebForms/MsAjax/MicrosoftAjaxWebForms.js"));
```

前面的代码片段创建了一个包 MsAjaxJs，放在 bundles 目录中。然而，其实并没有 bundles 目录；框架把它读取为一种特殊的路由调用，用连接所有包含文件的一个文件来响应。不需要执行任何特别的操作来引用包，因为正常的脚本引用是有效的，如下所示：

```
<script src="/bundles/MsAjaxJs" type="text/javascript"></script>
```

工作在 ASP.NET 视图中时，还可以通过脚本辅助程序添加引用：

```
@Scripts.Render("~/bundles/MsAjaxJs")
```

这是一种快捷方式，因为这个命令的输出是前面列出的脚本引用。

下一个示例调整已添加的一些脚本，并确保它们正确捆绑和调用。

试一试　　**捆绑 JavaScript 文件**

这个示例要修改之前添加的 jQuery 函数，将它们加入外部表中，并在适当时引用它们。还要确保 jQuery 链接是正确的，没有版本问题。

(1) 确保运行 Visual Studio，打开 RentMyWrox 解决方案。打开 Views\Shared_MVCLayout.cshtml 文件。向下滚动到文件的底部，显示如图 14-2 所示的部分。

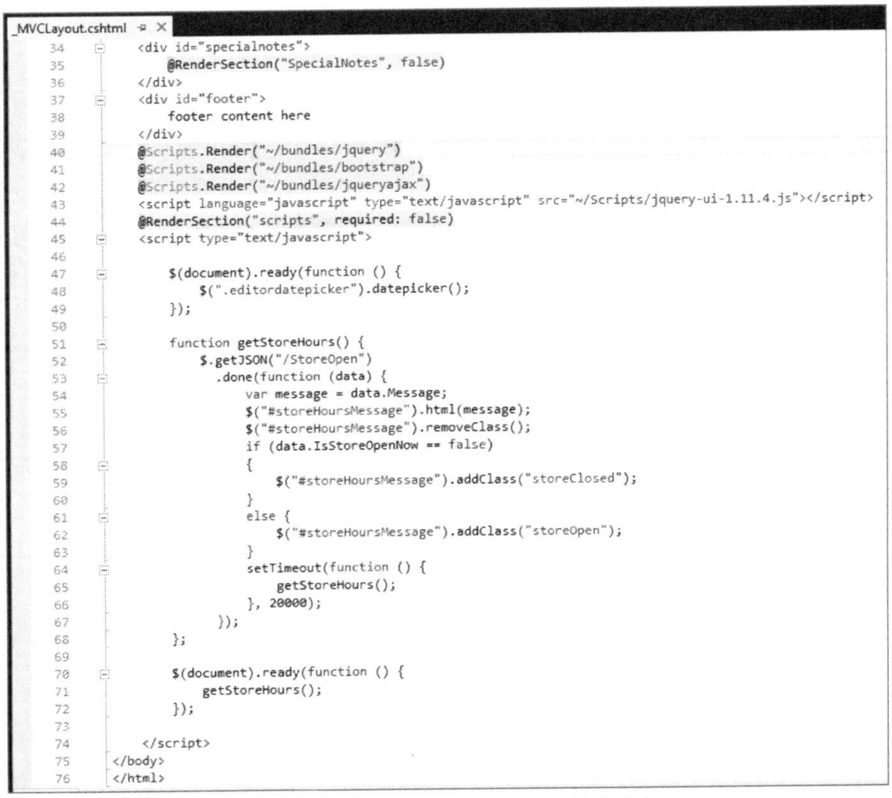

图 14-2　_MVCLayout.cshtml 文件的底部

(2) 删除引用 "bootstrap" 的第 41 行。

(3) 在 Solution Explorer 中，右击 Scripts 目录，添加一个新项：JavaScript 文件(在 Web 的下面)MainPageManagement.js，如图 14-3 所示。

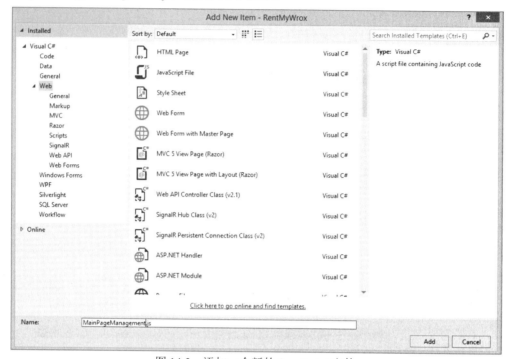

图 14-3　添加一个新的 JavaScript 文件

(4) 剪切 getStoreHours 函数和调用 getStoreHours 方法的 ready 方法，粘贴到刚才创建的新 JavaScript 文件中，完成后如图 14-4 所示。

```
_MVCLayout.cshtml  ⊞ ×
19          <div id="LeftNavigation">
20              <ul class="level1">
21                  <li><a href="~/" class="level1">Home</a></li>
22                  <li>@Html.ActionLink("Items", "", "Items", new { @class = "level1" })</li>
23                  <li>@Html.ActionLink("Contact Us", "ContactUs", "Home", new { @class = "level1" })</li>
24                  <li>@Html.ActionLink("About Us", "About", "Home", new { @class = "level1" })</li>
25              </ul>
26              <br />
27              <div id="storeHoursMessage"></div>
28              @Html.Action("NonAdminSnippet", "Notifications")
29          </div>
30      </div>
31      <div id="section">
32          @RenderBody()
33      </div>
34      <div id="specialnotes">
35          @RenderSection("SpecialNotes", false)
36      </div>
37      <div id="footer">
38          footer content here
39      </div>
40      @Scripts.Render("~/bundles/jquery")
41      @Scripts.Render("~/bundles/jqueryajax")
42      <script language="javascript" type="text/javascript" src="~/Scripts/jquery-ui-1.11.4.js"></script>
43      @RenderSection("scripts", required: false)
44      <script type="text/javascript">
45
46          $(document).ready(function () {
47              $(".editordatepicker").datepicker();
48          });
49
50      </script>
51  </body>
52  </html>
```

图 14-4　在布局文件中移动一些 JavaScript

(5) 删除包括 jquery-ui 的脚本元素以及两行@Scripts.Render 代码。在它们的位置添加一个新行，如以下代码所示。完成后，页面的这个区域如图 14-5 所示。

```
@Scripts.Render("~/bundles/common")
```

```
34        <div id="specialnotes">
35            @RenderSection("SpecialNotes", false)
36        </div>
37        <div id="footer">
38            footer content here
39        </div>
40    @Scripts.Render("~/bundles/common")
41    @RenderSection("scripts", required: false)
42    <script type="text/javascript">
43
44        $(document).ready(function () {
45            $(".editordatepicker").datepicker();
46        });
47
48    </script>
49 </body>
```

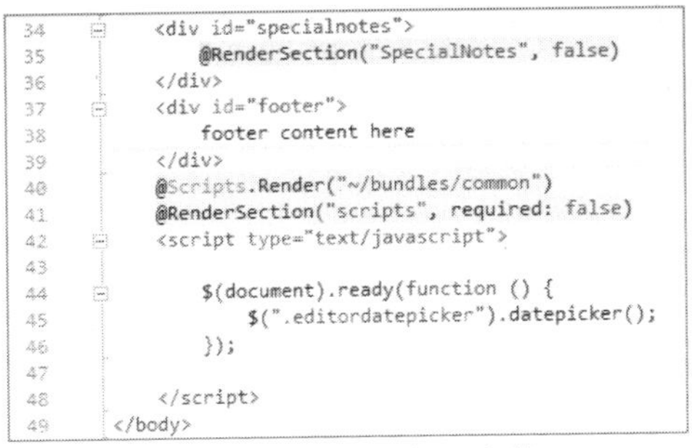

图 14-5　更新的布局文件

(6) 打开 App_Start\BundleConfig.cs 文件，并添加以下代码行：

```
bundles.Add(new ScriptBundle("~/bundles/common").Include(
        "~/Scripts/jquery-{version}.js",
        "~/Scripts/jquery-ui-{version}.js",
        "~/Scripts/jquery.unobtrusive-ajax*",
        "~/Scripts/MainPageManagement.js"
));
```

(7) 运行应用程序。注意，运行情况仍然不变。

示例说明

在此练习中，清理布局页面，删除一些直接输入页面的 JavaScript，再创建一个单独的 JavaScript 文件，适当地标记，以显示脚本内的工作。但是移动文件后，就必须确保仍把该脚本链接到页面，使营业小时的代码还能发挥作用。

这里不是添加一个到文件的新链接，而是创建一个包来下载所有已配置的脚本。创建一个包的目的是一次下载站点需要的各种脚本。换句话说，如果查看文件的源代码，应该会看到一个链接。创建的源代码如图 14-6 所示。

然而可以看出，似乎应该只有一个文件，但包中引用的所有脚本文件都在源代码中引用了。虽然这可能不是预期的结果，但它实际上是一件好事，因为该应用程序是在调试模式下运行，这意味着包管理器单独复制每个脚本；这样，如有必要，就可以调试特定的脚本而不是捆绑的脚本。

为了在生产中实现捆绑，需要在非调试模式下运行应用程序。这并不意味着可以在发布模式下运行它，并看到更改。必须在 web.config 文件中设置编译模式，因为它当前设置为 true，如图 14-7 的第 26 行所示。

debug 属性设置为 false，能够看到捆绑脚本的显示值；但是一旦把 debug 属性值设置为 false，就会看到如图 14-8 所示的警告对话框。关闭调试功能，但在调试模式下运行应用程序时，就会显示这个对话框。

```
File  Edit  Format
 85   <span>Lorem ipsum dolor sit amet, consectetur adipiscing elit, sed do eiusmod
      laboris nisi ut aliquip ex ea commodo consequat. Duis aute irure do...</span>
 86         <a class="inlinelink" data-ajax="true" data-ajax-method="GET" data-aja:
 87    </p>
 88  </div>
 89  <div>
 90    <div class="listtitle"><span class="productname">Mollis massa </span><span
 91    <p>
 92  <span>Mollis massa nam porttitor iaculis condimentum dapibus class etiam nam :
      curabitur convallis imperdiet in auctor libero senectus dolor ali...</span>
 93         <a class="inlinelink" data-ajax="true" data-ajax-method="GET" data-aja:
 94    </p>
 95  </div>
 96
 97
 98
 99    </div>
100    <div id="specialnotes">
101
102    </div>
103    <div id="footer">
104       footer content here
105    </div>
106    <script src="/Scripts/jquery-1.10.2.js"></script>
107  <script src="/Scripts/jquery-ui-1.11.4.js"></script>
108  <script src="/Scripts/jquery.unobtrusive-ajax.js"></script>
109  <script src="/Scripts/StoreHoursManagement.js"></script>
110
111
112    <script type="text/javascript">
113
114       $(document).ready(function () {
115          $(".editordatepicker").datepicker();
116       });
117
118    </script>
119
```

图 14-6　新创建的源代码

```
24 ⊟   <system.web>
25        <authentication mode="None" />
26        <compilation debug="true" targetFramework="4.5" />
27        <httpRuntime targetFramework="4.5" />
28 ⊟      <pages>
29 ⊟        <namespaces>
30            <add namespace="System.Web.Helpers" />
31            <add namespace="System.Web.Mvc" />
32            <add namespace="System.Web.Mvc.Ajax" />
33            <add namespace="System.Web.Mvc.Html" />
34            <add namespace="System.Web.Optimization" />
35            <add namespace="System.Web.Routing" />
36            <add namespace="System.Web.WebPages" />
37            <add namespace="Microsoft.AspNet.Identity" />
38          </namespaces>
```

图 14-7　web.config 文件的内容

图 14-8　Debugging Not Enabled 对话框

显示这个警告，但希望看到捆绑效果时，就需要选择第二个单选按钮 Run without debugging。选择这个选项，就无法触及任何断点或执行任何调试，但可以看看显示包时会发生什么，如图 14-9 所示。

```
103    <div id="footer">
104        footer content here
105    </div>
106    <script src="/bundles/common?v=eo__gTmot41e-dA46VdoKz-87aQ5Z0gMu3wlKx_9N4E1"></script>
107
108
109    <script type="text/javascript">
110
111        $(document).ready(function () {
112            $(".editordatepicker").datepicker();
113        });
114
115    </script>
116 </body>
```

图 14-9　带有捆绑的源代码

为单一脚本元素设置的 src 属性包括为包设置的名称。它还包含一个查询字符串键/值对，其中键是"v"，代表版本。这里使用的值是一个长字符串，设置要引用的 JavaScript 脚本的版本。如果不改变脚本文件，这个数字将不会改变。然而，改变脚本文件，会发布一个新的版本号。这个版本是很重要的，因为它允许浏览器在本地下载脚本文件并缓存它。版本字符串更改时，浏览器就知道进行了修改，并要求提供新文件，而不是继续访问旧的缓存值。版本是必要的，因为脚本文件名本身没有改变，它仍匹配原来配置的名字。

检查新的 JavaScript 文件，会发现它包含所有不同的脚本文件。还请注意所有的空白已经从文件中删除，如图 14-10 所示。

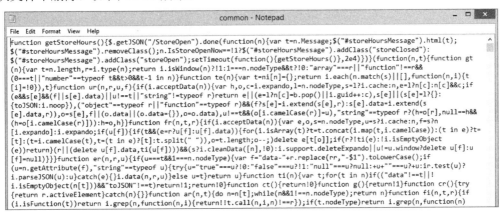

图 14-10　捆绑的 JavaScript 输出

第一行是练习中创建的脚本。然而，可以看出，所有的换行符和空白都已完全移除。这并不影响使用，只是删除了额外的空间，使下载的文件小一点。

让脚本进入页面，使之可在浏览器中使用。下一节将详细讨论如何使用 jQuery 和 JavaScript 来定制用户体验——换句话说，建立可以添加到新包中的更多脚本。

14.2　jQuery 语法

jQuery 是一个 JavaScript 对象，可以通过$函数引用。$不是直接引用对象本身，如 C#中的 new 那样，而是引用工厂方法。工厂方法是一种软件设计方法或模式，在其中可以创建对象，而不用指定要创建的对象的类。这意味着不自己创建对象的副本，而是调用工厂类的方法来创建对象。这样，代码就不需要知道如何构建一项；它可以调用知道如何构建对象的一些代码。这种方法抽象出了实际的 jQuery 对象，允许用一个字符引用。建立 jQuery 选择器时，使用了$函数。

使用的另一种方法是$.方法，即效用函数。这些项不直接处理 jQuery 对象，而是提供其他支持功能。第 13 章使用$.getJSON 方法来调用服务器，并返回一个 JSON 对象。这两种使用 jQuery 功能的方法都是 jQuery 核心的一部分。

14.2.1 jQuery 核心

jQuery 核心是 jQuery 功能的传统集合。所有其他的库和插件都在它的基础上构建。使 jQuery 在应用程序中工作有两个要求。首先，需要确保先引用 jQuery 代码，再引用利用 jQuery 的任何方法。未按适当的顺序提供脚本将导致 JavaScript 错误，因为代码试图利用未实例化的对象。

其次，需要确保所有脚本都在 DOM 加载完成后才运行。除非特别说明，否则浏览器将运行在解析下载的文档时遇到的 JavaScript。如果没有让脚本等到 DOM 加载完成才运行，脚本运行时，DOM 对象就可能还未加载。因此，在最坏的情况下会得到一个 JavaScript 错误。在最好的情况下，不会执行希望的操作，因为 DOM 完成加载过程时，脚本不会重新运行。

第 13 章已经使用复选框，确保 DOM 加载完成，所以这不是全新的功能。添加一个检查，确保 DOM 被加载，如下：

```
$(document).ready(function() {
    // The work you want performed when the document is ready
});
```

还可以使用如下快捷方式，执行相同的动作：

```
$(function() {
    // The work you want performed when the document is ready
});
```

在本例中会得到相同的结果，但不是定义要等待的 DOM 元素，而是使用要运行的函数作为参数。然后，jQuery 知道要分配该函数，就像直接使用 ready 方法一样。

jQuery 还可以给工作排队。这允许轻松地根据需要创建许多不同的 ready 方法，每次浏览器遇到一个方法时，就把函数回调添加到该元素的队列中。当元素的状态发生变化时，例如加载文件，浏览器就遍历该变更的回调队列，直到执行完所有预计的动作为止。这允许开发人员维护更小、更离散的功能集，而不是维护一个庞大的总功能，例如不支持排队结构的功能。

在深入探讨使用 jQuery 选择和改变 DOM 元素之前，应该先学习一些可用在 jQuery 对象上的不同实用方法，以帮助为操作提供支持。

14.2.2 使用 jQuery 实用方法

一些 jQuery 实用方法可以代替选择器方法，得到相同的结果。其他方法提供了真正实用的功能，让开发人员为客户端构建健壮的功能集。

还有许多其他不同的实用函数，如表 14-2 所示。这些方法提供了一组有用的功能，它们抽象出了执行常见任务所需的 JavaScript 代码。

表 14-2　有用的 jQuery 实用方法

方法	说明
contains	决定一个 DOM 元素是否是另一个 DOM 元素的后代。如果被包含的元素在容器元素中，则无论嵌套多深，都返回 true。仅支持元素节点；如果第二个参数是文本或注释节点，则该函数始终返回 false `$.contains( container, contained )`
data	可以把任何类型的数据附加到 DOM 元素上。使用选择器方法也能获得同样的功能，但即使不需要选择器信息，data 方法也仍允许访问 DOM 元素 `$.data( element, key, value )`
each	一个通用的迭代器函数，能够遍历数组或数组类对象中的不同元素，在迭代时对每一项执行操作 `$.each( object, callback )`
extend	把两个或两个以上的对象合并成一个。遍历目标对象的属性，把源属性的值替换为目标的属性值。如果目标没有属性，就把它添加到对象中。deep 变量是一个布尔值，指示替换应是递归替换还是简单替换 `$.extend( [deep], target [, object1 ] [, objectN ] )`
inArray	确定某值是否在数组中，如果包含它，就返回其索引，如果数组不包含该值，就返回-1 `$.inArray( value, array [, fromIndex ] )`

is	有很多不同的 is 函数可用来确定给定变量的类型。这是必要的，因为 JavaScript 是动态类型的，即相同的变量可以包含许多不同类型的值。因此如果需要对特定类型的值执行操作，首先就需要确认执行操作是否合适。is 函数包括以下：
	`$.isArray(value)`
	`$.isEmptyObject(value)`
	`$.isFunction(value)`
	`$.isNumeric(value)`
	`$.isPlainObject(value)`
	`$.isWindow(value)`

merge	把两个不同的数组合并到第一个数组中： `$.merge( first, second )`
parseHTML	把字符串解析为一组 DOM 节点。HTML 的字符串表示，如返回局部视图的控制器动作会返回一个字符串，需要解析成 DOM 元素，才能正确地插入到实际的元素中 `$.parseHTML( data [, context ] [, keepScripts ] )`
trim	删除字符串开头和结尾的空格： `$.trim( str )`
queue	显示或操作在匹配的元素上执行的函数队列；它允许查看要在特定元素上运行的实际代码 `$.queue( [queueName ] )`

查看这个表中的内容,你会发现有很多不同类型的实用工具。第一种类型是基于代码的,因为这些方法提供了对处理的支持。这些处理是否会改变 DOM 元素无关紧要;这组方法是提供支持的辅助程序,如连接或列举数组,或者评估变量的类型,甚至把两个对象合并到一个新对象中。

第二种类型的实用方法是扫描整个文档主体。这些方法都可以检查一个元素是否包含另一个元素,或在任何元素上设置任何属性的值。要获得大多数功能,也可以先使用选择器,然后与元素属性进行交互,但实用方法提供了解决问题的另一种方式。

14.2.3 使用 jQuery 选择选项

第 13 章简要说明了 jQuery 选择功能,即基于 DOM 元素的一个或多个特征,使用 jQuery 找到一个或多个 DOM 元素。如第 13 章所述,在 jQuery 中选择的最常见方法是使用 CSS 选择器支持的相同选择器模式和方法。然而,在一些选择器中也有一些细微的差别,其他更灵活的选择器可用于 jQuery。表 14-3 列出了一些在 jQuery 中可用于选择元素的方法。

表 14-3 jQuery 选择器

名称	说明

属性包含前缀选择器	选择具有特定属性值的元素,该属性值等于所提供的字符串或以该字符串开头、后跟一个连字符(-)
	
	`<input name="the-news">`　　　　SELECTED
	`<input name="the">`　　　　　　SELECTED
	`<input name="thenews">`　　　　SELECTED
	`<script>`
	`$( "input[name|='the']").css( "border", "3px" );`
	`</script>`

属性包含单词选择器	选择具有特定属性值的元素,该属性值包含给定的单词,以空格分隔。这要求字符串的两端(至少一端)有空格
	
	`<input name="the-news">`
	`<input name="the news">`　　　　SELECTED
	`<input name="thenews">`
	`<script>`
	`$( "input[name~='the']" ).val( "" );`
	`</script>`

以选择器结束的属性	选择具有特定属性值的元素,该属性值以区分大小写的给定字符串结尾
	
	`<input name="the-news">`　　　　SELECTED
	`<input name="the news">`　　　　SELECTED
	`<input name="thenews">`　　　　SELECTED
	`<script>`
	`$( "input[name$='news']" ).val( "" );`
	`</script>`

名称	说明

等于选择器的属性	选择特定属性值等于某个值(包括大小写)的元素
	
	`<input name="the-news">`
	
	`<input name="the news">`
	
	`<input name="thenews">`　　　　　　SELECTED
	
	`<script>`
	
	`$( "input[name='thenews']" ).val( "" );`
	
	`</script>`

不等于选择器的属性	选择没有指定属性的元素，或者选择指定属性不是某个值的元素
	
	`<input name="the-news">`　　　　　　SELECTED
	
	`<input name="the news">`　　　　　　SELECTED
	
	`<input name="thenews">`
	
	`<script>`
	
	`$( "input[name!='thenews']" ).val( "" );`
	
	`</script>`

类选择器	选择用这个特定类标记的元素，而不管元素的类型是什么

偶数选择器	选择偶数元素，索引从 0 开始
	
	`<input name="the-news">`　　　　　SELECTED
	
	`<input name="the news">`
	
	`<input name="thenews">`　　　　　SELECTED
	
	`<script>`
	
	`$( "input:even" ).val( "" );`
	
	`</script>`

大于选择器	选择索引大于匹配集中的索引的所有元素
	
	`<input name="the-news">`
	
	`<input name="the news">`
	
	`<input name="thenews">`　　　　　SELECTED
	
	`<script>`
	
	`$( "input:gt(1)" ).val( "" );`
	
	`</script>`

Id 选择器	选择 HTML 元素的 id 属性匹配所提供值的所有元素

小于选择器	选择索引小于匹配集中的索引的所有元素
	
	`<input name="the-news">`　　　　　SELECTED
	
	`<input name="the news">`
	
	`<input name="thenews">`
	
	`<script>`
	
	`$( "input:lt(1)]" ).val( "" );`
	
	`</script>`

名称	说明

奇数选择器	选择奇数元素，索引从 0 开始
	`<input name="the-news">`
	`<input name="the news"> SELECTED`
	`<input name="thenews">`
	`<script>`
	`$( "input:odd" ).val( "" );`
	`</script>`

只选择子元素的选择器	只选择父元素的子元素
	`<div>`
	  `<input name="the-news"> SELECTED`
	`</div>`
	`<div>`
	  `<input name="the news">`
	  `<input name="thenews">`
	`</div>`
	`<script>`
	`$( "div input:only-child" ).val( "" );`
	`</script>`

只选择类型的选择器	所选择的元素没有名称相同的同级元素
	`<div>`
	  `<input name="the-news"> SELECTED`
	`</div>`
	`<div>`
	  `<input name="the news">`
	  `<input name="thenews">`
	`</div>`
	`<script>`
	`$( "input:only-of-type" ).val( "" );`
	`</script>`

父选择器	所选择的元素没有名称相同的同级元素
通用选择器	选择所有元素

要确定在 jQuery 中用于创建选择器的最好方法，取决于想做什么。每个需求可能需要不同的选择器。一个元素可以被多个选择器视为目标，基于可能匹配该元素的不同条件，包括类、元素类型、id 和表 4-3 中讨论的其他项。

14.3　使用 jQuery 修改 DOM

一旦选择了一个或多个元素，就可以对它们执行很多操作。可以执行计算，或提交它们的值；可以忽略它们的值，改变它们的外观和显示。选择 DOM 元素后，可以对该元素、其属性和值执行 JavaScript 支持的任何动作。

14.3.1　使用 jQuery 改变外观

使用 jQuery 改变 DOM 元素的显示，远远不只是使文本加粗或改变背景色，当然也可以执行这些改变。有人提到外观和 HTML 页面时，我们可能首先会想到 CSS，jQuery 支持一组操纵元素的 CSS 方法。其中的一些方法见表 14-4。

表 14-4　jQuery 中的 CSS 方法

方法	说明
addClass	在匹配的元素集合中给每个元素添加指定的类 `$( "p" ).addClass( "myClass yourClass" );`
css	在匹配的元素集合中，得到第一个元素的样式属性，或为每个匹配的元素设置一个或多个 CSS 属性 `var color = $( "p" ).css( "background-color" );`
hasClass	决定是否把匹配的元素分配给指定的类 `$( "p" ).hasClass( "myClass" );`
height	在匹配的元素集合中，获取第一个元素的当前计算高度，或设置每个匹配元素的高度。它返回一个像素值，但是没有附加的单位，即 400 而不是 400 px `$( "p" ).height( ) = 100;`

position	在匹配的元素集合中，获取第一个元素相对于父元素的当前坐标。不能设置这些值，只能在需要时得到它们。这些元素必须可见，结果没有考虑边界、外边距或内布局
	`var selectedElement = $( "p:last" );`
	`var position = selectedElement.position();`
	`$( "p:first" ).val = position.left + position.top;`

removeClass	在匹配的元素集合中，删除每个元素的一个类、多个类或所有类 `$( "p" ).removeClass( "myClass yourClass" )`
toggleClass	在匹配的元素集合中，根据类是否存在，添加或删除每个元素的一个或多个类。如果类存在，就删除它。如果类不存在，就添加它 `$( "p" ).toggleClass( "myClass" );`
width	在匹配的元素集合中，获取第一个元素的当前计算宽度，或设置每个匹配元素的宽度。它返回一个像素值，但是没有附加的单位，即 400 而不是 400px `$( "p" ).width( ) = 100;`

选择 DOM 元素后，还有其他方法可用来改变 DOM 元素的外观。如前所述，改变分配的样式是更改显示的一种方法。然而样式的变化通常是静态的，还可以使用 JavaScript(也就是 jQuery)给 DOM 元素提供简单的动画或其他视觉效果。表 14-5 描述了各种动画和 jQuery 中的其他特效方法。

表 14-5　jQuery 中的动画和其他特效

方法	说明

animate	执行一组 CSS 属性的自定义动画，典型的用法是利用方法签名 animate(properties, options)
	
	`<input id="someelement">`
	`<input id="anotherelement">`
	`$( "#someelement" ).click(function() {`
	`  $( "#anotherelement" ).animate({`
	`    left: "+=50" // move it left everytime there is a click`
	`  }, 5000, function() {`
	`    // do something when the animation has completed`
	`  });`
	`});`

delay	设置一个定时器，推迟执行队列中的后续项。这个值通常与其他动画项链接起来
	
	`<input id="someelement">`
	`<input id="anotherelement">`
	`$( "#someelement" ).click(function() {`
	`  $( "#anotherelement" ).slideUp(300).delay(800).fadeIn(400);`
	`});`

fadeIn	把匹配的元素逐步淡显至不透明。该函数需要一个以毫秒为单位的时间，默认为 400，或需要两个字符串值 slow 和 fast；它们分别是 600 和 500 毫秒。
	
	`<input id="someelement">`
	`<input id="anotherelement" hidden>`
	`$( "#someelement" ).click(function() {`
	`  $( "#anotherelement" ).fadeIn("slow");`
	`});`

fadeOut	把匹配的元素逐步淡显至透明。该函数需要一个以毫秒为单位的时间，默认为 400，或需要两个字符串值 slow 和 fast；它们分别是 600 和 500 毫秒
	
	`<input id="someelement">`
	`<input id="anotherelement" hidden>`
	`$( "#someelement" ).click(function() {`
	`  $( "#anotherelement" ).fadeOut ("slow");`
	`});`

方法	说明

fadeToggle	连续改变匹配元素的不透明度，以显示或隐藏该元素。该函数需要一个以毫秒为单位的时间，默认为 400，或需要两个字符串值 slow 和 fast；它们分别是 600 和 500 毫秒
	`<input id="someelement">`
	`<input id="anotherelement" hidden>`
	`$( "#someelement" ).click(function() {`
	`  $( "#anotherelement" ).fadeToggle ("slow");`
	`});`

hide	隐藏匹配的元素。没有动画，也没有可以传递到方法的参数
	`<input id="someelement">`
	`<input id="anotherelement">`
	`$( "#someelement" ).click(function() {`
	`  $( "#anotherelement" ).hide();`
	`});`

show	显示匹配的元素。没有动画，也没有可以传递到方法的参数
	`<input id="someelement">`
	`<input id="anotherelement" hidden>`
	`$( "#someelement" ).click(function() {`
	`  $( "#anotherelement" ).show();`
	`});`

slideDown	平滑地显示匹配的元素。该方法会连续改变匹配元素的高度。这会使页面的下半部分往下滑，给显示出来的项让路。该函数需要一个以毫秒为单位的时间，默认为 400，或需要两个字符串值 slow 和 fast；它们分别是 600 和 500 毫秒
	`<input id="someelement">`
	`<input id="anotherelement" hidden>`
	`$( "#someelement" ).click(function() {`
	`  $( "#anotherelement" ).slideDown(1000);`
	`});`

slideToggle	平滑地显示或隐藏匹配的元素。该方法会连续改变匹配元素的高度。如果元素是隐藏的，该方法与调用 slideDown 相同；如果元素是可见的，该方法与调用 slideUp 相同。该函数需要一个以毫秒为单位的时间，默认为 400，或需要两个字符串值 slow 和 fast；它们分别是 600 和 500 毫秒
	`<input id="someelement">`
	`<input id="anotherelement" hidden>`
	`$( "#someelement" ).click(function() {`
	`  $( "#anotherelement" ).slideToggle(1000);`
	`});`

(续表)

方法	说明

slideUp	平滑地隐藏匹配的元素。该方法会连续改变匹配元素的高度。这会使页面的下半部分往上滑，以隐藏项。该函数需要一个以毫秒为单位的时间，默认为400，或需要两个字符串值 slow 和 fast；它们分别是 600 和 500 毫秒
	
	`<input id="someelement">`
	`<input id="anotherelement">`
	`$( "#someelement" ).click(function() {`
	`  $( "#anotherelement" ).slideUp(1000);`
	`});`

toggle	显示或隐藏匹配的元素。如果元素是隐藏的，该方法可以看作运行 show 方法；如果元素是可见的，该方法可以看作运行 hide 方法
	
	`<input id="someelement">`
	`<input id="anotherelement">`
	`$( "#someelement" ).click(function() {`
	`  $( "#anotherelement" ).toggle();`
	`});`

动画可以移动屏幕上的区域，吸引用户的注意力。使用动画，例如滑出旧内容的同时滑入新内容，就是告知用户区域有变化。使用 AJAX 方法时，这一点将变得越来越重要，因为屏幕上的信息随时可以改变。

信息的变化通常是用户动作的结果，如单击一个按钮或在下拉框中选择一项。然而，许多其他操作可以导致程序化的响应。这些动作称为 JavaScript 和 jQuery 事件。

14.3.2　处理事件

很多不同的事件发生在 JavaScript 中，可以在 jQuery 中利用它们。这些事件不同于在 ASP.NET Web Forms 控件和页面的后台代码隐藏中交互的事件，但它们的概念是相同的。事件提供了一种与系统的用户或系统本身交互的方法，以了解状态变了，而这种变化可能需要执行某个操作。

一旦认识到发生了一个动作——无论是单击按钮还是计时器到期，都需要一个事件处理程序，或者对该动作执行可以链接的操作。创建完事件处理程序，把事件处理程序链接到事件之后，就创建了一种方式来监控或响应该动作。接着就可以执行所有需要的操作。

如表 14-6 所示，有许多不同的潜在事件可以在需要时交互。不太可能需要与每个事件交互，但可以这么做。可以处理的事件数量没有限制；连接到一个事件的处理程序数量也没有限制。

不仅可以使用 JavaScript 和 jQuery 把事件处理程序分配给事件，使事件处理程序在需要时调用，还可以使用 jQuery 在元素上调用事件，在必要时以编程方式充当用户。这样不管想如何执行操作，都能够使用完全同样的方法，而不是编写一套代码与用户进行交互，再编写另一套组代码来支持与系统的交互。

表 14-6　公共 JavaScript 事件

事件	说明

change	把一个事件处理程序绑定到 JavaScript 事件 change 上，或触发元素上的该事件
	`<input id="someelement" type="text">`
	`<input id="anotherelement">`
	`$( "#someelement" ).change(function() {`
	　`$( "#anotherelement" ).toggle();`
	`});`

click	把一个事件处理程序绑定到 JavaScript 事件 click 上，或触发元素上的该事件
	`<input id="someelement">`
	`<input id="anotherelement">`
	`$( "#someelement" ).click(function() {`
	　`$( "#anotherelement" ).toggle();`
	`});`

dblclick	把一个事件处理程序绑定到 JavaScript 事件 dblclick 上，或触发元素上的该事件。这个事件仅在发生如下系列的事件后触发：
	● 按下鼠标按钮，同时指针位于元素内部
	● 释放鼠标按钮，同时指针位于元素内部
	● 再次按下鼠标按钮，同时指针位于元素内部，在系统依赖的时间窗口内部
	● 释放鼠标按钮，同时指针位于元素内部
	`<input id="someelement">`
	`<input id="anotherelement">`
	`$( "#someelement" ).dblclick(function() {`
	　`$( "#anotherelement" ).toggle();`
	`});`

focus	把一个事件处理程序绑定到 JavaScript 事件 focus 上，或触发元素上的该事件。获得焦点的元素通常由浏览器以某种方式突出显示，例如用虚线框框住的元素。焦点用来确定哪个元素第一个收到与键盘相关的事件
	`<input id="someelement">`
	`<input id="anotherelement">`
	`$( "#someelement" ).focus(function() {`
	　`$( "#anotherelement" ).toggle();`
	`});`

(续表)

事件	说明

hover	把两个处理程序绑定到匹配的元素上，当鼠标指针进入并退出元素时执行。hover 方法绑定了 mouseenter 和 mouseleave 事件的处理程序。在鼠标位于元素内部时，可以使用它，将操作应用于元素
	
	`<input id="someelement">`
	`<input id="anotherelement">`
	`$( "#someelement" ).hover(`
	`  function() {`
	`    $( "#anotherelement" ).show();`
	`  }, function() {`
	`    $( "#anotherelement" ).hide();`
	`});`

keypress	把一个事件处理程序绑定到 JavaScript 事件 keypress 上，或触发元素上的该事件。当浏览器注册的键盘输入不是修饰符或非打印符，如 Shift、Esc 和 Delete 时，就把 keypress 事件发送给元素
	
	`<input id="someelement">`
	`<input id="anotherelement">`
	`$( "#someelement" ).keypress(function() {`
	`  $( "#anotherelement" ).toggle();`
	`});`

mousedown	把一个事件处理程序绑定到 JavaScript 事件 mousedown 上，或触发元素上的该事件。当鼠标指针停在元素上，并按下鼠标按钮时，把这个事件发送给元素
	
	`<input id="someelement">`
	`<input id="anotherelement">`
	`$( "#someelement" ).mousedown(function() {`
	`  $( "#anotherelement" ).toggle();`
	`});`

mouseenter	绑定鼠标进入元素时触发的一个事件处理程序,或触发元素上的该事件。这个 JavaScript 事件是 IE 浏览器专有的，但由于该事件比较实用，jQuery 会模拟它，因此不管浏览器是什么都可以使用
	
	`<input id="someelement">`
	`<input id="anotherelement">`
	`$( "#someelement" ).mouseenter(function() {`
	`  $( "#anotherelement" ).toggle();`
	`});`

事件	说明

mouseleave	绑定鼠标退出元素时触发的一个事件处理程序，或触发元素上的该事件。这个 JavaScript 事件是 IE 浏览器专有的，但由于该事件比较实用，jQuery 会模拟它，因此不管浏览器是什么都可以使用
	
	`<input id="someelement">`
	`<input id="anotherelement">`
	`$( "#someelement" ).mouseenter(function() {`
	`  $( "#anotherelement" ).toggle();`
	`});`

mousemove	把一个事件处理程序绑定到 JavaScript 事件 mousemove 上，或触发元素上的该事件。当鼠标指针移入元素内时，把这个事件发送给元素
	
	`<input id="someelement">`
	`<input id="anotherelement">`
	`$( "#someelement" ).mousemove(function() {`
	`  var msg = "Handler for .mousemove() called at ";`
	`  msg += event.pageX + ", " + event.pageY;`
	`  $( "#anotherelement" ).append("<div>" + msg + "</div>");`
	`});`

mouseout	把一个事件处理程序绑定到 JavaScript 事件 mouseout 上，或触发元素上的该事件。当鼠标指针退出元素时，把这个事件发送给元素
	
	`<input id="someelement">`
	`<input id="anotherelement">`
	`$( "#someelement" ).mouseout(function() {`
	`  $( "#anotherelement" ).toggle();`
	`});`

mouseover	把一个事件处理程序绑定到 JavaScript 事件 mouseover 上，或触发元素上的该事件。当鼠标指针进入元素时，把这个事件发送给元素
	
	`<input id="someelement">`
	`<input id="anotherelement">`
	`$( "#someelement" ).mouseover(function() {`
	`  $( "#anotherelement" ).toggle();`
	`});`

mouseup	把一个事件处理程序绑定到 JavaScript 事件 mouseup 上，或触发元素上的该事件。当鼠标指针停在元素上，并释放鼠标按钮时，把这个事件发送给元素
	
	`<input id="someelement">`
	`<input id="anotherelement">`
	`$( "#someelement" ).mouseup(function() {`
	`  $( "#anotherelement" ).toggle();`
	`});`

(续表)

事件	说明

ready	这个事件在 DOM 完全加载时执行。它在加载完 DOM 时触发，但它不会等待所有的脚本和图像下载完毕，所以在使用大脚本和 ready 方法之间可能有些冲突。这是一个最常用的 jQuery 方法，只能应用于文档元素。ready 方法能够以多种方式引用，如下所示。只要触发 ready 事件，每一行就调用相同的函数
	
	`$( document ).ready( handler )`
	
	`$().ready( handler )`
	
	`$( handler )`

submit	把一个事件处理程序绑定到 JavaScript 事件 submit 上，或触发元素上的该事件。当用户试图提交表单，且它只能连接到一个表单元素时，把这个事件发送到元素。事件处理函数在实际提交之前调用，所以在事件上调用 preventDefault 方法，就可以处理表单提交
	
	`<form id="thisForm" action="somePage.aspx">`
	`    <input id="someelement">`
	`   <input id="anotherelement">`
	`</form>`
	`$( "#thisForm" ).submit(function( event ) {`
	`  $( "#anotherelement" ).toggle();`
	`  Event.preventDefault();`
	`});`

ready 方法非常重要，因为 jQuery 会链接代码和用户界面，尤其是使用 unobtrusive 方法时。这种方法的要求是，代码和显示的任何关联都只发生在代码中，这意味着只要关心 DOM 元素的状态改变，就需要在代码中映射该关系。因此，jQuery 中最常用的概念是选择元素，否则，该如何告诉它管理某个具体的事件?

可以看出，在客户端可以进行许多不同的交互来捕获输入，无论是直接输入，(例如单击按钮或按下一个键)还是间接输入(例如通过鼠标移动获得的输入)。然后就可以根据需要，创建 jQuery 和 JavaScript 函数来响应这些交互。

下面的练习把各种选择器、事件和显示的变更放在一起，给示例应用程序添加交互性。

试一试　向应用程序添加 jQuery

此练习使用 jQuery 来增强与示例应用程序交互的用户体验。

(1) 确保运行 Visual Studio，打开 RentMyWrox 解决方案。打开上个练习创建的 MainPage-Management.js 文件。

(2) 添加以下函数:

```
function fadeOutShoppingCartSummary() {
    $("#shoppingcartsummary").fadeOut(250);
}
```

```
function fadeInShoppingCartSummary() {
    $("#shoppingcartsummary").fadeIn(1000);
}
```

(3) 打开 Views\Item\Details.cshtml 页面。在"Add to Cart" Ajax.ActionLink 的 ActionLink 对象中，添加以下属性，完成后如图 14-11 所示。确保在已有属性的末尾添加一个逗号，之后是要添加的属性。

```
OnBegin = "fadeOutShoppingCartSummary",
OnSuccess = "fadeInShoppingCartSummary"
```

```
23          @if (Model.IsAvailable)
24          {
25              @Ajax.ActionLink("Add to Cart",
26              "AddToCart",
27              "ShoppingCart",
28              new { @Model.Id },
29              new AjaxOptions
30              {
31                  UpdateTargetId = "shoppingcartsummary",
32                  InsertionMode = InsertionMode.Replace,
33                  HttpMethod = "GET",
34                  OnBegin = "fadeOutShoppingCartSummary",
35                  OnSuccess = "fadeInShoppingCartSummary"
36              },
37              new { @class = "inlinelink" })
38          }
```

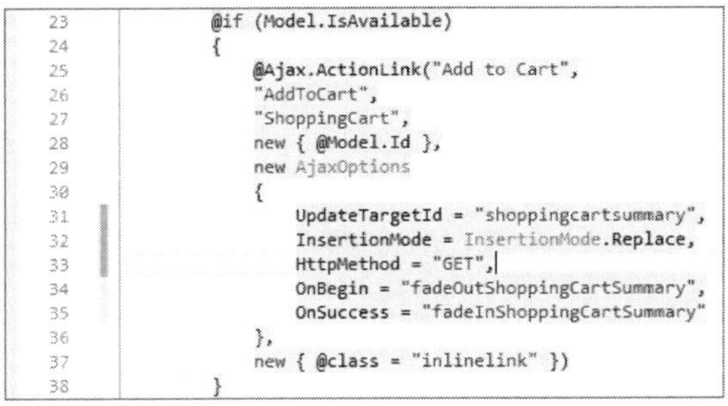

图 14-11　更新后的 Ajax.ActionLink

(4) 在页面的底部添加以下代码：

```
@section Scripts {
    <script>
        var isLarge = false;

        $(".textwrap").click(
            function () {
                if (!isLarge) {
                    isLarge = true;
                    $(this).css('height', '500');
                    $(this).attr("title", "Click to shrink");
                }
                else {
                    isLarge = false;
                    $(this).css('height', '150');
                    $(this).attr("title", "Click to expand");
                }
            });
    </script>
}
```

(5) 打开 View\Items\Index.cshtml 页面。用与 Details.cshtml 页面相同的变化更新 AjaxOptions，如下所示：

```
OnBegin = "fadeOutShoppingCartSummary",
OnSuccess = "fadeInShoppingCartSummary"
```

(6) 在 foreach 循环中,给< div >元素添加类 listitem。

(7) 如图 14-12 所示,在页面的底部添加以下代码:

```
@section Scripts {
    <script>
        $(".listitem").hover(
        function () {
            $(this).css('background-color', '#F8B6C9');
        }, function () {
            $(this).css('background-color', 'white');
        });
    </script>
}
```

```
44  <div class="listitem">
45      <div class="listtitle"><span class="productname">@item.Name</span><span class="listprice">@item.Cost.ToString("C")</span></div>
46      <p>
47          @if (item.Description.Length > 250)
48          { <span>@item.Description.Substring(0, 250)...</span> }
49          else { @item.Description }
50          @Html.ActionLink("Full details", "Details", new { @item.Id }, new { @class = "inlinelink" })
51          @Ajax.ActionLink("Add to Cart",
52              "AddToCart",
53              "ShoppingCart",
54              new { @item.Id },
55              new AjaxOptions
56              {
57                  UpdateTargetId = "shoppingcartsummary",
58                  InsertionMode = InsertionMode.Replace,
59                  HttpMethod = "GET",
60                  OnBegin = "fadeOutShoppingCartSummary",
61                  OnSuccess = "fadeInShoppingCartSummary"
62              },
63              new { @class = "inlinelink" })
64      </p>
65  </div>
66  }
67
68  @section Scripts {
69  <script>
70      $(".listitem").hover(
71      function () {
72          $(this).css('background-color', '#F8B6C9');
73      }, function () {
74          $(this).css('background-color', 'white');
75      });
76  </script>
```

图 14-12　更新 Index 页面

(8) 运行应用程序,进入主页。把鼠标停放在列表中的项上,注意背景的变化。

(9) 将一项添加到购物车中,注意购物车区域慢慢隐去,然后重新显示新值。

(10) 进入一项的细目页面,在其中添加了一幅图片。单击图片,看看它是如何变大的,注意再次单击它,它就会收缩回原来的大小。

示例说明

这个练习做了几个简单的 jQuery 变化,以改进用户与示例应用程序间的交互。添加的第一项是:

```
function fadeOutShoppingCartSummary() {
    $("#shoppingcartsummary").fadeOut(250);
}
```

调用这个函数时,它给 id 为 shoppingcartsummary 的元素运行一个选择器,然后执行 fadeout 方法 0.25 秒。另一个方法 fadein 也执行相同的选择,但执行相反的过程:使元素从透明逐渐变成可见。

这些新方法通过对链接的更改关联到 UI 上，该链接把一项添加到购物车中。更新后的新的 AjaxOption 如下所示：

```
new AjaxOptions
{
    UpdateTargetId = "shoppingcartsummary",
    InsertionMode = InsertionMode.Replace,
    HttpMethod = "GET",
    OnBegin = "fadeOutShoppingCartSummary",
    OnSuccess = "fadeInShoppingCartSummary"
}
```

上面创建的这两个方法，通过设置两个不同的属性来链接。AjaxOptions 对象上的 OnBegin 属性需要一个字符串值，它对应事件触发时运行的 JavaScript 函数名。连接的两个事件是 OnBegin 和 OnSuccess。OnBegin 事件在创建 Request 对象时，但发送到服务器之前触发。OnSuccess 事件在调用成功完成时触发。另外两个可以管理的事件是 OnFailure 和 OnComplete，如果在 AJAX 调用期间抛出了异常，就触发 OnFailure；如果完成了整个过程(甚至在 OnSuccess 或 OnFailure 后)，就调用 OnComplete。

添加的下一组 jQuery 是 click 事件的处理程序。所选的选择器使用类选择器，寻找类 textwrap。该选择器如下所示：

```
$(".textwrap").click(...
```

方法中的工作由一个 JavaScript 变量的值来表示，该值表示所选项是否扩展。这个变量定义为 var isLarge = false。该定义在 JavaScript 和 C#或 VB.NET 中是不同的，因为 JavaScript 并不是类型安全的语言——var 代表变种，或者只是一个容器，其类型可以任意。

函数计算 isLarge 变量的值，并基于结果进行分支。然后，它把 IsLarge 切换为更新后的值。接着函数把样式 height 更新为较大或较小的高度，并更新 title 属性，或在停放鼠标时，在必要时根据图像的大小更新显示的值。这两行代码如下：

```
$(this).css('height', '150');
$(this).attr("title", "Click to expand");
```

一个注意事项是使用$(this)，在选择器中使用时，它指的是导致事件触发的项。因此，使用一个选择器，把多个项连接起来时，表明被调用的事件特定于受影响的单个项，而不是匹配该选择器的所有项。

在所选项上运行的是css和attr函数。css函数会重写可用于CSS样式处理的一个变量——本例是height键。attr方法能够重写覆盖元素上的属性——本例是title属性。

添加最后一组 jQuery，以使用 hover 事件改变一项的背景。在 CSS 中也可以很轻松地处理左侧菜单中的项，但对于许多开发人员而言，很容易理解、发现和维护所添加的简单 jQuery 代码，而不是操作复杂的 CSS。

使用 jQuery 来管理复杂样式是一项重要技能。在 jQuery 中完成此任务的一个主要原因是它允许调试 jQuery 过程，而在 CSS 中不能调试。

14.4　调试 jQurey

调试 jQuery 有点不同于前述的其他任何调试。这是因为，它是纯客户端调试，而前面的其他调试都在服务器端进行。甚至在中调试时，调试过程仍然在服务器上进行。调试 jQuery 时，是在客户端的浏览器上调试。这会导致完全不同的体验。

客户端调试有两种不同的方法：一种是使用 Visual Studio 中的调试工具，而另一种是使用浏览器中的调试工具。下一个示例将练习这些技术，调试 JavaScript 和 jQuery 代码。

试一试　**调试 JavaScript 代码**

此练习将配置本地浏览器，以支持调试本地的 JavaScript 代码。还要调试已写好的 jQuery 代码。之后，就可以把自定义调试代码添加到 jQuery 函数中，看看这如何有助于支持调试工作。以下指令假定，使用 Internet Explorer 进行调试。

(1) 确保运行 Visual Studio，打开 RentMyWrox 解决方案。打开微软 Internet Explorer，确保将它设置为调试。在 IE 中，选择 Tools | Internet Options |Advanced。在 Browsing 部分，找到 Disable Script Debugging (Internet Explorer)，确保没有选中它，如图 14-13 所示。完成后单击 OK 或 Apply。

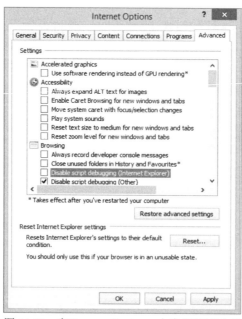

图 14-13　在 Internet Explorer 中启用调试功能

(2) 停止调试应用程序。打开本章之前创建的 MainPageManagement.js 文件。给每个命名的函数添加断点，如图 14-14 所示。

图 14-14　在 jQuery/JavaScript 中添加断点

(3) 运行该应用程序，注意调试器停在第一个断点，显示从服务器下载的 JSON 值，如图 14-15 所示。

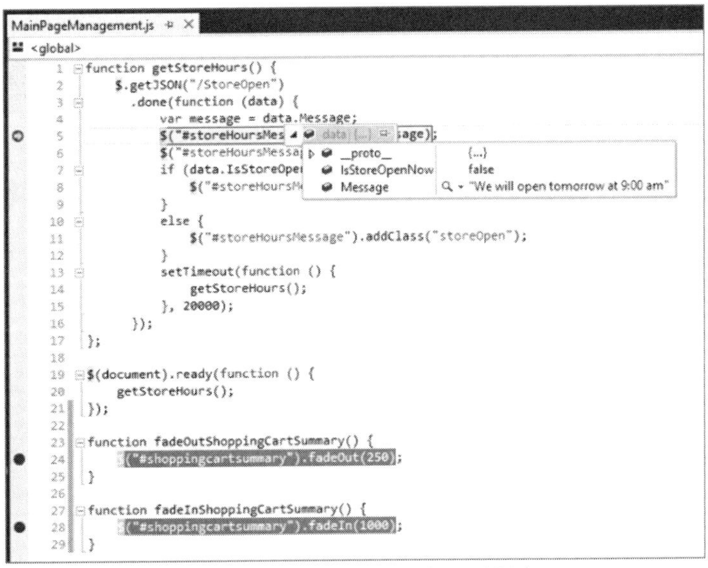

图 14-15　在 JavaScript 中遇到断点

(4) 继续执行应用程序，通过断点，单击链接，添加一项。调试器应停在 fadeOutShoppingCartSummary 方法中的断点上。关闭浏览器，停止调试应用程序。

(5) 使用 Ctrl + F5 或启动时不使用调试功能，重新启动应用程序。

(6) 在 Internet Explorer 中进入主页，访问 F12 开发工具。从 Debugger 选项卡中，在页面底部找到 hover 函数。

(7) 添加一个断点，如图 14-16 所示。

图 14-16 在浏览器工具中设置一个断点

(8) 把鼠标停放在列表中的一项上，就应该看到断点，如图 14-17 所示。

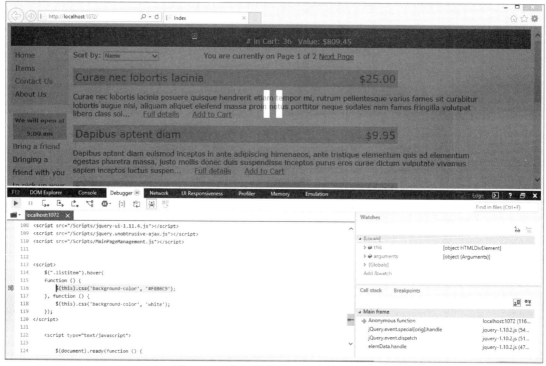

图 14-17 在浏览器的工具中遇到断点

(9) 在浏览器工具的右上角展开 Watches 窗口。向下滚动窗口的中项，通过这些工具了解可用的信息。

(10) 关闭浏览器，并停止运行该应用程序。

示例说明

JavaScript 工具和 jQuery 最初推出时，很难通过代码调试。然而，JavaScript 和 jQuery越来越普遍，如 Visual Studio 等开发工具开始添加调试客户端代码的更多支持。在 VisualStudio 2015 中，集成完成了。在 Visual Studio 中调试 JavaScript 和 jQuery 代码几乎与调试 C#代码一样。可以设置断点，在代码停止时，可以计算变量和选项的值，就像可以处理 C#和

VB.NET 代码那样。

最大的区别是增加了在浏览器中调试的功能。前面提到,F12 浏览器工具能够获得 HTML 元素的信息, 包括样式和布局的影响。支持的另一个功能是能够通过 JavaScript 进行调试。如前所述, 当遇到断点时, 可以查看许多不同的项。如果选择一个元素, 就可以看到该元素的所有信息。可以看到它的属性值, 可以访问其值甚至子元素。然后, 可以检查这些子元素、它们的属性和值, 包括子元素, 等等。

使用 F12 调试器时, 要注意一些事情。首先, 不能在调试模式下运行该应用程序, 在 Internet Explorer 中调试。如果尝试在浏览器中调试, 就会得到一个错误, 见图 14-18 的底部。

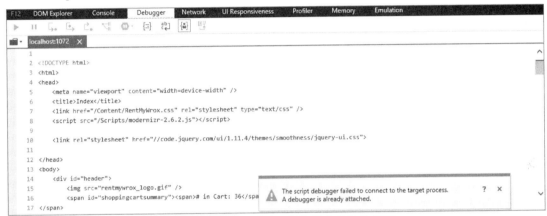

图 14-18　尝试调试时,浏览器中显示的错误

在浏览器中调试, 同时仍在本地运行应用程序的最简单方法是通过前面使用的方法, 运行应用程序但不进行调试。为此, 可以选择 Ctrl + F5 或顶部的菜单, 使用 Debug | Start Without Debugging。这些方法会启动应用程序, 但没有关联调试器。这样调试器就会与流程进行交互。

使用任何编程语言工作时, 调试都是非常重要的, 特别是当刚刚开始使用它时。在使用 jQuery 和 JavaScript 时尤其如此, 因为它不同于大多数其他语言。这种差异会导致我们犯简单的错误, 如不正确的选择器(应使用句点时使用了散列标签)或没有正确设置函数, 使它们永远不会运行。调试会帮助收集可能出错的信息。

14.5　jQuery 的实用技巧

对于习惯在 C#或 VB.NET 环境中工作的开发人员来说, 使用 jQuery 是十分有趣的经验。方法之间的区别仅仅是开始, 尤其是缺乏类型安全的变量, 使用选择器返回的结果, 而不是使用已知的命名变量。下面简要列出了一些技巧, 有助于在自己的应用程序中使用 jQuery:

- 练习 jQuery, 特别是未来要使用的项目。获得正确的选择器, 尤其是在更复杂的场景中可能要花一些时间才能获得——尤其是因为许多选择器仅相差一个字符。
- 不要害怕使用多个方法来帮助调试客户代码。在本地运行时经常可以使用调试器, 但是在其他时候, 需要使用其他方法。

- 将 jQuery.org 网站作为资源来理解如何使用 jQuery，其中包含各种函数的全部文档，以及多个源代码示例。
- 寻找其他 jQuery 学习工具。jQuery 在互联网上非常受欢迎，许多不同的网站都提供了在 Web 应用程序中实现 jQuery 的有趣、有用信息。

14.6 小结

jQuery 已悄然成为最常用的客户端框架。它是一个开源框架，在 JavaScript 上提供了抽象，即 ECMAScript，几乎可用于所有客户端 Web 浏览器(包括桌面或移动设备)。由于 jQuery 是一个 JavaScript 抽象，它作为 JavaScript 文件"链接"到网页上，因此不需要做任何复杂工作，就可以在应用程序中使用它，就像一个简单的标签。

在 jQuery 中链接是非常简单的，就像链接任何自定义脚本来支持应用程序一样。然而，浏览器支持一台服务器的连接数量是有限度的，所以添加多个图片和脚本文件会减缓页面的加载，因为打开和关闭连接是代价昂贵的操作。ASP.NET 为此提供了一个功能：包。

包是一个内置功能，可以把不同的 JavaScript 文件合并到一个文件中。这允许创建多个脚本来支持要执行的任何工作——但这意味着为每个需要执行的复杂函数创建一个不同的脚本。使用包，可以创建这些文件的列表。然后，在应用程序启动时，从列表的所有文件中，使用单个文件的内容。

这些文件包含的代码(jQuery 代码本身)执行所有的工作。当使用 jQuery 时，主要有两个方法。第一个是使用 jQuery 实用函数。这些函数允许后退到 DOM 中，采用一种方法在 DOM 上执行工作。这些实用函数还提供了其他特殊支持，如枚举。

实用方法能够从外面处理 DOM，而另一种方法能够在 DOM 内部工作，也是在 HTML 元素上工作。这两种方法之间的区别很微妙；使用实用方法可以进入 HTML，修改值，而选择器方法允许选择 HTML 中的元素，把它作为一个变量，然后改变它的一个值。它选择一项，在该选定的项上执行工作。

一旦选中一项，就可以执行很多不同的操作。可以改变值、样式、样式的部分——与元素中的数据和元素的外观相关的任何方面。可以添加新的元素、移动或删除现有元素。所有这些都可以通过 jQuery 实现。

14.7 练习

1. 创建 jQuery 和必要的 HTML 变更，当鼠标移到这个< p >元素的内容时，才改变这个 <h1>元素的颜色：

```
<h1>Title</h1>
<p>Content</p>
```

2. 开始考虑向 Web 应用程序中添加包时，需要考虑什么?

3. 在 ASP.NET MVC 视图中使用 Ajax.Helpers 时，如何添加特殊的 jQuery 代码?

14.8　本章要点回顾

\$	\$不是对象的直接引用，而是一个工厂方法。当使用选择器时，它返回一个或多个 HTML 元素，这些元素符合选择器规定的标准
\$.	\$.方法代表了 jQuery 的实用方法。它允许访问枚举逻辑以及其他实用项，如类型检查，提供了 jQuery 支持
包	捆绑包是 ASP.NET 的一个特性，它便于把多个文件合并或捆绑到一个文件中。可以创建 CSS、JavaScript 和其他包。文件少意味着更少的 HTTP 请求，这样可以提高第一次页面加载的性能。创建包时，一个应遵循的惯例是把 bundle 作为包名的前缀。这可以防止可能的路由冲突
ECMAScript	一种脚本语言规范。最著名的实现是在 Web 浏览器中用于编写脚本的 JavaScript
jQuery 调试	Visual Studio 允许在 JavaScript 中调试，这与调试服务器端代码非常类似。可以设置断点，单步调试代码的处理，必要时检查变量的值和其他项。也能在 Web 浏览器中调试，独立于 Visual Studio。即使没有脚本的本地副本，也能够调试，例如链接到存放在其他网站上的脚本。
jQuery NuGet 包	这个包把 jQuery 脚本的所有必要的、最新的版本复制到脚本目录中。如果使用包将脚本添加到应用程序中，就可以确保代码使用最近安装的 jQuery 版本，而不用进行任何修改，只需复制脚本的一个新版本
开源	一种开发模型，促进最终产品(一般是软件)的通用访问和再分配。开源软件的关键方面是源代码文件可用于消费和修改
Unobtrusive	在 Web 页面中使用 JavaScript 的通用方法，其主要特征是支持从用户界面中分离功能。jQuery 支持 Unobtrusive 方法，因为它能够完成事件的链接或变化，而不使用实际的 HTML。这又允许使 HTML 元素完全与功能的实现无关，而不是提供一个定义特征，如名字，能让 jQuery 脚本找到元素

第**15**章

ASP.NET 网站的安全性

本章要点

- 身份验证和授权的区别
- 在 ASP.NET 应用程序中实现安全
- 安全性和数据库
- 如何保护 Web 应用程序
- 把角色添加到安全性中
- 使用用户信息

本章源代码下载：

本章源代码的下载网址为 www.wrox.com/go/beginningaspnetforvisualstudio。从该网页的 Download Code 选项卡中下载 Chapter 15 Code 后，可以找到与本章示例对应的单独文件。

在联机应用程序中，似乎每周都有一篇关于数据泄露的新闻文章。一般应用程序的安全需求没有达到存储信用卡号或银行信息的主流网络公司的要求，但仍然需要实施一定程度的安全措施来保护用户的私人信息。另外，因为在意用户的个人隐私，而不是简单地把他们作为游客，所以需要有一种方式来唯一地标识它们。这是 ASP.NET 安全性的责任。

有时，不仅要关心用户是谁，还要关心用户可以在应用程序中做什么。在样例应用程序中可以看到这个需求——创建一个区域，特殊的用户可以在其中添加项，管理其他信息。一旦知道某些用户是谁，确定他们能做什么是 ASP.NET 安全性管理的另一个方面。

前面已经分离了一些功能，以轻松地控制谁可以做什么，在某些情况下甚至会添加一些未使用的用户信息。本章在示例应用程序中把这些考虑和安全性的实现结合起来，执行最后一个步骤，使其成为可用的系统。

15.1　安全性简介

安全是确保只有特定的人才能采取特定操作的概念。例如，考虑银行的保安，他们允许在银行里发生很多不同的事情，这取决于采取行动的人是谁。如果保安看到银行经理走进金库，他们可能不会再看第二眼；相反，如果某人戴着小丑面具走进金库，保安就很可能采取某种行动。

应用程序通常会采取同样的方式。它能识别用户是谁，然后评估用户想要做什么。在上一个示例中，保安认出了经理，明白他可以进入金库。相反，如果保安发现银行外面的咖啡车主人进入金库，即使保安认识此人，也很可能会做出反应。这是因为虽然保安可能认识此人，他试图执行的行为也可能是不允许的。

因为应用程序采用与银行保安相同的步骤，也评估关于用户的几项。第一个评估是确定"你是谁?";第二个评估是让用户"证明你是谁";第三个评估是确定该用户基于他们的身份，在应用程序中能做什么。

15.1.1　身份：你是谁?

在银行这个示例中，安全的总体概念是确保只有合适的人才能采取行动。如果把这一目标应用到应用程序上，那么首先就要把与应用程序交互的人识别为用户。这就建立了应用程序和人之间的联系。在其他网站上几乎可以肯定这样做，一般要进入网站的某个页面并"注册"。这就提供了人和该网站之间的初步联系。

应用程序需要做同样的事情。如果想了解用户是谁，就必须为他们提供一种介绍自己的方法，让他们在网站上注册。这个注册决定了他们在网站上的身份。

15.1.2　身份验证：用户如何证明他们自己的身份?

将访问者介绍给网站后，就要了解他们是谁。然而，在某些情况下用户会离开网站，并希望在另一个时间回来。如果仍然在意这些用户是谁，以及他们下次访问的时间，就需要一种方法，利用之前对他们的介绍，来证明他们就是早些时候注册的人。如果他们在银行，这很容易做到：可以请他们提供照片 ID，将自己的记录与拿着 ID 的人的名字和照片进行比较。如果所有的信息看起来是正确的，就让他们进行交易。

因为访问者一定要证明自己的确是某个特定的用户，所以需要通过 Web 应用程序为他们提供一种方式来证明这种关系。通常是使用在介绍或网站注册的过程中配置的用户名和密码。信息组合得越复杂，提供相同信息的人就越有可能是识别的用户。验证来访者就是他们自己的概念，称为身份验证——用户验证自己的身份。

15.1.3　授权：允许做什么?

在某些情况下，不同用户可以执行的操作是不变的。如果是这样，就只需要简单的识别。然而，样例应用程序必须确定用户能做什么。这个确定称为授权。这就是为什么银行保安怀疑咖啡车的主人进入银行金库的目的。尽管保安已经确定或验证了咖啡车的主人，但那个人也未获得授权进入银行金库。

应用程序需要做同样的决定。这个通过验证的用户允许采取特定的动作(主要是前面放在示例应用程序的 Admin 文件夹中的动作)吗？如果他们被授权采取行动，系统就让他们继续下去。如果他们不允许采取这些行动，系统就阻止它们。

确定授权的最常见方法是将特定的角色分配给用户，再确定这个角色是否可以采取行动。根据需要，不同的角色有不同级别的授权。用户可以没有角色，也可以有多个角色，以保证这个应用程序得到了正确保护。本章后面会讨论角色。

15.1.4　使用 ASP.NET 登录

最新版本的 ASP.NET Web Forms 和 MVC 在身份和安全管理方面有一些重大变化。Web Forms 和 MVC 以前使用不同的方法，但现在已经改变，这两种方法使用相同的基本系统。这很重要，因为它意味着，用户可以登录到 Web Forms 登录页面，再对 MVC 路由和视图使用相同的身份。以前不是这样的。

使用 ASP.NET 搭建功能生成的项目时，最初的配置和管理都是在 App_Start 目录的 Startup.Auth .cs 文件中完成。这个页面如图 15-1 所示。

```
public void ConfigureAuth(IAppBuilder app)
{
    // Configure the db context, user manager and signin manager to use a single instance per request
    app.CreatePerOwinContext(ApplicationDbContext.Create);
    app.CreatePerOwinContext<ApplicationUserManager>(ApplicationUserManager.Create);
    app.CreatePerOwinContext<ApplicationSignInManager>(ApplicationSignInManager.Create);

    // Enable the application to use a cookie to store information for the signed in user
    // and to use a cookie to temporarily store information about a user logging in with a third party login provider
    // Configure the sign in cookie
    app.UseCookieAuthentication(new CookieAuthenticationOptions
    {
        AuthenticationType = DefaultAuthenticationTypes.ApplicationCookie,
        LoginPath = new PathString("/Account/Login"),
        Provider = new CookieAuthenticationProvider
        {
            OnValidateIdentity = SecurityStampValidator.OnValidateIdentity<ApplicationUserManager, ApplicationUser>(
                validateInterval: TimeSpan.FromMinutes(30),
                regenerateIdentity: (manager, user) => user.GenerateUserIdentityAsync(manager))
        }
    });
    // Use a cookie to temporarily store information about a user logging in with a third party login provider
    app.UseExternalSignInCookie(DefaultAuthenticationTypes.ExternalCookie);

    // Enables the application to temporarily store user information when they are verifying the second factor in the two-factor authentication process.
    app.UseTwoFactorSignInCookie(DefaultAuthenticationTypes.TwoFactorCookie, TimeSpan.FromMinutes(5));

    // Enables the application to remember the second login verification factor such as phone or email.
    // Once you check this option, your second step of verification during the login process will be remembered on the device where you logged in from.
    // This is similar to the RememberMe option when you log in.
    app.UseTwoFactorRememberBrowserCookie(DefaultAuthenticationTypes.TwoFactorRememberBrowserCookie);
}
```

图 15-1　Startup_Auth 页面

该方法的前三行代码显示了 ASP.NET 登录管理过程的一些特点：

```
app.CreatePerOwinContext(ApplicationDbContext.Create);
app.CreatePerOwinContext<ApplicationUserManager>(
    ApplicationUserManager.Create);
app.CreatePerOwinContext<ApplicationSignInManager>(
    ApplicationSignInManager.Create);
```

这里创建了三项，并添加到 Owin 上下文中。Owin 上下文是管理运行的应用程序的内存空间，所以把项加载到 Owin 上下文中，意味着得到了准备访问的项——在本例中，是支持身份验证的过程。

> **Owin**
>
> Owin 表示 Open Web Interface for .NET,在 .NET Web 服务器和 Web 应用程序之间定义了一个标准接口。Owin 接口的目的是在 Web 服务器和应用程序之间添加一个抽象层。这种方法的作用是终结 ASP.NET 应用程序总是运行在微软 IIS 上的要求,而是允许它们在其他 Owin 容器中执行,包括 Windows 服务。使用 Owin,甚至可以在其他操作系统上运行 ASP.NET 应用程序,例如 Linux 或 iOS。

添加到上下文中的三个不同的项是:ApplicationDbContext、ApplicationUserManager 和 ApplicationSigninManager。这些类管理身份验证过程的一部分。ApplicationDbContext 是到数据库的连接。这特别有趣,因为这表明身份验证所需的信息使用 Entity Framework 的代码优先方法存储在数据库中,就像数据库应用程序的其他部分一样。

第二个类 ApplicationUserManager 调用其 Create 方法,然后添加到 Owin 上下文中。这个类处理用户的创建和管理。它包含许多不同的有用方法,包括(但不限于)Create、Find、ChangePassword、Update 和 VerifyPassword——处理用户时,需要这些方法。ApplicationUserManager 使用 ApplicationDbContext 访问数据库来处理用户信息。

添加到 Owin 上下文中的最后一项是 ApplicationSigninManager。顾名思义,这个对象处理登录过程。它没有很多不同的方法和属性,它主要是评估传入的信息。要使用的方法签名如下:

```
public SignInStatus PasswordSignIn(string userName, string password,
  bool isPersistent, bool shouldLockout);
```

可以看到,给评价方法传递了 4 个不同的值。前两个是用户输入的用户名和密码。第三个值 isPersistent 告诉框架,发送给用户的响应是否设置 cookie,以记住输入的用户名。最后一个值 shouldLockout 告诉框架,如果系统中有一个匹配的用户名,但密码不正确,是否应该锁定账户。

从这个方法返回的项是 SignInStatus 枚举。表 15-1 描述了不同的枚举值。

表 15-1　SignInStatus 值

值	说明
Success	传入的用户名和密码匹配为用户存储的信息,用户已经通过身份验证
LockedOut	传入相匹配的用户名的账户已经被锁定。如果这个调用的结果造成(例如)shouldLockout 的值是 true,则之前的账户可能已经锁定或可以锁定。如果账户已锁定,用户就不能登录一段特定的时间
RequiresVerification	匹配用户名的账户需要验证。它基于在 ApplicationUserManager 上设置的配置值。认出了用户但不进行身份验证,用户将无法登录应用程序,直到通过验证为止
Failure	系统不能登录时返回这个值。这可能是因为用户名不匹配账户,或传入的用户名匹配账户,但密码不匹配账户的期望值。框架不区分这两个,因为不应告知可能的黑客,输入的用户名是正确的,给尝试进入系统的人提供优势

只从登录中获得一个枚举值时,该如何管理?这都由身份框架隐藏起来,但该框架需要

管理这一切。为此，要设置身份验证 cookie。这种 cookie 的设置也在 Startup_Auth 文件中完成。处理这个配置的区域如下：

```
// Enable the application to use a cookie
// to store information for the signed in user
// and to use a cookie to temporarily store information
// about a user logging in with a third party login provider
// Configure the sign in cookie
app.UseCookieAuthentication(new CookieAuthenticationOptions
{
    AuthenticationType = DefaultAuthenticationTypes.ApplicationCookie,
    LoginPath = new PathString("/Account/Login"),
    Provider = new CookieAuthenticationProvider
    {
        OnValidateIdentity = SecurityStampValidator
            .OnValidateIdentity<ApplicationUserManager, ApplicationUser>
            ( validateInterval: TimeSpan.FromMinutes(30),
              regenerateIdentity: (manager, user) =>
                  user.GenerateUserIdentityAsync(manager))
    }
});
```

系统使用一个 cookie，允许浏览器在服务器和客户端之间来回发送基于令牌的信息，这样用户就不需要在每次调用中重新输入登录凭证。框架处理成功的登录尝试后，下一步是给 Response 对象添加一个 cookie。然后这个 cookie 可用于每个后续调用。

ASP.NET 身份框架还支持第三方托管的登录。开箱即用经验支持从 Google、Twitter、微软和 Facebook 登录。在这些情况下，在应用程序和身份验证提供程序之间建立关系。接着用户利用熟悉、可信任的凭证，登录到提供程序，提供程序把身份框架知道可以信任的令牌与用户一起发送出去。身份框架明白令牌是有效的，因为在应用程序和提供程序之间建立了关系。一旦在提供程序的网站上建立了关系，它们就会提供开发可信任关系所需的信息(如客户端 id 和客户端密码)。以下示例显示了如何建立这些关系之一：

```
app.UseMicrosoftAccountAuthentication(
    clientId: "",
    clientSecret: "");
```

这是一种信任关系。用户相信第三方提供商能维护他的身份验证信息。开发人员相信第三方提供商能对用户进行适当的身份验证。第三方提供商用已知的用户信息取信于开发人员。这个信任圈使各方能够给其客户提供适当水平的服务，关系如图 15-2 所示。

虽然 ASP.NET 身份框架提供了许多身份验证功能，但却需要一定数量的配置。使用项目搭建功能创建项目时，许多配置项都设置为默认值，这可能是支持需求所需的值，也可能不是。下一节介绍 ASP.NET 中安全性的配置。

图 15-2 与第三方授权人交互

15.1.5 配置 Web 应用程序的安全性

配置 Web 应用程序需要一些决策,最简单的是识别要保存用户信息的数据库服务器。更困难的决策与期望的安全性相关,特别是要用于用户名和密码的规则,因为我们要控制这些需求,并能在强大的安全性和用户便利性之间进行权衡。

下面的练习设置样例应用程序来支持用户注册和登录该网站。

试一试 **添加注册功能**

修改示例应用程序,以支持用户账号管理。为此,需要更新在项目创建过程中复制的一些文件。

(1) 确保运行 Visual Studio,打开 RentMyWrox 应用程序。

(2) 打开 Web.config 页面,找到 connection strings 部分(见图 15-3)。把 connectionString 值从 RentMyWroxContext 元素复制到 DefaultConnection 值。

```
Web.config ⊅ ×                                                                                  StoreOpenController.cs ⊅ ×
10      <section name="glimpse" type="Glimpse.Core.Configuration.Section, Glimpse.Core" />
11    </configSections>
12  ⊟ <appSettings>
13      <add key="webpages:Version" value="3.0.0.0" />
14      <add key="webpages:Enabled" value="false" />
15      <add key="PreserveLoginUrl" value="true" />
16      <add key="ClientValidationEnabled" value="true" />
17      <add key="UnobtrusiveJavaScriptEnabled" value="true" />
18    </appSettings>
19  ⊟ <connectionStrings>
20      <add name="DefaultConnection" connectionString="Data Source=(LocalDb)\MSSQLLocalDB;AttachDbFilename=|DataDirectory|\aspnet-RentMyWrox-20141214102050.mdf;Initial Cat
21      <add name="RentMyWroxContext" connectionString="data source=ASP-NET\SQLExpress;initial catalog=RentMyWrox;integrated security=True;MultipleActiveResultSets=True;App
22      <add name="RentMyWroxConnectionString1" connectionString="Data Source=ASP-NET\SQLEXPRESS;Initial Catalog=RentMyWrox;Integrated Security=True" providerName="System.C
23    </connectionStrings>
```

图 15-3 当前的 Web.config 文件

(3) 打开根目录的 Site.Master 文件。找到 head 部分,从 title 元素中删除 My ASP.NET Application。在 head 部分添加以下代码行(见图 15-4):

```
<link href="~/Content/RentMyWrox.css" rel="stylesheet" type="text/css" />
<script src="/bundles/common"></script>
```

(4) 找到 ScriptManager 服务器控件和 Id 为 MainContent 的 ContentPlaceHolder,删除它们之间的所有内容。

```
 4   <head runat="server">
 5       <meta charset="utf-8" />
 6       <meta name="viewport" content="width=device-width, initial-scale=1.0" />
 7       <title><%: Page.Title %></title>
 8       <asp:PlaceHolder runat="server">
 9           <%: Scripts.Render("~/bundles/modernizr") %>
10       </asp:PlaceHolder>
11       <webopt:bundlereference runat="server" path="~/Content/css" />
12       <link href="~/favicon.ico" rel="shortcut icon" type="image/x-icon" />
13       <link href="~/Content/RentMyWrox.css" rel="stylesheet" type="text/css" />
14       <script src="/bundles/common"></script>
15   </head>
```

图 15-4　更新母版页的标题部分

(5) 在 ContentPlaceHolder 结束标记的下面，删除一切内容，直到表单元素的结束标记为止，完成后如图 15-5 所示。

```
16   <body>
17       <form runat="server">
18           <asp:ScriptManager runat="server">
19               <Scripts>
20                   <%--To learn more about bundling scripts in ScriptManager see http://go.microsoft.com/fwlink/?LinkID=301884 --%>
21                   <%--Framework Scripts--%>
22                   <asp:ScriptReference Name="MsAjaxBundle" />
23                   <asp:ScriptReference Name="jquery" />
24                   <asp:ScriptReference Name="bootstrap" />
25                   <asp:ScriptReference Name="respond" />
26                   <asp:ScriptReference Name="WebForms.js" Assembly="System.Web" Path="~/Scripts/WebForms/WebForms.js" />
27                   <asp:ScriptReference Name="WebUIValidation.js" Assembly="System.Web" Path="~/Scripts/WebForms/WebUIValidation.js" />
28                   <asp:ScriptReference Name="MenuStandards.js" Assembly="System.Web" Path="~/Scripts/WebForms/MenuStandards.js" />
29                   <asp:ScriptReference Name="GridView.js" Assembly="System.Web" Path="~/Scripts/WebForms/GridView.js" />
30                   <asp:ScriptReference Name="DetailsView.js" Assembly="System.Web" Path="~/Scripts/WebForms/DetailsView.js" />
31                   <asp:ScriptReference Name="TreeView.js" Assembly="System.Web" Path="~/Scripts/WebForms/TreeView.js" />
32                   <asp:ScriptReference Name="WebParts.js" Assembly="System.Web" Path="~/Scripts/WebForms/WebParts.js" />
33                   <asp:ScriptReference Name="Focus.js" Assembly="System.Web" Path="~/Scripts/WebForms/Focus.js" />
34                   <asp:ScriptReference Name="WebFormsBundle" />
35                   <%--Site Scripts--%>
36               </Scripts>
37           </asp:ScriptManager>
38           <asp:ContentPlaceHolder ID="MainContent" runat="server">
39           </asp:ContentPlaceHolder>
40       </form>
41   </body>
```

图 15-5　删除后的母版页部分

(6) 在 ScriptManager 控件和 ContentPlaceHolder 之间添加以下代码：

```
<div id="header">
    <img src="rentmywrox_logo.gif" />
</div>
<div id="nav">
    <div id="LeftNavigation" style="height:400px;">
        <ul class="level1">
            <li><a href="/" class="level1">Home</a></li>
            <li><a href="/" class="level1">Items</a></li>
            <li><a href="/Contact" class="level1">Contact Us</a></li>
            <li><a href="/About" class="level1">About Us</a></li>
        </ul>
        <div id="storeHoursMessage"></div>
    </div>
</div>
<div id="section">
```

(7) 在 ContentPlaceHolder 的后面添加一个</div>结束标记。

(8) 打开 Views\Shared_ShoppingCartSummary.cshtml 页面。将下面的代码添加到购物车中有信息时显示的区域，完成后如图 15-6 所示。

```
<a class="checkout" href="\shoppingcart\checkout">Check Out</a>
```

449

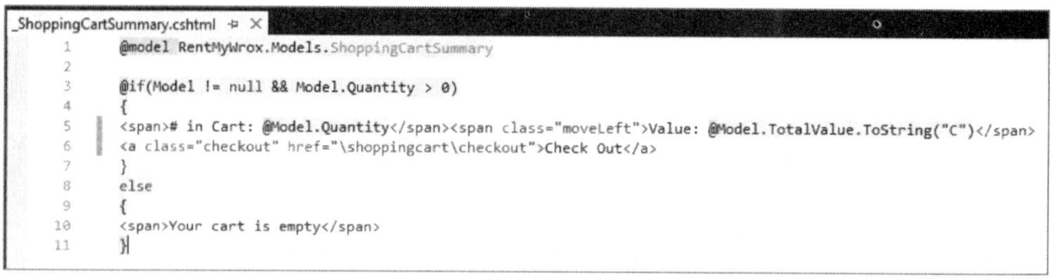

```
_ShoppingCartSummary.cshtml  ⊕ ✕
   1    @model RentMyWrox.Models.ShoppingCartSummary
   2
   3    @if(Model != null && Model.Quantity > 0)
   4    {
   5    <span># in Cart: @Model.Quantity</span><span class="moveLeft">Value: @Model.TotalValue.ToString("C")</span>
   6    <a class="checkout" href="\shoppingcart\checkout">Check Out</a>
   7    }
   8    else
   9    {
  10    <span>Your cart is empty</span>
  11    }
```

图 15-6　新的购物车汇总局部视图

(9) 打开 Content\RentMyWrox.css 文件，添加以下样式：

```
.checkout {
    margin-left: 15px;
    color:white;
    font-size: small;
}
```

(10) 打开 ShoppingCartController.cs 文件，添加一个新方法：

```
[Authorize]
[HttpGet]
public ActionResult Checkout()
{
    using (RentMyWroxContext context = new RentMyWroxContext())
    {
        return null;
    }
}
```

(11) 打开 Server Explorer 窗口(View | Server Explorer)。在 Data Connections 部分，展开 RentMyWrox 连接，展开 Tables 部分，如图 15-7 所示。

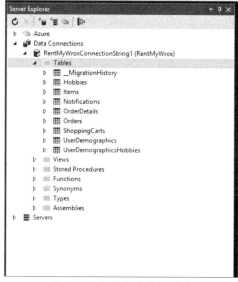

图 15-7　数据库中的初始表

(12) 运行应用程序。如果购物车中没有信息，就添加一项，以便看到 Check Out 链接。然后单击该链接，进入登录屏幕(见图 15-8)。

图 15-8　登录页面

(13) 在页面的底部单击 Register as a New User 链接。进入注册页面，如图 15-9 所示。

图 15-9　注册页面

(14) 输入电子邮件地址，如 admin@rentmywrox.com。在两个密码框中输入一个简单的密码，如"password"。单击 Register 按钮，显示如图 15-10 所示的消息。

图 15-10　验证失败页面

(15) 输入一个满足所需标准的密码，如"Password1!"，单击 Register。

(16) 应显示一个空白页面，其 URL 是 ShoppingCart\Checkout，如图 15-11 所示。

(17) 回到 Server Explorer，展开 Tables 部分(见图 15-12)。

451

图 15-11　空的结账页面

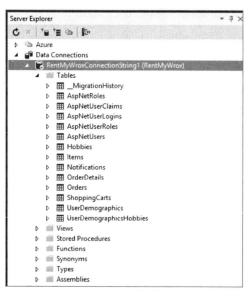

图 15-12　更新的数据库

示例说明

在许多方面，刚才执行的操作主要是编辑在项目开始时建立的已有安全措施，而不是实现它们。但是，在这些动作可以正常工作之前，必须做适当更改，这样在项目创建期间建立的注册才能适应应用程序的其余部分。如果不更改 Site.Master 文件，创建的所有注册文件看起来就格格不入。

更新母版页之后，账户管理页面看起来就更像网站了，接着在购物车部分创建一个额外的链接，把用户带入结算流程。然后在 ShoppingCartController 页面上创建一个简单的 Checkout 方法。这个方法目前只是一个存根(stub)，因为方法本身不执行任何操作。然而，给这个操作添加了一个属性(稍后学习)，把它关联到整个身份系统上。

身份系统在项目创建过程中创建。那时可以选择身份验证选项，这里选择了个人用户账户。在选择这种方法时，就用几组不同的代码创建项目搭建功能。第一组是各种模型，位于

Models目录的IdentityModels文件中。无论使用MVC还是Web Forms项目，这些模型都是相同的。在这个文件中，Models名称空间有两个不同的类ApplicationUser和ApplicationDbContext。这两个类都继承了其他类，ApplicationUser从IdentityUser继承，ApplicationDbContext从IdentityDbContext继承。

这两个类继承自基类是很重要的，因为这允许根据需要定制它们。例如，除了从IdentityUser 继承的属性之外，ApplicationUser 没有任何附加属性。这些默认属性如表 15-2 所示。

表 15-2　IdentityUser 属性

属性	类型	说明
AccessFailedCount	int	指定对锁定账户的当前访问失败的尝试次数
Claims	ICollection<TClaim>	分配给用户的 Claims 集合
Email	string	用户的电子邮件地址
EMailConfirmed	bool	指定用户响应系统的电子邮件时是否确认了电子邮件
Id	TKey	用户标识符。默认为 GUID，但是系统可以配置为使用其他类型
LockoutEnabled	bool	指示是否给用户启用锁定
LockoutEndDateUtc	DateTime?	锁定结束时的日期时间值(UTC)，过去的任何时间都被认为是没有锁定
Logins	ICollection<TLogin>	用户的登录集合。这是一个有趣的概念，因为它意味着一个特定的电子邮件地址/登录名有多次登录。一名用户登录某网站的同时，还通过可信的第三方登录时，就会发生这种情况。因此，无论用户用什么方式登录网站，该用户都被识别为单个用户
PasswordHash	string	盐/散列形式的用户密码
PhoneNumber	string	用户的电话号码
PhoneNumberConfirmed	bool	指定是否确认了电话号码
Roles	ICollection<IRole>	分配给用户的角色集
SecurityStamp	string	一个随机值，随用户凭证的变化而变化。这个属性的主要目的是启用 sign out everywhere。其含义是，只要与用户相关的安全性改变了，如密码，应用程序就应自动使任何现有的登录 cookies 失效。如果用户的密码/账户以前被盗用，这能确保攻击者不再能访问，因为每次执行基于令牌的登录时，都会比较 SecurityStamp
TwoFactorEnabled	bool	指定是否为该用户启用双重身份验证
UserName	string	访问者的在线身份

从属性列表中可以看出,许多特性都默认为启用,并得到了系统的支持。这些特性包括确认(包括电子邮件和手机)以及双重身份验证。

在确认过程中,系统使用所选择的方法,通过邮件或电话发送一个要确认的代码,用户必须输入代码,通过这一过程传入应用程序。输入这个代码后,系统就验证所选择的方法和用户之间是否存在关系。换句话说,系统知道那个人有权访问这个电子邮件地址或电话号码。通常,只要用户注册到应用程序中,就应给那个人发送确认信息。项目搭建功能创建的注册过程显示了这是如何做到的,但在实际的页面中它被注释掉了:

```
string code = manager.GenerateEmailConfirmationToken(user.Id);
string callbackUrl = IdentityHelper
        .GetUserConfirmationRedirectUrl(code, user.Id, Request);
manager.SendEmail(user.Id, "Confirm your account",
        "Please confirm your account by clicking
        < a href =\"" + callbackUrl + "\">here</a>.");
```

确认了用户注册后,应用程序就创建一个随机值,用作确认令牌。然后,这个令牌作为电子邮件的一部分,发送到注册时提供的电子邮件地址。接着用户就单击所分配的 URL——包含确认令牌的 URL。应用程序收到这个请求后,就试图匹配确认令牌和账户。如果尝试成功,应用程序就把电子邮件标记为已确认。

双重身份验证提供了一个额外的安全层:它要求用户通过多个组件提供登录信息。自动取款机(ATM)就使用双重身份验证,因为它要求用户提供一个物理介质——银行卡,以及一个识别号。显然,在给网站执行验证时,这是行不通的,所以采用另一个方法:用户使用手机进行双重身份验证。

在手机双重身份验证中,用户在手机上安装一个特殊的应用程序。用户利用这个应用程序,安全地登录认证系统。这会同步手机和用户的登录账户。展望未来,一旦启用了双重身份验证,用户就可以从手机中获得一个值,使用该值作为应用程序登录过程的一部分。这就像在 ATM 中,用户必须把某项内容——手机——作为一个身份验证因素,并把传统的登录/密码组合作为第二个因素。

所有这些都由身份框架提供,因为应用程序并不接受信用卡或执行任何在线处理,只是留下用户随身带着的设备,这个功能在应用程序中没有实现。

如前所述,所有的身份验证工作实际上都是由添加到动作中的特性"打开"的。这一动作如下所示:

```
[Authorize]
[HttpGet]
public ActionResult Checkout()
{
    using (RentMyWroxContext context = new RentMyWroxContext())
    {
        return null;
    }
}
```

Authorize 特性很重要,因为它添加了一个要求:访问此 URL 的用户必须通过身份验证。

所以添加该特性之后，单击到这个 URL 的链接，会立即进入登录页面。系统能够评估用户是否登录，因为它会查看请求的 cookie 集合，确定是否有认证 cookie。如果检查失败，就进入在 App_Start 目录下 Startup.Auth.cs 文件中配置的登录页面。当配置 cookie 验证过程时，可以设置 LoginPath 属性，如下所示：

```
app.UseCookieAuthentication(new CookieAuthenticationOptions
{
    AuthenticationType = DefaultAuthenticationTypes.ApplicationCookie,
    LoginPath = new PathString("/Account/Login"),
    Provider = new CookieAuthenticationProvider
    {
        OnValidateIdentity = SecurityStampValidator
            .OnValidateIdentity<ApplicationUserManager, ApplicationUser>(
                validateInterval: TimeSpan.FromMinutes(30),
                regenerateIdentity: (manager, user)
                    => user.GenerateUserIdentityAsync(manager))
    }
});
```

这个设置确保在必要时调用项目搭建功能创建的登录页面。因为还没有账户，所以必须单击 Register for an account 链接，进入账号注册页面。注册应用程序是很简单的，已经由项目创建过程中设置的默认值处理好了，包括密码验证的默认设置。密码验证确保密码尽可能安全。可用的验证设置如表 15-3 所示。

表 15-3　密码验证配置属性

属性	定义
RequireDigit	指定密码是否需要数字(0-9)
RequiredLength	密码的最少长度
RequireLowercase	指定密码是否需要小写字母(a-z)
RequireNonLetterOrDigit	指定密码是否需要非字母或数字字符
RequireUppercase	指定密码是否需要大写字母(A–Z)

(1) 所创建的默认设置可以在 App_Start\IdentityConfig.cs 文件中找到，如下所示：

```
// Configure validation logic for passwords
manager.PasswordValidator = new PasswordValidator
{
    RequiredLength = 6,
    RequireNonLetterOrDigit = true,
    RequireDigit = true,
    RequireLowercase = true,
    RequireUppercase = true,
};
```

可以看出，创建初始登录时，验证器要求密码至少有 6 个字符，其中至少有一个非字母或数字字符(即特殊字符)、一个数字、一个小写字母和一个大写字母。启用每个验证，有助于确保密码不易破解。

在用户提交表单前，不会进行针对这些密码特点的验证。注册方法如下所示：

```
protected void CreateUser_Click(object sender, EventArgs e)
{
    var manager = Context.GetOwinContext().
        GetUserManager<ApplicationUserManager>();
    var signInManager = Context.GetOwinContext().
        Get<ApplicationSignInManager>();
    var user = new ApplicationUser(){UserName = Email.Text, Email =
        Email.Text};
    IdentityResult result = manager.Create(user, Password.Text);
    if (result.Succeeded)
    {
        signInManager.SignIn( user, isPersistent: false, rememberBrowser: false);
        IdentityHelper.RedirectToReturnUrl(Request.QueryString["ReturnUrl"],
            Response);
    }
    else
    {
        ErrorMessage.Text = result.Errors.FirstOrDefault();
    }
}
```

ApplicationUserManager.Create 方法返回一个 IdentityResult 对象，其中包含 Succeeded 标志。如果在创建用户时有任何问题，就把 Succeeded 标志设置为 false，并更新 Errors 属性，其中包括失败的原因。在验证密码时，消息包含一个失败的验证需求列表。

成功创建用户账户时，还完成了一个工作：创建数据库表来保存默认的用户信息。这是可能的，因为身份框架使用代码优先的 Entity Framework 方法，就像应用程序的其余部分一样。虽然采取了类似的方式，但在不同的数据库上下文 ApplicationDbContext 中完成。可以改变它，以使用与应用程序的其余部分相同的上下文，但让它们处于两个不同的上下文中，可以使它们分别访问和维护。在很多有不同应用程序的公司中，通常在多个应用程序中共享用户信息。把这些信息放在一个单独的上下文中会更容易。在示例应用程序中不需要担心这个，但最好把业务信息和安全信息分开。这里使用第二个上下文来实现。

图 15-13 显示了数据的一个屏幕截图，这些数据创建为注册过程的一部分。

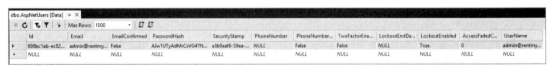

图 15-13　AspNetUsers 数据

如图 15-13 所示，表 15-3 中的所有属性都显示在图中。注意 PasswordHash 列的值，这不是在注册屏幕中输入的密码，而是散列和盐化之后的值。

散列过程是将公式应用于文本字符串，产生固定长度、无法解密回原始值的返回值。如果对同一文本进行相同的散列，会得到相同的结果。匹配的散列结果表明，数据没有被修改。

盐化过程会加强加密和散列，使它们更难破解。盐化过程在输入文本的开始或结尾处添加一个随机字符串，之后散列或加密值。当试图破解密码列表时，黑客必须考虑到盐化值和可能的密码信息，才能进入应用程序。如果给每个要盐化的值分配一个不同的盐化值，为密码破解程序创建一个可能的密码值表就变得非常复杂、困难。

散列密码的结果存储在数据库中。当用户试图登录应用程序时，就盐化他们输入登录屏幕的密码，或添加一个字符串值，然后散列。这个值与存储在数据库中的值比较。如果散列值相同，密码就是正确的。这允许应用程序验证密码，而不用保存密码本身。应用程序不可能恢复实际的密码本身。

如这个示例所示，配置在应用程序中使用的身份框架，主要是练习定义数据库连接，然后设置项的值，如密码验证的要求。身份框架，特别是与搭建的项目文件结合起来，会自动完成其余工作。

配置在应用程序中使用的身份框架后，下一步是开始利用用户的实际身份。

15.1.6　在应用程序中利用用户

知道用户是谁是不错的，之后就可以编写代码来利用用户信息。目前获得的主要信息如下：

- 用户名
- 电子邮件地址
- 电话号码
- 惟一标识符或 Id

如前所述，用户登录到应用程序后，就创建一个身份验证 cookie 来识别和验证用户。框架验证令牌后，就能够创建该用户的真实身份。一旦框架得到这些信息，就可以储存它们，使之可以通过应用程序来访问。

有两种方法来获得用户信息，采用什么方法取决于发出调用的对象，从视图或控制器获得用户信息需要一种方法，而在另一个类(甚至是 Web Forms 代码隐藏)中获得用户信息需要另一种方法。

从控制器内部访问用户信息很简单，因为所有控制器继承的基控制器类有一个 User 属性。该属性的类型是 System.Security.IPrincipal，是 Windows 内安全性的默认类型。如果使用桌面应用程序，寻找登录的用户时，该用户也将成为 IPrincipal。

注意，试图得到一个可以使用的 ApplicationUser 没有任何好处，因为 User 属性不能转换为可以使用的对象；而必须使用 Principal 的 Identity 属性上的方法来得到用户的 Id，然后用它来得到 ApplicationUser，如下所示：

```
string userId = User.Identity.GetUserId();
ApplicationUserManager aum = HttpContext.GetOwinContext()
    .GetUserManager<ApplicationUserManager>();
ApplicationUser appUser = aum.FindById(userId);
```

一旦从 ApplicationUserManager 中得到 ApplicationUser，就可以根据需要访问属性。下一个练习开始在应用程序中使用 ApplicationUser 信息。

试一试 **基于真实用户更新购物车**

这个练习使用在用户注册过程中创建的用户信息。具体来说，就是更新购物车的管理，使购物车在用户登录时适当地工作。

(1) 确保运行 Visual Studio，打开 RentMyWrox 应用程序。

(2) 右击 Controllers 目录，并添加一个新项。创建一个类文件 UserHelper.cs。

(3) 在新文件中，添加以下 using 语句：

```
using Microsoft.AspNet.Identity;
using Microsoft.AspNet.Identity.Owin;
using Microsoft.Owin.Security;
using RentMyWrox.Models;
```

(4) 在类定义中添加如下代码行：

```
private const string coookieName = "RentMyWroxTemporaryUserCookie";
```

(5) 如图 15-14 所示，添加如下方法：

```
public static Guid GetUserId()
{
    Guid userId;
    if (HttpContext.Current.User != null)
    {
        string userid = HttpContext.Current.User.Identity.GetUserId();
        if (Guid.TryParse(userid, out userId))
        {
            return userId;
        }
    }

    if (HttpContext.Current.Request != null
            && HttpContext.Current.Request.Cookies != null)
    {
        HttpCookie tempUserCookie = HttpContext.Current.Request.Cookies
                .Get(coookieName);
        if (tempUserCookie != null && Guid.TryParse(tempUserCookie.Value,
                out userId))
        {
            return userId;
        }
    }

    userId = Guid.NewGuid();
    HttpContext.Current.Response.Cookies.Add(
            new HttpCookie(coookieName, userId.ToString()));
    HttpContext.Current.Request.Cookies.Add(
            new HttpCookie(coookieName, userId.ToString()));
    return userId;
}
```

```
using System;
using System.Collections.Generic;
using System.Linq;
using System.Web;
using Microsoft.AspNet.Identity;
using Microsoft.AspNet.Identity.Owin;
using Microsoft.Owin.Security;
using RentMyWrox.Models;

namespace RentMyWrox.Controllers
{
    public class UserHelper
    {
        private const string coookieName = "RentMyWroxTemporaryUserCookie";

        public static Guid GetUserId()
        {
            Guid userId;
            if (HttpContext.Current.User != null)
            {
                string userid = HttpContext.Current.User.Identity.GetUserId();
                if (Guid.TryParse(userid, out userId))
                {
                    return userId;
                }
            }

            if (HttpContext.Current.Request != null && HttpContext.Current.Request.Cookies != null)
            {
                HttpCookie tempUserCookie = HttpContext.Current.Request.Cookies.Get(cookieName);
                if (tempUserCookie != null && Guid.TryParse(tempUserCookie.Value, out userId))
                {
                    return userId;
                }
            }

            userId = Guid.NewGuid();
            HttpContext.Current.Response.Cookies.Add(new HttpCookie(coookieName, userId.ToString()));
            HttpContext.Current.Request.Cookies.Add(new HttpCookie(coookieName, userId.ToString()));
            return userId;
        }
```

图 15-14 UserHelper.cs

(6) 添加如下方法：

```
public static ApplicationUser GetApplicationUser()
{
    string userId = HttpContext.Current.User.Identity.GetUserId();
    ApplicationUserManager aum = HttpContext.Current.GetOwinContext()
        .GetUserManager<ApplicationUserManager>();
    return aum.FindById(userId);
}
```

(7) 添加如下方法：

```
public static void TransferTemporaryUserToRealUser(Guid tempId, string
userId)
{
    using (RentMyWroxContext context = new RentMyWroxContext())
    {
        if (context.ShoppingCarts.Any(x => x.UserId == tempId))
        {
            Guid newUserId = Guid.Parse(userId);
            var list = context.ShoppingCarts.Include("Item")
                .Where(x => x.UserId == tempId);
            foreach (var tempCart in list)
            {
                var sameItemInShoppingCart = context.ShoppingCarts
```

```
            .FirstOrDefault(x => x.Item.Id == tempCart.Item.Id
                && x.UserId == newUserId);
        if (sameItemInShoppingCart == null)
        {
            tempCart.UserId = newUserId;
        }
        else
        {
            sameItemInShoppingCart.Quantity++;
            context.ShoppingCarts.Remove(tempCart);
        }
    }
    context.SaveChanges();
}
}
}
```

(8) 打开 ShoppingCartController 文件，删除如下代码：

```
private Guid UserID = Guid.Empty;
```

(9) 如图 15-15 所示，在 AddToCart 动作的顶部添加如下代码：

```
Guid UserID = UserHelper.GetUserId()
```

```
public ActionResult AddToCart(int id)
{
    Guid UserID = UserHelper.GetUserId();
    using (RentMyWroxContext context = new RentMyWroxContext())
    {
        Item addedItem = context.Items.FirstOrDefault(x => x.Id == id);

        // now that we know it is a valid ID
        if (addedItem != null)
        {
            // Check to see if this item was already added
            var sameItemInShoppingCart = context.ShoppingCarts.FirstOrDefault(x => x.Item.Id == id && x.UserId == UserID);
            if (sameItemInShoppingCart == null)
            {
                // if not already in cart then add it
                ShoppingCart sc = new ShoppingCart
                {
                    Item = addedItem,
                    UserId = UserID,
                    Quantity = 1,
                    DateAdded = DateTime.Now
                };
                context.ShoppingCarts.Add(sc);
            }
            else
            {
                // increment the quantity of the existing shopping cart item
                sameItemInShoppingCart.Quantity++;
            }
            context.SaveChanges();
        }
        ShoppingCartSummary summary = GetShoppingCartSummary(context);
        return PartialView("_ShoppingCartSummary", summary);
    }
}
```

图 15-15 UserHelper.cs

(10) 展开 Accounts 目录。单击 Register.aspx 左侧的箭头，展开其他文件。打开
Register.aspx.cs 文件，添加以下加粗显示的代码，更新方法：

```
protected void CreateUser_Click(object sender, EventArgs e)
{
```

```
var manager = Context.GetOwinContext().
    GetUserManager<ApplicationUserManager>();
var signInManager = Context.GetOwinContext().
    Get<ApplicationSignInManager>();
var user = new ApplicationUser() { UserName = Email.Text, Email = Email.Text };
Guid oldTemporaryUser = Controllers.UserHelper.GetUserId();
IdentityResult result = manager.Create(user, Password.Text);
if (result.Succeeded)
{
    Controllers.UserHelper.TransferTemporaryUserToRealUser(oldTemporaryUser,
        user.Id);
    signInManager.SignIn( user, isPersistent: false, rememberBrowser: false);
    IdentityHelper.RedirectToReturnUrl(Request.QueryString["ReturnUrl"],
        Response);
}
else
{
    ErrorMessage.Text = result.Errors.FirstOrDefault();
}
}
```

(11) 打开 Login.aspx.cs 文件，添加以下加粗显示的代码，更新 Login 方法：

```
protected void LogIn(object sender, EventArgs e)
{
    if (IsValid)
    {
        var manager = Context.GetOwinContext()
            .GetUserManager<ApplicationUserManager>();
        var signinManager = Context.GetOwinContext()
            .GetUserManager<ApplicationSignInManager>();
        Guid currentTemporaryId = Controllers.UserHelper.GetUserId();

        var result = signinManager.PasswordSignIn(Email.Text, Password.Text,
            RememberMe.Checked, shouldLockout: false);
        switch (result)
        {
            case SignInStatus.Success:
                var user = signinManager.UserManager.FindByName(Email.Text);
                Controllers.UserHelper.TransferTemporaryUserToRealUser(
                    currentTemporaryId, user.Id);
                IdentityHelper.RedirectToReturnUrl(
                    Request.QueryString["ReturnUrl"], Response);
                break;
            case SignInStatus.LockedOut:
                Response.Redirect("/Account/Lockout");
                break;
            ...
        }
    }
}
```

461

(12) 运行该应用程序,并将一项添加到购物车中。

(13) 刷新购物车摘要,单击结算链接,进入登录页面。

(14) 用上一个练习创建的用户信息登录,进入空白的结算屏幕。

(15) 改变 URL,进入主页,购物车汇总显示了相同的摘要信息。

示例说明

添加的大多数新功能都放在一个新类 UserHelper 中。顾名思义,这个类在处理用户时会提供帮助。在 UserHelper 中添加了三个不同的方法。第一个方法 GetUserId 在可能的情况下获取登录用户的用户 Id。如果用户没有登录到应用程序,这个方法就分配一个临时用户标识符,可用来管理放入购物车的项。第二个方法 GetApplicationUser 得到对应于特定用户 Id 的 ApplicationUser 对象。第三个方法 TransferTemporaryUserToRealUser 合并用户使用临时 ID 的购物车与使用真实 ID 的购物车。

如本章前面所述,身份验证 cookie 中的用户信息在客户端和服务器之间来回发送。GetUserId 方法添加它时,创建了一个 cookie,在客户端和服务器之间来回传送,其中包含已创建的临时用户 Id。无论访问者是否登录到应用程序,这都将为他创建惟一的标识符。

该方法首先确定有效的用户是否连接到 HttpContext。下面的代码片段包含此检查:

```
if (HttpContext.Current.User != null)
{
    string userid = HttpContext.Current.User.Identity.GetUserId();
    if (Guid.TryParse(userid, out userId))
    {
        return userId;
    }
}
```

因为该类不是控制器,所以不能访问 User 属性;而必须遍历 HttpContext,获得 Identity。一旦得到了 Identity,就可以调用 GetUserId 方法,该方法返回用户 Id 的字符串表示。如果 User 存在,就总是会有一个 Identity;但如果用户没有登录到应用程序,GetUserId 就返回一个空字符串。所以应用程序会执行 TryParse,以防返回的值不能转换成 Guid。

下面的示例显示了方法的更多内容,特别是读取临时标识符的部分:

```
if (HttpContext.Current.Request != null
        && HttpContext.Current.Request.Cookies != null)
{
    HttpCookie tempUserCookie =
            HttpContext.Current.Request.Cookies.Get(coookieName);
    if (tempUserCookie != null && Guid.TryParse(tempUserCookie.Value,
        out userId))
    {
        return userId;
    }
}
```

第一部分检查 cookie 是否用相同的键设置。如果是,就计算其值;如果该值可以转换为

Guid，就把它作为返回值。如果没有用键设置 cookie，用户就尚未分配一个临时值，所以接下来的几行允许系统创建适当的 cookie：

```
userId = Guid.NewGuid();
HttpContext.Current.Response.Cookies.Add(
        new HttpCookie(coookieName, userId.ToString()));
HttpContext.Current.Request.Cookies.Add(
        new HttpCookie(coookieName, userId.ToString()));
```

通常只需在 Response 对象上设置 cookie，因为浏览器会提取它们，在下一次请求时返回给服务器。然而，也设置请求 cookie，因为在这个过程的后面可能再次调用该方法，所以在 Response 和 Request 中设置它，确保无论何时调用都可以使用它。

无论用户是否登录，这个方法都确保总有一个唯一的标识符。下一个方法 GetApplicationUser 只负责获得 ApplicationUser，代码如下所示：

```
public static ApplicationUser GetApplicationUser()
{
    string userId = HttpContext.Current.User.Identity.GetUserId();
    ApplicationUserManager aum = HttpContext.Current.GetOwinContext()
        .GetUserManager<ApplicationUserManager>();
    return aum.FindById(userId);
}
```

这个简单的方法负责基于 Id 查找 ApplicationUser。然而，由于 ASP.NET 的本质，它不需要给方法传递任何参数，因为它可以得到所有需要的信息。首先，它可以从 HttpContext 获得用户的 Id，就像可以从控制器获得一样。然而，由于没有控制器的所有内置功能，因此必须遍历 HttpContext 类的当前属性，访问"真正的"HttpContext 实例，这是这个请求的活跃 HttpContext 的包装器。一旦有了用户的身份，就可以调用 GetUserId 方法，获取其 Id 作为一个字符串。

该方法的下一行代码演示了得到各种管理器的实例化版本的方法。在 Startup.Auth.cs 文件中，有几行代码创建各种验证项，并将它们添加到 OwinContext 中。这些代码如下：

```
app.CreatePerOwinContext(ApplicationDbContext.Create);
app.CreatePerOwinContext<ApplicationUserManager>(ApplicationUserManager.
    Create);
app.CreatePerOwinContext<ApplicationSignInManager>(ApplicationSignInManager.
    Create);
```

ApplicationUserManager 已经创建并被添加到 OwinContext 中，所以只需从 OwinContext 中获取对象。ApplicationUserManager 类型的 GetUserManager 方法就完成这个获取操作。可以用类似的方式，在方法调用中使用该类型而不是 ApplicationUserManager 类型，得到一个实例化的 ApplicationSignInManager。

一旦有了用户管理器，就只需用之前确定的 Id 调用 FindById 方法。此代码可以添加到这些方法中，但按照最佳实践，应把多个地方重复的代码放到一个可以在任何地方调用的方法中，所以应把该方法提取到可以在应用程序的所有其他代码中访问的类中。

这个类中的最后一个方法是 TransferTemporaryUserToRealUser。该方法负责在用户登录到已登录用户的购物车之前,转移添加到购物车中的项。遗憾的是,它不是简单地用新 UserId 值更新数据库,因为用户可能已经在先前访问时在购物车中添加了项,所以必须评估两个购物车(临时用户和"真正的用户")中的项,确定是否应该更新数量,或用用户的 id 更新行项。

注意这个方法中的一些有趣的点:

```
var list = context.ShoppingCarts.Include("Item").Where(x => x.UserId == tempId);
```

在这种情况下,Include 方法是必要的,因为该系统只返回基本数据,不加载任何相关的实体。这可能是第一次从数据库中拉出 ShoppingCart 项,需要处理 Item;在其他情况下,在 ShoppingCart.Item 中包括一个属性,作为一个查询值,这样 Entity Framework 就知道,它必须把这个项处理为一个相关的实体。

如果在查询中没有 Include 方法,Item 属性就总为 null。另外,因为 Entity Framework 添加了 Item_Id 数据库列来管理这种关系,但这不是 ShoppingCart 模型的一部分,所以不能访问这个值以进行比较。

一旦添加了 UserHelper 类,其他的变更就利用前面添加的 UserHelper 方法。例如,ShoppingCartController 现在就使用适当的 id(临时或真实),在服务器调用之间记住它;而处理登录和注册工作的代码都调用该方法,一旦用户登录(或注册),就移动购物车条目。

此时,已经把验证过程添加到应用程序中,能确认用户的身份;还使用 Authorize 特性添加了一些授权功能,以确保特定的方法只能在用户登录时调用,因为这个动作会开始前面定义的所有身份验证过程。

但是,除了确认用户是否进行了身份验证之外,还不能辨别任何其他内容,所以管理页面没有任何变化。管理这些页面的访问不仅仅需要简单的身份检查,还需要一个方法来确定用户是否授权查看这些特定页面。这就是角色的作用。

15.2 角色

决定授权的传统方法是使用角色。角色提供了一种方式来定义一组责任,即担任这个角色的人可以执行的动作列表。在安全方面,角色可以用来锁定操作,只有特定角色的用户才能执行该动作。通常情况下,角色由用户可以做的工作类型划定,然后根据需要为用户分配一个或多个角色,来定义他们真正的责任。在之前关于银行的示例中,保安能够识别一个人,是因为这个人扮演的角色是经理。

在 ASP.NET 身份框架中,角色集合可以用于 ApplicationUser。角色是身份框架的上下文中一个单独的项,这意味着他们拥有自己的数据库表 AspNetRoles,以及把用户连接到一个或多个角色的另一个表 AspNetUserRoles。这个连接表是必要的,因为一个角色可以分配给多个人,一个人也可以有多个角色。

使用角色提供了更细粒度的授权,因为在分组责任时,可以根据需要指定特定的角色。在样例应用程序中,其实只需要一个角色,用于确保进入 Admin 部分的用户必须登录和授权,才能执行这一操作。但很容易设想到,责任的分组可能导致许多不同的、更细粒度的角色。

创建带有身份验证的项目，并不创建任何角色管理屏幕。任何角色的创建和配置都必须编码或直接输入到数据库中。然而，处理角色没什么特别的，只需创建即可；默认角色只有两个属性：Id 和 Name。

15.2.1　配置应用程序以处理角色

创建和连接角色是很简单的任务，一旦链接到数据库，把角色放在 User 对象上就是自动进行的。然而，让应用程序理解角色就略有不同。当然，在 ASP.NET Web Forms 和 ASP.NET MVC 应用程序中也是不同的。前面讨论了 MVC 如何使用一个特性来确保用户通过身份验证，这是有意义的，因为 MVC 中的一切都在代码中进行。Web Forms 是不同的，因为其中的一切都是基于文件的。因此，使用特性的方法更难实现。

相反，使用 ASP.NET Web Forms 应用程序时，可以在配置文件中管理授权。配置文件没有太多讨论，只提到访问配置文件来管理连接字符串；然而，配置文件可以管理的绝不仅仅是数据库连接信息。在应用程序中也可以有多个配置文件，因为还可以将配置文件放在嵌套的目录中。按照惯例，目录中的代码首先在该目录中查找配置文件。如果在该目录中没有找到，代码就在上一级目录中查找(仍在运行的应用程序的上下文中)，直到找到一个配置文件，就引用它。

配置文件很重要，因为它们提供了一个简单的方法来处理 ASP.NET Web Forms 页面的授权。下面的简短版本显示了它如何工作：

```xml
<?xml version="1.0"?>
<configuration>
    <system.web>
      <authorization>
        <allow roles="Role1, Role2" />
        <deny users="*"/>
      </authorization>
    </system.web>
</configuration>
```

把这段代码放在包含 Web Forms 文件的任何目录中，即可确保锁定应用程序，且只有分配了 Role1 或 Role2 角色的用户才能访问。如果用户没有登录，或者用户已登录，但没有合适的角色，却试图访问这个目录中的页面，框架就把用户重定向到登录页面。如果用户可以登录并有适当的角色，他将被允许访问目录中的页面。

前面的方法可以限制对目录中每个页面的访问，也可以通过配置限制访问特定的页面。在创建搭建项目的示例中，Account 目录包含所有搭建的用户交互。包括这种变化的 Web.config 文件如下：

```xml
<?xml version="1.0"?>
<configuration>
  <location path="Manage.aspx">
    <system.web>
      <authorization>
        <deny users="?"/>
```

```
    </authorization>
  </system.web>
 </location>
</configuration>
```

在本例中，配置指定任何登录的用户都可以进入 Manage.aspx 文件。查看 Account 目录的内容，评估每个页面预计会做什么时，这是有意义的。唯一预计处理通过验证的用户的页面是 Manage.aspx，它维护登录信息——只有通过身份验证的用户才有效。

试一试 添加角色

这个练习根据所创建的角色，锁定应用程序的行政部分，以检查不同的设置以及它们如何影响安全性。

(1) 确保运行 Visual Studio，打开 RentMyWrox 应用程序。运行应用程序，进入\ Admin，如图 15-16 所示。

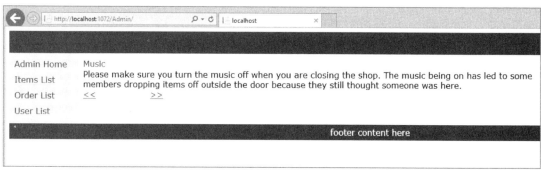

图 15-16　Admin 目录中的默认页面

(2) 右击 Admin 目录，并选择 Add New Item。确保在左边的 Web 部分，选择 Web Configuration File，如图 15-17 所示。单击 Add 按钮。

(3) 更新新文件，使之包含以下内容：

```
<?xml version="1.0"?>
<configuration>
  <system.web>
    <authorization>
      <deny users="?"/>
    </authorization>
  </system.web>
</configuration>
```

(4) 再次运行应用程序，试着进入 Admin 页面。这将直接进入登录页面。输入之前创建的凭据。如果输入的登录信息正确，就应回到默认管理屏幕。

(5) 把<deny users="?"/>中的"?"改为"*"，这样代码就变成了<deny users="*"/>。

(6) 再次运行应用程序，试着进入 Admin 页面(/Admin)。这将直接进入登录页面，输入凭据。如果输入的登录信息正确，请注意不会进入管理屏幕，而是回到登录页面，且没有任何验证错误。

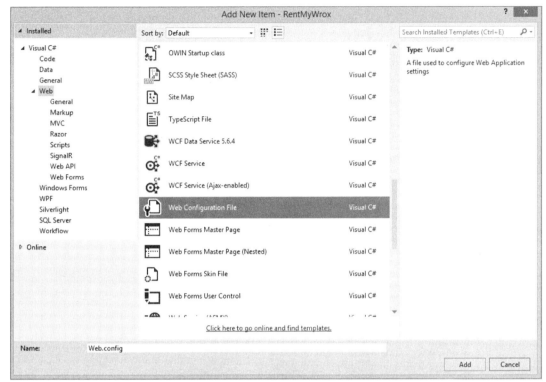

图 15-17　为 Admin 目录创建 Web.config 文件

(7) 打开 Server Explorer，然后选择 Database 和 Tables。右击 AspNetRoles 表，并选择 Show Table Data。打开网格时，给两列添加"Admin"，如图 15-18 所示。

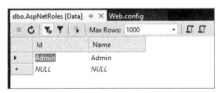

图 15-18　把一个角色添加到数据库中

(8) 显示 AspNetUsers 表和 AspNetUserRoles 表中的数据。复制 AspNetUsers 表中要成为管理员的用户 Id，并将其粘贴到 AspNetUserRoles 表的 UserId 列。在 RoleId 列中输入"Admin"，完成后如图 15-19 所示。

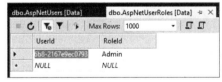

图 15-19　将角色分配给数据库中的一个用户

(9) 更新所添加的 Web.config 文件，如下：

```xml
<?xml version="1.0"?>
<configuration>
```

```
    <system.web>
      <authorization>
        <allow roles="Admin" />
        <deny users="*"/>
      </authorization>
    </system.web>
</configuration>
```

(10) 运行应用程序，并进入 Admin 页面。应重定向到登录页面。

(11) 用被分配角色的用户 Id 登录。输入正确的凭证，就会进入 Admin 页面。

示例说明

默认情况下，身份框架支持在授权时使用角色，所以填充角色时，只需创建一个或多个角色，然后将它们分配给用户。这样做不需要任何 UI，而是把它们直接输入数据库。然而，一旦这样做，它们就立即可用于用户，如图 15-20 所示。

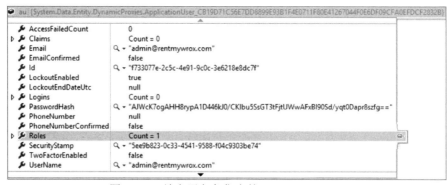

图 15-20　填充了角色集合的 ApplicationUser

一旦添加了角色，并链接到用户，就可以使用 Web.config 方法锁定一个完整的目录。该方法需要三个不同的步骤。首先，在 deny 元素中使用"?"，如果用户没有登录，就拒绝访问目录。然而，一旦用户登录，使用"?"就会给他们授予文件的访问权限。这个结果类似于在 MVC 动作中使用的 Authorize 特性。

下一步是把"?"改为"*"。这完全改变了其含义，因为无论登录状态如何，这一步都会拒绝任何用户访问目录中的页面。有且只有这个配置的任何目录都无法访问，因为简单的"Deny All"方法没有任何例外。

添加另一个配置，就可以覆盖这个"Deny All"方法，这里是使用 allow 元素。添加 allow 元素与角色(或角色列表)，就把这个目录的授权改为"无论登录与否，用户都不允许访问这个目录，除非他们有一个允许的角色"。这种级数的授权就允许承担了角色的用户访问目录中的页面，而其他用户仍不能访问。

这表明，可以锁定 ASP.NET Web Forms，限制对一个角色子集的访问。在 ASP.NET MVC 中可以执行同样的动作。之前使用的 Authorize 特性有一个重写版本，接受一个角色列表作为参数。这个重写版本如下：

```
[Authorize(Roles = "Admin")]
public ActionResult SomeAction()
```

这个特性的结果与在 Admin 目录上使用的配置方法是一样的，只有登录用户有 Admin 角色，从而允许访问这个 URL，调用这一动作。任何其他类型的用户会直接进入登录屏幕，与练习一样。

同时，Web.config 方法可以保护整个目录或一个页面(通过使用 location 元素)，使用 Authorize 特性可以执行相同的操作。当前的示例锁定了一个动作，就像 Account 目录中的 Web.config 锁定了单个页面。记住，在这两种方法中，.aspx 页面与控制器上的动作是最接近的。

前面只在一个控制器动作上使用 Authorize 特性，它还可以用于控制器级别，如下所示：

```
[Authorize(Roles = "Admin")]
public class SomeAdminController : Controller
```

结果是，控制器上的每一个动作，都像是该特性直接应用于它们。这种方法更类似于锁定整个目录的 Web.config 方法。

考虑给单个页面提供例外，为此，要包括 location 元素来管理例外；因此，对于配置方法，可以锁定目录，然后为特定的文件使用 location 元素，创建一个特殊的例外。

通过 MVC 的特性可以获得类似的功能：

```
[Authorize(Roles = "Admin")]
public class SomeAdminController : Controller
{
    [AllowAnonymous]
    public ActionResult Index()
    {
    }
}
```

即使控制器本身用 Authorize 元素指定了特性，AllowAnonymous 特性也能够配置一个可以访问的动作。Authorize 和 AllowAnonymous 的结合能够定义高层次的授权，还允许有例外。

很多简单的授权需求都可以通过明智地使用 Web.config 来管理 Web Forms 的授权，使用 Authorize 特性来管理 MVC 的授权。然而，有时需要确定用户是否授权或在一个角色中。

15.2.2　编程检查角色

对于页面级别的身份验证和授权，有时不能决定如何处理不同的考虑因素。也许只想给登录的用户显示页面的一部分，或者如果用户有一个特定的角色，页面本身和特定的部分可能有不同的授权要求。因此，要处理该部分，需要一种不同的方式来管理这种决定。此时应通过编程方式检查角色。

在代码中检查角色和登录状态的优势是该方法在 MVC 和 Web Forms 中通常是相似的，如下所示：

控制器和视图

```
User.IsInRole("Admin")
```

其他地方

```
HttpContext.Current.User.IsInRole("Admin");
```

这两行代码返回一个简单的布尔值，指示用户是否已分配了输入的角色。如果用户没有通过身份验证，或者通过了身份验证但还没有分配角色，这个方法就返回 false。

下一个练习将功能添加到应用程序中，以编程方式访问身份信息。

试一试 基于角色改变菜单选项

这个练习更新应用程序，给它添加额外的菜单。在某些情况下，只有用户登录，菜单才显示。在其他情况下，只当用户有特定的角色时，菜单才显示。

(1) 确保运行 Visual Studio，打开 RentMyWrox 应用程序。打开 Views\Shared_MVCLayout. cshtml 文件。

(2) 找到左边菜单的<ul>元素。如图 15-21 所示，用下面的代码更换<ul> </ul>元素内的内容：

```
<li><a href="~/" class="level1">Home</a></li>
<li><a class="level1" href="~/Contact">Contact Us</a></li>
<li><a class="level1" href="~/About">About Us</a></li>
@if (!User.Identity.IsAuthenticated)
{
    <li><a class="level1" href="~/Account/Login">Login</a></li>
}
else
{
    <li> </li>
}
@if (User.IsInRole("Admin"))
{
    <li><a class="level1" href="/Admin/Default">Admin Home</a></li>
    <li><a class="level1" href="/Admin/ItemList">Items List</a></li>
    <li><a class="level1" href="/Admin/OrderList">Order List</a></li>
    <li><a class="level1" href="/Admin/UserList">User List</a></li>
}
```

(3) 打开根目录中的 Site.Master。找到 id 为 LeftNavigation 的< div > 。用以下代码替换它：

```
<ul class="level1">
    <li><a href="/" class="level1">Home</a></li>
    <li><a href="/Contact" class="level1">Contact Us</a></li>
    <li><a href="/About" class="level1">About Us</a></li>
    <li runat="server" id="loginlink">
        <a class="level1" href="~/Account/Login">Login</a>
    </li>
    <li runat="server" id="loggedinlink"> </li>
</ul>
<asp:Menu ID="AdminMenu" runat="server" DataSourceID="SiteMapDataSource1"
```

```
        IncludeStyleBlock="false"></asp:Menu>
<asp:SiteMapDataSource ID="SiteMapDataSource1" runat="server"
        ShowStartingNode="False" />
<div id="storeHoursMessage"></div>
```

```
<body>
    <div id="header">
        <img src="rentmywrox_logo.gif" />
        <span id="shoppingcartsummary">@Html.Action("Index", "ShoppingCart")</span>
    </div>
    <div id="nav">
        <div id="LeftNavigation">
            <ul class="level1">
                <li><a href="~/" class="level1">Home</a></li>
                <li><a class="level1" href="~/Contact">Contact Us</a></li>
                <li><a class="level1" href="~/About">About Us</a></li>
                @if (!User.Identity.IsAuthenticated)
                {
                <li><a class="level1" href="~/Account/Login">Login</a></li>
                }
                else
                {
                    <li> </li>

                }
                @if (User.IsInRole("Admin"))
                {
                    <li><a class="level1" href="/Admin/Default">Admin Home</a></li>
                    <li><a class="level1" href="/Admin/ItemList">Items List</a></li>
                    <li><a class="level1" href="/Admin/OrderList">Order List</a></li>
                    <li><a class="level1" href="/Admin/UserList">User List</a></li>
                }
            </ul>
            <br />
            <div id="storeHoursMessage"></div>
            @Html.Action("NonAdminSnippet", "Notifications")
        </div>
    </div>
```

图 15-21　更新_MVCLayout.cshtml 文件中的菜单

(4) 打开 Site.Master.cs 代码隐藏。将下面的代码添加到 Page_Load 方法中：

```
AdminMenu.Visible = HttpContext.Current.User.IsInRole("Admin");
loginlink.Visible = !HttpContext.Current.User.Identity.IsAuthenticated;
loggedinlink.Visible = !loginlink.Visible;
```

(5) 运行应用程序，进入主页。单击 Login 按钮，登录为有 Admin 角色的用户(见图 15-22)。

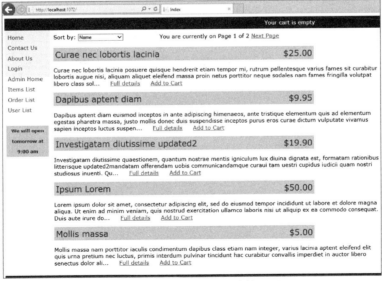

图 15-22　带有 Admin 菜单的主页

(6) 单击 Admin Home 链接，进入 Admin 主页。

示例说明

这个练习把链接添加到应用程序中，这样用户不会通过身份验证，而是进入登录屏幕。为此，需要在布局视图中添加一个新的列表项。然而，为了确保链接只能在用户没有通过身份验证时可用，在视图中添加了一个检查，如下所示：

```
@if (!User.Identity.IsAuthenticated)
{
    <li><a class="level1" href="~/Account/Login">Login</a></li>
}
```

可以在视图中访问 User 属性，就像可以在控制器中那样。所以访问 User.Identity，就可以访问 IsAuthenticated 属性，它指定当前用户是否已经登录到网站。在本例中，检查用户是否通过身份验证，这里会显示登录链接。

在同一页面上，还要检查，以确定是否给用户分配了特定的角色：

```
@if (User.IsInRole("Admin"))
{
}
```

如果已经给用户分配了 Admin 角色，额外的菜单项就可用，以进入 Admin 部分。否则，用户甚至不知道这些菜单选项是可用的。

在 Site.Master 页面上采取了不同的方法。这是因为 HTML 元素可以转换为服务器控件，以在代码中访问。标记和代码隐藏如下：

标记

```
<li runat="server" id="loginlink">
    <a class="level1" href="~/Account/Login">Login</a>
</li>
<li runat="server" id="loggedinlink"> </li>

<asp:Menu ID="AdminMenu" runat="server" DataSourceID="SiteMapDataSource1"
        IncludeStyleBlock="false"></asp:Menu>
```

代码隐藏

```
AdminMenu.Visible = HttpContext.Current.User.IsInRole("Admin");
loginlink.Visible = !HttpContext.Current.User.Identity.IsAuthenticated;
loggedinlink.Visible = !loginlink.Visible;
```

在代码隐藏中使用的逻辑与在视图中使用的逻辑是相同的。这是因为安全系统不是 MVC 或 Web Forms，而是 ASP.NET 的一部分。所以它在这两个应用程序中都是可用的。唯一的区别是，控制器和视图有一个稍微不同的访问点，因为它们都把 User 公开为一个属性，而在非控制器和视图文件中，需要通过 HttpContext.Current 访问相同的 User。

你已经在示例应用程序中添加了身份验证和授权。因为身份框架是基于 ASP.NET 的，而不是两个框架技术，所以可以使用相同的方法评估、处理用户和他们的凭证。

15.3　安全性的实用技巧

在应用程序中处理安全性时，需要记住下面几点：

- 尽管直到本书末尾才讨论安全性，但应该从应用程序开发过程的一开始就考虑安全性。要从一开始就确定身份验证和授权需求，因为这可能会影响开发过程的许多不同方面。
- 确定角色是添加安全性的一个更复杂的过程。一个常见的错误是简单地使用工作职位作为角色。这意味着一个功能可能需要支持许多不同的角色，角色列表的跟踪功能就很可能出问题。相反，应采取一种方法，通过角色来定义一组常见的工作要求。这可能意味着一个用户将有多个角色，但与更改代码、把新工作职位类型的角色添加到控制器中相比，改变用户的角色分配要容易得多。因为需要构建一个用户界面来管理用户角色的分配，所以管理多个角色会简单得多，同时非常灵活。
- 最安全的方法是白名单，这意味着默认拒绝用户的所有操作，除非另有说明。根据需要分配权限。这使应用程序比采取相反的方法(一开始就允许用户做任何事情，再根据需要保护功能)更安全。
- 安全的重要性怎么强调都不过分。显然，安全漏洞的影响将基于我们执行的操作，但只要决定添加身份验证，至少任何漏洞都将摧毁用户对公司和应用程序的信任。

15.4　小结

给 ASP.NET Web 应用程序添加安全性并不是那么可怕。身份框架进行了重新设计，使其对开发人员非常友好。该框架使用 Entity Framework 的代码优先方法管理数据库访问，这完全符合应用程序访问数据库的方式。这意味着前面用来管理自己的数据库的所有方式，都可以扩展为管理安全系统中的数据库部分。

使用身份框架的最复杂方面是如何把它实例化到 Owin 上下文中，如何根据需要将各种对象拉出 Owin 上下文，以使用它们与系统交互。然而，通过使用 Owin 上下文，可以访问所有不同的安全方面，包括通过他们输入系统的用户名和密码，对用户进行身份验证；评估用户，以确定他们是否有必要的角色，访问特定页面，或在页面内执行操作。

配置身份验证的使用取决于当前使用的框架。如果配置 ASP.NET Web Forms 页面，就可以通过配置文件维护安全需求，这些安全需求在配置文件中定义——用于目录中的所有文件或单个文件。如果在 MVC 中使用，就不能使用 Web.config 文件来配置安全性，因为 MVC 使用不基于文件系统的方法。应把授权特性放在动作和/或控制器上。该特性定义授权的要求。

因为身份框架是一种 ASP.NET 方式，所以不管使用哪个框架，在代码中使用框架几乎是一样的。这意味着无论是处理 MVC 还是 Web Forms，方法都是相同的，得到信息的方式也是一样的。

15.5 练习

1. 应用程序启动时，哪两个文件负责设置配置项，如密码的最小长度?
2. 身份验证和授权的区别是什么?

15.6 本章要点回顾

ApplicationDbContext	创建项目时创建的类，作为身份框架中所有表的数据库上下文文件，它完全等价于应用程序使用的 DbContext
ApplicationSigninManager	处理注册的管理
ApplicationUser	在搭建过程中创建的用户类，用作构成用户的定义
ApplicationUserManager	搭建功能生成的类，执行许多用户管理任务
身份验证	验证用户身份的过程。至少要求用户提供用户名和密码，它们必须与账户创建时提供的信息相同
授权	确定用户是否被允许或授权采取行动的过程。授权可以在任何级别上管理。在 ASP.NET 框架中，通常由已经分配给用户的角色管理
授权特性	一个 MVC 功能，允许定义身份验证和授权要求。这个特性可以应用在控制器或动作级别
授权元素	在 Web.config 文件中为 Web Forms 配置身份验证和授权时使用的一个组件
散列	这一过程需要一个值，并创建到另一个值的单向转换。散列的优点在于，不可能返回原始值，散列其他值，不会匹配第一个值的散列。因此，它非常适合于匹配密码，且系统不必知道这个密码是什么
身份框架	这个.NET 系统管理身份验证和授权。它提供了一个工具，用于定义用户，存储这个用户的信息以及任何附属角色
IdentityResult	身份操作的结果，如登录。它包括 Succeeded 属性，所以可以确定登录是否有效，Errors 属性提供了一个字符串列表来描述遇到的问题
IsInRole	Identity 上的方法。可以给它传递角色名，得到一个布尔值，表示登录的用户是否分配了该角色
OwinContext	一个用于存储安全信息的容器。它在应用程序启动时初始化；如果需要各种身份组件，一般从 OwinContext 中获取它们
PasswordValidator	一个类，用于验证用户注册时的密码或密码是否改变。它能够设置最小长度和所需的字符类型
角色	用来描述用户和他们可以执行的各种操作之间的关系。应用程序编写为一组功能验证角色，给用户指定一个或多个角色，确定他们能在应用程序中做什么
盐化	添加到散列中的一个值。它在 Identity 中使用，进一步弄乱密码的散列值
SignInStatus	这个枚举从登录尝试中返回。它描述了结果，如成功或失败

第 **16** 章

个性化网站

本章要点

- 将个人信息添加到 ASP.NET Identity 中
- 管理安全数据库
- 个性化网站的不同方法
- 如何在网站中实现个性化

本章源代码下载：

本章源代码的下载网址为 www.wrox.com/go/beginningaspnetforvisualstudio。从该网页的 Download Code 选项卡中下载 Chapter 16 Code 后，可以找到与本章示例对应的单独文件。

实现 Web 站点的安全性，意味着现在能识别用户。一旦能做到这一点，就可以开始收集他们的信息——名字、地址、出生日期、最喜欢的颜色——这些信息可以用来改进他们在网站上的体验，令人难忘、非常特别。用户感觉越受欢迎，在使用应用程序时就越舒服，就越有可能成为回头客。

一旦识别了用户，还可以监视其他方面，包括访问什么页面、访问次数、单击次数最多的项和其他有趣的信息。有了这样的数据，就可以构建有针对性的市场营销活动，或记住用户，直接带他们进入给定的产品页面——无法识别用户，或没有该用户的信息时，就不可能有这些好处。

个性化时可以考虑和使用任何信息，让应用程序识别用户，再根据用户的信息采取具体的行动，这是一个简单的概念。它可以很简单，只显示他们的名字，也可以很复杂，建立专门用于他们的整个首选项类别。

16.1 理解概要文件

以前版本的 ASP.NET 有一个完整的概要文件管理器，这个特殊的 ASP.NET 组件被添加到登录管理器中。它很灵活，因为可以添加任何类型的数据，但它也很复杂，因为它把信息和用户分开。然而，存储机制很复杂，管理器把大部分信息都隐藏起来，并使之使用起来几乎透明。

采用这种方式的主要原因是用户管理的之前版本不灵活。其设计非常严格，这样框架总是理解各种身份表中的每一行(这些表都很像在示例应用程序中创建的默认表)，因为这是在 Entity Framework 完全植入框架之前的方式。对这些表的任何更改都可能破坏系统。

现在，ASP.NET Identity 一般使用 Entity Framework，尤其要使用代码优先方式，这种个性化方法更易于管理，与用户直接集成，而不是单独保存，通过一个单独的管理器访问。下一节学习给默认用户添加个性化支持信息所需的步骤。

16.1.1 创建概要文件

把个人信息添加到默认的 ASP.NET Identity 设置中需要几个步骤。第一步是确定要收集的额外信息。这些信息可以是简单类型，如名字字符串，也可以是复杂类型，如地址。第二步是在确定想添加的附加信息后，就必须考虑如何访问信息。最后一步是实现数据的修改和数据库的更新。

确定额外的信息通常是该过程最简单的一部分。如果需要这些信息，就可能需要考虑如何构建复杂类型，但决定额外的信息和信息的特定类型时，没有什么新概念。

也应该花些时间考虑如何访问信息；思考添加的额外信息以及如何合并用户和概要文件信息。推荐的方法是为安全信息使用一个不同的数据库上下文(以便使用不同的数据库访问权限)。这样做能够识别两者之间的相互作用，进而决定如何定义个性化信息。

最后，确定把附加信息放在安全数据库中是最合适的，之后，将信息添加到模型中，更新数据库。所有这些步骤都在下面的练习中做了演示。

试一试 **个性化的初始配置**

此练习中将各种个性化特性添加到应用程序中，包括放在安全系统所在的数据库上下文中的新信息，以及与传统应用程序数据一起保存的个性化数据。

(1) 确保运行 Visual Studio，打开 RentMyWrox 应用程序。

(2) 打开 Model\IdentityModels.cs 文件，并给 System.ComponentModel.DataAnnotations 添加新的 using 语句。

(3) 如图 16-1 所示，给文件添加下面的类：

```
public class Address
{
    public string Address1 { get; set; }

    public string Address2 { get; set; }
```

```
    public string City { get; set; }

    [StringLength(2)]
    public string State { get; set; }

    [StringLength(15, MinimumLength = 2)]
    public string ZipCode { get; set; }
}
```

```
using System.ComponentModel.DataAnnotations;

namespace RentMyWrox.Models
{
    // You can add User data for the user by adding more properties to your User class, please visit http://go.microsoft.com/fwli
    public class ApplicationUser : IdentityUser
    {
        public ClaimsIdentity GenerateUserIdentity(ApplicationUserManager manager)
        {
            // Note the authenticationType must match the one defined in CookieAuthenticationOptions.AuthenticationType
            var userIdentity = manager.CreateIdentity(this, DefaultAuthenticationTypes.ApplicationCookie);
            // Add custom user claims here
            return userIdentity;
        }

        public Task<ClaimsIdentity> GenerateUserIdentityAsync(ApplicationUserManager manager)
        {
            return Task.FromResult(GenerateUserIdentity(manager));
        }
    }

    public class Address
    {
        public string Address1 { get; set; }

        public string Address2 { get; set; }

        public string City { get; set; }

        [StringLength(2)]
        public string State { get; set; }

        [StringLength(15, MinimumLength = 2)]
        public string ZipCode { get; set; }
    }
```

图 16-1　地址的新类

(4) 给 ApplicationUser 类添加以下属性(见图 16-2):

```
public string FirstName { get; set; }

public string LastName { get; set; }

public Address Address { get; set; }

public int UserDemographicsId { get; set; }

public int OrderCount { get; set; }
```

(5) 右击 Models 目录，并添加一个新类 UserVisit。添加以下属性(别忘了给 System.Component Model.DataAnnotations 添加一条新的 using 语句):

```
[Key]
public int Id { get; set; }

[Required]
public Guid UserId { get; set; }
```

```
[Required]
public int ItemId { get; set; }

[Required]
public DateTime VisitDate { get; set; }
```

```
public class ApplicationUser : IdentityUser
{
    public ClaimsIdentity GenerateUserIdentity(ApplicationUserManager manager)
    {
        // Note the authenticationType must match the one defined in CookieAuthenticationOptions.AuthenticationType
        var userIdentity = manager.CreateIdentity(this, DefaultAuthenticationTypes.ApplicationCookie);
        // Add custom user claims here
        return userIdentity;
    }

    public Task<ClaimsIdentity> GenerateUserIdentityAsync(ApplicationUserManager manager)
    {
        return Task.FromResult(GenerateUserIdentity(manager));
    }

    public string FirstName { get; set; }

    public string LastName { get; set; }

    public Address Address { get; set; }

    public int UserDemographicsId { get; set; }

    public int OrderCount { get; set; }
}
```

图 16-2 添加的用户属性

(6) 打开 Models\RentMyWroxContext，添加以下代码和其他 DbSet：

```
public virtual DbSet<UserVisit> UserVisits { get; set; }
```

(7) 选择 Tools │ NuGet Package Manager │ Package Manager Console，打开 Package Manager Console。输入以下命令，按回车键，创建一个新的迁移脚本：

```
add-migration "regular personalization"
```

(8) 打开 Migrations 文件夹中包含字符串 regular personalization 的新文件，如图 16-3 所示。注意，新的迁移文件不包含添加到用户区的任何新属性。

```
namespace RentMyWrox.Migrations
{
    using System;
    using System.Data.Entity.Migrations;

    public partial class regularpersonalization : DbMigration
    {
        public override void Up()
        {
            CreateTable(
                "dbo.UserVisits",
                c => new
                    {
                        Id = c.Int(nullable: false, identity: true),
                        UserId = c.Guid(nullable: false),
                        ItemId = c.Int(nullable: false),
                        VisitDate = c.DateTime(nullable: false),
                    })
                .PrimaryKey(t => t.Id);

        }

        public override void Down()
        {
            DropTable("dbo.UserVisits");
        }
    }
}
```

图 16-3 初始迁移脚本

(9) 在 Package Manager Console 窗口中，在一行中输入以下命令，按回车键：

```
enable-migrations -ContextTypeName RentMyWrox.Models.ApplicationDbContext
    -MigrationsDirectory:ApplicationDbMigrations
```

(10) 进入 Solution Explorer。其中增加了一个新目录 ApplicationDbMigrations，如图 16-4 所示。

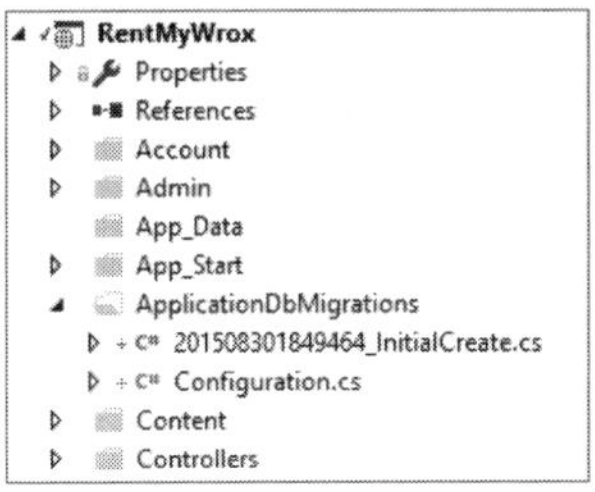

图 16-4　新的迁移目录

(11) 在 Package Manager Console 窗口中，在一行上输入以下命令：

```
add-migration -configuration:RentMyWrox.ApplicationDbMigrations.Configuration
    Personalization
```

(12) 进入 ApplicationDbMigrations 文件夹，并打开标题包含 Personalization 的文件(见图 16-5)。

```
public partial class Personalization : DbMigration
{
    public override void Up()
    {
        AddColumn("dbo.AspNetUsers", "FirstName", c => c.String());
        AddColumn("dbo.AspNetUsers", "LastName", c => c.String());
        AddColumn("dbo.AspNetUsers", "Address_Address1", c => c.String());
        AddColumn("dbo.AspNetUsers", "Address_Address2", c => c.String());
        AddColumn("dbo.AspNetUsers", "Address_City", c => c.String());
        AddColumn("dbo.AspNetUsers", "Address_State", c => c.String(maxLength: 2));
        AddColumn("dbo.AspNetUsers", "Address_ZipCode", c => c.String(maxLength: 15));
        AddColumn("dbo.AspNetUsers", "UserDemographicsId", c => c.Int(nullable: false));
        AddColumn("dbo.AspNetUsers", "OrderCount", c => c.Int(nullable: false));
    }

    public override void Down()
    {
        DropColumn("dbo.AspNetUsers", "OrderCount");
        DropColumn("dbo.AspNetUsers", "UserDemographicsId");
        DropColumn("dbo.AspNetUsers", "Address_ZipCode");
        DropColumn("dbo.AspNetUsers", "Address_State");
        DropColumn("dbo.AspNetUsers", "Address_City");
        DropColumn("dbo.AspNetUsers", "Address_Address2");
        DropColumn("dbo.AspNetUsers", "Address_Address1");
        DropColumn("dbo.AspNetUsers", "LastName");
        DropColumn("dbo.AspNetUsers", "FirstName");
    }
}
```

图 16-5　ApplicationDbMigration 迁移文件

(13) 尝试在 Package Manager Console 中使用标准命令 update-database 更新数据库，这会显示回应 migrations failed，如图 16-6 所示。

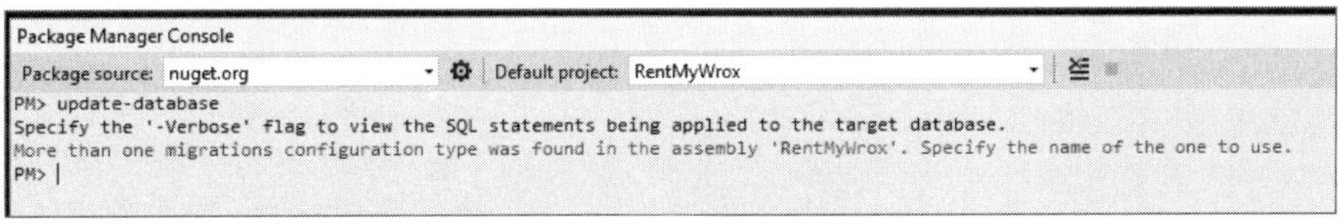

图 16-6　失败的数据库更新

(14) 在 Package Manager Console 中输入以下命令:

```
update-database -configuration:RentMyWrox.ApplicationDbMigrations.Configuration
```

(15) 在 Package Manager Console 中输入以下命令:

```
update-database -configuration:RentMyWrox.Migrations.Configuration
```

(16) 进入 Server Explorer,验证数据库已适当地更新了。UserVisits 的附加表和 AspNetUsers 中的附加列匹配添加到 ApplicationUser 表的属性。

示例说明

将属性添加到现有的模型中,以及添加全新的类,都是以前执行过的操作,所以这次练习的初始部分应该很快就变成日常工作。然而,因为这些添加而导致的输出和必须开始执行的变更,是这个项目还没有执行过的操作。

首先,不再需要运行简单的 update-database 命令。返回的错误消息很具体地指出了错误发生的原因:主要是因为系统发现了两种不同的配置文件,不知道应该更新什么表。

前面没有真的讨论过迁移配置文件。每个数据库上下文文件都需要一个 Configuration 类文件,它定义了管理数据库迁移的过程。这些文件在为特定的 DbContext 启用迁移时创建。本练习创建的文件的内容如下:

```
internal sealed class Configuration :
      DbMigrationsConfiguration<RentMyWrox.Models.ApplicationDbContext>
{
   public Configuration()
   {
      AutomaticMigrationsEnabled = false;
      MigrationsDirectory = @"ApplicationDbMigrations";
      ContextKey = "RentMyWrox.Models.ApplicationDbContext";
   }

   protected override void Seed(RentMyWrox.Models.ApplicationDbContext context)
   {
      // This method will be called after migrating to the latest version.

      // You can use the DbSet<T>.AddOrUpdate() helper extension method
      // to avoid creating duplicate seed data. E.g.
      //
      //   context.People.AddOrUpdate(
      //     p => p.FullName,
      //     new Person { FullName = "Andrew Peters" },
      //     new Person { FullName = "Brice Lambson" },
      //     new Person { FullName = "Rowan Miller" }
      //   );
      //
   }
}
```

　　在启用迁移的过程中，创建了一个构造函数和一个方法 Seed。构造函数设置了几个继承自 DbMigrationsConfiguration 类的属性。这些属性详见表 16-1，以及可以在 Configuration 类中管理的其他属性。

表 16-1　数据库迁移的配置属性

属性	说明
AutomaticMigrationDataLossAllowed	指定在自动迁移过程中，数据丢失是否可以接受。如果设置为 false，且自动迁移过程可能丢失数据，就抛出异常
AutomaticMigrationsEnabled	指定迁移数据库时，是否可以使用自动迁移。如果是这样，就不再需要手动迁移，系统会根据需要处理迁移。这个值默认设置为 false
ContextKey	区分属于这个配置的迁移和使用相同的数据库但属于其他配置的迁移。这个属性允许迁移从多个不同的数据库上下文应用到一个数据库。默认情况下，一般用上下文中完全限定的类型名来设置这个值。在先前创建的配置文件中，使用了值 RentMyWrox. Models.ApplicationDbContext，即上下文的类型名称
MigrationsDirectory	存储基于代码的迁移的子目录。这个属性必须设置为相对路径，位于 Visual Studio 项目根目录下的子目录，不能设置为绝对路径。启用迁移的第一个 DbContext 的默认版本是 Migrations。每个随后要使用的上下文都必须在启用迁移时设置一个目录
TargetDatabase	这个属性的类型是 DbConnectionInfo，它允许开发人员覆盖提供了要迁移的数据库的连接，这意味着不使用给要迁移的上下文指定的设置

　　设置这些值，为迁移以及实现方式提供了一些额外的控制。自动迁移表示这些配置设置的一个有趣组合。前面使用的方法是手动迁移。自动迁移允许跳过在 Package Manager Console 中运行 Add-Migration 命令的步骤。相反，只要运行 update-database 命令，系统就会自动进行迁移。

　　似乎只要进行升级，系统就可以只检查迁移，如有任何更改，就更新数据库。然而，如果认为这种方法更接近，就会对更新过程失去控制；最好等到有人告诉系统进行更新，而不是让系统自己完成。

　　如果启用自动迁移，还可以确定在迁移过程中是否允许丢失数据。进行手动迁移时，没有这个选项；但可以将代码添加到 Up 和 Down 方法(在运行 add-migration 命令时创建的迁移文件)中来管理这些特殊的情况。

　　如果每次数据库的更新都很简单，执行自动迁移的过程就是有意义的。然而，这在项目一开始时很难预测。在那种情况下，数据库更新非常简单、直接，可以更改此值。因此，对于一些变更，可以启用自动迁移，而对于其他变更，可以关闭该标志，执行手动迁移。考虑不同情形的方法可能使更新过程不可预测，但在可以更新的所有数据库上下文中，肯定是获得支持的。

在新的 Configuration 类中创建的方法 Seed 在每次更新时运行，因为它能够添加或更新数据库中的数据。通常这用于查找表，例如示例应用程序在数据库中存储运输类型。它也可以运行在现有数据上，根据需要改变数据，从而支持在数据库表上执行的迁移。在这种情况下，没有必要预先创建或更新任何数据。

可以看出，每个要迁移的数据库上下文都需要定义。在本例中，一个是定义为默认，因为它存储在 Migrations 目录中。只有在这个配置中可以添加迁移，而不用按名称指定配置；然而，在对多个配置运行 update-database 命令时，总是需要添加配置，即使是用默认配置进行更新，也是如此。

请注意，只有在给 ApplicationUser 类添加基于个性化的额外信息时，有多个配置才会出问题。可以继续处理迁移和更新，而不用指定配置信息。但是，一旦需要在第二个上下文中更新安全信息，就必须创建第二个配置文件。

这个迁移还有一个有趣的项，没有包含在迁移数据库的变化中，即定义新类 Address，把它作为一个新属性添加到 ApplicationUser 类中时，系统是如何处理这个新类的。存储用户信息的表如图 16-7 所示。

图 16-7　存储用户信息的数据表

可以看出，具体的地址信息没有放在它自己的表中。这些字段直接添加到表中，用属性名前的类名 Address 和下划线字符作为前缀。框架做了这个决定，不是因为 Address 类与 ApplicationUser 类在相同的物理文件中，而是因为 Address 类的定义方式。

如果存储在地址中的信息作为一个离散的项是非常重要的，比如在一个场景中，希望多个居住在相同地址的人共享相同的信息，就可以给 Address 类添加一个 Id 属性，用 key 特性指定它的属性。还可以把地址添加到 ApplicationDbContext 中定义的 DbSet 值列表中。将其添加到上下文文件中，就可以确保独立于用户来访问它。

虽然可以采取这种方法，但不一定要使用它，因为在这种特殊情况下，只关心地址作为用户的一组惟一值。事实上，如果把它们添加为 ApplicationUser 类的简单属性，就会有一个非常相似的数据库设计，但把那些数据字段拉到自己的类中，就可以对它们执行特殊的操作，见本书稍后的内容。

这个练习添加了一个额外的类 UserVisits，它包含用户与之交互的项的信息，以及交互的日期和时间。然而，这个类被添加到 RentMyWroxContext 类而不是用户上下文中。这反映了信息存储方式的考虑，以及作为用户的属性还是作为独立项的选择。

考虑捕获信息的最佳方式时，要从关注点分离的角度来考虑。换句话说，虽然需要了解用户的许多方面，如订单、购物车上的物品等，但用户必须知道的信息很少。没有下订单的用户，订单就没有意义，而没有订单的用户本身就是一个有效的项。记住这一点，就可以看出为什么决定把 UserVisit 表放在单独的上下文中，而不是放在安全信息中。用户不关心他访问的项，但系统关心；因此，这些信息应该与其他非用户信息一起保存。

把应用程序配置为支持个性化和额外的用户信息后，刚才执行的工作就非常复杂。需要确定要添加到应用程序中的属性，评估访问信息的最佳方式。这两个因素将帮助了解如何构建对象模型。

一旦构建了对象模型，下一步就是更新数据库来支持额外的信息。在文件中使用多个上下文时，这一步就有额外的复杂程度，但这仍然是一个相对简单的过程。定义了模型，正确更新了数据库后，下一步是使用这些信息。

16.1.2 使用概要文件

把要捕获的个性化信息添加到应用程序的模型和数据库中后，接下来就要实际使用这些信息了。下一个练习在应用程序中进行必要的更改，捕获和使用所有这些信息。

试一试 捕获和应用数据

此练习更新应用程序来捕获数据，并利用这些数据。执行各个步骤时，考虑访客与应用程序交互时，如何改进他们的体验。在主要的电子商务站点上可以看到许多这样的特性。

(1) 确保运行 Visual Studio，打开 RentMyWrox 应用程序。

(2) 打开 Account\Register.aspx 页面。因为要将多行添加到文件中，所以最好创建一行，再复制/粘贴其余行，确保所有对象的名字是正确的。

```
<div class="form-group">
   <asp:Label runat="server" AssociatedControlID="FirstName"
        CssClass="col-md-2 control-label">First Name</asp:Label>
   <div class="col-md-10">
      <asp:TextBox runat="server" TextMode="SingleLine" ID="FirstName"
         CssClass="form-control" />
      <asp:RequiredFieldValidator runat="server" ControlToValidate="FirstName"
         CssClass="text-danger"
         ErrorMessage="The first name field is required." />
   </div>
</div>
<div class="form-group">
   <asp:Label runat="server" AssociatedControlID="LastName"
        CssClass="col-md-2 control-label">Last Name</asp:Label>
   <div class="col-md-10">
      <asp:TextBox runat="server" TextMode="SingleLine" ID="LastName"
         CssClass="form-control" />
```

```
        <asp:RequiredFieldValidator runat="server" ControlToValidate="LastName"
            CssClass="text-danger"
            ErrorMessage="The last name field is required." />
    </div>
</div>
    <div class="form-group">
    <asp:Label runat="server" AssociatedControlID="Address1"
        CssClass="col-md-2 control-label">Address Line 1</asp:Label>
    <div class="col-md-10">
        <asp:TextBox runat="server" TextMode="SingleLine" ID="Address1"
            CssClass="form-control" />
        <asp:RequiredFieldValidator runat="server" ControlToValidate="Address1"
            CssClass="text-danger"
            ErrorMessage="The Address Line 1 field is required." />
    </div>
</div>
<div class="form-group">
    <asp:Label runat="server" AssociatedControlID="Address2"
        CssClass="col-md-2 control-label">Address Line 2</asp:Label>
    <div class="col-md-10">
        <asp:TextBox runat="server" ID="Address2" CssClass="form-control" />
        <asp:RequiredFieldValidator runat="server" ControlToValidate="FirstName"
            CssClass="text-danger"
            ErrorMessage="The address line 2 field is required." />
    </div>
</div>
<div class="form-group">
    <asp:Label runat="server" AssociatedControlID="City"
        CssClass="col-md-2 control-label">City</asp:Label>
    <div class="col-md-10">
        <asp:TextBox runat="server" ID="City" CssClass="form-control" />
        <asp:RequiredFieldValidator runat="server" ControlToValidate="FirstName"
            CssClass="text-danger" ErrorMessage="The city field is required." />
    </div>
</div>
    <div class="form-group">
    <asp:Label runat="server" AssociatedControlID="State"
        CssClass="col-md-2 control-label">State</asp:Label>
    <div class="col-md-10">
        <asp:TextBox MaxLength="2" runat="server" ID="State"
            CssClass="form-control" />
        <asp:RequiredFieldValidator runat="server" ControlToValidate="FirstName"
            CssClass="text-danger"
            ErrorMessage="The state field is required." />
    </div>
</div>
<div class="form-group">
    <asp:Label runat="server" AssociatedControlID="ZipCode"
        CssClass="col-md-2 control-label">Zip Code</asp:Label>
    <div class="col-md-10">
```

```
    <asp:TextBox MaxLength="10" runat="server" ID="ZipCode"
        CssClass="form-control" />
    <asp:RequiredFieldValidator runat="server" ControlToValidate="FirstName"
        CssClass="text-danger"
            ErrorMessage="The zip code field is required." />
    </div>
</div>
```

(3) 打开 Register.aspx.cs 文件，修改 CreateUser_Click 方法，如下：

```
protected void CreateUser_Click(object sender, EventArgs e)
{
    var manager = Context.GetOwinContext().
        GetUserManager<ApplicationUserManager>();
    var signInManager = Context.GetOwinContext().
        Get<ApplicationSignInManager>();
    var user = new ApplicationUser()
    {
        FirstName = FirstName.Text,
        LastName = LastName.Text,
        UserName = Email.Text,
        Email = Email.Text,
        OrderCount = 0,
        UserDemographicsId = 0,
        Address = new Address
        {
            Address1 = Address1.Text,
            Address2 = Address2.Text,
            City = City.Text,
            State = State.Text,
            ZipCode = ZipCode.Text
        }
    };
    Guid oldTemporaryUser = Controllers.UserHelper.GetUserId();
    IdentityResult result = manager.Create(user, Password.Text);
    if (result.Succeeded)
    {
        Controllers.UserHelper.TransferTemporaryUserToRealUser(
            oldTemporaryUser, user.Id);
        signInManager.SignIn(user, isPersistent: false,
            rememberBrowser: false);
        Response.Redirect(@"~\UserDemographics\Create?" +
            Request.QueryString["ReturnUrl"]);
    }
    else
    {
        ErrorMessage.Text = result.Errors.FirstOrDefault();
    }
}
```

(4) 打开 Models\ShoppingCartSummary.cs 文件，添加一个新属性：

```
public string UserDisplayName { get; set; }
```

（5）打开 Controllers\ShoppingCartController.cs 文件，如图 16-8 所示，在 GetShoppingCartSummary
方法中添加如下代码：

```
var appUser = UserHelper.GetApplicationUser();
if (appUser != null)
{
    summary.UserDisplayName = string.Format("{0} {1}", appUser.FirstName,
            appUser.LastName);
}
```

```
private ShoppingCartSummary GetShoppingCartSummary(RentMyWroxContext context)
{
    ShoppingCartSummary summary = new ShoppingCartSummary();
    Guid userId = UserHelper.GetUserId();
    var cartList = context.ShoppingCarts.Where(x => x.UserId == userId);
    if (cartList != null && cartList.Count() > 0)
    {
        summary.TotalValue = cartList.Sum(x => x.Quantity * x.Item.Cost);
        summary.Quantity = cartList.Sum(x => x.Quantity);
    }
    var appUser = UserHelper.GetApplicationUser();
    if (appUser != null)
    {
        summary.UserDisplayName = string.Format("{0} {1}", appUser.FirstName, appUser.LastName);
    }
    return summary;
}
```

图 16-8　更新的 GetShoppingCartSummary 方法

（6）打开 Views\Shared_ShoppingCartSummary.cshtml，把 UI 更新为如下代码：

```
@model RentMyWrox.Models.ShoppingCartSummary
@{
    string display;
}
@if (Model != null && Model.Quantity > 0)
{
    display = string.Format("{0}{1}you have {2} items in your cart with a
                value of {3}",
        Model.UserDisplayName,
        string.IsNullOrWhiteSpace(Model.UserDisplayName) ? " Y" : ", y",
        Model.Quantity,
        Model.TotalValue.ToString("C")
        );

<span>@display</span>
<a class="checkout" href="\shoppingcart\checkout">Check Out</a>
}
else
{
    display = string.Format("{0}{1}your cart is empty",
        Model.UserDisplayName,
        string.IsNullOrWhiteSpace(Model.UserDisplayName) ? " Y" : ", y"
        );
<span>@display</span>
}
```

(7) 打开 UserDemographicsController，找到处理 POST 请求的 Create 方法，更新此方法，如下：

```
[ValidateInput(false)]
[HttpPost]
public ActionResult Create(UserDemographics obj)
{
    using (RentMyWroxContext context = new RentMyWroxContext())
    {
        var ids = Request.Form.GetValues("HobbyIds");
        if (ids != null)
        {
            obj.Hobbies = context.Hobbies.Where(x => ids.Contains(
                x.Id.ToString())).ToList();
        }
        context.UserDemographics.Add(obj);
        var validationErrors = context.GetValidationErrors();
        if (validationErrors.Count() == 0)
        {
            context.SaveChanges();

            ApplicationUser user = UserHelper.GetApplicationUser();
            user.UserDemographicsId = obj.Id;
            context.SaveChanges();

            return Redirect(Request.QueryString["ReturnUrl"]);
        }
        ViewBag.ServerValidationErrors =
                ConvertValidationErrorsToString(validationErrors);
            return View("Manage", obj);
    }
}
```

(8) 运行应用程序，进入注册界面，如图 16-9 所示。

(9) 注册一个新用户，确保填写所有必需的字段。

- 单击 Register 按钮。
- 进入 UserDemographics 页面，在那里可以填写调查问卷。
- 保存后返回访问登录页面之前的页面。

(10) 打开 Controllers\UserHelper.cs 文件。找到 TransferTemporaryUserToRealUser 方法，在 context.SaveChanges 方法的上面添加以下代码：

```
foreach(var tempUserVisits in context.UserVisits.Where(x=>x.UserId ==
tempId))
{
    tempUserVisits.UserId = newUserId;
}
```

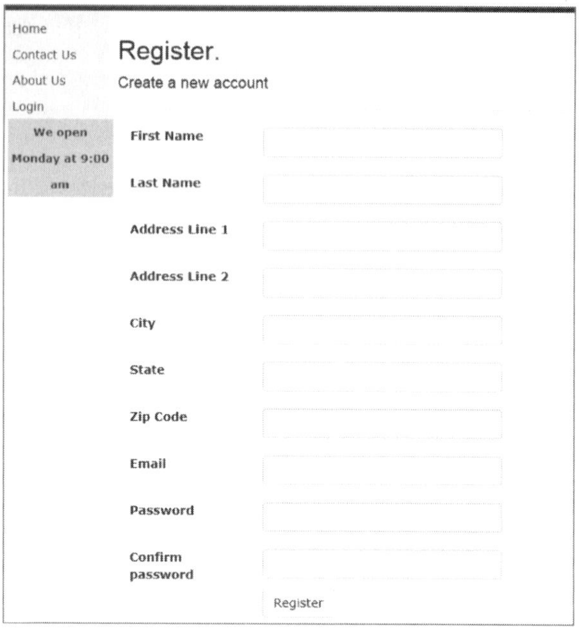

图 16-9　更新的注册页面

(11) 给 UserHelper 类添加如下新方法：

```
public static void AddUserVisit(int itemId, RentMyWroxContext context)
{
    Guid userId = GetUserId();
    context.UserVisits.RemoveRange(context.UserVisits.Where(x => x.UserId ==
        userId && x.ItemId == itemId));
    context.UserVisits.Add(
            new UserVisit
            {
                ItemId = itemId,
                UserId = userId,
                VisitDate = DateTime.UtcNow
            }
    );
}
```

(12) 返回 ShoppingCartController.cs 文件，定位 AddToCart 方法中的 context.SaveChanges，如图 16-10 所示，在其上添加如下代码：

```
UserHelper.AddUserVisit(id, context);
```

(13) 打开 ItemController.cs 文件，更新 Details 动作，如下：

```
[OutputCache(Duration = 1200, Location = OutputCacheLocation.Server)]
public ActionResult Details(int id)
{
    using (RentMyWroxContext context = new RentMyWroxContext())
    {
```

```
public ActionResult AddToCart(int id)
{
    Guid UserID = UserHelper.GetUserId();
    using (RentMyWroxContext context = new RentMyWroxContext())
    {
        Item addedItem = context.Items.FirstOrDefault(x => x.Id == id);

        // now that we know it is a valid ID
        if (addedItem != null)
        {
            // Check to see if this item was already added
            var sameItemInShoppingCart = context.ShoppingCarts.FirstOrDefault(x => x.Item.Id == id && x.UserId == UserID);
            if (sameItemInShoppingCart == null)
            {
                // if not already in cart then add it
                ShoppingCart sc = new ShoppingCart
                {
                    Item = addedItem,
                    UserId = UserID,
                    Quantity = 1,
                    DateAdded = DateTime.Now
                };
                context.ShoppingCarts.Add(sc);
            }
            else
            {
                // increment the quantity of the existing shopping cart item
                sameItemInShoppingCart.Quantity++;
            }
            context.UserVisits.Add(
                new UserVisit
                {
                    ItemId = id,
                    UserId = UserID,
                    VisitDate = DateTime.UtcNow }
            );
            context.SaveChanges();
        }
        ShoppingCartSummary summary = GetShoppingCartSummary(context);
        return PartialView("_ShoppingCartSummary", summary);
    }
```

图 16-10 更新的 AddToCart 方法

```
        Item item = context.Items.FirstOrDefault(x => x.Id == id);
        UserHelper.AddUserVisit(id, context);
        context.SaveChanges();
        return View(item);
    }
}
```

(14) 在 ItemController.cs 中，添加一个新动作：

```
public ActionResult Recent()
{
    using (RentMyWroxContext context = new RentMyWroxContext())
    {
        Guid newUserId = UserHelper.GetUserId();
        var recentItems = (from uv in context.UserVisits
                           join item in context.Items on uv.ItemId equals item.Id
                           where uv.UserId == newUserId
                           orderby uv.VisitDate descending
                           select item as Item).Take(3).ToList();
        context.SaveChanges();
        return PartialView("_RecentItems", recentItems);
    }
}
```

(15) 右击 Views\Shared，添加一个新视图，命名为_RecentItems，确保它是一个局部视图，如图 16-11 所示。

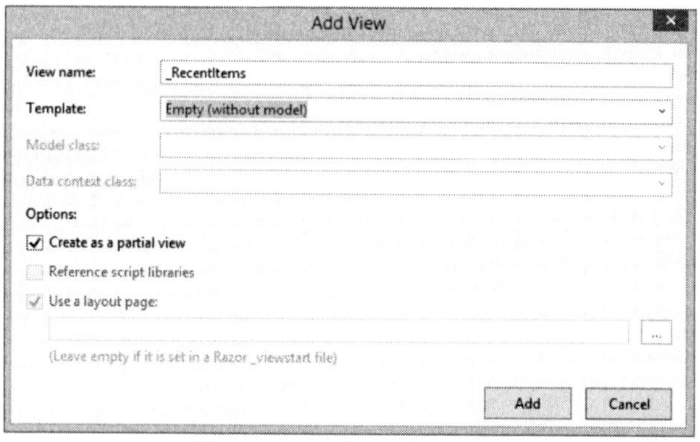

图 16-11　添加一个新视图

(16) 在新视图中添加如下内容:

```
@model List<RentMyWrox.Models.Item>

@if (Model != null && Model.Count > 0)
{
    <div id="recentItemsTitle">Items you have recently reviewed</div>
    foreach (var item in Model)
    {
        <span class="recentItem">
            <div class="recentItemsName">@item.Name</div>
            <span class="recentItemsDescription">
                @if (item.Description.Length > 250)
                { <span>@item.Description.Substring(0, 250)...</span> }
                else
                { @item.Description }
            </span>
        </span>
    }
}
```

(17) 打开 RentMyWrox.css 文件，添加如下样式:

```
#recentItemsTitle{
    background-color:#F8B6C9;
    color:white;
    font-weight:800;
    width: 900px;
    margin-top: 15px;
    display:block;
    padding: 10px;
    float:left;
}

.recentItemsName {
```

```
    color:#C40D42;
    font-size: 16px;
    font-weight:600;
}

.recentItem{
    padding: 10px;
    width:275px;
    float:left;
}

.recentItemsDescription {
    color:#C40D42;
    float:left;
    font-size: 12px;
}
```

(18) 打开 Views\Shared_MVCLayout.cshtml 页面，找到@RenderBody 方法，在其下添加如下代码，但仍在<div>标记中，如图 16-12 所示。

```
<span>@Html.Action("Recent", "Item")</span>
```

```
    <div id="section">
        @RenderBody()
        <span>@Html.Action("Recent", "Item")</span>
    </div>
    <div id="specialnotes">
        @RenderSection("SpecialNotes", false)
    </div>
```

图 16-12　更新的布局页面

(19) 运行应用程序。进入一些细节页面，然后回到主页，如图 16-13 所示。

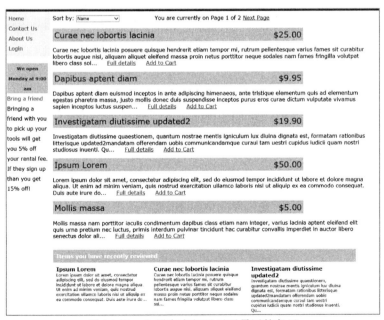

图 16-13　主页在底部显示了最近的条目

示例说明

这个练习添加的几个功能可提供更友好、更有用的用户体验。用户会感到更受欢迎，因为该网站现在记得他们的名字，存储并显示用户以前访问和/或购买的产品。个性化选项包括访客登录时使用的名字，将它们添加到与购物车相关的文本(无论是否为空)中，如图 16-14 所示。

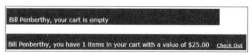

图 16-14　购物车区域显示了名字

可以先在注册页面中添加新的数据输入字段，以捕获这些信息。一旦用户界面进行了更新，就更新代码隐藏，以便所创建的 ApplicationUser 有其他字段。这种变化是非常有限的，因为只需要把在新数据输入字段中捕获的数据添加到模型中的适当属性里。

另一个改变是，不是简单地返回请求登录的页面，而是把用户送往 UserDemographics 输入屏幕，并将请求的 URL 作为查询字符串值传递给屏幕。用户填写 UserDemographics 屏幕后，就进入他们开始注册过程的页面——这是每一个请求通过查询字符串传递的值。

虽然这些变化看起来不是很多，但它们在个性化中是一个巨大的进步。这是因为现在可以显示用户的名称，这很重要，因为它给用户提供了一种联系。例如，想象用户登录后，在屏幕上看到别人的名字，会如何反应？他们一定会对应用程序及其保护信息的能力失去信心。安全感是个性化的一个重要组成部分，建立联系会提高安全感。

将用户名添加到 UI 中，需要改变用于填充购物车 ShoppingCartSummary 类的对象，在其中添加一个属性，用于“携带”用户的名字。一旦添加了名字，就可以改变显示的文本，使之在合适的句子中包括用户的名字。

另一组相关的变化都用于提供最近查看的内容列表。在许多电子商务站点上都可以看到这个功能，例如 Amazon.com。捕获两种不同情况下的关系：用户进入一项的细目页面，以及将一项添加到购物车中。因为这个关系会在多个地方中捕获，所以应提取出代码，放在一处共享位置。在本例中是 UserHelper 类，在其中已经添加了各种辅助方法，来支持与用户信息的交互。

捕获这些信息的方法如下：

```
public static void AddUserVisit(int itemId, RentMyWroxContext context)
{
    Guid userId = GetUserId();
    context.UserVisits.RemoveRange(context.UserVisits.Where(x => x.UserId ==
        userId && x.ItemId == itemId));
    context.UserVisits.Add(
                new UserVisit
                {
                    ItemId = itemId,
                    UserId = userId,
                    VisitDate = DateTime.UtcNow
                }
    );
}
```

　　注意这个示例的两个地方。首先，方法将上下文作为参数。这意味着该方法没有地方运行 SaveChanges 方法，而是希望调用代码来管理这个方面。如果调用代码不采取这样的行动，该方法调用就徒劳无功。另一种选择是在方法中创建一个上下文，用它管理数据库访问，但这意味着在相同的方法调用中要打开第二个数据库连接。由于可用的数据库连接数量有限，在可以给方法传递上下文的情况下，却给相同的调用两个数据库连接是不合理的。因此，按照惯例，每当使用上下文作为方法参数时，该方法可以在该上下文中执行修改；所以如果调用另一个方法，传递一个上下文，就应该负责保存这些改变。

　　AddUserVisit 方法中的第二个有趣的项，是首先把用户进行的其他访问移入一个特定的项。如果不采取这种方法，就可能显示一个视图，其中多次列出同样的产品，这是一种不良的用户体验。

UTC(协调通用时间)

　　UTC 是全世界用于调节时钟和协调时区的主要时间标准。平均太阳时在 0°经度，由国际电信联盟定义，基于国际原子时间，还以不规则的间隔增加了闰秒，来补偿地球自转的变化。所有其他时区都用与 UTC 的关系来定义。时间符号 UTC-8 对应于太平洋标准时间，即美国西海岸的时间。

　　UTC 通常用于在数据库中存储时间，因为它标准化了时间，允许数据库从多个时区收集日期和时间信息，并将它们存储在一个时区中，以便于使用标准的偏移量，例如太平洋时间偏移-8，以基于用户的特定系统时间显示正确的时间。这确保对于全世界范围内的每个人，所有时间都用相对的方式保存，而不是存储在一个时区中。

　　捕获这些信息，以显示给用户。显示由局部视图处理，显示用户已访问的项的水平列表。如果用户没有访问任何项，就什么都不显示，甚至节标题也不显示。

　　建立这个列表的控制器动作如下：

```
public ActionResult Recent()
public ActionResult Recent()
{
    using (RentMyWroxContext context = new RentMyWroxContext())
    {
        Guid newUserId = UserHelper.GetUserId();
        var recentItems = (from uv in context.UserVisits
                        join item in context.Items on uv.
                            ItemId equals item.Id
                        where uv.UserId == newUserId
                        orderby uv.VisitDate descending
                        select item as Item).Take(3).ToList();
        context.SaveChanges();
        return PartialView("_RecentItems", recentItems);
    }
}
```

　　这是第一次进行 LINQ 连接，其中链接了两个不同集合中的信息。从第一个对象集合中提取值 UserVisit.ItemId，使用该值连接到第二个集合。可以进行这种连接，是因为从 UserVisit

提取的 ItemId 值在 Item 集合的 Id 属性中有对应的值。所建立的 join 语句完成了这个连接——使用 on 关键字，把两个属性的关系定义为 equal，将第二个集合(Items)连接到第一个集合(UserVisits)。

添加两个集合的连接后，可以在访问时降序排序订单。下一行使用 Take 扩展方法从列表中提取前三项。这将确保列表不会超过三项，以及 UI 中非常适合的最大项数。

一旦更新了应用程序，捕获和显示了额外的信息，最后就是在样式表中添加一些样式，这样在屏幕上添加的新部分看上去就像普通网站的一部分。

添加个性化信息并显示，与捕获和使用任何其他数据相比没有什么不同。它比较特殊的唯一原因是，数据并不一定适合任何业务的现有目的，它存在的所有目的只是在用户和应用程序之间建立更好、更舒适的关系，希望用户在应用程序上花更多的时间，甚至把它考虑为主要解决方案，通过该应用程序来解决问题。在示例应用程序中，只要需要工具，就希望用户首先考虑图书馆，然后考虑五金商店，购买新工具。这里采取的步骤是逐步增加可能性，因为用户可能觉得应用程序了解他们的想法，应用程序了解他们，因为在应用程序中实现了个性化。

16.2　个性化的实用技巧

下面的列表包含了实现个性化的一些建议：
- 登录后，不能立即访问存储在身份验证 cookie 中的用户信息。系统会自动将信息加载到响应 cookie 中，但是默认用户管理工具希望读取请求 cookie，所以在下次用户访问网站前，是无法访问用户的。所以，成功的登录会将用户重定向到一个不同的页面，此时，用户被重定向的页面可以访问用户信息。
- 当考虑信息是应该存储在身份数据库中，还是存储在自己的应用程序数据库中时，一个重要的考虑因素是要保存的信息描述了用户或用户和网站之间的交互。如果信息是特定于用户的，那就是与用户一起存储的个性化数据。当信息不专门用于描述用户时，这些信息或许应该存储在应用程序的数据库上下文中。
- 使个性化数据尽可能平坦。换句话说，避免创建大量的数据库表，存储很多信息——这可能不是想连接到用户的内容。记住，因为我们的目标是个性化，可能会在每个请求时访问已登录的用户。因此，确保要管理的表的个数最少，可以提高性能。

16.3　小结

个性化是指 Web 应用程序等系统可以识别用户，并针对他们的需求提供信息。系统为了提供个性化，需要收集用户的信息，这可以通过直接询问或通过网站跟踪用户的动作。这听起来令人毛骨悚然，但它却是预测用户的期望和需求的一个关键部分，这样应用程序才能更好地支持他们，给他们提供信息，而用户不必采取任何特殊措施。个性化用于所有主要的电子商务网站，这些网站会分析访客的习惯，以确定给他们显示什么内容，达到提高销量的目标。

在当前的 ASP.NET 版本中，实现个性化并不难。它很容易实现，因为身份框架使用 Entity Framework 的代码优先方式管理安全数据库的创建。使用 Entity Framework 的代码优先方法，允许自定义存储用户信息的数据表。有了这种级别的定制，就可以在任何类型(简单的 C#类型或复杂的对象)的用户账户上添加任意数量的属性。

16.4　练习

1. 一家电子商务站点卖女装。如果要了解用户最喜欢的颜色，应收集什么信息?
2. 对于刚才收集的信息，可以执行什么操作?

16.5　本章要点回顾

自动迁移	Entity Framework 的代码优先方法能在单个步骤中执行数据库迁移，而不需要先创建迁移，然后更新数据库。如果很少定制迁移文件，使用自动迁移就比较值得。只需要定制迁移脚本，改变数据库类型，添加索引或其他特定于数据库的项(不能使用属性在模型中定义)，就需要使用手动迁移。在 Migration 目录中，自动迁移由 Configuration 类中的一个值配置
-configuration	添加迁移或更新数据库时使用的一个新的关键字。应用程序包含多个数据库上下文时需要它
Configuration.cs	为应用程序在多个数据库上下文中启用迁移时创建的一个类。它包含所有的配置信息，用于定义 Migration 目录，确定是否使用自动迁移等。它还包含 Seed 方法，该方法可以定义每次部署数据库上下文时创建的数据
Migration 目录	该目录包含 Configuration.cs 类和数据库上下文的所有迁移脚本。在 Package Manager Console 中运行 enable-migration 命令时创建它，它要求把目录的名称作为一个参数传入命令
个性化	这个概念能识别用户，根据识别的用户提供特殊的信息。它可以很简单，只是在网站上使用用户的名字；也可以很复杂，跟踪用户的偏好，总是使用这些偏好来显示内容

第 17 章

异常处理、调试和跟踪

本章要点

- 不同类型的异常
- 如何处理异常
- 调试应用程序
- 如何使用页面检查器
- 在 ASP.NET 中使用标准跟踪
- 日志

本章源代码下载：

本章源代码的下载网址为 www.wrox.com/go/beginningaspnetforvisualstudio。从该网页的 Download Code 选项卡中下载 Chapter 17 Code 后，可以找到与本章示例对应的单独文件。

遗憾的是，做开发人员的时间越长，遇到的各种错误就越多，因为错误是开发过程中不可避免的。然而，随着应用程序的演化，找到这些错误并解决它们的代价会增大，因为它们证明在当前处理的软件或数据中存在一些问题。

本书前面提到了异常，但软件可能遇到不抛出异常的其他问题。因为缺乏异常，所以这些问题很难追踪；必须跟踪代码，检查数据有什么变化，而不是分析异常来得到这些信息。这个过程可能非常复杂，特别是在大型应用程序中，因为在接收的请求和返回的响应之间可能要经过许多不同的类和对象。

本章将学习观察应用程序的不同方式，以理解不同类型的问题的原因。本章还讨论调试，介绍 Visual Studio 中能够近距离处理应用程序的工具。

因为应用程序运行在 Visual Studio 之外，比如把它放到生产环境中，所以还将了解应用程序不在调试模式下运行时获取信息的各种方式。这些方式可能无法直接帮助理解问题，但提供了一种评价方法来尝试补救。

17.1 错误处理

在许多方面,错误处理既是一个过程,也是一组具体的技术。第一次编写应用程序的代码时,实际上不可能把所有代码都编写正确,因为许多事情都可能出错。可能输错了一个变量名,把方法调用放错了地方,在运行应用程序时遇到错误的数据,甚至完全失去了控制,比如数据库服务器在运行应用程序期间崩溃。需要预计这些失败,设计应用程序来处理它们。

管理错误的过程称为调试。Visual Studio 包括一组丰富的工具来帮助调试应用程序。这些工具包括在代码编译期间进行检查,运行应用程序时观察它,检查不同变量的值。本章后面将更详细地讨论调试。

17.1.1 不同类型的错误

在应用程序开发过程中,可能会遇到三种不同类型的错误:

- 语法错误:代码本身不正确时造成的错误,因为输入错误或缺失语句。这类错误会抛出编译错误,无法运行应用程序。
- 逻辑错误:导致结果不正确的错误。它们可能非常简单,例如应该执行相加时却执行了相减,或使用错误的值进行计算,或代码错误的各种不同的可能性。应用程序仍然会编译,也有可能运行,但不会返回希望的结果。
- 运行时错误:导致应用程序崩溃或运行时抛出异常的错误。有时逻辑错误可能是运行时错误,但并非总是如此。

接下来的章节会详细解释上述每类错误。

1. 语法错误

语法错误也称为编译时错误,所编写的代码不正确时会出现这种错误。在处理示例应用程序时,如果遗漏了一行代码或输错了一个变量名,就会遇到这类错误。这些错误通常在编译或更早时期就捕获了,因为 Visual Studio 理解编译规则,会在开发人员每次击键时,重新计算代码区域。这种重新计算允许智能感知功能自动完成下拉列表的填充。然而,如图 17-1 所示,它也用当前的语法错误填充 Error List 窗格,每次击键后都重新计算这一视图。

图 17-1 显示的错误列表列出了在应用程序中发现的所有语法错误。可以看出,第 74 行发现了两种不同的错误,光标位于该行,第一个错误表明缺失一个分号(;),而第二个错误表明输入的不是一个值。一旦完成输入,第二个错误将会消失,Visual Studio 知道用户试图采取的行动,而一旦在代码行的末尾输入分号字符,第一个错误就将消失。

出现在这个列表中的任何错误,都将阻止应用程序编译,所以在试图运行应用程序之前,都应查看错误列表,确定是否有未处理的错误,这应该成为第二本能。然而,应用程序中可能出现重新评估功能未能捕获的错误。应用程序越大,系统其他部分的语法错误就越有可能显示不出来,除非尝试编译应用程序。

错误列表中列出的项很容易找到并修复。该列表不仅显示文件名和列表行号,双击有错误的行也会直接转到该文件的该行上,其描述解释了问题的本质。

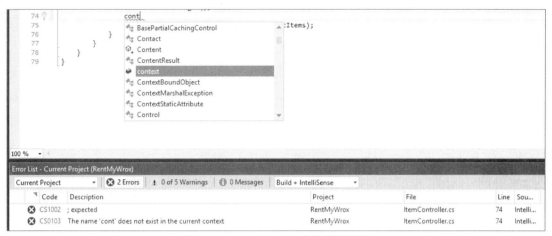

图 17-1 Visual Studio 中的错误列表

2. 逻辑错误

语法错误阻止应用程序编译，更不用说运行了，而逻辑错误比较微妙。它们不会造成编译问题，甚至不抛出运行时异常；只是得不到预期的输出。这些都是最常见的错误，因为发生时不会自动通报；它们依靠的是发现其行为出乎预料的对象或人。

考虑示例应用程序中的下述代码片段，略有改变：

赋值错误

```
using (RentMyWroxContext context = new RentMyWroxContext())
{
    var item = context.Items.FirstOrDefault(x => x.Id == itemId);
    tbAcquiredDate.Text = item.DateAcquired.ToShortDateString();
    tbCost.Text = item.Cost.ToString();
    tbDescription.Text = item.Name;
    tbItemNumber.Text = item.ItemNumber;
    tbName.Text = item.Description;
}
```

比较错误

```
using (RentMyWroxContext context = new RentMyWroxContext())
{
    Notification note = context.Notifications
    .Where(x => x.DisplayStartDate >= DateTime.Now
        && x.DisplayEndDate <= DateTime.Now)
    .FirstOrDefault();

    return PartialView("_Notification", note);
}
```

每个代码片段包含一个或多个逻辑错误，编译没有问题，但会影响应用程序正确运行的能力。只是通过检查代码，能找到它们吗？

如果存心找错，则第一个代码片段中的错误是很明显的；但如果不希望有问题，就很容易错过它：把项的 Name 属性值赋予对象 tbDescription，把项的 Description 属性值赋予 tbName 对象。找出这个错误更加困难，因为它可能是正确的，也许文本框控件命名很差，或术语“描述”和“名称”在不同的上下文中意味着不同的事情(业务接口和用户界面)。

第二个代码片段中的错误更微妙，更难以追踪。这个代码片段的要求是显示当前活动的通知；今天的日期在通知的 DisplayStartDate 和 DisplayEndDate 属性之间。问题就在于此。只有 DisplayStartDate 大于或等于当前 DateTime，且 DisplayEndDate 小于当前 DateTime 时，代码片段才返回一个通知。因此，唯一返回的项是 DisplayEndDate 在 DisplayStartDate 之前的项，或者配置错误的项。DisplayStartDate 和 DisplayEndDate 的比较运算符是相反的。

本章将介绍 Visual Studio 提供的跟踪这些错误的支持。

3. 运行时错误

直到实际运行应用程序才找到的错误就是运行时错误。显然，因为应用程序正在运行，所以这类错误不是语法错误，而是意味着应用程序执行了意想不到的、应用程序无法处理的操作。运行时错误的一个更令人担忧的问题是，它们可能只是偶尔发生，尤其是当它们与日志错误相关时。

考虑下列条件(同样来自样例应用程序，并做了修改)：

```
protected void SaveItem_Clicked(object sender, EventArgs e)
{
    if (IsValid)
    {
        Item item;
        using (RentMyWroxContext context = new RentMyWroxContext())
        {
            item = new Item();
            UpdateItem(item);
            context.Items.Add(item);

            context.SaveChanges();
        }
        Response.Redirect("~/admin/ItemList");
    }
}

private void UpdateItem(Item item)
{
    item.Description = tbName.Text;
    item.Name = tbDescription.Text;
}

public class Item
{
    [Key]
    public int Id { get; set; }
```

```
[MaxLength(50)]
public string Name { get; set; }

[MaxLength(250)]
public string Description { get; set; }
}
```

其中有一个前述逻辑错误的近似副本，但是在本例中，所创建的对象将被保存到数据库中。这意味着它是一个逻辑错误，尽管有时它会导致运行时异常。如果查看项的数据特性，就会看到 Name 属性的最大长度是 50 个字符，而 Description 属性的最大长度是 250 个字符。

这些 MaxLength 特性导致了这个问题。客户端验证得以正确建立，所以在这两个属性返回到服务器之前，会进行验证，所以很容易假设一切会正常工作。事实上，运行一些简单的测试时，会正常工作——没有异常。然而，用户第一次在 tbDescription 文本框中输入一个超过 50 个字符的值时，会抛出一个运行时错误，因为给 Name 属性错误地分配较大的值，因此当 SaveChanges 方法在上下文中运行时，没有通过验证。这个错误会导致抛出一个异常。

解析器错误是另一种类型的运行时错误，它不抛出异常，而是抛出错误。可以在浏览器看到它，而不是自动放在调试器中。图 17-2 显示了一个解析器错误。

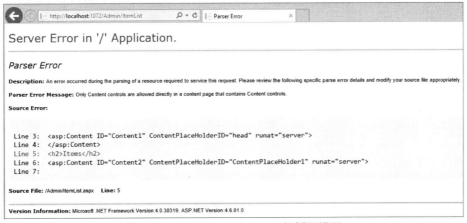

图 17-2　ASP.NET Web Forms 解析器错误

运行"非代码"的元素时，可能发生解析器错误。对于 ASP.NET Web Forms，这可能意味着在标记页面中没有正确配置控件，如图 17-2 所示。在 ASP.NET Web Forms 标记页面中，甚至可能造成语法错误的项也会成功地编译，但在运行时抛出一个错误。图 17-3 显示了一个示例：服务器控件的名称拼写错误，但应用程序仍能编译和运行，直到进入这个页面。注意，Visual Studio 知道语法有问题，因为标记页面在拼写错误的控件名的下面会出现波浪线，表示有问题。

图 17-3　Visual Studio 中的 ASP.NET Web Forms 服务器错误

遗憾的是，在处理 ASP.NET MVC 视图时，即使代码有问题，也有这种可能性，如图 17-4 所示。在本例中高亮显示的第 9 行，引用了 Item 对象上一个无效的属性 Bame。

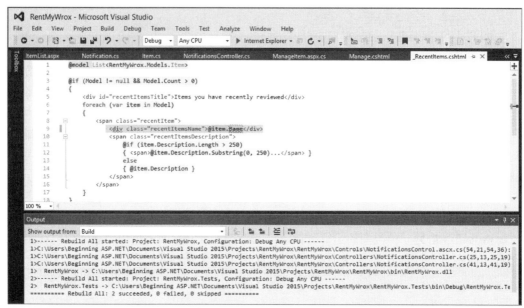

图 17-4　这个 MVC 视图有语法错误，但仍能编译

该名称不是一个有效的属性，Visual Studio 用属性名下面的波浪线表示。然而，编译成功。

ASP.NET Web Forms 和 ASP.NET MVC 之间的主要区别是，这个问题在 MVC 中抛出一个运行时异常，可以在 Visual Studio 中检查它，而在 Web Forms 中抛出服务器错误。运行这一视图所导致的异常如图 17-5 所示。

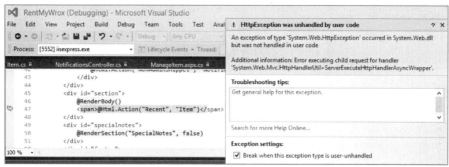

图 17-5　MVC 视图的语法错误造成的运行时错误

运行时错误的一个关键输出是异常。下一节将学习如何做捕获并处理.NET 异常。

17.1.2　捕获并处理异常

有许多不同的默认.NET 异常，所有这些都继承了基本的 Exception 类。这个继承创建一组在所有.NET 异常上都可用的常见属性。

本书前面在一些地方已使用了异常，但没有深入讨论，也不希望它们出现在应用程序中。

简而言之，异常是运行程序时发生的错误。使用异常的优势是程序不由于发生错误而终止，而是抛出一个异常。这允许分析异常，理解错误条件，给应用程序继续其处理的机会。

.NET 抛出异常时，它是一个特定的类型，总是以 Exception 结尾。这些异常是对象，如果能正确地"捕获"它们，就可以与它们交互，仿佛它们是任何其他类型的对象一样。

如果阅读关于异常的不同的互联网文章，就会注意到该术语不同于处理常规的自定义对象时使用的术语。异常往往是"抛出"；处理适当，就称为"捕获"或"处理"。在许多方面，这些动词是合适的。

考虑应用程序的运行方式。简而言之，它执行第一行代码，然后执行下一行代码。以这种方式处理，直到到达代码的最后一行，此时应用程序结束。期间可能发生许多不同的方法调用和工作，但这一般是程序的流动方式。然而，当遇到一个错误时，应用程序就停止正在执行的操作，把错误包装在异常中，然后从正在运行它的方法中抛出异常。

错误会通过应用程序的每一层(或发生错误的每个方法)，直到到达有异常处理程序的地方，异常在这里捕获。如果没有异常处理程序，应用程序就停止运行。

三个关键词支持异常系统：try、catch 和 finally。每一个关键词都引用异常系统的一个特定部分，如下所示：

```
try
{
    // take a series of actions that may cause an exception
    // this may be one method in particular or a whole set of
    // steps.
}
catch(Exception ex)
{
    // if an exception is thrown the code in this section
    // will be run
}
finally
{
```

try 关键字定义了包装器，即准备捕获异常的代码块。发生在这个块中的异常会引导到 catch 关键字定义的代码块中。在 try 块外发生的异常将传播到调用堆栈，直到它被捕获，或浮出到运行时表面，导致应用程序崩溃。

调用堆栈

调用堆栈是一种数据结构，存储了软件应用程序的活动例程信息，也称为执行堆栈或运行时堆栈。调用堆栈的主要责任是跟踪哪些活跃的函数在执行完成时应该返回控制权。活跃的函数是被调用但尚未完成的方法。称为堆栈，是因为这些方法调用可以嵌套，如下所示：

```
public void TopMethod()
{
    MiddleMethod();
}

public void MiddleMethod()
```

```
{
    BottomMethod();
}

Public void BottomMethod()
{
    // processing
}
```

应用程序的调用堆栈并不相同，这取决于在哪里检查它。如果在 TopMethod 中查看调用堆栈，就会看到它只包含 TopMethod。如果在 MiddleMethod 中检查调用堆栈，就会看到 TopMethod 和 MiddleMethod 在调用堆栈中。在 BottomMethod 中检查调用堆栈，将显示所有三个方法。

随着应用程序的执行，调用堆栈会减少或增加。在 BottomMethod 中，调用堆栈有三层，处理完该方法后，就返回到 MiddleMethod，调用堆栈也将解开或备份一个级别，只显示 TopMethod MiddleMethod。MiddleMethod 返回时也是这样。

本章后面将学习如何导航 Visual Studio 的调用堆栈，以在当前的处理堆栈中监控所有调用。

try 关键字定义了用于管理异常的代码块。catch 关键字定义了 try 块中管理的代码抛出异常时运行的代码块。通常情况下，在这一区域执行的工作评估异常，决定是可以恢复执行还是应该停止，并采取一些行动来宣布发生了错误。

使用 catch 关键词时可以不带参数：

```
try
{
    // some work
}
catch
{
    // some other work
}
```

然而，如果使用没有参数的 catch 块，就永远无法处理异常，所以使用这种方法的情形是非常有限的。

还可以给一个 try 块使用多个 catch 块，每个 catch 块捕获不同的异常：

```
try
{
    // some work
}
catch(ArgumentNullException ex)
{
    // some other work
}
catch(Exception ex)
{
```

```
    // some other work
}
```

如果以这样的方式链接 catch 块，顺序就是很重要的。框架评估第一个 catch 块的参数，确定抛出的异常是否匹配。如果不匹配，就进入第二个 catch 块，再次尝试，尝试整个 catch 块链，直到找到一个匹配为止。如果没有匹配，异常就继续上升到调用堆栈。这就是为什么会看到多个 catch 块，最后一个 catch 块是一种非常通用的类型，如 Exception，这是每个异常的基类，所以能捕获达到这一点的所有异常。

一旦捕获了异常，就必须确定应用程序要做什么。首先，需要评估抛出的异常的类型。表 17-1 描述了处理 ASP.NET 应用程序时会遇到的最常见的异常。

表 17-1　常见的异常

异常	说明
AmbiguousMatchException	绑定一个成员，导致多个成员匹配绑定标准时抛出的异常。在 ASP.NET MVC 中，当两个不同的动作可以响应单个请求时，这是很常见的异常。因为系统无法确定适当的值，所以抛出这个异常。开发人员很少故意抛出这个异常
ArgumentNullException	把空引用传递给方法，但方法不把它接受为有效的参数时抛出的异常。开发人员编写的方法接受复杂的类型，但不能处理空对象时，常常抛出这个异常
ArgumentOutOfRangeException	参数的值不在调用方法定义的允许值域内时抛出的异常。这不同于 ArgumentNull Exception，因为对象不是空的，而是有一些无效的数据。一个示例是函数计算值的平方根。这意味着值不能为负，所以传递一个负值时应该抛出 ArgumentOutOfRangeException
DBConcurrencyException	在执行插入、更新或删除操作时，如果受影响的行数等于零，DataAdapter 就抛出该异常。在使用 ASP.NET Web Forms 数据控件直接访问数据库时，可以抛出这个异常。开发人员很少抛出这个异常
FileNotFoundException	系统试图访问文件系统中不存在的文件时抛出该异常。开发人员确定预期的资源不存在时，可以抛出这个异常。试图访问文件时，框架也可以抛出这个异常
HttpRequestValidationException	从客户端收到一个潜在的恶意输入字符串，作为请求数据的一部分时抛出该异常。这种类型的异常通常不是由开发人员抛出的，而是当请求验证失败时抛出的
IndexOutOfRangeException	试图访问数组或集合中的一个元素，但其索引超出范围时抛出该异常。开发人员很少抛出这个异常。使用数组或其他类型的集合时，如果试图访问集合之外的一项，如集合只有 20 项，却试图访问第 21 项时，就会抛出这个异常
InvalidCastException	不支持将一种类型的实例转换为另一种的类型时抛出该异常。例如，尝试把 Char 值转换为 DateTime 值时，会抛出这个异常。开发人员几乎从不抛出这个异常，但是框架会抛出它

(续表)

异常	说明
KeyNotFoundException	用于访问集合中元素的键不匹配集合中的任何键时抛出该异常。这类似于 IndexOutOutRangeException，因为它用于集合，但它要求一个使用键/值方法的集合类型，例如字典
NoNullAllowedException	试图在列中插入 null 值，但该列把 AllowDBNull 设置为 false 时抛出该异常。在使用 ASP.NET Web Forms 数据控件直接访问数据库时，可以抛出这个异常。开发人员很少抛出该异常
NullReferenceException	最常见的一个异常，试图访问类型上值是 null 的成员时抛出该异常。NullReferenceException 异常通常反映了开发人员错误，最常见的原因是忘记实例化引用类型，或从方法中返回空值，然后在返回的类型上调用方法。这个异常可能由开发人员抛出，但大多数开发人员使用 ArgumentNullException 管理传入方法的 null 值
OutOfMemoryException	没有足够的内存继续执行程序时抛出该异常。这个异常表示灾难性的失败。在 Web 应用程序中导致该问题的最常见方法是尝试在内存中加载过多的动态信息，例如在内存中加载数据库的所有行，然后在内存中处理它们。这个异常是默认的系统异常，从来不由开发人员抛出
StackOverflowException	当执行堆栈因为包含太多的嵌套方法调用而溢出时抛出该异常。这是另一个相当常见的异常，通常在使用递归(即方法调用本身)时抛出

开发新手犯的最常见错误之一是决定应该在每个方法中使用 try 和 catch 关键字，这样所有的异常就可以被捕获并处理。只有知道可以处理异常，才能这样做；从来都不应有空的 catch 块，如下所示：

```
try
{
    // some work
}
catch
{ }
```

这些空的 catch 块非常方便，因为使用它们可以阻止异常上升到更高的调用堆栈中，但是对解决问题无用。有机会解决问题或缓解导致错误的问题时，应该捕获错误，例如使用默认值，或再次尝试数据库调用。

相反，获取无法处理的异常时，允许这些异常继续上升到堆栈中。本章后面将学习如何配置应用程序来处理这些未处理的异常，允许开发人员收集问题的信息，尽管他们尝试的工作失败了，但仍然提供一致的用户体验。

前面一直强调框架抛出的错误，但一定要意识到，开发人员有时会在自己的代码中创建和抛出异常。一个示例是创建一个方法，接受一个对象作为一个属性。该对象为空时，能执行需要的操作吗？如果不能，该怎么做？如何处理它？在很多情况下，会抛出一个异常，如下所示：

```
public void AlphabetizeList(List<ApplicationUser> list)
{
    if (list == null)
    {
        throw new ArgumentNullException("list");
    }

    list = list.OrderBy(x=>x.LastName)
              .ThenBy(y=>y.LastName).ThenBy(z=>z.MiddleInitial);
}
```

抛出异常，就是告诉调用代码，传递的参数是有问题的。进行检查也保证方法不尝试对空对象执行任何操作，因为这样做会导致框架抛出 NullReferenceException。为什么不让框架抛出该异常？但如果让框架抛出该异常，开发人员调用方法来确定发生了什么时会更复杂。相反，传回一个 ArgumentNullException，其中包括出问题的参数的信息。这样就很容易确定问题是什么以及补救的必要步骤。

前面介绍了如何捕获异常并抛出异常。有时需要做两件事：捕获一个异常，处理它，然后重新抛出异常，以便它继续上升到调用堆栈。这是处理这种情况的适当方式：

```
try
{
    // some work
}
catch(Exception ex)
{
    // log the exception in your logging system
    throw;
}
```

这不同于之前方法抛出异常的代码片段，因为此时使用了 throw 关键字以及要抛出的异常。在这种情况下，使用没有异常的 throw 关键字，但由于该关键字在 catch 块中，因此可以确定它的上下文。确保不这样做：

```
try
{
    // some work
}
catch(Exception ex)
{
    // log the exception in your logging system
    throw ex;
}
```

这种方法将打断异常及其发起人之间的联系，使异常看起来是从这个方法中抛出的，而不是实际抛出它的方法。发送异常的方法就成为异常的主人，不管是刚刚创建了异常，还是从另一个区域抛出它的。

很容易得到异常不好的印象，所以应该不会编写抛出它们的代码。然而，异常允许把问题反馈给使用它的代码；抛出异常，是因为它提供了不正确的或破碎的信息。如果不告诉调用代码(通过抛出异常)，问题就不会被发现。理想情况下，代码把异常抛给调用代码，然后处理它，以便它可以正确调用代码。构建良好的异常策略有助于确保质量。

得到异常时，应修改调用代码，这样异常就消失了。如果从前面的示例中调用 AlphabetizeList 方法，收到 ArgumentNullException，就知道必须修改代码，以免传递空列表。因此，可能需要把如下代码：

```
try
{
    using (ApplicationDbContext context = new ApplicationDbContext())
    {
        var userList = context.ApplicationUsers;
        AlphabetizeList(userList);
        return View(userList);
    }
}
catch(Exception ex)
{
    // log the exception in your logging system
    throw;
}
```

改为：

```
try
{
    using (ApplicationDbContext context = new ApplicationDbContext())
    {
        var userList = context.ApplicationUsers.Where(x=>x.State == state);
        if (userList != null)
        {
            AlphabetizeList(userList);
        }
        return View(userList);
    }
}
catch(Exception ex)
{
    // log the exception in your logging system
    throw;
}
```

这确保不用不正确的项调用方法。可以看看这些类型的方法是如何链接起来的。也许是调用 AlphabetizeList 消息的方法，从其他代码中调用，传入了过滤标准。代码通过空对象调用 AlphabetizeList 方法的唯一方式是，调用方法发送的信息导致列表是 null，如发送所有列表项都不匹配的过滤标准。在这种情况下，可能希望设置如下代码，当传入的数据导致不适当的状态时，会抛出一个异常：

```
try
{
    using (ApplicationDbContext context = new ApplicationDbContext())
    {
        var userList = context.ApplicationUsers.Where(x=>x.State == state);
```

```
        if (userList != null)
        {
            throw new ArgumentException("state returns null list",
                state);
        }
        AlphabetizeList(userList);

        return View(userList);
    }
}
catch(Exception ex)
{
    // log the exception in your logging system
    throw;
}
```

遗憾的是，这意味着何时应该抛出异常没有一成不变的规则。实际上，它是一个循序渐进的评估过程。要记住的关键是，代码需要能告诉调用代码可能存在的任何问题，特别是当与调用代码提供的信息交互时。

一旦捕获了异常，就需要理解它是从哪里来的，是什么导致了它，以解决这个问题。记住，尽管异常并不坏，但并不意味着想让它们挂在应用程序上。理想情况下，应用程序将传送异常，但从不抛出异常，即使所编写的每个方法都至少有一个 throw new Exception 代码行。因为代码是自己编写的，异常根本不会发生。

.NET 中的每个异常都继承了 Exception 类，这意味着有一组常见的属性提供异常的本质信息。这些常见的属性在表 17-2 中列出。

表 17-2　异常类上的属性

属性	说明

Data	这个属性是一个词典，它包含的键/值对集合提供了异常的用户定义的额外信息。Data 属性的有趣之处是，在异常上升到调用堆栈时，可以继续给它添加信息
	
	catch (Exception e) {
	　　　e.Data.Add("RequestedState", state);
	　　　　　throw;
	　　　　　}

HelpLink	HelpLink 属性旨在包含异常信息的链接。来自该链接的可用信息通常描述了导致抛出异常的条件，可能还描述了如何识别和解决问题
InnerException	引起当前异常的 Exception 实例。当抛出的异常 X 是由前一个异常 Y 直接导致时，异常 X 的 InnerException 属性就应该包含异常 Y 的一个引用。可以创建一个新的异常来捕获先前的异常。处理第二个异常的代码可以使用先前异常的附加信息，更适当地处理错误 假设有一个函数读取文件，格式化文件中的数据。在本例中，代码试图读取文件时，抛出了 IOException。函数捕获 IOExceptionFile，并抛出 NotFoundException。IOException 可以存储在 FileNotFoundException 的 InnerException 属性中，使捕获 FileNotFoundException 的代码可以检查最初错误的原因

(续表)

属性	说明
Message	描述当前异常的字符串值。错误消息的目标是处理异常的开发人员。Message 属性的文本应该完整地描述错误，在可能的情况下还说明如何更正它。顶级异常处理程序可能会向最终用户显示消息，所以应该确保它在语法上是正确的，消息的每个句子都以句号结尾
Source	导致错误的应用程序或对象的名称。如果 Source 属性没有显式设置，就返回最初引发异常的程序集名称
StackTrace	调用堆栈上直接帧的字符串表示。这个清单提供了一种方法，来跟踪从调用堆栈到发生异常的方法中的行号。它提供了从抛出异常的最底层区域的细节，到调用该代码的方法的定义。这是最有用的属性，确定发生了错误的确切位置。记住，如果再次抛出异常(不应该抛出)，然后重置 StackTrace 属性，从这一点起就失去了 StackTrace
TargetSite	抛出当前异常的方法。如果抛出这个异常的方法不可用，堆栈跟踪不是一个空引用，TargetSite 就从堆栈跟踪中获得方法。如果堆栈跟踪是 null 引用，TargetSite 也返回一个空引用

要使用的最重要属性是异常类型本身(ArgumentNullException、NullReferenceException)、Message 和 StackTrace。它们可以用于理解问题的类型和发生的地方。本章稍后将了解有关分析异常的更多细节。

建议让异常通过调用堆栈向上流动，必须知道它们何时(或是否)终于被捕获。答案要具体情况具体分析。如果抛出一个异常，会发生两件事情之一：捕获异常并试图恢复。第二就是不能恢复，所以必须决定采取行动。在某些情况下，可以解析错误，给用户提供一些可能有用的信息，但对于其他意想不到的错误，不能这样做。另外有时，必须决定通用的错误处理方法是否是最好的。

下一节将演示 ASP.NET 如何帮助显示错误，在异常发生时如何进行全局管理，而不用提醒用户，应用程序只是经历了一个错误。

17.1.3　全局错误处理和定制的错误页面

所谓"黄屏错误"，是指在 ASP.NET 遇到错误时显示的默认屏幕。它是最不受用户欢迎的屏幕。然而，ASP.NET 支持自定义的错误页面，提供了一种防止用户遇到该错误的方法。

自定义的错误页面是开发人员创建的、显示给用户的页面，用来替代标准错误屏幕。通常这个页面的样式与应用程序的其余部分相同,给用户提供了一些可靠的消息。在 Web.config 文件中，给 system.web 节点添加一个新元素，就可以启用自定义错误页面：

```
<customErrors mode="On" defaultRedirect="~/Errors/Error500.aspx"
         redirectMode="ResponseRewrite">
    <error statusCode="404" redirect="~/Errors/Error404.aspx" />
    <error statusCode="500" redirect="~/Errors/Error500.aspx" />
</customErrors>
```

添加这个 customErrors 元素，就启用了自定义错误页面。通过 mode 属性可以打开或关闭它，该属性为 on 就意味着使用自定义的错误页面，off 表示禁用它。还可以使用 RemoteOnly，它表示自定义错误页面只能返回给从另一个机器调用服务器的用户。这个设置允许在调试时看到错误消息，但当有人从另一个机器调用时，会显示自定义错误页面。customErrors 元素的另一个主要属性是 defaultRedirect，如果异常没有可用的具体错误页面，它就提供默认的重定向页面；而 redirectMode 有两个选项：

- ResponseRedirect：指定浏览器指向的 URL 必须不同于最初的 Web 请求 URL。
- ResponseRewrite：指定浏览器指向的 URL 必须是最初的 Web 请求 URL。

配置中的另一部分是 customErrors 元素的错误节点。这些节点提供了特定的 HTTP 状态码(如 404)和 Web 页面之间的映射。可以根据需要创建详细的映射，如果需要，给每个状态码创建一个映射，没有明确映射的项就发送给 defaultRedirect 值。

然而，一定要意识到，这种行为不会捕获任何导致重定向到自定义错误页面的异常信息(不是 404 页面未找到错误)。然而，ASP.NET 提供了一个工具，通过支持全局错误处理程序来捕获这些异常信息。

这个全局错误处理程序是应用程序根目录中的 global.asax 页面的一部分。

```
void Application_Error(object sender, EventArgs e)
{
}
```

抛出了异常，但没有处理时，它最终会到达 Application_Error 事件处理程序。此时，可以根据需要使用它，这样就总是知道何时抛出了异常。

下面的练习提供了使用这些错误处理概念的一些实践经验。

试一试　添加错误页面

这个练习将全局错误处理和自定义错误页面添加到应用程序中。

(1) 确保运行 Visual Studio，打开 RentMyWrox 应用程序。打开 Global.asax 文件，添加以下新方法(参见图 17-6)。

```
void Application_Error(object sender, EventArgs e)
{
    if (HttpContext.Current.Server.GetLastError() != null)
    {
        Exception myException = HttpContext.Current.Server.GetLastError()
                .GetBaseException();
    }
}
```

(2) 在 Solution Explorer 中右击项目名称。选择 Add | New Folder，命名为 Errors。

(3) 右击刚才添加的文件夹，并选择 Add | New Item。选择添加 Web Form with Master Page，命名为 Error404，选择 Site.Master 文件，如图 17-7 所示。

```
Global.asax.cs  ⊞ ✕
RentMyWrox                                              ▾  ᴬ⁵ RentMyWrox.Global
     1   ⊟using System;
     2    using System.Collections.Generic;
     3    using System.Linq;
     4    using System.Web;
     5    using System.Web.Mvc;
     6    using System.Web.Optimization;
     7    using System.Web.Routing;
     8    using System.Web.Security;
     9    using System.Web.SessionState;
    10
    11   ⊟namespace RentMyWrox
    12    {
    13        public class Global : HttpApplication
    14        {
    15            void Application_Start(object sender, EventArgs e)
    16            {
    17                // Code that runs on application startup
    18                AreaRegistration.RegisterAllAreas();
    19                RouteConfig.RegisterRoutes(RouteTable.Routes);
    20                BundleConfig.RegisterBundles(BundleTable.Bundles);
    21            }
    22
    23            void Application_Error(object sender, EventArgs e)
    24            {
    25                if (HttpContext.Current.Server.GetLastError() != null)
    26                {
    27                    Exception myException = HttpContext.Current.Server.GetLastError().GetBaseException();
    28                }
    29            }
    30        }
    31   }
```

图 17-6　Application_Error 事件处理程序

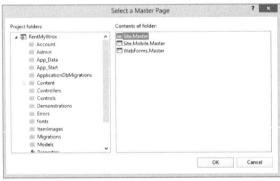

图 17-7　选择母版页

(4) 打开刚才添加的标记页面，在 Content 标签中添加以下内容(见图 17-8)：

```
<h1>File Not Found</h1>
<p>
    The page you requested could not be found. Either return to the
    <a href="~/" runat="server">Homepage</a>
    or choose a different selection from the menu.
</p>
```

```
Error404.aspx  ⊞ ✕
     1  <%@ Page Title="" Language="C#" MasterPageFile="~/Site.Master" AutoEventWireup="true" CodeBehind="Error404.aspx.cs" Inherits="RentMyWrox.Errors.Error404" %>
     2  <asp:Content ID="Content1" ContentPlaceHolderID="MainContent" runat="server">
     3  <h1>File Not Found</h1>
     4  <p>
     5      The page you requested could not be found. Either return to the
     6      <a href="~/" runat="server">Homepage</a>
     7      or choose a different selection from the menu.
     8  </p>
     9  </asp:Content>
```

图 17-8　Error404 内容

(5) 以相同的方式添加另一个页面，命名为 Error500。

(6) 将以下内容添加到标记页面：

```
<h1>Other Error</h1>
<p>
    There was an error on the server. Either return to the
    <a href="~/" runat="server">Homepage</a>
    or choose a different selection from the menu.
    We have been notified about the problem and will work
    on it immediately.
</p>
```

(7) 打开 Web.config 文件，找到 system.web 节点。在开始标记的下面添加以下代码，完成后如图 17-9 所示。

```
<customErrors mode="On" defaultRedirect="~/Errors/Error500.aspx"
      redirectMode="ResponseRewrite">
    <error statusCode="404" redirect="~/Errors/Error404.aspx" />
    <error statusCode="500" redirect="~/Errors/Error500.aspx" />
</customErrors>
```

```
20      <connectionStrings>
21          <add name="DefaultConnection" connectionString="data source=ASP-NET\SQLExpress;initial catalog=Rent
22          <add name="RentMyWroxContext" connectionString="data source=ASP-NET\SQLExpress;initial catalog=Rent
23          <add name="RentMyWroxConnectionString1" connectionString="Data Source=ASP-NET\SQLEXPRESS;Initial Ca
24      </connectionStrings>
25   <system.web>
26      <customErrors mode="On" defaultRedirect="~/Errors/Error500.aspx" redirectMode="ResponseRewrite">
27          <error statusCode="404" redirect="~/Errors/Error404.aspx" />
28          <error statusCode="500" redirect="~/Errors/Error500.aspx" />
29      </customErrors>
30      <authentication mode="None" />
31      <compilation debug="true" targetFramework="4.5" />
32      <httpRuntime targetFramework="4.5" />
```

图 17-9　Web.config 文件中的定制错误配置

(8) 运行应用程序，进入主页。

(9) 给 URL 附加一个术语，这样系统会返回一个 404 错误(这个示例使用 New Item)。屏幕如图 17-10 所示。

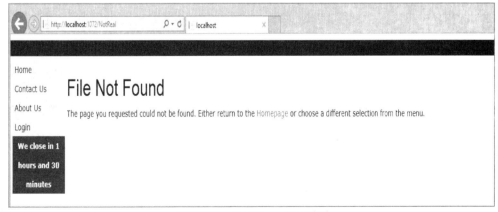

图 17-10　显示 Error404 页面

示例说明

这个练习用几个步骤把自定义错误页面和全局错误处理引入应用程序。首先，添加事件处理程序来响应未在代码中处理的任何异常。对异常的访问不像在典型的 try\catch 块中那样简单。相反，这是异常处理程序最后的机会，因为这是框架仍然控制请求时，捕获错误的最后机会，之后框架就完成了页面处理阶段。

因为处理已经完成，所以异常只能在 HTTPContext 中访问，HTTPContext 是在整个请求-响应过程中可用的基本对象。必须使用如下代码：

```
HttpContext.Current.Server.GetLastError()
```

这段代码在当前 HttpContext 中访问服务器的信息。Server 属性是一个 HttpServerUtility 对象，它包含的方法帮助管理服务器的信息。其中之一是 GetLastError 方法，它拉出在这个请求中发生的最后一个异常。返回类型是 Exception，所以现在可以访问该异常的属性，就像在传统的 catch 块中那样。

添加的代码包含一个额外的方法 GetBaseException。该方法返回的 Exception 是异常流的根源，这样就总能看到最初抛出的异常。在如下代码中这很重要：

```
public void ExternalMethod
{
   try
   {
      CallSomeMethod();
   }
   catch(Exception ex)
   {
      throw new SecondException("Top exception", ex);
   }
}

public void CallSomeMethod
{
   throw new Exception("This is the bottom exception");
}
```

如本章前面所述，如果"重新抛出"同样的异常，就破坏了堆栈跟踪。然而，可以抛出其他异常，嵌套以前的异常，如上所示。这将创建一个异常链，其中的每个异常都嵌套在下一个异常中。这个异常链由一组异常组成，这样链中的每个异常都抛出为其 InnerException 属性引用的异常的直接结果。对于给定的链，一个异常可以是链中所有其他异常的根源。这个异常称为基础异常，其 InnerException 属性总是包含一个空引用。

这是很重要的，因为规则是只捕获能处理的异常。然而，在很长的方法链中，很难准确地确定可以处理什么异常，也无法确定发生异常是因为方法中的操作有了更新，还是因为从调用代码传递到方法中的信息。在这些情况下，可以看到上一个代码片段所示的异常包装。遗憾的是，这意味着为了得到基本异常，就必须进入一个异常，然后访问其 InnerException 属性，直到得到 InnerException 为空的异常。GetBaseException 会自动执行这个递归检查。应该养成如下习惯：在不知道如何构建异常堆栈的任何代码中使用 GetBaseException。在有完全控制权的应用程序中，这可能是不必要的；但如果使用第三方应用程序或控件，就不可能控制这些区域内部的运作，所以应抓住任何机会来获得基本异常。

前面没有对抛出的异常进行任何处理，本章后面会处理它们。同时，在这个事件处理程序中访问异常，不会影响添加自定义错误页面时进行的下一个变更。添加一个页面来管理可能发生在网站上的任何 404 错误，添加另一个页面来捕获异常，并显示一个比黄屏错误更友好的页面。

即使与 Global.asax 页面中的异常互动，框架也仍调用自定义的错误页面。把这两项放在一起，就可以找到最高级别的异常并处理，同时自动提供用户友好的定制错误消息。此外，虽然所创建的错误页面是 ASP.NET Web Forms 页面，但很容易使用 MVC 建立错误页面——只需把 redirectMode 特性改为 ResponseRedirect 而不是 ResponseRewrite。ResponseRedirect 类似于第 8 章介绍的重定向过程，服务器用 Redirect 状态代码响应客户端，这样浏览器就请求重定向的页面。ResponseRewrite 就像 Server.Transfer，它需要服务器上的一个物理文件，框架用它来创建响应。因为 ResponseRewrite 需要一个物理文件，所以不能用该模式重定向到 MVC URL。

不管使用什么 ASP.NET 框架，自定义错误页面和全局错误页面都会正常工作。然而，ASP.NET MVC 支持使用另一种方法，来管理从控制器抛出的异常。下一节描述这个过程是如何工作的，以及它与刚才添加到应用程序中的全局错误处理方法的区别。

17.1.4 控制器中的错误处理

刚才使用的自定义错误和全局错误处理是 ASP.NET Web Forms 早期形式的一部分，目前已进化到支持 MVC。ASP.NET MVC 有自己特定的方法，来管理可能发生在控制器或其调用的代码中的异常。这个 MVC 方法使用一个可以应用在动作、控制器和应用程序级别的特性 HandleError。

应用 HandleError 特性时，可以选择设置不同的属性，如表 17-3 所示。

表 17-3 HandleError 属性

属性	说明
ExceptionType	定义应该应用该特性的异常的类型。如果值没有设置，该特性就默认设置为处理基类 Exception
Master	定义显示异常信息的主视图
View	定义用于显示异常的页面视图

给控制器添加 HandleError 特性，如下：

```
[HandleError(ExceptionType=typeof(NullReferenceException),
        View="NullReferenceView")]
[HandleError(View = "ExceptionView")]
public class ItemController : Controller
```

前面的代码片段定义了两种不同的视图，负责显示错误消息。这些错误视图预计在 Views\Shared 目录下，看起来和所有其他视图一样，只是没有匹配控制器。因为在本例中，错误框架用作控制器；所以 HandleError 特性还允许设置 Master 页面属性。

前面介绍了如何将特性添加到控制器中，也可以添加特性，使之覆盖整个应用程序。其工作量略多，因为必须对应用程序的核心进行两处更改。首先，需要添加一个新类，它将增加 HandleError 特性作为过滤器。这个类如下所示：

```
public class FilterConfig
{
    public static void RegisterGlobalFilters(GlobalFilterCollection filters)
    {
        filters.Add(new HandleErrorAttribute());
    }
}
```

一旦创建了管理过滤器注册的类(MVC 特性也称为过滤器)，就必须把它关联到应用程序。为此，在 Global.asax 类中给 Application_Start 方法添加如下突出显示的代码：

```
void Application_Start(object sender, EventArgs e)
{
    // Code that runs on application startup
    AreaRegistration.RegisterAllAreas();
    FilterConfig.RegisterGlobalFilters(GlobalConfiguration.Configuration);
    RouteConfig.RegisterRoutes(RouteTable.Routes);
    BundleConfig.RegisterBundles(BundleTable.Bundles);
}
```

使用 HandleError 特性时，应该知道它的一些局限性。首先，错误不会在任何地方记录，因为没有处理异常的代码。其次，不处理在控制器以外(如在视图中)抛出的异常。最后，不处理 404 错误，所以如果想处理"页面没有找到"错误，还需要使用前一节介绍的 customErrors 方法。

MVC 方法提供的支持比 customErrors 方法少。它提供的是可定制性。ASP.NET Web Forms 采用的方法是努力提供用户需要的一切。它选择提供功能，而不是可定制性。ASP.NET MVC 选择了其他路线。在 MVC 中，可以替换或扩展 HandleError 特性。

因此，可以编写代码，以突破一些局限性，如与异常互动。

前面介绍了几种不同的方法来创建和捕获异常。下一节描述如何管理与这些异常的交互和代码，这些代码需要多次运行，才能找到其中的问题，确定如何解决它们。

17.2 调试基础

调试是在代码中发现和解决问题的过程。这些问题可以是由很多不同的事情引发的，确定问题的根源有时可能是一个挑战。很多时候都必须跟踪程序的执行，看看数据发生了什么变化，才能确定是什么导致错误。

幸运的是，Visual Studio 提供了很多不同的工具，以深入了解应用程序流。前面讨论了如何使用断点停止应用程序流，以访问系统中各种对象的状态。可以在任意位置添加断点，评估几乎任何类型的对象的状态。可以在应用程序的某处停止，然后逐行执行代码，观察信息在每一行上的变化。

17.2.1　调试的工具支持

在 Visual Studio 中，有许多不同的方式查看应用程序中各种对象的值。不仅可以看到值，在应用程序执行时，还可以用多种方式在代码中移动。首先检查执行应用程序时在代码中移动的各种方式。

1. 在调试的代码中移动

在代码中移动之前，必须考虑如何进入代码。总是可以选择运行应用程序，但不调试(Ctrl + F5)。但是如果要在调试模式下运行，可以用几种不同的方法启动代码。一种方式是前面一直在使用的方法：使用 F5 或 Start。它允许在调试模式下运行。在调试模式下运行，可以添加断点，在处理过程的任何时候停止代码；直接到达任何抛出的、未处理的异常。

一旦通过断点停止执行流，就可以重新启动代码的执行。可以使用 F5 重新启动应用程序，它允许程序执行，直到达到下一个断点。也可以选择 F11，重新启动应用程序，然后单步执行下一行代码。这个从一行代码执行到下一行代码的过程，称为单步调试。表 17-4 描述了其他几个按键的组合，一旦暂停程序的执行，这些按键组合会帮助在代码中移动。

表 17-4　支持调试的按键组合

按键	说明
F5	在调试模式下启动应用程序。如果停止执行代码，F5 将重新启动代码的执行，允许运行到下一个断点，或执行完成
F11	在调试模式下启动应用程序。如果停止执行代码，比如在断点处停止，F11 就重新启动代码的执行，运行代码的下一行，然后再次暂停，就仿佛遇到了一个断点。如果在方法调用中选择 F11，就会进入该方法，继续单步执行
F10	在调试模式下启动应用程序。当停止执行代码时，F10 会重启代码的执行，运行代码的下一行，然后再次暂停，就仿佛遇到了一个断点。F10 不同于 F11，因为如果在方法调用中选择 F10，执行流不进入方法；而是继续执行方法调用后面的代码。不允许跟踪方法
Shift + F11	这个组合键允许执行完当前的代码块。通常在用 F11 键进入方法，确定不需要在这个方法中继续处理后，使用这个组合键。使用这个按键组合够移动到方法调用后面的一行
Shift + F5	停止调试，关闭浏览器窗口
Ctrl + Shift + F5	这个组合键停止调试，关闭浏览器窗口，并重新启动调试
F9	打开和关闭断点功能。如果在调试模式下运行时按下 F9，就只能在执行停止后切换断点功能。这意味着，要么在到达一个断点时关闭它，要么在单步执行一行代码时打开它。还可以在没有运行应用程序时执行，在获得焦点的代码行上设置断点

(续表)

按键	说明
Ctrl + Shift + F9	删除所有断点。必须确认要执行这个操作。可以就像 F9 那样执行，要么在应用程序运行时，执行已停止的情况下删除所有断点，或者只是在 IDE 中删除所有断点

使用表 17-4 中的按键或 Debugging 工具栏上的按钮(参见图 17-11)，就可以管理代码中的移动。

图 17-11　Debugging 工具栏

在调试模式下，调试工具栏应该显示在 Visual Studio 工具栏上。如果不是，可以右击一个现有的菜单项，确保选中 Debug，如图 17-12 所示。

图 17-12　Debugging 工具栏

了解在调试模式下如何在代码中移动，是理解应用程序中发生了什么的第一步。下一步是访问该信息，以分析它们。前面介绍了当执行停止时，如何把鼠标移到一个对象上，然后深入该对象，查看分配给它的值。这是有效的，但可能有点尴尬，尤其是想执行一些操作时，例如比较不同对象中的值。幸运的是，Visual Studio 提供了不同形式的支持来帮助获得需要的信息。

2. 调试窗口

Visual Studio 有支持调试的各种窗口。第一组窗口用于监控代码中不同变量的值。下面首先介绍这些窗口。

Watch 窗口

最重要、最灵活的调试窗口是 Watch 窗口。Watch 窗口允许输入一个或多个变量，监视变量的值。当执行停止时，选择 Debug | Windows | Watch，就可以打开 Watch 窗口。请注意，有多个 Watch 窗口，如图 17-13 所示。

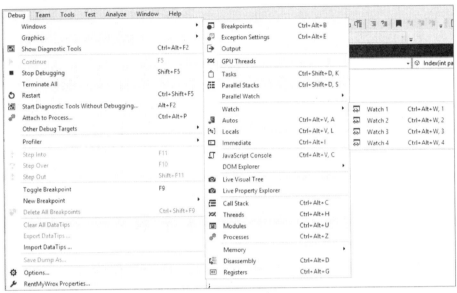

图 17-13　Watch 窗口

Watch 窗口只是一个简单的网格，其中有三个列标题：Name、Value 和 Type。使用 Watch 窗口很简单：双击进入网格，在 Name 列中输入要查看的变量名，Value 和 Type 列就会填充适当的值和类型。程序继续执行的过程中，可以在 Watch 窗口中观察值的变化。图 17-14 显示了在运行示例应用程序的默认页面时使用的 Watch 窗口。

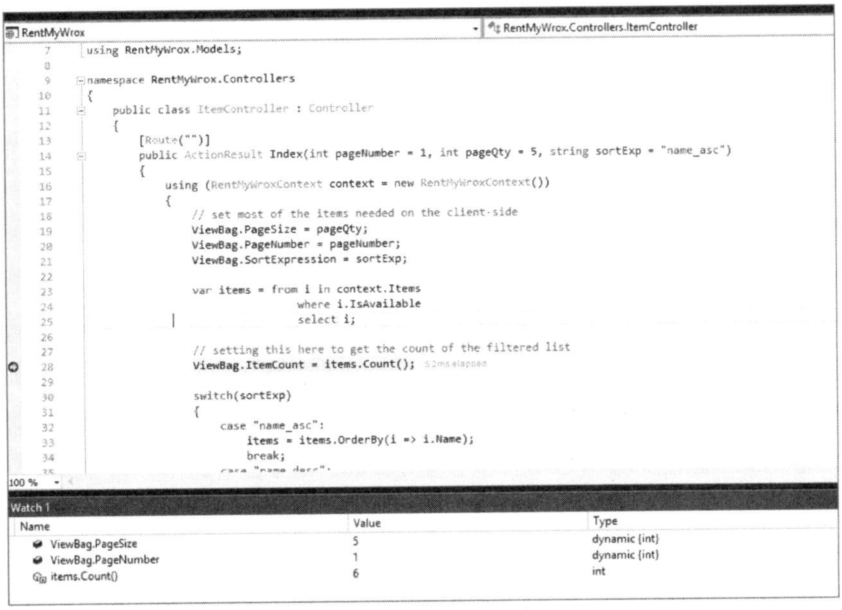

图 17-14　使用 Watch 窗口

在这个图中显示了三个不同的值: ViewBag.PageSize、ViewBag.PageNumber 和 items.Count()。可以看到，执行暂停在第 28 行，在 Name 列中列出的项都显示了一个值。还可以在该窗口中执行计算，所以计算该列的内容，显示其值:

```
items.Count() * ViewBag.PageSize
```

尽管可以在 Watch 窗口执行一些计算，但不能执行任何事情。例如，LINQ 语句不会运行，也不会执行一些不同的类型转换方法。然而，可以执行大多数其他计算，显示其结果。

Autos 窗口

另一个支持调试的窗口中是 Autos 窗口。可以在 Watch 窗口所在的区域使用 Autos 窗口，它提供了一些相同的功能。Autos 窗口的显示与 Watch 窗口一样，也是包含三列的网格。主要区别是、Watch 窗口要求输入要查看的变量，而 Autos 窗口只显示所有活动变量(参见图 17-15)。

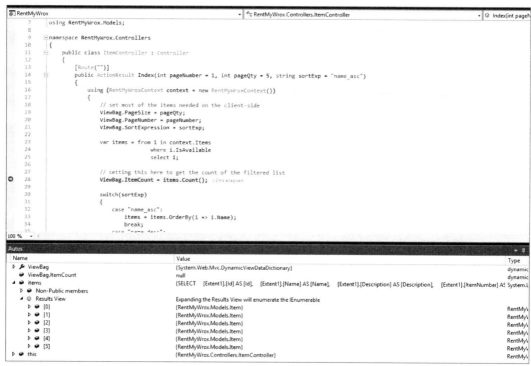

图 17-15   使用 Autos 窗口

在这里可以看到 ViewBag，变量 items 和 this。ViewBag 和 items 的显示与 Watch 窗口一样，但 this 值不同。图 17-16 显示了完全展开时的 this 变量。

this 关键字与当前处理的整个类同义，在本例中是控制器。可以查看控制器的任何属性，包括基类 Controller 中的值，如 User，甚至 HttpContext 等。

简而言之，Watch 窗口能够选择想查看的变量，而 Autos 窗口可以访问执行暂停区域当前可用的所有值。

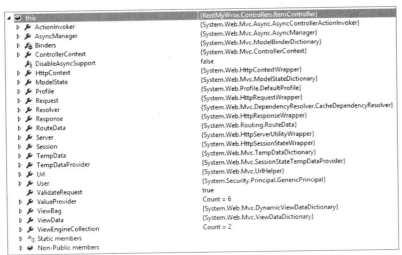

图 17-16　在 Autos 窗口中展开 this 变量

Locals 窗口

Locals 窗口类似于 Autos 窗口，因为所显示的项由窗口自动确定。然而，变量选择的范围是不同的，只有暂停执行处的变量才是可见的，如图 17-17 所示。

Locals 窗口显示传递到方法的变量，而 Autos 窗口不显示。ViewBag 不在局部作用域内(在当前方法内定义)，所以看不到它。但仍然可以得到 ViewBag 中的值，因为它们包含在 this 关键字中，就像 Autos 窗口包含执行暂停处的代码可用的所有属性一样。

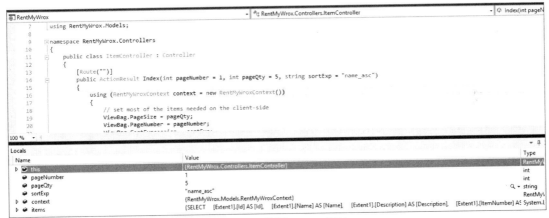

图 17-17　使用 Locals 窗口

3. 其他窗口

除了变量监控窗口之外，还有其他窗口可以帮助支持调试需求。

Breakpoint 窗口

Breakpoint 窗口显示在整个应用程序中设置的所有断点，如图 17-18 所示。
其中包含页面和行信息、为断点设置的任何条件，以及当前执行阶段遇到断点的次数。

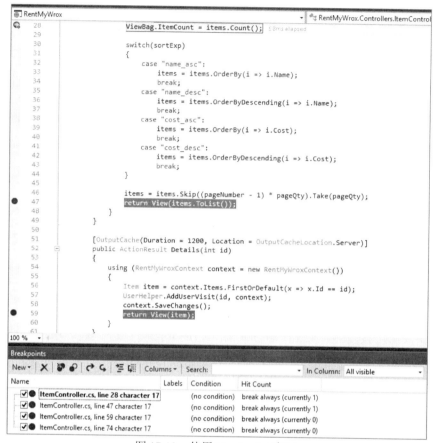

图 17-18   使用 Breakpoint 窗口

前面介绍了如何设置普通的断点，也可以添加条件。条件是确定断点何时停止执行应用程序的一条规则(或一组规则)。默认行为是每次应用程序遇到断点时就执行停止，但使用条件可以指定何时中断，如只有变量的值超过指定的数值时才中断。要给断点添加条件，可以右击它，并选择 Conditions。还可以在 Breakpoint 窗口中右击断点。条件选择窗口如图 17-19 所示。

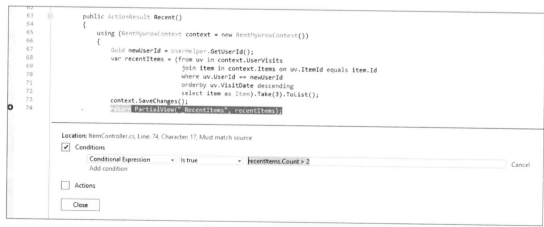

图 17-19   选择条件的窗口

在本例中，为断点设置了一个条件 recentItems.Count > 2。如图 17-19 所示，recentItems 是数据库查询的结果集，所显示的条件确保了只有当返回的列表有两个以上的项时，才停止执行。

Call Stack 窗口

Breakpoint 窗口提供的视图可以设置在何处停止应用程序的执行，而调用堆栈(Call Stack) 窗口提供的视图可以查看暂停处的代码行的调用堆栈。在应用程序中移动时，只需双击调用栈列表中的基本项，就很容易返回父调用方法，如图 17-20 所示。

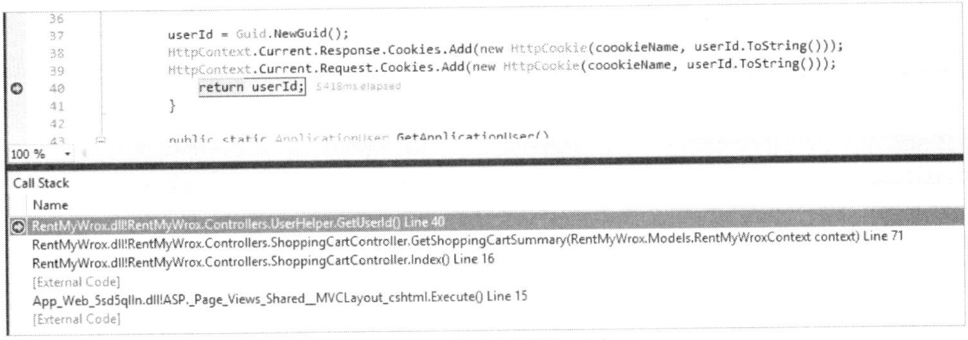

图 17-20　使用调用堆栈窗口

Immediate 窗口

在调试过程中非常有用的另一个窗口是 Immediate 窗口。Immediate 窗口不同于本节前面介绍的其他窗口，因为它不仅显示调试时可用变量的信息，也可以执行代码。图 17-21 显示了两种不同的方式——第一种是运行方法；第二种是显示当前变量的详细信息。

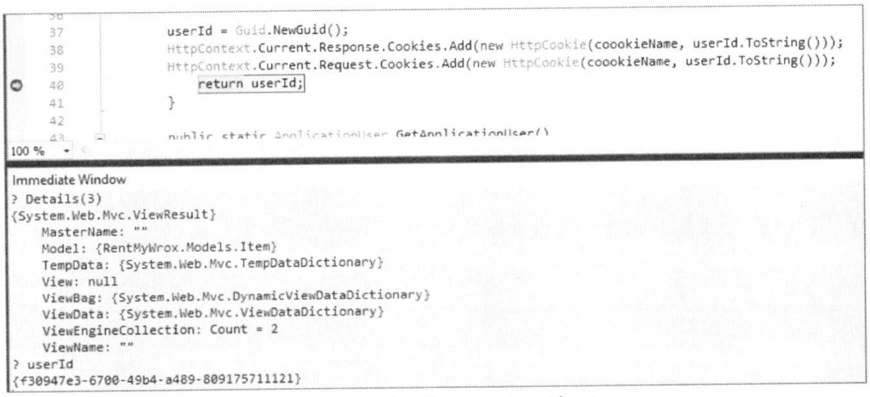

图 17-21　使用 Immediate 窗口

在 Immediate 窗口中工作的关键是?字符，它告诉系统输出结果。Immediate 窗口的第一行是? Details(3)，其中?告诉窗口输出结果本身。然后窗口运行控制器的 Details 方法，并传入值 3。方法的结果显示在该行代码的下面。

? 的下一个实例是?userId，窗口输出变量 userId 的值。也可以使用这些值，例如使用下面的命令，将 false 返回给 Immediate 窗口：

```
? userId == Guid.Empty
```

使用 Immediate 窗口可以执行更多的操作。此功能的更多信息可访问网址 https://msdn. microsoft.com/en-us/library/f177hahy.aspx。

17.2.2　调试客户端脚本

前面花了一些时间调试服务器端代码，以理解服务器上处理的代码如何创建发送给用户浏览器的HTML和其他内容。然而，一旦内容发送到客户端，前面介绍的调试功能似乎就结束了。幸运的是，使用刚刚介绍的许多工具，可以对运行在客户端的JavaScript进行额外的调试。

这意味着可以在 JavaScript 中添加断点。如果使用内联 JavaScript，就可以把断点放在要调试的页面的 JavaScript 代码行上。如果想调试自己编写的 JavaScript 代码，例如 MainPageManagement.js 中的方法，就可以添加断点，就像在 C#代码中那样。接下来的练习会提供一些导致错误的代码，执行发现和解决问题的过程。

试一试　**调试有错误的代码**

此练习将使用前面介绍的调试功能，因为完成订单流程，就完成了示例应用程序。在这个过程中，提供一些导致的代码错误。然后，遍历代码，跟踪错误，修复问题。这个过程要使用刚才介绍的一些窗口。因为会引入很多变化，使用额外的步骤完成调试过程，所以要确保有足够的时间!

(1) 确保运行 Visual Studio，打开 RentMyWrox 应用程序。

(2) 打开 Controllers\ShoppingCartController.cs，找到 Checkout 方法。用以下的内容替换:

```
Guid UserID = UserHelper.GetUserId();
ViewBag.ApplicationUser = UserHelper.GetApplicationUser();
ViewBag.AmCheckingOut = true;
using (RentMyWroxContext context = new RentMyWroxContext())
{
    var shoppingCartItems = context.ShoppingCarts
                        .Where(x => x.UserId == UserID);
    Order newOrder = new Order
    {
        OrderDate = DateTime.Now,
        PickupDate = DateTime.Now.Date,
        UserId = UserID,
        OrderDetails = new List<OrderDetail>()
    };
    foreach (var item in shoppingCartItems)
    {
        OrderDetail od = new OrderDetail
        {
            Item = item.Item,
            PricePaidEach = item.Item.Cost,
            Quantity = item.Quantity
        };
        newOrder.OrderDetails.Add(od);
    }
```

```
      return View("Details", newOrder);
  }
```

(3) 右击 Views\ShoppingCart 目录并添加一个新的视图。命名为 Details，使用 Empty(没有模型)模板，并使之成为局部视图。

(4) 将以下内容添加到刚才创建的新页面中：

```
@model RentMyWrox.Models.Order
@{
    RentMyWrox.Models.ApplicationUser au = ViewBag.ApplicationUser;
}
<h1>Checkout</h1>
@using (Html.BeginForm())
{
    <div>@au.FirstName @au.LastName</div>
    <div>@Html.DisplayFor(user => au.Address)</div>
    <br />
    <span>Enter your pickup date: </span> @Html.EditorFor(model =>
model.PickupDate)
    <br />
    <table class="table" width="600">
        <tr>
            <th>Quantity</th>
            <th>Name</th>
            <th>Price</th>
        </tr>
    @foreach (var item in Model.OrderDetails) {
        <tr>
            <td align="center">
               <input type="text" value="@item.Quantity"
                   id="@item.Item.Id" name="@item.Item.Id"
                   style="width:25px"/>
            </td>
             <td>@Html.DisplayFor(modelItem => item.Item.Name)</td>
            <td align="right">@item.PricePaidEach.ToString("C")</td>
        </tr>
    }
    </table>
    <p><input type="submit" value="Complete Order" class="btn btn-default" /> </p>
}
```

(5) 右击 Views\Shared\DisplayTemplates 目录并添加一个新的视图。命名为 Address，使用 Empty(没有模型)模板，并使之成为局部视图。

(6) 将以下内容添加到刚才创建的新页面中：

```
@model RentMyWrox.Models.Address
<div>
    @Model.Address1
</div>
<div>
```

```
    @Model.Address2
</div>
<div>
    @Model.City, @Model.State @Model.ZipCode
</div>
```

(7) 打开 Views\Shared_MVCLayout.cshtml 文件。在@ model 定义的下面添加以下代码，完成后如图 17-22 所示。

```
@{
    bool userIsCheckingOut = VieBag.AmCheckingOut == null ? false
        : ViewBag.AmCheckingOut;
}
```

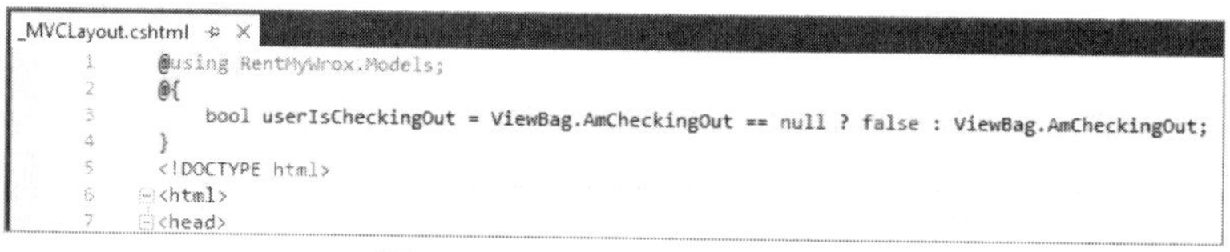

图 17-22   _MVCLayout 内容

(8) 找到 id 为 header 的 div 元素。添加如下突出显示的文本，包装 id 为 shoppingcart 的 span 元素：

```
@if (!userIsCheckingOut)
{
    <span id="shoppingcartsummary">
        @Html.Action("Index", "ShoppingCart")</span>
}
```

在 id 为 section 的 div 元素中，对未命名的 span 执行相同的操作，完成后应如图 17-23 所示。

图 17-23   增加检查

(9) 运行应用程序。登录，确保在购物车中添加物品，然后选择 Checkout 链接，得到如图 17-24 所示的异常。

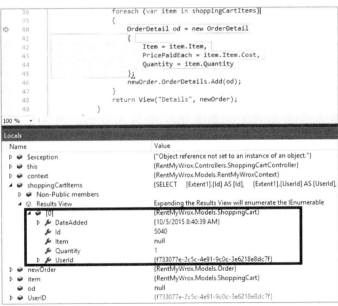

图 17-24　付款时抛出的错误

(10) 打开 Debug | Windows | Locals window，展开 shoppingCartItems 和 Results 视图(见图 17-25)。

图 17-25　因错误而停止时的 Locals 窗口

(11) 回到 ShoppingCartController，并找到访问数据库的代码，更新它们，如下所示：

```
var shoppingCartItems = context.ShoppingCarts
    .Include("Item")
    .Where(x => x.UserId == UserID);
```

(12) 运行应用程序。

(13) 登录，确保购物车中有物品，然后选择 Checkout 链接，屏幕如图 17-26 所示。

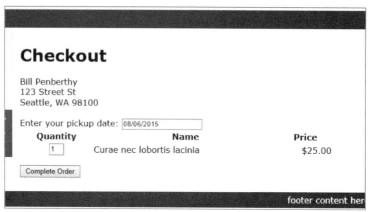

图 17-26　成功付款窗口

(14) 停止应用程序。在 ShoppingCartController 中添加以下动作：

```
[Authorize]
[HttpPost]
public ActionResult Checkout(Order order)
{
    Guid UserID = UserHelper.GetUserId();
    ViewBag.ApplicationUser = UserHelper.GetApplicationUser();
    using (RentMyWroxContext context = new RentMyWroxContext())
    {
        var shoppingCartItems = context.ShoppingCarts
                .Include("Item")
                .Where(x => x.UserId == UserID);
        order.OrderDetails = new List<OrderDetail>();
        order.UserId = UserID;
        order.OrderDate = DateTime.Now;
        foreach (var item in shoppingCartItems)
        {
            int quantity = 0;
            int.TryParse(Request.Form.Get(item.Id.ToString()),
                    out quantity);
            if (quantity > 0)
            {
                OrderDetail od = new OrderDetail
                {
                    Item = item.Item,
                    PricePaidEach = item.Item.Cost,
                    Quantity = quantity
                };
                order.OrderDetails.Add(od);
            }
        }
        order = context.Orders.Add(order);
```

```
        context.ShoppingCarts.RemoveRange(shoppingCartItems);
        context.SaveChanges();
        return RedirectToAction("Details", "Order",
                new { id = order.Id });
    }
}
```

(15) 在之前的代码片段中，给突出显示的行添加一个断点。

(16) 运行应用程序。

(17) 登录，确保购物车中有物品，然后选择 Checkout 链接。单击 Complete Order 订单按钮。在刚才添加断点的地方应该停止执行。

(18) 打开 Debug | Windows | Autos window (参见图 17-27)。

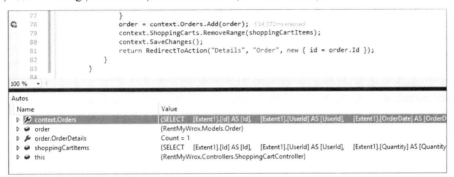

图 17-27　Autos 窗口

(19) 展开 order 和 order.OrderDetails 区域。可以看到订单中的值按预期的那样填充，但注意 order.OrderDetails 是 0(参见图 17-28)。

图 17-28　显示细节的 Autos 窗口

(20) 更新刚才添加的方法：

旧代码

```
int.TryParse(Request.Form.Get(item.Id.ToString()), out quantity);
```

新代码

```
int.TryParse(Request.Form.Get(item.Item.Id.ToString()), out quantity);
```

(21) 运行应用程序。

(22) 登录，确保购物车中有物品，然后选择 Checkout 链接。单击 Complete Order 订单按钮。在刚才添加断点的地方应该再次停止执行。

(23) 把鼠标悬停在该代码行的 order 对象上，并展开下拉列表。现在 OrderDetails 属性中有新的项了。

(24) 停止应用程序。右击 Controllers 目录，添加一个新的控制器 MVC 5 Controller – Empty，命名为 OrderController。

(25) 给这个新的控制器添加以下方法：

```
public ActionResult Details(int id)
{
    Guid UserID = UserHelper.GetUserId();
    ViewBag.ApplicationUser = UserHelper.GetApplicationUser();
    using (RentMyWroxContext context = new RentMyWroxContext())
    {
        var order = context.Orders
            .Include(p => p.OrderDetails.Select(c => c.Item))
            .FirstOrDefault(x => x.Id == id && x.UserId == UserID);
        return View(order);
    }
}
```

(26) 右击 Views\Order 目录并添加一个新的视图。命名为 Details，使用 Empty(没有模型)模板，并使之成为局部视图。

(27) 将以下内容添加到新视图中：

```
@model RentMyWrox.Models.Order
@{
    RentMyWrox.Models.ApplicationUser au = ViewBag.ApplicationUser;
}
<div>
    <h4>Order #@Model.Id</h4>
    <hr />
    <div>@au.FirstName @au.LastName</div>
    <div>@Html.DisplayFor(user => au.Address)</div>
    <br />
    <div>
        <span class="leftside">
            @Html.DisplayNameFor(model => model.OrderDate)
        </span>
        <span class="rightside">
            @Html.DisplayFor(model => model.OrderDate)
        </span>
    </div>
```

```
        <div>
            <span class="leftside">
                @Html.DisplayNameFor(model => model.PickupDate)
            </span>
            <span class="rightside">
                @Html.DisplayFor(model => model.PickupDate)
            </span>
        </div>
        <br />
<table class="table" width="600">
    <tr>
        <th>Quantity</th>
        <th>Name</th>
        <th>Price</th>
    </tr>
    @foreach (var item in Model.OrderDetails)
    {
        <tr>
            <td  align="center">
                @Html.DisplayFor(modelItem => item.Quantity)
            </td>
            <td>
                @Html.DisplayFor(modelItem => item.Item.Name)
            </td>
            <td align="right">
                @item.PricePaidEach.ToString("C")
            </td>
        </tr>
    }
</table>
```

(28) 运行应用程序并完成订单流程，屏幕如图 17-29 所示。

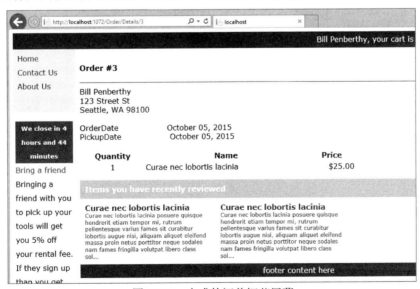

图 17-29　完成的订单细节屏幕

示例说明

添加到应用程序中的第一组变化是：显示屏幕以管理结账过程。在 Checkout 方法中，创建一个新的 Order 对象，把 ShoppingCartItems 复制到新订单的 OrderDetails 中，还给 ViewBag 添加了几项。

给 ViewBag 添加的第一部分是一个布尔值 AmCheckingOut。这指定视图处于付款模式。对 Checkout 方法的另一个变更是把 ApplicationUser 添加到 ViewBag 中。这样，姓名和地址信息就可用于显示在 UI 中。

对现有布局页面的几个不同改变利用了 ViewBag 中的 AmCheckingOut 值。因为只希望在几个地方管理这种特殊的条件(在结账过程中)，所以必须给视图添加一些代码，以处理 ViewBag 值不存在的情形，如下所示：

```
bool userIsCheckingOut = ViewBag.AmCheckingOut == null
    ? false
    : ViewBag.AmCheckingOut;
```

只有需要特别考虑时，才把这个值添加到 ViewBag 中。所以没有该值就定义为 false，这样在 UI 中就没有变化。

用户界面的另一个变化是添加一个显示模板来管理地址的显示，其方式与前面创建共享模板一样，也是在正确的目录中创建一个与所显示类型同名的视图。

第一次更改后运行应用程序，就会抛出一个异常。这是一个不希望捕获的异常，但希望知道它发生了，这样就能解决它。一旦抛出异常，就可以看到它是 NullReferenceException 以及抛出它的代码。然而遗憾的是，在该代码区，它可能是多个项，因为它是一个复合的构造函数。所以打开 Locals 窗口，以访问所有的局部变量。

查看 Locals 窗口，寻找一个值为空但本不该如此的对象。此外，还调用了该对象的一个属性。抛出异常的代码部分如下：

```
OrderDetail od = new OrderDetail
{
    Item = item.Item,
    PricePaidEach = item.Item.Cost,
    Quantity = item.Quantity
};
```

我们知道要调用一个属性，所以问题在于 item 还是 item.Item 为空。展开 shoppingCartItems 后，可以看到列表中的项，所以 item 不为空。于是 item.Item 必为空。它确实显示空值。在数据库查询中添加 Include 语句，就可以解决这个问题。

一旦 UI 正常工作，显示结账屏幕，添加的下一个动作是支持从结账屏幕提交。这个动作需要返回的订单，并将它转换成保存到数据库中的订单。然而，如 Autos 窗口所示，初始代码有一个问题：OrderDetails 属性没有任何项。问题是，所有项的数量都是 0，所以列表中没有任何项。知道数量会显示在 UI 中，也会看到数量是如何确定的。问题是，为了获取数量，查找了不正确的 Id，它使用的值不匹配 UI 中使用的值(视图使用 Item 的 Id 定义来创建文本框的名称)。修改后，系统会正确填充订单。

应用程序的最后一部分是订单控制器和订单确认视图(用于显示订单的细节)。选择发送到视图的订单与前面创建的其他任何动作没有区别，但有一个例外。该例外如下：

```
var order = context.Orders
            .Include(p => p.OrderDetails.Select(c => c.Item))
            .FirstOrDefault(x => x.Id == id && x.UserId == UserID);
```

Include 的用法不同于前面的任何用法。因为这是第一次需要使用孙对象。孙对象(在本例中是 Order)有一个子对象 OrderDetail，这个子对象也有自己的子对象，在本例中是 Item。前面使用 Include 的方法是不同的，因为需要识别应包括的子对象，传递了一个字符串值，它匹配要包括的属性名。在本例中，因为也想包括孙对象，所以需要使用不同的 Include，它允许包括子对象(即前面代码中定义的 p.OrderDetails)以及子对象的子对象(通过使用 Select 方法，定义 Item 属性来添加)。

编写代码时使用调试功能是非常有价值的。遗憾的是，没有提供独立于 Visual Studio 调试器运行代码的任何支持。下一节学习无论环境是什么，如何在运行的应用程序中捕获错误信息。

17.3 跟踪 ASP.NET Web 页面

跟踪是获得应用程序运行信息的一种能力，它内置于 ASP.NET 中，它为理解应用程序的运行情况提供了大量的支持。此外，因为它内置于 ASP.NET 中，所以不需要任何特殊编码，就能访问信息。启用跟踪，可以确保系统捕获每个请求的完整处理信息。在跟踪的细节中显示的默认项都列在表 17-5 中。

表 17-5 跟踪输出中的可用部分

跟踪部分	说明
请求细节	显示当前请求和响应的一般信息。显示在本节中的一些有趣信息包含请求的时间、请求类型，例如 GET 或 POST，以及返回的状态码
跟踪信息	显示页面级的事件流。如果创建了自定义跟踪消息(见下一节)，消息也在这里显示
控制树	显示页面中创建的 ASP.NET 服务器控件信息。本部分仅填充 ASP.NET Web Forms 页面和控件
会话状态	显示存储在会话状态中的值的信息(如果有的话)
应用程序状态	包含存储在应用程序状态中的值的信息(如果有的话)。应用程序状态是一个数据存储库，用于 ASP.NET 应用程序中的所有类。应用程序状态存储在服务器的内存中，比存储和检索数据库中的信息更快。会话状态特定于单个用户会话，而应用程序状态适用于所有用户和会话。因此，应用程序状态可用于存储在多个用户之间不改变的少量常用数据。使用应用程序状态不需要执行任何操作
请求 cookie 集合	显示从浏览器发送到服务器的 cookie 信息。使用请求 cookie 保存临时用户信息，所以应能看到这些值在这一部分列出
响应 cookie 集合	显示从服务器返回给客户端的 cookie 信息

(续表)

跟踪部分	说明
标题集合	显示请求和响应消息标题名称/值对的信息，提供消息体或所请求资源的信息
表单集合	显示名称/值对，该名称/值对是在 POST 操作过程中显示请求中提交的表单元素值(控件值)。对此需要非常小心，因为所有信息都是可见的，包括可能在密码框中输入的值
查询字符串集合	在 URL 中传递的值。在 URL 中，查询字符串信息与路径信息用一个问号(?)分开，多个查询字符串元素用与字符(&)分开。查询字符串名称/值对用等号(=)隔开
服务器变量	显示服务器相关环境变量集合和请求标题的信息，这包括所请求的 URL、请求的来源、本地目录等

在访问任何信息之前，需要启用跟踪。为此，可以在 Web.config 文件的 system.web 元素中添加一个配置项。

这个配置的常见版本如下：

```
<trace mostRecent="true" enabled="true" requestLimit="100"
        pageOutput="false" localOnly="true" />
```

表 17-6 列出了可用的配置属性。

表 17-6　跟踪配置属性

属性	说明
enabled	可以将这个参数设置为 true 或 false，它允许跟踪整个应用程序。为了在各个页面上覆盖该设置，可以在页面的@Page 指令中，把 Trace 特性设置为 true 或 false
pageOutput	当 pageOutput 是 true 时，跟踪信息就放在发送到浏览器的每一页的底部。跟踪信息还可以用于跟踪查看器。当这个值是 false 时，跟踪信息就只能用于跟踪查看器
requestLimit	指定存储在服务器上的跟踪请求的数量。默认为 10
traceMode	跟踪信息显示的顺序。设置为默认值 SortByTime 时，按处理信息的顺序排序。设置为 SortByCategory 时，根据用户定义的类别按字母顺序进行排序
localOnly	只有当从 Web 服务器主机的浏览器上调用时，才能使用跟踪查看器。默认值是 true
mostRecent	指定是否显示最新的跟踪信息，作为跟踪输出。超过 RequestLimit 时，会丢弃细节。如果这个值设置为 false，就丢弃最新的数据

跟踪可用时，就能够在可用的地址上看到这个跟踪信息 Trace.axd。图 17-30 显示了这个初始页面。

图 17-30　跟踪清单页面

其中显示了跟踪的请求列表。每次服务器重新启动时，都会刷新列表，所以不能访问之前运行的跟踪信息。列表只显示请求列表，但它可以在页面右侧的链接中访问跟踪细节。单击其中一个链接，会显示跟踪信息，如图 17-31 所示。

在应用程序中添加跟踪功能，可以收集所使用的行为的信息。然而，尽管默认信息可以提供一些有趣的信息，但添加自定义信息会使跟踪更加有效。

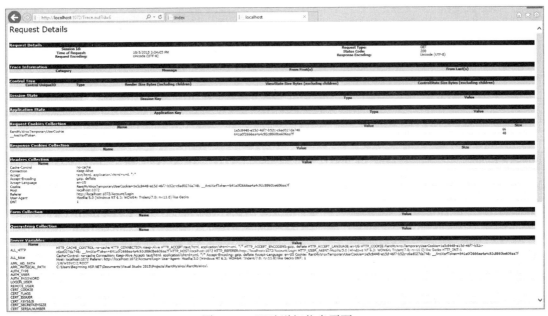

图 17-31 跟踪详细信息页面

17.3.1 给跟踪添加自己的信息

每一个使用 ASP.NET 的应用程序都有不同的要求，这意味着每个应用程序都有不同的重要项，所以需要给跟踪添加信息。

给跟踪添加自定义信息，需要两个不同的步骤：添加额外的配置；添加额外的代码来支持跟踪，因为尽管不需要添加额外的代码来支持默认跟踪，也需要添加调用，来告诉跟踪引擎要给跟踪添加什么定制信息，应该何时进行跟踪。

添加配置需要给 system.diagnostics 元素添加一个配置值。在 Web.config 文件的 system.diagnostics 中，需要配置一个监听器：

```
<trace>
  <listeners>
    <add name="WebPageTraceListener"
        type="System.Web.WebPageTraceListener, System.Web,
        Version=2.0.3600.0, Culture=neutral,
        PublicKeyToken=b03f5f7f11d50a3a"/>
  </listeners>
</trace>
```

一旦添加了侦听器，就必须添加代码，给跟踪添加额外的信息，主要的方法是使用 System.

Diagnostics.Trace 类，方法如表 17-7 所示。

表 17-7　跟踪方法

方法	说明
TraceError	给跟踪写入一条信息消息。如果使用这种方法，消息显示为红色
TraceInformation	给跟踪写入一条信息消息
TraceWarning	给跟踪写入一条信息消息。如果使用这种方法，消息显示为红色
Write	给跟踪写入一条信息消息
WriteIf	如果满足特定的条件，就给跟踪写入一条信息消息
WriteLine	给跟踪写入一条信息消息

接下来的练习在应用程序中启用跟踪，进行一些更改，以包括自定义跟踪信息。

试一试　　在应用程序中配置跟踪

这个练习将在应用程序中配置跟踪，并添加一些自定义调试信息。

(1) 确保运行 Visual Studio，打开 RentMyWrox 应用程序。打开 Web.config 文件。

(2) 在 system.web 元素中插入下面的代码(见图 17-32)：

```
<trace mostRecent="true" enabled="true" requestLimit="1000"
       pageOutput="false" localOnly="true" />
```

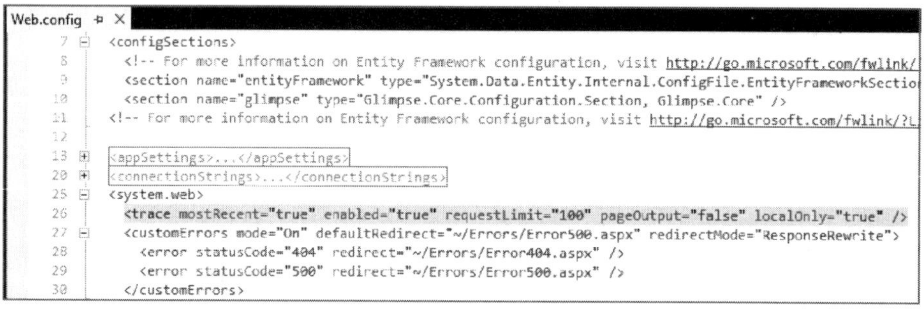

图 17-32　启用跟踪后的 Web.config 文件

(3) 运行应用程序。单击网站中的几个页面，建立一些浏览历史。几次单击后，进入 \Trace.axd，应该看到一个跟踪列表。

(4) 在每一行的最右边单击 View Details 链接，进入详细页面。

(5) 停止调试。

(6) 在 system.web 元素的结束标签后，添加以下元素，完成后如图 17-33 所示。

```
<system.diagnostics>
  <trace>
    <listeners>
      <add name="WebPageTraceListener"
          type="System.Web.WebPageTraceListener, System.Web,
               Version=2.0.3600.0, Culture=neutral,
               PublicKeyToken=b03f5f7f11d50a3a"/>
```

```
    </listeners>
  </trace>
</system.diagnostics>
```

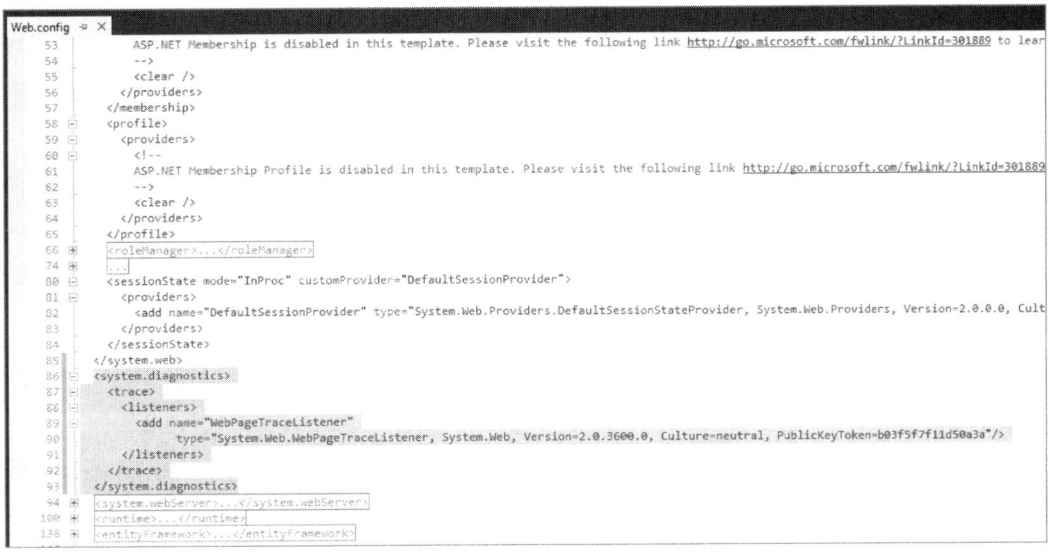

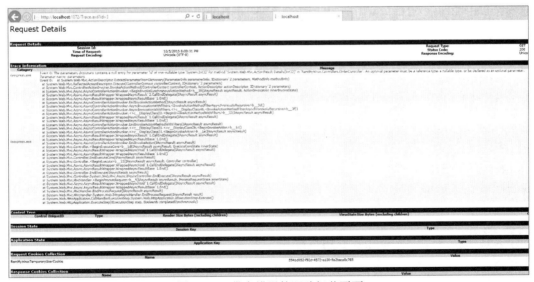

图 17-33　启用侦听器后的 Web.config 文件

(7) 打开 Global.asax 文件。在 Application_Error 方法中，在定义 myException 对象的后面添加以下代码：

```
Trace.TraceError(myException.Message);
Trace.TraceError(myException.StackTrace);
```

(8) 运行应用程序。进入 Order\Details，应进入错误页面。如果是这样，就进入\ Trace.axd。

(9) 单击 View Details 链接，其中文件列的值是 order/details。页面如图 17-34 所示，其中错误的堆栈跟踪显示在跟踪体中。

图 17-34　带有错误的跟踪细节页面

示例说明

添加必要的配置来支持默认跟踪和自定义跟踪信息。设置它，它就会自动启用，系统会存储最近的 1000 条跟踪信息。然后添加配置来设置跟踪侦听器，以编写代码，写入跟踪系统。

一旦配置完成，就把跟踪添加到本章前面建立的全局错误处理程序中。进入一个抛出异常的页面(Order 控制器的 Details 动作需要在调用中发送一个整数 id 参数)，就可以创建一个包括异常的跟踪。

发出两个不同的调用来写入跟踪。第一个调用只给跟踪发送异常消息，第二个调用发送完整的堆栈跟踪。这两段信息提供了查看地点，以了解生产环境可能发生的任何异常。

17.3.2 跟踪和性能

跟踪会导致一些性能开销，因为必须在服务器上完成额外的工作来保存这些信息。因此，在生产环境中运行时，可能并不总是要保存跟踪信息。通常情况下，因为跟踪由配置管理，所以可以根据需要打开或关闭它。

在独立的环境中，如开发、测试和生产环境，跟踪通常在开发和测试环境中是打开的，因为这些环境用于找出问题——这样应用程序进入生产环境时，就没有问题了!

17.4 日志记录

跟踪是在应用程序中获取实时信息的一个好工具。然而，它有一些缺陷，它只保存有限数量的请求；更糟的是，请求列表只存在于网站运行的生命周期内。幸运的是，有一个简单的方法来扩展此功能：日志记录。

在最简单的定义中，日志记录是维护应用程序数据的一种能力。这些数据不同于运行应用程序的必要信息，因为它们通常包含应用程序内部执行情况的数据。通过调用远程 Web 服务，这些数据可以存储为文本，放在本地文件存储或数据库中，或通过各种不同的方式，以存储和使用这种类型的信息。

创建日志没有.NET 内置工具可借助，但可以使用大量的第三方工具。本节将使用一个第三方工具：开源工具 nLog。

nLog 提供了很多不同的功能，但现在只使用其中的一部分功能：文本日志记录功能。关于全套功能的更多信息，可访问 http://www.nlog-project.org。

下载、安装和配置日志记录器

将日志记录添加到应用程序很容易使用 NuGet 包来实现，它允许集成额外的功能。要集成的日志系统 nLog 是一个库文件，NuGet 会自动使之可用于应用程序。下一个练习会在样例应用程序中安装、配置和实现日志功能。

试一试 把 nLog 添加到应用程序中

下面的步骤将日志记录添加到示例应用程序中，以便在其中长期存储活动。

(1) 确保运行 Visual Studio，打开 RentMyWrox 应用程序。

(2) 在 Solution Explorer 中，右击项目，并选择 Manage NuGet Packages。

(3) 寻找 nLog，得到一个结果集，最上面的项是 nLog。选择最上面的结果，单击 Install 按钮。

(4) 接受所显示的许可屏幕。

(5) 打开 Web.config 文件。找到配置节点中包含的 configSections 元素。在这个节点中添加以下代码：

```
<section name="nlog" type="NLog.Config.ConfigSectionHandler, NLog"/>
```

(6) 在关闭 configSections 标签的下面添加以下代码，完成后配置如图 17-35 所示。

```
<nlog xmlns:xsi="http://www.w3.org/2001/XMLSchema-instance">
  <targets>
    <target name="logfile" xsi:type="File" fileName="${basedir}/Logs/log.log"
        layout="${longdate}  ${message}
        Trace: ${stacktrace}"  />
  </targets>
  <rules>
    <logger name="*" minlevel="Info" writeTo="logfile" />
  </rules>
</nlog>
```

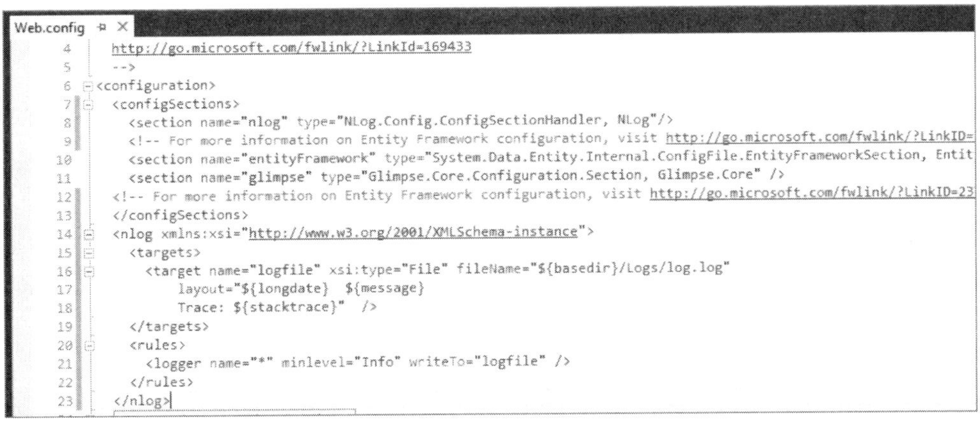

图 17-35　日志记录的配置

(7) 打开 Global.asax 文件。在 Application_Error 消息中，在跟踪行的下面添加以下代码：

```
ILogger logger = LogManager.GetCurrentClassLogger();
logger.Error(myException, myException.Message);
```

(8) 右击项目解决方案，选择 Add | New Folder，并命名为 Logs。

(9) 运行应用程序，进入\Order\Details (导致一个错误)。

(10) 在 File Explorer 中右击 Logs 文件夹，选择 Open Folder，打开该文件夹，其中有一个 log.txt 文件。

(11) 打开这个文件，内容应如图 17-36 所示。

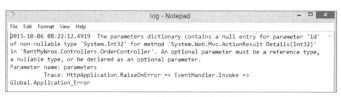

图 17-36　日志文件的内容

示例说明

将 nLog 集成到 ASP.NET MVC 应用程序中很简单。关键的任务是确保把适当的配置添加到应用程序中。有两种不同的方法配置 nLog。其一是使用一个包含配置项的特殊 nLog 配置文件。其二是把配置添加 Web.config 文件中。在这个练习中，把配置添加到 Web.config 文件中，所以在一个地方管理应用程序的配置。

有两个部分可以把任何特殊配置添加到 Web.config 文件中。第一个是添加 configSection。这样就告诉配置管理器如何管理 configSection 中定义的配置部分，即配置的第二部分。

需要设置两个不同的项，nLog 才能工作。首先是目标。目标是指如何持久化日志信息，它定义了目的地、格式，以及如何写入日志条目。本例将其设置为一个文本文件，保存在指定的文件中。可以设置一个目标，将信息保存到数据库中，或调用 Web 服务。

nLog 的第二个配置项是规则。目标定义了如何持久化日志条目，而规则定义什么样的日志条目会发送给目标。这由 minLevel 属性管理。这里可以设置不同的值，每个值都与特定的错误严重级别直接有关。表 17-8 描述了各种日志级别。

表 17-8　nLog 日志级别

级别	说明
Fatal	最高级别，这意味着有严重的问题，使系统崩溃或不可用
Error	应用程序崩溃或抛出异常
Warn	不正确的行为，但应用程序可以继续。一个示例是请求无效的 URL
Info	任何有趣的正常信息，这可能包括登录失败、新的用户注册等
Debug	在调试应用程序时非常有用的信息，这可能包括任何信息，如传递给方法的值
Trace	级别低于调试，可能包括进出一个方法的时间，来支持性能日志记录

配置日志级别提供了大量的自定义功能，因为它允许确定记录什么信息。在本地工作、开发或测试时，可以把 minLevel 设置为较低的级别，在生产阶段，调高该级别，只记录错误和更高级别的信息。

配置日志后，最后一个任务是添加实际的日志调用。使用的代码如下：

```
ILogger logger = LogManager.GetCurrentClassLogger();
logger.Error(myException, myException.Message);
```

第一行创建日志记录器。一定要意识到，不能创建新的日志记录器；而必须使用一个工厂方法。推荐 GetCurrentClassLogger，是因为它提供了一个专门构造的记录器，基于调用日志记录器的类来配置本身。在本例中(在全局异常处理程序中)这可能是不必要的，但如果要在应用程序的其他地方添加日志，使用它就比较适当。

创建日志记录器后，就只需要实际记录信息了。每个日志级别都有一个方法。在记录数据时，需要为该信息确定适当的日志级别。如果需要基于规则设置路由，它用于把信息路由到合适的目标。

日志是维护应用程序中发生了什么的记录。这将错误信息放在一个地方，可以用来确定错误的原因，以支持错误管理策略。如果在应用程序中有一个错误，日志记录允许确定它发生的地点和数据的状态。接着就可以解决这个问题，因为应用程序中的每个问题都可能导致用户满意度降低，有可能带来收益损失。

17.5 小结

编写软件并不是完美的艺术。不管软件是自己写的还是别人写的，开发人员都可能要花大量的时间跟踪软件中的问题。我们会遇到三种不同类型的错误：语法错误、运行时错误和逻辑错误。语法错误最容易确定，因为它们阻止应用程序编译，编译器会提供关于问题的信息。

运行时错误导致.NET Framework 抛出异常。异常是检测到错误的通知。然而，异常不是自动使代码崩溃，而是使用 try、catch 和 finally 关键字提供与问题的交互。try 关键字包装了可能抛出异常的代码，catch 是允许处理异常的一个或多个代码块。

异常往往会提供所发生问题的信息。最后一种错误是逻辑错误，比较微妙。这种错误意味着所编写的代码可以工作；只是没有按照期望的那样工作。这些错误最难查找。然而，Visual Studio 提供了多个工具窗口，允许访问和观察流经应用程序的数据。在这些窗口和调试器之间，可以监控应用程序中的所有数据，来理解产生这种问题的根源。

所有这些都在开发期间帮助管理问题；然而，如果应用程序没有运行在调试器中，它们就提供不了什么帮助。有一些额外的工具支持它们：跟踪和日志记录。

跟踪是一个过程，可以让 Web 服务器记住发生在最近若干个请求上的处理信息。然后可以通过 Web 页面进行处理，以检查在请求中发生了什么。如果自己或其他用户测试应用程序，遇到了一个问题，就可以根据他们访问应用程序的部分和出错的时间，查找跟踪信息。

日志非常类似于跟踪，但需要添加代码，把信息写入记录器。日志记录器也支持把信息写入物理文件，无论服务器是否重启，都可以随时检查它。因为如果 Web 服务器重新启动，就会丢失跟踪信息。

17.6 练习

1. 下面的代码有什么问题？

```
try
{
    // call the database for information
}
```

```
catch(Exception ex)
{
    // handle the exception
}
catch (ArgumentNullException ex)
{
    // handle the exception
}
```

2. 可以使用跟踪或日志了解应用程序的性能吗?

17.7　本章要点回顾

调用堆栈	工作代码元素的列表。每个方法调用另一个方法时,新方法都被添加到调用堆栈中。调用堆栈的主要任务是把执行代码返回到一个指定的地方,这也便于理解调试过程中的代码流
自定义错误页面	自定义错误页面允许创建外观和操作方式符合网站的页面,在这种情况下是给用户显示错误。可以根据需要使页面比较特别或比较一般,以满足需要
调试	这个过程执行代码,确定是否提供了预期的结果
调试窗口	Visual Studio 提供的各种窗口,帮助支持调试过程。它们用于访问正在执行的代码所使用的各种变量和值
异常	一种特殊的.NET 对象,包含所发生错误的信息,包括错误的类型和发生的地点。异常可以捕获、处理,或允许上升到应用程序的表面,因为它沿着堆栈上升,直到被捕获,或应用程序停止工作为止
全局错误处理	一种错误处理方法,在应用程序内的一个位置处理。这允许在一个地方使用标准方法。然而,它也可以用于一些失去上下文的情况,因为实际的调用点可能不再已知
HandleError 特性	特定于 ASP.NET MVC 的全局错误处理方法。可以在动作、控制器或应用程序级别,把具体的异常分配给具体的操作方法和处理程序
日志记录	把应用程序的处理信息写入中心库(如数据库或文本文件)的过程
逻辑错误	代码能够构建、运行,但没有得到预期的结果时发生。可以很简单,例如使用>代替>=,也可以很复杂,这取决于预期的结果
运行时错误	在代码编译和运行时发生,但有时抛出一个可以停止执行应用程序的异常
堆栈跟踪	连接到所抛出异常的调用堆栈,它为抛出异常的方法调用堆栈显示
跟踪	该过程保存应用程序中正在运行的活动的数据列表。它不同于登录,因为它内置于 ASP.NET 中,捕获通常不能到达日志记录的内部处理
语法错误	代码不正确,因此不能编译

第 18 章

使用源代码控制

本章要点

- 源代码控制是什么，为什么应该使用它
- 使用 Team Foundation Services 作为源代码库
- 如何签入和签出代码
- 合并和分支源代码

本章源代码下载：

本章源代码的下载网址为 www.wrox.com/go/beginningaspnetforvisualstudio。从该网页的 Download Code 选项卡中下载 Chapter 18 Code 后，可以找到与本章示例对应的单独文件。

源代码控制这个名称很适当，因为它是控制构成应用程序的源代码的过程。源代码控制不是如何命名文件或目录，而是如何备份代码和控制代码的版本。所谓的开发操作 DevOps，是指这一过程的完整规律，但是本章只涉及在创建和维护应用程序的过程中直接影响开发人员的那些方面。

如果建立业务应用程序，而不是像这里的学习型应用程序，就要计划从一开始就使用源代码控制，尤其是多个开发人员处理项目的情形。

18.1　Team Foundation Services 简介

Team Foundation Services(TFS)是微软的源代码控制产品。它是供本地使用的服务器产品，也可用作基于云的版本，名为 Visual Studio Online。这两个版本的应用程序可用于管理跨多个用户的多个项目。TFS 是一个完整的应用生命周期管理(Application Lifecycle Management，ALM)系统，因为它可以管理需求、任务和缺陷的跟踪，处理帮助团队成员相互交流的许多其他功能。这个系统很强大，但这里只介绍这组功能的一部分：源代码控制。
TFS 的其他方面有更多的功能，超出了我们的需要，而且需要用另一整本书来讨论!

18.1.1　使用源代码控制的原因

源代码控制的主要特性之一是，作为源代码的版本管理系统。把它作为备份应用程序中
所有源代码文件的一种方式。更重要的是，它允许访问文件的每个版本。注意，每次编译并
运行 Web 应用程序时，Visual Studio 都会自动保存已改变的任何文件。这意味着，每次构建
代码时，工作的先前版本都会被覆盖。一旦发生这种情况，就不再有代码先前的版本，除非
把它手动复制到其他地方。

也许，使用源代码控制最明显的原因是，可以访问源代码的以前版本，只要采取措施，
告诉系统记住这些变更。然而，版本控制并不是采用源代码控制系统的唯一理由。想象在一
支团队里工作。一名队友在应用程序的一个部分修复一个缺陷，而自己在另一个部分工作，
很快就会发现使用源代码控制的另一个原因：允许在不同的用户之间共享代码。也许使用共
享网络文件夹也可以这样做，但这没有提供版本管理功能。

TFS 等系统提供了几个不同的优势。第一是为代码提供了代码库或版本控制系统，如前
所述。第二是标记代码的能力，给特定的版本指定有意义的名称，例如"Production1.0-Release"，
而不是使用系统命名的默认版本，如 0.9.754。第三个强大的优势是分支，它描述了源代码控
制系统可以制作代码的完整副本，允许同时工作在两个版本上。

分支是非常重要的，特别是在企业环境中。考虑已经开发和发布的应用程序。通常情况
下，在该应用程序上需要做两种不同类型的工作：在发布版本上维护和修复错误，进行更大、
更重要的变更，例如添加新功能。分支可以处理这两种类型的工作。包含这个发布版本的一
个代码分支可以支持必要的改变，但进行更大的改变时不会影响它。

这样就允许同时工作——对应用程序进行小型、递增性的修正，例如 1.1 版本；同时进
行更大、更长期的变更，可能称为 2.0 版本。只要将小型、递增性的修正合并到变更较大的
分支中，2.0 版本分支就把两组更改包含到应用程序中，而 1.1 版本分支只包含短期的变化，
完全不受同时在 2.0 版本分支中所做工作的影响。更多关于分支和合并的内容参见本章后面
的内容。

18.1.2　建立 Visual Studio Online 账户

下面使用 Visual Studio Online 作为源代码库。它有一个免费的版本，每个账户至多支持
5 个用户。注册需要一个微软 Live 账户。如果没有微软 Live 账户，可以在 http://www.live.com
上注册一个。

如果已经有了微软 Live 账户，或者已经创建了一个，就登录到 http://www.visualstudio.com
上的 Visual Studio Online。此时，会得到一个通知，说明"你不是任何账户的主人"，如图 18-1
所示。

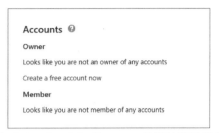

图 18-1　Visual Studio Online 的初始登录信息

　　单击 Create a free account now 链接，打开 Create a Visual Studio Online 对话框，如图 18-2
所示。这里需要确定并输入要用于访问在线账户的 URL。配置 Visual Studio 来访问存储库时，
将使用这个 URL。所选的 URL 可能已经被另一个用户使用。此时，可以选择另一个名字，
找到一个还没有使用的名字。

图 18-2　创建一个 Visual Studio Online 账户

　　创建账户操作会打开一个页面，在其中可以创建第一个项目，如图 18-3 所示。把项目看
作第一个用于存储文件的目录。所选的项目名称应该告诉用户该项目包含的内容。在个人的
工作中这可能不重要，但处理专业化工作时，就非常重要了，因为其他开发人员和队友应能
快速找到其工作需要的文件。选择有意义的项目名称是应采用的、很好的最佳实践。

　　在这个对话框中，其他选项包含版本控制的类型和要使用的流程模板。有两个版本控制
选项：Team Foundation 版本控制和 Git。前者是一个集中式模式，所有文件都保存在 Azure
中的服务器上。Git 是一个分布式版本，版本管理在机器上进行，包括文件的所有副本。对
于这个练习，选择 Team Foundation 版本控制。

　　流程模板可以配置要在开发过程中使用的项目管理过程。TFS 可以管理整个软件开发生
命周期。它可以通过创建和管理用户功能(一种定义业务系统必须提供的功能方式)，来管理
系统可能需要的所有需求。TFS 也支持创建和分配任务，即完成这些软件需求所需的实际工
作，并跟踪在质量保证和测试过程中发现的任何缺陷，提供报告，显示在该过程中项目在任
何时间的状态。TFS 支持各种类型的项目管理过程，每种类型都有一个流程模板可供选择。
因为后面不会使用任何上述特性，所以不管这里选择什么都没关系。

图 18-3　在 Visual Studio Online 中创建一个项目

单击 Create Project 按钮。进入确认屏幕，就成功地建立了 Visual Studio Online TFS 存储库。下一步是把当地的 Visual Studio 连接到存储库。每当有新的 Visual Studio 安装时，或所使用的 TFS 服务器有任何变化时，都需要完成这个练习。

试一试　把 Visual Studio 连接到 Team Foundation Server

(1) 要开始这个过程，在 Visual Studio 的顶部菜单中选择 Team | Connect to Team Foundation Service。这会打开 Team Explorer-Connect 对话框，如图 18-4 所示。

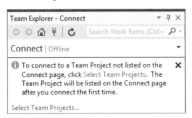

图 18-4　Team Explorer-Connect 对话框

(2) 单击 Select Team Projects 链接，打开 Connect to Team Foundation Server 对话框，如图 18-5 所示。

图 18-5　Connect to Team Foundation Server 对话框

(3) 因为服务器可能不在页面顶部的服务器下拉列表中，所以单击 Servers 按钮，添加一个 Team Foundation Server，这将弹出如图 18-6 中背景所示的对话框。

(4) 单击Add按钮，启动如图 18-6 中前景所示的对话框，添加一个Team Foundation Server。

(5) 输入在创建 Visual Studio Online 账户时使用的 URL。完成 URL 时，Connection Details 部分的所有选项都应是灰显的。

(6) 单击 OK 按钮，就会跳出一个登录屏幕，在其中需要输入创建 Visual Studio Online 账户时使用的凭证。这将确保有权访问这个账户。

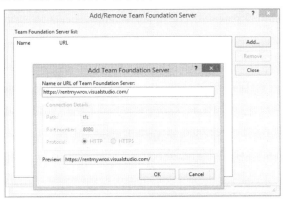

图 18-6　添加一个 Team Foundation Server

(7) 确保 Add/Remove Team Foundation Server 窗口处于活动状态。一旦完成了登录过程，账户就列在 Team Foundation Server 列表中，如图 18-7 所示。

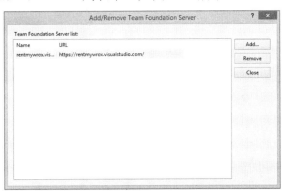

图 18-7　Team Foundation Server 列表

(8) 单击 Close 按钮，会再次显示 Connect to Team Foundation Server 对话框，但是 Visual Studio Online 项目显示在下拉列表中。选择账户，填写 Team Project Collections 和 Team Projects 窗格，如图 18-8 所示。

(9) 选择项目，单击 Connect 按钮。这样做会打开 Team Explorer 窗格，如图 18-9 所示。

(10) 一旦配置完成，Team Explorer 窗格就控制了与 TFS 的几乎所有交互。配置 Visual Studio，以与存储库共享源代码，单击 Configure your workspace 链接，这将打开如图 18-10 所示的编辑面板。

(11) 选择要用于存储代码的目录。选择 Map & Get 后，会看到一条消息，表明"工作区映射成功。"

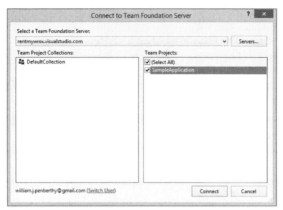

图 18-8　选择用作存储库的项目

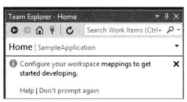

图 18-9　映射工作区之前的 Team Explorer 窗格

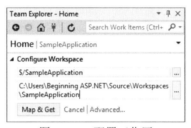

图 18-10　配置工作区

　　(12) 回到 Solution Explorer 中，右击解决方案，选择 Add Selection to Source Control。打开的对话框如图 18-11 所示。

图 18-11　向源代码控制添加解决方案

(13) 单击 OK 按钮。现在可以进入 Source Control Explorer，方法是从 Team Explorer 窗口中进入，或在 Visual Studio 的顶部菜单栏中选择 Views | Other Windows | Source Control Explorer。Source Control Explorer 窗口如图 18-12 所示。

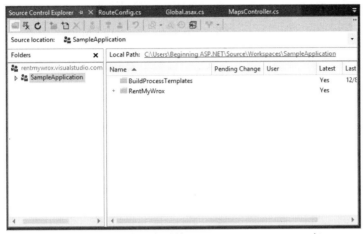

图 18-12　添加解决方案后的 Source Control Explorer 窗口

(14) 刚添加的解决方案出现在右边的窗格中，如图 18-12 所示。注意 RentMyWrox 文件夹左边的绿色加号(+)。这很重要，因为它表明解决方案虽已添加到本地目录中，但尚未保存到服务器上。如果硬盘驱动器现在崩溃，下次查看在线账户，就会注意到这个新目录和文件不在项目中。下一步是确保文件是可用的。

示例说明

第 11 步把本地目录映射到在线目录，是将本地系统关联到 TFS 系统的关键。这将创建一个工作区。工作区是代码库的本地副本，我们就使用该副本。在这里要独立地开发和测试代码，直到准备签入工作为止。在大多数情况下，唯一需要的工作区会自动创建，不需要编辑它。如果在计算机有代码的一个版本之前进行映射，如安装在另一台机器上，就选择要使用的目录来存储代码，创建映射。

把 Visual Studio 链接到 TFS 账户，能够充分利用 TFS 和源代码存储库的功能。Visual Studio 可以立即访问源代码的两个不同版本：一个版本在服务器上，另一个版本在本地机器上。通过这种访问，Visual Studio 可以分析代码，以确定代码是否有变化，如本章前面所述，因此可以比较这两个版本。

这种方法的一个额外好处是，如果已经登录到 Visual Studio，还可以使用所登录的 Visual Studio 的其他版本，来访问 TFS 账户。仍然必须把在线目录链接到一个本地目录上，如步骤 10 和 11 所示。

18.1.3　代码的签入和签出

在服务器上获得和设置源代码的副本是通过"签入过程"完成的，即把代码从机器复制到服务器上，"获得"即把文件从服务器复制到本地机器上；而"签出过程"即通知服务器，要修改一个或多个文件。从工作流的角度来看，作为单独的开发人员，签出并不是必要的，但在团队合作时,签出就是很有用的,因为它允许队友知道自己正在修改哪些文件。这是很重要的,因为它可以帮助识别潜在的冲突,而自己所做的更改可能会影响队友所做的变更。Visual Studio 还决定哪些文件需要跟踪,以进行签入。

一旦完成了源代码控制服务器和本地机器之间的链接,就仍有一些文件没有复制到服务器上(这些文件带有绿色加号)。为了进行第一次签入,在 Team Explorer 中进入 Pending Changes 视图,如图 18-13 所示。

图 18-13 签入前未决的变更

可以看出,这个视图包含几个部分。第一部分 Comment 能够提供一些有用的变更信息,这些变更将与这组改变了的文件合并起来。即使项目中只有一名开发人员,这也很重要,因为以后可能需要此信息。也许签入中进行的变更会影响一组不同的功能。如果有这样的需求,有用的评论能够轻松地找到这组变化,称为变更集。变更集是应视为一个不可分割的分组(即原子包)的一组变化;存储库中连续两个版本之间的差异列表。

Related Work Items 部分对正在进行的修改实际上没有任何影响,这是把签入链接到任务、用户功能或缺陷的一种方式。

最后两个部分是 Included Changes 和 Excluded Changes(没有在图 18-13 中显示)。它们代表项目的本地副本中已经从 TFS 系统签出的每个文件。系统把这些文件标识为已经改变。Included 和 Excluded 部分之间的区别是,给定的文件是否是这个签入的一部分。不会总是要签入已经改变的每个文件,例如包含本地数据库连接字符串的配置文件,所以在 Included Changes 和 Excluded Changes 之间移动文件,可以控制每个文件。

准备签入更改时,要单击 Check In 按钮,这会显示一个确认对话框,询问是否希望继续签入过程。单击 Yes,以启动文件复制过程。上传完成后,会得到一条确认消息,说明成功签入了变更集,Team Explorer 窗口中的 Included Files 部分是空的。

注意:

第一次签入时，可能需要一段时间，因为需要上传很多文件。

1. 撤销变更

在使用源代码控制系统时，可能会遇到问题，需要使用特殊的源代码控制功能来解决。这方面的一个示例是对应用程序进行一组更改，但需要在某处重新开始。TFS 和 Visual Studio 提供了撤销更改功能。这意味着可以选择一个或多个文件，让它们回到以前从服务器下载的版本。不是把该文件的最新版本复制到本地目录中，而是找到文件在编辑前签出的特定版本。这是回到之前版本的一种简单方式。不过，为了使这种方法最有用，一旦相信代码是正确的，会按预期执行，就必须执行常规签入。

执行撤销修改是很简单的。在 Team Explorer-Pending Changes 窗口中，选择想撤销的文件，右击后弹出的上下文菜单如图 18-14 所示。

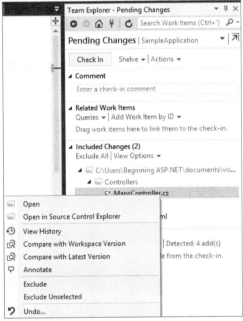

图 18-14　Team Explorer 的上下文菜单

弹出菜单中的底部选项是 Undo。选择这个选项，打开如图 18-15 所示的确认窗口。

图 18-15　Undo Pending Changes 确认对话框

单击 Undo Changes 按钮，弹出一个确认对话框(参见图 18-16)。Visual Studio 要确定用户的确想恢复更改，因为没有办法撤销该操作；不会在本地工作区保存文件的多个版本。

请注意，一旦撤销更改，TFS 不会记录这些变化，所以确保要执行这一步。完成了撤销过程后，这些文件就与开始改变它们之前的版本相同。

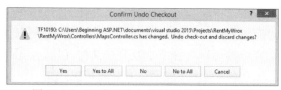

图 18-16　取消更改之前最后的确认对话框

2. shelveset

在一组变更上执行撤销，会完全撤回在应用程序上所做的工作，但 TFS 提供了一种方式，在系统中存储这些变更，但不会覆盖源代码文件的当前版本。这称为 shelveset，可以把这个独立的文件集合作为一个变更集，它没有签入基本解决方案中，而是放在一个单独的"橱柜"中。这允许利用源代码控制系统的备份功能，而不影响应用程序。一个额外的好处是，其他开发人员可以定位和下载 shelveset。这样，自己仍可以与其他开发人员共享代码，且不会对每个人都重写代码。当两个开发人员处理可能影响代码库其余内容的大型功能时，这是十分有用的。

创建 shelveset 与签入更改一样。在 Pending Changes 对话框的顶部是一个 Shelve 链接，如图 18-17 所示。选择这个链接，会展开一个窗格，在其中可以创建 shelveset 的名称。

图 18-17　创建一个 shelveset

也可以选择是否希望 Preserve pending changes locally(在本地保存未决的更改)。如果选中这个复选框，本地工作区不会改变。取消选中这个复选框，会把 Included Changes 文件保存到服务器上，作为 shelveset，然后在这些文件上执行撤销操作。在前述示例中，进行一组更改，工作一段时间后，决定从头开始，此时就应安全地保存更改，这样再次进行修改时，就可以参考它们。

3. 从服务器上获得特定的版本

有时也可能需要源代码的以前版本。也许花了几小时徒劳地用一个变更堵住一个漏洞，之后只想从头开始。然而，在此期间进行了一些"签入"，因此取消更改不会得到想要的结果。相反，可以回到前一个版本的代码——也许是上周的最后一次签入。为此，可以获得代码的一个特定版本。

一种方法是使用 Solution Explorer。右击该解决方案，弹出一个上下文菜单，其中包含 Source Control 选项。选择这个菜单项，打开上下文菜单，如图 18-18 所示。

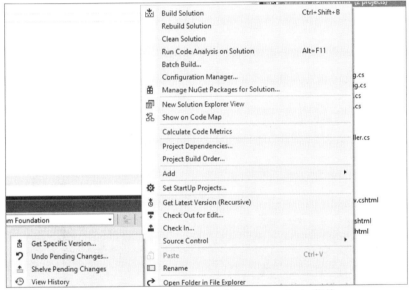

图 18-18　Solution Explorer 中的 Source Code 菜单

从这个子菜单中可以选择 Get Specific Version，显示如图 18-19 所示的 Get 对话框。

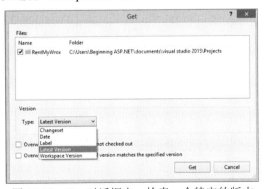

图 18-19　Get 对话框中，检索一个特定的版本

这允许确定要把哪些版本返回到本地开发工作区中。可以返回到特定的变更集、日期或

特定的标签。选择任何一个都可以，并继续完成该过程。完成时，会下载源代码的一个不同版本。

恢复到前一个版本之前，撤销任何可能未决的变化。否则，Visual Studio 可能会发现从服务器下载的文件与本地机器中的当前文件存在冲突。系统将试图合并更改，但可能无法做到。如果发生这种情况，会显示如图 18-20 所示的对话框。

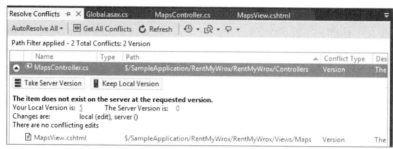

图 18-20　发现的冲突

可以选择服务器版本，或者在必要时保存本地版本。在其他情况下，可能要求合并更改。在 Visual Studio 不能确定如何合并，需要人工干预，以确定一个或多个文件应该包含什么时，就会发生这种情况。

如果有一个保存的 shelveset，流程就会略有不同。图 18-21 显示了需要通过菜单结构来处理。

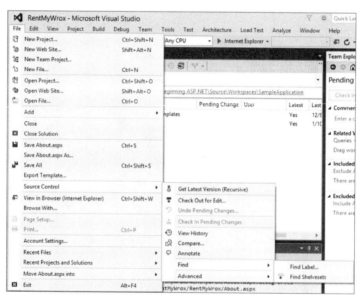

图 18-21　找到一个 shelveset

选择 Find Shelvesets，会显示一系列已签入的 shelveset。单击其中一个，会显示它的内容，如图 18-22 所示。

选择恢复工作条目，并单击 Unshelve 按钮，Changes to Unshelve 部分中的文件将复制回本地工作区。

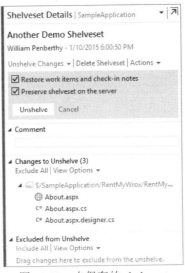

图 18-22　未保存的 shelveset

4. 在 Solution Explorer 中查看改变的条目

进入 Team Explorer 窗口中的 Pending Changes，就总是可以得到已改文件的列表。在 Solution Explorer 中也可以得到每个文件的状态。图 18-23 显示了一个示例。以下列表描述了各种图标的含义：

- About.aspx 文件的旁边有一个红色的复选框，这表明该文件已经从 TFS 中签出，方法是编辑文件或手动签出文件。
- AboutUs.aspx 文件的旁边有一个绿色的加号，这表明文件在本地添加到源代码控制中，但尚未签入服务器。
- 最后，Bundle.config 文件有一个蓝色的锁，这把锁表明，这个文件的本地版本与服务器上的文件版本是一样的。

图 18-23　在 Solution Explorer 中查看文件状态

5. 查看历史，比较版本

完成日常工作后，可能需要查看对文件执行了什么变更。Visual Studio 允许查看文件的签入历史，不仅支持获得更改的列表，还可以比较相同文件的两个不同版本，以评估更改。

为了找到历史页面，在 Solution Explorer 窗口中选择该文件，并右击，弹出上下文菜单。选择 Source Control | View History，这将打开一个窗口，显示文件的签入列表。一个示例如图 18-24 所示。

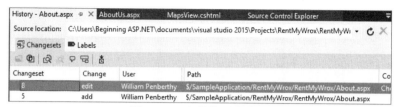

图 18-24　文件的历史窗口

为了查看任何两个版本之间的变化，仅突出显示两个版本，右击选项，选择 Compare，这将弹出如图 18-25 所示的屏幕。

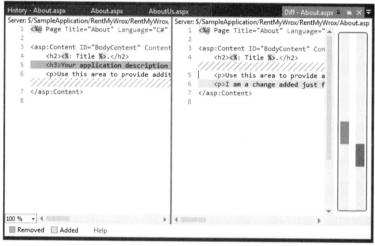

图 18-25　比较文件的两个版本

这个屏幕显示了一个简单的比较。文件的这两个不同版本并排显示。删除了用红色突出显示的文本，添加了用绿色突出显示的文本。屏幕右侧的区域提供了一个高级视图，在可见的窗格中显示变更的关系。这是一个非常简单的文件，但是更大、更复杂的页面可能包含许多不同的红色和绿色区域，它们都需要查看。

6. 标签

标签功能给代码的一个版本指定有用的名字。它不改变本地机器或服务器上源代码的版本，而是指定更可读的名称。可以在 Source Control Explorer 中创建和应用标签，方法是右击要标记的目录，并选择 Advanced|Apply Label，打开如图 18-26 所示的 New Label 对话框。

图 18-26　创建和应用标签

创建标签后，就可以通过标签，引用源代码的这个特定版本。只要寻找特定的版本，就总是能按标签搜索。通常情况下，只要遇到里程碑事件，例如发布，就添加一个标签。

18.1.4　与团队成员合作

与团队合作是任何专业开发人员都不可避免的。这很好，因为有机会和一群聪明人处理大型应用程序，但也有一系列潜在问题，如多名开发人员可能涉足他人的工作。TFS 可以帮助确保不发生这种情形，但可以采用其他措施，保证不对团队产生负面影响：

1) 总是得到最新版本的代码，在签入更改之前，编译和验证应用程序能正常工作。

2) 如果需要合并来自服务器的新版本和已更改的一个文件，确保不会破坏其他人的变更。

3) 只签入编译和运行的代码，除非它由团队预先安排好了。

4) 确保签入的评论准确、简洁。其他人可能会查看它们，以理解这些变化，以及它们对工作的影响。

5) 如果做了重大改变，就锁定一个文件。这将防止其他开发人员签入可能影响自己的变更。然而，锁定文件时，需要确保只锁定较短的时间。许多开发人员放假回来后，发现团队很苦恼，因为他们在离开之前锁定了一个或多个文件。

在 Visual Studio 中修改源代码控制的默认行为

团队合作时，签出代码是越来越重要的另一个任务。签出代码要做几件事。要通知其他人，自己正在编辑一个文件。还要确保在本地运行 Visual Studio，知道应该跟踪文件的更改。在 Visual Studio 之外编辑文件时，这是特别重要的，如在应用程序中复制图像文件的不同版本。如果通过文件系统执行这个动作，Visual Studio 就不知道发生了改变。然而，手动签出文件，会警告 Visual Studio 需要跟踪一些内容。

默认情况下，Visual Studio 会自动签出正在编辑的文件，但如果需要，可以改变这种行为。选择 Tools | Options | Source Control，可以使用这些设置，如图 18-27 所示。

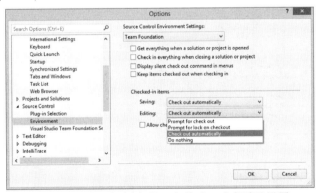

图 18-27　在源控制中处理文件时，改变默认设置

以下选项可用：

- Check out automatically：这是默认选项。每次编辑和/或保存文件时，Visual Studio 就签出文件。

- Prompt for check out：Visual Studio 会询问是否应该签出该文件。

- Prompt for lock on checkout: Visual Studio 会询问是否应该因为签出而在服务器上锁定文件。
- Do Nothing: Visual Studio 什么也不做, 例如不会追踪任何更改。

遍历这些选项时, 应考虑到不能签入文件的已改版本, 除非已签出它。所以该系统一开始就设置为在保存和编辑时签出, 系统一旦知道可能会有变化, Visual Studio 就允许签入。

18.2 分支和合并

如前所述, 分支是一个对象在版本控制(如源代码文件或目录树)下的复制, 这样在两个版本中可以同时进行修改。当需要支持代码的两个不同版本时, 就需要创建一个 TFS 分支。

为此, 进入 Source Control Explorer, 右击工作区名称。打开上下文菜单, 选择 Branching and Merging | Branch。这将显示 Branch 对话框, 如图 18-28 所示。

图 18-28   Branch 对话框

这个对话框允许确定新文件的位置, 以及要分支软件的哪个版本。在这种情况下要从最新版本分支。单击 OK 按钮, 弹出一个对话框, 其中显示了分支的状态。花一些时间查看屏幕中的蓝条, 直到完成分支。一旦完成, Source Control Explorer 如图 18-29 所示。

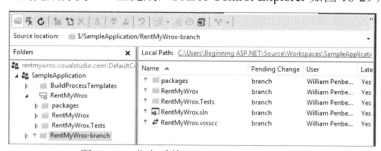

图 18-29   分支后的 Source Control Explorer

每个文件夹和文件的左边都有一个紫色的图标(虽然在书中看不到颜色, 但如果在机器上查看, 这就是有用的)。这表明有一个分支还没有签入。还要注意, RentMyWrox 文件夹旁边的图标从文件夹改为分支。在变更签入后, RentMyWrox 分支文件夹旁边的文件夹图标会改为相同的分支图标。虽然图标是相同的, 但这两个目录存在独特的关系。要复制的目录称为树干, 而已复制的目录是树干的分支。

创建了新分支后, 现在可以根据需要处理代码的每个版本。通常, 切支(本例是 RentMyWrox

分支)有较小、较多的增量更改，而已经存在的目录(即树干)有更大、更耗时、更长期的变化。切支中的定期变化应合并到主干上，这将确保短期的修复和更改会包含在未来的主要版本中。这个合并操作执行得越频繁，每个合并就越容易，因为同一个源代码集合中的差异会比较少。

使用 Visual Studio 和 TFS 执行合并是相当简单的。右击要合并的文件夹，然后选择 Branching and Merging | Merge，打开如图 18-30 所示的对话框。

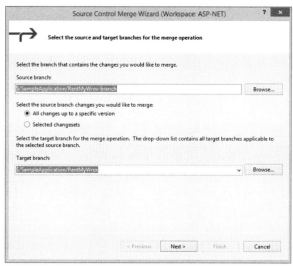

图 18-30　合并分支

这个屏幕有三个重要的区域。源分支区域包含要复制的变更，目标分支区域包含复制变更的目的地。一般情况下，源是分支，目标是主干。系统还支持另一种方法，这种方法通常称为反向合并，因为是把项从主干合并到分支。

分支和主干执行了很多工作，它们不是经常合并，此时合并它们可能会有问题。在合并之间对每个目录执行的工作越多，就意味着合并越复杂。Visual Studio 无法解决这些差异，所以最终需要人工干预，来确定合并后的代码应该是什么样子的。

如果分支从来不合并回主干，在分支上执行的工作就不可用于主干。这意味着发布主干中的代码时，通过分支工作解决的缺陷可能会重现。频繁地合并可确保这不会发生，分支的变化总是反映在主干中，而且是可用的。

18.3　小结

本章试图把整本书的信息压缩为一些有用的要点和建议，帮助维护 ASP.NET 应用程序的备份和版本。使用 Visual Studio Online(Team Foundation Services (TFS)的一个版本)作为源代码库。

Visual Studio Online 和 TFS 是完整的应用程序生命周期管理解决方案，因为它们提供的功能远远不只是源代码存储库。TFS 还支持需求、任务和缺陷的收集和获取，它还有一个强大的报告基础架构，以支持很多不同的项目管理方法。

只使用源代码存储库功能时，可以签入代码、获得代码、签出代码。从本地目录把代码复制到服务器上就是签入。把一组改变了的文件整合成变更集，再把变更集合并到服务器上。合并后，完成的目录会给出一个新的版本号，代表了每个文件在那个特定时间点的状态。每次签入的结果都是在服务器上创建一个新版本。

获得代码是从服务器上复制文件的过程。最常见的行为是获得最新版本，即复制本地系统中自从上次执行 Get 后已经改变了的所有文件，也可以根据需要得到特定版本的文件。

签出是一种通知服务器要修改文件的方式。默认情况下，一旦做出改变，Visual Studio就签出文件。这是很重要的，因为 Visual Studio 会跟踪这些签出的文件，以进行签入。不能签入还未签出的文件。可以用几种不同的方式签出文件。第一种方式是标记服务器上的文件，让其他开发人员知道自己可能会做出改变。第二种方法实际上是锁定文件，使其他开发人员不能修改该文件。锁定文件时需要小心，因为这样做可能会影响其他开发人员完成他们的工作。

在团队里工作需要遵守的纪律比单独工作更多。必须确保自己的更改不覆盖或破坏其他开发人员做出的变更。还必须尽力使应用程序处于可行的、能起作用的状态。

源代码控制是开发的一个重要部分。即使开发人员单独工作，也会发现它非常有用，尤其是系统的版本控制部分，因为它不仅仅提供了简单的备份功能。任何专业的开发人员都需要了解源代码控制的工作原理以及如何与系统进行交互。

18.4　练习

1. 什么是变更集？为什么它在源代码控制中很重要？
2. 在签出时会发生什么?
3. TFS 提供了什么功能，使开发人员能够确定谁可能改变了一个文件?

18.5　本章要点回顾

分支	在版本控制(如源代码文件或目录树)下复制对象，这样两个版本可以同时修改
签入	把改变了的文件放在源代码控制中，创建源代码的一个新版本的过程
签出	该过程通知源代码控制系统，正在处理文件
标记	给软件的一个版本取名字的过程，标签可以保留一个完整的版本，并在需要时访问
合并	同步两个不同分支的过程。一个分支的变化合并到另一分支，以确保编辑两个分支
存储库	源控制项的在线集合
shelveset	构成一个签入的文件组
TFS	Team Foundation Server，本章使用的源代码控制的微软版本
工作区	本地机器上包含要签出的源代码控制文件的区域

第19章

部 署 网 站

本章要点

- 如何准备部署应用程序
- 使用存储在配置文件中的值
- 管理多个环境设置
- 介绍 Windows Azure、Web 应用程序和 Azure SQL
- 发布应用程序
- 验证部署的重要性

本章源代码下载：

本章源代码的下载网址为 www.wrox.com/go/beginningaspnetforvisualstudio。从该网页的 Download Code 选项卡中下载 Chapter 19 Code 后，可以找到与本章示例对应的单独文件。

最终，我们是希望应用程序可由想使用它的其他人获得。最简单的方法就是将它部署到其他人可以看到它的另一个服务器上。另外，有时需要将应用程序部署到生产环境，以与公众交互——执行它本应完成的工作。

把它从本地的开发机器移到远程服务器上是一个重要步骤。这意味着必须确保应用程序可以处理多个环境，这些多重环境通常需要不同的配置，包括 SQL Server 连接字符串。所以必须管理这些不同的值，作为部署策略的一部分。

整个过程的一部分是确保有一个可以部署的远程系统。一旦系统配置适当，应用程序就可以部署或发布。

19.1　准备部署网站

构建应用程序的工作是最难的部分,但将它部署到另一个系统中不一定是最简单的部分。在同一台机器上构建并运行应用程序时,要比把它移到另一台机器上顺利得多。部署后,许多事情都可能出错,使应用程序瘫痪。这些问题可能有许多不同的来源,如安装的软件不同,所以服务器上缺少依赖的功能,或不能写入文件,因为没有运行应用程序的安全权限。

本节讨论必须处理的所有细节,以确保应用程序可以运行在不同的机器上,在不同环境中连接到不同的机器。还将学习如何删除硬编码设置(如果业务有变化,就需要更改代码),将这些变成配置项,为应用程序增添灵活性。

19.1.1　避免硬编码设置

硬编码的设置值是代码中定义的、可能会在应用程序生命周期中改变的值。遗憾的是,因为值是在代码中定义的,所以必须部署全新版本的应用程序,才能改变这样的值。通常这些值是外部 Web 链接(链接到不同的网站)、电子邮件地址、其他显示给用户的文本,或用于应用程序的业务逻辑的文本。

下面的示例把这样的值构建到示例应用程序中,如下所示,其中营业时间是硬编码的:

```
public ActionResult Index()
{
    StoreOpen results = new StoreOpen();
    DateTime now = DateTime.Now;
    if (now.DayOfWeek == DayOfWeek.Sunday
            || (now.DayOfWeek == DayOfWeek.Saturday
                    && now.TimeOfDay > new TimeSpan(18,0,0)))
    {
        results.IsStoreOpenNow = false;
        results.Message = "We open Monday at 9:00 am";
    }
    else if (now.TimeOfDay >= new TimeSpan(9,0,0)
            && now.TimeOfDay <= new TimeSpan(18,0,0))
    {
        results.IsStoreOpenNow = true;
        TimeSpan difference = new TimeSpan(18,0,0)-now.TimeOfDay;
        results.Message = string.Format(
                "We close in {0} hours and {1} minutes",
                    difference.Hours, difference.Minutes);
    }
    else if (now.TimeOfDay <= new TimeSpan(9,0,0))
    {
        results.IsStoreOpenNow = false;
        results.Message = "We will open at 9:00 am";
    }
    else
    {
```

```
        results.IsStoreOpenNow = false;
        results.Message = "We will open tomorrow at 9:00 am";
    }
    return Json(results, JsonRequestBehavior.AllowGet);
}
```

幸运的是，ASP.NET 有办法，使用 Web.config 文件来管理它。在 Web.config 文件中做了一些工作，管理数据库连接字符串，还给文件添加了其他配置设置。Web.config 文件还可以维护能在应用程序中使用的信息。

19.1.2　Web.config 文件

Web.config 文件在这个项目中多次出现。一个还没有花太多时间考虑的地方是 appSettings 元素。appSettings 元素是 configuration 元素(文件中的基本元素)的子元素。appSettings 元素提供了信息组的编程访问，如下面所示的代码片段，其中的值给出了唯一键：

```
<appSettings>
    <add key="OpenTime" value="9" />
</appSettings>
```

有一些不同的方法可以访问这些信息：使用代码和表达式语法。

19.1.3　表达式语法

表达式语法允许直接把控件属性绑定到配置文件中的值。使用 ASP.NET Web Forms 服务器控件时，可以使用下面的格式绑定 Web.config 文件中的一个值：

```
<%$ AppSettings:KeyName %>
```

这意味着，如果要添加页脚控件，显示一些简短的法律术语，就需要先使用下面的代码将信息添加到 Web.config 文件中：

```
<add key="FooterDisclaimer"
        value="Copyright RentMyWrox, 2015, All Rights Reserved" />
```

然后在控件中引用这个值：

```
<asp:TextBox ID="Disclaimer" runat="server"
        Text="<%$AppSettings:FooterDisclaimer %>" />
```

使用 ASP.NET Web Forms 时，把值添加到 Web.config 文件中后，还可以直接把控件链接到配置值。使用 Expression Editor，创建包含配置值的服务器控件时，就可以这么做。

要打开 Expression Editor 对话框，选择要添加配置值的服务器控件，进入 Properties 窗口。找到主要部分 Data，其中应该包含 Expressions 分段，如图 19-1 所示。

如果没有看到 Expressions 分段，就需要确保在 Split 拆分或 Design(设计)窗口下选择控件；在 Source(源代码)窗口中选择控件并不总是有效的。一旦有可用的 Expressions 部分，就可以单击右边的省略号按钮，打开 Expressions 对话框(见图 19-2)。

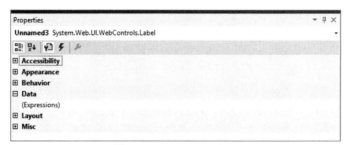

图 19-1　Properties 窗口

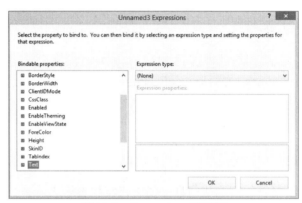

图 19-2　Expressions 对话框

从 Bindable Properties 窗格中选择 Text，从 Expressions Type 下拉列表中选择 AppSettings，如图 19-3 所示，打开一个下拉列表，其中包含已添加到 appSettings 中的所有键。

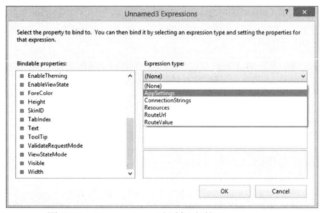

图 19-3　Expressions 对话框中的 AppSettings

选择其中一个值填写属性，如前面的示例所示。

19.1.4　Web 配置管理器类

Expression Editor 只能在 ASP.NET Web Forms 页面中工作，在代码隐藏文件或 ASP.NET MVC 组件中工作时不支持它。需要在代码中访问基于配置的值时(无论是 Web Forms 代码隐藏还是 MVC)，System.Web.Configuration.WebConfigurationManager 帮助支持使用配置值。

这个类的用法非常简单，只要支持执行 C#，就可以使用它。完整的类和方法如下所示：

```
@System.Web.Configuration.WebConfigurationManager
        .AppSettings.Get("TestConfigurationValue")
```

这个方法调用返回一个字符串，所以如果信息实际上是不同的类型，就根据需要进行类型转换。

下一个练习把散布在应用程序中的一些硬编码信息转换为可以在 Web.config 文件中管理的值。

试一试　**添加配置**

这个练习要执行几个不同的操作。第一个操作是创建 Web.config 的 appSettings。然后把 Web.config 文件的访问抽象到一个类中，将该类包含的静态属性映射到配置值。最后更新这些代码，使用配置值替代目前使用的硬编码值。

(1) 确保运行 Visual Studio，打开 RentMyWrox 应用程序，打开 Web.config 文件。

(2) 在 Web.config 文件中找到 appSettings 元素。添加以下条目：

```
<add key="AdminItemListPageSize" value="5" />
<add key="StoreOpenTime" value="9" />
<add key="StoreCloseTime" value="18" />
<add key="StoreOpenStringValue" value="9:00 am" />
<add key="ViewNotifications" value="true" />
```

(3) 右击 Models 目录，并添加一个新类 ConfigManager.cs。

(4) 给新文件添加以下属性：

```
public static int AdminItemListPageSize
{
    get
    {
        int answer = 5;
        string results = WebConfigurationManager.AppSettings
                .Get("AdminItemListPageSize");
        if (!string.IsNullOrWhiteSpace(results))
        {
            int.TryParse(results, out answer);
        }
        return answer;
    }
}
```

(5) 添加以下项：

```
public static int StoreOpenTime
{
    get
    {
        int answer = 9;
```

```
            string results = WebConfigurationManager.
               AppSettings.Get("StoreOpenTime");
            if (!string.IsNullOrWhiteSpace(results))
            {
                int.TryParse(results, out answer);
            }
            return answer;
        }
    }

    public static int StoreCloseTime
    {
        get
        {
            int answer = 18;
            string results = WebConfigurationManager.
               AppSettings.Get("StoreCloseTime");
            if (!string.IsNullOrWhiteSpace(results))
            {
                int.TryParse(results, out answer);
            }
            return answer;
        }
    }

    public static string StoreOpenStringValue
    {
        get
        {
            string results = WebConfigurationManager.AppSettings
                .Get("StoreOpenStringValue");
            if (string.IsNullOrWhiteSpace(results))
            {
                results = "9:00 am";
            }
            return results;
        }
    }

    public static bool ViewNotifications
    {
        get
        {
            bool answer = false;
            string results = WebConfigurationManager.AppSettings
                .Get("ViewNotifications");
            if (!string.IsNullOrWhiteSpace(results))
            {
                bool.TryParse(results, out answer);
            }
```

```
        return answer;
    }
}
```

(6)打开StoreOpenController.cs。TimeSpan(18,0,0)有三个实例。用ConfigManager.StoreCloseTime
取代 "18"，得到以下代码：

```
TimeSpan(ConfigManager.StoreCloseTime,0,0)
```

(7) 用 ConfigManager.StoreOpenTime 取代 TimeSpan(9,0,0)中的 "9"，得到以下代码：

```
TimeSpan(ConfigManager.StoreOpenTime,0,0)
```

(8) 将只要看到 "9:00 am" 这个词，就做出以下改变。完成后的页面应该如图 19-4 所示。

将

```
results.Message = "We open Monday at 9:00 am";
```

改为

```
results.Message = "We open Monday at " + ConfigManager.StoreOpenStringValue;
```

```
public ActionResult Index()
{
    StoreOpen results = new StoreOpen();
    DateTime now = DateTime.Now;
    if (now.DayOfWeek == DayOfWeek.Sunday || (now.DayOfWeek == DayOfWeek.Saturday && now.TimeOfDay > new TimeSpan(ConfigManager.StoreCloseTime,0,0)))
    {
        results.IsStoreOpenNow = false;
        results.Message = "We open Monday at " + ConfigManager.StoreOpenStringValue;
    }
    else if (now.TimeOfDay >= new TimeSpan(ConfigManager.StoreOpenTime, 0,0) && now.TimeOfDay <= new TimeSpan(ConfigManager.StoreCloseTime, 0,0))
    {
        results.IsStoreOpenNow = true;
        TimeSpan difference = new TimeSpan(ConfigManager.StoreCloseTime, 0,0) - now.TimeOfDay;
        results.Message = string.Format("We close in {0} hours and {1} minutes", difference.Hours, difference.Minutes);
    }
    else if (now.TimeOfDay <= new TimeSpan(ConfigManager.StoreOpenTime, 0,0))
    {
        results.IsStoreOpenNow = false;
        results.Message = "We will open at " + ConfigManager.StoreOpenStringValue;
    }
    else
    {
        results.IsStoreOpenNow = false;
        results.Message = "We will open tomorrow at  " + ConfigManager.StoreOpenStringValue;
    }
    return Json(results, JsonRequestBehavior.AllowGet);
}
```

图 19-4　更新后的 StoreOpenController

(9) 打开 View\Shared_MVCLayout.cshtml 文件。查找和更新下面的代码，如下所示：

将

```
<span>@Html.Action("Recent", "Item")</span>
```

改为

```
@if (ConfigManager.ViewNotifications)
{
    @Html.Action("NonAdminSnippet", "Notifications")
}
```

(10) 打开 Admin\ItemList.aspx。在 GridView 中，把 PageSize 属性的值替换为如下(见图 19-5)：

```
<%$ AppSettings:AdminItemListPageSize %>
```

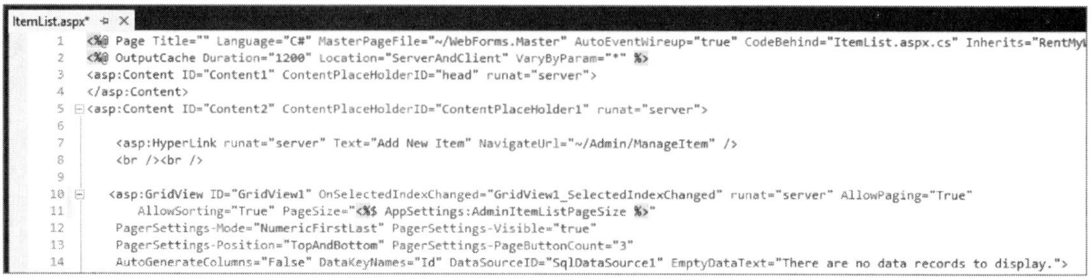

图 19-5　更新 ItemList 标记文件

(11) 运行应用程序，并确认一切按预期那样工作，例如营业时间部分正确显示，包括登录为管理员，检查项目列表。

示例说明

构建 ConfigManager 类的目的是查看 Web.config 文件，使配置值可供共同使用。然而，这些属性不仅仅是从配置文件中获得一个值，因为它们还管理着一个默认值，并处理配置文件中没有值的情况。每个属性甚至确保字符串值转换或解析成适当的类型。如果每次都从文件中获得值时，都必须完成所有这些工作，而不是把它们放在一个地方，想象需要编写多少代码！

所添加的代码设置一个默认值，但有时这并不是理想的，而应在没有配置项的情况下抛出异常。这种方法如下：

```
get
{
    string results = WebConfigurationManager.AppSettings.Get("SomeValue");
    bool answer;

    if (string.IsNullOrWhiteSpace(results) || !bool.TryParse(results, out
answer);)
    {
        throw new KeyNotFoundException("config error for SomeValue");
    }

    return answer;
}
```

使用这种方法可以确保如果没有设置值，或者返回的值不能解析成适当的类型，该方法将抛出异常，而不是试图使用默认值。

还要考虑的是，如有必要，使用 Set 方法(而不是 Get 方法，用于从配置中检索信息)也可以写入 Web.config 文件。想通过 UI 进行网站的一些配置时，常常要写入 Web.config 文件。例如添加一个页面，该页面允许根据需要改变这些字段的值。

把一些硬编码的值转换为配置值，确保正确地调用它们。必须这么做，才能在应用程序部署到另一台计算机上时，支持可能发生的变化。现在，代码更新为支持这个功能，就为部署做好了准备。

19.2 准备部署

前面的所有工作都在本地进行，使用在本地机器上运行的 Web 服务器连接一个同样运行在本地机器上的 SQL 数据库服务器。接着从本地机器的浏览器上访问该 Web 服务器。一旦部署应用程序，这都将是不同的。新的 Web 服务器运行在一台机器上，而新的 SQL Server 运行在不同的机器上，浏览器仍在本地运行，但它不会运行在 Web 服务器或数据库服务器所在的机器上。

因为这些都在不同的机器上，新的SQL Server与开发SQL Server又不同，所以连接字符串将会不同。本节会设置部署环境和流程，来管理需要的变化，以根据环境处理这些配置差异。

把 Microsoft Azure 用作 Web 托管系统，管理在线数据存储。如果无法访问 Azure，就完成一个基于文件的部署过程，这样仍然可以执行发布过程。

Microsoft Azure

Microsoft Azure 是不同云服务的集合，包括分析、计算、数据库、手机、联网、存储和网络。这里将使用两个服务：App Services 和 SQL Database。

Azure 提供的 App Services 支持驻留用多种语言(.NET、PHP、Java)建立的 Web 应用程序。该产品的功能尤其强大，因为当用户群增长时，它允许轻松地缩放用于管理应用程序的资源；也可以缩放处理工作的资源。

SQL Database 服务基本上是托管在云里的 SQL Server 实例。基于 Azure 的系统比本地 SQL Server 具有更高的性能和可靠性；与 App Services 一样，也可以根据需要向上或向下扩展资源。

Microsoft Azure 提供 30 天的免费试用期，可用于部署。请注意使用 Microsoft Azure 的一些警告：

- 并非所有地区和国家都根据当地或国际协议获得了 Azure 服务的访问权限。
- 注册 Azure 时需要输入信用卡号码。他们不会收费，除非在 30 天试用期后，给他们提供了许可。但是不提供信用卡号码，就不能建立账户。

如果不能访问或注册 Azure 服务，完全可以跳过这一步，直接发布网站。在执行发布步骤时，也提供了基于文件的指令。

试一试 注册 Microsoft Azure

这个练习用 Microsoft Azure 创建一个账户。建议使用以前下载 Visual Studio 时使用的 Windows Live 账户，并按照第 18 章介绍的内容设置源代码控制。

(1) 打开一个 Web 浏览器，并访问 http://azure.microsoft.com，显示如图 19-6 所示的欢迎屏幕。

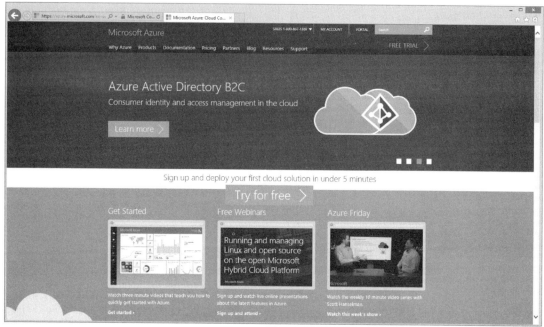

图 19-6　Azure 主页

(2) 单击屏幕中间的 Try for free 按钮。在右上角还有一个 FREE TRIAL 链接。进入免费试用页面，参见图 19-7。

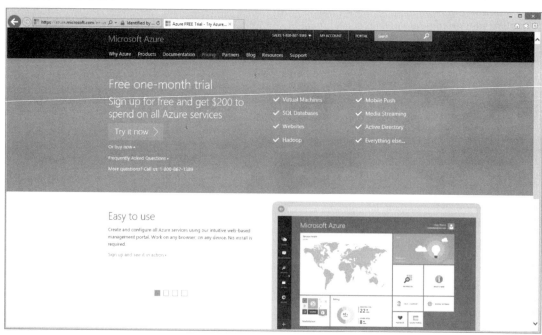

图 19-7　Azure 免费试用页面

(3) 单击 Try it now 链接。使用 Windows Live 账号登录。打开注册页面，如图 19-8 所示。

图 19-8　Azure 注册页面

(4) 按照页面上的指示创建账户。现在需要输入信用卡号码，进行确认。添加信息，启用按钮后，单击 Sign up。完成一些处理后，会显示准备好订阅页面(参见图 19-9)。

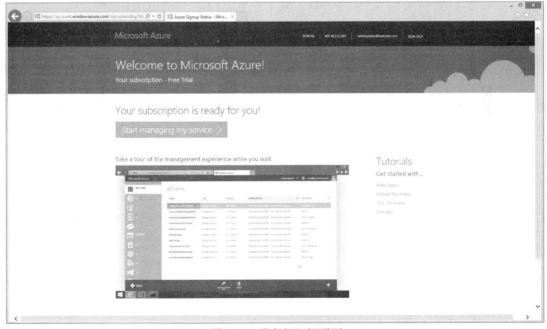

图 19-9　准备好订阅页面

(5) 单击 Start managing my service 按钮，会显示一个对话框，提供了一个简介页面(参见图 19-10)。

图 19-10　Azure 访问页面

(6) 可以单击，进行了解(非常简短)，或关闭弹出窗口，进入仪表框屏幕(参见图 19-11)。

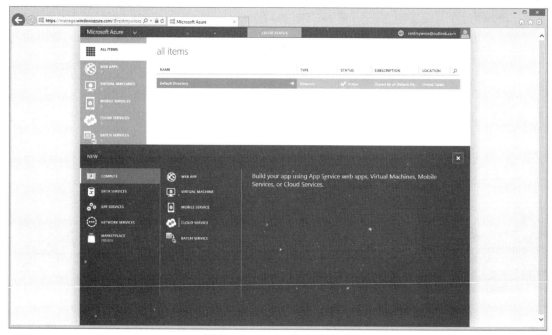

图 19-11　Azure 仪表板页面

示例说明

这个练习创建了一个免费的 Azure 订阅，可以把应用程序部署到互联网上的另一个系统中，测试是否部署成功。前面只是创建了初始订阅，还没有注册任何特定的服务。不要忘记，这个订阅在 30 天后到期!

现在已经有了一个新系统，可以部署应用程序了，下一步执行发布过程。

19.3　发布站点

前面将信息输入到配置文件中，把应用程序设置为支持多个环境，还设置了发布网站的目标系统。下一步是发布它，如下面的练习所示。

　　发布网站

这个练习把网站发布到 Microsoft Azure 或本地系统(或两者都发布)，这取决于访问这个第三方系统的能力。

(1) 确保运行 Visual Studio，打开 RentMyWrox 应用程序。构建应用程序，仔细检查 Error List 窗口，以确保应用程序没有错误。

(2) 在 Solution Explorer 窗口中，右击 RentMyWrox 项目，并选择 Publish，打开 Publish Web 对话框，如图 19-12 所示。

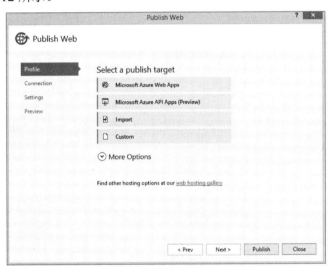

图 19-12　Publish Web 对话框

(3) 如果要发布到 Azure 上，就从这里继续。否则，就直接跳到第 20 步。

(4) 在 Select a publish target 部分，单击 Microsoft Azure Web Apps 按钮，弹出如图 19-13 所示的对话框。

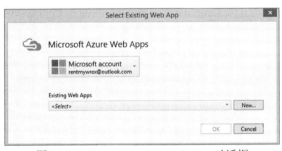

图 19-13　Select Existing Web App 对话框

(5) 如果账户没有出现在 Web Apps 部分，就会有一个登录到账户的链接。单击此链接，确保使用上一个练习中使用的证书。

(6) 单击 New...按钮，这会打开 Create Web App on Microsoft Azure 对话框，如图 19-14 所示。

(7) 输入建议的 Web App 名字。可能需要尝试几次，才能找到一个未被使用的名字，因为 Web App 的名称在 Azure 系统中必须是唯一的。

图 19-14　Create Web App on Microsoft Azure 对话框

(8) 选择 Create new App Service plan，在所显示的文本框中输入一个值，用来识别网站。

(9) 对 Resource group 执行同样的操作。

(10) 选择最适合自己位置的 Region。完成后，Create Web App on Microsoft Azure 对话框应如图 19-15 所示。

图 19-15　完成的 Create Web App on Microsoft Azure 对话框

(11) 单击 Create 按钮。该系统将处理一会儿，如图 19-16 左下角的进度条所示。

图 19-16　创建新的 Web 应用程序

(12) 完成后，应该返回 Publish Web 屏幕。单击 Validate Connection 按钮，显示如图 19-17 所示的对话框。

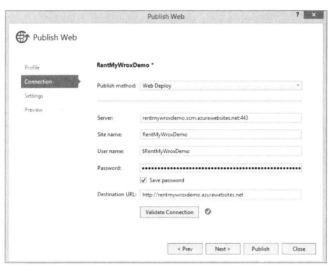

图 19-17　带有验证连接的创建屏幕

(13) 单击 Publish 按钮。在 IDE 下半部分应该显示 Azure App Service Activity 选项卡，其中显示了 Output 和 Error List 子选项卡。在这个过程结束时，应在服务器上打开网站。

(14) 登录到 Microsoft Azure 账户，打开仪表板对话框。

(15) 单击左边的 WEB APPS 链接，打开 web apps 页面，上面列出了所添加的 Web 应用(参见图 19-18)。

图 19-18　在 Azure 中列出的 Web 应用

(16) 从左边的菜单中选择 SQL DATABASE 链接，这将打开如图 19-19 所示的对话框。

(17) 选择 CREATE A SQL DATABASE 链接，打开 Custom Create 对话框。添加数据库名称，如图 19-20 底部所示。

(18) 单击窗口右下角的箭头，打开 Create Server 对话框。添加登录名和密码，并选择适当的区域(参见图 19-21)。

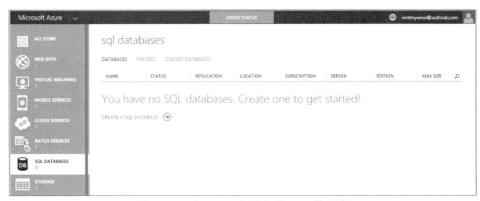

图 19-19　在 Azure 中列出的 SQL 数据库

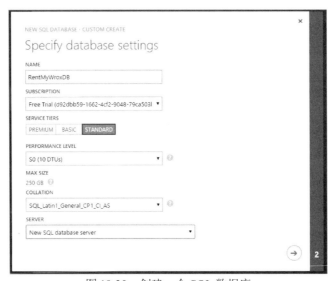

图 19-20　创建一个 SQL 数据库

图 19-21　在 Azure 中创建服务器的对话框

(19) 单击窗口右下角的复选框，返回 SQL Azure Database 清单(参见图 19-22)。可能需要几分钟才能完成创建。这是发布到 Azure 的最后一步。

图 19-22　在 Azure 中创建的数据库

(20) 以下步骤列出了发布到本地文件目录的过程，应该从 Publish Web 屏幕开始(参见图 19-12)。

A. 选择 Custom，打开 New Custom Profile 对话框。输入 LocalToFile，如图 19-23 所示。

B. 单击 OK 按钮。屏幕应该改为选中左边的 Connection 项，显示配置对话框，如图 19-24 所示。

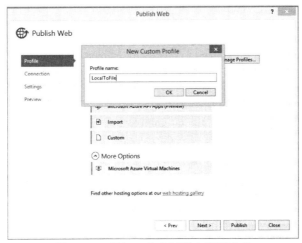

图 19-23　添加一个定制发布概要文件

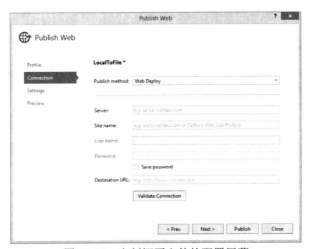

图 19-24　定制概要文件的配置屏幕

　　C. 从 Publish 方法下拉列表中选择 File System，弹出 Target Location 对话框，如图 19-25 所示。

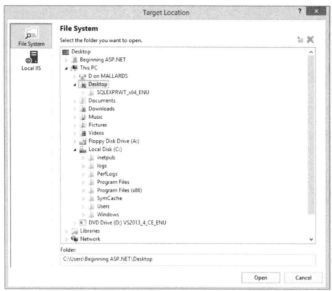

图 19-25　为定制的概要文件选择目标位置

　　D. 单击省略号按钮，打开文件系统资源管理器窗口。选择要发布文件的目录。如果需要添加一个目录，就单击目录列表上面的 Create New Folder 小按钮。

　　E. 单击 Publish 按钮，就会在 Output 窗口中看到信息，描述了要复制的内容。完成后，打开发布目录。列表如图 19-26 所示。

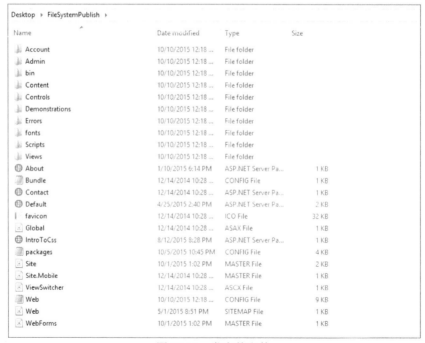

图 19-26　发布的文件

示例说明

这个练习演示了两个不同的发布过程，但核心是相同的。发布的目的是将一组文件复制到远程目的地，使它们能正常工作；因此，必须编译类文件和所有必要的支持文件，引用的文件也必须复制到服务器上，创建必要的文件夹，等等。

为概要文件执行发布过程时，创建一组复制到目的地的文件——目的地是 Microsoft Azure Web App 或本地文件系统。发布过程的一部分是相同的，但设置概要文件完全不同。

简单的方法是为文件系统创建发布概要文件，因为只需要选择写入输出的目录。这个概要文件完成后，保存到.pubxml 文件中。这个文件的内容如下：

```
<Project ToolsVersion="4.0"
        xmlns="http://schemas.microsoft.com/developer/msbuild/2003">
  <PropertyGroup>
    <WebPublishMethod>FileSystem</WebPublishMethod>
    <LastUsedBuildConfiguration>Release</LastUsedBuildConfiguration>
    <LastUsedPlatform>Any CPU</LastUsedPlatform>
    <SiteUrlToLaunchAfterPublish />
    <LaunchSiteAfterPublish>True</LaunchSiteAfterPublish>
    <ExcludeApp_Data>False</ExcludeApp_Data>
    <publishUrl>
        C:\Users\Beginning ASP.NET\Desktop\FileSystemPublish
    </publishUrl>
    <DeleteExistingFiles>False</DeleteExistingFiles>
  </PropertyGroup>
</Project>
```

在设置屏幕上，可以看到每个问题都有一个相应的元素。

其好处是，将来发布时不必回答问题，因为它们已经填写好了。然而，如果在应用程序发布过程中想要做一些特别的事情，可以更改该发布的设置。

最经常改变的条目之一是 DeleteExistingFiles 节点，它目前设置为 false。将它设置为 true时，发布过程首先从网站上删除所有的文件，再写入新文件。该过程总是写入更新的文件，在服务器上替换这些文件；然而，DeleteExistingFiles 设置确保所有文件都复制到服务器上，无论它们是否改变。进行了很多改变，删除或重命名当前.aspx 页面时，这是很重要的。

设置 Azure 发布概要文件会更复杂，因此.pubxml 文件也更复杂，如图 19-27 所示。

但是请注意，在这个过程中填写的很多信息不包括在这个文件中。这些缺失的信息不是发布过程的一部分，而用于创建发布应用程序的 Azure Web App。可以简单地在 Azure 仪表板上建立一个 Web 应用程序，就像创建 SQL 数据库一样，然后在发布时选择 Web App。

使用 Visual Studio 中的发布过程部署应用程序非常简单，但第一次部署时，要确保一切都配置正确。之后，发布就更容易，只需要几次鼠标单击，因为已经收集到了所有的信息。

注意，发布过程的一个特定部分是不正确的：连接数据库。有一个新的数据库，但没有把这些特定的配置添加到已部署的应用程序中。Visual Studio 在发布过程中支持这个部分，称为 Web.config 转换。

图 19-27　Web App 的.pubxml 文件

19.3.1　Web.config 转换

Web.config 配置文件的旁边有一个箭头，表明它可以扩展。这样做会显示如下两个文件是可用的：Web.Debug.config 和 Web.Release.config (参见图 19-28)。

图 19-28　多个配置文件

这些额外的文件很重要，因为它们负责管理特定于环境的信息。在本例中，目前定义了如下两方面信息：发布和调试。在本地运行时，是在调试模式下运行，所以使用这个版本的文件中的设置。在把应用程序发布到服务器上时，是在发布模式下发布，这意味着把配置的发行版本复制到服务器。

不仅仅可以在不同的环境下改变值，因为在部署时，配置文件会贯穿这一过程，称为转换。已经把 Web.Release.config 文件应用到 Web.config 文件上，它就像一个模板，结果是这个模板应用程序被复制到服务器上。这种转换可以做许多事情。可以管理 appSettings 和 connectionString 元素中不同配置项的值的变化，在配置文件中改变不同元素的其他属性。

如果把应用程序发布到本地目录中，就可以看到一个这样的示例。一直在使用的 Web.config 文件包含以下元素：

```
<compilation debug="true" targetFramework="4.5" />
```

然而，部署到本地目录中的 Web.config 包含如下元素：

```
<compilation targetFramework="4.5" />
```

这意味着转换了这个元素。

转换规则在不同版本的 Web.config 文件中配置。在这个示例中，Web.Release.config 文件的代码如下(为了简便起见，删除了注释)：

```
<configuration
xmlns:xdt="http://schemas.microsoft.com/XML-Document-Transform">
    <system.web>
      <compilation xdt:Transform="RemoveAttributes(debug)" />
    </system.web>
</configuration>
```

与基本的 Web.config 相比，在这个页面上有两个地方要注意。第一个是 xmlns:xdt = " "，它在定义转换属性时定义了 xdt 前缀。如果没有这一部分，就无法在配置系统显示错误时，使用包含元素中的 xdt:Transform 特性。

这个 xdt:Transform 特性定义了规则。在这里，转换在 compilation 元素上执行，因为这是包括这个转换属性的元素的名称。在这个示例中，默认设置的转换称为 RemoveAttributes，且包含 debug 或要删除的属性的名称。.Release.config 文件中的这行代码确保 Web.config 文件在发布过程中修改。

XPath

Web.config 文件是 XML 文件。这意味着，把它们用作 XML 文件(而不是通过应用程序访问它们)时，可以使用 XPath。XPath 是一门语言，可以选择 XML 文件中的节点。因为转换发生在运行的应用程序之外，所以.NET Framework 支持使用 XPath 定义要在 Web.config 转换过程中改变的项。本节会介绍一些简单的 XPath。更全面的概述可访问：https://msdn.microsoft.com/en-us/library/ms256115(v = vs.110). aspx。

表 19-1 描述了在转换过程中可用的其他选项。

表 19-1 转换选项

名称	说明
Locator = Condition(XPath expression)	指定一个 XPath 表达式，将它附加到当前元素的 XPath 表达式中。所选择的元素匹配合并的 XPath 表达式
Locator = Match(attribute names)	选择值匹配指定特性的元素。如果指定了多个特性名，就只选择匹配所有指定特性的元素
Transform="Replace"	用在转换文件中指定的元素替换所选元素。如果选中多个元素，就只替换第一个选定的元素
Transform="Insert"	添加转换文件中定义的元素，作为所选元素的同级元素。新元素被添加到集合的末尾
Transform="Remove"	删除选中的元素。如果选中多个元素，就删除第一个元素
Transform="RemoveAttributes(用逗号分隔的一个或多个特性名列表)"	从选中的元素中删除指定的特性

(续表)

名称	说明
Transform="SetAttributes(用逗号分隔的一个或多个特性名列表)"	将选中元素的特性设置为指定的值。Replace 转换特性会替换整个元素，包括所有的特性。相比之下，SetAttributes 特性不修改元素，只改变选定的特性。如果没有指定要改变哪些特性，就改变转换文件中元素的所有特性

每个特性都做了两件事之一：要么标识需要改变的元素 (Locator 特性)，要么定义需要发生的改变(Transform 特性)。总会有一个 Transform 特性，否则就不会有转换发生；但 Locator 特性是可选的，如默认的发布配置文件所示。如果没有指定 Locator 特性，要改变的元素就由包含 Transform 特性的元素指定。下面的示例替换了 Web.config 文件中的整个 system.web 元素，因为没有指定 Locator 特性来表示它：

```xml
<?xml version="1.0"?>
<configuration xmlns:xdt=
        "http://schemas.microsoft.com/XML-Document-Transform">
  <system.web xdt:Transform="Replace">
    <customErrors defaultRedirect=" ~/Errors/Error500.aspx "
                 mode="RemoteOnly">
     <error statusCode="500" redirect="~/Errors/Error500.aspx" />
    </customErrors>
  </system.web>
</configuration>
```

这意味着 system.web 节点中所有的内容，例如跟踪设置和其他 customError 页面(如 Error404.aspx)，都不会包含在发布版本的转换配置文件中。因此，设置转换时必须小心，因为很容易转换配置文件，破坏应用程序。

发布和调试版本的配置文件会自动包含，而只要创建了发布概要文件，就能更好地控制转换，因为可以为每个概要文件设置转换，而不是依赖默认类型来管理它们。在许多情况下，不同的系统都在发布模式下运行，如测试系统和生产系统。它们可能需要配置不同于其他环境的值，而无论其他环境是使用调试版本还是发布版本。

下一个练习给应用程序添加 Web.config 转换。

试一试 将转换添加到应用程序中

这个练习管理一些特定于环境的变化，在不同版本的应用程序中需要处理这些变化。为上一个练习中使用的每个发布方法创建不同版本的变化。

(1) 确保运行 Visual Studio，打开 RentMyWrox 应用程序。展开 Properties 部分和 PublishProfiles 文件夹，如图 19-29 所示。

(2) 右击一个.pubxml 文件，本例中是 RentMyWroxDemo.pubxml 文件，并选择 Add Config Transform。之后，检查 Web.config 文件。它应该包含一个附加项(Web.RentMyWroxDemo.config 或用于.pubxml 文件的名字)，如图 19-30 所示。

图 19-29　PublishProfiles 目录

图 19-30　基于 PublishProfiles 的新配置

(3) 右击新文件，并选择 Preview Transform，屏幕如图 19-31 所示。左边是原始的 Web.config 文件，右边是转换的文件。被检查的区域已突出显示。

图 19-31　预览转换

(4) 关闭预览窗口。打开 PublishProfile.config 文件，本例是 Web.RentMyWroxDemo.config 文件。将以下内容添加到配置元素中：

```
<appSettings>
    <add key="StoreCloseTime" value="19"
        xdt:Transform="SetAttributes" xdt:Locator="Match(key)" />
    <add key="StoreOpenTime" value="10"
        xdt:Transform="SetAttributes" xdt:Locator="Match(key)" />
    <add key="StoreOpenStringValue" value="10:00 am"
        xdt:Transform="SetAttributes" xdt:Locator="Match(key)"/>
</appSettings>
```

(5) 右击这个更新的文件，并选择 Preview Transform，会显示更多的变更区域，如图 19-32 所示。

```
<appSettings>
  <add key="webpages:Version" value="3.0.0.0" />
  <add key="webpages:Enabled" value="false" />
  <add key="PreserveLoginUrl" value="true" />
  <add key="ClientValidationEnabled" value="true" />
  <add key="UnobtrusiveJavaScriptEnabled" value="true" />

  <add key="AdminItemListPageSize" value="5" />
  <add key="StoreOpenTime" value="9" />
  <add key="StoreCloseTime" value="18" />
  <add key="StoreOpenStringValue" value="9:00 am" />
  <add key="ViewNotifications" value="false" />
</appSettings>
```

```
<appSettings>
  <add key="webpages:Version" value="3.0.0.0" />
  <add key="webpages:Enabled" value="false" />
  <add key="PreserveLoginUrl" value="true" />
  <add key="ClientValidationEnabled" value="true" />
  <add key="UnobtrusiveJavaScriptEnabled" value="true" />

  <add key="AdminItemListPageSize" value="5" />
  <add key="StoreOpenTime" value="10" />
  <add key="StoreCloseTime" value="19" />
  <add key="StoreOpenStringValue" value="10:00 am" />
  <add key="ViewNotifications" value="false" />
</appSettings>
```

图 19-32 转换的营业时间变化(一)

(6) 关闭预览窗口。在配置文件中添加以下代码，完成后如图 19-33 所示。

```
<connectionStrings>
    <add name="DefaultConnection" connectionString=""
            xdt:Transform="SetAttributes" xdt:Locator="Match(name)"
            providerName="System.Data.SqlClient" />
    <add name="RentMyWroxContext" connectionString=""
            xdt:Transform="SetAttributes" xdt:Locator="Match(name)"
            providerName="System.Data.SqlClient" />
    <add name="RentMyWroxConnectionString1" connectionString=""
            xdt:Transform="SetAttributes" xdt:Locator="Match(name)"
            providerName="System.Data.SqlClient" />
</connectionStrings>
```

```
<configuration xmlns:xdt="http://schemas.microsoft.com/XML-Document-Transform">
  <connectionStrings>
    <add name="DefaultConnection" connectionString="" providerName="System.Data.SqlClient" />
    <add name="RentMyWroxContext" connectionString="" providerName="System.Data.SqlClient" />
    <add name="RentMyWroxConnectionString1" connectionString="" providerName="System.Data.SqlClient" />
  </connectionStrings>
  <appSettings>
    <add key="StoreCloseTime" value="19" xdt:Transform="SetAttributes" xdt:Locator="Match(key)" />
    <add key="StoreOpenTime" value="10" xdt:Transform="SetAttributes" xdt:Locator="Match(key)" />
    <add key="StoreOpenStringValue" value="10:00 am" xdt:Transform="SetAttributes" xdt:Locator="Match(key)"/>
  </appSettings>
  <system.web>
    <compilation xdt:Transform="RemoveAttributes(debug)" />
    <!--
      In the example below, the "Replace" transform will replace the entire
      <customErrors> section of your web.config file.
      Note that because there is only one customErrors section under the
      <system.web> node, there is no need to use the "xdt:Locator" attribute.

      <customErrors defaultRedirect="GenericError.htm"
        mode="RemoteOnly" xdt:Transform="Replace">
        <error statusCode="500" redirect="InternalError.htm"/>
      </customErrors>
    -->
  </system.web>
</configuration>
```

图 19-33 转换的营业时间变化(二)

(7) 登录到 Microsoft Azure 账户。单击左边的 SQL Database 链接，然后单击 SQL 数据库的名称，屏幕如图 19-34 所示。

(8) 在 Connect to your database 部分的下面是链接 View SQL Database connection strings for ADO.NET, ODBC, PHP, and JDBC。单击这个链接，进入 Connection Strings 对话框，如图 19-35 所示。

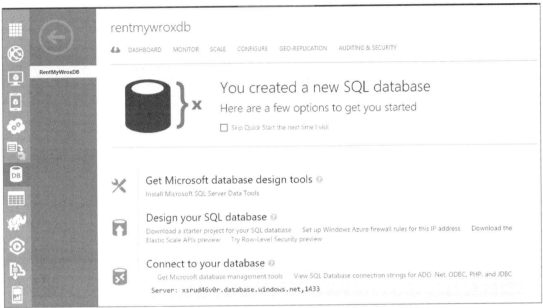

图 19-34 SQL 数据库细节屏幕

图 19-35 Connection Strings 对话框

(9) 在 ADO.NET 文本框中复制上面的连接字符串。将这个值粘贴到在步骤(6)中添加的三个连接字符串中。其中一个连接如下所示，需要用自己的密码替换高亮显示的值：

```
<add name="DefaultConnection"
```

```
connectionString="Server=tcp:xsrud46v0r.database.windows.net,1433;
Database=RentMyWroxDB;User ID=rentmywroxdb@xsrud46v0r;
Password={your_password_here};Trusted_Connection=False;
Encrypt=True;Connection Timeout=30;"
        xdt:Transform="SetAttributes"  xdt:Locator="Match(name)"
        providerName="System.Data.SqlClient" />
```

(10) 在这个更新的文件上单击右键,并选择 Preview Transform。连接字符串部分就已经更新。

(11) 右击 Web.Debug.config 文件,并选择 Preview Transform,就会看到原始的 Web.config 值。

示例说明

发布配置文件时运行的转换过程,也可以通过 Preview Transform 链接来运行。这个过程应用对默认的 Web.config 文件定义的规则,创建要预览的文件。

处理 appSettings 值时,使用了按 name 特性匹配的 Locator 特性。因此,应用此定位器时,在基本配置文件中发现一个同名的元素。如果没有同名的元素,就什么也不做。名称匹配时,就检查 Transform 特性,来确定需要进行什么处理。

使用连接字符串数据时,无法通过 name 特性使用 Locator 特性,因为元素定义是不同的。必须通过 key 特性使用 Locator,以确保能够找到适当的元素。在所有情况下,都选择了 SetAttribute 转换。

SetAttribute 转换需要转换文件中设置的每个特性值,把结果特性设置为该值。特性不在源文件中时,转换确保将其添加到输出中。如果特性在源文件中,但不在转换文件中,就把该特性复制到输出中,但不改变它。

请注意,必须确保父元素包含在转换文件中。这是由于转换过程会遍历文件,根据父节点和所选的 Locator 特性匹配各种元素。没有这个完整的关系,就无法执行匹配。

现在配置了应用程序,下面根据发布概要文件来设置配置值。

19.3.2 把数据移到远程服务器上

运行应用程序时,首先会注意到,它看起来内容是多么贫乏,如图 19-36 所示。

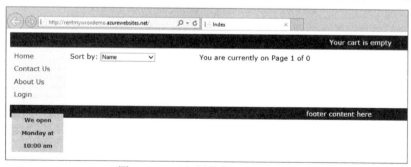

图 19-36 已部署的空 Web 服务器

有两种不同的方法能将数据放在数据库中。第一种是把信息从开发数据库复制到在线数据库上。第二种是把所有信息直接添加到在线应用程序中。下一个练习把一些信息从本地数据库复制到 Azure 数据库中。

试一试　　把数据复制到远程服务器上

这个练习将一些本地信息复制到云中的 Azure 数据库上。即便无法创建 Azure 账户，也仍然应该阅读这个练习，并执行尽可能多的步骤。

(1) 登录到 Azure 仪表板。

(2) 单击屏幕左边的 SQL Databases 菜单项。

(3) 单击名字，进入数据库的细节。

(4) 找到菜单项 Set up Windows Azure firewall rules for this IP address，单击它，弹出如图 19-37 所示的屏幕。注意底部栏显示了 IP 地址。

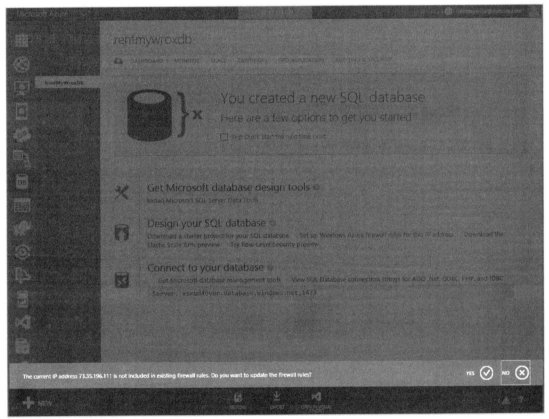

图 19-37　添加 IP 地址的确认屏幕

(5) 打开 SQL Server Management Studio，确保连接到 RentMyWrox 数据库。

(6) 右击数据库名称，并选择 Tasks | Generate Scripts，如图 19-38 所示。打开如图 19-39 所示的对话框。

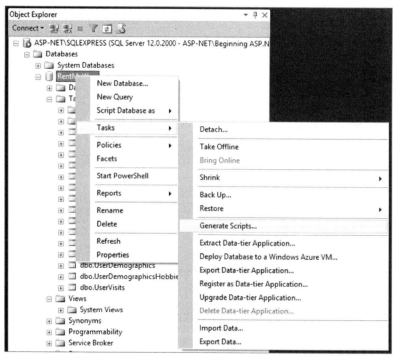

图 19-38　Generate Scripts 菜单

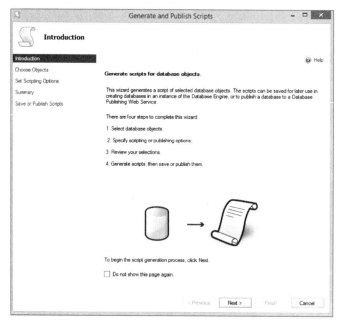

图 19-39　Generate and Publish Scripts 对话框

(7) 单击 Next 按钮,打开 Choose Objects 对话框。启用 Select specific database objects。
选择以下对象,如图 19-40 所示。

- dbo.AspNetRoles
- dbo.Hobbies

- dbo.Items
- dbo.Notifications
- Stored Procedures

图 19-40　指定数据库对象菜单

(8) 单击 Next 按钮，会弹出 Set Scripting Options 对话框。确保选中 Save to new query window，如图 19-41 所示。

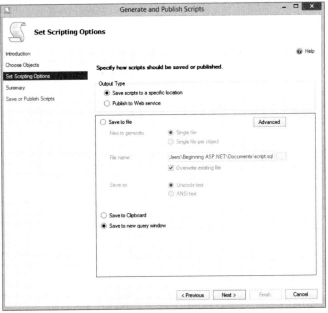

图 19-41　指定脚本输出

(9) 单击 Advanced 按钮，打开 Advanced Scripting Options 对话框。改变以下设置，完成

后如图 19-42 所示。

- 将 Script USE DATABASE 设置为 False
- 将 Type of data to script 设置为 Data only

图 19-42 Advanced Scripting Options 对话框

(10) 在 Advanced Scripting Options 对话框中单击 OK 按钮。

(11) 单击 Next 按钮,进入 Summary 屏幕,然后单击 Next,完成这个过程。打开 Save or Publish Scripts 对话框,如图 19-43 所示。

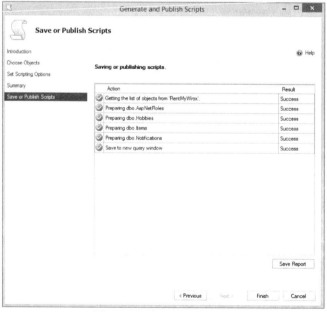

图 19-43 完成项目的创建

(12) 单击 Finish 按钮，你会看到一个很长的 SQL 脚本。在 SQL Server Manager 的 Object Explorer 中，单击 Connect 按钮。

(13) 在连接窗口中，输入 Azure 连接字符串信息，完成后如图 19-44 所示。

图 19-44　连接到 Azure SQL

(14) 单击 Connect 按钮。在 Object Explorer 窗口中应该显示 Azure SQL 数据库。

(15) 确保仍然在所创建的查询窗口中，选择 Query｜Connection｜Change Connection，打开 Connect to Database Engine 对话框。

(16) Azure 连接应该位于服务器名称的下拉列表中。选择该连接，然后单击 Connect。

(17) 在下拉列表中选择适当的数据库，如图 19-45 所示。

(18) 单击 Execute 按钮，输出如图 19-46 所示。

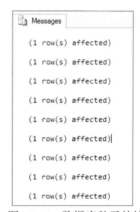

图 19-45　选择合适的数据库　　　　图 19-46　数据库种子的输出

(19) 进入在线应用程序。它现在应该显示正常，如图 19-47 所示。

示例说明

这个练习复制开发环境中的数据，并加入应用程序的远程版本。通过 SQL Server Manager Studio 能够实现这个操作，方法是遍历一系列选项，建立一个过程，编写 SQL 脚本，只从选中的表里删除数据。没有选择要转换所有的表，而选择包含业务信息的表，但不是包含用户信息的表。这允许将用户信息在已部署的应用程序和本地应用程序间分开。

所创建的脚本将数据从一个系统复制到另一个系统。每一批数据都执行三个步骤，第一步和第三步分别打开和关闭表中的功能，中间步骤实际插入数据。以下代码片段显示了这些步骤：

图 19-47　填充后的在线应用程序

```
SET IDENTITY_INSERT [dbo].[Hobbies] ON
GO
INSERT [dbo].[Hobbies] ([Id], [Name], [IsActive]) VALUES (1, N'Gardening', 1)
GO
INSERT [dbo].[Hobbies] ([Id], [Name], [IsActive]) VALUES (2, N'Cooking', 1)
GO
SET IDENTITY_INSERT [dbo].[Hobbies] OFF
GO
```

　　被翻转的功能 IDENTITY_INSERT 允许输入 Id 列的值。Id 列的目的是生成要插入的值，所以需要关闭允许输入值的功能。一旦插入了数据，就需要确保打开它；否则，通过应用程序输入所有数据的任务将会失败。

　　现在，已经复制完应用程序和数据，很容易假设完成了部署。然而，部署时还有一件事必须做：确保应用程序按预期那样工作。

19.4　冒烟测试应用程序

　　"冒烟测试"这个短语来自测试新电子硬件的过程：插入一块新板，打开电源，如果看到板上冒烟，就不需要做更多的测试，因为这表示产品失败了。遗憾的是，虽然它仍叫冒烟测试，但应用程序部署失败后不会冒烟。相反，必须做一些测试，以确保应用程序按预期那样工作。

　　重要的是，每次部署后都要执行这个测试。部署过程中，可能有许多事情出错——文件没有正确复制，配置转换没有提供预期的结果，数据库迁移失败。更糟糕的是，应用程序不能工作在服务器上，但能在本地工作。

确保应用程序在服务器上正常工作的唯一方法是部署后测试。这意味着遍历应用程序，测试所有的主要功能。这通常应该是一个相当快的过程——甚至企业级应用程序可以在两个小时内完成冒烟测试。像示例应用程序这样的应用程序可以在几分钟内进行冒烟测试。下面的练习进行冒烟测试。

试一试 **冒烟测试应用程序**

该练习将冒烟测试应用程序，以确保部署成功。

(1) 打开一个 Web 浏览器，进入部署的应用程序。

(2) 检查背景的颜色，确保时间显示正确。

(3) 在首页上单击 Next Page 链接，以确保可以移入第二页。

(4) 单击 Full Details 链接。确保看到这一项的细节。

(5) 确保 Recently Reviewed 区域显示了单击的项。

(6) 单击 Add to Cart 链接。检查屏幕顶部的购物车区域，以确保它正确显示。

(7) 单击 Checkout 链接。进入 Login 屏幕。

(8) 单击 Register as a new 链接，确保进入 Register 屏幕。

(9) 注册一个新用户，确认进入 User Demographics 屏幕。

(10) 填写并提交 User Demographics 屏幕，进入 Checkout 屏幕。

(11) 单击 Complete Order 按钮，应进入 Order Confirmation 屏幕(参见图 19-48)。

示例说明

这是应用程序主要功能的一次简单演练。执行这个过程，能确认所有主要组件都按预期那样执行。

恭喜你，这就完成了网站的部署!

图 19-48　完成的冒烟测试订单

19.5　进一步学习

现在已经完成了初始的 ASP.NET 应用程序,读者可能希望了解这个项目简要介绍的各种主题的更多内容。幸运的是,Wrox 有一个完整的图书系列,详细讨论了 Web 应用程序的不同方面。下面是其中几本书:

- C#入门经典(第 7 版)
- Visual Basic 2015 入门经典(第 8 版)
- JavaScript 入门经典(第 5 版)
- jQuery & Web 开发
- Visual Studio 2015 高级编程(第 6 版)
- HTML & CSS 入门经典

当然,书不是开发 ASP.NET Web 应用程序的唯一信息来源。以下是一些在线资源,读者也可能感兴趣:

- http://p2p.wrox.com: Wrox 的公共论坛,可以在这里提出编程方面的所有问题。在该网站上,有本书的链接。可以对这本书的内容提出具体问题,作者将尽力回答。
- http://www.asp.net: ASP.NET 技术的微软社区网站。这个网站提供了额外的下载资源、支持论坛、文档和用户指南。
- http://msdn.microsoft.com/asp.net: ASP.NET 的官方主页,上面包含文档、示例应用程序和其他支持 ASP.NET 的资源。

19.6　小结

构建应用程序后,必须做的最后一件事是使它可供他人使用。应用程序是 Web 应用程序时,"使其可用"意味着将它部署到可访问的位置,以便别人能找到并与之交互。

从本地机器上部署应用程序时,还要管理一些不同的内容。这些任务之一是在新的环境下处理不同的数据库连接字符串,因为不再连接到同一个数据库服务器上。另一个任务是确保不在调试模式下部署,目前不再进行开发!

显然,准备部署时,应用程序需要一个目的地。本书部署到微软 Azure 上。微软 Azure 是一系列产品,其中包括 Web App 和 SQL 数据库,这两种产品用来托管网络应用程序。使用 Visual Studio 内置的发布功能将编译的软件应用推送到 Web 上。

Visual Studio 不仅允许发布应用程序,它还可以保存这些发布设置,以便以后使用它们。第一次发布时配置好,再次运行发布过程就很简单,因为已经填写了设置。当然,可以随时改变它们。

然而,如果选择像这里一样手工完成,将数据从开发环境移入远程环境可能更加乏味。但这样可以完全控制复制到远程系统的信息,而且因为 SQL Server Management Studio 内置的支持而进行了简化。也可以选择不添加任何数据,而是完全通过所创建的 UI 配置信息。

一旦将应用程序实际转移到服务器上,就总是需要确保它已经正确部署。最好的方法是进行快速的冒烟测试,即单击应用程序,根据需要验证它是否工作。这应该是一个非常简单、直接的过程，每次改变远程应用程序时，都应进行冒烟测试。

19.7　练习

1. 前面完成了把信息从开发环境复制到远程应用程序的过程。可以使用相同的方法把数据从服务器复制回本地系统吗？

2. 为什么要复制服务器上的数据？

3. 没有进行的一个变化是在远程服务器上打开跟踪功能。转换文件中需要什么代码，以确保下面的代码允许任何人进入相应的 trace.axd 页面，而不管用户在哪里发出请求？

```
<trace mostRecent="true" enabled="true" requestLimit="1000"
    pageOutput="false" localOnly="true" />
```

19.8　本章要点回顾

Azure SQL 数据库	用作服务的关系数据库(DBaas)，是 Azure 产品的一部分
Azure Web Apps	Azure App Service 中的 Web 应用提供的一个可伸缩的、可靠的、易于使用的、托管 Web 应用的环境
表达式绑定	一种技术，允许把控件属性绑定到不同的资源，如 Web.config 中定义的应用程序设置
Microsoft Azure	不同云服务的集合，包括分析、计算、数据库、移动、联网、存储和网络
冒烟测试	快速评价应用程序，确保其正常工作的过程。在任何部署后总是应该进行此测试
发布概要文件	能够保存在部署应用程序的过程中捕获的配置信息
转换	一个内置的 ASP.NET 功能，管理配置文件的维护。可以添加信息、删除信息，或改变配置中的信息
WebConfigurationManager	一个类，允许访问存储在配置文件中的数据

附录

习 题 答 案

第 1 章

1. HTML 和 HTTP 之间的区别是：HTML 是一门标记语言，用于定义在互联网上传播的内容，而 HTTP 是一个传输协议，管理通过互联网传送 HTML 的过程。

2. 视图状态是 ASP.NET Web Forms 管理状态的方式，但按照定义，HTTP 是无状态的。这很重要，因为它允许网站确定何时发生变化，并允许应用程序支持许多内置的事件。

3. 构成 ASP.NET MVC 的三个架构组件是模型、视图和控制器。视图是用户在浏览器中看到的内容。模型表示在视图中显示的数据。控制器是管理模型和视图交互的部分——负责获得模型，使其可用于视图。

4. Visual Studio 是用于创建 ASP.NET 站点和应用程序的主要集成开发环境(IDE)。本书使用这个产品，因为它是 Microsoft Windows 软件开发的事实标准。

第 2 章

1. 构建基于 Web 的应用程序的两种方法是 Web 站点和 Web 应用程序。网站不预编译源代码，而是把源代码部署到服务器上。当应用程序启动时，会进行 JIT 编译。Web 应用程序则先编译，然后复制到运行它的服务器上。Web Forms 可以采用任意方法，但是 MVC 应用程序只在 Web 应用程序中使用。

2. 项目模板是创建项目、满足具体需求的 Visual Studio 方式。Visual Studio 包括许多项目模板，但最常用的是 ASP.NET Web Forms 和 ASP.NET MVC。

3. 与 Web Forms 项目相比，在 ASP.NET MVC 应用程序中要创建两个额外的文件夹：View 文件夹和 Controller 文件夹。它们不在 Web Forms 项目中创建，因为 Web Forms 项目不包含控制器或视图的概念。

第 3 章

1. .intro p 匹配类型为<p>、完全包含在类为 intro 的任何元素中的项。样式 p.intro 选择类为 intro、完全包含在<p>类型元素中的所有元素。样式 p,.intro 选择类型为<p>或其类设置为 intro 的元素。

2. 要伸展元素的边框，应使用 padding 属性。padding 属性会扩展元素的可见框，而 margin 属性将可见框推离相邻的元素。例如，如果为包含一些文本的元素设置背景色，padding 将使背景色覆盖文本，扩展带颜色的区域。使用 margin 将移动带颜色的框，但不改变其大小。

3. 为了允许 Web 页面的内容访问外部样式表中包含的样式，需要在 Web 页面和外部样式表之间创建一个链接。创建链接时，使用放在 Web 页面标题中的 link 元素。该链接如下：

```
<link href="styles.css" rel="Stylesheet" type="text/css" />
```

4. 一些 Visual Studio 辅助工具包括：

- 设计模式：允许开发人员看到 HTML 源代码的显示版本
- 可视化助手：在设计模式下提供渲染输出的不同视图，包括标签、元素周围的边框等。
- 格式工具栏：在设计模式中可见，格式化工具栏允许开发人员分配样式，或直接在窗口内创建样式。

第 4 章

1. 字符串 resultsAsAString 是“What is my result? 12”，因为&和+在这里是连接操作符。

2. 这个循环的最后一次迭代会导致一个异常，因为试图访问列表中不存在的一个条目。循环定义应该是 i < collection.Count(C#)，0 To collection.Count – 1(VB)。

3. foreach 结构专门用于遍历集合。如果要使用 Do 循环，还必须添加代码，确定列表是否处理完，而 foreach 会自动确定。

第 5 章

1. 不是每个属性都可以在代码隐藏中设置，因为在代码隐藏中访问属性的能力取决于标记中的 runat 属性。如果没有在标记中设置该值，就不能在代码隐藏使用它。

2. 要检索文本框中的文本，可以访问 Text 属性。理解所选复选框项是不同的，因为列表包含一项或多项，每一项都可能被选中。需要遍历列表，确定哪些项的 IsSelected 属性设置为 true。这将创建选中项的一个简短列表。

3. 添加 runat = "server"特性，会使传统的 HTML 元素变成 HTML 控件。这允许在代码隐藏中使用该值和一些其他的属性。

4. 视图状态是服务器跟踪信息以前版本的方式。它用作发送到客户端的默认服务器控件值的容器。表单发回服务器时，状态管理服务器会分析视图状态中的信息和表单提交的信息，来确定下一步做什么。

第 6 章

1. TextboxFor 辅助程序专用于把模型上的属性绑定到 HTML 元素上。这个绑定是通过 lambda 表达式实现的，lambda 表达式帮助系统识别模型上的哪个属性应该用于绑定。Textbox 元素通常需要一个字符串名称，而不是直接模型绑定。提供给辅助程序的名字是给它创建的 HTML 元素提供的名字。然而，只要传递给辅助程序的名字与要关联的属性名相同，模型绑定器就可以解释哪个属性应该得到返回的值。

2. Razor 视图引擎知道它应处理的代码和需要直接传递给 HTML 的文本之间的区别的主要方式是，使用@字符和花括号{ }。如果 C#或 VB 代码在@字符后，或包含在一组花括号中，视图引擎就知道要运行代码。

视图引擎非常聪明，知道何时开始一个 HTML 元素，所以它切换回文本阅读模式。然而，如果想返回代码处理模式，就需要再次把@字符作为前缀；因此，在其他用@标记的结构中可能也有@代码。

3. 不，视图并不总是匹配动作的名称。如果返回 View()，就会得到一对一的关联；还可以添加要返回的视图的名称。只要适当地定义返回的视图方法，这就可以从控制器动作中返回任何视图。

4. 模型绑定器能够使用句点符号确定嵌套对象属性。例如，假设有如下对象结构：

```
public class Parent
{
    public Child Child { get; set; }
}

public class Child
{
    public GrandChild GrandChild { get; set; }
}

public class GrandChild
{
    public string SomeProperty { get; set; }
}
```

确保文本框元素的名字是"Child.GrandChild.SomeProperty"，其中传递给视图的模型是一个父元素，文本框就可以设置孙子元素的属性。

第 7 章

1. 控制器和网页都是传统的面向对象类，所以即使它们继承了其他类，也很容易添加一个中间类，只要中间类扩展了页面已经继承的类即可。然而，视图是一种不同的方法；它们没有类定义或任何能够创建继承模式的功能。它们是要处理的值。

2. 在 ViewStart 文件中使用 Layout 布局命令的优势是，不需要在视图和布局之间建立硬链接。如果没有 ViewStart，但想改变指向另一个文件的布局，就必须进入每一页，进行修改。ViewStart 允许指定主布局页面，在默认情况下会使用它。

第 8 章

1. 它们在 http://www.servername.com/Admin/~/default 上，它们很可能会得到提示页面未找到的 404 错误。如果给锚标记提供了额外特性 runat = "server"，系统就知道用应用程序根目录取代~。然而，没有 runat = " server "，HTML 元素中的 HTML 就变成了 HTML 控件，所以系统不对代码做任何额外解释。

2. 主要有两种方法可以找到响应请求 http://www.servername.com/results 的代码。第一种是遍历项目，确定是否有 results 文件夹。如果有，该目录中的默认文件很可能响应该请求。这意味着它由一个 ASP.NET Web Forms 页面提供服务。如果没有提供结果，下一步将查看 Controllers 目录，来确定是否有控制器用于处理对这个 URL 的请求，很可能是 ResultsController。如果这个控制器存在，就查看动作，找到一个响应基本 URL 的 get 请求的动作。如果找不到任何东西，就需要检查 RouteConfig.cs 文件，确定它是否包含处理这种方法的硬编码路由。如果包含，就遵循这个路由的建议，找到适当的处理程序。

3. 实现友好的 URL 有几个原因。首先，它使地址便于记忆，因为用户不需要在 URL 上包括扩展名。这使 URL 能更有效地进行宣传。另一个原因是，它使其他 URL 更容易预测和推测。这让用户相信，他们可以找到网站上的信息。最后一个原因是搜索引擎优化得到了更好的支持，因为友好的 URL 可以使用 URL 变量替代查询字符串，从 http://www.servername.com/product.aspx?id=8 变成 http://www.servername.com/ product/8，甚至变成 http://www.servername.com/product/Product_Name。

第 9 章

1. _MigrationHistory 表保存了每次在数据库中运行更新数据库命令的记录。它存储开发人员创建的迁移名、分配迁移的上下文，以及在模型上使用的信息。查看表，很容易确定前两项，但模型信息存储在二进制格式中，不允许在 Entity Framework 上下文的外部反转迁移。

2. 特性路由允许开发人员定义动作可以直接响应的 URL，而不是使用标准模板。模板方法的主要问题之一是，应用程序似乎总是至少有一个路由，不能方便地通过模板方法来管理。开发人员需要在 RouteConfig 文件中硬编码路由，或操作动作的命名和调用方式，以确保它可以在基于模板的路由的"一刀切"方法中管理。然而有了特性路由，可以在动作级别决定动作响应什么 URL。

3. 使用 using 语句确保所创建的项(这里是 DbContext)在完成后被销毁。这一步确保.NET 垃圾收集器能够在下次运行时，从内存中剔除这一项。否则，这一项可能会在内存中停留较长的时间，对内存的使用有更长期的影响，可能影响用户体验。

第 10 章

1. 如果创建一个新项，该项就有可能不显示在列表页面中，特别是如果最近访问了列表页面。这是因为缓存设置为 20 分钟，所以访问列表页面，创建或编辑一项，然后马上返回列表页面，就可能缓存列表本身；因此，在之前的缓存过期前，新列表不会被调用。这是缓存给用户呈现陈旧数据的完美示例。

2. 如果不使用 ViewBag 给视图传递信息，则最好的方法是创建 ViewMode，这里它是一个类，有两个属性：爱好列表和目前用作模型的 UserDemographics 项。

3. 使用更直接的方法连接数据库有多个原因，包括响应时间和性能、复杂查询、与其他使用数据库访问的应用程序集成，以及需要在应用程序之间保持一致的行为。

第 11 章

1. 是的，可以使用用户控件来解决同样的问题。虽然不会得到 DisplayFor 或 EditorFor 的自动转换功能，但没关系，因为 ASP.NET Web Forms 不支持这些概念。创建用户控件，它的参数是要显示的模型或对象。代码隐藏可以提取该对象，执行必要的工作，简单地显示该项，或对该项执行业务逻辑。虽然控件的实例化有点麻烦，但可以创建非常类似于 MVC 模板的用户控件。

2. 所调用的动作在相同的控制器上时，不需要在 Html.Action 方法调用中包括控制器的名字。如果动作在一个不同的控制器上，就需要确保包括适当的控制器名称。

3. 处理标记中的属性时，一定要记住，所有内容实际上都是字符串，所以把整数放在定义为字符串的属性中不会有任何问题，属性会填充整数的字符串版本。但反过来就会出问题。把字符串值放在非字符串属性中时，必须确保字符串值可以解析成适当的类型。如果没有正确解析，比如把值 two 放在整数字段中，就会得到几个警告。首先，在标记页面中将显示一个验证错误。其次，试图运行应用程序时，会得到一个异常页面，因为系统不能进行必要的转换。

第 12 章

1. 请求验证功能基于控制器的特性来打开，所以任何 HTML 允许通过该过程的唯一方式是，是否在模型级别打开请求验证功能。然而，如果检查模型，会发现 Description 属性有适当的特性允许访问 HTML。因此，Title 中的任何 HTML 都会抛出一个异常，而 Description 中的任何 HTML 都允许通过请求过程。

2. 验证控件添加到页面的顺序并不影响实际的验证。

3. 是的，当然可以设置一个场景，在该场景中，模型永远无效。甚至排除这些显而易见的错误，例如，应该使用"大于"时使用"小于"，很容易建立这类场景，特别是使用验证方法比较两个控制器的值。如果遵循的建议是确保总是包含有效、完整的信息，就应该能够理解和管理在一个角落里自己验证的场景。

第 13 章

1. 只要添加相同的<div>标签和脚本，就不必执行不同的操作。不管用于创建页面的 ASP.NET 类型是什么，只要所有适当的元素都在页面内，这就是有效的。

2. 在 Web Forms 应用程序中使用 Unobtrusive AJAX jQuery 库可以用几种方式完成。也许最简单的方式是包括对 JavaScript 库的脚本引用，如示例所示。然后可以给元素手动添加触发变化的属性，通常是锚链接，如下所示：

```
<a data-ajax="true"
   data-ajax-method="GET"
   data-ajax-mode="replace"
   data-ajax-update="#thelementToReplace"
   href="/URL TO CALL">Displayed Text</a>
```

它要求有一个 URL 返回一些 HTML，这些 HTML 适合显示在由属性标识的元素中。

3. 使用计时器来刷新内容有几个潜在的问题。第一个问题是可能使用不必要的带宽和处理能力。只要打开页面，浏览器就会继续执行这些调用。用户可以进入页面，查看几分钟，然后决定做别的工作，但没有关闭浏览器。即使用户不存在，页面也会继续执行调用。另一个可能的问题是由短暂的网络中断或服务器问题导致的；用户没有获得预期的页面内容，而是尝试处理一个错误。

第 14 章

1. 这种变化只适用于这些特定的元素，所以首先应把一个 id 添加到每个页面上，这样 jQuery 就可以选择正确的项。添加 id 后，可以设置<p>元素的 hover 函数，改变<h1>元素的 css 颜色值。所有的代码如下：

```
<h1 id="colorchange">Title</h1>
<p id="hoverover">Content</p>

$(document).ready(function () {
    $("#hoverover").hover(
        function () {
            $("#colorchange").css('color', 'yellow');
        }, function () {
            $("#colorchange").css('color', 'green');
        });
});
```

2. 捆绑能够将相同类型的多个文件(例如，CSS 或 JavaScript)合并成一个文件,进行下载。

希望把多个脚本放在客户端，但是当浏览器只支持到单个域的一定数量的连接时，捆绑就很重要。呈现页面时，对服务器的每个调用就可能需要排队。因此，一旦超过 6 项要下载，捆绑就有很大的好处。这些项可以包含图像、CSS 文件、JavaScript 文件，以及其他可以从服务器下载的项。

要捆绑的项的大小也很重要。把多个大文件捆绑成单一的包，可能增加加载时间，因为用户要在单通道上下载一个非常大的文件，而不是同时下载两个小文件。

最后，脚本中发生的变化程度是很重要的。对底层脚本的每一个改变都会把一个新的包下载到客户端。因此，如果在一个脚本中做了大量的工作，就可能想将它移出包，单独保存它；否则，浏览器会把包含多个文件的包看作新的包，尽管实际上只改变了一个文件。

3. Ajax.Helper 类有 4 个不同的事件，可以添加到 JavaScript 函数中：OnBegin 能够确定调用何时发生，但在调用服务器之前调用；OnComplete 在服务器调用完成后、页面更新前调用；OnFailure 处理任何错误条件；OnSuccess 在页面更新后调用。每个事件都能够将一个 JavaScript 函数添加到工作流中。

第 15 章

1. 这 两 个 文 件 是 Startup.Auth.cs 和 IdentityConfig.cs 。 Startup.Auth.cs 文 件 创 建 UserManager 和 SignInManager，配置要用于身份验证的 cookies。IdentityConfig.cs 设置密码验证需求，以及其他默认用户登录细节，如停工时间和最大尝试次数。

2. 身份验证是用户确认他们是谁，通常通过用户名和密码组合来确认。用户通过身份验证之后，会进行授权，确定用户是否可以采取特定的一个或一组动作。

第 16 章

1. 收集这样的信息有两种不同的方法。一种方法是询问用户喜欢什么颜色。虽然不是非常复杂，但往往得到相对准确的信息。另一种更微妙的方法是跟踪用户在购物期间查看的各种颜色，也许还跟踪搜索条件，他们也经常在搜索条件中包含颜色。

2. 对这种信息可以执行很多不同的操作。例如，可以用一种颜色挡住显示给该用户的页面背景。另一种简单的个性化是自动显示用户的首选颜色，所以用户不必做出选择。

第 17 章

1. 有多个 catch 语句时，该框架会从上到下地计算 catch 参数的异常。因为采用这种方式，所以需要确保把最一般的异常放在列表的底部。在这种情况下，不会遇到第二个 catch 块中的异常，因为它们都由通用的第一个 catch 块捕获。

2. 可以使用跟踪和日志功能提供应用程序的任何运行信息。这包括添加跟踪和/或日志代码，提供每个方法所花费的时间信息。一种方法是使用以下代码：

```
public ActionResult Details(string id)
{
    DateTime enterDate = DateTime.Now;

    // do lots of work that could take a long time

    string message = string.Format(
            "Details methods took {0} milliseconds",
            (DateTime.Now - enterDate).Milliseconds);
    System.Diagnostics.Trace.TraceInformation(message);

    return View();
}
```

第 18 章

1. 变更集是一次签入变更的完整集合。它很重要，因为它标识改变了的文件，区分这些变化，必要时删除(回滚)它们。

2. 签出描述了用户故意或通过编辑一个文件通知系统，他要改变特定的文件。签出可以锁定或非锁定。锁定文件后，系统将不允许另一个用户签出该文件。签出是很重要的，因为如果文件没有签出，就不允许用户签入变更。

3. TFS 的功能允许用户查看文件的历史。另外，如果需要，用户可以并排显示这些不同的历史版本，比较每个版本的具体变化。

第 19 章

1. 是的，可以使用同样的方法从远程服务器复制数据。然而，注意一个地方。因为工作在服务器和本地同时进行(开发人员处理功能，而真实用户在生产环境中登录)，此时会出现矛盾的数据。把远程数据放在全新的空数据库中没有问题，但合并两个不同的数据库就无效了。

2. 复制来自服务器的数据的主要原因是，因为发生了一个似乎是基于所使用数据的错误。一般来说，这类问题很难复制，因为它依赖特定的数据块；如果测试数据没有相同的错误，就发现不了该问题。

3. 需要在 web.RentMyWroxDemo.config 文件的 system.web 元素中添加以下代码：

```
<trace mostRecent="true" enabled="true" requestLimit="1000"
     pageOutput="false" localOnly="false"
     xdt:Transform="SetAttributes" xdt:Locator="Match(key)" />
```